KB135910

최신
건설안전기술사

II

예문사

PREFACE 머리말

건설안전기술사는 건설현장의 안전관리는 물론 시공 및 설계, 발주단계에서부터 필요로 하는 자격 증입니다. 그 결과 많은 합격자들이 합격 이후 금융지주사를 비롯한 발주처와 공공기관, 연구기관 등 으로 대거 이직하여 실제 건설 시공사에 근무하는 건설안전기술사는 아직도 그 희소성이 매우 높은 유일무이한 자격증 보유자가 되었습니다. 그 사유로는 현재까지의 배출인원이 기술사 종목 중 가장 적은 분야이기 때문이기도 하며, 이러한 점이 매력이자 합격하기 쉽지 않은 요인이 되고 있습니다.

머리말은 많은 분들이 읽지 않는 경향이 있음에도 불구하고 읽으시는 분들께 답안작성에 도움이 되시라는 의미로 몇 가지 기억해야 할 내용을 알려드립니다.

2023년 고용노동부 추진 중대재해감축 로드맵의 핵심전략은 2026년까지 사고사망만인율을 0.29로 감축하는 것을 목표로 하고 있으며 연도별 추진 목표는 다음과 같습니다.

연도	2022	2023	2024	2025	2026
사고사망 만인율	0.40	0.37	0.34	0.31	0.29

단계별 전략
- 전략1 : 위험성평가를 중심으로 기업 스스로 자기규율 예방체계를 갖추도록 정부에서 지원하고 중대재해 발생 시에는 엄중한 결과책임을 부과
- 전략2 : 중대재해가 많이 발생되는 중소기업, 건설·제조업의 추락·끼임·부딪힘 하청사고를 직접 지원
- 전략3 : 근로자의 역할과 책임을 명확히 하고 안전보건 주체의 참여와 협력을 통한 안전의식과 문화를 확산
- 전략4 : 현장중심의 중대재해 감축 정책 효과성 제고를 위한 산업안전 거버넌스 재정비를 추진

한편, 재해 저감을 위한 실천방안으로 위험성평가에 집중하여 이에 대한 전면적인 개정이 이루어 졌습니다. 실제 건설업의 재해 저감을 위해 극복해야 할 다양한 과제 중 위험성평가에 관한 과제는 다음과 같으므로 참고하시면 합격에 다소나마 도움이 되지 않을까 생각됩니다.

위험성평가 개정에 따른 극복과제
- 유해위험요인 및 안전대책 도출 시 단순반복형 유해위험요인 열거
- 정형화된 내용의 위험요인 및 안전대책
- 형식적인 대책수립과 작업팀 전파교육으로 관리감독자의 확인점검 미실시
- 누구나 알고있는 위험요인과 안전대책의 단순나열
- 서류상으로만 존재하는 위험성평가

수험생 여러분! 노력에 부응하는 큰 성과 얻으시길 기원합니다. 감사합니다.

저자 한경보·Willy H 올림

CONTENTS 목차

PART 01 토공사

CHAPTER 01 토공사

CHAPTER 05 내구성

CHAPTER 06 특수콘크리트

PART
03

철골공사

CHAPTER 01 **철골공사의 안전관리**

PART 04

해체공사 · 발파공사

CHAPTER 01 일반해체공법

PART 05

토목공사

CHAPTER 01 터 널

CHAPTER 02 교 량

CHAPTER 03 도 로

PART

01

토공사

CHAPER

01

토공사

··· 01　재해예방을 위한 사전조사 및 작업계획서 내용

작업명	사전조사 내용	작업계획서 내용
1. 타워크레인을 설치·조립·해체하는 작업	－	가. 타워크레인의 종류 및 형식 나. 설치·조립 및 해체순서 다. 작업도구·장비·가설설비(假設設備) 및 방호설비 라. 작업인원의 구성 및 작업근로자의 역할 범위 마. 제142조에 따른 지지 방법
2. 차량계 하역운반기계 등을 사용하는 작업	－	가. 해당 작업에 따른 추락·낙하·전도·협착 및 붕괴 등의 위험 예방대책 나. 차량계 하역운반기계 등의 운행경로 및 작업방법
3. 차량계 건설기계를 사용하는 작업	해당 기계의 굴러 떨어짐, 지반의 붕괴 등으로 인한 근로자의 위험을 방지하기 위한 해당 작업장소의 지형 및 지반상태	가. 사용하는 차량계 건설기계의 종류 및 성능 나. 차량계 건설기계의 운행경로 다. 차량계 건설기계에 의한 작업방법
4. 화학설비와 그 부속설비 사용작업	－	가. 밸브·콕 등의 조작(해당 화학설비에 원재료를 공급하거나 해당 화학설비에서 제품 등을 꺼내는 경우만 해당한다) 나. 냉각장치·가열장치·교반장치(攪拌裝置) 및 압축장치의 조작 다. 계측장치 및 제어장치의 감시 및 조정 라. 안전밸브, 긴급차단장치, 그 밖의 방호장치 및 자동경보장치의 조정 마. 덮개판·플랜지(Flange)·밸브·콕 등의 접합부에서 위험물 등의 누출 여부에 대한 점검 바. 시료의 채취 사. 화학설비에서는 그 운전이 일시적 또는 부분적으로 중단된 경우의 작업방법 또는 운전 재개 시의 작업방법 아. 이상 상태가 발생한 경우의 응급조치 자. 위험물 누출 시의 조치 차. 그 밖에 폭발·화재를 방지하기 위하여 필요한 조치

작업명	사전조사 내용	작업계획서 내용
5. 제318조에 따른 전기작업	–	가. 전기작업의 목적 및 내용 나. 전기작업 근로자의 자격 및 적정 인원 다. 작업 범위, 작업책임자 임명, 전격·아크 섬광·아크 폭발 등 전기 위험 요인 파악, 접근 한계거리, 활선접근 경보장치 휴대 등 작업시작 전에 필요한 사항 라. 제319조에 따른 전로 차단에 관한 작업계획 및 전원(電源) 재투입 절차 등 작업 상황에 필요한 안전 작업 요령 마. 절연용 보호구 및 방호구, 활선작업용 기구·장치 등의 준비·점검·착용·사용 등에 관한 사항 바. 점검·시운전을 위한 일시 운전, 작업 중단 등에 관한 사항 사. 교대 근무 시 근무 인계(引繼)에 관한 사항 아. 전기작업장소에 대한 관계근로자가 아닌 사람의 출입금지에 관한 사항 자. 전기안전작업계획서를 해당 근로자에게 교육할 수 있는 방법과 작성된 전기안전작업계획서의 평가·관리계획 차. 전기 도면, 기기 세부 사항 등 작업과 관련되는 자료
6. 굴착작업	가. 형상·지질 및 지층의 상태 나. 균열·함수(含水)·용수 및 동결의 유무 또는 상태 다. 매설물 등의 유무 또는 상태 라. 지반의 지하수위 상태	가. 굴착방법 및 순서, 토사 반출 방법 나. 필요한 인원 및 장비 사용계획 다. 매설물 등에 대한 이설·보호대책 라. 사업장 내 연락방법 및 신호방법 마. 흙막이 지보공 설치방법 및 계측계획 바. 작업지휘자의 배치계획 사. 그 밖에 안전·보건에 관련된 사항
7. 터널굴착작업	보링(Boring) 등 적절한 방법으로 낙반·출수(出水) 및 가스폭발 등으로 인한 근로자의 위험을 방지하기 위하여 미리 지형·지질 및 지층상태를 조사	가. 굴착의 방법 나. 터널지보공 및 복공(覆工)의 시공방법과 용수(湧水)의 처리방법 다. 환기 또는 조명시설을 설치할 때에는 그 방법
8. 교량작업	–	가. 작업 방법 및 순서 나. 부재(部材)의 낙하·전도 또는 붕괴를 방지하기 위한 방법 다. 작업에 종사하는 근로자의 추락 위험을 방지하기 위한 안전조치 방법

작업명	사전조사 내용	작업계획서 내용
8. 교량작업	–	라. 공사에 사용되는 가설 철구조물 등의 설치·사용·해체 시 안전성 검토 방법 마. 사용하는 기계 등의 종류 및 성능, 작업방법 바. 작업지휘자 배치계획 사. 그 밖에 안전·보건에 관련된 사항
9. 채석작업	지반의 붕괴·굴착기계의 굴러 떨어짐 등에 의한 근로자에게 발생할 위험을 방지하기 위한 해당 작업장의 지형·지질 및 지층의 상태	가. 노천굴착과 갱내굴착의 구별 및 채석방법 나. 굴착면의 높이와 기울기 다. 굴착면 소단(小段 : 비탈면의 경사를 완화시키기 위해 중간에 좁은 폭으로 설치하는 평탄한 부분)의 위치와 넓이 라. 갱 내에서의 낙반 및 붕괴방지 방법 마. 발파방법 바. 암석의 분할방법 사. 암석의 가공장소 아. 사용하는 굴착기계·분할기계·적재기계 또는 운반기계(이하 "굴착기계 등"이라 한다)의 종류 및 성능 자. 토석 또는 암석의 적재 및 운반방법과 운반경로 차. 표토 또는 용수(湧水)의 처리방법
10. 건물 등의 해체 작업	해체건물 등의 구조, 주변 상황 등	가. 해체의 방법 및 해체 순서도면 나. 가설설비·방호설비·환기설비 및 살수·방화설비 등의 방법 다. 사업장 내 연락방법 라. 해체물의 처분계획 마. 해체 작업용 기계·기구 등의 작업계획서 바. 해체 작업용 화약류 등의 사용계획서 사. 그 밖에 안전·보건에 관련된 사항
11. 중량물의 취급 작업	–	가. 추락위험을 예방할 수 있는 안전대책 나. 낙하위험을 예방할 수 있는 안전대책 다. 전도위험을 예방할 수 있는 안전대책 라. 협착위험을 예방할 수 있는 안전대책 마. 붕괴위험을 예방할 수 있는 안전대책
12. 궤도와 그 밖의 관련설비의 보수·점검작업 13. 입환작업(入換作業)	–	가. 적절한 작업 인원 나. 작업량 다. 작업순서 라. 작업방법 및 위험요인에 대한 안전조치방법 등

···02 굴착공사 안전작업지침 [C-39-2023]

이 지침은 산업안전보건기준에 관한 규칙(이하 "안전보건규칙"이라 한다) 제2편 제4장 제2절(굴착작업 등의 위험방지)의 규정에 의하여 굴착공사 작업에 관한안전지침을 정함을 목적으로 한다.

1 조사

(1) 사전조사 사항

① 굴착작업계획 수립 전에 굴착장소 및 그 주변지반에 대하여 아래 사항을 조사하여야 한다.
  ㉠ 지반 형상·지질 및 지층의 상태
  ㉡ 균열·함수·용수 및 동결의 유무 또는 상태
  ㉢ 지하매설물 도면 확인 및 매설물 등의 유무 또는 상태
  ㉣ 지반의 지하수위 상태

(2) 시공 중 조사 사항

공사 진행 중 사전조사된 결과와 상이한 상태가 발생한 경우 보완을 위한 정밀조사를 실시하여 야 하며 결과에 따라 작업계획을 재검토해야 할 필요가 있을 때에는 공법이 결정될 때까지 공 사를 중지하여야 한다.

2 굴착작업 안전기준

(1) 굴착면의 기울기 및 높이의 기준은 안전보건규칙 제338조(지반 등의 굴착 시 위험방지) 제1항 별표 11(굴착면의 기울기 기준)에 의한다.

(2) 사질지반(점토질을 포함하지 않은 것)은 굴착면의 기울기를 1:1.5 이상으로 완만하게 하고 높 이는 5m 미만으로 하여야 한다.

(3) 굴착·깎기 비탈면에는 「건설기술 진흥법」 제44조에 따른 건설공사 설계기준 및 표준시방서 등 관계 법령·규칙에서 정하는 기준에 따라 소단을 설치하며, 소단의 위치와 폭은 시공여건과 사용목적을 고려하여 결정하여야 한다.

3 굴착작업계획 수립 및 준비

(1) 계획수립

① 공사 전에 반드시 안전작업 계획을 수립하여야 하며 계획에 포함하여야 할 사항은 다음과 같다.
  ㉠ 지반형상, 지층상태, 지하수위 등 사전조사 결과를 바탕으로 굴착공법 및 순서, 토사반 출 방법

ⓛ 공사물량에 따른 소요인원 및 장비 투입 운영계획

ⓒ 굴착예정지의 주변 및 지하매설물 조사결과에 따라 작업에 지장을 주는 가스관, 상·하
수도관, 통신케이블 등 장애물이 있는 경우 이설·제거·거치 보전 대책

ⓐ 우수 및 용출수에 대비한 배수(배수장비, 배수경로)처리

ⓜ 굴착기계, 운반기계 등의 운전자와 작업자 또는 책임자 상호 간 수기신호, 무선통신 등
의 연락 신호체계

ⓑ 흙막이지보공 설치 시 계측 종류를 포함한 계측 계획

ⓢ 굴착장비별 사용 시 안전대책

ⓞ 굴착작업 과정에서 발생되는 작업자 재해요인별 안전시설물 설치 방법

ⓩ 유해가스가 발생될 수 있는 굴착 작업장소인 경우 유해가스 측정 및 환기계획

ⓒ 토사반출을 목적으로 복공구조의 시설을 필요로 할 경우 적재하중 조건을 고려하여 구
조계산에 의한 복공판 설치계획

(2) 준비

① 굴착작업 전 준비사항은 다음과 같다.

ⓐ 관리감독자는 작업계획, 작업내용을 이해하고 숙지하여야 한다.

ⓛ 작업장소의 불안전한 상태 유무를 점검하고, 미비점이 있을 경우 즉시 보완하여야 한다.

ⓒ 지하매설물 주위 굴착 시에는 유관기관과 반드시 협의하여야 한다.

ⓐ 사용하는 기기·공구 등의 이상유무를 작업자에게 확인시켜야 하며 위험요인과 안전한
사용방법을 교육시켜야 한다.

ⓜ 작업자의 안전모 착용 및 복장상태, 추락의 위험이 있는 고소작업자에게 안전대 지급
여부를 확인하여야 한다.

ⓑ 작업자에게 당일의 작업량, 작업방법을 숙지시키고 작업 단계별로 안전상유의사항을
교육시켜야 한다.

ⓢ 야간 작업 시 작업장소의 조명 설비 이상 유무를 확인하여야 한다.

ⓞ 작업장소에는 관계자 이외의 자가 출입하지 않도록 출입금지 조치를 하여야 한다.

② 기계를 이용한 굴착 시 작업 전 준비사항은 ①에서 정하는 사항 이외에는 다음과 같은 사항
이 추가되어야 한다.

ⓐ 굴착장소, 주변환경, 토질상태 등의 조건을 고려하여 안전하게 작업할 수 있는 기계를
선정하여야 한다.

ⓛ 작업 전에 기계의 정비 상태를 정비기록표 등에 의해 확인하고 다음 사항을 점검하여야
한다.

- 낙석, 낙하물 등의 위험이 예상되는 작업 시 견고한 헤드가드 설치상태
- 브레이크 및 클러치의 작동상태
- 타이어 및 궤도차륜 상태

- 경보장치의 작동상태
- 부속장치의 상태

    ⓒ 정비 상태가 불량한 기계를 투입해서는 안 된다.

    ⓔ 장비의 진입로와 작업장에서의 주행로를 확보하고, 다짐도, 노폭, 경사도 등의 상태를 점검하여야 한다.

    ⓜ 굴착된 토사의 운반통로, 노면의 상태, 노폭, 기울기, 회전반경 및 교차점, 장비의 운행 시 근로자의 비상대피장소 등에 대해 조사하여 대책을 강구하여야 한다.

    ⓗ 인력굴착과 기계굴착을 병행할 경우 각각의 작업범위와 작업방향을 명확히 하고 기계의 작업반경 내에 근로자가 출입하지 않도록 방호설비를 하거나 감시인을 배치하여야 한다.

    ⓢ 장비 연료 및 정비용 기구·공구 등의 보관 장소가 적절한지 확인하여야 한다.

    ⓞ 운전자가 적정자격을 갖추었는지 확인하여야 한다.

    ⓩ 굴착된 토사를 덤프트럭 등을 이용하여 운반할 경우에는 운행로를 확보하고 유도자와 교통 정리원을 배치하여야 하며, 굴착기계 운전자와 차량운전자 간의 상호 연락을 위해 신호체계를 갖추어야 한다.

4 굴착작업 안전

(1) 공통사항

① 굴착은 계획된 순서에 의해 작업을 실시하여야 한다.

② 관리감독자의 지휘하에 작업하여야 한다.

③ 지반의 종류에 따라 굴착면의 기울기를 준수하여야 한다.

④ 굴착토사나 자재 등을 경사면 및 굴착부 배면에 쌓아두어서는 안 된다.

⑤ 매설물, 장애물 등에 항상 주의하고 매설물이 손상되지 않도록 보호하여야 한다.

⑥ 용수가 발생한 때에는 작업을 중단하고 신속하게 배수하여야 하며 흙막이 지보공의 배면에 우수 등이 유입되지 않도록 차수시설을 하여야 한다.

⑦ 배수를 위해 수중펌프를 설치·사용하는 경우에는 외함접지를 실시함을 물론 누전차단기를 설치하고 이의 작동 여부를 확인하여야 한다.

⑧ 산소결핍의 우려가 있는 작업 장소는 안전보건규칙 제3편 보건기준 제10장(밀폐공간작업으로 인한 건강장해의 예방)의 규정을 준수하여야 한다.

⑨ 도시가스의 누출, 메탄가스 등의 발생이 우려되는 경우에는 화기를 사용하여서는 아니 된다. 또한 이들 유해가스에 대해서는 ⑧을 참고한다.

⑩ 위험 장소에는 작업자 이외의 자가 접근하지 못하도록 표지판을 설치하거나 감시인을 배치하여야 한다.

⑪ 토사 붕괴의 발생을 예방하기 위하여 다음 사항을 점검하여야 하며 점검시기는 작업 전·중

·후, 비온 후, 인접 작업구역에서 발파한 경우에 실시하여야 한다.

⊙ 전 지표면의 답사

⊙ 경사면의 지층 변화부 상황 확인

⊙ 부석의 상황 변화의 확인

⊙ 용수의 발생 유·무와 용수량의 변화 확인

⊙ 결빙과 해빙에 대한 상황의 확인

⊙ 각종 경사면 보호공의 변위, 탈락 유·무

(2) 인력굴착

① 일반사항

⊙ 인력굴착 작업은 가급적 단독작업을 피하고 2인 이상이 함께 작업하도록 한다.

⊙ 인력굴착 작업 시 삽이나 곡괭이 사용으로 인한 작업자 상호 간 사고를 방지하기 위해 작업 중에는 충분한 거리(삽이나 곡괭이 사용 시 2m 이상)를 유지해야 한다.

⊙ 작업 도중 굴착된 상태로 작업을 종료할 경우는 방호울, 위험표지판을 설치하여 제3자의 출입을 금지시켜야 한다.

⊙ 상·하부 동시작업은 원칙적으로 금지하여야 하나 부득이한 경우 다음 조치를 실시한 후 작업하여야 한다.

  • 견고한 낙하물 방호시설 설치

  • 부석 제거

  • 작업장소에 불필요한 기계 등의 방치금지

  • 관리감독자 및 신호수 배치

⊙ 굴착면의 기울기가 1:1 이하로서 급경사이고 높이가 2m 이상인 굴착비탈면에서 부석 제거 등 인력작업이 필요한 경우에는 다음 사항을 준수하여야 한다.

  • 작업자의 추락방지를 위한 안전대 부착설비를 설치하고 안전대를 착용하여야 한다.

  • 안전대 부착 설비는 굴착비탈면 상단에 견고하게 설치하되 그 구조는 앵커 및 일정 간격의 매듭이 형성된 양호한 섬유로프 등을 이용하여야 한다.

  • 작업자의 승강용 통로를 설치하여야 하며 통로는 이탈되지 않도록 견고히 고정하여 야 한다.

② 트렌치 굴착

⊙ 통행자가 많은 장소에서 굴착하는 경우 굴착장소에 방호울 등을 사용하여 접근을 금지시키고 안전표지판을 식별이 용이한 장소에 설치하여야 한다.

⊙ 야간에는 KOSHA GUIDE C−52(야간 건설공사 안전보건작업지침)에서 정하는 최소 조도기준을 확보할 수 있도록 작업장에 충분한 조명시설을 하여야 하며 임시로 설치 사용하는 시설물에는 형광벨트, 경광등 등을 설치하여야 한다.

⊙ 바닥면의 굴착 깊이를 확인하면서 작업하여야 한다.

     ⓔ 토사지반으로서 흙막이지보공을 설치하지 않는 경우 굴착 깊이는 1.5m 이하로 하여야 한다.

     ⓜ 수분을 많이 함유한 지반의 경우나 뒷채움 지반인 경우 또는 차량의 통행 등으로 붕괴되기 쉬운 경우에는 반드시 흙막이지보공을 설치하여야 한다.

     ⓗ 굴착 폭은 작업 및 대피가 용이하도록 충분한 넓이를 확보하여야 하며 굴착 깊이가 2m 이상일 경우에는 1m 이상 폭으로 한다.

     ⓢ 흙막이널판을 사용할 경우에는 널판길이 1/3 이상의 근입장을 확보하여야 한다.

     ⓞ 굴착토사는 굴착바닥에서 45° 이상 경사선 밖에 적치하도록 하고 건설기계가 통행하는 장소에는 별도의 통행로를 설치하여야 한다.

     ⓩ 핸드브레이커를 이용하여 견고한 지반을 굴착할 경우에는 보호장갑, 보안경 등의 보호구를 착용하여야 한다.

     ⓒ 핸드브레이커 사용을 위한 공기압축기는 작업이나 통행에 지장이 없는 장소에 설치하여야 한다.

     ⓚ 굴착 깊이가 1.5m 이상인 경우 적어도 30m 간격 이내로 사다리, 계단 등 승강설비를 설치하여야 한다.

     ⓔ 굴착 저면에서 휴식을 취하여서는 안 된다.

(3) 기계굴착

① 일반사항

     ㉠ 운전자의 해당 면허소지 여부 및 건강상태를 확인하여야 하며 과로시키지 않아야 한다.

     ㉡ 작업반은 가급적 숙련자로 구성하여야 하며 신호수를 지정하여 표준 신호방법에 의해 신호하여야 한다.

     ㉢ 운전자 외에는 승차를 금지시켜야 한다.

     ㉣ 통행인이나 근로자에게 위험이 미칠 우려가 있는 경우에는 유도자의 신호에 따라 운전하여야 한다.

     ㉤ 규정된 속도를 준수하여야 한다.

     ㉥ 용량을 초과하는 가동은 금지하여야 하며 연약지반의 노견, 경사면 등의 위험장소에는 반드시 유도자를 배치하여야 한다.

     ㉦ 차량계 건설기계의 주행로는 충분한 노폭확보와 침하방지 및 배수조치를 하여야 한다.

     ㉧ 전선이나 구조물 등에 인접하여 붐을 선회하여 작업할 때는 사전에 회전반경, 높이 제한 등 방호조치를 하여야 한다.

     ㉨ 작업의 종료나 중단 시에는 장비를 평탄한 장소에 두고 버켓 등을 지면에 내려놓아야 하며 바퀴에 고임목 등으로 받쳐 전락 및 구동을 방지하여야 한다.

     ㉩ 장비는 당해 작업목적 이외의 용도로 사용하여서는 안 된다.

     ㉪ 장비에 이상이 발견되면 즉시 부속장치를 교환하거나 수리하여야 한다.

ⓔ 장비의 수리 시에는 붐, 암 등이 불시에 하강함으로서 발생하는 위험 방지를 위하여 안전지주, 안전블록 등을 사용하여야 한다.

ⓟ 작업종료 시에는 장비관리 책임자가 열쇠를 보관하여야 한다.

ⓗ 낙석 등의 위험이 있는 장소에서 작업할 경우에는 장비에 헤드가드 등 견고한 방호조치를 설치하여야 하며 전조등, 경보장치 등이 부착되지 않은 기계를 운전시켜서는 안 된다.

㉮ 장비를 차량으로 운반해야 될 경우에는 전용 트레일러를 사용하여야 하며, 전용발판을 이용하여 적재할 경우에는 장비가 전도되지 않도록 안전한 강도와 기울기, 폭 및 두께를 확보하여야 하며 발판위에서 방향을 바꾸어서는 안 된다.

② **깎기작업**

㉠ 붕락위험이 있는 장소에서의 작업은 금지하여야 한다.

㉡ 깎기면 최상부에는 산마루 측구 등 배수시설을 설치하여야 한다.

㉢ 깎기면이 높은 경우는 계단식으로 굴착하고 충분한 폭의 소단을 설치하여야 하며 깎기면으로 우수 등이 흘러내리지 않도록 소단은 깎기면 방향으로 적정한 기울기를 두어 형성하고 필요시 배수로를 설치하여야 한다.

㉣ 깎기면을 장기간 방치할 경우는 경사면에 비닐덮기 등 적절한 보호조치를 하여야 하고 깎기면이 암반으로서 암질이 불량한 경우는 록볼트, 넷트 설치 등의 방호시설을 하여야 한다.

㉤ 깎기면이 높은 경우에는 굴착장비가 안전하게 이동할 수 있는 등판용 가설도로를 설치하되 적정 노폭을 유지토록하고 침하 우려가 없어야 한다.

㉥ 굴착작업 시 장비의 전도 및 전락방지를 위하여 지반이 평탄하고 다짐이 양호한 위치에 정치시킨 후 작업하여야 한다.

㉦ 불안전한 급경사면에 옹벽설치를 위한 굴착작업 시에는 다음 사항을 준수하여야 한다.
- 비탈면의 지질, 지층 상태가 불량한 경우에는 흙막이지보공을 설치하여야 한다.
- 굴착부분에 대해서는 변형이 발생되기 전에 기초 및 벽체 구조물을 축조하고 배면에는 배수가 잘 되는 재료로 뒷채움을 하여야 한다.
- 깎기 비탈면에 낙석의 우려가 있거나 장기간 방치할 경우에는 록볼트, 숏크리트, 넷트 등의 비탈면 보호공을 실시하여야 한다.

③ **지하굴착작업**

㉠ 굴착부지의 여유가 없어 지층상태에 따른 굴착기울기를 준수할 수 없는 경우 또는 지층, 지질 상태가 연약지반인 경우에는 흙막이지보공을 설치하여야 한다.

㉡ 흙막이지보공 설치 시 지보공 부재의 설치순서에 맞도록 굴착을 진행하여야 한다.

㉢ 흙막이지보공을 설치하는 장소에는 아래 각 목의 계측기를 설치하여 흙막이구조의 안전을 예측하여야 하며 설치가 곤란할 경우 데오도라이트, 트랜싯 및 레벨 측량기 등으로 수직, 수평변위 발생 여부를 측정하여야 한다.

ⓔ 계측기기 판독 및 측량 결과 수직, 수평변위량이 허용범위를 초과한 경우에는 즉시 작업을 중단하고 장비 및 자재의 이동, 배면토압의 경감 조치, 가설지보공 구조의 보완 등 조치를 취하여야 한다.

ⓜ 히빙(Heaving), 파이핑(Piping) 및 보일링(Boiling) 현상 발생에 대비하여 흙막이지보공 하단부 굴착 시 이상유무를 정밀하게 관측하여야 한다.

ⓗ 흙막이벽 배면 단부에는 추락이나 낙하물에 대비한 방호시설을 설치하여야 한다.

ⓢ 시가지 등 인구밀집지역에서 굴착작업을 하는 경우에는 매설물의 손괴방지를 위하여 줄파기 등 인력굴착을 선행한 후 기계굴착을 실시하여야 하며 또한 매설물이 손상을 입은 경우는 즉시 작업 책임자에게 보고하고 복구방법을 신속히 강구하여 조치하여야 한다.

ⓞ 흙막이 벽을 지지하기 위해 버팀보(Strut)를 설치할 경우에는 다음 사항을 준수하여야 한다.

- 작업 시 흙막이지보공의 설계도면과 시방을 준수하여 정밀 시공하여야 한다.
- 버팀부재로서 버팀보, 띠장, 사보강재 등을 설치하고 하부작업을 하여야 한다.
- 띠장의 이음 위치는 가능한 응력이 크게 작용하는 위치를 피하여 버팀대와 사보강재의 지점에 가까운 곳을 선택하여 설치하여야 하며 각 단의 띠장이음 위치가 동일선상에 있어서는 안 된다.
- 버팀보와 띠장은 터파기가 예정 깊이에 도달하면 신속히 설치하여 이음 및 맞춤부분을 완성하되 버팀보 설치지점으로부터 0.5m 이상 과굴착하지 않도록 하여야 한다.
- 작업 중 버팀보 또는 흙막이벽의 이상 변위에 주의하며 이상토압이 발생하여 흙막이지보공에 이상 변형이 발생되면 작업을 중지하고 보강대책을 강구하여야 한다.
- 부재접합을 위하여 교류아크용접을 할 경우 반드시 자동전격방지장치를 설치하고 외함은 접지하여야 한다.
- 버팀보, 사보강재 위로 통행을 해서는 안 되며, 부득이 통행할 경우에는 안전통로를 설치하고 통로에는 안전난간을 설치하거나 안전대 부착설비를 설치한 후 안전대를 착용하여야 한다.
- 버팀보 위에는 중량물을 적재하여서는 안 되며 부득이한 경우는 지보공으로 충분히 보강하여야 한다.
- 합벽식이 아닌 경우에는 버팀부재 철거 시 버팀목 설치와 되메우기 등으로 배면토압과 균형을 유지하여야 한다.
- 조립 부재인 가설강재 등의 반입, 반출 시에는 낙하하지 않도록 확실하게 매달고 훅에는 해지장치를 이용하여 이탈을 방지하여야 한다.
- 강재접합부의 볼트 구멍은 드릴로 천공하고 용접기를 사용하여 천공하여서는 안 된다.

ⓩ 차수를 목적으로 쉬트파일(Sheet Pile)을 설치하는 경우에는 다음 사항을 준수하여야 한다.

- 쉬트파일의 수직도 확보를 위해 최초 항타 시에는 반드시 트랜싯 측량기를 이용하여

기울어지지 않도록 확인하여야 한다.

- 쉬트파일 설치 시 수직도 관리를 위하여 안내보(Guide Beam)를 설치한 후 타입하고 수직도는 1/100 이내이어야 하며 타입진행 방향으로 기울어짐이 발생될 때에는 경사 보정을 위한 방법으로 쐐기형 쉬트 파일을 타입하는 등의 조치를 하여야 한다.
- 연결고리 구조의 쉬트파일 또는 라이너플레이트를 설치한 경우 틈새가 생기지 않도록 정확히 하여야 한다.
- 쉬트파일의 이음은 인접한 쉬트파일의 이음 위치와 동일하게 설치하여서는 안 되며 이음방식은 전단면 맞대기 용접 이음으로 하여야 한다.
- 링은 쉬트파일에 소정의 볼트를 긴결하여 확실하게 설치하여야 한다.
- 토압이 커서 링이 변형될 우려가 있는 경우 버팀보 등으로 보강하여야 한다.
- 라이너플레이트의 이음은 상·하 교합이 잘 되도록 하여야 한다.
- 굴착 및 링의 설치와 동시에 철사다리를 설치 연장하여야 하며 철사다리는 굴착 바닥 면과 접근높이가 30cm 이내가 되게 하고 버켓의 경로, 전선, 닥트 등이 배치되지 않는 곳에 설치하여야 한다.
- 쉬트파일을 인양할 경우 크레인 훅 및 매달기 로프가 벗겨지지 않도록 조치하여야 한다.

ⓒ 흙막이벽에 작용하는 외력을 받도록 어스앵커(Earth Anchor)를 설치할 경우에는 다음 사항을 준수하여야 한다.

- 앵커 천공 시에는 천공구멍이 휘거나 붕괴 등이 발생치 않도록 유의하여야 한다.
- 앵커체는 띠장 부근에서 꺾이지 않도록 띠장의 각도를 인장강선과 직각이 되도록 설치하여야 한다.
- 앵커 설치 시 앵커체의 정착층이 사전 조사한 토층과 상이하거나 양질의 지반이 아닌 경우에는 즉시 앵커 정착부를 재검토하여야 한다.
- 앵커체의 인장은 동시 인장을 실시하여 재킹력(Jacking Force)의 손실을 줄여야 하며 인장기는 충분한 재킹력을 가할 수 있는 규격품을 사용하여야 한다.
- 앵커체의 인장강선은 추후 재인장에 대비하여 여유를 두고 절단하여야 한다.
- 주입재를 주입할 때 팩커 바깥쪽으로 주입재가 누출되지 않도록 하며 적정한 주입압력을 유지하여야 한다.

④ **지하매설물에 인접한 굴착**

㉠ 시가지 굴착 등을 할 경우에는 도면 및 관리자의 조언에 의하여 매설물의 위치를 파악한 후 줄파기작업 등을 시작하여야 한다.

㉡ 굴착에 의하여 매설물이 노출되면 반드시 관계 기관, 소유자 및 관리자에게 확인시키고 상호 협조하여 지주나 지보공 등을 이용하여 방호조치를 하여야 하며 지하매설물 위치에서 50cm 이내는 인력으로 굴착하여야 한다.

㉢ 매설물의 이설 및 위치변경, 교체 등은 관계 기관(자)과 협의하여 실시되어야 한다.

② 최소 1일 1회 이상은 순회 점검하여야 하며 점검에는 와이어로프의 인장상태, 거치구조의 안전상태, 특히 접합부분을 중점적으로 확인하여야 한다.

⑩ 매설물에 인접하여 작업할 경우는 주변지반의 지하수위가 저하되어 압밀침하될 가능성이 많고 매설물이 파손될 우려가 있으므로 곡관부의 보강, 매설물벽체 누수 등 매설물의 관계 기관(자)과 충분히 합의하여 방지대책을 강구하여야 한다.

⑪ 가스관과 송유관 등이 매설된 경우는 화기사용을 금하여야 하며 부득이 용접기 등을 사용해야 될 경우는 폭발방지 조치를 취한 후 작업을 하여야 한다.

⑫ 노출된 매설물을 되메우기 할 경우는 매설물의 방호를 실시하고 양질의 토사를 이용하여 충분한 다짐을 하여야 한다.

⑤ 기존 구조물에 인접한 굴착

㉠ 기존 구조물의 기초상태와 지질조건 및 구조형태 등에 대하여 조사하고 작업방식, 공법 등 충분한 대책과 작업상의 안전계획을 확인한 후 작업하여야 한다.

㉡ 기존 구조물과 인접하여 굴착하거나 기존 구조물의 하부를 굴착하여야 할 경우에는 그 크기, 높이, 하중 등을 충분히 조사하고 굴착에 의한 진동, 침하, 전도 등 외력에 대해서 충분히 안전한가를 확인하여야 한다.

㉢ 기존 구조물 지지를 위한 보강 작업 시 다음 사항을 준수하여야 한다

- 기존 구조물의 하부에 파일, 가설슬래브 구조 및 언더피닝공법 등의 대책을 강구하여야 한다.
- 붕괴방지 파일 등에 브래킷을 설치하여 기존 구조물을 방호하고 기존 구조물과의 사이에는 모래, 자갈, 콘크리트, 지반보강 약액제 등을 충진하여 지반의 침하를 방지하여야 한다.
- 기존 구조물의 침하가 예상되는 경우에는 토질, 토층 등을 정밀조사하고 유효한 혼합 시멘트, 약액 주입공법, 수평·수직보강 말뚝공법 등으로 대책을 강구하여야 한다.
- 웰 포인트 공법 등이 행하여지는 경우 기존 구조물의 침하에 충분히 주의하고 침하가 될 경우에는 그라우팅, 화학적 고결방법 등으로 대책을 강구하여야 한다.
- 지속적으로 기존 구조물의 상태에 주의하고 작업장 주위에는 비상 투입용 보강재 등을 준비하여야 한다.
- 맨홀 등 소규모 구조물이 있는 경우에는 굴착 전에 파일 및 가설가대 등을 설치한 후 매달아 보강하여야 한다.
- 옹벽, 블록벽 등이 있는 경우에는 철거 또는 버팀목 등으로 보강한 후에 굴착작업을 하여야 한다.

⑥ 굴착토사의 처리

㉠ 굴착깊이에 따라 버켓을 이용한 굴착토사 처리 시에는 다음 사항을 준수하여야 한다.

- 버켓은 훅에 정확히 걸고 상·하작업 시 이탈하지 않도록 하여야 한다.

- 버켓에 부착된 토사는 반드시 제거하고 상·하작업을 하여야 한다.
- 버켓을 인양하는 작업구 하부에는 경광등, 안전표지판 등을 설치하고 인양 작업 중에는 근로자의 출입을 통제하여야 한다.
- 작업구 등 개구부에서 인양물을 확인할 경우에는 반드시 안전대 등을 착용하여야 한다.
- 조립된 부재에 장비의 버켓 등이 닿지 않도록 신호자의 신호에 의해 운전하여야 한다.
  - ㉡ 토사반출을 고정식 크레인 및 호이스트 등을 조립하여 사용할 경우에는 다음 사항을 준수하여야 한다.
    - 토사 단위운반용량에 적합한 버켓이어야 하며, 기계의 제원은 안전율을 고려한 것이어야 한다.
    - 기초를 튼튼히 하고 각부는 파일에 고정하여야 한다.
    - 윈치는 이동, 침하하지 않도록 설치하여야 하고 와이어로프는 설비 등에 접촉하여 마모하지 않도록 주의하여야 한다.
    - 토사반출용 작업구에는 견고한 철책, 난간 등을 설치하고 안전표지판을 설치하여야 한다.
    - 개구부는 버켓의 출입에 지장이 없는 가능한 한 작은 것으로 하여야 한다.

(4) 발파에 의한 굴착

① 발파작업 시 장전, 결선, 점화, 불발 잔약의 처리 등은 선임된 발파책임자가 관리하여야 한다.

② 발파 면허를 소지한 발파책임자의 작업지휘하에 발파작업을 하여야 한다.

③ 발파 시에는 반드시 발파시방에 의한 장약량, 천공장, 천공구경, 천공 각도, 화약 종류, 발파방식을 준수하여야 한다.

④ 암반변화 구간의 발파는 반드시 시험발파를 선행하여 실시하고 암질에 따른 발파시방을 작성하여야 하며 진동치, 속도, 폭력 등 발파 영향력을 검토하여야 한다.

⑤ 암반변화 구간 및 이상암질의 출현 시 반드시 암질판별을 실시하고 그에 따라 필요한 조치를 하여야 한다.

⑥ 발파시방을 변경하는 경우에는 반드시 시험발파를 실시하여야 하며 진동파속도, 폭력, 폭속 등의 조건에 의한 적정한 발파시방이어야 한다.

⑦ 주변 구조물 및 인가 등 피해 대상물이 인접한 장소에서의 발파는 당해 공사의 설계도서와 시방서에서 정하는 바에 따라야 한다.

⑧ 화약 양도양수 허가증을 정기적으로 확인하여 사용기간, 사용량 등을 확인하여야 한다.

⑨ 작업책임자는 발파작업 지휘자와 발파시간, 대피장소, 경로, 방호의 방법에 대하여 충분히 협의하여 작업자의 안전을 도모하여야 한다.

⑩ 낙반, 부석의 제거가 불가능할 경우 부분 재발파, 록볼트, 포폴링 등의 붕괴방지를 실시하여야 한다.

⑪ 발파는 적절한 경보 및 근로자와 제3자의 대피 등의 조치를 취한 후에 실시하여야 하며, 발파 후에는 불발 잔약의 확인과 진동에 의한 2차 붕괴 여부를 확인하고 낙반, 부석처리를 완료한 후 작업을 재개하여야 한다.

⑫ 환기가 잘되지 않는 장소에서의 발파작업 시에는 환기설비를 갖추어 가스배출을 시킨 후 작업하여야 한다.

⑬ 화약류 운반 시 다음 사항을 준수하여야 한다.

- 화약류는 반드시 화약류 취급책임자로부터 수령하여야 한다.
- 화약류의 운반은 반드시 운반대나 상자를 이용하여 소량으로 분할하여 운반하여야 한다.
- 용기에 화약류와 뇌관을 함께 운반해서는 안 된다.
- 화약류, 뇌관 등은 충격을 주지 않도록 신중하게 분리 취급하고 화기에 가까이 해서는 안 된다.

⑭ 발파 후 굴착작업을 할 때는 불발잔약의 유·무를 반드시 확인하고 작업하여야 한다.

⑮ 흙막이공법을 적용한 지반의 경질암반에 대한 발파는 반드시 시험발파에 의한 발파시방을 준수하여야 하며 엄지말뚝, 중간말뚝, 흙막이지보공 벽체의 진동영향력이 최소가 되게 하여야 한다. 경우에 따라 무진동 파쇄방식의 계획을 수립하여 진동을 억제하여야 한다.

5 붕괴재해예방

(1) 붕괴토석의 최대 도달거리 범위 내에서 굴착공사, 배수관의 매설, 콘크리트타설작업 등을 할 경우에는 적합한 방호대책을 강구하여야 하며 원칙적으로 2개 이상 공종의 동시작업을 금지하여야 한다.

(2) 붕괴의 속도는 높이와 비례하므로 수평방향의 활동에 대비하여 작업장 좌우에 피난통로 등을 확보하여야 한다.

(3) 작은 규모의 붕괴가 발생되어 인명구출 등 구조작업 도중에 2차 대형붕괴를 방지하기 위하여 붕괴면의 주변상황을 충분히 확인하고 안전조치를 강구한 후복구작업에 임하여야 한다.

··· 03 흙의 기본 성질

1 개요

흙은 토립자를 기본으로 물과 공기의 3상으로 구성되어 있으며, 상호 간의 관계는 체적과 중량으로 나타낼 수 있는데, 체적관계는 간극률, 간극비, 포화도를, 중량관계는 함수비를 사용해 표시한다.

2 흙의 주상도

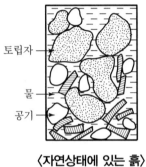

〈자연상태에 있는 흙〉

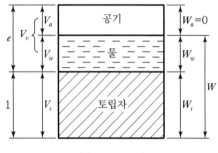

〈흙의 주상도〉

3 흙의 성분 관계식

(1) 간극비(Void Ratio)

토립자 용적에 대한 간극의 용적비

$$e = \frac{V_v}{V_s}$$

여기서, V_v : 간극의 용적
V_s : 토립자의 용적

(2) 간극률(Porosity)

흙 전체의 용적에 대한 간극의 용적 백분율

$$n = \frac{V_v}{V} \times 100\%$$

여기서, V : 흙 전체의 용적

(3) 포화도(Degree of Saturation)

간극 속 물의 용적 비율로 흙이 포화상태에 있으면 $S=100\%$이고, 완전히 건조되어 있으면 $S=0$이다.

$$S = \frac{V_w}{V_v} \times 100\%$$

여기서, V_w : 물의 용적

(4) 함수비(Water Content)

토립자의 중량에 대한 물중량의 백분율로서 건조 상태의 흙의 함수비는 0이다.

$$w = \frac{W_w}{W_s} \times 100\%$$

여기서, W_w : 물의 중량
W_s : 토립자의 중량

(5) 함수율

흙 전체 중량에 대한 물중량의 백분율

$$w' = \frac{W_w}{W} \times 100\%$$

여기서, W : 흙 전체의 중량

(6) 비중

흙의 입자 단위중량과 4℃에서의 물의 단위중량을 이용

$$G_s = \frac{\gamma_s}{\gamma_w(4℃)}$$

(7) 포화단위중량

흙이 수중에 있거나 모관작용으로 완전히 포화되었을 때 단위중량

$$\gamma_{sat} = \frac{G_s + e}{1 + e} \times \gamma_w$$

⑻ 수중단위중량

흙이 지하수위 아래에 있을 경우 부력을 받게 되므로 이때 단위중량은 포화단위중량에서 부력 만큼 감소

$$\gamma_{sub} = \gamma_{sat} - \gamma_w = \frac{G_s - 1}{1 + e} \times \gamma_w$$

⑼ 상대밀도

조립토의 느슨한 상태와 조밀한 상태의 공극크기 비교

$$D_r = \frac{e_{\max} - e}{e_{\max} - e_{\min}} \times 100(\%)$$

··· 04 지반조사

1 개요

(1) '지반조사'란 지반을 구성하는 지층의 분포, 흙의 성질, 지하수의 상태 등을 밝혀 구조물의 설계·시공에 필요한 기초적인 자료를 구하는 조사를 말한다.

(2) 지반조사는 예비조사, 현지조사, 본조사의 순서로 실시하며, 건설안전 측면에서 DFS, 설계안정성검토의 기본이 되는 조사에 해당된다.

2 지반조사의 목적

(1) 토질의 성질 파악

(2) 지층의 분포상태 검토

(3) 지하수위 및 피압수 여부 및 위치 산정

(4) 본 공사 착공 전 지반 안정성 정도 파악

3 지반조사의 종류

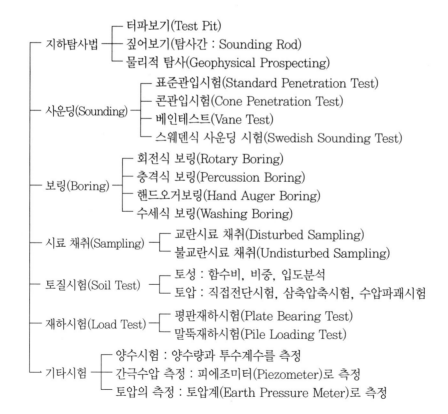

··· 05 토공사의 공학적 사전조사

🔳 개요

굴착공사를 시행하기에 앞서 토질 및 지반조사와 공사구간 주변 지하매설물에 대한 사전조사·현황파악을 통해 작업 중 예상되는 유해·위험요소를 사전에 파악한 후 실시하는 작업방법·이설계획·방호계획·보강계획 등의 안전성 확보계획 수립을 위한 조사를 말한다.

🔳 토공사의 공학적 사전조사 내용

(1) 토질 및 지반조사

① 조사대상

지형, 지질, 지층, 지하수, 용수, 식생 등

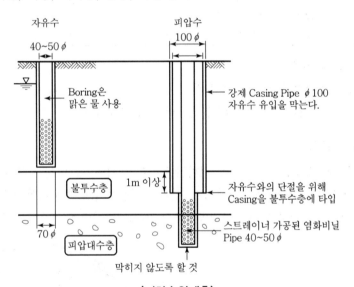

〈지하수위계측〉

② 조사내용

㉠ 실태조사

- 기절토된 경사면
- 토질구성(표토, 토질, 암질), 토질구조(지층의 분포)
- 지하수 및 용수의 형상

ⓛ 조사방법

종류	내용
사운딩 (Sounding)	• 저항체를 지중에 매입하여 관입, 회전, 인발 등의 힘을 가해 토층의 상태를 파악하는 방법 • 종류 − 표준관입시험(SPT : Standard Penetration Test) − 콘관입시험(Cone Penetration Test) − Vane Test
시추 (Boring)	• 시추작업으로 토사를 채취하여 토질분포, 흙의 층상을 파악하는 방법 • 종류 − 회전식 Boring − 충격식 Boring − 수세식 Boring − 핸드오거(Hand Auger) Boring
물리적 탐사 (Geophysical Exploration)	• 지반의 구성층 및 지층변화의 심도를 판단하는 방법 • 종류 탄성파 탐사, 음파 탐사, 전기저항 탐사

ⓒ 토질시험(Soil Test)
- 토성 : 함수비, 비중, 입도분석
- 토압 : 직접전단시험, 삼축압축시험, 수압파쇄시험

(2) 지하매설물 조사

① Gas관, 상수도관, 지하 Cable, 지하잔존구조물, 기초, 공동구, 지하철, 맨홀 등
② 매설물의 깊이, 매설상황, 이설시기, 설치시기 등을 검토하기 위한 조사
③ 굴착 시 지하매설물에 대한 안전방호조치 강구(매달기방호, 받침방호 등)

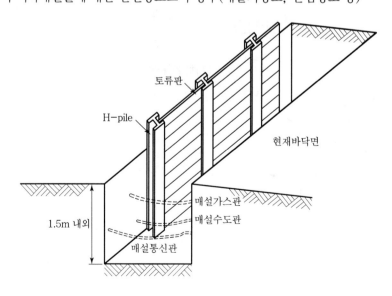

(3) 부지 및 주변구조물 조사

① 부지경계(도로, 인접대지) 조사 및 지상구조물 조사

② 전신주, 소화전, 가로수, 교통표지 등의 위치 및 이설 여부 확인

3 사전조사 시 유의사항

(1) 정기적 검·교정을 완료한 조사 기계·기구를 사용해 정확한 조사가 이루어지도록 할 것

(2) 기계·기구의 사용법과 재해예방을 위한 사전 안전교육 실시

(3) 재해 방지를 위한 보호구의 지급과 착용상태 확인 및 신호체계 확보

(4) 측정 결과의 Data Feedback 관리 철저

⋯ 06 지하탐사법

1 개요

'지하탐사법'이란 지층의 토질, 지하수 존재, 지층의 구조 등을 조사하는 지반조사의 방법으로 지하탐사법의 종류에는 터파보기(Test Pit), 짚어보기(Sounding Rod), 물리적 탐사(Geophysical Prospecting) 등이 있으며 탐사 결과는 지하매설물의 현황 파악 자료가 된다.

2 지하탐사법의 종류

(1) 터파보기(Test Pit)

① 소형 도구로 터파보기를 한 후 육안으로 판단하는 방법으로 많은 토질 분야의 전문적인 지식이 요구되는 탐사법이다.

② 얕은 지층의 토질, 지하수 상태 등의 파악이 가능하다.

③ 터파보기 깊이는 1.5~3.0m까지가 일반적이다.

④ 구멍의 거리 간격은 5.0~10m, 구멍 지름은 60~90cm이다.

(2) 짚어보기(탐사간 : Sounding Rod)

① 지름 9mm 정도의 철봉을 사용해 탐사하는 방법

② 저항, 울림, 침하력 등에 의하여 지반의 단단함을 판단해야 하므로 전문적인 지식이 요구된다.

(3) 물리적 탐사(Geophysical Prospecting)

① 탄성파, 음파, 전기저항 등을 이용하여 탐사하는 방법

② 지반의 지층구조, 풍화 정도, 지하수 등의 파악이 가능하다.

③ 필요시 Boring과 병행한다.

④ 지층변화의 심도(深度)별 상태 파악이 가능하다.

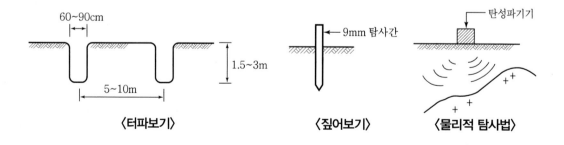

〈터파보기〉　　　〈짚어보기〉　　　〈물리적 탐사법〉

···07 토공사 시 준수사항

1 인력굴착

(1) 공사 전 준비로서 다음의 사항을 준수하여야 한다.

① 작업계획, 작업내용을 충분히 검토하고 이해하여야 한다.

② 공사물량 및 공기에 따른 근로자의 소요인원을 계획하여야 한다.

③ 굴착예정지의 주변 상황을 조사하여 조사결과 작업에 지장을 주는 장애물이 있는 경우 이설, 제거, 거치보전계획을 수립하여야 한다.

④ 시가지 등에서 공중재해에 대한 위험이 수반될 경우 예방대책을 수립하여야 하며, 가스관, 상하수도관, 지하케이블 등의 지하매설물에 대한 방호조치를 하여야 한다.

⑤ 작업에 필요한 기기, 공구 및 자재의 수량을 검토, 준비하고 반입방법에 대하여 계획하여야 한다.

⑥ 예정된 굴착방법에 적절한 토사반출방법을 계획하여야 한다.

⑦ 관련 작업(굴착기계·운반기계 등의 운전자, 흙막이공, 혈틀공, 철근공, 배관공 등)의 책임자 상호 간의 긴밀한 협조와 연락을 충분히 하여야 하며 수기신호, 무선통신, 유선통신 등의 신호체제를 확립한 후 작업을 진행시켜야 한다.

⑧ 지하수 유입에 대한 대책을 수립하여야 한다.

(2) 일일 준비로서 다음의 사항을 준수하여야 한다.

① 작업 전에 반드시 작업장소의 불안전한 상태 유무를 점검하고 미비점이 있을 경우 즉시 조치하여야 한다.

② 근로자를 적절히 배치하여야 한다.

③ 사용하는 기기, 공구 등을 근로자에게 확인시켜야 한다.

④ 근로자의 안전모 착용 및 복장상태, 또 추락의 위험이 있는 고소작업자는 안전대를 착용하고 있는가 등을 확인하여야 한다.

⑤ 근로자에게 당일의 작업량, 작업방법을 설명하고, 작업의 단계별 순서와 안전상의 문제점에 대하여 교육하여야 한다.

⑥ 작업장소에 관계자 이외의 자가 출입하지 않도록 하고, 또 위험장소에는 근로자가 접근하지 않도록 출입금지 조치를 하여야 한다.

⑦ 굴착된 흙이 차량으로 운반될 경우 통로를 확보하고 굴착자와 차량 운전자가 상호 연락할 수 있도록 하되, 그 신호는 노동부장관이 고시한 크레인작업표준신호지침에서 정하는 바에 의한다.

② 굴착작업

굴착작업 시 다음의 사항을 준수하여야 한다.

(1) 안전담당자의 지휘하에 작업하여야 한다.

(2) 지반의 종류에 따라서 정해진 굴착면의 높이와 기울기로 진행시켜야 한다.

(3) 굴착면 및 흙막이지보공의 상태를 주의하여 작업을 진행시켜야 한다.

(4) 굴착면 및 굴착심도 기준을 준수하여 작업 중 붕괴를 예방하여야 한다.

(5) 굴착 토사나 자재 등을 경사면 및 토류벽 천단부 주변에 쌓아두어서는 안 된다.

(6) 매설물, 장애물 등에 항상 주의하고 대책을 강구한 후에 작업을 하여야 한다.

(7) 용수 등의 유입수가 있는 경우 반드시 배수시설을 한 뒤에 작업을 하여야 한다.

(8) 수중펌프나 벨트콘베이어 등 전동기기를 사용할 경우는 누전차단기를 설치하고 작동 여부를 확인하여야 한다.

(9) 산소 결핍의 우려가 있는 작업장은 안전보건규칙 규정을 준수하여야 한다.

(10) 도시가스 누출, 메탄가스 등의 발생이 우려되는 경우에는 화기를 사용하여서는 안 된다.

③ 절토

절토 시에는 다음의 사항을 준수하여야 한다.

(1) 상부에서 붕락 위험이 있는 장소에서의 작업은 금하여야 한다.

(2) 상·하부 동시작업은 금지하여야 하나 부득이한 경우 다음의 조치를 실시한 후 작업하여야 한다.

① 견고한 낙하물 방호시설 설치

② 부석 제거

③ 작업장소에 불필요한 기계 등의 방치 금지

④ 신호수 및 담당자 배치

(3) 굴착면이 높은 경우는 계단식으로 굴착하고 소단의 폭은 수평거리 2m 정도로 하여야 한다.

(4) 사면경사는 1:1 이하이며 굴착면이 2m 이상일 경우는 안전대 등을 착용하고 작업해야 하며 부석이나 붕괴하기 쉬운 지반은 적절한 보강을 하여야 한다.

(5) 급경사에는 사다리 등을 설치하여 통로로 사용하여야 하며 도괴하지 않도록 상·하부를 지지물로 고정시키고 장기간 공사 시에는 비계 등을 설치하여야 한다.

(6) 용수가 발생하면 즉시 작업 책임자에게 보고하고 배수 및 작업방법에 대해서 지시를 받아야 한다.

(7) 우천 또는 해빙으로 토사붕괴가 우려되는 경우에는 작업 전 점검을 실시하여야 하며, 특히 굴착면 천단부 주변에는 중량물의 방치를 금하며 대형 건설기계 통과 시에는 적절한 조치를 확인하여야 한다.

(8) 절토면을 장기간 방치할 경우는 경사면을 가마니 쌓기, 비닐 덮기 등 적절한 보호 조치를 하여야 한다.

(9) 발파암반을 장기간 방치할 경우는 낙석 방지용 방호망 부착, 모르타르 주입, 그라우팅, 록볼트 설치 등의 방호시설을 하여야 한다.

(10) 암반이 아닌 경우는 경사면에 도수로, 산마루측구 등 배수시설을 설치하여야 하며, 제3자가 근처를 통행할 가능성이 있는 경우는 안전시설과 안전표지판을 설치하여야 한다.

(11) 벨트콘베이어를 사용할 경우는 경사를 완만하게 하여 안정된 상태를 유지하도록 하여야 하며, 콘베이어 양단면에 스크린 등의 설치로 토사의 전락을 방지하여야 한다.

4 토사 붕괴의 발생 예방 조치

토사 붕괴의 발생을 예방하기 위하여 다음의 조치를 취하여야 한다.

(1) 적절한 경사면의 기울기를 계획하여야 한다.

(2) 경사면의 기울기가 당초 계획과 차이가 발생되면 즉시 재검토하여 계획을 변경시켜야 한다.

(3) 활동할 가능성이 있는 토석은 제거하여야 한다.

(4) 경사면의 하단부에 압성토 등 보강공법으로 활동에 대한 저항대책을 강구하여야 한다.

(5) 말뚝(강관, H형강, 철근콘크리트)을 타입하여 지반을 강화시킨다.

① 점검

토사붕괴의 발생을 예방하기 위하여 다음의 사항을 점검하여야 한다.

- 전 지표면의 답사
- 경사면의 지층 변화부 상황 확인
- 부석의 상황 변화 확인
- 용수의 발생 유·무 또는 용수량의 변화 확인
- 결빙과 해빙에 대한 상황 확인
- 각종 경사면 보호공의 변위, 탈락 유·무
- 점검시기는 작업 전·중·후, 비 온 후 인접 작업구역에서 발파한 경우에 실시

② 동시작업의 금지

붕괴토석의 최대 도달거리 범위 내에서 굴착공사, 배수관의 매설, 콘크리트 타설작업 등을 할 경우에는 적절한 보강대책을 강구하여야 한다.

③ 대피공간의 확보

붕괴의 속도는 높이에 비례하므로 수평방향의 활동에 대비하여 작업장 좌우에 피난통로 등을 확보하여야 한다.

④ 2차 재해의 방지

작은 규모의 붕괴 발생에 따른 인명구출 등 구조작업 도중에 재차 발생하는 대형 붕괴를 방지하기 위하여 붕괴면의 주변 상황을 충분히 확인하고 2중 안전조치를 강구한 후 복구작업에 임하여야 한다.

··· 08 안식각

1 개요

(1) 토사의 안식각(휴식각 : Angle of Repose)이란 안정된 비탈면과 원지면이 이루는 흙의 사면 각도를 말하며, 자연경사각이라고 한다. 흙파기 경사각은 안식각의 2배이다.

(2) 기초파기의 구배는 토사의 안식각에서 결정되며, 토사의 종류, 함수량에 따라 변화되므로 안식각에 의한 흙파기 시에는 안전관리에 특히 유의해야 한다.

2 모식도

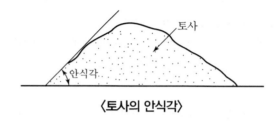

〈토사의 안식각〉

3 굴착면 기울기

구분	지반의 종류	기울기
흙	모래	1 : 1.8
	그밖의 흙	1 : 1.2
암반	풍화암	1 : 1
	연암	1 : 1
	경암	1 : 0.5

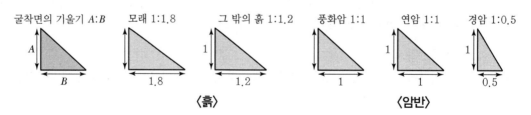

〈흙〉   〈암반〉

4 유의사항

설계 등 여건상 기울기 준수가 어려운 경우에는 지반 안전성검토 결과에 따른 기울기로 하여야 한다.

··· 09 건설공사 굴착면안전기울기 기준에 관한 기술지침 [C-104-2023]

이 지침은 산업안전보건기준에 관한 규칙(이하 "안전보건규칙"이라 한다) 제2편 제4장 제2절(굴착작업 등의 위험방지)의 규정에 의거 건설공사 굴착면의 안전기울기 기준에 관한 기술지침을 제시함을 목적으로 한다.

1 사전 검토사항

(1) 굴착공사 전에 설계도면과 비탈면 안정해석 등의 내용을 검토하여 굴착비탈면의 위치, 지반의 종류 및 특성, 함수량 정도 등의 설계조건과 현장조건을 비교 검토하여 굴착면의 안전기울기의 적정성 여부를 파악한다.

(2) 굴착비탈면의 안전기울기 사전검토 시 굴착장소 및 그 주변지반에 대하여 다음 각 목을 조사하여 평가한다.
① 지반 형상·지질 및 지층의 상태
② 균열·함수·용수 및 동결의 유무 또는 상태
③ 지하매설물 도면 확인 및 매설물 등의 유무 또는 상태
④ 지반의 지하수위 상태
⑤ 비탈면 보호공의 설치계획

(3) 굴착 시 굴착비탈면의 무너짐에 의한 재해를 방지하기 위하여 다음 각 목을 작업 전, 작업 중, 작업 이후, 우기 이후에 개별적으로 실시하여 점검하여야 한다.
① 비탈면 상부의 지표면 변화 확인
② 비탈면의 지층 변화부 상황 확인
③ 부석의 상황 변화 확인
④ 결빙과 해빙에 대한 상황의 확인
⑤ 각종 비탈면 보호공의 변위 및 탈락 유무

2 일반 검토사항

(1) 굴착작업 시 주변지반이 침하하는 것에 주의하고 관계자의 입회하에 굴착비탈면의 안전에 필요한 조치를 취하여야 한다.

(2) 굴착공사 진행 중 사전 조사된 결과와 상이한 상태가 발생한 경우 굴착면의 안전기울기 보완을 위한 정밀조사를 실시하여야 하며, 그 결과에 따라 안전기울기를 변경해야 할 필요가 있을 때에는 안전기울기 기준이 결정될 때까지 해당 위험작업을 중지하여야 한다.

(3) 굴착작업 시 지반의 지질 상태에 따라 굴착면의 기울기를 안전하게 유지하여 무너짐 위험에 대비하여야 한다.

🕃 지반종류별 준수사항

(1) 지반의 종류에 따라 굴착면의 안전기울기를 준수하여야 하며, 필요시 충분한 보강을 실시해야 한다.

(2) 자연지반은 매우 복잡하고 불균질하며, 굴착비탈면은 굴착 후 시간이 경과함에 따라 점차 불안정해지며, 강우 등의 주변 환경 변화에 따라 비탈면 안정성이 저하되므로 이들을 고려한 안정성 검토 및 보호·보강대책이 이루어져야 한다.

(3) 리핑암의 경우 비탈면 높이가 10m 이상일 경우에는 매 5.0m마다 폭 1m의 소단을 설치하도록 한다. 또한 비탈면 높이에 관계없이 흙과 암과의 경계나 투수층과 불투수층과의 경계에는 필요에 따라 소단을 설치하고, 용수발생 시 소단에 유도 배수로를 설치하여야 한다.

(4) 발파암은 굴착난이도 및 암반 강도에 따라 비탈면 기울기와 소단을 적절하게 적용하여야 하며, 연암 및 보통암인 경우 비탈면 높이 10m마다 1~2m폭의 소단을 설치하고, 경암질인 경우에는 비탈면 높이 20m마다 폭 1~2m의 소단을 설치하며, 리핑암과 발파암의 경계와 암반의 특성이 급격히 변화하는 곳에도 폭 1~2m의 소단을 추가 설치한다.

(5) 풍화가 빠른 암반, 균열이 많은 암반, 바둑판 모양의 균열이 있는 암반 등 붕괴위험이 있는 암반 굴착비탈면의 경우에는 반드시 이를 고려하여 안정성을 검토하여 안전기울기를 결정해야 한다.

🕃 비탈면 안정해석 실시

(1) 지반조건이 불명확하거나, 급격하게 변화하는 경우 굴착면의 안전기울기는 별도의 비탈면 안정해석을 통해 여유 있게 결정해야 한다.

(2) 굴착면 기울기는 지반을 구성하는 지층의 종류, 상태 및 굴착 깊이 등에 따라 설계기준에 제시된 값을 표준으로 하나 붕괴 요인을 가진 굴착부는 별도로 검토하여 종합적으로 판단하여야 한다.

(3) 암반 굴착의 경우 지표지질조사 및 시추조사에 의하여 파악된 절리의 방향성과 발달 상태에 따라 안정해석을 실시하여 안전기울기를 결정하여야 한다.

(4) 굴착면의 기울기가 표준기울기와 다른 경우 별도의 안정해석을 통해 안전기울기를 결정하여야 한다.

(5) 굴착비탈면이 다음과 같은 조건일 경우에는 지질 및 토질조건, 절리 발달상태, 비탈면 내의 지하수 유출조건 등에 대하여 지표지질조사 및 정밀조사를 실시하고 그 결과에 따라 비탈면 안정해석을 실시하여 비탈면 안전기울기를 결정하며, 필요시 안정대책을 검토하여 시공하여야 한다.

① 퇴적층이 두껍게 형성되어 불안정한 상태를 나타내는 구간

② 붕괴 이력이 있고 산사태 발생 가능성이 있는 구간

③ 지하수위가 높고 용수가 많은 구간

④ 연약지반이 분포하여 침하 등의 우려가 있는 경우

⑤ 시설물이 인접하여 붕괴 시 복구에 상당기간이 소요되거나 막대한 손상을 초래하는 경우

⑥ 기타 불안정한 요인이 있는 것으로 판단되는 구간

(6) 안정해석 결과 불안정한 것으로 판단되는 비탈면에 대하여는 비탈면 기울기 완화 등 적정한 보강공법을 설계에 반영하여야 한다.

5 안전기울기 기준

(1) 산업안전보건기준에 관한 규칙 제338조(지반 등의 굴착 시 위험 방지) 제1항에 따라 사업주는 지반 등을 굴착하는 경우에는 굴착면의 기울기를 기준 이상으로 완만한 기울기를 유지하여야 한다. 다만, 비탈면의 붕괴 방지를 위하여 적절한 조치를 한 경우에는 관계전문가 자문 및 안정성검토를 득한 후 변경할 수 있다.

(2) 굴착깊이, 굴착난이도 및 암반 강도 등에 따라 비탈면 기울기와 소단을 다르게 적용하며, 용수 발생 시 소단에 유도 배수로를 설치하여야 한다.

(3) 굴착면의 기울기가 달라서 기울기를 계산하기가 곤란한 경우에는 해당 굴착면에 대하여 붕괴의 위험이 증가하지 않도록 해당 각 부분의 기울기를 유지하여야 한다.

(4) 상기 (1), (2) 및 (3)항은 일반적인 사항이므로 현장여건 및 보강계획 등을 고려하여 현장 지반에 적합한 굴착면 기울기를 적용하여야 한다.

6 안전기울기 준수를 위한 유의사항

(1) 준설 비탈면은 토질조건, 준설방법 등에 따라 준설공사 후 비탈면이 안정적으로 유지하기 위하여 준설 시 안전기울기를 규정할 필요가 있으며, 대단위 비탈면 형성구역에 대해서는 원호 활동 검토 등을 수행하여 안전기울기를 결정하여야 한다.

(2) 연암 이상 암반 굴착면의 기울기는 암반 내에 발달하는 단층 및 주요 불연속면의 기울기 및 방향을 고려하여 발생 가능한 파괴형태에 대한 안정해석을 실시하여 비탈면의 안전기울기를 결정하여야 한다. 다만, 해당 구간 불연속면 등의 암반특성을 정확히 파악할 수 없을 경우 시추조사에 의해 파악된 암반특성을 고려하여 암반 굴착면의 안전기울기를 결정할 수 있으나 반드시 시공 중 조사 및 이를 반영한 안정해석을 통해 안정성을 확인하여야 한다.

(3) 각기 다른 토질이 분포하여 상이한 소단 및 기울기로 접속되는 구간에는 연결을 위한 완화구간 (접합부 중심 기준 좌우 약 5m)을 둔다.

(4) 비탈면 보호를 위한 배수시설 및 비탈면 보호시설 등은 별도 검토하여 반영해야 하며 시설물의 설치 여건에 따라 비탈면의 기울기를 조정할 수 있다.

··· 10 Sounding

1 개요

(1) 'Sounding'이란 원위치시험(原位置試驗)의 일종으로 Rod 선단에 각종 Cone · Sampler · 저항날개 등의 저항체를 부착하여 관입 · 회전 또는 인발하여 지하층의 저항을 탐사하는 방법을 말한다.

(2) Sounding은 원위치시험의 대표적인 것으로서 원위치에서 지반의 강도 · 밀도 등의 토층상태를 파악할 수 있다는 장점이 있다.

2 원위치시험 방법

(1) Sounding

(2) Boring

(3) Sampling

(4) 지하탐사법

(5) 재하시험 등

3 사운딩(Sounding)의 종류

(1) 표준관입시험(Standard Penetration Test)

① 현 위치에서 직접 흙의 다짐상태를 알아보기 위해 63.5kg의 해머를 75cm의 높이에서 자유낙하시켜 Sampler를 30cm 관입시키는 데 필요한 해머의 타격횟수 N치를 구하는 시험

② Boring과 병용하여 실시

③ N치가 클수록 토질이 밀실

④ 주로 모래지반에 사용하며 점토지반은 큰 편차가 생겨 신뢰성 저하

(2) 콘관입시험(Cone Penetration Test)

① 로드(Rod) 선단에 부착된 원추형 Cone을 지중에 관입시킬 때의 저항치를 측정

② 지반의 경연(硬軟) 정도를 측정

③ 주로 연약한 점토지반에 사용

④ 환산표를 사용하여 현장에서 지지력 추정 가능

(3) Vane Test

　① 십자형 날개를 가진 베인(Vane)을 지중에서 회전시켜, 회전에 의해 절취되는 흙의 직경과 높이로부터 전단강도를 구하는 시험

　② 점토지반의 정밀한 점착력 측정용으로 사용

　③ Boring 구멍을 이용하여 시험

　④ 깊이 10m 이상 시 로드(Rod)의 되돎이 있어 부정확

　⑤ 연한 점토질에 사용하며 굳은 진흙층에서는 삽입이 곤란하므로 부적당

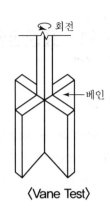

〈Vane Test〉

(4) 스웨덴식 사운딩시험(Swedish Sounding Test)

　① Rod 선단에 Screw Point를 부착하여 중추에 의한 침하와 회전시켰을 때의 관입량을 측정하는 시험법

　② 연약지반에서부터 굳은 지반에 걸쳐 거의 모든 토질에 적용

　③ 최대 관입심도는 25~30m 정도까지 측정 가능

　④ 표준관입시험의 보조수단으로 활용

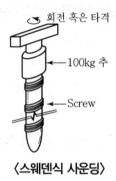

〈스웨덴식 사운딩〉

··· 11 표준관입시험

1 개요

'표준관입시험(Standard Penetration Test)'이란 현장에서 직접 흙의 다짐상태를 확인하기 위해 63.5kg의 해머를 75cm의 높이에서 자유낙하시켜 Sampler를 30cm 관입시키는 데 소요되는 해머의 타격횟수 N치를 구하는 시험으로 연약지반 여부를 판단하는 기본 자료로 활용된다.

2 표준관입시험의 용도

 (1) 지반의 지지력 추정
 (2) 지반에 대한 기초구조나 공법 선정 검토
 (3) 토질별 연약지반 여부의 파악

3 표준관입시험의 특징

 (1) 원위치에서의 지반조사가 가능하다.
 (2) 흙의 다짐상태 파악이 가능하다.
 (3) Boring과 병용할 경우 신뢰성 향상이 가능하다.
 (4) 주로 모래지반에 적용된다.
 (5) 점토지반의 경우 편차가 큰 관계로 신뢰성이 낮다.

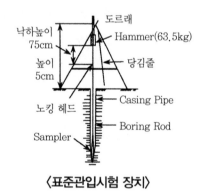

〈표준관입시험 장치〉

4 표준관입시험 순서

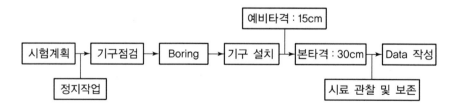

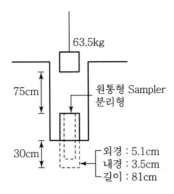

〈시험방법〉

(1) 시험 면 터고르기 : 시험 위치의 지표면 정리

(2) 보링(Boring)

    ① 보링공의 지름 : 6.5~15cm

    ② 소요 깊이까지 보링한 후, 보링공 하부의 Slime 제거

(3) 표준관입시험

    ① Sampler를 로드 선단부에 부착하여 굴착구멍 하부에 설치

    ② 63.5kg의 해머를 75cm의 높이에서 자유낙하시킨다.

    ③ 해머의 타격횟수 N치(N값 : N-value) 측정

(4) 시료의 관찰 및 정리

    ① 지표에 Sampler를 올려 채취 시료를 관찰

    ② 대표적 시료를 투명 용기에 밀봉시키고 관련내용 기재

(5) 시험결과의 기록

    ① 본 타격 개시 깊이 및 타격 종료 깊이 기록

    ② 타격수와 누계 관입량의 관계 정리

5 N치로 추정하는 구분

(1) 사질지반

N	0~4	4~10	10~30	30~50	50 이상
상대밀도(D_r)	몹시 느슨	느슨	보통	조밀	대단히 조밀
내부마찰각(ϕ)	30 이하	30~35	35~40	40~45	45 이상

(2) 점토지반

N	2 이하	2~4	4~8	8~15	15~30	30 이상
Consistency	매우 연약	연약	보통	견고	매우 견고	고결
$q_u(kN/m^2)$	$0.25 < 25$	$25~50$	$50~100$	$100~200$	$200~400$	>400

⑥ N치에 영향을 주는 요인

요인	영향
Sampler가 시험위치에 놓이지 못한 경우	부정확하다.
Sampler를 과도하게 타입한 경우	실제 N치보다 높게 나온다.
Sampler가 자갈에 의해 막힌 경우	실제 N치보다 높게 나온다.
Casing Pipe가 막힌 경우	실제 N치보다 높게 나온다.
시추공이 과다하게 큰 경우	실제 N치보다 낮게 나온다.
Hammer가 중심에 타격되지 못한 경우	실제 N치보다 높게 나온다.
표준규격보다 무거운 로드(Rod)를 사용한 경우	실제 N치보다 높게 나온다.

⑦ 표준관입시험 시 유의사항

(1) Boring 구멍 하부의 Slime 제거

(2) 15cm의 예비타격 후 30cm의 본(本) 타격 실시

(3) 본(本) 타격에서는 타격 1회마다 누계 관입량 측정

(4) 본(本) 타격의 타격횟수는 특별한 경우 이외에는 50회를 한계로 한다.

(5) 점토지반은 편차가 크므로 유의할 것

··· 12 CBR

1 개요

CBR은 지반의 지지력 파악과 성토재료 선정을 위한 노상의 지지력 비로 도로포장 시 노체·노상의 재료 적정성과 포장두께 결정을 위한 시험방법으로 소요비용 대비 신뢰성이 높다는 장점이 있다.

2 CBR 분류

(1) **시험목적에 의한 분류** : 설계 CBR, 수정 CBR
(2) **시험장소에 의한 분류** : 실내 CBR, 현장 CBR

3 CBR

$$CBR = \frac{시험단위하중}{표준단위하중} \times 100(\%)$$

관입량(mm)	표준단위하중(kg/cm²)	표준하중(kg)
2.5	70	1,370
5.0	105	2,030

4 시험목적별 산정방법

(1) **설계 CBR**

공시체 제작(입경 37.5mm) → 다짐(직경 15cm 몰드, 4.5kgf 래머로 5층으로 55회) → 수침(4일간) → CBR 측정

(2) **수정 CBR**

① $0.95\gamma d_{\max}$에 상응하는 CBR – 건조밀도 곡선의 해당 값 산정
② **시험방법** : OMC 시료 12hr 방치 → 공시체 제작(9EA) → 관입시험 → CBR 측정

5 CBR 산정

하중강도 – 관입량 곡선상에서 관입량 2.5mm, 5mm에 상응하는 하중강도를 구해 각 관입량에 대한 표준 하중강도를 이용해 산정한다.

··· 13 Boring

1 개요

'Boring'이란 지중의 토질분포·토층의 구성 등을 알기 위하여 지중을 천공하여 그 안의 토사를 채취하여 조사하는 방법으로 평판재하시험, Vane Test, 시료채취(Sampling) 등과 같은 다른 조사법과 병행하기도 한다.

2 Boring의 목적

(1) 토질조사
(2) 점착력 판정
(3) 지하수위 조사
(4) 토질의 주상도 작성

3 Boring의 종류

(1) 회전식(Rotary Boring)

① 지중에 케이싱(Casing)을 타입시키고 드릴 로드(Drill Rod) 선단에 부착한 날(Bit)로 천공하여 토층의 시료를 채취하는 방법
② 지하수위 측정 및 표준관입시험에 사용

(2) 충격식(Percussion Boring)

① Wire Rope 끝에 부착한 충격날(Percussion Bit)의 낙하 충격력으로 토사나 암석을 분쇄하여 천공하는 방법
② 코어(Core)의 채취가 불가능할 경우 지질 상황 및 지지층 파악을 위해 사용

(3) 핸드 오거(Hand Auger Boring)

① 핸드 오거(Hand Auger)를 인력으로 지중에 관입시켜 토층 상태를 조사하는 방법
② 성토지역이나 연약지반을 대상으로 하며, 점토층은 나선형을 사용하고 사질토층은 관형을 사용

(4) 수세식(Washing Boring)

① 지중에 이중관을 박고 압력수를 비트(Bit)에서 분출시켜 토사를 물과 같이 배출시킨 후 침전조에서 침전시켜 토질을 판별하는 방법
② 연약토질이 아닐 경우 사용 불가

··· 14 전단강도

1 개요

(1) 흙은 자중 또는 외력의 작용으로 시 내부의 전단응력에 의한 전단변형을 일으키고 심한 경우 전단파괴에 이르게 되는 경우도 있다. 전단파괴에 도달할 때 흙이 갖는 최대 전단저항을 전단강도라 한다.

(2) 흙의 전단강도는 기초지반의 지지력, 구조물에 작용하는 토압, 사면의 안정성 등 흙의 안정문제를 다루는 가장 중요한 하나이므로 모든 토공사 전 파악해야 할 핵심요소로 보아야 한다.

2 전단강도의 개념

(1) Coulomb의 전단강도

$$\tau = C + \bar{\sigma} \tan \phi$$

여기서, τ : 전단강도
C : 흙의 점착력
$\bar{\sigma}$: 유효응력
ϕ : 흙의 내부 마찰각(전단저항각)

① 점착력 C는 주어진 흙에 대해 일정하며, 내부 마찰각 ϕ는 토질 상태에 따라 일정하다.

② 점토질에서는 점착력이 크고 내부 마찰각은 작으며, 사질토에서는 반대로 내부 마찰각이 크고 점착력이 작거나 없다.

3 전단강도 시험방법

[실내 전단강도 시험]

(1) 직접전단시험(Direct Shear Test)

① 강도정수를 결정하기 위해 사용되는 실내시험 방법의 하나로 사질토의 C, ϕ 값을 구하기 위해 많이 활용된다.

② 한 변의 길이 6cm, 두께 2cm의 정사각형 공시체에 대해 수직력을 가한 상태에서 수평력을 가하여 전단상자의 갈라진 면을 따라 흙을 전단시킨다.

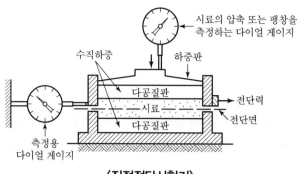

〈직접전단시험기〉

(2) 1축 압축시험

① 내부 마찰각이 극히 작은 점질토의 q_u, S_t 등을 구하기 위해 사용된다.

② 축방향으로만 압축하여 흙을 파괴시키는 방법으로 비배수 조건에서의 전단강도를 결정할 수 있으므로 흙의 예민비 결정에 많이 이용된다.

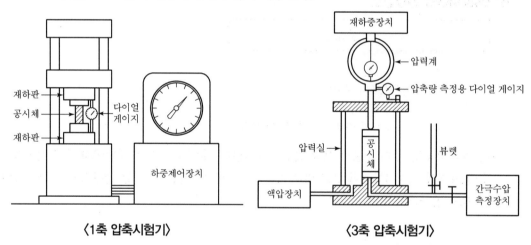

〈1축 압축시험기〉　　　　〈3축 압축시험기〉

(3) 3축 압축시험

① 비압밀 비배수 전단시험(Unconsolidated Undrained Test) : 포화점토가 성토 직후 급속한 파괴가 예상될 때나 점토지반이 시공 중 압밀이나 함수의 변화가 없다고 생각될 때의 C_u, ϕ_u를 구한다.

② 압밀 비배수 전단시험(Consolidated Undrained Test) : 점토 위의 성토된 하중 때문에 어느 정도 압밀된 후에 갑자기 파괴가 예상될 때의 C_{cu}, ϕ_{cu} 값을 구한다.

③ 압밀 배수 전단시험(Consolidated Drained Test) : 성토하중에 의해서 압밀이 서서히 진행되고 파괴도 극히 완만하게 진행될 때나 간극수압의 측정이 곤란한 경우의 중요 구조물 지반의 C_d, ϕ_d 값을 구한다.

··· 15 연경도

1 개요

접착성이 있는 흙은 함수량이 차차 감소하면 액성 → 소성 → 반고체 → 고체의 상태로 변화하는데 함수량에 의하여 나타나는 이들 각각의 성질을 흙의 연경도라 하고, 각각의 변화 한계를 Atterberg 한계라 한다.

2 Atterberg 한계

1911년 스웨덴의 Atterberg가 실험방법을 제안하였는데 체적 변화에 따른 함수비 변화는 그림과 같다.

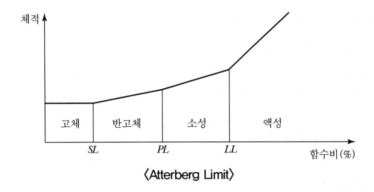

〈Atterberg Limit〉

3 연경도지수

(1) **액성한계(Liquid Limit : LL)**

흙이 소성상태로부터 액성상태로 변하는 순간의 함수비

(2) **소성한계(Plastic Limit : PL)**

흙이 반고체상태에서 소성상태로 변하는 순간의 함수비

(3) **수축한계(Shrinkage Limit : SL)**

흙이 고체상태로부터 반고체상태로 변하는 순간의 함수비, 즉 어느 함수량에 도달하면 수축이 정지되어 용적이 일정하게 될 때의 함수비

(4) 소성지수(Plastic Index : PI)

액성한계와 소성한계의 차이이며, 흙이 소성상태로 존재할 수 있는 함수비의 범위

$$PI = LL - PL$$

(5) 수축지수(Shrinkage Index : SI)

소성한계와 수축한계의 차이

$$SI = PL - SL$$

(6) 액성지수(Liquidity Index : LI)

w_n, PL, LL의 상호관계로서 흙의 이력상태를 판정하는 데 이용

$$LI = \frac{w_n - PL}{\varPi}$$

(7) 연경지수(Consistency Index : I_c)

흙의 안정성을 판단하는 지수로서 $I_c > 1$이면 안정, $I_c \leq 1$이면 불안정

$$I_c = \frac{LL - w_n}{\varPi}$$

4 연경도지수의 의의

(1) 흙이 함수량의 감소에 의해 변화되는 성질을 흙의 연경도(Consistency)라 하고, 각각의 변화 한계를 Atterberg 한계라 한다.

(2) 흙의 기본적 성질을 파악하기 위해서 각 성분 사이의 관계를 간극비와 간극률, 함수비와 포화도, 단위중량, 상대밀도 등으로 나타낼 수 있다.

··· 16 액상화 현상

1 개요

(1) 액상화란 모래지반에서 순간충격·지진·진동 등에 의해 간극수압의 상승으로, 유효응력이 감소되어 전단저항을 상실하고 지반이 액체와 같이 되는 현상을 말한다.

(2) 액상화 발생 시 건물의 부상(浮上) 및 부동침하가 발생한다.

2 액상화의 발생원인

(1) 포화된 느슨한 모래가 진동과 같은 동하중을 받게 되면 간극수압에 의한 부력의 발생으로 유효응력이 감소되어 발생

(2) Coulomb의 법칙에서 유효응력(σ)을 상실할 때 액상화 발생

$$\tau = C + \sigma \tan\phi$$

여기서, τ : 전단강도, C : 점착력
σ : 유효응력, ϕ : 내부마찰각

3 액상화 발생 시 등 문제점

(1) 건물의 부등침하
(2) 지중 매설물 부상
(3) 지반의 이동

4 액상화 방지대책

(1) **탈수공법** : Sand Drain 공법, Paper Drain 공법, Pack Drain 공법
(2) **배수공법** : Well Point 공법, Deep Well 공법
(3) **입도개량** : 치환공법, 약액주입공법
(4) **전단변형 억제** : Sheet Pile 공법, 지중연속벽
(5) **밀도증대** : Vibro Floatation 공법, Sand Compaction Pile 공법, 다짐공법

5 액상화 검토대상 지반

(1) 평균입경 0.07~2.0mm 지반
(2) Silt 또는 점토크기 토립과 함량 10% 이하 지반
(3) 지하수위가 지표면으로부터 2~3m 이내인 지반 또는 매립지

··· 17 Dilatancy

▮ 개요

전단응력으로 인한 흙의 체적변화현상으로 점성토와 사질토 흙의 특성에 따라 체적이 증가되거나
감소되는 양상을 보인다.

▮ 체적변화의 구분

(1) 초기 다소 감소된 후 전반적인 증가를 보이는 경우

조밀한 사질토, 정규압밀영역의 점성토

(2) 지속적으로 감소되는 경우

느슨한 사질토, 과압밀영역에서의 점성토

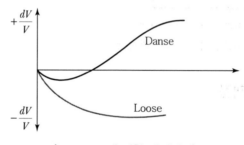

〈Dilatancy에 의한 체적변화〉

▮ 건설공사 시 유의사항

(1) 느슨한 사질토는 비배수 전단 시 체적이 감소되며 간극수압의 증가가 예상되므로 액상화 현상
에 대한 대비가 필요하다.
(2) 조밀한 사질토는 실측치보다 전단강도가 다소 커짐에 유의할 것

··· 18 Heaving

1 개요

'Heaving'이란 연약한 점토지반을 굴착할 때 흙막이벽 배면 흙의 중량이 굴착 저면 이하의 흙보다 클 경우 굴착 저면 이하의 지지력보다 크게 되어 흙막이 배면에 있는 흙이 안으로 밀려들어 굴착 저면이 부풀어 오르는 현상을 말한다.

2 Heaving의 문제점

(1) 흙막이 안정성 저하
(2) 선행 시공말뚝의 파손
(3) 흙막이 주변의 지반 침하로 인한 지하매설물 파손

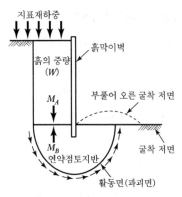

〈Heaving 발생($M_A > M_B \times$안전율)〉

3 발생원인

(1) 연약 점토지반의 굴착
(2) 흙막이 벽체의 근입깊이 부족
(3) 흙막이 내·외부 중량 차
(4) 지표부 재하중
(5) 굴착 저면 하부의 피압수층의 저토피화

4 방지대책

(1) 흙막이 벽체의 경질지반까지 근입
(2) 지반개량에 의한 전단강도 증대
(3) 굴착부 주변 상재하중 제거
(4) 시공법 변경(아일랜드 컷 등)

··· 19 Boiling

1 개요

'Boiling'이란 흙파기 저면이 투수성이 좋은 사질지반에서 흙막이벽 배면의 지하수위가 굴착 저면보다 높을 때 굴착 저면 위로 모래와 지하수가 부풀어 오르는 현상을 말하며 'Quick Sand'라고도 한다.

2 Boiling의 문제점

(1) 흙막이 안정성 저하
(2) 주변 구조물 침하
(3) 굴착 저면의 지지력 감소
(4) 지하매설물 파손

〈Boiling〉

3 발생원인

(1) 굴착 저면 하부가 투수성 사질토인 경우
(2) 흙막이 벽체의 근입깊이 부족
(3) 배면 지하수위 높이가 굴착 저면 지하수위보다 높음
(4) 굴착저면 하부의 피압수층 존재

4 방지대책

(1) 주변 지하수위 저하
(2) 흙막이벽 근입장의 불투수층통과 설치
(3) 차수성 흙막이 시공
(4) 지반개량

··· 20 Piping

1 개요

(1) 'Piping'이란 Boiling 현상이 발전되어 물의 통로가 생기며 파이프 모양으로 구멍이 뚫려 흙이 세굴되면서 지반이 파괴되는 현상을 말한다.

(2) 흙막이벽의 배면, 굴착 저면, 댐·제방의 기초지반에서 발생할 수 있으며 발생 시 지반 붕괴의 원인이 된다.

2 Piping의 문제점

(1) 흙막이 안정성 저하

(2) 토립자의 이동으로 주변 구조물 침하

(3) 굴착저면의 지지력 감소

(4) 흙막이 주변의 지반침하로 인한 지하매설물 파손

(5) 댐·제방의 파손 및 붕괴

3 Piping의 원인

(1) 흙막이벽의 근입장 깊이 부족

(2) 흙막이 배면 지하수위 높이 > 굴착 저면 지하수위 높이

(3) 흙막이 배면·굴착 저면 하부의 피압수(압력수)

(4) 굴착 저면 하부의 모래층

(5) 댐·제방에서의 발생원인

  ① 누수에 의한 세굴, 지진에 의한 균열, 기초처리 불량

  ② Dam체의 단면(제방폭) 부족, Filter층 불량

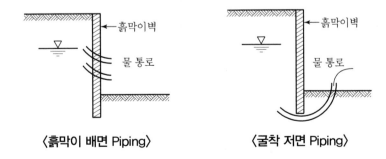

〈흙막이 배면 Piping〉   〈굴착 저면 Piping〉

4 Piping 방지대책

(1) 흙막이벽의 근입장 연장

(2) 차수성 높은 흙막이 설치

　① Sheet Pile, 지하연속벽 등의 차수성 높은 흙막이 설치

　② 흙막이벽 배면 Grouting

(3) 지하수위 저하

　① Well Point, Deep Well 공법으로 지하수위 저하

　② 시멘트·약액주입공법 등으로 지수벽 형성

(4) 댐·제방에서의 방지대책

　① 차수벽 설치

　　• Grouting공법

　　• 주입(注入)공법

　② 불투수성 블랭킷(Blanket) 설치

　③ 제방폭 확대 및 Core형(심벽형)으로 대처

(5) 기타

　① 설계 변경

　② 굴착 저면 Grouting

　③ 지하수위의 측정관리

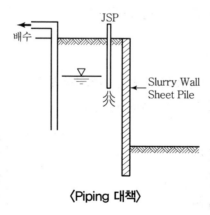

〈Piping 대책〉

··· 21 재하시험(Load Test)

1 개요

'재하시험(Load Test)'이란 지반·말뚝 등에 실제의 하중을 가하여 지지력을 측정하는 시험으로 기초설계 및 말뚝설계를 하기 위하여 실시한다.

2 재하시험의 종류

(1) 평판재하시험(Plate Bearing Test)
(2) 말뚝재하시험(Pile Loading Test)

3 평판재하시험(Plate Bearing Test)

(1) 기초설계를 위한 토질조사로서 현장에서 평평한 재하판을 사용하여 지반에 하중을 가한 후 기초지반·성토지반의 지지력이나 지반계수(지반반력계수)를 구하는 시험

(2) 평판재하시험의 목적

① 지반의 허용지지력 산정
② 지반계수(지반반력계수) 추정

(3) 측정법의 종류

① **지지력(지내력)시험** : 건축물의 기초지반에 대한 재하시험
② **지지력 및 지반계수시험** : 교량 수문의 토목구조물 기초지반에 대한 재하시험
③ **지반계수시험** : 도로의 노상(路床)이나 노반(路盤)에 대한 재하시험

4 말뚝재하시험(Pile Loading Test)

(1) 실제의 말뚝에 하중을 가하여 지지력을 확인하는 시험을 말하며, 말뚝의 설계 및 안정성을 확인하기 위하여 실시

(2) 말뚝재하시험의 목적

① 말뚝설계를 위한 지지력 결정
② 말뚝기초의 규격과 소요량 결정
③ 기시공된 말뚝의 허용안전하중 확인

(3) 말뚝재하시험의 분류

① 압축재하시험
- 타입된 말뚝에 직접 하중을 전달시켜 말뚝의 지지력을 추정하는 시험
- 설계하중의 2~3배에 달하는 하중이 필요
- 하중재하방법
  - 사하중재하방법(실물재하방법) : 콘크리트 블록, 철근 등의 사하중을 재하구조물 위에 설치하여 말뚝머리에 직접 재하하는 방법
  - 반력말뚝사용방법 : 유압잭(Jack)을 통하여 원하는 하중만 말뚝에 전달시키는 방법

② 인발재하시험
- 유압잭(Jack)을 이용하여 타입된 말뚝을 인발하는 시험
- 설계하중의 25%를 단계로 하여 50% 하중 단계마다 잔류 인발량 측정

③ 수평재하시험
- 타입된 말뚝에 유압잭으로 수평하중을 가해 저항하는 정도를 측정
- 1개의 말뚝을 시험하는 방법과 2개의 말뚝을 동시에 시험하는 방법이 있음

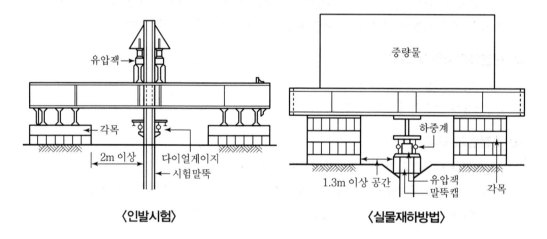

〈인발시험〉　　　　　〈실물재하방법〉

··· 22 평판재하시험

1 개요

'평판재하시험(Plate Bearing Test)'이란 기초설계를 위한 토질조사로서 지반의 현 위치에서 평평한 재하판을 사용하여 지반에 하중을 가하고 침하량과 하중의 관계에서 기초지반, 성토지반의 지지력이나 지반계수(지반반력계수)를 구하는 시험을 말한다.

2 평판재하시험의 목적

(1) 지지력계수 측정

(2) 허용지지력 예측

(3) 구조물 안정성 확인

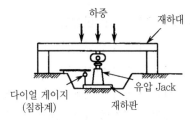

〈평판재하시험 장치〉

3 평판재하시험 순서

(1) 시험면 터파기

구조물의 설치 예정 지표면(기초저면)에서 시험 실시

(2) 시험하중 결정

설계하중의 2~3배에 해당하는 재하하중

(3) 재하판 설치

① 시험 위치에 모래 등을 고르게 펴서 재하판의 수평을 유지

② 30cm, 40cm, 75cm 중 선정

(4) 재하

① 사전재하($0.35kgf/cm^2$) 후 "0" Setting

② 0.35kgf씩 증가시켜, 각 하중 단계에서 침하 정지 시 하중, 침하량 측정

(5) 침하량 결정

① 하중-침하 곡선상에 극한점이 나타날 때까지

② 재하판 직경 10% 침하 시

③ 침하량 25mm 이상 시

④ 작용하중이 허용하중의 3배 이상 시

④ 판정법

(1) 항복하중에 의한 판정법

① P－S 곡선분석법

단계하중(P)과 침하량(S)을 도시하였을 때, 곡선이 가장
크게 변했을 때의 하중을 항복하중으로 결정하는 방법

② logP－logS 곡선분석법

단계하중(P)과 침하량(S)을 도시하였을 때, 기울기가 변
할 때의 하중을 항복하중으로 결정하는 방법

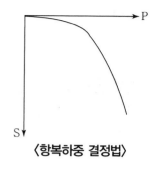

〈항복하중 결정법〉

(2) 극한하중에 의한 판정법

① 하중의 증가 없이 침하가 계속되는 점

② 하중의 증가 없이 너무 큰 침하량이 발생되기 시작하는 점

③ 하중의 증가에 비해 너무 큰 순침하가 발생되기 시작하는 점

④ 재하판 직경의 10% 침하가 발생되는 점

⑤ 평판재하시험 시 유의사항

(1) 시험이 실시된 위치의 지질주상도를 면밀히 관찰할 것

(2) 하부 연약층의 전단특성·압밀특성을 파악한 후 실제로 지지력과 침하량을 산출할 것

(3) 지하수위의 변동 및 재하판 크기에 의한 영향(Scale Effect)을 고려할 것

(4) 침하의 증가량은 2시간에 약 0.1mm 비율 이하가 될 때에는 침하가 정지한 것으로 봄

(5) 단기하중에 대한 허용지내력은 다음 값 중 작은 것을 선택

① 총 침하량이 20mm에 도달하였을 때

② 침하곡선이 항복상태를 보일 때

(6) 단기하중에 대한 허용지내력은 장기하중 허용지내력의 2배임

··· 23 전단파괴

1 개요

지반이 상부 구조물에 의하여 과도한 침하가 발생될 때 파괴되는 양상으로 평판재하시험에 의한 하중−침하량 곡선상에서 지반이 항복점을 통과하게 되면서 국부전단파괴와 전반전단파괴로 나타난다.

2 유형별 하중−침하량 곡선

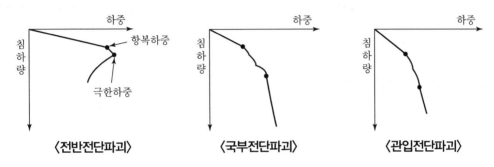

3 종류별 특징

구분	전반전단파괴	국부전단파괴	관입전단파괴
파괴 형태	활동면을 따라 전반 파괴	침하를 동반한 부분 파괴	지표의 변화 없이 관입
대상 토질	단단한 사질토, 점성토	예민한 점성토, 사질토	액상화, 초연약 점성토
파괴 시 지반변형	전체적 융기	부분적 융기	변화 없음
파괴형태			

4 전단파괴 방지대책

(1) 기초부 위치의 토질시험 철저

(2) 기초저판 확대

(3) 기초지반의 치환 및 말뚝공법 실시

(4) 사전 지반조사 철저

··· 24 동상과 융해

1 개요

(1) '동상(凍上 : Frost Heave)현상'이란 대기의 온도가 0℃ 이하로 내려가면 흙 속의 공극수가 동결하여 얼음층이 형성되어 체적이 증가(약 9% 체적팽창)하기 때문에 지표면이 위로 부풀어 오르는 현상을 말한다.

(2) 깊은 땅속에서의 온도는 대략 일정하지만 지표면 바로 아래 깊이의 온도는 대기의 온도에 따라 변화한다. 0℃ 이하 온도가 상당 기간 지속되면 지표면 아래에는 동결하는 층과 동결하지 않는 층의 경계선(0℃인 지반선)이 존재하게 되며 이것을 동결선(凍結線 : Frost Line)이라 한다.

2 동상현상 발생 Mechanism

3 동결일수와 동결지수

(1) 일기온을 누계한 그림에서 동결일수와 동결지수 산정
(2) 20년간 기상자료에서 추웠던 2년간 자료에 의함

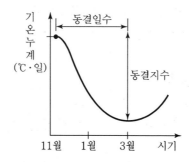

4 동결깊이 산정방법

(1) 설계동결지수(F)

$$F = 동결지수 + 0.5 \times 동결기간 \times \frac{현장지반고 - 측후소지반고}{100}$$

(2) 동결깊이(Z)

$$Z = c\sqrt{F}$$

여기서, c : 설계동결지수에 따른 보정계수

5 동상·융해로 발생되는 문제점

(1) 철도의 침목·도로포장·상하수도관 등의 손상

(2) 구조물 기초의 변형

(3) 구조물의 균열 발생

(4) 융해 발생 시 지반의 강도 저하 및 침하

6 발생조건

(1) Silt질 토양

① 모래보다는 미세하고 점토보다는 거친 퇴적토

② 입경기준 0.005~0.074mm

(2) 온도

① 0℃ 이하의 온도가 지속되어 Ice Lense 형성

② 0℃ 이하의 온도가 계속될 경우 동결깊이가 깊어지고 Ice Lense의 간격이 촘촘해져 동상의 피해가 심해짐

(3) 물(모관수)

① Ice Lense가 형성되는 물(모관수)의 공급

② 흙이 포화되어 있고 동결선이 지하수위와 근접해 있는 경우

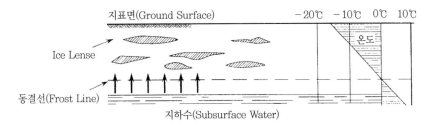

〈아이스 렌스(Ice Lense : 서릿발)의 형성〉

🔢 방지대책

(1) 동결심도 하부에 기초 설치

(2) 지하수위 저하

(3) 동결심도 하부에 배수층 설치

(4) 모관수 상승 차단

(5) 비동결성 재료 사용

(6) 흙의 치환

(7) 단열처리

🔢 동상방지층 설치방법

(1) **쌓기높이 2m 이상** : 설치 생략

(2) 쌓기높이 2m 이하인 경우에도 동상수위 높이 차 1.5m 이상 시 설치 생략

(3) 동상수위 높이 차 1.5m 이하라도 노상토 0.08mm(75μm) 체 통과율 8% 이하 시 설치 생략

🔢 결론

흙의 동상과 융해현상은 지중 얼음층의 형성으로 지반이 부풀어 오르고, 이후 동결되었던 간극수가 융해됨에 따라, 특히 도로포장부의 파손이 매년 반복적으로 발생하고 있으므로 시공단계에서는 물론 보수·보강 시 설계동결지수를 산정하는 등의 철저한 조치가 필요하다.

··· 25 연약지반개량공법

1 개요

'지반개량공법'이란 연약지반의 지지력을 증가시키기 위한 공법으로, 연약한 점토, 실트(Silt), 느슨한 사질토, 유기질토 등에 적용되며 지반조건에 따른 적정한 지반개량공법을 선정하는 것이 중요하다.

2 판정기준

(1) 절대적 기준

① 점성토 지반
- N치가 4 이하인 지반(N ≤ 4)
- 표준관입시험치, 자연함수비, 일축압축강도 등으로 판정

② 사질토 지반
- N치가 10 이하인 지반(N ≤ 10)
- 표준관입시험치, 자연상태의 간극비, 상대밀도 등으로 판정

③ 유기질토 지반

유기물(有機物)을 다량으로 포함한 흙

(2) 상대적 기준

상부구조물 규모 및 형태

(3) 내적 기준

유기질토, 매립지 등 시간 경과에 따라 문제가 발생될 수 있는 지반

3 공법선정 절차

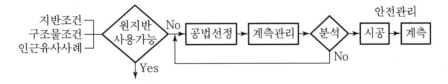

4 지반개량의 목적

(1) 사질토 지반의 액상화 발생 방지

(2) 구조물의 부등침하 방지

(3) 흙막이, 굴착공사의 안전성 확보

(4) 기초 지정의 안정성 확보

(5) 지반의 전단강도 향상

5 지반개량공법의 종류

(1) 치환공법

① 굴착치환 : 연약지반의 토사 제거 후 양질의 흙으로 치환하는 공법

② 미끄럼치환 : 연약지반 위에 양질의 성토를 압축시켜 치환하는 공법

③ 폭파치환 : 연약지반 상부에 성토 후 폭파 Energy에 의해 연약토를 치환하는 공법

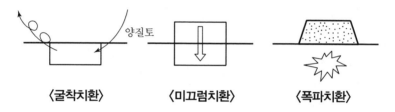

〈굴착치환〉　　　〈미끄럼치환〉　　　〈폭파치환〉

(2) 재하공법

① 선행재하공법(Preloading 공법) : 사전 성토로 흙의 전단강도를 증가시킨 후 굴착하는 공법

② 압성토공법(Surcharge 공법) : 토사 측방의 압성토 압밀에 의해 강도를 증가시킨 후 압성
토를 제거하는 공법

③ 사면선단재하공법 : 성토한 비탈면 옆부분을 계획선 이상으로 덧붙임하여 비탈면 끝의 전
단강도를 증가시킨 후 덧붙임 부분을 굴착하는 공법

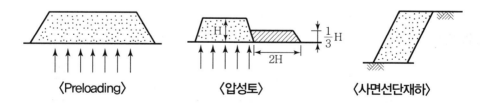

〈Preloading〉　　　〈압성토〉　　　〈사면선단재하〉

(3) 혼합공법

① 입도조정 : 양호한 입자의 흙을 혼합하는 방법으로 운동장, 활주로 공사 등에 사용되는 공법

② Soil 시멘트 : 토사와 시멘트를 혼합한 후 다져서 보양하는 공법

③ 화학약제 혼합 : 연약지반에 화학약제를 혼합해 지반을 강화하는 공법

(4) 탈수공법(수직배수공법 : Vertical Drain 공법)

① Sand Drain 공법 : 연약지반에 모래말뚝을 설치하여 지중의 물을 배수시켜 지반의 압밀을 촉진시키는 공법

② Paper Drain 공법 : 모래말뚝 대신 Paper Drain을 설치하여 지반의 압밀을 촉진시키는 공법

③ Pack Drain 공법 : 모래말뚝이 절단되는 것을 보완하기 위해 Pack에 모래를 채워 지반의 압밀을 촉진시키는 공법

④ PVC Drain 공법 : 특수 가공한 다공질의 PVC Drain재를 연약 점토 지반에 관입시켜 지중 간극수를 탈수시키는 공법

⑤ PBD : 배수재로 플라스틱 보드를 사용한 공법

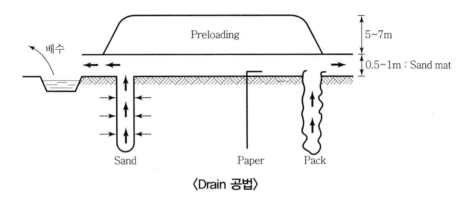

〈Drain 공법〉

(5) 다짐공법

① Vibro Floatation 공법(진동다짐공법) : 봉상진동기를 이용해 진동과 물다짐의 병용으로 모래지반을 개량하는 공법

② Vibro Composer 공법(다짐모래말뚝공법 : Sand Compaction Pile) : 진동을 이용해 모래를 압입시켜 모래말뚝을 통한 다짐에 의해 지지력을 향상시키는 공법

③ 동압밀공법(동다짐공법) : 5~40ton의 무거운 추를 3~6m 높이에서 자유낙하시켜 충격을 가해 지반의 간극을 최소화하는 공법

(6) 약액 주입공법

① 시멘트나 약액을 지중에 주입하여 지반의 지지력을 향상시키는 공법

② 종류

- 시멘트주입공법 : 시멘트액을 Grouting하여 지반을 강화시키는 공법
- 약액주입공법
  - L.W 공법 : 시멘트액과 물유리를 혼합시켜 지중에 주입하는 공법
  - Hydro 공법 : 중탄산소다를 지중에 주입시켜 지반을 고결시키는 공법

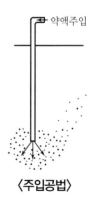

〈주입공법〉

(7) 고결공법

① 생석회말뚝공법

- 지반 내에 생석회(CaO) 말뚝을 설치하여 지반을 고결시켜 강화하는 공법
- $CaO + H_2O \xrightarrow{\text{발열}} Ca(OH)_2$

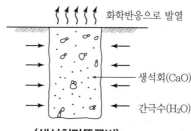

〈생석회말뚝공법〉

② 동결(凍結)공법 : 지반의 물 입자를 일시적으로 동결시켜 지지력을 향상시키는 공법

③ 소결(燒結)공법 : 연직 또는 수평 공동구를 설치한 후 연료를 연소시켜 탈수하는 공법

(8) 배수공법

① 중력배수공법

- 물이 높은 곳에서 낮은 곳으로 흐르는 중력의 원리를 이용해 지하수위를 저하시키는 공법
- 집수정 배수

② 강제배수공법

- 지하수를 강제로 배수시키는 공법
- Well Point 공법, 진공 Deep Well 공법 등

③ 전기침투공법 : 직류전류를 가함으로써 물 입자를 이동시켜 배수하는 공법

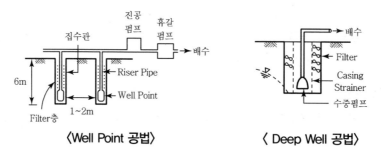

〈Well Point 공법〉　　　　〈 Deep Well 공법〉

6 결론

사전조사 결과 연약지반으로 판정된 지반은 토질의 종류에 따라 혼합, 고결, 재하중, 배수, 치환공법이나 다짐, 약액주입 등의 공법으로 개량하게 된다. 개량공법을 선정할 경우 건설안전 측면에서 검토할 사항으로 안전성 확보와 더불어 인근 지역의 생태계와 주변 환경 여건의 고려가 이루어져야 한다.

··· 26 도심지 온수배관 파손의 발생원인과 재해예방대책

1 개요

도심지 온수배관 파손은 온수의 분출에 의한 직접적인 재해는 물론 동절기 난방 및 온수공급 중단에 따른 사용자의 피해 등으로 큰 사회문제가 발생하게 됨에 유의해야 하며, 최근 파손이 빈번히 발생하고 있어 이에 대한 대책수립이 시급하다.

2 문제점

(1) 도심지에서 주로 발생함에 따른 교통장해
(2) 동절기 발생에 따른 온수 사용 불편 및 난방 불가
(3) 대구경 온수배관 파손에 의한 인명사상
(4) 시민의 불안 심리 유발

3 발생원인

(1) 기본원인

내적 원인	외적 원인
배관의 부식	지반 함몰
고압송수	지표하중의 증가
연결부 취약	물리적 손상

(2) 기타 원인

① 수위 저하로 유효응력 증가
② 누수에 의한 토사 유실
③ 배관의 누수
④ 우수의 침투

4 응급대책

(1) 함몰부 토사 투입
(2) 고압분사
(3) 통행제한구역 설정
(4) 인근 지역 관리주체와의 공조

5 영구대책

(1) 방청법에 의한 강관 부식 방지공법 적용

① 전기방식 : +극에 철 이온보다 이온화 경향이 큰 금속 결속 후 적정 전류 인가 또는 자연방식 공법 적용

② 강관의 방청처리 : 부식방지제 도포 및 적정 재료 선정

(2) 지하안전법에 의한 정밀안전점검의 실시

① 점검대상
- 500mm 이상 상하수도관
- 가스시설 및 전기, 통신시설
- 지하상가 및 주차장

② 점검시기
- 육안조사 : 연 1회 이상
- 공동조사 : 5년마다 1회 이상

(3) 점검결과에 따른 조치

중점관리대상으로 지정, 위험표지 및 기타 안전조치

6 발생지역의 조사방법

(1) 시추조사

(2) 물리적 탐사[GPR , Geotomography, 전기비저항탐사(석회, 공동 불량지반)]

(3) 관련 지반시험

7 조사절차

물리탐사(넓은 지역) → 관심지역 선정 → 물리적 검층 → 필요 시험 실시

8 결론

도심지에서 주로 발생되는 매설된 노후 열수송관로의 주요 손상에 의한 재해는 동절기 온수 사용 중단 및 난방 불능에 의한 피해는 물론 온수배관에서 분출되는 온수에 의한 직접적인 재해도 심각한 인명피해가 발생되므로 내적 원인과 외적 원인에 대한 적절한 조치기준을 수립해 재해예방에 최선을 다해야 할 것이다.

1 개요

소규모 건축공사의 범위는 굴토심의 대상 요건에 해당하지 않는 굴착공사를 말하는 것으로, 길이 10미터 이하 또는 지하 2층 이하 굴착공사, 또는 높이 5미터 이하 옹벽을 설치하는 공사의 경우로 건설업 재해발생률 중 가장 높은 점유율을 나타내고 있다.

2 굴토심의 대상

(1) 길이 10미터 이상 또는 지하 2층 이상 굴착공사, 높이 5미터 이상 옹벽을 설치하는 공사의 설계에 관한 사항

(2) 굴착영향 범위 내 석축·옹벽 등이 위치하는 지하 2층 미만 굴착공사로 석축·옹벽 등의 높이와 굴착 깊이 합이 10미터 이상인 공사의 설계에 관한 사항

(3) 그 밖에 토질 상태, 지하수위, 굴착계획 등 해당 대지의 현장여건에 따라 허가권자가 굴토심의가 필요하다고 판단하는 공사의 설계에 관한 사항

3 소규모 굴착 건축공사 허가 등 행정처리 절차

현장조사 및 지반조사
• 인접대지 및 시설물 현황조사 　(인접구조물 조사기준 및 현장조사결과 참조) • 지반조사 최소 2곳 이상 실시

⬇

굴토심의 여부 등 판단
• 굴착영향범위 내 석축·옹벽 높이와 굴착 　깊이의 합이 10m 미만인 굴착공사 • 건축물 지하 2층 미만의 굴착공사 • 높이 5m 미만의 옹벽설치 굴착공사

⬇

인·허가 신청
• 굴착영향범위 내에 있는 석축·옹벽 등의 　시설물 현황조사 결과 제출 • 공사현황도 및 지하매설물 현황도 제출 　(지하층이 없더라도 동결심도 이하까지 　굴착하는 경우 포함)

⬇

인·허가 처리
※ 허가 조건 부여 　착공 시 "인접석축·옹벽 등 영향검토 　및 위해방지 대책" 제출

⬇

착공 신고
• 흙막이 설계도서 제출(공사개요 및 주요시방, 공사현황도, 　굴착 계획도, 가시설상세도, 시공순서도) • 지반조사 결과 보고서 제출(서울시 지반정보 통합관리 　시스템 활용, Test Pit 활용, 필요시 시추조사) • 인접 석축·옹벽 등 영향검토 및 위해방지 대책 제출 • 특정관리대상시설 D·E 등급 및 이에 준하는 석축·옹벽 　인 경우 소유자 등 이해관계인 사전협의 결과 제출

⬇

검토
• "인접 석축·옹벽 등 영향검토 및 위해방지대책" 검토 후 　착공신고 수리 　※ 위해 방지 안전대책 등이 충분하지 않다고 판단될 　　경우, 보완조치 후 착공수리 • 흙막이 관련도서 보완 등 • 관계전문기술자 협력 및 상주 등

⬇

착공 신고 수리

⬇

건축물 시공
2회 안전관리 강화 점검

⬇

사용 승인
• 최종지반조사보고서 • 서울시(공간정보담당관) 지반정보 종합관리시스템 등록

4 현장조사 설계도서 반영항목

(1) 인접건물의 위치와 공사현장과의 이격거리

(2) 인접건물의 층고, 규모, 준공연도, 구조형식

(3) 공사현장의 배수로 및 배수형태

(4) 굴착영향 범위 내에 위치한 석축·옹벽 현황

(5) 건축물, 석축·옹벽 등 인접 구조물 사진

(6) 대지경계 및 인접 도로 현황

5 굴착 영향범위 기준

(1) 굴착 저면에서 경사도 1 : 1.5 영향선 이내의 거리를 굴착 영향범위로 규정

(2) 굴착 시점에서 $1.5H$(굴착깊이) 이내에 있는 시설물에 대한 현황조사 수행

(3) 굴착 영향범위 내의 건물, 석축·옹벽 구조물, 지하매설물을 고려한 굴착안정성 검토

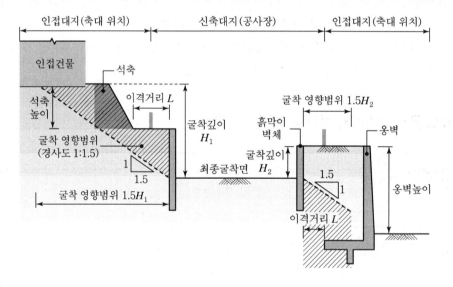

6 소규모 굴착 건축공사의 지보재 설치기준 및 유의사항

(1) 지보재 선행 굴착깊이 및 지보간격을 제시해 과굴착을 방지할 것

(2) 사용강재의 규격과 설치기준에 따라 임의시공을 방지할 것

(3) 근입깊이 기준을 준수하여 흙막이 구조물 안정성을 확보할 것

7 계측관리

(1) 설계 시 지반조건의 정보부족으로 인한 결점을 시공 중 발견하여 위험요소 제거

(2) 설계에서 적용된 값과 계측값을 분석하여 안전관리에 필요한 자료 수집

(3) 계측결과를 축적하여 차후 지반 및 구조물 설계, 시공에 적용

(4) 설계와 시공 사이의 기술적인 격차를 최소화하여 안전성, 경제성, 합리성 극대화

8 계측기 배치 사례

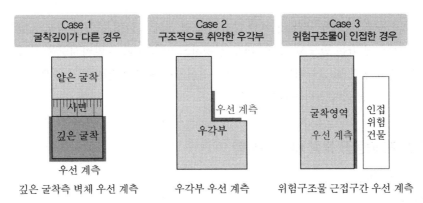

| Case 1 굴착깊이가 다른 경우 | Case 2 구조적으로 취약한 우각부 | Case 3 위험구조물이 인접한 경우 |

깊은 굴착측 벽체 우선 계측   우각부 우선 계측   위험구조물 근접구간 우선 계측

9 결론

소규모 건축공사의 재해유형으로는 건축공사장 인접 석축 등의 붕괴사례가 가장 흔하게 발생되는 재해유형으로 흙막이 설치 전 석축 하단의 정지작업이나 간이 흙막이 무단철거에 따른 석축 지지력 약화, 흙막이 벽체 근입깊이 부족 및 버팀보 미설치 등 시공불량에 의한 경우가 대부분으로, 설계도서의 충실한 작성과 시공 시 철저한 작업기준의 준수가 이루어져야 할 것이다.

··· 28 암질의 판별방법

1 개요

(1) 발파작업 등 암질 변화 구간 및 이상 암질부 작업 시에는 암질 판별을 실시하여야 하며, 암질 변화 구간의 발파는 반드시 시험발파를 선행하고 암질에 따른 발파시방을 작성하여야 한다.

(2) 암질의 변화 구간 및 발파시방 변경 시에는 시험발파 후 암질 판별을 기준으로 하여 발파시방·발파방식 등을 재수립하여야 한다.

2 균열계수, RMR등급 불량 시 조치사항

(1) 발파시방의 변경

(2) 시험발파

(3) 암반지지력 보강공법 결정

(4) 발파 및 굴착공법 변경

3 암질의 판별방법

(1) RMR(Rock Mass Rating)

(2) RQD(Rock Quality Designation)

(3) 일축압축강도 측정(kg/cm^2)

(4) 탄성파 속도 측정(m/sec)

(5) 진동치 속도 측정(cm/sec=kine)

4 암질의 분류

암질의 분류 \ 시험방법	RMR	RQD	일축압축강도	탄성파 속도
풍화암	<40	<50	<125	<1.2
연암	40~60	50~70	125~400	1.2~1.5
보통암	60~80	70~85	400~800	2.5~3.5
경암	>80	>85	>800	>3.5

5 진동치 속도

(단위 : cm/sec)

건물 분류	문화재	주택 · APT	상가	철근 Con'c 빌딩 · 공장
건물 기초에서의 허용 진동치	0.2	0.5	1.0	1.0~4.0

6 암굴착공법 비교표

구분	무진동공법 기계식 유압 할암공법	미진동공법 플리스마 공법	발파공법 정밀 소규모 진동 제어 발파	직접타격공법 브레이커 깨기
반응원리	유압에 의한 암반 절개	금속물질의 팽창압	산업화약류를 이용 암반 발파	브레이커로 암반 직접 타격
구성요소	유압시스템+ 확장장치(Element)	CSkim 파쇄기+ C.S.Kim's 캡슐	뇌관에 의한 폭약의 기폭	굴삭기+브레이커
화약류 단속법	미적용	적용 (화공품으로 분류)	적용 (화약양수·사용허가)	미적용
공법의 개요	공 내에 할암봉을 삽입 후 일정 방향으로 유압을 사용해 공 사이에 균열 발생 후 2차 파쇄	전류가 유도되면서, 급속한 발열반응에 의한 급격한 고압 금속 팽창력을 이용하여 암반 파쇄	천공구멍에 비교적 소량의 화약을 넣고 지발뇌관에 의해 기폭	굴삭기에 브레이커를 설치하고 강봉으로 기계적 강타
장점	• 무진동, 무소음 • 소규모 오픈컷 현장에 적합 • 미진동공법 대비 안전성 우수	• 화약 발파 대비 저공해 • 비석의 위험이 낮음 • 지전류나 누설전류가 흐르는 장소에 적용 가능	• 국가기술자격자 시공 • 진동허용기준 관리가 가능한 구간에서 가장 효과적 • 공기 및 공비 단축	• 비교적 경제적 • 별도의 천공장비가 필요 없음
단점	• 공사기간 증가 • 2차 파쇄량 과다 • 정밀 천공 필요 • 천공량 증가	• 공사기간 증가 • 2차 파쇄량(소할) 과다 • 전용 파암장치 및 동력이 필요	• 진동, 소음 발생 • 화약의 양수 및 사용허가 필요 • 발파에 대한 거부감	• 브레이커 작업 시 (30m에서 95db) 비산, 진동 발생 • 민원 발생(소음, 진동, 비산)

··· 29 RMR(Rock Mass Rating)

1 개요

'RMR'이란 암석의 일축압축강도, RQD, 지하수 상태, 절리 상태, 절리 간격 등의 요소를 조사에 따른 평가점수에 의한 판별방법으로 5등급으로 분류하는 것을 말한다.

2 RMR의 활용

(1) 암질의 등급 분류

(2) 소요 지보하중(Support Load) 환산

(3) 암반의 전단강도 추정

(4) 암반의 변형계수 측정

(5) Tunnel 시공 시 무지보 유지시간 판단

(6) Tunnel의 최대 안정 폭 예측

3 RMR의 특징

장점	단점
• 가장 보편화된 암반 분류법 • 암(岩) 거동의 절리방향성에 주안점을 둔 암반 분류 • 조사항목이 간단하여 오차가 적음	• 유동성, 팽창성 암반 등과 같은 매우 취약한 층에는 부적합 • 보강방법을 개략적으로 제시

4 분류기준

(1) 암석의 일축압축강도   (2) RQD

(3) 지하수 상태   (4) 절리 상태

(5) 절리 간격 등

5 RMR에 의한 등급별 기준

평가 점수	81<RMR<100 (81~100)	61<RMR<80 (61~80)	41<RMR<60 (41~60)	21<RMR<40 (21~40)	RMR<20 (20 이하)
암반 등급	I	II	III	IV	V
암반 상태	매우 양호 Very Good Rock	양호 Good Rock	보통 Fair Rock	불량 Poor Rock	매우 불량 Very Poor Rock

6 암반의 균열계수에 의한 암반판정

등급	암질상태	균열계수 C_r	경험적 양부 판별
A	매우 좋음	<0.25	절리·균열이 거의 없고, 풍화·변질 없음
B	좋음	$0.25\sim0.50$	절리·균열이 조금 있고, 균열 표면만 풍화
C	중 정도	$0.50\sim0.65$	절리·균열이 상당히 있고, 절리 충전물 약간 있음, 균열부 풍화
D	약간 나쁨	$0.65\sim0.80$	절리·균열이 뚜렷하고, 포화 점토 충전물로 가득함, 암질은 상당 부분 변질
E	나쁨	>0.80	절리·균열이 현저하고, 풍화·변질이 심함

7 균열계수와 일축압축강도의 관계

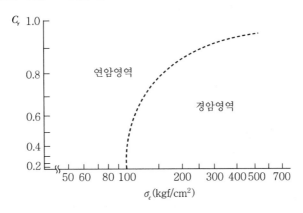

8 균열계수와 초음파 속도의 관계

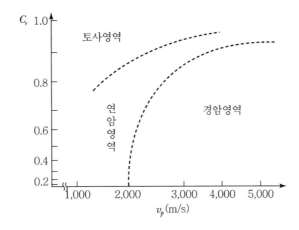

··· 30 RQD(Rock Quality Designation)

1 개요

(1) 'RQD(Rock Quality Designation)'란 암반 시추 후 10cm 이상 되는 Core 길이의 합계를 총 시추길이로 나눈 백분율(%)로서 암반의 상태를 나타내는 암반지수를 말한다.

(2) Core의 채취 시 균열이 적을수록 Core 채취길이의 합계가 길어 RQD 값이 커지며, RQD 값이 클수록 암질이 양호하다는 것을 의미한다.

2 RQD의 활용

(1) RMR(Rock Mass Rating)값 산정요소

(2) 암반의 지지력 추정

(3) 암반사면의 구배 결정

(4) 암반의 분류(경암~풍화암)

3 RQD(Rock Quality Designation : 암반지수)

$$RQD = \frac{10\text{cm 이상인 Core 길이(회수암석의 길이)의 합계}}{\text{총 시추길이(보링공의 길이)}} \times 100\%$$

4 RQD에 따른 암질 상태

RQD	암질 상태
0~25	매우 나쁨
25~50	나쁨
50~75	보통
75~90	양호
90~100	매우 양호

CHAPER

02

흙막이

··· 01 굴착공법의 종류

1 개요

굴착공사 시에는 지질조건, 지하수 상태, 인접 구조물, 지하매설물 등에 대한 충분한 사전조사가 이루어져야 하며, 인근지반의 변위·변형 등의 문제가 발생되지 않도록 안전조치에 만전을 기해야 한다. 특히 지하 20m 이상의 굴착공사인 경우 지하안전관리특별법의 준수가 이루어져야 한다.

2 굴착공법의 종류

3 굴착 모양에 의한 분류

(1) 구덩이 파기(Pit Excavation)

독립기초 등과 같은 국부적 굴착

(2) 줄기초 파기(Trench Excavation)

지중보, 벽구조의 기초 등과 같은 굴착

(3) 온통 파기(Overall Excavation)

지하실과 같은 전체적 굴착

4 굴착 형식에 의한 분류

(1) Open Cut 공법

① 경사 Open Cut 공법
- 부지의 여유가 많은 경우 흙막이 지보공 없이 굴착하는 공법
- 지반 상태가 양호하고 굴착심도가 낮은 경우에 적용

- 특징
  - 흙막이 지보공이 필요 없으므로 경제적
  - 가설시간 절약으로 공기 단축
  - 대지 면적이 넓어야 하며 경사면 위험 시 대책 수립 곤란
  - 굴착깊이가 깊은 경우 토량이 많아져 공사비 증가

② **흙막이 Open Cut 공법**
  - 흙막이벽과 지보공으로 토사의 붕괴를 방지하면서 굴착하는 공법
  - 흙막이벽의 고정을 위하여 버팀대(Strut), Tie Rod, Earth Anchor 등과 병용
  - 흙막이 벽의 지지방식
    - 자립공법 : 흙막이벽 자체의 근입깊이에 의해 지지하는 공법
    - 버팀대 공법(Strut Method) : 흙막이벽을 버팀대, 띠장, 지주 등의 지보공(支保工)으로 지지하는 공법
    - Earth Anchor 공법 : 흙막이벽 배면에 Anchor체를 설치하여 흙막이벽을 지지
    - Tie Rod Method 공법 : 흙막이벽의 상부를 당김줄로 당겨 흙막이벽을 지지

③ **특징**
  - 토질에 관계없이 시공 가능
  - 되메우기 양이 적음
  - 흙막이벽 고정 필요
  - 굴착 시 지보공이 장해 유발

(2) Island Cut 공법

① 흙파기 면을 따라 Sheet Pile을 시공한 후 널말뚝이 자립할 수 있도록 안전한 경사면을 남기고 중앙부를 굴착하여 구조물을 축조하고 버팀대를 지지시켜 주변 흙을 파내어 구조물을 완성시키는 공법

② 경사 Open Cut 공법과 흙막이 Open Cut 공법의 장점을 살린 공법

③ **특징**
  - 부지 전체에 구조물 설치 가능
  - 지보공이 절약되며 내부 굴착작업 시 중장비 사용이 가능
  - 연약지반의 경우 경사면이 길어지므로 깊은 굴착에는 부적합
  - 지하공사를 2회에 나누어 시공하므로 공기가 길어짐

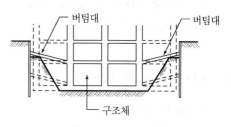

〈Island Cut 공법〉

(3) Trench Cut 공법

① 구조물의 외측 부분에 널말뚝을 설치한 후 구조물을 축조한 다음 외측 구조물을 흙막이로 하여 중앙부를 굴착하여 구조물을 완성시키는 공법

② Island 공법과 반대 순서로 진행하는 공법으로, 지반이 연약하며 Open Cut 공법을 실시할 수 없을 때

③ 특징

- 연약지반에도 가능하며, 부지 전체에 구조물 설치 가능
- 지반상태가 나쁘며 깊고 넓은 굴착을 할 경우 적합
- 구조물을 2회에 나누어 축조하므로 비경제적이며 지하 본체 이음 발생

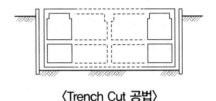

〈Trench Cut 공법〉

(4) Top Down 공법

① 지하연속벽 선시공 후 기둥과 기초를 설치한 후 지하연속벽을 흙막이벽체로 이용하여 굴착, 지하구조물을 시공하면서 지상구조물 축조

② 특징

- 지하구조물을 지보공으로 이용하므로 안전하며 공기가 단축된다.
- 연약지반에서의 깊은 굴착도 가능하다.
- 굴착장비가 소형으로 작업에 제약이 많다.
- 기둥, 벽 등의 수직부재의 연결부가 취약하다.

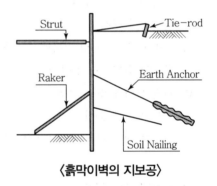

〈흙막이벽의 지보공〉

5 굴착작업 시 준수사항

(1) 관리감독자 선임
(2) 스트럿 상부의 통행금지조치
(3) 경사면에서의 낙하물에 대한 방호조치
(4) 용수 발생에 대비한 장비의 사전정비

6 결론

흙막이 공사는 추락·낙하·붕괴 등에 의한 재해 발생 가능성에 대비해 필히 흙막이벽을 설치하거나 지보공 관리감독자를 선임하여 배치해야 한다. 특히 기계굴착과 병행한 인력굴착 시에는 작업 분담 구역을 정하고 신호수를 배치해야 한다.

··· 02 흙막이공법의 분류

1 개요

(1) '흙막이공법'이란 굴착공사 시 굴착면의 측면을 보호하여 토사의 붕괴와 유출을 방지하기 위한 가설구조물을 말한다.

(2) 흙막이는 토사와 지하수의 유입을 막는 흙막이벽과 이것을 지탱해 주는 지보공으로 구성되며, 굴착심도에 따른 토질조건, 지하수 상태, 현장 여건 등을 충분히 검토하여 적정한 흙막이공법을 선정하여야 한다.

2 흙막이공법 선정 시 검토사항

(1) 흙막이 해체 고려

(2) 구축하기 쉬운 공법

(3) 안전성과 경제성

(4) 주변 대지 조건 및 지하매설물 상태

(5) 차수에 있어 수밀성이 높은 공법

(6) 지반 성상에 맞는 공법

(7) 강성이 높은 공법

(8) 지하수 배수 시 배수처리공법 적격 여부

3 흙막이공법의 종류

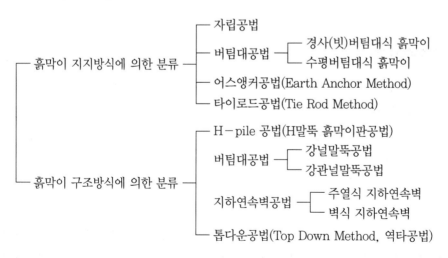

4 흙막이공법별 특징

(1) 지지방식에 의한 분류

① 자립공법
- 흙막이벽 자체의 근입깊이에 의해 흙막이벽을 지지
- 굴착깊이가 얕고 양질 지반일 때 사용

② 버팀대공법(Strut Method)
- 경사(빗)버팀대식 흙막이 : 흙막이벽에 빗버팀대를 설치하여 흙막이벽을 지지하며, 아일랜드 공법에서 많이 사용
- 수평버팀대식 흙막이 : 흙막이벽에 수평으로 걸친 버팀대에 의해서 흙막이벽을 지지

③ Earth Anchor 공법
- 흙막이벽 배면에 구멍을 뚫어 Anchor체를 설치하여 흙막이벽을 지지
- Anchor 정착층이 양호하여야 하며, 작업공간이 좁은 경우에 유리

④ Tie Rod 공법
- 흙막이벽의 상부를 당김줄로 당겨 흙막이벽의 이동을 방지
- 당김줄 고정말뚝은 이동이 없게 견고하게 설치

(2) 구조방식에 의한 분류

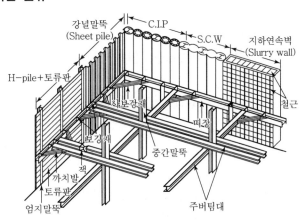

〈흙막이 구조방식별 분류 도해〉

① H−pile 공법
  ㉠ H−pile을 1~2m 간격으로 박고 굴착과 동시에 토류판을 끼워 흙막이벽을 설치하는 공법
  ㉡ 특징
- 시공이 간단하고 경제적
- 공사기간이 짧고 공사비가 저렴
- 지하수가 많은 경우 차수성 Grouting 보강 필요
- 연약지반에서 Heaving, Boiling 현상의 발생에 주의

② 널말뚝공법(Steel Pile Method)

  ㉠ 강널말뚝공법(Steel Sheet Pile Method)

   • 강재널말뚝을 연속으로 연결하여 흙막이벽을 만들어 버팀대로 지지하는 공법

   • 특징

    – 차수성이 높고 연약지반에 적합

    – 시공에 따른 여러 가지 단면 선택 가능

    – 소음, 진동이 크고 경질지반에 부적합

    – 인발 시 배면토의 이동으로 지반침하 발생

  ㉡ 강관널말뚝공법(Steel Pipe Sheet Pile Method)

   • 강널말뚝의 강성 부족을 보완하기 위하여 개발된 것으로 구조용 강관을 밀실하게 연결하여 벽체를 만들어 수압이 큰 흙막이벽, 수중의 지하구조물의 물막이용으로 사용

   • 특징

    – 수밀성이 높으므로 지하수가 많은 경우 사용

    – 지하 흙막이벽, 수중공사 가설구조, 교량기초 보수공사 등에 이용

    – 연결부의 지수(止水), 비틀림, 경사에 주의

    – 재사용이 곤란하며 자갈 섞인 토질에는 관입 곤란

③ 지하연속벽(Slurry Wall 혹은 Diaphragm Wall)공법

  ㉠ 벽식(壁式) 지하연속벽

   • 안정액을 사용하여 굴착 벽면의 붕괴를 방지하면서 굴착하고 그 속에 철근망을 삽입한 후 콘크리트를 타설한 패널(Panel)을 연속으로 축조하여 흙막이 벽체를 형성하는 공법

   • 종류

    – ICOS(Impresa Construzioni Opere Specializzate) 공법

    – BW(Boring Wall) 공법

   • 특징

    – 소음, 진동이 적고 차수성이 우수

    – 주변 지반에 영향이 적고 본 구조체로도 사용 가능

    – 안정액 처리에 문제가 많고 장비가 대형으로 이동이 불편

    – 공사기간이 길고 콘크리트 타설 시 품질관리 중요

  ㉡ 주열식(柱列式) 지하연속벽

   • 현장타설 콘크리트 말뚝을 연속으로 연결하여 주열식으로 흙막이벽을 축조하는 공법으로 말뚝 내에는 철근망, H－pile 등으로 벽체를 보강

   • 종류

    – Earth Drill공법(Calweld 공법)

    – Benoto공법(All Casing 공법)

    – RCD공법(Reverse Circulation Drill Method : 역순환공법)

– SCW(Soil Cement Wall) 공법

– Prepacked Concrete Pile(CIP, MIP, PIP)

- 특징

– 차수성이 좋고 지내력이 향상됨

– 저소음공법이고 벽체의 강성이 높으며 주변 침하가 적음

– 공사기간이 길고 공사비가 증대됨

– 경질지반에 불리

④ Top Down Method : 역타공법

㉠ 지하연속벽을 먼저 설치하고 기둥과 기초를 설치한 후 지하연속벽을 흙막이벽체로 이용하여 지하로 굴착한 후 지하구조물을 시공하면서 동시에 지상구조물도 축조해 가는 공법

㉡ 특징

- 지하구조물을 지보공으로 이용하므로 안전하며 공기를 단축

- 연약지반에서의 깊은 굴착도 가능

- 굴착장비가 소형으로 제약됨

- 기둥, 벽 등 수직부재의 연결부 취약

⑤ 흙막이 공사 시 유의사항

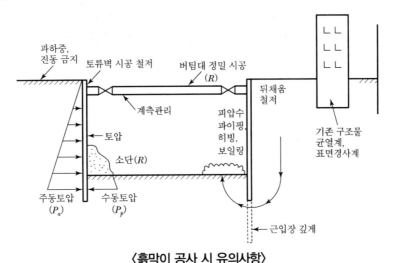

〈흙막이 공사 시 유의사항〉

⑥ 결론

흙막이 공사는 추락·낙하·붕괴 등에 의한 재해 발생 가능성에 대비해 필히 흙막이벽을 설치하거나 지보공 관리감독자를 선임하여 배치해야 한다. 특히 기계굴착과 병행한 인력굴착 시에는 작업분담 구역을 정하고 신호수를 배치해야 한다.

··· 03 흙막이공사(띠장 긴장 공법, Prestressed Wale Method)의 안전보건작업지침 [C - 95 - 2014]

이 지침은 산업안전보건기준에 관한 규칙(이하 "안전보건규칙"이라 한다) 제2편 제4장 제2절(굴착작업 등의 위험방지)의 규정에 따라 띠장 긴장 공법(Prestressed Wale Method) 흙막이공사 작업과정에서의 안전보건작업지침을 정함을 목적으로 한다.

🔟 버팀보 공법과 현장 긴장 방식의 띠장 긴장 공법의 개념도

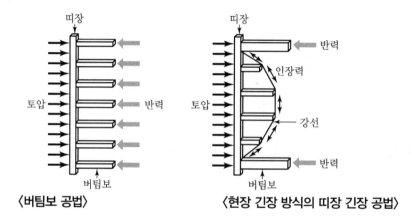

〈버팀보 공법〉 　　　　〈현장 긴장 방식의 띠장 긴장 공법〉

2️⃣ 띠장 긴장 공법의 시공흐름도

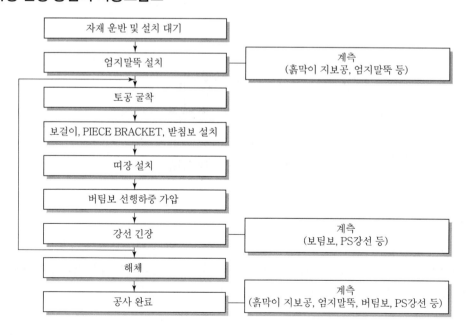

❸ 띠장 긴장 공법의 일반 안전조치 사항

(1) 근로자의 위험을 방지하기 위하여 사업주는 사전에 다음의 내용에 관련한 작업계획서의 작성을 하여야 하며 이에 따라 작업을 하도록 하여야 한다.

① 띠장의 설치 위치, 시공순서 등에 대한 띠장 긴장 공법의 제반사항

② 차량계 하역운반기계 작업, 차량계 건설기계 작업, 양중기 사용작업 등

③ 굴착면의 높이가 2m 이상 지반의 굴착작업

④ 중량물의 취급작업

⑤ PS 강선의 계측, 유지관리 및 철거에 대한 제반사항

(2) 작업 시 발생할 수 있는 유해·위험요인에 대한 실태를 파악하고 이를 평가·관리·개선하기 위한 위험성평가를 수행하여야 하며, 그 결과를 고려하여 안전대책을 수립하여야 한다.

(3) 시공계획서 및 작업계획서를 검토하여 떨어짐, 맞음, 끼임, 넘어짐 등의 재해위험이 있는 장소에는 경고표지판, 낙하물방지망, 추락방지망 등 안전시설물을 설치하여야 한다.

(4) 작업자의 작업통로 및 작업공간 확보를 위해 필요한 개소에 작업발판, 안전난간 등을 설치하여야 한다.

(5) 근로자의 안전을 위하여 보호구의 착용상태 감시, 악천후 시에는 작업의 중지, 관계근로자 이외의 자의 출입통제 등이 이루어져야 하며, 무너짐의 위험이 있다고 판단된 경우에는 즉시 근로자를 안전한 장소로 대피시켜야 한다.

(6) 띠장 긴장 공법의 적용은 현장 상황에 맞게 작성된 설계도에 따라 시공해야 하며 시공 중 발생하는 제반 설계변경 요인에 대해서는 검토서를 제출하여 책임기술자 및 관리감독자의 승인을 받아야 한다.

(7) 띠장 긴장 공법 흙막이 공사 시 PS 강선 설치 및 긴장과 관련하여 다음의 안전작업절차를 준수하여 관련 재해가 발생하지 않도록 하여야 한다.

① 긴장 작업 전 긴장장치 후방에는 인장력의 최대반력에 견딜 수 있는 방호철판을 설치하여야 한다.

② 긴장 작업 전 프리스트레스 도입에 따른 띠장의 갑작스런 한쪽으로 치우침, 비틀림, 넘어짐 등에 대하여 누름 브래킷(Bracket)의 적용, 홈메우기 등의 안전대책을 수립하여야 한다.

③ 긴장 작업 전 관리감독자를 지정하여야 한다.

④ 긴장 작업 중에는 긴장장치 배면에서의 작업을 중지하고 관계자 이외의 접근을 금지시켜야 한다.

(8) 띠장 긴장 공법의 흙막이 공사 시 줄파기 작업과 관련하여 사전에 다음의 안전작업절차를 준수하여 관련 재해가 발생하지 않도록 하여야 한다.

① 공사 착수 전에 본 공사 시행으로 인한 인접 제반 시설물의 피해가 없도록 안전대책을 수립함은 물론 이에 대한 현황을 면밀히 조사, 기록, 표시하여야 하며, 인접 제반 시설물의 소유주에게 확인, 주지시켜야 한다.

② 흙막이 시공 위치에 상하수도관, 통신케이블, 가스관, 고압케이블 등 지하매설물이 설치되어 있는지의 여부를 관계 기관의 지하매설물 현황도에서 검토하고 일치하지 않을 경우 지하매설물 탐사장비(GPR, 탄성파 등)를 이용하여 확인조사를 실시한다. 또한 줄파기를 통하여 매설물을 노출시켜야 하며, 필요시 이설 또는 보호조치를 하여야 한다.

(9) 띠장 긴장 공법 흙막이 공사 시 장비와 관련하여 다음의 안전작업절차를 준수하여 관련 재해가 발생하지 않도록 하여야 한다.

① 현장 여건과 진행 공종별 장비 수급계획을 수립하여 현장에서 각종 장비의 뒤집힘, 깔림, 끼임 등의 재해를 방지하고 장비의 통로는 배수가 잘되도록 조치하고 지반의 침하나 변형을 수시로 확인하여 필요시 지반을 보강하여야 하며 보강은 양질의 토사치환 및 철판 깔기나 콘크리트 등을 포설한다.

② 크레인, 굴착장비 등 장비를 현장에 반입할 경우에는 해당 장비이력카드를 확인하여 관련 법령에 의한 정기검사 등 이력을 확인하고, 작업 시작 전에 다음을 점검하여야 한다.
• 권과방지장치, 그 밖의 경보장치의 기능
• 브레이크, 클러치 및 조정장치의 기능 등

③ 지게차를 사용하여 자재를 실을 때에는 허용하중을 초과하여 적재하여서는 안 되며, 무게중심을 확보하여 깔림의 위험을 방지하여야 한다.

④ 장비의 하역작업을 하는 때에는 평탄한 장소에서 수행하여야 하며 인양장비의 전도 등을 방지하기 위하여 견고한 지반조건을 갖추어야 한다. 지반침하가 우려되는 때에는 양질의 토사로 치환하거나 콘크리트를 타설하는 등 지반침하방지를 위한 안전조치를 하여야 한다. 장비를 반출하는 경우에도 동일하게 적용된다.

⑤ 현장 내 장비의 이동경로 또는 인근에 고압전선로 등의 장애물이 있는 경우에는 이를 이설하거나 방호시설을 설치한 후 작업하여야 한다.

(10) 띠장 긴장 공법 흙막이 공사 시 시공 안전성 확보와 관련하여 다음의 안전작업절차를 준수하여 관련 재해가 발생하지 않도록 하여야 한다.

① 흙막이 설계 및 공사 시에 보일링(Boiling) 및 파이핑(Piping)과 히빙(Heaving)에 대한 안정성 검토를 실시하여 이로 인해 발생할 수 있는 흙막이 변형, 무너짐, 주변 지반 함몰 등의 대형 안전사고가 발생하지 않도록 하여야 한다.

② 강우나 침투되는 지하수 등을 수시로 점검하고 배수 및 차수계획을 수립하고 이에 따른 토압의 변화에 대하여 안전대책을 마련하여야 한다.

(11) 띠장 긴장 공법의 주요 부재가 되는 H-형강, 철판, PC 강선 및 정착부에 사용되는 재료 등은 변형, 균열이 없는 구조용 재료를 사용해야 하며 K.S 또는 그와 동등 이상의 규격 제품이어야 한다. 또한 구강재를 사용할 경우 강재의 허용응력을 감소시켜 적용한다.

(12) 공사의 안전성 및 합리적 관리를 위한 체계적인 계측계획이 사전에 수립되어야 하고 인접 주요 구조물 등의 중점 검토해야 하는 장소에 계측장비를 설치하여야 한다. 주요구조물 및 건물과 인접한 구조물에 띠장 긴장 공법을 적용할 경우 실시간 자동화 계측을 기본으로 한다.

⒀ PS 강선의 긴장력 손실, 편심 등으로 일어날 수 있는 흙막이 지보공의 무너짐에 대비하여 비상 시 연락체계, 피난계획, 응급조치계획 등을 사전에 수립하고 이를 당해 근로자에게 반드시 교육시켜야 한다.

4 띠장 긴장 공법의 각 공정별 안전조치 사항

(1) 줄파기 작업

① 줄파기 작업 전 지하매설물의 유무확인을 위해 관계 기관과 사전협의하여 매설 위치확인 및 노출방법에 대하여 협의하고 지하매설물 표식과 보호조치를 하여야 한다.

② 줄파기 작업은 작업계획서에 따라 공사가 안전하게 진행될 수 있도록 장비, 기계·기구, 자재 및 가설재를 준비하여야 한다.

③ 주요 시설물에 대해서는 관계 법령에 따라 시설물 관리자에게 사전 통보하여 천공 작업 시에 입회할 수 있도록 하여야 한다. 주요시설이 훼손되거나 부분적인 누수가 발생할 경우에는 즉각 응급조치를 하고 관리감독자에게 통보하여 적절한 조치를 강구하여야 한다.

④ 지하매설관의 절곡부, 분기부, 단관부, 기타 특수부분 및 관리감독자가 특별히 지시한 직관부의 이음부분은 이동 또는 탈락방지 등의 보강대책을 세워야 하며, 기타 특별한 사항에 대해서는 관리감독자의 지시를 받아야 한다.

⑤ 가능한 적은 범위 내에서 줄파기를 하고, 보행자의 안전을 위해 보도경계선에 가설울타리를 설치하여야 한다.

⑥ 줄파기 작업 시에는 부근의 노면건조물, 지하매설물 등에 피해가 없도록 하고, 지반이 이완되지 않도록 주의하여야 하며, 필요시에는 가복공 또는 가포장하여야 한다.

⑦ 시험천공 및 줄파기는 말뚝박기 진행을 고려하여 소정의 범위 밖에서 시행하여야 하며, 작업완료 후 조속히 표준도에 따라 복구하여 교통소통에 지장이 없도록 하고 복구 후 노면을 유지 보수하여야 한다.

(2) 엄지말뚝 시공

① 엄지말뚝의 운반·인양은 비틀림이나 변형이 발생하지 않도록 크레인 등을 이용하여 항타기 작업범위까지 운반하여야 한다.

② 엄지말뚝 인양용 와이어로프, 샤클 등 보조기구는 작업 전에 체결상태를 확인하여 불시에 떨어짐 재해를 예방하여야 한다.

③ 엄지말뚝의 인양 중 떨어짐 재해를 방지하기 위해 모든 접합부분은 결속하고, 인양용 고리 부분은 자중을 고려하여 용접 등의 방법으로 보강하여야 한다.

④ 엄지말뚝의 인양 시 보조로프를 사용하여 흔들림에 의한 부딪힘을 예방하여야 한다.

⑤ 천공에 의한 엄지말뚝의 삽입은 천공된 공벽에 손상을 주지 않도록 하고 주변 지반보강 이후에 하여야 한다.

⑥ 흙막이 벽체와 관련된 엄지말뚝은 연직도 및 직진성을 확보하여야 하며, C.I.P 및 S.C.W

의 경우 공극이 없고 구근강도 등의 품질이 시방기준 이상을 확보하여야 한다.

⑦ 케이싱을 사용하였을 경우 인발은 인발속도를 최대한 천천히 하여 파일 강재의 뒤틀림 등 변형을 방지하여야 한다.

⑧ 인발한 케이싱에 의한 깔림 방지를 위해 하단에 보조로프를 설치하여 이동 후 적재하여야 한다.

(3) 굴착 작업

① 지반의 무너짐, 매설물의 손괴 등으로부터 근로자를 보호하기 위하여 지질, 매설물, 지하수위 등의 상태를 조사하고 굴착시기, 작업순서, 작업방법 등을 정하여야 한다.

② 굴착작업 중 근로자가 지상에서 굴착저면까지 안전하게 통행할 수 있는 가설계단 형식의 안전통로를 확보하고 가설계단 끝에는 안전난간, 가설계단하부에는 낙하물방지망을 설치하는 등 떨어짐 및 맞음 방지를 위한 필요한 조치를 하여야 한다.

③ 굴착저면과 지상에 장비 및 덤프트럭의 작업구간과 분리하여 근로자의 안전통로를 확보하여야 한다.

④ 흙막이 벽에서 토사와 함께 물이 유출될 우려가 있는 경우에는 그 원인을 분석하여 유도배수 또는 별도의 차수대책을 수립하여야 한다.

⑤ 우수 등 지표수 유입에 의한 이상 수압 등으로 흙막이 무너짐 사고가 발생하지 않도록 흙막이 상부 지표면에 콘크리트 타설, 비닐 등의 설치와 배수로를 확보하여야 한다.

⑥ 굴착토사 및 버력은 버킷(Bucket)의 높이 이하로 담아서 양중·운반하고 버팀보와 띠장 위에 있는 버력과 작업부산물 등은 수시로 제거하는 등 떨어짐 및 맞음 재해 발생 방지에 필요한 조치를 하여야 한다.

⑦ 굴착토사·버력의 반출과 재료의 반입·반출 시 굴착저면과 지상에 각각의 신호수를 배치하고 양중, 상차, 하차 등의 작업이 신호수의 신호에 의하여 실시되도록 하는 등 부딪힘, 끼임, 떨어짐 등의 재해방지에 필요한 조치를 하여야 한다.

⑧ 특히, 띠장 설치 및 PS 긴장 후 다음 단계 굴착 작업 중 굴착토사·버력을 반출할 때에 버킷, 굴삭기 장비 등과 PS 강선과의 부딪힘을 방지하기 위하여 강선보호장치 등의 안전대책을 수립하고 장비가 강선에 부딪히지 않도록 주의하여 작업하여야 한다.

⑨ 띠장 긴장 공법은 과굴착, 편굴착 등에 의한 과다토압 또는 편토압 작용으로 흙막이 지보공의 무너짐이 발생할 소지가 높기 때문에 단계별 굴착에 따른 지반안정성 검토 및 이에 대한 안전대책이 수립되어야 한다.

(4) 띠장 및 버팀보 설치 띠장 및 중앙·코너부 버팀보 설치

① 띠장 및 버팀보는 설계도에 따라 정위치에 설치하여야 하며, 하부 굴착은 버팀보 가압 및 PS 강선 긴장이 완료된 후 시행하여야 한다.

② 띠장 및 버팀보는 시공에 앞서 재질, 단면손상 여부, 재료의 구부러짐, 단면치수 등을 점검하여 시공계획서에 적합한가를 확인하고 하중에 의하여 좌굴되지 않도록 충분한 단면과 강

성을 가져야 하며, 각 단계별 굴착에 따라 흙막이 벽과 주변지반의 변형이 생기지 않도록 시공하여야 한다.

③ 띠장은 지층경계면, 이질층을 횡단하는 위치에 설치하지 않는 것을 원칙으로 하며, 부득이 하게 설치하는 경우 집중계측을 실시하여 띠장 변형 등을 주의하여 관리하여야 한다.

④ 띠장, 버팀보 등의 설치를 위한 자재 양중 작업을 할 때에는 신호수를 배치하여야 하며 자재가 이동하는 경로 및 하부에는 근로자의 출입을 통제하여야 한다.

⑤ 작업시작 전에 작업통로, 안전방망, 안전난간 등 안전시설의 설치상태와 이상유무를 확인하여야 한다.

⑥ 흙막이 지보공과 측면에 밀착되는 띠장과의 연결은 원칙적으로 볼트를 사용하여 체결하여야 한다. 다만, 부득이 한 경우에는 책임기술자 및 관리감독자의 사전승인을 받아 설계도서 이상의 강성을 확보할 수 있는 방법으로 정밀 시공하여야 한다.

⑦ 띠장의 하단에 보걸이 또는 띠장 받침대를 선 시공하고, 띠장을 거치 후 볼트를 체결한다.

⑧ 띠장 받침대는 전 구간에 걸쳐 수직 수평 모두 직선을 이루도록 시공해야 하며, 받침대의 지지력은 띠장의 자중과 상재하중 내하력을 견디도록 견고히 시공해야 한다.

⑨ 다음 단계의 PS 강선 긴장작업 시 발생할 수 있는 띠장의 편심, 변형 등을 방지하기 위하여 띠장 배면에 강재, 시멘트 그라우팅 등을 이용한 홈메우기 등을 사전에 시공하여야 한다. 강재, 시멘트 그라우팅 등을 공사시방서에서 요구하는 품질이상을 확보하여야 그 기능을 발휘할 수 있다.

⑩ 또한 PS 강선 긴장작업 중 띠장의 뒤틀림, 넘어짐 등을 방지하기 위하여 누름 브래킷 (Braket) 등의 안전대책을 수립하여야 한다.

⑪ 띠장은 처짐이 발생하지 않도록 설치하여야 하며, 처짐발생 우려 시 Wire 등을 이용하여 보강하여야 한다.

⑫ 띠장의 거치 및 연결 시에 흙막이 구조의 변형 등을 상시 육안으로 확인하고 띠장의 떨어짐 등의 위험이 발생되지 않도록 인양장비에 걸어두는 등의 안전조치를 선행하여야 한다.

⑬ 버팀보는 설계도 및 시공계획서에 따라 소정의 깊이까지 굴착 후 신속히 설치하며 지장물의 유·무, 구조물 타설계획, 재료 및 장비 투입 공간확보 관계를 고려하여 설치간격을 결정하여야 한다.

⑭ 버팀보는 중간파일 및 띠장과 적절한 연결장치로 상호 연결되어 프레임구조를 이루도록 하며, 띠장 전장에 작용하는 토압으로 인한 좌굴파괴에 저항하여야 한다.

⑮ 버팀보 위에 장비나 자재 등을 적재하지 않아야 하며 설계도서에 표시되지 않은 지장물 등을 지지하는 경우에는 해당분야 전문기술자의 검토를 받아야 한다.

⑯ 버팀보 위에는 원칙적으로 작업자가 통행할 수 없는 것으로 하고 부득이하게 통행이 필요한 경우에는 안정성 검토 후 버팀보 위에 작업발판과 수평구명줄을 설치하고 수평구명줄에 안전대 고리를 연결한 후 통행한다.

(5) 버팀보 가압 및 PS 강선 긴장작업

① 버팀보 가압 및 PS 강선 긴장작업은 사전에 관리감독자가 승인한 시공 계획서에 의거하여 수행하여야 하며 가압 및 긴장작업은 책임기술자와 관리감독자 입회하에 실시하여야 한다.

② 사전에 피장 긴장 공법에 대한 기술과 안전교육을 받은 자만이 긴장작업을 하여야 하고 작업 시에는 안전모, 안전화, 안전장갑 등 작업에 적합한 보호구를 착용하여야 한다.

③ 작업에 필요한 PS 강선, 유압잭 등의 자재들은 작업 장소 인근에 작업 순서별로 정리하고 견고한 방법으로 적재하여야 한다.

④ 협소한 장소에서 작업이 수행됨에 따라 떨어짐, 끼임, 부딪힘 등의 재해가 발생할 수 있으므로 작업반경 등을 고려하여 작업구획을 설정하고 관리감독자를 지정하여 작업을 지휘하도록 하여야 한다.

⑤ 버팀보 가압 및 PS 강선 긴장작업 시 심각한 구조변형 등의 이상현상 및 위험한 요인을 발견한 때에는 작업을 중지하고 관리감독자에게 즉시 통보하여, 적절한 안전조치를 취하여야 한다.

⑥ PS 강선 배치 완료 후 다음의 순서로 버팀보 가압 및 PS 강선 긴장을 실시한다.
   ㉠ 가시설 설치 상태 및 볼트 체결 상태, 홈메우기·보걸이 상태 확인
   ㉡ 중앙버팀보 가압(중앙버팀보가 있는 현장)
   ㉢ 코너버팀보·정착연결보 가압
   ㉣ PS 강선 긴장 버팀보 가압 버팀보(지지점)위치의 피장 PS 강선 긴장

⑦ 버팀보 가압은 설계도서(도면 또는 구조계산서)상 명시된 가압력을 가압하는 것을 원칙으로 한다.

⑧ 잭(Jack)을 사용하여 버팀보에 선행하중을 재하 시 잭의 좌굴 및 휨변형을 방지하기 위해 일반적인 스트로크 한계의 70% 이상 넘지 않도록 권장한다.

⑨ 잭(Jack)을 사용하여 버팀보에 선행하중을 재하 시 다음의 사항에 유의한다.
   ㉠ 온도변화에 따른 신축을 고려한다.
   ㉡ 잭의 가압은 소정의 압력으로 단계적으로 시행하되, 가압 중에는 부재의 변형유무를 확인하여야 한다.
   ㉢ 중앙 및 코너버팀보는 정확한 위치에 설치하여 뒤틀려지거나 이탈되지 않도록 하여야 한다.
   ㉣ 소정의 부재를 설치한 후에는 다음 공정에서 발생할 수 있는 부재의 풀림 및 변형을 검사하여 그 안전 여부를 판단하여야 한다.

⑩ PS 강선은 좌우대칭으로 배치하고 긴장은 양쪽에 각각 긴장한다. 긴장작업 순서는 가능한 구조물에 대칭이 되도록 실시하여 구조물에 편심에 의한 프리스트레스가 가해지지 않도록 주의하여야 한다.

⑪ PS 강선 긴장 시, 앵커정착 헤드면과 PS 강선은 수직을 유지하여 편심응력에 의한 강선파단이 없도록 주의해야 한다.

⑫ PS 강선 긴장 시는 다음 사항을 사전에 설정하여 관리감독자의 승인을 얻은 후 시행하여야 한다.

　　㉠ PS 강선의 긴장 순서

　　㉡ 긴장력

　　㉢ 신장량의 계산에 의한 예측

⑬ PS 강선을 긴장할 경우에는 강선의 신장량, 긴장력, 강선긴장기의 사양, 특기사항 등이 기록, 보관되어야 한다.

⑭ 가압 및 긴장에 있어서 가능한 부분적 작업은 지양하고 전체적으로 이루어지도록 한다.

⑮ 긴장작업 시 PS 강선의 파단으로 인한 근로자들의 부상방지를 위해 인장잭 배면에 보호강판을 설치하고 정착부 뒤편에는 관계자 외의 근로자의 출입을 금지시켜야 한다.

⑯ 현장 여건상 부분 작업이 이루어져야 할 경우에는 긴장부와 정착부에 대하여 홈메우기 용접, 연결부 볼트조립 등을 확인 후 시행한다.

⑰ 돌출된 PS 강선 단부에는 근로자들이 찔리지 않도록 캡 등을 씌워야 한다.

⑱ 버팀보 선행가압 및 PS 강선 긴장 후 다음 단계 굴착 시 과굴착에 의한 흙막이 지보공의 무너짐에 대비하여 사전에 구조 안전성검토를 반드시 실시하고 작업 시 책임기술자 및 관리감독자의 사전승인을 얻어야 한다.

(6) PS 강선 계측 및 관리

① 계측장소는 설계도면 또는 시공계획서를 표준으로 하되 현장여건과 상황에 따라 감독원의 승인 하에 조정될 수 있다.

② 계측빈도는 굴착 중 주 2회 이상, 굴착완료 후 주 1회 이상을 원칙으로 하고 계측의 중요성, 목적, 공사의 진척정도, 계측 방법 여부 등에 따라 조절될 수 있다. 또한 이상토압의 발견 또는 불안전한 변위 등이 발견된 때에는 그 주기를 단축하고 위험 여부를 확인하여야 한다.

③ 계측항목별 판단기준을 정하고 위험수위별 대처방안을 사전에 수립하여야 한다.

④ 띠장 긴장 공법에서의 계측은 원칙적으로 PS 강선의 변위 계측과 기존 계측 시스템을 병용하여 띠장의 휨 거동을 관리하여야 한다.

⑤ 버팀보 설치 직후, 띠장 설치 직후에 계측기를 설치하여 초기치를 설정하며 설치 후 선행가압 및 PS 강선 긴장 완료 시, 굴착 시 등 단계별로 계측치의 변화 데이터를 확보하여야 한다.

⑥ 매회의 계측 시마다 전회의 데이터를 지참하여 이상치가 아닌가를 현장에서 파악한다.

⑦ 측정이 종료되면 계측 데이터를 정리하여 측정치의 경향을 파악하여 이상이 있으면 재측정을 실시한다.

⑧ 데이터의 정리는 굴착상태 및 지보시기를 명시하여야 한다.

⑨ 각종 계측결과는 일상의 시공관리를 이용하여 장래공사 계획에 반영할 수 있도록 고려하여 정리하고 그 기록은 보존하여야 한다.

⑩ 계측결과는 정기적으로 보고하여야 하며 현저히 큰 변위 및 응력이 발생할 경우는 즉각 감독관 또는 감리자에게 보고하고 지시를 받아야 한다.

⑪ 계측결과 분석은 토질 및 기초기술사 등의 전문기술자에 의해 종합적으로 분석 평가되어야 한다.

⑫ 띠장은 언제나 직선으로 장착되어 있어야 하며, 띠장의 직선성 관리를 별도로 하여야 한다. 단, 띠장이 굴착측 또는 배면측으로 단일곡선으로 휘어져 있는 상태는 바람직한 상태이나, 적절한 허용한계(띠장 길이(L)×0.25%)를 넘어서는 안 된다.

⑬ 띠장의 과다변위, 허용긴장력 초과로 인한 띠장 손상 등의 문제가 발생하여 기존 띠장만으로 대응이 어려운 경우 응급되메우기, 추가 띠장 및 버팀보 설치 등의 대책수립을 마련하여야 한다.

⑭ 띠장의 길이와 변형량을 고려하여 추가 긴장력을 결정한 후 추가 긴장을 하여야 하며, 추가 긴장력을 포함한 총 긴장력은 설계 긴장력의 1.3배를 넘어서는 안 된다.

⑮ 띠장이 단일곡선으로 휘어진 경우에는 정착장치에 추가 긴장력을 도입하고, S곡선으로 휘어진 경우에는 편심보의 유압잭을 조정하여 띠장의 직선성을 유지시킨다. 띠장이 직선이 되도록 조정한 뒤, 강선의 긴장 여부를 결정한다.

5 해체 및 공사완료

(1) 해체 및 철거는 지반침하와 본 공사에 지장이 없고 주변의 구조물 및 설비시설 등에 손상이 발생하지 않도록 하여야 한다.

(2) 해체 및 철거는 사전에 수립된 해체순서를 준수하며, 구조체 전체의 안정성을 확보할 수 있는 방법으로 하며, 시공하기에 앞서 시공순서, 방법, 사용기계, 공정 등에 대하여 책임기술자와 관리감독자의 승인을 받아야 한다.

(3) 띠장의 해체 및 철거는 설치 작업의 역순으로 진행되는데, 구조물공 또는 되메우기공의 진행에 따라 순차적으로 필요 개소부터 시행하여야 한다. 해체는 구조물 벽체 슬래브가 충분히 양생한 이후로 구체 또는 되메우기 토사와 버팀목 등에 의하여 흙막이 벽에 작용하는 하중을 받쳐준 후 시행한다.

(4) 띠장이 전체적으로 연결되어 있을 때, 강선의 긴장력 제거는 반드시 책임기술자의 지휘 아래 순차적으로 진행되어야 한다.

(5) 해체 및 철거 전후에는 계측을 통하여 변위발생 상태를 확인하여야 한다.

6 기타 안전조치 사항

기타 흙막이 공사에 관한 안전작업은 KOSHA GUIDE C-39-2011 굴착공사안전작업지침 및 KOSHA GUIDE C-4-2012 흙막이 공사(엄지말뚝) 및 C-63-2012 흙막이 공사(C.I.P 공법) 안전보건작업지침의 규정에 따른다.

흙막이공사(SCW 공법)의 안전보건작업지침 [C - 92 - 2013]

1 개요

'SCW(Soil Cement Wall)'란 점성토, 사질·사력토 지반에서 차수목적 및 토류벽체를 형성하는 공법으로 오거기(Earth Auger)로 천공 굴착하여 원위치 토사를 골재로 간주하여 시멘트 밀크 (Cement Milk) 용액을 롯드(Rod)를 통해 주입하면서 혼합·교반하여 벽체를 조성한다. 굴착 단부의 일부분은 중첩하여 연속벽을 조성해 지수벽으로 하고 벽체 내의 측압에 대해서는 H형 강재 (응력재)를 삽입하여 토류벽으로 사용한다.

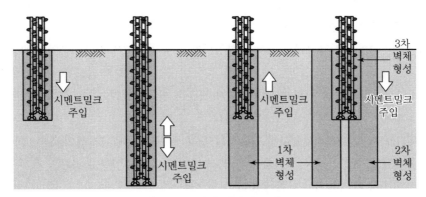

〈SCW 공법의 시공개요도〉

2 SCW 공법의 시공순서

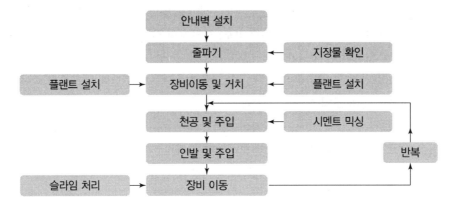

3 SCW 공법의 일반 안전조치 사항

(1) 근로자의 위험을 방지하기 위하여 사업주는 사전에 다음의 내용에 관련한 작업계획서의 작성 및 작업지휘자를 지정을 하여야 하며 해당 근로자에게 안전한 작업방법 및 순서를 교육하여야 한다.

    ① 플랜트의 설치 위치

    ② 시멘트 밀크의 공급 방법 및 경로

    ③ 차량계 하역운반기계 작업

    ④ 굴착면의 높이가 2m 이상 지반의 굴착작업

    ⑤ 중량물의 취급작업

    ⑥ 천공기, 항타기, 항발기 작업

    ⑦ 가설전기의 인입경로 및 용량

(2) 단위공종별 작업을 시작하기 전에는 위험성평가를 실시하고 세부 단위작업별 허용 가능한 위험범위 이내가 되도록 작업방법을 개선한 후가 아니면 작업하지 않도록 하여야 한다.

(3) 시공계획서 및 작업계획서를 활용하여 필요 장소에 안전표지판, 경고등, 차단막 등 안전사고 방지를 위한 안전시설물을 설치하여야 한다.

(4) 근로자의 안전을 위하여 보호구의 착용상태 감시, 악천후 시에는 작업의 중지, 관계근로자 이외의 자의 출입통제 등이 이루어져야 하며, 무너짐의 위험이 있다고 판단된 경우에는 즉시 근로자를 안전한 장소로 대피시켜야 한다.

(5) SCW 흙막이 공사 시 플랜트 설치 및 시멘트 밀크 제작과 관련하여 다음의 안전지침을 준수하여 관련 재해가 일어나지 않도록 하여야 한다.

    ① 플랜트 등에 사용되는 가설 전기설비에 대해서는 가설 울타리 및 분전반을 설치하는 등 전기안전시설을 확보해야 하며 작업 중 피복손상으로 인한 감전, 인화폭발, 전기화재 등의 재해를 예방하기 위하여 노출 충전부의 방호, 근로자의 감전방지, 분전함의 시건장치 등의 방지대책을 수립해야 한다.

    ② 플랜트, 가설전기 분전반 등은 지반침하로 인하여 깔림의 위험이 없도록 바닥에 콘크리트를 타설하는 등의 조치를 하여야 한다.

    ③ 물질안전보건자료(MSDS)를 파악하여 취급 시 주의사항 등을 교육시켜야 하며, MSDS 대장을 근로자가 보기 쉬운 위치에 비치하여야 한다.

(6) SCW 흙막이 공사 시 줄파기 작업과 관련하여 다음의 안전지침을 준수하여 관련 재해가 일어나지 않도록 하여야 한다.

    ① 공사 착수 전에 본 공사 시행으로 인한 인접 제반 시설물의 피해가 없도록 안전대책을 수립함은 물론 이에 대한 현황을 면밀히 조사, 기록, 표시하여야 하며, 인접 제반 시설물의 소유주에게 확인, 주지시켜야 한다.

    ② SCW 시공 위치에 상·하수도관, 통신케이블, 가스관, 고압케이블 등 지하매설물이 설치되

어 있는지의 여부를 관계 기관의 지하매설물 현황도를 확인하고 줄파기를 통하여 매설물을 노출시켜야 하며, 필요시 이설 또는 보호조치를 하여야 한다.

③ 줄파기 작업 후에는 근로자의 넘어지거나 떨어짐을 방지하기 위하여 난간을 설치하는 등 안전시설을 하여야 한다.

(7) SCW 흙막이 공사 시 장비와 관련하여 다음의 안전지침을 준수하여 관련 재해가 일어나지 않도록 하여야 한다.

① 현장 여건과 진행 공종별 장비 수급계획을 수립하여 현장의 각종 장비의 뒤집힘, 깔림, 끼임 등의 재해를 방지하고 장비의 통로는 배수가 잘 되도록 조치하고 지반의 침하나 변형을 수시로 확인하여 필요시 지반을 보강하여야 한다(필요시 양질의 토사치환, 철판깔기, 콘크리트 포설 등의 조치를 하여야 한다).

② 크레인, 천공장비 등 장비를 현장에 반입할 경우에는 해당 장비이력카드를 확인하여 관련 법령에 의한 정기검사 등 이력을 확인하고, 작업 시작 전에 권과방지장치, 브레이크, 클러치 및 운전장치의 기능 등을 점검하여야 한다.

③ 지게차를 사용하여 자재를 실을 때에는 허용적재하중을 초과하여 적재하여서는 아니 되며, 무게중심을 확보하여 하물이 넘어지지 아니하도록 하여야 한다.

④ 장비의 하역작업을 하는 때에는 평탄한 장소에서 수행하여야 하며 인양장비의 넘어짐 등을 방지하기 위하여 견고한 지반조건을 갖추어야 한다. 지반침하가 우려되는 때에는 양질의 토사로 치환, 콘크리트를 타설하는 등 지반침하방지를 위한 안전조치를 하여야 한다. 장비를 반출하는 경우에도 동일하게 적용된다.

⑤ 현장 내 장비의 이동경로 또는 인근에 고압전선로 등의 장애물이 있는 경우에는 충전부로부터 300cm 이상 이격시켜 작업하여야 하며, 그러하지 못할 경우에는 이설한 후 작업하여야 한다.

⑥ 장비의 리더(Leader) 길이를 고려하여 지상장애물이 없도록 작업공간을 확보하여야 한다.

(8) SCW 흙막이 공사 시 시공 안전성 확보와 관련하여 다음의 안전지침을 준수하여 관련 재해가 일어나지 않도록 하여야 한다.

① SCW 연속벽은 현 위치의 토사가 조성 벽의 주재료로 되는 것이기 때문에 토질조사에 의하여 시공전역에 걸쳐 토질조건을 충분히 파악한 후 배합설계를 하여야 한다.

② 강우나 침투되는 지하수 등을 수시로 점검하고 배수 및 차수계획을 수립하여 횡단하고 있는 지하 매설물과 근로자의 안전에 영향을 미치지 않도록 하여야 한다.

③ 시멘트 밀크 배합용으로 지하수를 사용하는 경우에는 사전에 지하수 저하로 인한 주변 지반침하 등의 문제점을 검토하여야 한다.

(9) 공사의 안전성 및 합리적 관리를 위한 체계적인 계측계획을 수립하고 인접주요구조물 등의 거동을 충분히 예측할 수 있는 계측장비를 설치하여야 한다.

⁴ SCW 공법의 각 공정별 안전조치 사항

(1) 안내벽(Guide Wall) 및 플랜트(Plant)의 설치

① SCW 벽체를 정확한 위치에 시공하고 수직도의 정도를 높이기 위하여 안내벽을 설치하여야 하며, 안내벽은 철근콘크리트나 H형 강재를 사용하여 설치한다.

② 설계도서에서 정한 안내벽의 위치, 폭, 깊이 등을 정확히 확인하고 그에 따라 천공하여야 한다.

③ 안내벽의 상단높이는 현장의 지반고 및 작업장 주변 펜스의 기초 등과 비교·검토하여 안전성 여부를 확인하여야 하며, 안정성이 확보되지 않는다고 판단되는 때에서는 대처방안을 수립한 후 천공하여야 한다.

④ 안내벽 설치가 완료되기 전 무너짐의 우려가 있는 때에는 양질의 토사로 치환, 굴착사면의 안전구배확보 등의 조치를 하여야 한다.

⑤ 안내벽과 장비 사이에 우수 등 지표수의 유입으로 인하여 장비위치의 지반이 약화되어 장비가 넘어질 우려가 있는 때에는 지반을 보강하는 등의 안전조치를 하여야 한다.

⑥ 플랜트는 SCW 공사가 완료될 때까지 사용하는 것이므로 설치장소는 천공굴착 공사 등 다른 공정에 지장이 없고 안전한 장소이어야 하며, 시멘트 페이스트의 공급 및 회수가 용이한 장소로 선정하여야 한다.

⑦ 플랜트의 설치장소는 기초콘크리트를 타설하여 장비의 침하 및 깔림의 위험이 없도록 하여야 하며 풍압 등 횡방향력에 견딜 수 있도록 견고하게 설치하여야 한다.

⑧ 시멘트 밀크 혼합 압송 장치는 충분한 성능을 보유한 것으로 시멘트, 혼화재 등의 계량 관리가 가능한 설비를 보유한 것이어야 한다.

⑨ 시멘트 밀크 운송을 위한 고압호스는 압력조정기와 연계하여 안전밸브를 설치하여 서서히 가압하도록 한다.

⑩ 장비를 이송 및 설치할 때에는 중량물의 운반 및 고소작업이 이루어지므로 이에 따른 재해를 예방하기 위하여 작업지휘자를 배치하고 그의 지휘하에 작업하여야 한다.

(2) 줄파기 작업

① 천공굴착하기 전에 시공위치의 지하매설물의 유무를 확인하기 위하여 지하매설물의 예상 심도 이상으로 줄파기를 하여야 한다.

② 줄파기 작업은 작업계획서에 따라 공사가 안전하게 진행될 수 있도록 장비, 기계·기구, 자재 및 가설재를 준비하여야 한다.

③ 주요 시설물에 대해서는 관계 법령에 따라 시설물 관리자에게 사전 통보하여 천공 작업 시에 입회할 수 있도록 하여야 한다. 주요시설이 훼손되거나 부분적인 누수가 발생할 경우에는 즉각 응급조치를 하고 관리감독자에게 통보하여 적절한 조치를 강구하여야 한다.

④ 지하매설관의 절곡부, 분기부, 단관부, 기타 특수부분의 이음부분은 이동 또는 탈락방지 등의 보강대책을 세워야 하며, 기타 특별한 사항에 대해서는 관리감독자의 지시를 받아야 한다.

⑤ 가능한 적은 범위 내에서 줄파기를 하고, 보행자의 안전을 위해 보도경계선에 가설울타리를 설치하여야 한다.

⑥ 줄파기 작업 시에는 부근의 노면건조물, 매설물 등에 피해가 없도록 하고, 지반이 이완되지 않도록 주의하여야 하며, 필요시에는 가복공 또는 가포장하여야 한다.

⑦ 차량계건설기계의 작업장 주변에는 근로자의 부딪힘 등의 재해를 방지하기 위하여 관계근로자 이외의 자의 출입을 금지하여야 한다.

(3) 천공 및 시멘트 밀크 주입

① 천공장비는 굴착 깊이, 지층 및 지하수 상태 등을 종합적으로 고려하여 당해 현장에 적합한 장비를 선택하여야 한다.

② 안내벽에 표시한 중심에 맞추어 오우거 롯드(Auger Rod)를 설치하고, 베이스 머신(Base Machine)을 고정한 후 리더(Leader)를 수직으로 조정하며, 깊이 1~2m까지 천공 후 수직도를 재확인하고 시공함을 원칙으로 한다.

③ 사전에 천공장비의 작업위치에서의 지반 지지력을 검토·확인한 후 천공장비의 이동 및 위치 확보를 하여야 한다.

④ 크롤러형 시공기의 경우 리더 길이가 상당히 높아 작업지반의 경사 및 요철이 깔림 사고의 원인이 되는 경우가 있으므로 작업이동 통로 및 작업 위치에 대하여 양질의 토사로 치환, 철판 깔기, 콘크리트 포설 등의 지반보강을 하여야 한다.

⑤ 천공작업과 동시에 플랜트로부터의 혼합된 시멘트 밀크 용액을 롯드 선단에서 토출시켜 굴착과 병행하여 연속 주입을 한다. 이때 시멘트 밀크의 주입은 적절한 압력과 토출량을 유지하여 공내에서 균질한 소일시멘트(Soil Cement)가 될 수 있도록 하여야 한다.

⑥ 시멘트 밀크의 조합 및 주입량은 지질, 지하수의 상태를 고려하여야 한다.

⑦ 천공작업장 인근에는 관계근로자 이외의 자의 출입을 금지하여야 한다.

⑧ 천공깊이는 설계도서에서 정하는 깊이 이상을 확보하여야 한다.

⑨ 천공작업 시 발생하는 소음으로부터 근로자를 보호하기 위해 귀마개 등 개인용 보호구를 착용하도록 하여야 한다.

⑩ SCW 공사는 토사에 시멘트 밀크를 혼합 교반하여 고결시키는 공법으로 시공 시 슬라임 (Slime)이 발생하며, 이때 배토량은 벽체 용적의 30~40% 정도이다. 발생 슬라임의 처리 시 폐기물의 성상분류에 따른 폐기물처리 방법을 마련해야 한다.

(4) H형 강재 삽입 및 항타

① H형 강재의 운반은 비틀림이나 변형이 발생하지 않도록 크레인 등을 이용하여 항타기 작업범위까지 운반하여야 한다.

② 파일 인양용 와이어로프, 샤클 등 보조기구는 작업 전에 체결상태를 확인하여 불시에 맞음 재해를 예방하여야 한다.

③ H형 강재의 인양 중 맞음 사고를 방지하기 위해 모든 접합부분은 결속하고, 인양용 고리부분은 자중을 고려하여 용접 등의 방법으로 보강하여야 한다.

④ H형 강재 인양 시 보조로프를 사용하여 흔들림에 의한 부딪힘을 예방하여야 한다.

⑤ H형 강재의 삽입은 삽입된 재료가 공벽에 손상을 주지 않도록 하고 소일시멘트 기둥조성 직후, 신속히 하여야 한다.

⑥ 케이싱을 사용하였을 경우 인발은 인발속도를 최대한 천천히 하여 H 형강의 뒤틀림 등 변형을 방지하여야 한다.

(5) 두부정리 및 시공완료

① SCW 시공이 완료되면 두부정리를 하고 각 SCW 상부를 일체화시키기 위하여 캡빔을 설치하여야 한다.

② 흙막이 벽 상단에 떨어짐 방지용 안전난간을 설치할 경우에는 캡빔 시공 전 안전난간의 지주를 미리 설치하여 떨어짐 재해 방지조치를 하여야 한다.

③ SCW 시공완료 후 주변의 굴착작업 시 굴삭기 후면의 끼임 재해를 예방하기 위해 신호수를 배치하고 신호에 따라 작업하여야 한다.

④ SCW 벽면에 강도 및 균질성에 이상이 있거나, 또는 벽면 사이의 틈새로부터 누수가 있을 경우 신속하게 보수하여야 한다.

⑤ 연약지반보강에 SCW 공법이 적용된 경우에 공사 완료 후 차수가 계획목표에 미흡한 경우에는 재시공하거나 별도의 보강 대책을 세워야 한다.

5 기타 안전조치 사항

기타 흙막이 공사에 관한 안전작업은 KOSHA GUIDE C-39-2011 굴착공사안전작업지침 및 KOSHA GUIDE C-4-2012 흙막이 공사(엄지말뚝) 및 C-63-2012 흙막이 공사(C.I.P 공법) 안전보건작업지침의 규정에 따른다.

이 지침은 산업안전보건기준에 관한 규칙(이하 "안전보건규칙"이라 한다) 제2편 제4장 제2절(굴착작업 등의 위험방지)의 규정에 따라 강널말뚝 흙막이공사 작업과정에서의 안전보건작업지침을 정함을 목적으로 한다.

1 강널말뚝 흙막이공사 시공 전 안전조치 사항

(1) 지반조사결과에 의거하여 기준틀 설치, 강널말뚝 항타방법, 항타장비의 선정, 지반보강 등 상세시공방법을 사전에 결정한다.

(2) 「산업안전보건규칙」 제38조(사전조사 및 작업계획서의 작성) 및 제39조(작업지휘자의 조정)에 따라 근로자의 위험을 방지하기 위해 사업주는 사전조사 및 작업계획서를 작성하고 근로감독자(작업지휘자)를 지정하여야 한다.

(3) 작업계획서를 활용하여 안전에 만전을 기해야 하며, 필요 장소에 안전표지판, 경고등, 차단막 등 안전사고방지를 위한 안전시설물을 설치하여야 한다.

(4) 근로자의 안전을 위하여 보호구의 착용상태 감시, 악천후 시에는 작업의 중지, 관계근로자 이외의 자의 출입통제 등이 이루어져야 하며, 붕괴의 위험이 있다고 판단된 경우에는 즉시 근로자를 안전한 장소로 대피시켜야 한다.

(5) 공사 착수 전에 본 공사 시행으로 인한 인접 제반 시설물의 피해가 없도록 안전대책을 수립함은 물론 이에 대한 현황을 면밀히 조사, 기록, 표시하여야 하며, 인접 제반 시설물의 소유주에게 확인, 주지시켜야 한다.

(6) 인접 구조물 또는 건물의 벽, 지붕, 바닥, 담 등의 강성, 안정성, 균열상태, 노후 정도 등을 상세히 조사하여 기록한다. 인접구조물의 균열부위는 위치를 표시하고, 균열폭 및 길이를 판독할 수 있도록 사진촬영 및 기록을 하여야 한다.

(7) 강널말뚝 근입 위치에 상하수도관, 통신케이블, 가스관, 고압케이블 등 지하매설물이 설치되어 있는지의 여부를 관계 기관의 지하매설물 현황도를 확인하고 줄파기를 통하여 매설물을 노출시켜야 하며, 필요시 이설 또는 보호조치를 하여야 한다.

(8) 현장 여건과 진행 공종별 장비 수급계획을 수립하여 현장의 각종 장비의 뒤집힘, 깔림, 끼임 등의 재해를 방지하고 장비의 통로는 배수가 잘 되도록 조치하고 지반의 침하나 변형을 수시로 확인하여 필요시 지반을 보강하여야 한다(필요시 철판이나 콘크리트를 포설하여야 한다).

(9) 크레인, 항타장비 등 장비를 현장에 반입할 경우에는 해당 장비이력카드를 확인하여 관련 법령에 의한 정기검사 등 이력을 확인하고, 작업 시작 전에 권과방지장치, 브레이크·클러치 및 운전장치의 기능 등을 점검하여야 한다.

⑩ 그 밖의 가설작업에 관한 안전조치 사항은 KOSHA GUIDE C-8-2011(작업발판 설치 및 사용 안전지침)에 따른다.

② 시공 순서

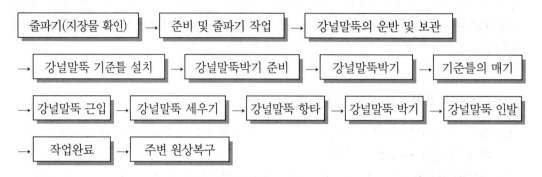

줄파기(지장물 확인) → 준비 및 줄파기 작업 → 강널말뚝의 운반 및 보관

→ 강널말뚝 기준틀 설치 → 강널말뚝박기 준비 → 강널말뚝박기 → 기준틀의 매기

→ 강널말뚝 근입 → 강널말뚝 세우기 → 강널말뚝 항타 → 강널말뚝 박기 → 강널말뚝 인발

→ 작업완료 → 주변 원상복구

③ 강널말뚝 흙막이공사 안전조치 사항

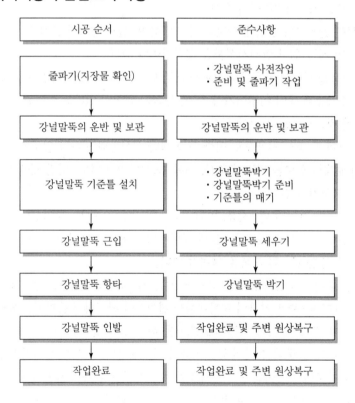

시공 순서	준수사항
줄파기(지장물 확인)	• 강널말뚝 사전작업 • 준비 및 줄파기 작업
강널말뚝의 운반 및 보관	강널말뚝의 운반 및 보관
강널말뚝 기준틀 설치	• 강널말뚝박기 • 강널말뚝박기 준비 • 기준틀의 매기
강널말뚝 근입	강널말뚝 세우기
강널말뚝 항타	강널말뚝 박기
강널말뚝 인발	작업완료 및 주변 원상복구
작업완료	작업완료 및 주변 원상복구

④ 일반안전사항

(1) 시공에 앞서 설계도서 및 현장의 각종 상황(매설물, 가공물, 도로구조물, 지반, 노면교통 등)을 고려한 작업계획서를 수립하여야 한다.

(2) 작업계획서에는 다음 사항을 포함하여야 한다.

① 흙막이공사를 위한 상세한 위치, 사용기계 및 공정, 매설물 처리방법 등

② 토질조건, 흙막이구조, 지하매설물의 유무, 강널말뚝의 시공순서와 시공시간 간격에 관한 계획 등을 고려한 본 구조물의 시공법, 인접구조물 등과의 관련을 고려하여 공정의 각 단계에서 충분한 안정성이 확보될 수 있는 흙막이 구조물 시공계획

③ 강널말뚝의 재질, 배치, 치수, 설치시기, 시공순서, 시공방법, 장비계획, 매설물철거 및 보호공 계획, 임시배수로 및 안전시설 설치계획 등

④ 설계도면과 현장조건이 일치하지 않을 경우, 그 처리대책으로서 전문기술자가 작성한 수정도면, 계산서, 검토서, 시방서 등을 포함하는 설계검토 보고서에 의한 관리감독자가 승인한 설계도면

⑤ 흙막이공사에 의한 공사구간의 교통 처리계획, 교통안전요원의 운영계획 및 관련 기관과 협의된 사항 등이 포함된 교통 처리계획

⑥ 그 밖에 관리감독자가 필요하다고 인정하는 사항

(3) 흙막이 작업 시 불가피하게 설계도면과 다르게 시공하여야 할 경우에는 공사를 중단하고 대체 방안을 강구한 이후에 시공하여야 한다.

(4) 강우에 의한 지하수위변화, 지하수 유출, 지반의 이완 및 침하, 각종 부재의 변형 등을 수시로 점검하고, 이상이 있을 경우 즉시 보강하며, 그에 따른 안정성을 추가로 검토하여야 한다.

(5) 해상 또는 하상에 강널말뚝을 시공 시 해일이나 폭우로 인하여 발생할 수 있는 수해에 대한 방지대책을 철저히 검토하여야 한다.

(6) 흙막이 벽 배면에 설계하중 이상의 상재하중이 적재되지 않도록 하여야 한다.

(7) 흙막이공사 진행 중 주변 구조물에 피해가 예상되면 주변 구조물의 기초와 구조물 하부 지반을 조사하고, 균열·변위·변형의 진행 여부와 하중의 증감상황을 확인할 수 있도록 계측장비를 설치하여 관찰, 기록하여야 한다.

5 강널말뚝 사전 작업

(1) 준비 및 줄파기 작업

① 작업계획서에 따라 공사가 안전하게 진행될 수 있도록 장비, 기계·기구, 자재 및 가설재를 준비하여야 한다.

② 작업계획서에 확인된 위험요소에 안전표지판, 차단기, 조명 및 경고신호 등을 설치하여야 한다.

③ 주요 시설물에 대해서는 관계 법령에 따라 시설물 관리자에게 사전 통보하여 굴착 작업 시에 입회할 수 있도록 하여야 한다. 주요시설이 훼손되거나 부분적인 누수가 발생할 경우에는 즉각 응급조치를 하고 관리감독자에게 통보하여 적절한 조치를 강구하여야 한다.

④ 지하매설관의 절곡부, 분기부, 단관부, 기타 특수부분 및 관리감독자가 특별히 지시한 직

관부의 이음부분은 이동 또는 탈락방지 등의 보강대책을 세워야 하며, 기타 특별한 사항에 대해서는 관리감독자의 지시를 받아야 한다.

⑤ 흙막이와 인접하여 작동되는 천공장비 등 건설기계에 대한 안정성을 검토하여야 하며, 필요시에는 흙막이를 보강하거나 지반을 보강 또는 개량하여야 한다.

⑥ 지반굴착을 위한 천공 또는 항타 전에 천공위치에 따라 지하매설물 심도 이상 줄파기를 하여 지하 매설물의 유무 및 위치를 확인하여야 한다.

⑦ 가능한 적은 범위 내에서 줄파기를 하고, 보행자의 안전을 위해 보도경계선에 가설울타리를 설치하여야 한다.

⑧ 줄파기 작업 시에는 부근의 노면건조물, 매설물 등에 피해가 없도록 하고, 지반이 이완되지 않도록 주의하여야 하며, 필요시에는 가복공 또는 가포장하여야 한다.

⑨ 시험굴착 및 줄파기는 강널말뚝박기 진행을 고려하여 소정의 범위 밖에서 시행하여야 하며, 작업완료 후 조속히 표준도에 따라 복구하여 교통소통에 지장이 없도록 하고 복구 후 노면을 유지 보수하여야 한다.

(2) 강널말뚝의 운반 및 보관

① 강널말뚝의 적재 운반과정에서 도장면(塗裝面), 이음부와 하단부에 손상을 입지 않도록 하고 단면 특성을 살리기 위하여 비틀림이나 변형이 발생하지 않도록 세심한 주의를 하여야 한다.

② 도로 운행 시 도로교통법 등 제반법규를 준수하고, 돌출부에는 빨간 깃발을 다는 등 위험표시를 하여 다른 차량의 교통에 지장을 주지 말아야 한다.

③ 운반차량에 적재할 때는 적당한 간격으로 받침목 및 받침대를 배열하고 와이어로프 등으로 견고하게 묶어서 운반도중 충격이나 요동에 의해 강널말뚝에 손상 또는 변형이 생기지 않도록 하여야 한다.

④ 반입되는 장비 및 자재의 하역작업은 중량 및 적재상태 등을 고려하여 적절한 하역방법을 선정하여야 한다.

⑤ 하역작업 시에는 신호수를 배치하여 정해진 신호에 따라야 하며 신호는 장비운전원이 잘 볼 수 있는 곳에서 하여야 한다.

⑥ 지게차에 강널말뚝을 실을 때에는 허용하중을 초과하여 적재하여서는 안 되며, 무게중심을 확보하여 전도의 위험을 방지하여야 한다.

⑦ 지게차로 강널말뚝 운반 시 전방 시야가 나쁘므로 전후좌우를 충분히 관찰하여야 하며 사각지대의 안전을 확보한 뒤에 이동하여야 한다.

⑧ 강널말뚝의 보관 장소는 평탄한 곳으로서 강널말뚝의 조작, 출하, 소운반, 보수 등 작업하기에 충분한 넓이를 확보할 수 있고, 배수가 잘 되고, 강널말뚝의 자중에 의해 침하가 발생하지 않는 장소이어야 한다.

⑨ 강널말뚝을 쌓아 놓을 때 받침목의 배열간격은 4m 이내로 하고 적치높이는 2m 이하로, 포

개 쌓는 매수는 5장 이하로 하여야 한다. 또 강널말뚝과 강널말뚝 사이는 조작하기 편리하게 30~50cm 정도 띄워 놓아야 한다.

⑩ 강널말뚝은 유형별, 종류별, 규격별로 구분하여 반출 순서에 맞추어 쌓아놓아야 한다. 장기간 적치할 경우에는 방수포 등을 덮어 눈이나 비로부터 보호해야 한다.

6 강널말뚝박기

(1) 강널말뚝박기 준비

① 강널말뚝박기 구역에 대한 지하수위를 지속적으로 확인하고 항타지점에 지장물이 있으면 사전에 제거하여야 하며 공사구역을 표시하는 등 안전한 작업환경을 조성하여야 한다.

② 강널말뚝을 박을 위치를 용이하게 확인할 수 있는 기준점과 관측대를 설치하여야 한다.

③ 강널말뚝에 형식, 길이 번호를 표시하고 백색 페인트로 50cm 간격으로 눈금을 표시하여 항타기록 등 강널말뚝박기 공사관리의 편리를 도모하여야 한다.

④ 항타 전 강널말뚝의 연결부 부위를 건조한 상태로 유지하며 강널말뚝의 연결부 부위를 깨끗이 정리 후 지수재를 도포하여야 한다.

⑤ 벤토나이트 계열 지수재는 유해물질이나 중금속류 성분이 없으므로 작업 시 물과의 접촉으로 인한 부피팽창을 막는 것이 외에는 특별한 유의사항은 없다.

(2) 기준틀의 매기

① 강널말뚝을 박기 위해서는 타입 법선의 휘어짐을 방지하고 강널말뚝 개개의 회전을 방지하기 위해서는 정확하고 견고한 기준틀을 매어야 한다.

② 기준틀의 위치가 구조물의 법선을 결정하게 되므로 기준틀의 위치는 계획법선에 맞추어 정확한 위치를 잡아야 한다. 위치를 정할 때는 관리감독자의 검측을 받아야 한다.

③ 기준틀은 버팀공이 될 때까지 강널말뚝의 수평외력을 받쳐주는 역할을 하므로 지지말뚝은 상당한 깊이까지 견고하게 박아야 한다.

(3) 강널말뚝 세우기

① 강널말뚝 세우기 작업 시 크레인의 수평도를 확인하고, 아웃트리거를 설치할 위치의 지반 상태를 점검하여야 한다.

② 작업 시작 전에 권과방지장치나 그밖의 방호장치의 기능, 브레이크, 클러치 및 조정장치의 기능, 와이어로프가 통하고 있는 곳의 상태 등을 점검하여야 한다.

③ 크레인의 인양 반경에 따른 크레인 인양 능력을 사전에 검토하여야 한다.

④ 크레인 인양 작업 시 신호수를 배치하여야 하며, 운전원과 신호수의 신호방법을 확인할 수 있는 장소에서 신호할 수 있도록 하여야 한다.

⑤ 크레인의 회전반경 내에 안전 펜스, 출입금지 표지판 설치 등 관계자 외 출입을 금지하는 조치 여부를 점검하여야 한다.

⑥ 세우기는 기준틀을 이용하고, 직각 2방향에서 트랜싯으로 시준하여 강널말뚝의 위치와 연직성을 수정하면서 세워나가야 한다.

⑦ 세우기 작업 시 해머의 타격은 최초에는 가급적 가볍게 치고 강널말뚝이 연직으로 세워진 것을 확인한 뒤에 소정의 타격력으로 타입한다.

⑧ 세운 강널말뚝과 가이드 빔에 간격이 있을 경우에는 쐐기를 삽입하여 말뚝의 흔들림을 방지하여야 한다.

(4) 강널말뚝박기

① 강널말뚝항타 장비의 운전원은 자격을 갖춘 자로 하여야 하며, 크레인 및 항타기의 운전은 신호에 의하여 작동하여야 한다.

② 강널말뚝항타 장비를 이동할 경우에는 장비의 뒤집힘 및 쓰러짐을 방지하기 위하여 이동통로의 안전성을 확보하여야 하며, 근로자의 부딪힘 및 끼임 등의 재해를 방지하기 위하여 이동경로에는 출입통제를 하여야 한다.

③ 항타장비를 이동할 때는 반드시 해머와 리더를 내리고 이동하며, 항타작업을 할 때에는 붐을 60° 이하로 세우는 것 금지한다.

④ 지반이 단단하거나 또는 지지층의 기복이 심한 경우에는 세우기와 동시에 항타작업을 한다. 이 경우 강널말뚝의 뒤틀림, 경사, 법선에 대한 굴곡 및 옆 강널말뚝을 몰고 내려가는 등의 현상이 발생하기 쉬우므로 세심한 주의를 요한다.

⑤ 강널말뚝항타 작업 중 경사의 경향이 보이면 즉시 수정하여야 한다. 수정이 불가능하면 쐐기형의 이형 강널말뚝을 제작하여 박아 경사를 수정한다. 쐐기형 이형 강널말뚝은 연속하여 또는 단부, 우각부, 접속부 및 그 부근에서 사용해서는 안 된다.

⑥ 강널말뚝항타 도중에 이음부의 이탈이나 손상이 확인되면 즉시 이탈된 강널말뚝을 빼내고 다시 박아야 한다. 다시 박기가 불가능할 경우는 보강대책을 수립하여 관리감독자와 협의하여야 한다.

⑦ 항타 중에는 비산 먼지 및 소음이 심하므로 근로자에게는 방진마스크 및 귀마개를 착용하도록 하고, 항타 작업장에는 비산먼지를 최소화 할 수 있도록 집진장치 또는 분진 방지책을 설치하여야 한다.

(5) 이어박기 및 용접

① 강널말뚝의 이음은 외부 작업장에서 용접하는 것이 원칙이나 부득이한 사유로 박기작업 도중 이음작업을 하여야 할 경우에는 설계도면에 맞게 정밀하게 용접하여야 한다. 이음작업은 상부 강널말뚝과 하부 강널말뚝의 이음부가 일치하여야 하며 중심축이 일직선이 되게 하여야 한다.

② 용접 작업 시 용접기, 전선 등에 의한 감전 사고를 방지하도록 주의하며, 용접기는 소요 규격에 적합한 전격 방지 장치를 설치하여야 한다.

③ 작업 및 주변 근로자에게 절연용 보호구(전기용 고무장갑, 전기용 안전모, 전기용 고무소

매 등)를 착용시키고 특히 감전의 위험이 발생할 우려가 있는 곳에 절연용 방호구를 설치해야 한다.

④ 용접작업은 인화성, 가연성 물질의 격리 후 이루어져야 하며, 도장 작업 장소에는 동시작업을 하지 않도록 하여야 한다.

⑤ 유해광선이나 비산되는 물질로부터 눈이나 얼굴을 보호하기 위한 용접면을 착용 및 용접용 가죽장갑, 긴소매의 옷, 다리보호대, 가죽소재 등의 보호구를 사용해야 한다.

7 작업완료 및 주변원상 복구

(1) 강널말뚝 시공 완료 전에 보일링(Boiling)과 히빙(Heaving)에 대한 안정성검토를 실시하여 이로 인해 발생할 수 있는 흙막이 변형, 붕괴, 주변 지반함몰 등의 대형 안전사고가 일어나지 않도록 하여야 한다.

(2) 규격에 대한 검사는 강널말뚝의 위치, 방향, 높이, 기울기 및 법선에 대한 굴곡을 확인하여야 한다.

(3) 수급인은 관리감독자에 의해 불합격 판정을 받은 부분은 즉시 재시공 또는 보완조치를 하고 재검사를 요청하여 승인을 받아야 한다.

(4) 강널말뚝의 매립 여부를 사전에 결정하고 인발할 경우에는 인접 구조물의 조사, 부지 상황 및 인근 주변 환경의 조사 등 충분한 사전 조사를 실시하여야 한다.

(5) 강널말뚝 인발 작업은 편압이 걸리지 않은 상태에서 실시하여야 하며, 인발 장비(바이브로 해머, 유압식 압입 인발기 등)는 타입의 양부, 타입 후의 시간경과 정도, 클립의 상태 등을 감안하여 사전에 정하여야 한다.

(6) 인발작업 시 각 인발장비에 따른 소음, 진동, 분진, 인발재의 떨어짐·맞음 등에 대한 문제점을 최소로 줄일 수 있도록 세심한 계획을 세워야 한다.

(7) 인발 작업 시 진동이 심하여 인접 구조물에 영향을 끼칠 우려가 있을 경우는 감독관에게 보고하고 감독관의 지시에 따라 작업을 중지하고 적합한 대책을 수립해야 한다.

(8) 인발된 강널말뚝의 적재 위치는 차량 통행에 지장이 없는 장소로 사전에 정하고 적재방법은 안전한 방법으로 하여야 한다.

(9) 강널말뚝 작업완료 후 되메우기는 양질의 토사를 사용하여 주변지반 및 구조물에 영향을 미치지 않도록 충분히 다짐을 실시하여 원상 복구하여야 한다.

8 기타 안전조치 사항

기타 흙막이 공사에 관한 안전작업은 KOSHA GUIDE C-39-2011 굴착공사안전작업지침 및 KOSHA GUIDE C-4-2012 흙막이 공사(엄지말뚝) 및 C-63-2012 흙막이 공사(C.I.P 공법) 안전보건작업지침의 규정에 따른다.

1 개요

흙막이공법 선정 시에는 굴착부와 인근 지반 안전성 확보를 위해 예비조사, 현지조사, 본조사 단
계로 사전조사를 선행하고 본공사 구조물의 규모를 고려해 굴착방법·벽체·계측기설치범위를 선
정하고, 소음·진동·교통장해 최소화를 위한 대책을 수립해야 하며, 굴착심도가 깊을 경우 지하
안전영향평가를 행한 후 착공해야 한다.

2 흙막이공법 선정 시 고려사항

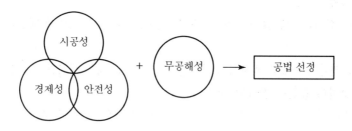

3 단계별 관리 Point

(1) 사전조사

① 설계도서, 계약서류 검토
② 공법선정, 입지조건, 법규, 교통, 주변현황 확인

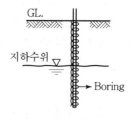

〈Boring에 의한 지반조사 도해〉

(2) 지반조사

① Boring을 통한 지반조사
② 토질, 지내력 측정
③ 지하수위, 밀도 확인

(3) 적정 흙막이공법 선정

(4) 침하·균열 방지

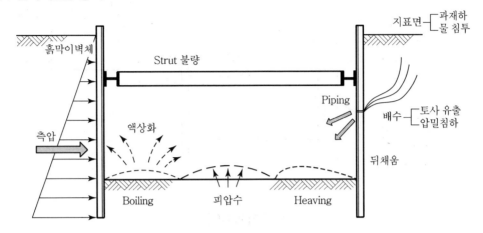

(5) 배수공법 선정

① **중력식** : 집수정, Deep Well 공법

② **강제식** : Well Point, 진공 Deep Well 공법

③ **영구식** : 배수판, 유공관 공법

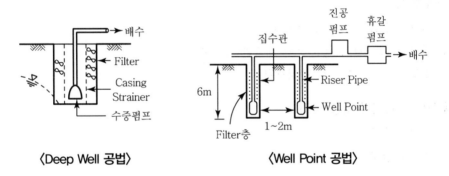

〈Deep Well 공법〉 　　　　　 〈Well Point 공법〉

(6) 계측관리

① 소음, 진동, 분진 측정

② 토압, 침하·균열, 흙막이·띠장·Strut 변형 및 하중 변화

③ 수위변동, 수압계

④ 인접 건물 균열, 경사 측정

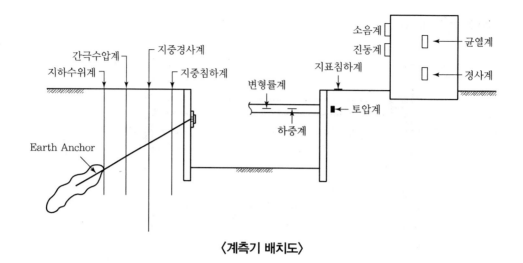

〈계측기 배치도〉

(7) 지하수 대책 수립

① **차수공법** : 흙막이 차수성 강화, 지반 고결, 약액 주입

② **배수공법** : 중력식, 강제식, 영구식

(8) 공해 방지

① 지하수 오염 및 고갈 방지조치

② 지반침하·균열, 교통혼잡 → 계측관리, 차량유도

③ 소음, 진동, 분진 발생 방지조치

(9) 흙막이 주변 집중하중 방지

① 자재 적재 금지

② 과하중 방지

(10) 진동 충격 금지

(11) 지표면 상부 보호

① 우수 유입 방지 : 천막, 비닐 보양, Con'c 포장

② 외부 배수 : 경사 구배 설치

(12) 소운반 및 이동통로 이격

① 최소 3인 이상 통행거리 이격

② 난간 설치, 안전시설물 설치

4 흙막이 주변 영향범위 산정방법

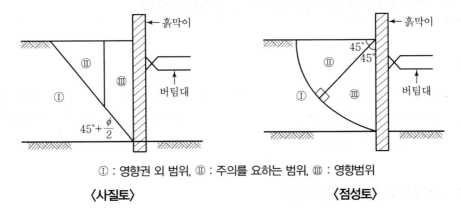

① : 영향권 외 범위, ② : 주의를 요하는 범위, ③ : 영향범위

〈사질토〉　　　　　　　　　　　〈점성토〉

5 결론

굴착부와 인근 지반 안전성 확보를 위해 흙막이공법 선정 시에는 예비조사, 현지조사, 본조사 단계로 사전조사를 선행하고 본공사 구조물의 규모를 고려해 굴착방법·벽체·계측기설치범위를 선정하고, 소음·진동·교통장해 최소화를 위한 대책을 수립해야 한다. 특히, 인근 지반의 침하, 지하구조물 파손 방지를 위한 계측관리에도 만전을 기해야 할 것이다.

벽식 지중연속벽(Slurry Wall)공법

1 개요

'벽식 지중연속벽(Slurry Wall)공법'이란 안정액(Bentonite)을 사용하여 굴착 벽면의 붕괴를 방지하면서 그 속에 철근망을 삽입하고 콘크리트를 타설한 패널(Panel)을 연속으로 축조하여 지하 벽체를 형성하는 공법을 말한다.

2 구조방식에 의한 흙막이공법 분류

구분	H-Pile	Slurry Wall
장점	• 저렴한 공사비 • 엄지말뚝 회수 가능 • 굴착과 동시에 토류판 설치로 장애물 처리 용이	• 차수성 우수 • 벽체 단면 강성 우수 • 깊은 굴착 가능
단점	• Boiling, Heaving • 지하수위 저하로 인근 구조물에 영향	• 기술 및 경험 필요 • 품질관리 어려움 • 장비가 대형임 • Slime 처리

3 지중연속벽공법의 특징

(1) 장점

① 소음, 진동이 적고 차수성이 우수하다.
② 벽체의 강성이 크다.
③ 지수성(止水性)이 높아 지하수 대책에 유리하다.
④ 지반 조건에 좌우되지 않는다.
⑤ 벽 두께, 길이를 자유롭게 설계·조정 가능하다.

(2) 단점

① 공사비가 고가(高價)이다.
② 안정액 처리에 문제가 많다.
③ 공사기간이 길다.
④ 장비가 대형으로 이동이 어렵다.

④ 지중연속벽공법의 시공 Flow Chart

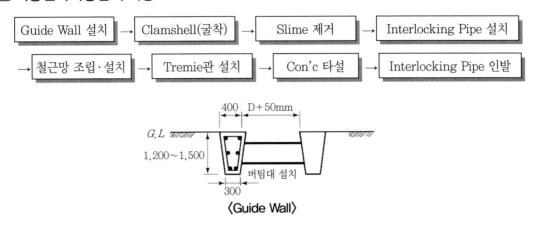

$$\boxed{\text{Guide Wall 설치}} \rightarrow \boxed{\text{Clamshell(굴착)}} \rightarrow \boxed{\text{Slime 제거}} \rightarrow \boxed{\text{Interlocking Pipe 설치}}$$

$$\rightarrow \boxed{\text{철근망 조립·설치}} \rightarrow \boxed{\text{Tremie관 설치}} \rightarrow \boxed{\text{Con'c 타설}} \rightarrow \boxed{\text{Interlocking Pipe 인발}}$$

〈Guide Wall〉

⑤ 지중연속벽공법의 시공단계별 유의사항

(1) Guide Wall 설치

① 굴착 예정 부위 공벽 붕괴 방지 목적으로 설치

② 수직도 유지의 기준과 연속벽 위치를 결정해 주는 것

③ 연속벽 두께보다 폭을 50mm 크게 함(D+50mm)

(2) 굴착(Excavation)

① 안정액(Bentonite)을 투입하여 지하수의 유입을 막고 공벽을 보호하면서 굴착(굴착벽면 Mud Cake 형성)

② Crane(20ton 이상)에 클램셸(Clamshell)을 달아 수직으로 굴착

③ 광파기를 이용 수직도 체크, 수정 시 플립 사용

④ 지하 10~15m 구간에 공벽붕괴 자주 발생, 정밀시공 필요

(3) Slime 제거

① 굴착 완료 후 Trench 내에 있는 Bentonite 용액을 Cleaning하는 작업

② 굴착 종료 3시간 경과 후 제거하며 모래 함유율이 3% 이내가 될 때까지 제거

(4) Interlocking Pipe(Stop End Tube) 설치

① Panel Joint 상호 간의 지수효과를 증대

② Pipe 두께는 연속벽 두께보다 5cm 작은 것을 사용하며 수직으로 설치

(5) 철근망 조립·설치

① 현장에서 조립 시 철근망(Steel Cage)에 각종 Sleeve 및 Dowel Bar 등을 설치

② 철근망 양중은 주크레인에 서브크레인 투입 양중

③ Desanding 완료 후 Trench 내에 삽입

④ Desanding
  • 굴착 완료된 Trench 내 안정액은 Gel화되어 퇴적되므로 굴착심도를 유지하지 못하기 때문에 Desanding을 통하여 신선한 안정액과 교체
  • 안정액 치환방식 종류
    – Suction Pump 방식
    – Air Lift 방식
    – Sand Pump 방식

(6) 트레미관(Tremie Pipe) 설치

① ϕ 275mm의 콘크리트 타설용 관
② 굴착심도 확인 후 크레인을 이용 단계별 근입
③ 굴착바닥에서 150cm 정도 뜨게 설치하며 심도가 심할 시 심도 조절용 Pipe 이용
④ Pipe 상단 호퍼 설치 및 조인트 구간 고무링 삽입(콘크리트 유출 방지)

(7) 콘크리트 타설

① Tremie관을 통하여 콘크리트를 중단 없이 연속 타설(Slump 값 : 18 ± 2cm)
② Slime 제거 후 3시간 이내 타설

(8) Interlocking Pipe(Stop End Tube) 인발

① 콘크리트 타설 후 응결이 끝나 경화되기 전 제거
② 콘크리트가 경화되면 인발이 어려우므로 인발시간 철저히 엄수

6 콘크리트 Panel의 시공순서

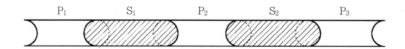

(1) 첫 번째 Panel은 $P_1 \Rightarrow P_2 \Rightarrow P_3 \Rightarrow$ 순서로 시공
(2) 두 번째 Panel은 $S_1 \Rightarrow S_2$ 순서로 시공

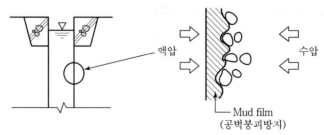

〈Mud Film 형성〉

7 결론

인근 지반 영향 최소화와 굴착작업 안전성 확보에 효과적인 슬러리월 공법은 특히, 도심지 공사에 시공사례가 빈번해지고 있어 공법 이해의 필요성이 부각되고 있다. 재해 예방을 위해서는 굴착, 콘크리트 타설, 양생, 상부구조물 시공 시 안전대책을 수립해 본공사는 물론 인근 구조물에 문제가 발생되지 않도록 만전을 기해야 한다.

··· 08 흙막이공사(지하연속벽) 안전보건작업지침 [C-72-2012]

이 지침은 산업안전보건기준에 관한 규칙(이하 "안전보건규칙"이라 한다) 제1편 제6장 제2절(붕괴 등에 의한 위험방지), 제2편 제4장 제2절(굴착작업 등의 위험방지) 규정에 의거 지하연속벽(Slurry Wall, Diaphram Wall) 공사를 시공함에 있어 산업재해 예방을 위해 준수하여야 할 안전보건작업지침을 정함을 목적으로 한다.

🚹 시공순서

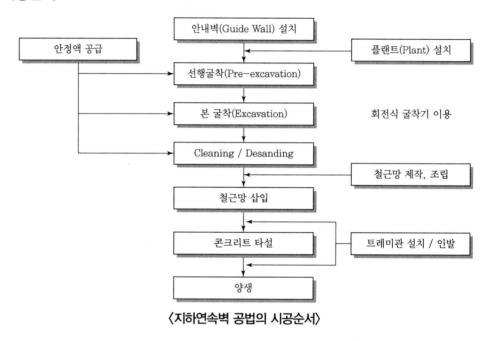

〈지하연속벽 공법의 시공순서〉

🚺 작업 전 검토 및 준비사항

(1) 각 세부공정별로 위험성평가를 실시하고, 관리 대상 위험요인에 대한 재해예방 대책을 시행하고 작업하여야 한다.

(2) 위험성평가를 실시할 때에는 설계서, 현장 및 작업 조건, 투입되는 근로자 및 건설장비 등을 종합적으로 검토하여야 하며, 허용할 수 없는 위험요인에 대해서는 위험요인의 제거 또는 위험수준을 낮출 수 있도록 재해 예방 대책을 수립하여야 한다.

(3) 설계서는 책임있는 기술자가 최종 확인한 것을 사용하여야 한다.

(4) 지하연속벽 공사의 설계서는 현장의 지형, 지반조건, 지하매설물 및 지상장애물 등의 현장여건을 충분히 검토하고 이를 반영한 것이어야 하며, 시공자는 이의 이상 여부를 확인한 후 시공하여야 한다.

(5) 전체 공정에서 안전한 작업이 될 수 있도록 안전작업계획서를 작성하고 시공하여야 하며, 안전작업계획서에는 다음과 같은 사항이 포함되어야 한다.
① 플랜트의 설치 위치
② 안정액의 공급·회수 방법 및 경로
③ 철근조립장
④ 투입장비의 종류 및 능력
⑤ 장비의 이동경로
⑥ 가설전기의 인입경로 및 용량
⑦ 근로자의 안전보건 재해예방을 위한 시설 및 보호장구

(6) 벤토나이트 등에 대해서는 화학물질안전보건을 위하여 MSDS(MaterialSafety Data Sheet)의 철저한 관리를 하여야 한다. 즉, 화학물질의 제조자명, 제품명, 성분과 성질, 취급상의 주의사항, 적용법규, 사고 시의 응급처치방법 등을 기재한 취급설명서를 근로자가 쉽게 볼 수 있는 장소에 게시 또는 비치하여 두어야 한다.

(7) 플랜트, 가설전기 분전반 등은 지반침하로 인하여 전도의 위험이 없도록 바닥에 콘크리트를 타설하는 등의 조치를 하여야 한다.

(8) 플랜트, 철근조립장 및 가설분전반은 작업 시 상호 간섭에 의한 위험을 예방할 수 있는 위치에 배치하여야 한다.

(9) 가설전기 수전반은 관계근로자 이외의 자의 접근을 방지할 수 있도록 별도로 구획된 장소를 정하여 방호울, 시건장치 등의 안전장치를 하여야 한다.

(10) 장비의 이동경로는 이동 중 전도의 위험이 없도록 견고한 지반을 유지하여야 하며, 필요시 잡석다짐, 콘크리트 타설, 깔판(철판) 설치 등의 조치를 하여야 한다.

(11) 장비를 현장에 반입하기 위한 이송 경로 및 방법, 조립위치를 고려하여 하역장비의 종류 및 능력, 작업위치 등에 대하여 안전작업계획을 수립하여야 한다.

(12) 장비의 하역작업을 하는 때에는 평탄한 장소에서 수행하여야 하며 인양장비의 전도 등을 방지하기 위하여 견고한 지반조건을 갖추어야 하다. 지반침하가 우려되는 때에는 미리 콘크리트를 타설하는 등 지반침하방지를 위한 안전조치를 하여야 한다. 장비를 반출하는 경우에도 동일하게 적용된다.

(13) 현장 내 장비의 이동경로 또는 인근에 고압전선로 등의 장애물이 있는 경우에는 이를 이설하거나 방호시설을 설치한 후에 작업하여야 한다.

❸ 각 공정별 안전보건 작업기준

(1) 안내벽의 설치
① 설계서에서 정한 안내벽의 위치, 폭, 깊이 등을 정확히 확인하고 그에 따라 굴착하여야 한다.
② 안내벽의 상단 높이(Level)는 현장의 지반고 및 작업장 주변 펜스의 기초 등과 비교검토하

여 안전성 여부를 확인하여야 하며, 안전성이 확보되지 않는다고 판단되는 때에는 대처방 안을 수립한 후 굴착하여야 한다.

③ 안내벽은 철근망 삽입 시 설치하는 좌대 등의 하중에 충분한 지내력을 확보할 수 있어야 한다.

④ 안내벽의 터파기 작업을 하는 때에는 굴착장비의 전도 등을 방지하기 위하여 안전한 이동 경로를 확보하여야 하며, 근로자의 협착재해를 방지하기 위하여 경음기 등을 설치하거나 유도자를 배치하는 등의 안전조치를 하여야 한다.

⑤ 굴착장비가 굴착사면에 지나치게 인접하여 작업함으로써 사면이 붕괴되지 않도록 하여야 하며, 굴착토사는 굴착면으로부터 붕괴예상선 바깥쪽으로 적치하여 굴착 단부에 토사에 의한 하중이 증가되지 않도록 하여야 한다.

⑥ 수분이 많은 지반이나 되메우기 지반으로서 안내벽 설치가 완료되기 전 붕괴될 우려가 있는 때에는 반드시 흙막이지보공을 설치하는 등의 조치를 하여야 한다.

⑦ 야간작업을 하는 때에는 75럭스(lux) 이상의 조명시설을 하여야 하며, 임시로 사용하는 시설물에는 형광벨트, 경광등 등을 설치하여야 한다.

⑧ 기초 바닥면은 잡석다짐 또는 콘크리트 타설 등을 실시하여 지내력을 확보하여야 한다.

⑨ 그 밖의 지반굴착작업의 안전에 관한 사항은 KOSHA GUIDE C-39-2011(굴착공사 표준안전 작업지침)에 따른다.

⑩ 철근의 가공 및 조립은 설계서에 따라 견고하게 조립하여야 한다.

⑪ 철근을 인력으로 운반하는 때에는 2인 이상이 1조가 되어 어깨메기로 운반하고 1인당 무게는 25kg 이하로 제한하여 무리한 운반을 피하여야 한다.

⑫ 거푸집은 콘크리트의 측압에 견딜 수 있는 견고한 구조이어야 하며, 굴착트렌치 폭의 확보와 콘크리트 타설 시의 변형 방지를 위하여 내부에 충분한 강도를 갖는 버팀보를 설치하여야 한다.

⑬ 콘크리트 펌프카는 평탄하고 견고한 장소에 아웃트리거를 사용하여 설치하여야 한다. 지반의 침하가 우려되는 때에는 깔판, 깔목 등을 받치거나 콘크리트를 타설하는 등의 조치를 하여야 한다.

⑭ 레미콘 트럭(애지테이터, Agitator)이 안전하게 운행할 수 있는 경로를 확보하여야 하며, 근로자의 협착 재해를 방지하기 위하여 유도자를 배치하는 등의 안전조치를 하여야 한다.

⑮ 그 밖의 철근 가공 및 조립, 거푸집 설치, 콘크리트 타설 등에 관한 사항은 KOSHA GUIDE C-43-2012(콘크리트공사의 안전보건작업지침)에 따른다.

(2) 플랜트(Plant)의 설치

① 플랜트는 지하연속벽 공사가 완료될 때까지 사용하는 것이므로 설치장소는 굴착공사 등 다른 공정에 지장이 없고 안전한 장소이어야 하며, 안정액의 공급 및 회수가 용이한 장소로 선정하여야 한다.

② 플랜트의 설치장소는 기초콘크리트를 타설하여 장비의 침하 및 전도의 위험이 없도록 하여야 하며, 풍압 등 횡방향력에 견딜 수 있도록 기초앵커를 설치하는 등 견고하게 설치하여야 한다.

③ 플랜트를 구성하고 있는 주요장비 목록은 다음 표와 같으며, 이들은 각각의 기능이 항상 양호한 상태로 유지되도록 점검하여야 하고, 이상이 발견된 때에는 즉시 작업을 중지하여야 한다.

장비명	용도
디샌더(Desander)	벤토나이트 및 슬라임 분리
필터 프레스(Filter Press)	슬러지 탈수장치
믹서(Mixer)	안정액 혼합
사일로(Silo)	벤토나이트 저장
피드 펌프(Feed Pump)	벤토나이트 용액 공급

④ 장비를 이송 및 설치할 때에는 중량물의 운반 및 고소작업이 이루어지므로 인양작업 및 고소의 조립작업에 따른 재해를 예방하기 위하여 작업지휘자를 배치하고 그의 지휘 하에 작업하여야 하며, 작업지휘자는 다음과 같은 사항을 중점적으로 관리·감독하여야 한다.
- 수립된 작업계획을 근로자에게 주지하고 이를 지휘하는 일
- 근로자의 보호장구 착용상태를 감시하는 일
- 관계근로자 이외의 자의 출입을 금지하고 이를 감시하는 일
- 재료 및 기계기구의 안전성을 점검하고 불량품을 제거하는 일
- 악천후에는 작업을 중지하는 일

⑤ 장비의 이송 및 설치작업을 하는 때에 인양장비 등의 건설기계와 관련된 작업안전은 KOSHA GUIDE C-48-2012(건설기계 안전보건작업지침 제6장 양중기)에 따른다.

⑥ 각 장비별 상호 연결 배관상태는 항상 양호하게 유지되어야 하며, 펌프의 압력으로 인하여 유동되지 않도록 견고하게 설치하여야 한다.

⑦ 피드 펌프 등의 구동벨트는 근로자의 끼임으로 인한 위험을 방지하기 위하여 철망으로 감싸는 등 위험에 노출되지 아니하도록 하여야 한다.

⑧ 사일로에는 점검용 사다리를 설치하여야 하며, 상부에는 사일로를 점검할 수 있는 연결통로 및 안전난간대를 설치하여야 하며, 항상 양호하게 유지되어야 한다.

⑨ 고정식 사다리는 사다리 기둥의 높이가 7m 이상일 경우에 등받이 울을 설치하여야 한다.

⑩ 그 밖에 사다리와 관련 된 작업안전은 KOSHA GUIDE C-58-2012(사다리안전보건작업지침)에 따른다.

(3) 선행굴착 및 본굴착

① 본굴착 장비인 트렌치 커터(Trench Cutter)가 굴착할 수 있는 깊이인 3~5m까지 선행굴착하여야 하며, 선행굴착은 백호우 또는 보조크레인(Service Crane)에 행그래브(Hang-Grab)를 장착하여 낮은 속도로 굴착한다.

② 보조크레인은 행그래브를 장착하고 굴착작업을 함에 있어 충분한 능력을 갖춘 용량의 것을 사용하여야 하며, 행그래브를 장착하는 후크(Hook), 와이어로프 등은 사용 전 그 성능을 확인하고 이상이 있는 경우에는 즉시 교체하여야 하며 정기적으로 이상유무를 점검하여야 한다.

③ 보조크레인이 선회하는 경로와 행그래브의 굴착작업으로 인하여 위험이 발생될 우려가 있는 위치에는 근로자의 접근을 방지하여야 한다.

④ 안내벽 하단 이하부터는 와이어로프의 수직도를 확인하면서 굴착을 행하여 수직정도에 주의하여야 하며, 공벽의 붕괴를 방지하기 위하여 안정액을 공급하면서 굴착하여야 한다.

⑤ 선행굴착이 완료된 때에는 후속작업에 지장이 없는 장소에 행그래브를 지면에 내려두어야 하며, 이를 매단 채 방치하여서는 아니 된다.

⑥ 트렌치 거터를 이용한 본굴착을 하는 때에는 장비자체에 장착된 수직도 측정기를 이용하여 수직도를 측정하면서 굴착하여야 한다.

⑦ 트렌치 커터를 각 굴착위치로 이동하는 때에는 그 자체의 중량이 매우 크므로 그에 따른 안전성을 확보하여야 하며, 지반침하 또는 평탄성 부족으로 장비의 전도 위험이 있으므로 이동경로의 바닥에는 콘크리트를 타설하거나 철판 깔기 등의 안전조치를 하여야 한다. 또한 근로자의 협착재해를 방지하기 위하여 유도자를 배치하고 관계근로자 이외의 자의 출입을 금지하는 등 안전조치를 하여야 한다.

⑧ 트렌치 굴착을 할 때에는 벤토나이트 안정액을 트렌치 내에 항시 공급하여 안내벽 상단까지 안정액의 수위를 유지하여야 한다.

⑨ 안정액 배관은 펌프의 압력으로 유동될 수 있으므로 견고하게 설치하여야 하며, 특히 끝부분은 버팀대 등으로 고정하여 유동이 없도록 하여야 한다.

⑩ 시공 정밀도를 높이기 위해서 일정한 굴착속도를 설정하여 작업하고, 수직정도는 1/200~1/300 이상 확보되도록 하여야 한다.

⑪ 굴착면의 시공관리는 트렌치 커터에 부착되어 있는 수직도 측정기 등을 이용하여 측정하여야 하며 한계 수직도에서 벗어날 경우에는 즉시 수정하여 굴착하여야 한다.

⑫ 본굴착이 완료된 때에는 트렌치 커터를 후속작업에 지장이 없는 안전한 장소로 이동하고 커터를 지상에 내려두고 원동기를 정지하여야 한다.

⑬ 굴착이 완료된 상태로 오랜 기간 방치하여서는 아니 되며, 철근망을 삽입하기 전까지는 근로자의 추락재해를 방지하기 위하여 견고한 철망 등으로 덮개를 설치하고 쉽게 탈락되거나 이동되지 않도록 고정하여야 한다. 또한, 위험표지판 등을 설치하고 야간에는 형경광등 등을 설치하여야 한다.

(4) 크리닝 및 디샌딩(Cleaning & Desanding)

① 굴착 중 안정액은 벤토나이트를 물과 혼합하여 벤토나이트 입자가 완전히 수화되어 벤토나이트액이 균질을 이룰 때까지 혼합한다.

② 굴착 중 안정액을 트렌치에 공급하고 굴착토사와 함께 흡입펌프(Suction Pump for Reverse Circulation)를 이용하여 디샌더로 송출하고 안정액과 굴착토를 분리하며, 안정액은 재사용할 수 있다.

③ 안정액을 재사용할 때에는 신선한 안정액을 첨가하여 관리기준치 이상의 품질을 유지할 수 있도록 하여야 한다.

④ 안정액의 품질은 굴착 전, 굴착 중, 콘크리트 타설 직전 및 타설 중으로 구분하여 정할 수 있으며, 비중, 점성, 여과수량, 샌드함량, pH 등의 시험을 통하여 재사용 또는 폐기 여부를 결정한다.

⑤ 굴착을 완료하고 콘크리트를 타설하기 전에 트렌치 내의 안정액은 디샌딩을 통하여 신선한 안정액과 교체시켜야 하며 안정액 속의 부유물과 바닥의침전물(Slime)을 철저히 제거하여야 한다(Cleaning 작업).

⑥ 안정액의 공급 및 회수용 배관 및 설비는 항상 양호한 상태로 유지하도록 정기점검을 수행하고 공급압력에 의한 유동 또는 누수 여부를 확인하여야 한다.

⑦ 벤토나이트 분말, 안정액 등을 취급하는 근로자에게는 방진마스크, 안전장갑 등 보호장구를 지급하여야 한다.

⑧ 잔토처리, 폐기안정액처리 등은 주변 환경을 오염시키지 않도록 폐기물처리기준에 맞추어 처리하고, 이를 담당하는 근로자에게는 안전장갑 등의 보호장구를 지급하여야 한다.

(5) 철근망 조립 및 삽입

① 철근망 조립장은 철근을 조립하고 인양하기에 충분히 넓고 안전한 장소를 선정하여야 한다. 그 크기는 1패널(Pannel) 이상의 상·하부를 동시에 가공조립할 수 있어야 하며, 인양장비가 철근망을 안전하게 인양할 수 있는 위치이어야 한다.

② 철근망은 설계서에서 정한 형상과 치수와 일치하도록 정확하고 견고히 조립하여야 하며, 인양할 때에 뒤틀리지 않도록 X자로 철근을 보강하는 등의 조치를 하여야 한다.

③ 철근을 인양할 때에 그 자중에 의하여 변형 또는 이음위치의 탈락 등이 발생할 수 있으므로 결속은 용접 등의 방법으로 충분히 안전하도록 이어야한다.

④ 철근망 삽입을 위한 고리는 용접이 가능한 마일드 바(Mild Bar)를 사용하여 철근망에 미리 용접하여 두어야 한다.

⑤ 후속작업에 대비하여 어스앵커용 슬리브(Sleeve), 슬래브 연결용 앵커철근 등을 충분한 길이로 제작하고 스티로폴 등으로 덮어 두어야 한다.

⑥ 콘크리트 타설용 트레미관이 들어갈 수 있는 공간을 사전에 계획하고 확보하여 두어야 한다.

⑦ 철근망을 삽입하기 위하여 크레인으로 인양할 때에는 철근망의 변형을 방지하기 위하여 H형강 등의 조금구(組金具, Guide Frame)를 부착하여 삽입하여야 한다.

⑧ 철근조립장에서 철근을 인양할 때에는 조립된 철근이 회전하거나 흔들리지 않도록 서서히

인양하고 보조로프를 이용하여 이의 흔들림이 없도록 하여야 한다.

⑨ 철근망을 인양 및 삽입할 때에는 작업신호수를 배치하여 근로자의 협착 등의 재해를 방지하여야 한다.

⑩ 철근망을 삽입하기 전에 굴착심도, 굴착바닥의 슬라임(Slime) 제거상태 및 굴착폭을 점검하여 철근망이 이상 없이 삽입될 수 있도록 하여야 한다.

⑪ 굴착깊이가 깊어 철근망의 길이가 길거나 자중이 커서 크레인 인양작업이 곤란한 경우에는 크레인의 인양높이 및 정격하중 등을 고려하여 2~3개로 분할하여 조립하고 삽입하면서 접합시켜야 한다.

⑫ 철근망을 분할하여 삽입하는 경우에는 맨 밑의 철근망을 안내벽에 걸쳐놓고 다음 철근망을 크레인에 매달고 있는 상태에서 충분한 이음길이를 가지고 견고하게 연결하여야 하며, 이음위치로 조정할 때에는 신호수를 배치하고 유도로프를 잡고 서서히 작업하여야 하며 협착 또는 충돌 등의 재해 예방조치를 하여야 한다.

⑬ 철근망을 이을 때에는 이음위치에서 상하부 철근망이 분리 또는 이탈되지 않도록 하부 철근망의 자중에 견딜 수 있는 충분한 이음강도를 유지하여야 한다.

⑭ 완전히 삽입된 철근망은 안내벽에 강관 등으로 걸쳐 놓아 철근망이 굴착바닥에 닿지 않도록 하여 피복의 유지, 철근망의 휨 또는 변형을 방지하여야 하며 이때 사용하는 강관 등은 철근망의 자중에 충분히 견딜 수 있는 견고한 것을 사용하여야 한다.

(6) 콘크리트의 타설

① 콘크리트의 타설은 안정액이 채워진 상태에서 트레미관을 통하여 트레미관 하부에서부터 타설하여 올라와야 한다. 콘크리트 타설 도중 트레미관 밖으로 콘크리트가 넘치거나 흘러들어가서 안정액과 혼합되면 안정액이 굳어질(Gel화 현상) 수 있으므로 트레미관 바깥쪽을 합판 등의 덮개로 덮어두어야 한다.

② 트레미관은 트렌치 밑바닥에서 10~15cm 정도 들어올려진 상태에서 타설을 시작하고 콘크리트의 상승과 함께 서서히 인발하면서 타설을 진행한다.

③ 타설량 및 타설고와의 관계를 검측테이프로서 측정하여야 하며, 트레미관 선단은 콘크리트 속에 2.0m 정도 묻혀있도록 하여 타설하여야 한다.

④ 콘크리트 타설은 1패널이 완료될 때까지는 작업을 중지하여서는 아니 된다.

⑤ 레미콘 트럭의 이동경로를 확보하고 안전하게 진출입할 수 있도록 하여야 하며, 근로자의 협착재해를 방지하기 위하여 유도자를 배치하는 등의 안전조치를 하여야 한다.

⑥ 콘크리트의 강도, 굵은골재 최대치수, 물·시멘트비, 슬럼프 등은 설계서에서 정한 바에 따른다.

⑦ 그 밖의 콘크리트 타설 등에 관한 사항은 KOSHA GUIDE C-43-2012(콘크리트공사의 안전보건작업지침)에 따른다.

주열식 흙막이공법

① 개요

'주열식 지중연속벽(Slurry Wall)공법'이란 현장타설 콘크리트 말뚝을 연속으로 연결하여 주열
식으로 지하벽체를 축조하는 공법을 말한다. 말뚝 내의 철근망, H-pile 등으로 벽체를 보강하며
차수벽, 흙막이벽 등으로 이용되고 있다.

② 흙막이공법의 지지방식에 의한 분류

구분	자립식	버팀대식	Earth Anchor
특징	• 양호한 지반 • 얕은 굴착깊이 • 부지의 여유가 없는 곳 • 수직굴착	• 굴착 이후 동시 작업 가능 • 협소한 곳 • 연약지반 • 지반 내 큰 응력 형성	• 시공성 좋음 • 설치 간단
장점	저렴한 공사비	• 구성재료 단순 • 설치 용이	• 작업공간 확보 가능 • 굴착 용이
단점	수평변위량이 커지면 붕괴의 위험 발생	깊이가 깊거나, 간격이 넓으면 중간기둥·띠장 설치로 본 공사에 장애가 된다.	• 깊은 굴착 불가 • 인접 구조물에 영향

③ 주열식 지중연속벽의 종류

(1) Earth Drill 공법

① Earth Drill(회전식 Drill Bucket)로 굴착하여 철근망
삽입 후 콘크리트를 타설하여 제자리 콘크리트 말뚝을
시공하는 공법

② 토질에 따라 안정액을 사용하며, 표층 부분의 붕괴 방지
를 위하여 상부에 Casing Pipe를 삽입

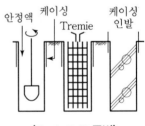

〈Earth Drill 공법〉

③ 특징

- 지름 1.0~2.0m 정도의 대구경 말뚝으로 시공하기에 굴착속도가 빠름
- 소음·진동이 적으며, 공사비 저렴
- 지하수가 없는 점성토에 적당하며, 붕괴하기 쉬운 모래층·자갈층은 부적당
- 굴착심도는 30m 정도로 긴 말뚝에는 부적당

(2) Benoto(All Casing) 공법

① 케이싱 튜브(Casing Tube)를 말뚝 끝까지 압입하고 튜브 내 토사를 해머 그래브로 굴착한 후 철근망을 삽입하여 콘크리트를 타설하면서 케이싱 튜브를 뽑아내어 제자리 콘크리트 말뚝을 만드는 공법

② 말뚝 끝까지 케이싱 튜브를 사용하기 때문에 All Casing 공법이라고도 함

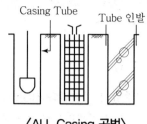

〈ALL Casing 공법〉

③ 특징

- 지반조건에 관계없이 시공 가능
- 소음·진동이 적으며, 긴 말뚝(50~60m) 시공 가능
- 기계가 대형이며 굴착속도가 느림
- 극단적인 연약지대, 수상(水上)에서는 Casing Tube를 빼는 데 반력이 크므로 부적합

(3) RCD 공법(Reverse Circulation Drill Method)

① 정수압으로 벽면의 붕괴를 방지하면서 비트(Bit)를 회전시켜 고속으로 굴착하여 철근망을 삽입 후 콘크리트를 타설하여 제자리 콘크리트말뚝을 만드는 공법

② 굴착구멍 내의 지하수위보다 2.0m 이상 높게 물을 채워 정수압을 유지하여야 하며, 굴착토는 물과 함께 로드(Rod)를 통하여 연속적으로 배출

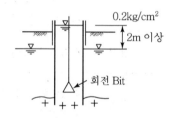

〈RCD 역순환 공법〉

③ 특징

- 소음·진동이 적으며 시공속도가 빠름
- 수상작업도 가능하며 상당히 깊은 곳까지 굴착할 수 있음
- 정수압 관리가 어렵고 다량의 물 필요
- 호박돌층, 전석층 및 피압수 시 굴착 곤란

(4) SCW(Soil Cement Wall) 공법

① Cement Paste와 벤토나이트의 경화제를 굴착 토사와 혼합하여 지중에 벽체를 만드는 공법으로 차수벽, 토류벽으로 이용

② 오거(1축 Auger, 3축 Auger)로 굴착하며 말뚝 내에 H-pile 등의 보강재 삽입

③ 특징

- 소음·진동이 적으며 차수성이 우수
- 공기가 단축되며 공사비 저렴
- 토사의 양부가 강도 좌우
- 자갈층, 암석층은 시공 곤란

(5) Prepacked Concrete Pile

① CIP 말뚝(Cast-in Place Pile)
- 굴착기계(Earth Auger)로 구멍을 뚫고 그 속에 철근망과 주입관을 삽입한 다음 자갈을 넣고 주입관을 통하여 프리팩트 Mortar를 주입하여 제자리 말뚝을 시공하는 공법
- 특징
  - 지하수가 없는 경질지층에 많이 사용
  - 장비 소규모

② MIP 말뚝(Mixed-in Place Pile)
- Auger를 말뚝 끝까지 굴진 삽입시켜 선단에 프로필러 모양의 날이 붙은 파이프를 빼내면서 프리팩트 Mortar를 분출·회전시켜 토사와 교반하여 소일(Soil) 말뚝을 시공하는 공법
- 필요에 따라 철근을 타입(소일콘크리트이기 때문에 철근망 삽입이 곤란)
- 특징
  - 비교적 연약지반에도 사용 가능
  - 토사를 골재 대용으로 사용하므로 경제적

③ PIP 말뚝(Packed-in Place Pile)
- 스크루 오거(Screw Auger)를 정해진 깊이까지 회전시켜 박고 천천히 당겨 올리면서 Auger의 선단에서 프리팩트 Mortar를 압입하여 제자리 말뚝을 시공하는 공법
- 필요시 Auger를 빼낸 후 철근망, H형강 등 삽입
- 특징
  - 소음·진동이 적다.
  - 사질층, 자갈층에 유리하다.

4 말뚝의 배열방식

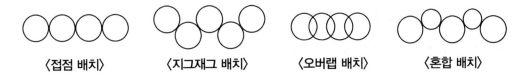

〈접점 배치〉　　〈지그재그 배치〉　　〈오버랩 배치〉　　〈혼합 배치〉

5 결론

인근 지반 영향 최소화와 굴착작업 안전성 확보에 효과적인 슬러리월 공법은 특히, 도심지 공사에 시공사례가 빈번해지고 있어 공법 이해의 필요성이 부각되고 있다. 재해 예방을 위해서는 굴착, 콘크리트 타설, 양생, 상부구조물 시공 시 안전대책을 수립해 본공사는 물론 인근 구조물에 문제가 발생되지 않도록 만전을 기해야 한다.

··· 10 Top Down 공법(역타공법)

1 개요

(1) 'Top Down 공법'이란 흙막이벽으로 설치한 벽식 지하연속벽(Slurry Wall)을 본 구조체의 벽체로 이용하여 기둥과 보를 정위치에 구축하고 1층 부분의 바닥을 설치한 후 지하터파기를 병행하면서 지상구조물도 축조해가는 공법을 말한다.

(2) 주변 구조물에 유해한 영향을 미치지 않고 깊은 지하구조물을 안전하게 시공할 수 있는 공법으로 지하와 지상에서 동시에 작업이 진행되므로 안전관리에 유의하여야 한다.

2 Top Down 공법의 특징

(1) 장점

① 지하와 지상층 병행으로 공기 단축

② 1층 바닥면적을 작업장으로 사용 가능

③ 토질조건에 관계없이 시공 가능

④ 1층 바닥이 먼저 시공되므로 우천 시에도 시공 가능

⑤ 소음, 진동이 적어 도심지 공사로 적합

(2) 단점

① 암반이 있을 경우 암석을 Cutting할 수 있는 특수장비 동원

② 환기시설, 조명시설이 필요하며, 작업장 환경관리의 어려움이 있다.

③ 굴착장비의 선정·사용에 제약이 있다.

④ 공사비가 고가이다.

3 Top Down 공법의 종류

(1) 완전역타공법(Full Top Down Method)

① 지하 각 층 Slab의 완전한 시공 가능

② 가장 완전한 공법이나 굴착토 반출이 어려움

(2) 부분역타공법(Partial Top Down Method)

① 지하 Slab는 부분적(1/2~1/3)으로 시공

② 작업조건이 양호하며 굴착토 반출 용이

(3) Beam & Girder식 역타공법

① Beam과 Girder만 시공하여 지하층 굴착

② 굴착토 반출 용이

4 Top Down 공법의 시공 Flow Chart

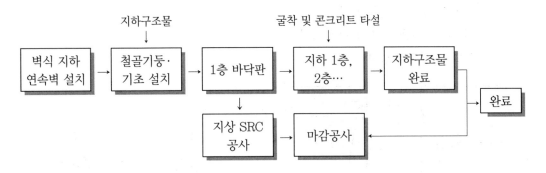

5 Top Down 공법의 시공단계별 유의사항

(1) Slurry Wall 공사

① 벽체의 수직도 유지 및 판넬의 조인트 부위 누수에 유의

② 안정액을 통한 공벽붕괴 방지 및 Slime 처리 철저

③ 콘크리트 연속타설 및 인터로킹파이프 인발시점 철저

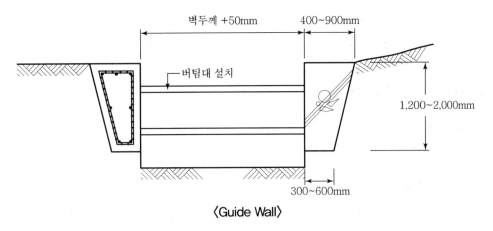

〈Guide Wall〉

(2) 철골기둥 기초 설치

① 기둥의 수직도와 좌굴 점검

② 바닥 슬래브와 기둥의 Top 그라우팅 채움 철저

③ 기초 콘크리트 타설 후 자갈을 채워 기둥의 이동 방지

(3) 지상 1층 바닥 Slab

① 연속벽과 기둥전단 연결 철근 : Dowel Bar 확인 시공

② Opening 구간 위치 선정에 유의 : 연속벽 주변을 피한다.

(4) 굴착

① 지상 1층 바닥 Slab 완료 후 지하 1층부터 굴착

② 규정 깊이 이상 굴착 금지

③ 지하수위 변동 및 지반 변위 조사

④ 조명·환기시설 설치

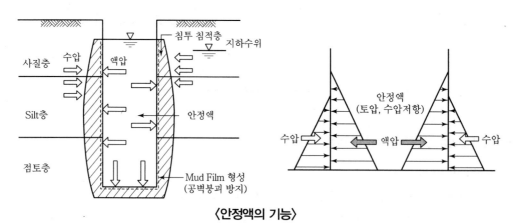

〈안정액의 기능〉

(5) 콘크리트 타설

① 선타설 콘크리트와 후타설 콘크리트의 역조인트 처리 철저

② 역조인트 처리는 그라우팅, 충진재 주입, 콘크리트 타설 등으로 처리

6 Top Down 공법의 안전대책

(1) 지질상태 검토

지질의 상태에 대한 충분한 검토 및 안전조치에 대한 정밀한 계획 수립

(2) 지질조사자료의 정밀 분석

지질조사자료의 정밀분석 및 지하수위·토사·암반심도·층두께 등을 명확히 표시

(3) 착공지점의 매설물 확인

매설물 여부를 확인하고 매설물이 있는 경우 이설, 거치·보전 등 계획 변경

(4) 차수벽 설치 계획

지하수위가 높은 경우 차수벽 설치계획 수립

(5) 복공구조 시설

토사 반출 시 복공구조는 적재하중 조건을 고려하여 구조 계산에 의한 지보공 설치

(6) 계측기 설치

① 지하수위계(Water Level Meter) : 지하수위 변화를 실측하여 원인 분석 및 대책 수립
② 경사계(Incline Meter) : 굴착 진행 시 벽체의 배면측압에 의한 기울어짐 파악
③ 침하계(Extension Meter) : 인접 지층의 각 층별 침하량의 변동상태 파악
④ 토압계(Soil Pressure Gauge) : 배면 지반에 설치하여 지반 하중으로 인한 흙막이벽체의 거동을 확인
⑤ 균열측정기(Crack Gauge) : 인접 시설물에 부착하여 균열 발생 여부 확인
⑥ 소음·진동측정기 : 작업 시 발생되는 소음 및 진동치 관리

(7) 계측 허용범위 초과 시 작업중단

수직·수평변위량이 허용범위 초과 시 즉시 작업을 중단하고 장비·자재의 이동, 구조 보완 등의 긴급조치 실시

(8) 배수계획 수립

배수계획을 수립하고 배수능력에 의한 배수장비와 배수경로 설정

(9) 환기

항상 신선한 공기를 공급할 수 있는 충분한 용량의 환기설비 설치

(10) 조명

근로자의 안전을 위하여 작업면에 대한 조명장치 및 설비 확인

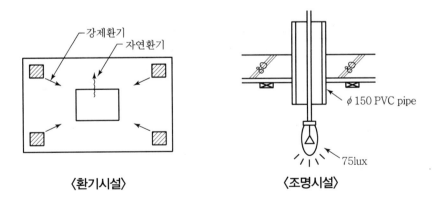

〈환기시설〉　　　　　　　〈조명시설〉

7 결론

도심지 Top Down 공사는 공기 단축과 진동소음 저감으로 인한 장점으로 최근 그 시공 사례가 보편화되고 있으나, 공사규모가 대형화됨에 따라 철저한 시공계획의 수립이 요구되고 있다.

··· 11 Top Down 공사의 바닥판거푸집 및 기초공법

1 개요

Top Down 공법은 시공기간이 단축되고 진동 및 소음이 저감되어 점차 그 시공이 활발해지고 있으나, 도심지에서 Top Down 공법에 의한 시공 시 인접 건축물이나 구조물에 대한 영향 발생 방지 조치와 공법의 특징상 요구되는 환기와 조도 확보가 필요하며, 대심도 굴착 시 안전대책을 수립하는 것이 중요하다.

2 역타공법의 선정배경

(1) 도심지 고층 건물의 지하공간 활용 증대
(2) 고성능 장비의 출현으로 굴착심도 깊어짐
(3) 고심도 고층화에 따른 공기 증가
(4) 작업공간 확보 필요
(5) 기존 공법의 안전성, 경제성 문제 해결 필요

3 역타공법의 바닥판거푸집공법 종류

(1) SOG 공법(Slab On Grade)

① Flat Slab에 적합한 공법
② 굴토공사의 정확성 요구

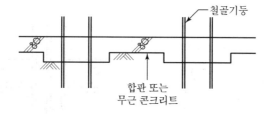

(2) BOG 공법(Beam On Grade)

① 일반 Beam 및 Slab 구조에 사용
② Beam Level까지 정확한 굴토 요구

(3) SOS 공법(Slab On Support)

① 추가 굴토에 따른 지하연속벽 구조 검토 필요

② 토공사 효율성 증대

③ 가설재 증가로 소운반 증가

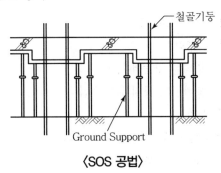

〈SOS 공법〉

(4) NSTD 공법(Hanging Type)

① 거푸집의 지지를 상부층 구조물에 Anchoring하는 공법

② 시공 생산성 양호

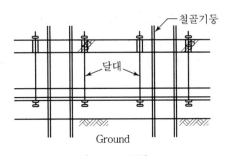

〈NSTD 공법〉

4 기초공사 공법 종류

구분	RCD	PRD	BARRETTE
공법 개요	Casing을 지중에 삽입 정수압 이용 굴착	지중에 Casing 삽입 Percussion으로 천공	안정액 사용 굴착 Slurry Wall 장비
기초형상	$\phi 1.5 \sim 2.0m$	$\phi 0.6 \sim 1.0m$	사각형 2.4m × 1.0m
Bearing Capacity	20~40MN/개소	8MN/개소 이하	20~40MN/개소
장점	• 철골 수직도 확보 유리 • 암반층 대구경 천공 가능	• 암반 천공 우수 • 전체 지반 천공 가능	• Casing 불필요 • 연속벽 시공과 동시에 가능
단점	• 천공속도 느림 • 수직도 관리 계측기 필요	• 천공경 제한 • 깊을수록 수직도 불리	• 경암 시공 불가 • RCD에 비해 수직도 관리 불리

⑤ 지하층 가설 및 안전관리 주요사항

(1) **환기설비** : 강제급배기방식 채택(제1종 환기방식)

(2) **조명시설 설치** : 75lux 이상

(3) 과굴착 금지

(4) 자재양중, 지하굴착장비 신호수 배치

(5) 가설계단 위치 선정 및 관리

(6) 지상, 지하 병행 공사에 따른 양중계획 관리

(7) 연약지반의 경우 굴착장비 전도방지대책 수립

(8) 굴토 시 지하수 배수 관리

(9) NSTD 공법 채택 시 달대 설치 누락 없도록 관리

(10) 트레미관 막힘으로 인한 터짐사고 예방

(11) 계측기 설치 및 관리

⑥ 결론

도심지 Top Down 공사는 공기 단축과 진동소음 저감으로 인한 장점으로 최근 그 시공 사례가 보편화되고 있으나, 공사 규모가 대형화됨에 따라 철저한 시공계획의 수립이 요구되고 있으며, 특히 대심도 굴착공사가 이루어질 경우에는 계측관리 등으로 안전사고예방을 위한 조치가 필요한 공법이다.

··· 12 밀폐공간작업 프로그램의 주요 내용

1 필요성

(1) 밀폐공간작업 프로그램은 사유 발생 시 즉시 시행하여야 하며 매 작업마다 수시로 적정한 공기상태 확인을 위한 측정·평가내용 등을 추가·보완하고 밀폐공간작업이 완전 종료되면 프로그램의 시행을 종료한다.

(2) 밀폐공간에서의 작업 전 산소농도 측정, 호흡용 보호구의 착용, 긴급구조훈련, 안전한 작업방법의 주지 등 근로자 교육 및 훈련 등에 대한 사전규제를 통하여 재해를 예방하는 것이 요구된다.

2 주요 내용

(1) 밀폐공간에서 근로자를 작업하게 할 경우 사업주는 다음 내용을 포함하여 밀폐공간작업 프로그램을 수립·시행하여야 함

① 사업장 내 밀폐공간의 위치 확인

② 밀폐공간 내 질식·중독 등을 일으킬 수 있는 유해·위험요인의 확인

③ 근로자의 밀폐공간 작업에 대한 사업주의 사전허가절차

④ 산소·유해가스농도의 측정·평가 및 그 결과에 따른 환기 등 후속조치 방법

⑤ 송기마스크 또는 공기호흡기의 착용과 관리

⑥ 비상연락망, 사고 발생 시 응급조치 및 구조체계 구축

⑦ 안전보건 교육 및 훈련

⑧ 그 밖에 밀폐공간 작업근로자의 건강장해 예방에 관한 사항

(2) 밀폐공간 작업허가 등

① 사업주는 근로자가 밀폐공간에서 작업을 하는 경우 사전에 허가절차를 수립하는 경우 포함사항을 확인하고, 근로자의 밀폐공간 작업에 대한 사업주의 사전허가 절차에 따라 작업하도록 하여야 한다.

② 사업주는 해당 작업이 종료될 때까지 ①에 따른 확인 내용을 작업장 출입구에 게시하여야 한다.

(3) 사전허가절차를 수립하는 경우 포함사항

① 작업 정보(작업 일시 및 기간, 작업 장소, 작업 내용 등)

② 작업자 정보(관리감독자, 근로자, 감시인)

③ 산소농도 등의 측정결과 및 그 결과에 따른 환기 등 후속조치 사항

④ 작업 중 불활성가스 또는 유해가스의 누출·유입·발생 가능성 검토 및 조치사항

⑤ 작업 시 착용하여야 할 보호구

⑥ 비상연락체계

⑷ 출입의 금지

사업주는 사업장 내 밀폐공간을 사전에 파악하고, 밀폐공간에는 관계근로자가 아닌 사람의 출입을 금지하고, 출입금지 표지를 보기 쉬운 장소에 게시하여야 한다.

밀폐공간 출입금지 표지
(제619조 관련)

1. 양식

2. 규격
- 밀폐공간의 크기에 따라 적당한 규격으로 하되, 최소 가로 21cm×세로 29.7cm 이상으로 한다.
- 표지 전체 바탕은 흰색으로, 글씨는 검정색, 전체 테두리 및 위험 글자 테두리는 빨간색, 위험 글씨는 노란색으로 하여야 하며 채도는 별도로 정하지 않는다.

⑸ 사고 시의 대피 등

사업주는 근로자가 밀폐공간에서 작업을 하는 때에 산소 결핍이 우려되거나 유해가스 등의 농도가 높아서 질식·화재·폭발 등의 우려가 있는 경우에 즉시 작업을 중단시키고 해당 근로자를 대피하도록 하여야 한다.

⑹ 대피용 기구의 비치

사업주는 근로자가 밀폐공간에서 작업을 하는 경우 비상시에 근로자를 피난시키거나 구출하기 위하여 공기호흡기 또는 송기마스크, 사다리 및 섬유로프 등 필요한 기구를 갖추어 두어야 한다.

⑺ **구출 시 공기호흡기 또는 송기마스크 등의 사용**

　사업주는 밀폐공간에서 위급한 근로자를 구출하는 작업을 하는 경우에 그 구출작업에 종사하는 근로자에게 공기호흡기 또는 송기마스크를 지급하여 착용하도록 하여야 한다.

⑻ **긴급상황에 대처할 수 있도록 종사근로자에 대하여 응급조치 등을 6월에 1회 이상 주기적으로 훈련시키고 그 결과를 기록·보존하여야 함**

　긴급구조훈련 내용 : 비상연락체계 운영, 구조용 장비의 사용, 공기호흡기 또는 송기마스크의 착용, 응급처치 등

⑼ **작업시작 전 근로자에게 안전한 작업방법 등을 알려야 함**

　알려야 할 사항 : 산소 및 유해가스농도 측정에 관한 사항, 사고 시의 응급조치 요령, 환기설비 등 안전한 작업방법에 관한 사항, 보호구 착용 및 사용방법에 관한 사항, 구조용 장비 사용 등 비상시 구출에 관한 사항

⑽ **근로자가 밀폐공간에 종사하는 경우 사전에 관리감독자, 안전관리자 등 해당자로 하여금 산소농도 등을 측정하고 적정한 공기 기준과 적합 여부를 평가하도록 함**

　산소농도 등을 측정할 수 있는 자 : 관리감독자, 안전·보건관리자, 안전관리대행기관, 지정측정기관

3 산소농도별 증상

산소농도(%)	증상
14~17	업무능력 감소, 신체기능조절 손상
12~14	호흡수 증가, 맥박 증가
10~12	판단력 저하, 청색 입술
8~10	어지럼증, 의식 상실
6~8	8분 내 100% 치명적, 6분 내 50% 치명적
4~6	40초 내 혼수상태, 경련, 호흡정지, 사망

4 산소결핍 발생 가능 장소

전기·통신·상하수도 맨홀, 오·폐수처리시설 내부(정화조, 집수조), 장기간 밀폐된 탱크, 반응탑, 선박(선창) 등의 내부, 밀폐공간 내 CO_2 가스 용접작업, 분뇨 집수조, 저수조(물탱크) 내 도장작업, 집진기 내부(수리작업 시), 화학장치 배관 내부, 곡물 사일로 내 작업 등

※ 산소결핍 위험 작업 시 산소 및 가스농도 측정기, 공급호흡기, 공기치환용 환기팬 등의 예방장비 없이 작업을 수행하여 대형사고 발생

5 산소결핍 위험 작업 안전수칙

(1) 작업시작 전 작업장 환기 및 산소농도 측정
(2) 송기마스크 등 외부공기 공급 가능한 호흡용 보호구 착용
(3) 산소결핍 위험 작업장 입장, 퇴장 시 인원 점검
(4) 관계자 외 출입금지 표지판 설치
(5) 산소결핍 위험 작업 시 외부 관리감독자와의 상시 연락
(6) 사고 발생 시 신속한 대피, 사고 발생에 대비하여 공기호흡기, 사다리 및 섬유로프 등 비치
(7) 특수한 작업(용접, 가스배관공사 등) 또는 장소(지하실 등)에 대한 안전보건조치

6 산소 및 유해가스 농도의 측정

(1) 사업주는 밀폐공간에서 근로자에게 작업을 하도록 하는 경우 작업을 시작(작업을 일시 중단하였다가 다시 시작하는 경우를 포함)하기 전에 밀폐공간의 산소 및 유해가스 농도의 측정 및 평가에 관한 지식과 실무경험이 있는 자를 지정하여 그로 하여금 해당 밀폐공간의 산소 및 유해가스 농도를 측정(「전파법」 제2조 제1항 제5호·제5호의2에 따른 무선설비 또는 무선통신을 이용한 원격 측정을 포함한다. 이하 제629조, 제638조 및 제641조에서 같다)하여 적정공기가 유지되고 있는지를 평가하도록 해야 한다. 〈개정 2024. 6. 28.〉
(2) 사업주는 제1항에 따라 밀폐공간의 산소 및 유해가스 농도를 측정 및 평가하는 자에 대하여 밀폐공간에서 작업을 시작하기 전에 다음 각 호의 사항의 숙지 여부를 확인하고 필요한 교육을 실시해야 한다. 〈신설 2024. 6. 28.〉
    ① 밀폐공간의 위험성
    ② 측정장비의 이상 유무 확인 및 조작 방법
    ③ 밀폐공간 내에서의 산소 및 유해가스 농도 측정방법
    ④ 적정공기의 기준과 평가 방법
(3) 사업주는 제1항에 따라 산소 및 유해가스 농도를 측정한 결과 적정공기가 유지되고 있지 아니하다고 평가된 경우에는 작업장을 환기시키거나, 근로자에게 공기호흡기 또는 송기마스크를 지급하여 착용하도록 하는 등 근로자의 건강장해 예방을 위하여 필요한 조치를 하여야 한다. 〈개정 2024. 6. 28.〉

7 결론

토공사 또는 철근콘크리트 및 기초공사에 따른 밀폐공간에서의 작업 시 사업주는 밀폐공간 작업 프로그램을 수립해 시행해야 하며, 안전·보건상 위험요인을 발견한 즉시 작업을 중단하고 근로자를 대피시켜 안전한 작업현장이 되도록 해야 한다.

··· 13 흙막이 안전성 검토사항

1 사전조사

(1) 지하매설물의 종류, 지하매설물 위치, 지반·지하수 상태 등의 사전조사

(2) 예비조사, 현지조사, 본조사에 의한 지반조사

(3) 지하안전특별법 대상 공사인 경우 관련 법규에 의한 안전조치사항 검토

2 토압

(1) 수동토압 > 정지토압 > 주동토압을 검토하여 흙막이에 미치는 영향 고려

(2) 토질에 따른 토압분포를 이용하여 흙막이 지보공 설계

3 기타

(1) Heaving

① 경질지반까지 흙막이 근입장 연장

② 선행재하, 주입공법 등으로 개량하여 전단강도 증대

(2) Boiling

① 경질지반까지 흙막이 근입장 연장

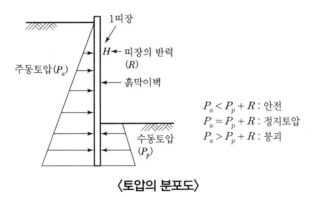

$P_a < P_p + R$: 안전
$P_a = P_p + R$: 정지토압
$P_a > P_p + R$: 붕괴

〈토압의 분포도〉

② Sheet Pile, 지하연속벽 등의 차수성 높은 흙막이 설치와 지하수위 저하

(3) Piping

① 차수성 높은 흙막이 설치 및 흙막이 배면 Grouting

② Deep Well, Well Point 등의 배수공법으로 지하수위 저하

(4) 피압수 조사·검토

① 지반조사 시 피압수층을 파악하여 사전에 대책 수립

② 배수공법(중력배수, 강제배수)으로 피압수위 저하

(5) 차수·배수대책 수립

① Slurry Wall, Sheet Pile 등의 차수성이 우수한 공법 선택

② Deep Well, Well Point 등의 배수공법 채택

(6) 구조상 안전한 흙막이공법 선정

① 안전성·경제성·현장여건을 감안한 공법 선정

② **침하 크기** : H-pile 및 토류판 > Sheet Pile > Slurry Wall

(7) 흙막이의 침하 방지

① 흙막이재의 자중이나 가설물에 의한 하중이 수직력으로 작용

② 흙막이를 견고한 지반까지 정착시켜 침하 예방

(8) 계측관리계획 수립

① 변위 측정

- 균열계(지표면의 균열 측정) : Crack Gauge
- 경사계(지반의 경사도 측정) : Tiltmeter

② 지중거동 측정

- 지중경사계(지중수평변위 측정) : Inclinometer
- 지중침하계(지중수직변위 측정) : Extensometer
- 지하수위계(지하수위 측정) : Water Level Meter
- 간극수압계(지하수압 측정) : Piezometer

③ 흙막이의 응력 측정

- 하중계(흙막이 Strut 하중 측정) : Load Cell
- 변형률계(흙막이 Strut 변형 측정) : Strain Gauge

··· 14 흙막이 작용토압

1 토압(Earth Pressure)의 종류

(1) 주동토압(P_a : Active Earth Pressure)

$$P_a = \frac{1}{2}K_a\gamma H^2, \ K_a = \tan^2\left(45° - \frac{\phi}{2}\right)$$

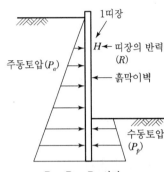

① 벽체의 앞쪽으로 변위를 발생시키는 토압
② 옹벽과 같은 구조물에서 검토되는 토압
③ 옹벽 설계용 토압은 주동토압을 사용

(2) 정지토압(P_o : Earth Pressure At Rest)

$$P_o = \frac{1}{2}K_o\gamma H^2, \ K_o = 1 - \sin\phi$$

$P_a < P_p + R$: 안전
$P_a = P_p + R$: 정지토압
$P_a > P_p + R$: 붕괴

〈토압의 분포도〉

① 벽체에 변위가 없을 때의 토압
② 토압이 정지상태에 있다는 개념
③ 정지토압의 적용
  • 지하벽이나 Box Culvert(암거) 등의 지하구조물
  • 변위를 허용하지 않는 교대구조물

(3) 수동토압(P_p : Passive Earth Pressure)

$$P_p = \frac{1}{2}K_p\gamma H^2, \ K_p = \tan^2\left(45° + \frac{\phi}{2}\right)$$

① 벽체의 뒤쪽으로 변위를 발생시키는 토압
② 벽체가 흙쪽으로 향해 움직일 때 흙이 벽체에 미치는 압력
③ 흙막이벽에서 주로 발생하며, 정지토압보다 크다.

2 토압의 변화

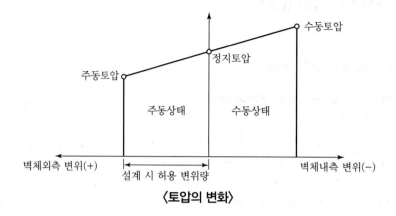

〈토압의 변화〉

3 토압의 크기

$$수동토압(P_p) > 정지토압(P_o) > 주동토압(P_a)$$

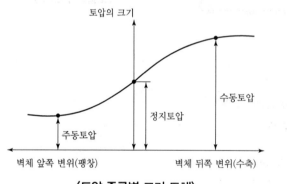

〈토압 종류별 크기 도해〉

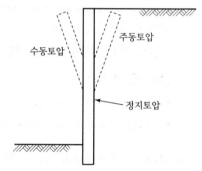

〈토압에 의한 벽체 변위 도해〉

부력(Buoyancy)과 양압력(Uplift Pressure)

1 개요

(1) '부력'이란 지하수위 아래 물에 잠긴 구조물 부피만큼의 정수압이 상향으로 작용하는 힘을 말한다.

(2) '양압력'이란 지하수위 아래에 있는 구조물 하부에 상향으로 작용하는 물의 압력을 말한다.

2 부력과 양압력의 메커니즘

> 양압력 $U_P = \gamma_w \cdot h \cdot B(\mathrm{t/m^2})$
> 부력 $B = V \cdot \gamma_w(\mathrm{ton})$

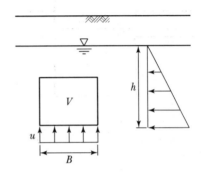

3 댐에서의 부력과 양압력의 특징

구분	부력	양압력
개념도	부력 → 정수압에 의해 결정	양압력 → 유선망에 의해 침투압이 고려됨
특징	• 정수압으로 결정 • 선형 분포	• 유선망에 의해 결정됨 • 비선형 분포

4 양압력의 산정방법

(1) a−a면의 정수압 $= \gamma_w(h_w + L)$

(2) a−a면의 침투수압 $= \gamma_w \cdot \Delta h$

(3) a−a면의 양압력 $= \gamma_w(h_w + L + \Delta h)$

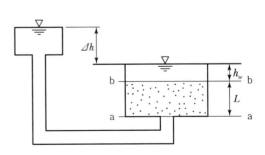

5 안전대책

(1) 사하중 증대
(2) 외부 배수 처리
(3) 기초바닥 영구배수
(4) 부상 방지 앵커공

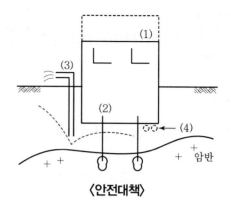

〈안전대책〉

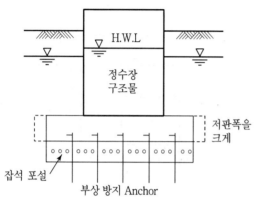

〈수중구조물의 부상 방지대책〉

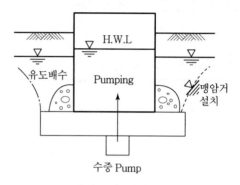

··· 16 지중구조물의 부상 방지대책

1 개요

(1) 구조물의 중량이 부력(Buoyancy)보다 작을 경우 구조물 부상이 발생하게 된다.

(2) 구조물이 부상하게 되면 균열·파손·누수 등이 발생해 내구성에 심각한 영향을 미치므로, 면밀한 지질조사와 이에 대한 대책을 수립·시행해야 한다.

2 부력의 발생원인

(1) 지하피압수

(2) **구조물의 지반 여건** : 구조물이 불투수층이 강한 점토 또는 암반층에 위치할 때

(3) 일시적인 수량 증가

(4) 구조물의 중량이 부력·양압력보다 작을 경우

3 지하구조물 부상 방지대책

(1) Rock Anchor 설치

(2) 마찰말뚝 시공

(3) 강제배수

(4) **구조물의 자중 증대** : 골조 단면 증대 또는 2중 Mat Slab 내에 자갈 등을 채운다.

(5) **브래킷(Bracket) 설치** : 구조물이 소규모인 경우

(6) 지하 층을 골재 등으로 채운다.

(7) 인접 구조물에 긴결시켜 부력에 저항하게 한다.

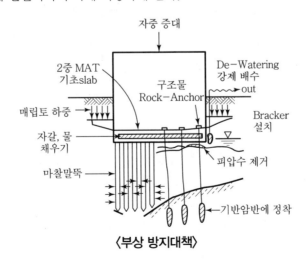

〈부상 방지대책〉

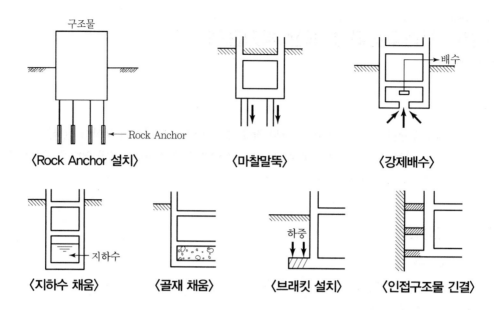

〈Rock Anchor 설치〉 〈마찰말뚝〉 〈강제배수〉

〈지하수 채움〉 〈골재 채움〉 〈브래킷 설치〉 〈인접구조물 긴결〉

4 부력과 양압력의 메커니즘

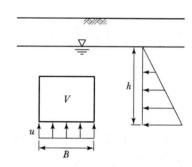

$$양압력\ U_P = \gamma_w \cdot h \cdot B(t/m^2)$$
$$부력\ B = V \cdot \gamma_w(ton)$$

5 양압력의 산정방법

(1) a-a면의 정수압 $= \gamma_w(h_w + L)$

(2) a-a면의 침투수압 $= \gamma_w \cdot \Delta h$

(3) a-a면의 양압력 $= \gamma_w(h_w + L + \Delta h)$

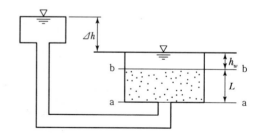

6 결론

도시화의 급속한 진행으로 지중에는 많은 시설과 구조물이 존재하며, 이런 구조물의 변형이나 파손을 유발하는 요인에 대한 원인을 분석하고 대책을 수립하는 것은 지중구조물의 안전성 확보를 위해 매우 중요한 사안으로 평가되고 있다. 위에서 언급한 방지대책을 적용할 때에는 원인에 대한 면밀한 조사가 진행된 이후에 가장 적합한 공법을 선정해 안전한 시설물의 유지관리가 이루어지도록 하는 것이 중요하다.

··· 17 흙막이 시공 시 재해유형과 대책

1 개요

(1) 흙막이 공사 시 발생되는 재해를 예방하기 위해서는 작업에 앞서 사전조사를 실시하여 안전조치를 취한 후 작업을 실시하여야 한다.

(2) 굴착공사 시 지하매설물에 의한 사고는 Gas 폭발로 인한 재해를 유발시키므로 지하매설물에 대한 보호대책을 수립·시행하여 재해를 예방하도록 해야 한다.

2 흙막이 시공 시 재해 유형

(1) 지하매설물의 파손

① 가스누출에 의한 화재·폭발

② 기름유출로 인한 환경오염 및 화재·폭발

③ 정전·감전사고 및 통신두절

④ 상하수도관 파열로 인한 토사붕괴 등

(2) 추락

① 흙막이 버팀대(Strut) 이동 중 추락

② 안전난간 미설치 및 안전대 미착용

(3) 가설재의 낙하

① 인양 흙막이 가설재의 이동 중 낙하

② 결속 Rope, 결속방법의 결함으로 발생

(4) 감전

① 통전되고 있는 전선에 기계장비의 접촉

② 전기배선 불량, 교류 Arc 용접기 작업 등에 의한 감전

(5) 충돌·협착

① 작업 중 장비(차량)에 의한 작업자의 충돌·협착

② 장비 신호수 미배치

(6) 붕괴·도괴

① 지반침하에 의한 도로, 인접 구조물 붕괴

② 지반침하, 과하중 등으로 인한 흙막이의 붕괴·도괴

(7) 건설기계의 전도

① 지반침하, 받침대 불량 및 받침대 미사용
② 급선회, 고속운전 등의 운전 결함

(8) 발파작업에 따른 폭발 및 비산 재해

① 근로자 대피 미확인, 대피장소 미확보, 방호조치 미비에 의한 발파 사고
② 발파 후 잔류화약 미확인으로 인한 폭발

❸ 기초굴착 및 흙막이 시공 시 재해 원인

(1) 사전조사 미흡

지하매설물의 종류, 지하매설물 위치, 지반·지하수 상태 등 사전조사 미흡

(2) 시공 및 관리 부실
(3) 안전관리 미흡
(4) 안전점검 소홀
(5) 안전시설 미설치
(6) 보호구 미착용

(7) 다짐 불량

되메우기와 뒤채움 시 다짐 불량으로 인한 지반침하

(8) 기타

① 지하매설물 상부의 PVC 반관, 보호용 철판 등의 방호시설 불량으로 인한 파손
② 부적당한 흙막이공법으로 인한 사고
③ 인접 지반 침하에 따른 사고

❹ 기초굴착 및 흙막이 시공 시 안전대책

(1) 지하매설물에 대한 안전대책

① 굴착작업 전 지하매설물 종류, 지하매설물 위치 등의 사전조사로 안전대책 강구
② 굴착작업 시 지하매설물을 확인하고 안전조치를 취한 후 작업 실시
③ 가연성 Gas의 발생 우려가 있을 경우 수시로 Gas 농도를 측정하여 화재·폭발 방지
④ 1일 1회 이상 순회점검으로 매설물의 안전상태, 접합 부분 등 확인
⑤ 되메우기 시 매설물의 방호 및 양질의 토사를 이용하여 충분히 다짐

(2) 흙막이에 대한 안전대책

① 지반조사, 현장 주위 입지조건 등의 사전조사를 실시하여 안전대책 강구

② 안전성, 무공해성, 현장여건 등을 감안하여 구조상 안전한 공법 선정

③ 연약지반 개량, 차수·배수대책, 흙막이 안전성 검토 등으로 인접 지반의 침하 방지

④ 계측관리를 철저히 하여 흙막이 부재의 안전성 확보

(3) 기타 안전대책

① 추락 방지
- 흙막이에 안전난간 설치 및 작업 시 안전대 착용
- 작업 시 안전대 부착설비 등 설치

② 가설재의 낙하 방지
- 인양물에 2개소 이상 결속 및 유도 Rope 설치
- 안전 Hook 걸이 사용 및 유도자 배치

③ 감전 방지
- 전선에 절연용 방호구(비닐시트, 고무관) 설치 및 충분한 이격거리 확보
- 전선·피복의 정기적 검사, 교류 Arc 용접기에 감전 방지용 누전차단기 설치

④ 충돌·협착 방지
- 장비 유도자 배치
- 작업자와 장비(차량)와의 신호 준수

⑤ 붕괴·도괴 방지
- 연약지반 개량 후 굴착 및 흙막이 실시
- 흙막이 주변 과재하중 방지 및 버팀대(Strut) 보강

⑥ 건설기계의 전도 방지
- 연약지반의 침하 방지 조치(깔판, 밑받침목 등)
- 운전자는 유자격자로 충분한 능력의 건설기계 사용

⑦ 발파작업 시 안전
- 모든 근로자의 대피 확인 및 필요한 방호조치 후 발파 실시
- 발파 후 작업 시 잔류화약의 유무를 반드시 확인

5 결론

흙막이 공사는 추락·낙하·붕괴 등에 의한 재해 발생 가능성에 대비해 필히 흙막이벽을 설치하거나 지보공 관리감독자를 선임하여 배치해야 한다. 특히 기계굴착과 병행한 인력굴착 시에는 작업 분담 구역을 정하고 신호수를 배치해야 한다.

··· 18 흙막이 공사 시 주변 침하 원인과 대책

1 개요

(1) 흙막이 공사는 설계부터 시공에 이르기까지 전 과정에서 침하 방지를 위한 사전조사 및 점검을 철저히 하여야 한다.

(2) 흙막이 공사 시 가장 피해를 주는 문제는 주변 지반의 침하로서, 주변 침하의 원인과 방지대책을 강구하여 발생되는 주위의 피해를 최소화하여야 한다.

2 주변 침하로 인한 피해 유형

(1) 지하 매설물의 파손

(2) 구조물·건축물의 침하·붕괴

(3) 주변 지반 침하로 인한 지반 연약화

(4) 재해를 유발시켜 인명·재산상의 피해 초래

3 침하 발생 원인

(1) 흙막이 변형

① 흙막이 배면의 토압에 의한 흙막이의 변형으로 배면토의 이동 및 침하

② 흙막이 근입깊이의 부족, 버팀대(Strut)의 압축·좌굴

(2) 배수로 인한 침하

① 배수 시 토사 유출에 의한 침하

② 배수에 따른 점성토의 압밀침하

(3) 뒤채움 불량

① 뒤채움 재료의 불량 또는 뒤채움토의 다짐 불량

② 지하수, 지표수 침투에 의한 지반 침하

(4) 강제배수로 인한 침하

① 강제배수 시 인접 지반, 구조물, 지하매설물 침하

② 주변 지하수위의 저하

(5) 과재하중

① 흙막이 배면의 과재하중으로 인한 지반 변위

② 흙막이 주변 대형 중장비의 통행

(6) 토압에 의한 Heaving 현상(점토지반)

① 흙막이 근입장 깊이의 부족

② 흙막이벽 내외의 토사의 중량 차이가 클 때

(7) 지하수의 차이에 의한 Boiling 현상(사질지반)

① 흙막이 근입장 깊이의 부족

② 흙막이벽의 배면 지하수위와 굴착 저면과의 수위 차가 클 때

(8) 흙막이 벽체 부실에 의한 Piping 현상

① Boiling 현상으로 인해 발생

② 파이프 모양으로 구멍이 뚫려 흙이 세굴되어 지반 파괴

(9) 피압수에 의한 굴착 저면의 솟음

① 굴착으로 상부 흙의 하중이 제거되면서 피압수가 큰 압력으로 분출되어 굴착 저면을 들어 올림

② 굴착 저면을 들어 올려 흙막이 파괴

(10) Pile 인발 후의 처리 불량

① Sheet Pile, H-pile의 인발 후 되메우기 불량

② 인발 후의 처리 불량으로 인한 인접 지반 침하

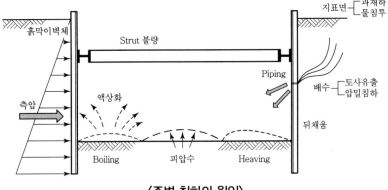

〈주변 침하의 원인〉

4 침하 방지대책

(1) 구조상 안전한 공법 선정

① 안전성·경제성·현장여건을 감안한 공법 선정

② 침하 크기 : H-pile 및 토류판>Sheet Pile>Slurry Wall

(2) 흙막이 안전성 검토

① 토압으로 발생되는 측압의 분포 및 안전성 검토

② 토압의 크기 : 수동토압>정지토압>주동토압

(3) 차수·배수대책 수립

① Slurry Wall, Sheet Pile 등의 차수성이 우수한 공법 선정

② Deep Well, Well Point 등의 배수공법 선정

(4) 뒤채움 철저

① 깬자갈, 모래, 혼합물 등으로 뒤채움

② 양질토로 치환하거나 철저한 다짐으로 전단강도 증대

(5) 강제배수 시 대책 수립

① 인접 구조물, 매설물 등을 보호하기 위하여 Underpinning 실시

② 재하공법, 주입공법 등으로 연약지반 개량

(6) 과재하중 제거

① 흙막이 배면에 자재 적재 방지

② 흙막이 주변에 대형 중장비의 통행 금지

(7) Heaving 방지

① 흙막이의 근입장을 경질지반까지 연장

② 선행재하, 주입공법 등으로 지반 개량하여 전단강도 증대

(8) Boiling 방지

① 경질지반까지 흙막이 근입장 연장

② Sheet Pile, 지하연속벽 등의 차수성 높은 흙막이 설치와 지하수위 저하

(9) Piping 방지

① 차수성 높은 흙막이 설치 및 흙막이 배면 Grouting

② Deep Well, Well Point 등의 배수공법으로 지하수위 저하

(10) 피압수 방지

① 지반조사 시 피압수층을 파악하여 사전에 대책 수립

② 배수공법(중력배수, 강제배수)으로 피압수위 저하

(11) Pile 인발 후의 처리 철저

① Sheet Pile, H-pile의 인발 후 모래나 Mortar 채움

② 모래나 Mortar 채운 후 다짐 철저

5 결론

흙막이 공사는 추락·낙하·붕괴 등에 의한 재해 발생 가능성에 대비해 필히 흙막이벽을 설치하거나 지보공 관리감독자를 선임하여 배치해야 한다. 특히 기계굴착과 병행한 인력굴착 시에는 작업 분담 구역을 정하고 신호수를 배치해야 한다.

··· 19 지반변위의 발생 원인과 대책

1 개요

(1) 흙막이 공사는 설계부터 시공에 이르기까지 전 과정에서 침하 방지를 위한 사전조사 및 점검을 철저히 하여야 한다.

(2) 흙막이 공사 시 가장 피해를 주는 문제는 주변 지반의 침하로서, 주변 침하의 원인과 방지대책을 강구하여 발생되는 주위의 피해를 최소화하여야 한다.

2 지반변위로 인한 문제점

(1) 지하 매설물의 파손

(2) 구조물·건축물의 침하·붕괴

(3) 주변 지반 침하로 인한 지반 연약화

(4) 재해를 유발시켜 인명·재산상의 피해 초래

3 지반변위의 원인

(1) 흙막이벽의 휨

벽체의 휨(Bending)은 버팀대 변형과 함께 나타나며 버팀대 간격, 벽체 강성, 지반 조건에 따라 상이함

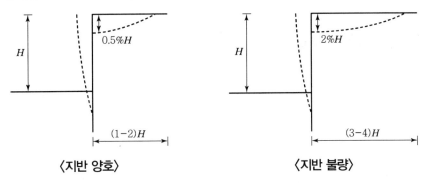

〈지반 양호〉   〈지반 불량〉

(2) 앵커의 변형

① 자유장 미확보, 정착장이 파괴선 외부로 설치되지 못함. 점성토 지반 정착으로 변위 발생

② 변위 억제를 위해 Strut 추가 시공 또는 앵커 추가 시공

③ 토압이 적정하게 산정되지 못함. 시공 시 진동으로 교란되어 전단강도, 즉 점착력이 감소하여 토압 과다 적용

④ 배면에 지반 보강, 즉 심층혼합처리나 앵커 간격 축소를 위해 앵커를 추가함

(3) 버팀대 변형

① 압축에 의한 탄성 변형

② 좌굴에 의한 변형

③ 연결부 변형

(4) 지보재 설치 지연

① 과굴착에 의한 지연

② 단순한 굴착 후 지연

(5) 근입깊이 영향

근입부 부족으로 근입부 이동, 변형

(6) 지진의 발생

① 지진에 의한 지각변동으로 지반변위 발생

② 지반의 부등침하 및 액상화현상 발생

(7) 산사태

① 자연 흙의 사면이 30° 이상의 급경사인 경우 호우나 지진에 의해 발생

② 이동속도가 빠르고 순간적으로 지반변위 발생

(8) 폭우

① 폭우에 의한 주변 침수로 인한 지반변위

② 토압의 증가로 토류벽, 옹벽, 석축 등의 붕괴

4 침하 발생원인 및 주의사항

(1) 뒤채움 불량

주위 매설물의 뒤채움 불량으로 굴착 시 지반 이완, 상수도관·하수도관 등의 누수가 있을 수 있음

(2) 진동

토류벽 시공 시 진동으로 사질토 침하, 점성토의 전단강도 감소 발생

(3) 과도한 굴착

굴착깊이를 한쪽에 대해 크게 하면 편토압과 토류벽의 큰 휨모멘트 발생으로 변형되므로 과굴착은 삼가야 함

(4) 배면공극과 이음부

토류판 설치 시 배면공극, Sheet Pile의 이음 불량, CIP·SCW의 차수 및 겹침부 불량 등에 의한 배면이동과 지하수와 함께 토사유출이 생기므로 배면은 공극이 없도록 뒤채움하고 연결부와 차수공은 정밀 시공

(5) Heaving, Boiling 발생

근입깊이를 얕게 하는 경우 점성토는 Heaving, 사질토는 Boiling이 생기고 이 경우는 흙막이의 전체적인 파괴로 발전되므로 주의해야 함

(6) 배수

배면 측의 지하수가 굴착 저면 또는 흙막이벽을 통해 누수되는 경우 배면 지반의 유효응력이 커져 침하가 발생되며 사질토보다는 점성토 지반이 침하량이 큼에 유의해야 함

(7) 토류벽 인발

H-pile, Sheet Pile을 공사 완료 후 인발 시 처리 불량에 의해 변형이 발생되므로 모래나 모르타르 채움으로 공극이 없게 해야 함

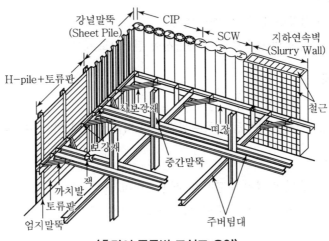

〈흙막이 종류별 모식도 요약〉

5 지반변위의 방지대책

(1) 구조상 안전한 공법 선정

① 안전성·경제성·현장여건을 감안한 공법 선정
② 침하 크기 : H-pile 및 토류판 > Sheet Pile > Slurry Wall

(2) 흙막이 안전성 검토

① 토압으로 발생되는 측압의 분포 및 안전성 검토
② 토압의 크기 : 수동토압 > 정지토압 > 주동토압

(3) 차수·배수대책 수립

① Slurry Wall, Sheet Pile 등의 차수성이 우수한 공법 선정

② Deep Well, Well Point 등의 배수공법 선정

(4) 뒤채움 철저

① 깬자갈, 모래, 혼합물 등으로 뒤채움

② 양질토로 치환하거나 철저한 다짐으로 전단강도 증대

(5) 강제배수 시 대책 수립

① 인접 구조물, 매설물 등을 보호하기 위하여 Underpinning 실시

② 재하공법, 주입공법 등으로 연약지반 개량

(6) 과재하중 제거

① 흙막이 배면에 자재 적재 방지

② 흙막이 주변에 대형 중장비의 통행 금지

(7) Heaving 방지

① 흙막이의 근입장을 경질지반까지 연장

② 선행재하, 주입공법 등으로 지반 개량하여 전단강도 증대

(8) Boiling 방지

① 경질지반까지 흙막이 근입장 연장

② Sheet Pile, 지하연속벽 등의 차수성 높은 흙막이 설치와 지하수위 저하

(9) Piping 방지

① 차수성 높은 흙막이 설치 및 흙막이 배면 Grouting

② Deep Well, Well Point 등의 배수공법으로 지하수위 저하

(10) 피압수 방지

① 지반조사 시 피압수층을 파악하여 사전에 대책 수립

② 배수공법(중력배수, 강제배수)으로 피압수위 저하

(11) Pile 인발 후의 처리 철저

① Sheet Pile, H-pile의 인발 후 모래나 Mortar 채움

② 모래나 Mortar 채운 후 다짐 철저

6 계측관리

(1) 변위 측정

① 균열계(지표면의 균열 측정) : Crack Gauge

② 경사계(지반의 경사도 측정) : Tiltmeter

(2) 지중거동 측정

① 지중경사계(지중수평변위 측정) : Inclinometer

② 지중침하계(지중수직변위 측정) : Extensometer

③ 지하수위계(지하수위 측정) : Water Level Meter

④ 간극수압계(지하수압 측정) : Piezometer

(3) 흙막이의 응력 측정

① 하중계(흙막이 Strut 하중 측정) : Load Cell

② 변형률계(흙막이 Strut 변형 측정) : Strain Gauge

7 결론

흙막이 공사는 추락·낙하·붕괴 등에 의한 재해 발생 가능성에 대비해 필히 흙막이벽을 설치하거나 지보공 관리감독자를 선임하여 배치해야 한다. 특히 기계굴착과 병행한 인력굴착 시에는 작업 분담 구역을 정하고 신호수를 배치해야 한다.

··· 20 지하매설물 안전관리 요령

① 개요

도심지에서 굴착공사를 시행하다 보면 수많은 지하매설물이 묻혀 있는 것을 알 수 있다. 예를 들어 전선관, 통신선, 전력선, 상·하수도관, 가스관, 공동구, 각종 맨홀 등이 있다. 이러한 지하매설물을 공사 중 파열시켰을 경우 가스폭발, 수도관 파열로 인한 토사붕괴로 인접 구조물의 파괴, 통신불통, 전력공급 차단 등의 중대한 사태가 발생하게 되므로 지하매설물의 안전사고를 미연에 방지하고자 하는 인식을 새롭게 다져야 할 것이다.

② LNG관

(1) 설계기준

① 미국, 일본 등과 동등 이상 기준

② 관내 압력 : $70kg/cm^2$(주배관)

※ 외압은 내압에 비해서 적음

③ 두께 : 지역의 중요도에 따라서 3등급으로 분류(16.7mm, 13.3mm, 11.1mm)

※ 관의 압력에 대해 안전율을 1.6~2.5배 고려

④ 관보호 : 외부에 폴리에틸렌 3.5mm

⑤ 피복 : 전기방식

⑥ 내용연수 : 약 30년(감가상각연수 10년)

⑦ 시공 : 도로를 따라서 매설(관 1개당 길이 12m, 연결은 용접, 외부로부터 보호하기 위해 보호용 철판 설치)

〈LNG관 매설부 시공상세〉

(2) 안전관리 대책

① 검사주기

• 자체검사 : 6개월마다 한국가스안전공사 등 검사기관이 실시

• 정기검사 : 1년마다 한국가스안전공사 등 검사기관이 실시

② 안전관리자 자격

    산업안전보건법에 의함(책임자로 가스기사 1급 1인과, 1일 공급량에 따라 관리원 5～10인)

(3) 안전교육

시·도지사가 교육 실시(신규종사자 : 연 1회, 기존종사자 : 2년 1회)

❸ 상수도관

(1) 설계기준

내압으로써 수압 및 충격압, 외압으로써 차량하중과 토압을 고려 결정 – 관의 외압이 최대 $10kg/cm^2$임

(2) 관보호

부식두께 2mm를 추가 고려하며, 부식 방지를 위해 전기방식 또는 강관콘크리트 보호공 설치

(3) 내용연수 : 40년

(4) 시공

관 연장은 관종에 따라 4～6m 이내, 연결방법도 현장용접, 플랜지 접합, 메커니컬 접합방식

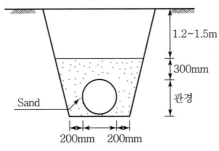

〈상수도관 매설부 시공상세〉

❹ 하수도관

(1) 설계기준

대부분 외압만 고려(특별한 경우 압력관 사용)

(2) 외압에 견딜 수 있는 품관, 철근콘크리트, P.C관 등 사용

    ① 품관 : 30～103mm

    ② 철근콘크리트 : 50～125mm

    ③ P.C관 : 2.6～21.5mm

(3) 내용연수 : 50년 이상

5 굴착공사 시 가스관의 보완조치

가스관이 부근의 굴착공사로 인해 노출 또는 영향을 받을 때의 보안조치는 다음과 같다.

(1) 직접적 조치

이전설치, 돌리기, 임시배관, 관종류 변경, 이음보강, 빠지기 방지조치, 가스차단장치의 설치, 신축이음의 설치

(2) 간접적 조치

매달기 방호, 받침방호, 고정조치, 옆흔들기 방지장치의 설치, 배면방호

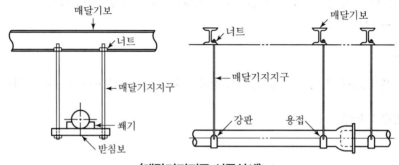

〈매달기지지구 시공상세〉

① 이전설치, 돌리기, 관종류 변경은 공사에 의한 영향범위 내의 가스관을 영향범위 밖으로 옮기는 것을 말한다.
  - 돌리기는 구축물에서 지장이 되는 가스관을 부분적으로 우회 배관하는 것이다.
  - 관종류 변경이란 가스관의 재질을 주철에서 강 또는 덕타일 주철로 변경하고 강도증가에 의한 방호조치를 말한다.
② 이음보강접합부가 수도형인 가스관이 노출됐을 때는 가스사업법에 따라 누름원걸기를 한다.
③ 빠지기 방지조치
  - 곡관부, 분기부 및 관 끝에는 주위가 노출되고 가스관의 내압으로 접합부를 빠뜨리게 하려는 힘 및 가스관을 움직이려고 하는 힘이 작용한다. 용접, 플랜지접합 및 나사접합의 경우에는 이 힘이 작용해도 충분히 견딜 수 있으나 그 외의 접합, 예를 들어 납접합에서는 빠지기 방지조치를 강구해야 한다.
  - 가스관의 내압으로 인해서 곡관부, 관 끝 및 분기부에는 각각 빠져나오려는 힘이 작용한다는 것을 고려하여 설계를 한다.
④ 가스차단장치의 설치 굴착공사로 인해서 가스관의 주위가 노출되었을 때 만일 대량의 가스가 새는 사고가 발생했을 때에는 긴급히 가스를 차단해야 한다. 지하철공사, 지하가설공사의 대규모의 굴착공사로 인해 노출되는 가스관의 노출길이가 100m 이상일 때는 긴급으로 가스를 차단할 수 있는 장치를 설치하여야 한다.
  - 가스를 차단할 수 있는 장치 : 밸브의 설치나 백 삽입을 위해 백 구멍의 설치

⑤ 매달기방호가스관이 땅속에 매설되어 있을 때는 흙으로써 균일하게 지지되어 있으나 굴착으로 인해서 가스관의 주위가 노출되었을 때는 지지물이 없어지므로 가스관이 노출될 경우 및 노출된 부분에 물뜨기장치, 가스차단장치, 정압기, 불순물을 제거하는 장치 또는 용접 이외의 방법으로 접합부가 2개 이상 있을 때에는 매달기방호를 한다.

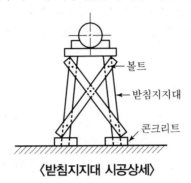

〈받침지지대 시공상세〉

6 매달기지지구 설치 시 점검사항

(1) 가스관이 노출된 시점에서 즉시 지지할 것
(2) 각 매달기지지구의 장력은 균일하게 조정할 것
(3) 매달기지지구와 가스관의 접합부를 보수할 수 있는 간격을 잡을 것

7 받침지지대 설치 시 점검사항

(1) 받침지지대는 매달기지지기구를 떼어 내기 전 설치할 것
(2) 받침지지대는 견고하게 기초에 고정할 것
(3) 받침지지대의 지지부와 가스관의 접합부를 보수할 수 있는 간격을 잡을 것

8 결론

도심지 지하매설물을 공사 중 파열시켰을 경우 가스폭발, 수도관 파열로 인한 토사붕괴로 인접 구조물의 파괴, 통신불통, 전력공급 차단 등의 중대한 사태가 발생하게 되므로 사전에 지하안전영향평가를 실시해 안전한 공사가 되도록 하고, 유지관리단계에서도 사후안전조치가 이루어지도록 해야 한다.

···21 지하매설물 굴착공사 안전작업지침 [C-37-2011]

이 지침은 산업안전보건기준에 관한 규칙(이하 "안전보건규칙"이라 한다) 제2편 제4장 제2절(굴착작업 등의 위험방지)의 규정에 따라 지하매설물 굴착공사의안전지침을 정함을 목적으로 한다.

1 일반사항

(1) 굴착공사 시에는 사전에 도면 검토 후 매설물의 위치, 규격, 구조 및 노후상태를 조사하여 매설물의 안전에 필요한 조치를 강구하여야 한다.

(2) 매설물에 근접하여 공사를 시행할 경우 매설물의 관계자 및 관계 기관과 협의하고 관계법령에 따라 공사시공의 단계마다 안전에 필요한 조치, 매설물 방호방법, 관계자의 입회, 긴급 시 연락방법, 안전조치의 실시 등을 협의하여야 한다.

(3) 매설물의 종류, 규격을 표시한 표지판을 일정 간격마다 설치하여 현장근로자 모두가 주의할 수 있게 한다.

(4) 도로상에서 공사를 위한 말뚝 항타 또는 천공작업을 할 필요가 있는 경우에는 매설물의 깊이 이하 2m 정도까지 매설물의 존재를 확인하여 시험굴착을 행하여야 한다.

(5) 매설물이 굴착 구간 내에 노출되는 경우 이설을 원칙으로 하나 이설작업이 곤란한 경우 매달기 방호를 실시한다.

(6) 매달기 방호 시에는 다음의 사항에 유의하여 설치한다.
 ① 매달기용 로프의 규격 및 간격을 설계대로 유지하고 턴버클을 충분히 조인다.
 ② 완충 목재 등을 사용하여 충격을 방지하고 로프의 처짐을 수시로 점검한다.

(7) 노출된 매설물의 안전점검을 위하여 점검통로를 설치한다.

(8) 매설물 주위에서 굴착작업을 할 경우 주변지반이 침하하는 것에 주의하고 관계자의 입회하에 매설물의 안전에 필요한 조치를 취하여야 한다.

(9) 공사현장의 돌발사고를 대비하여 관계 기관과의 비상연락망을 유지한다.

(10) 공사현장에는 외부인의 출입을 금지시키고 부득이 출입을 요하는 자는 관계 기관의 승인을 받아야 한다.

(11) 연락, 협의사항, 일반적 주의사항에 대해서 관련자에 대한 교육을 철저히 하여야 한다.

(12) 화기에 취약한 매설물 또는 가연성 물질을 수송하는 매설물 주위에서 용접기, 절단기 등 화기를 사용할 때에는 화재예방 및 비상대응 등 안전조치 후 작업을 하여야 한다.

(13) 노출된 매설물을 매설하는 경우에는 매설물 받침방호를 설치하고 매달기방호를 해제하여야 한다.

(14) 되메우기는 양질의 토사를 사용하고 침하가 생기지 않도록 충분한 다짐을 하여야 한다.

② 지하매설물 줄파기 작업 시 안전대책

(1) 공사구역 내 산재되어 있는 지하매설물에 대해서는 지하매설물 대장 및 도면에 표시된 위치를 조사한다.

(2) 도면에 표시된 지하매설물 위치는 실제 위치와는 일치하지 않는 경우가 많으므로 인력굴착으로 재확인하여야 한다.

(3) 지하매설물의 매설 깊이는 공사구역 내 인근 맨홀에서 개략 깊이를 확인하여야 한다.

(4) 줄파기 작업 시 굴착 깊이는 인력으로 최소 1.5m 이상 실시하고 배관탐지기로 매설 여부를 확인 후 관노출 시까지 인력줄파기를 시행한다.

(5) 줄파기 작업 중 지하매설물을 발견한 때에는 발견된 지하매설물 밑에 또 다른 지장물이 있는지 여부를 확인하여야 한다.

(6) 오래된 도로부의 지하에서는 매설물이 보통구간보다 깊이 매설되어 있으므로 줄파기를 충분한 깊이로 시행하여야 한다.

(7) 줄파기 결과 지하매설물이 확인되었을 때 현장 근로자 누구나가 알 수 있도록 지하매설물의 종류를 기입한 표지판을 설치한다.

③ 지하매설물별 안전대책

(1) 가스관 안전대책

① 굴착공사 착공 전에 관계 기관의 협조를 받아 가스관 탐지기 등을 이용하여 가스관의 매설위치를 확인한다.

② 가스관의 매설위치를 표시하여야 한다.

③ 천공은 가스관 외면으로부터 1m 이상의 수평거리를 유지한다.

④ 노출된 가스관의 길이가 15m 이상이 되는 배관으로 매달기 방호조치가 되어있는 경우에는 진동방지 기능을 목적으로 15m 이내의 간격으로 횡방향 방진조치를 취한다.

⑤ 노출된 가스관 주위에는 가스 누출 시에 이를 감지하기 위한 자동가스검지 및 경보장치 등을 설치하고 측정 담당자를 지정하여 상시 점검토록 하여야 한다.

⑥ 가스관 관리대장의 비치 및 관리자를 임명한다.

⑦ 가스배관 주위에서는 화기 사용을 금지한다. 부득이 사용할 경우는 가스누출 여부의 확인과 안전조치를 취한 후 작업을 하여야 한다.

⑧ 노출 가스관은 배관의 피복손상과 외부충격을 완화할 수 있는 고무판, 부직포 등을 사용하여 보호 조치한다.

⑨ 가스관 근접 장소에서의 화약 발파작업을 금지하며, 부득이하게 가스관 근접장소에서 작업을 하는 경우에는 버력의 비산 및 진동에 대비한 보호조치를 강구한 후 작업을 하여야 한다.

⑩ 가스밸브 위치 및 키 보관위치를 사전에 확인하여야 한다.

(2) 상수도관 안전대책

① 굴착공사 착공 전에 관계 기관의 협조를 받아 공사구간 내에 매설된 상수도 도면 검토 후 탐지기를 사용하여 관로의 정확한 위치를 확인한다.

② 굴착공사 착공 전에 다음의 내용이 포함된 공사예정 구간 내의 지하매설 상수도관 현황도를 작성·비치하여야 한다.
- 상수도관의 수계표시
- 제수밸브 위치 및 방향
- 유수방향표시
- 제수밸브 키 제작 보관

③ 노출된 상수도관 및 굴착지점에 인접한 상수도관 중 해당지역 동결심도 미달로 인한 동결, 동파가 우려되는 상수도 시설물은 보온조치를 하여야 한다.

④ 노출된 관은 보온재로 덮고 표면을 비닐 테이프 등으로 감아서 외수의 침투가 방지되도록 조치하여야 한다.

⑤ 상수도 시설물에 직접 충격이나 하중이 작용하지 않도록 하고 미세한 손괴사항도 상수도관 관리기관과 협의 후 복구하고 후속공사를 진행하여야 한다.

⑥ 되메우기 작업 시에는 관 및 피복도장 부위에 손상을 줄 우려가 있는 자갈이나 암석 등 이물질을 제거시킨 되메우기 흙을 사용하고 관의 양쪽측면으로 되메우기를 실시한다.

⑦ 되메우기 전 관 받침 시설은 관접합부를 피하여 설치하여야 한다.

⑧ 파일 제거 시 진동 또는 지반침하로 토류판 뒷면에 매설된 상수도관이 손상되지 않도록 조치하여야 한다.

⑨ 매달기 턴버클 등의 해체는 관의 기초가 마무리되고 관의 중심선까지 되메우기가 끝난 후 충격이 가지 않도록 서서히 해체하여야 한다.

⑩ 곡관부위 등 취약지점은 콘크리트 등으로 보호공을 실시하여 추후에 이탈 등의 사고가 발생하지 않도록 한다.

(3) 하수도관 보호를 위한 안전대책

① 기존 하수도관을 절단하여 장기간 방치하여서는 아니 되며 대체시설은 우기를 감안하여 기존 하수도관 이상의 크기로 설치하여야 한다.

② 하수도관에 근접하여 굴착할 때에는 기존 하수도의 노후 상태를 조사하여 적합한 보호대책을 강구하고 지반 이완으로 하수도 연결부가 틈이 생기는 일이 없도록 하여야 한다.

③ 굴착토사가 빗물받이에 유입되지 않도록 하여야 한다.

④ 공사용수를 하수도에 배수 시에는 미리 토사를 침전시켜 토사가 하수도에 유입되지 않도록 한다.

⑤ 가설하수도관 설치 시 기존 하수도관과의 연결부분은 틈이 생기지 않도록 하고 통수 단면은 기존 하수도 단면 이하가 되지 않도록 한다.

⑥ 성토 구간의 하수도 시설은 지반침하가 되지 않도록 기초를 설치하여야 한다.

(4) 전력 및 전기통신 시설의 보호를 위한 안전대책

① 공사의 계획단계 등 착공 전에 전력 및 전기통신 설비의 위치와 규모에 대해서 관계 기관에 조회하고 실태파악을 하여야 한다.

② 소형 브레이커에 의한 케이블 또는 관로의 파손 방지를 위하여 케이블 매설장소 부근은 표면층을 제외하고는 인력굴착을 하고 공사 착수 전에 시험굴착을 하여야 한다.

③ 지반개량 작업 중 약액 주입재료가 관로 안으로 유입되어 고결됨으로써 케이블의 설치작업이 불가능하게 되는 경우에 대비하여 사전에 관계 기관과 공법, 시공시기, 대책 등에 대하여 협의한다.

④ 흙막이지보공 토류판의 틈새로 토사가 유출되어 관로가 침하되는 것을 예방하기 위하여 굴착부근의 지반침하 및 관로의 방호상태를 점검하고 이상 발견 시는 응급처치를 함과 동시에 신속히 관계 기관에 통보하여야 한다.

⑤ 굴착기로 굴착 중 굴착 깊이가 케이블 또는 관로의 토피보다 얕을 경우에도 백호우의 날 부분으로 관로가 손상될 때가 있으므로 표지를 설치하거나 인력으로 굴착한다.

4 안전점검 사항

(1) 긴급 사태 발생 시 비상 연락 체계의 확립 여부

(2) 지하매설물별로 관리자가 보관하고 있는 대장을 열람하여 전력선, 전화선, 가스관, 수도관, 하수관, 공동구 등의 시설에 대해 평면 및 밸브차단 위치, 구조, 규격, 수량, 상태 등을 관계자와 협의 및 확인 여부

(3) 지하매설물 도면에는 밸브 및 맨홀 위치 표시 여부

(4) 지하매설물 중 불명확한 관의 처리대책

(5) 지하매설물 근접 굴착공사 시 매설물 관리자 입회하에 실시 여부

(6) 지하매설물 부위 굴착 시 인력굴착 여부

(7) 지하매설물 또는 가공 공작물에 대한 방호 및 이설대책

(8) 지하매설물의 진동방지대책

(9) 안전통로 등 지하매설물의 방호상태 점검시설 확보

(10) 지하매설물 파열 시 발생할 수 있는 사고에 대한 대책

(11) 지하매설물의 종류, 가스 등의 이동방향 위치, 위험표지 등의 표시

(12) 지하매설물에 대해 정기적으로 점검 실시

(13) 가스누출 측정 담당자 지정 및 가스누출 자동경보기가 설치 여부

(14) 굴착공사 후 되메우기 시 기존 지하매설물에 대한 보호 시공 여부

(15) 가스관 등 주의에서의 화기 작업 시 안전대책 확보 여부

··· 22 굴착작업 시 지하수 안전대책

1 개요

지하 굴착작업 시 지하수 처리는 흙막이벽체의 안전시공과 재해 방지 조치를 해야 함은 물론, 주변지반에 미치는 영향이 크므로 지하수에 대한 충분한 검토와 지반에 대한 상세한 조사로 지하수에 대한 대책을 수립하여 지하수로 인한 피해를 저감시켜야 한다.

2 지하수로 인한 문제점

(1) 흙막이 변형

(2) 지하수위 저하로 인한 침하

(3) 피압수에 의한 굴착 저면의 솟음

(4) 지하수위 차이에 의한 Boiling 현상(사질지반)

(5) 흙막이 벽체 부실로 인한 Piping 현상

(6) 강제배수로 인한 침하

3 배수의 목적

(1) 부력 경감

(2) 지반 강화

(3) 작업개선(Dry Work)

(4) Boiling, Piping 현상 발생 방지

(5) 토압 저감

4 문제점 발생 방지를 위한 대책

(1) 구조상 안전한 공법 선정

① 안전성·경제성·현장여건을 감안한 공법 선정

② 침하 크기 : H-pile 및 토류판>Sheet Pile>Slurry Wall

(2) 흙막이 안전성 검토

① 토압으로 발생되는 측압의 분포 및 안전성 검토

② 토압의 크기 : 수동토압>정지토압>주동토압

(3) 차수·배수대책 수립

① Slurry Wall, Sheet Pile 등의 차수성이 우수한 공법 선택

② Deep Well, Well Point 등의 배수공법 채택

(4) 피압수 방지

① 지반조사 시 피압수층을 파악하여 사전에 대책 수립

② 배수공법(중력배수, 강제배수)으로 피압수위 저하

(5) Boiling 방지

① 경질지반까지 흙막이 근입장 연장

② Sheet Pile, 지하연속벽 등의 차수성 높은 흙막이 설치와 지하수위 저하

(6) Piping 방지

① 차수성 높은 흙막이 설치 및 흙막이 배면 Underpinning

② Deep Well, Well Point 등의 배수공법으로 지하수위 저하

(7) 강제배수 시 대책 수립

① 인접 구조물, 매설물 등을 보호하기 위하여 Underpinning 실시

② 재하공법, 주입공법 등으로 연약지반 개량

5 배수공법

(1) 중력배수공법

① 집수정공법
- 터파기의 한 구석에 깊은 집수통을 설치하여 Pump로 배수 처리하는 것
- 설비가 간단하여 공사비 저렴, 소규모 용수에 적합

② Deep Well 공법
- Deep Well을 파고 스트레이너를 부착한 Casing을 삽입하여 수중 Pump로 양수하여 지하수위를 저하시키는 공법
- 한 개소당 양수량이 크므로 지표에 구조물이 있을 경우 특별 관리

(2) 강제배수공법

① Well Point 공법
- 지중에 집수관(Pipe)을 박고 Well Point를 사용하여 진공 Pump로 흡입·탈수하여 지하수위를 저하시키는 공법
- 설치 위치는 굴착 부분의 양측 또는 주위 부분으로 지하수위 아래 10~20m 간격으로 설치
- 점성토지반은 배수효과 미흡

② 진공 Deep Well 공법

- Deep Well과 Well Point를 병용하여 진공 Pump로 강제 배수하는 공법
- 급속히 수위 강하가 필요한 경우
- 지표면에서 10m 이상 지하수위 저하에 효과적, 적용심도 30m까지 가능

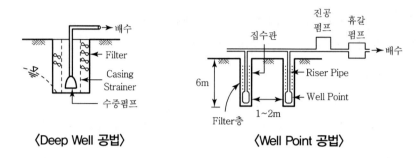

〈Deep Well 공법〉　　　　〈Well Point 공법〉

(3) 전기침투공법

① 지중에 전기를 통하게 하여 물을 전류의 이동과 함께 배수하는 공법
② 점토지반의 간극수를 탈수하는 공법
③ 배수와 동시에 지반 개량의 효과도 얻을 수 있음

⑥ 차수공법

(1) 차수흙막이공법

① Sheet Pile 공법
- 강재 널말뚝을 연속으로 연결하여 벽체를 형성하는 공법
- 차수성이 높고 연약지반에 적용 가능

② Slurry Wall 공법
- 지중에 콘크리트를 타설하여 지하연속벽체를 구축하는 공법
- 소음, 진동이 없고 차수성이 높음

③ 주열식 흙막이공법
- 현장타설 콘크리트 말뚝을 연속적으로 시공해 주열식으로 흙막이벽을 형성하는 공법
- 종류
  - Earth Drill 공법
  - Benoto 공법
  - RCD 공법(Reverse Circulation Drill : 역순환공법)
  - Prepacked Concrete Pile(CIP, MIP, PIP)

(2) 주입(注入)공법

① Cement Mortar, 화학약액, 접착제 등을 지반 내에 주입관을 통해 지중에 Grouting하여 균열 또는 공극 부분의 틈에 충전하여 지반을 고결시키는 공법

② 종류
- 시멘트주입공법
- 약액주입공법

(3) 고결공법

① 생석회말뚝공법
- 지반 내에 생석회(CaO) 말뚝을 설치하여 지반을 고결시켜 연약층을 강화하는 공법
- 지반 내의 물을 탈수함과 동시에 생석회말뚝도 팽창하여 지반을 강제 압밀

② 동결(凍結)공법
- 지반을 일시적으로 동결시켜 지반을 안정시키는 공법
- 연약지반이나 약액주입공법으로 효과를 기대할 수 없는 경우 적용

③ 소결(燒結)공법
- 연직 또는 수평 공동구를 설치하고 연료를 연소시켜 탈수시키는 공법
- 점토질의 연약지반에 적용

7 결론

굴착작업 시 지하수에 의한 문제가 발생하는 작업현장에서는 사전에 피해 방지를 위한 안전대책을 수립한 후 작업이 이루어지도록 해야 하며, 특히 10m 이상의 굴착공사 시에는 지하안전영향평가를 사전에 받아 인근 지반과 주변 구조물에 대한 영향이 발생하지 않도록 사전에 안전조치에 만전을 기해야 한다.

··· 23 흙막이 공사의 계측관리

1 개요

(1) '흙막이 공사의 계측관리'란 굴착공사 시 흙막이 부재 및 주변의 안전성을 확보하기 위하여 실시하는 현장측정을 말한다.

(2) 흙막이 공사 현장의 주요 지점에 각종 계측기기를 설치하여 시공 중에 발생되는 실제 지반의 거동을 측정하여 당초의 설계와 비교해 안전하고 경제적인 시공으로 유도하는 데 목적이 있으며, 사전에 계측계획을 수립하여 계측계획에 따른 현장측정을 실시하여야 한다.

2 계측관리의 목적

(1) 일반적
① 시공 전 자료 조사, 시공 중 안정성 검토, 시공 후 유지관리
② 계측결과의 피드백으로 향후 설계에 반영
③ 문제 발생 시 법적 근거 자료로 활용

(2) 전문적
① **시공적 측면** : 현재의 안정성 도모 및 장래의 거동 예측
② **설계적 측면** : 향후 설계의 질적 향상

3 계측관리 Flow Chart

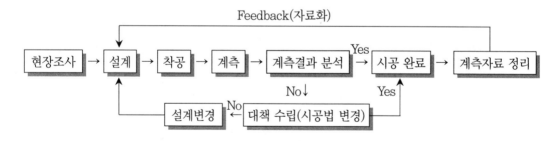

4 계측항목

(1) **벽체** : 토압계, 하중계, Rock Bolt 축력계, 변형률계
(2) **주변 구조물** : 지중변위계, 균열계, 지하수위계

5 계측기기의 종류

(1) 균열측정기(Crack Gauge)

인접 구조물, 지반 등의 균열 부위에 설치하여 균열 크기와 변화를 정밀 측정

(2) 경사계(Tiltmeter)

인접 구조물, 옹벽 등에 설치한 후 기울기를 측정하여 안전도 여부를 파악

(3) 지중경사계(Inclinometer)

흙막이벽, 인접 구조물 주변에 설치하여 수평 방향의 지반 이완 영역 및 가설구조물의 안전도를 판단하며 토류벽의 기울어짐 측정

(4) 지중침하계(Extenso Meter)

흙막이벽 배면, 인접 구조물 주변에 설치하여 지층의 심도별 침하량 측정

(5) 하중계(Load Cell)

Strut, Earth Anchor에 설치하여 굴착 진행에 따른 축하중 측정으로 이들 부재의 안정성 여부 판단

(6) 변형률계(Strain Gauge)

Strut, 띠장 등에 부착하여 굴착작업 또는 주변 작업 시 구조물의 변형 측정

(7) 지하수위계(Water Level Meter)

굴착 및 Grouting 등으로 인한 수위 변화를 측정하여 주변 지반의 거동을 예측하기 위해 계측

(8) 간극수압계(Piezometer)

굴착·성토에 의한 간극수압의 변화를 측정하여 안정성 판단

(9) 토압계(Soil Pressure Gauge)

흙막이벽 배면 지반에 설치하여 성토나 주변 지반의 하중으로 인한 토압의 변화 측정으로 흙막이벽의 안정성 판단

(10) 지표침하계

흙막이벽 배면, 인접 구조물 주변에 동결심도보다 깊게 설치하여 지표면 침하량의 변화 측정

(11) 소음측정기(Sound Level Meter)·진동측정기(Vibrometer)

지하굴착 작업 시 중장비의 주행, 발파 등으로 발생하는 소음·진동 측정

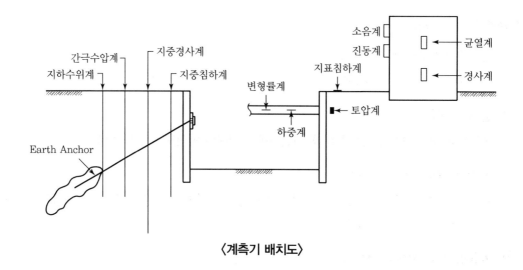

〈계측기 배치도〉

⑥ 계측관리 방법

판정	내용	조치
안정적	계측치 < 1차 관리치	설계 변경(합리화)
경고	1차 관리치 < 계측치 < 2차 관리치	설계 변경(안정화)

⑦ 계측 시 유의사항

(1) 착공 시부터 준공 시까지 계속 계측관리 실시
(2) 계측관리 계획에 입각하여 계측부위, 위치 선정
(3) 공사 준공 후 일정 기간 동안 계측 실시
(4) 계측자료를 그래픽화하여 관리
(5) 오차를 적게 할 것
(6) 전담자 배치 운영
(7) 계측계획은 경험자가 수립
(8) 관련성 있는 계측기는 집중 배치할 것
(9) 거동의 변화가 없어도 지속적으로 계측관리할 것

⑧ 결론

(1) 계측 결과 예측치와 실측치의 차이가 큰 경우 당초 조건을 수정해 설계에 반영함으로써 위험요인을 제거한다.
(2) 흙막이의 계측은 지반침하 등의 변화와 구조물의 동향을 파악하기 위해 실시하는 것으로 그 중요성을 인식하고 사고 발생으로 인한 재해 예방의 기본적인 자료로 활용할 수 있다.

··· 24 굴착공사 계측관리 기술지침 [C - 103 - 2014]

이 지침은 산업안전보건기준에 관한 규칙(이하 "안전보건규칙"이라 한다) 제38조(사전조사 및 작업계획
서의 작성 등) 및 제347조(붕괴 등의 위험방지)에 따라 굴착공사를 실시하는 경우 지반, 가설 구조물 및
인접 구조물의 안전성을 확인하여 무너짐 사고 등의 재해를 예방하기 위하여 계측관리에 관한 기술적 사
항을 정함을 목적으로 한다.

1 계측관리 계획 절차

(1) 계측관리는 공사 중 발생될 수 있는 문제에 포함된 모든 값이 정확하게 측정될 수 있도록 이해
하기 쉽고 신중하게 계획되어야 한다.

(2) 현장 여건 등의 자료조사를 기반으로 계측 항목을 결정하고, 계측 기기의 선정, 계측 위치 및
계측 빈도, 관리기준 등을 사전에 계획하여야 한다. 계측관리 담당자는 계측기 설치 전 사전교
육 및 설치 후에도 수시로 전문가로부터 보수교육을 통하여 측정, 분석, 평가에 차질이 없도록
하여야 한다.

2 계측기 종류

(1) 굴착공사에 따른 측정 위치별 계측기 종류와 측정 목적은 다음 표에 따른다.

[측정 위치별 사용 계측기]

측정위치	측정항목		사용 계측기	육안관찰	측정목적
흙막이 벽체	측압	• 토압 • 수압	• 토압계 • 수압계	• 벽체의 휨 및 균열 • 흙막이 벽체의 연결부 연속성 확인 • 주변지반의 균열 및 침하 • 누수	• 측압의 설계값/계측값 비교 • 주변수위, 간극수압 및 벽면 수압의 관련성 파악
	변형	• 두부변위 • 수평변위	• 트랜싯, 추 • 경사계		• 변형의 허용치 이내 여부 파악 • 토압, 수압 및 벽체변형 관계 파악
	벽체의 응력		변형률계		• 응력분포를 계산해 설계 시 계산된 응력과 비교 • 허용응력/계측값의 비교로 벽체 안전성 확인
버팀대, 어스앵커	축력, 변형률, 온도		• 하중계 • 변형률계 • 변위계 • 온도계	• 버팀대 평탄성 • 볼트의 조임 상태	• 버팀대와 어스앵커에 작용하는 하중 파악 • 설계 허용축력과의 비교

측정위치	측정항목	사용 계측기	육안관찰	측정목적
굴착지반	• 굴착면 변위 • 임의적 변위 • 간극수압 • 지중 수평변위	• 지중경사계 • 층별침하계 • 간극수압계 • 지하수위계	• 내부지반 용수 • 보일링, 히빙	• 응력해방에 의한 굴착측 변형과 주변지반 거동 파악 • 배면, 흙막이 벽체 및 굴착 저면의 변위 관계 파악 • 허용변위량/계측값 비교 • 굴착/배수에 따른 침하량 및 침하범위 파악
주변지반	• 지표/지중 수직 및 수평변위 • 간극수압	• 지중경사계 • 층별침하계 • 지표침하계 • 지하수위계	• 배면지역의 균열 및 침하 • 도로연석, 블록 등의 벌어짐	
인접건물	수직변위, 경사	• 지표침하계 • 건물경사계 • 균열계	• 구조물의 균열 • 구조물의 기울어짐	• 굴착 및 지하수위 저하에 의해 발생되는 기존 구조물의 균열 및 변위 파악
유독가스 수질오염	• 탄산/메탄가스 • 수질오염	• 가스탐지기 • 수질시험	–	• 굴착 구간 가스 발생 확인 • 지반개량 등에 의한 주변지역의 수질오염 확인

3 계측기 선정

(1) 계측 목적에 적합한 계측기를 선정하여야 하며, 일반적인 계측기 선정 원리는 다음 항목과 같다.
  ① 계측기의 정밀도, 계측 범위 및 신뢰도가 계측 목적에 적합할 것
  ② 구조가 간단하고 설치가 용이할 것
  ③ 온도와 습도의 영향을 적게 받거나 보정이 간단할 것
  ④ 예상 변위나 응력의 크기보다 계측기의 측정 범위가 넓을 것
  ⑤ 계기의 오차가 적고 이상 유무의 발견이 쉬울 것

(2) 굴착 공법에 적합한 계측 항목과 계측기를 선정하여야 하며, 일반적으로 널리 적용되는 계측 항목과 계측기의 예는 다음 표와 같다.

[계측항목별 계측기의 선정]

계측항목	계측기
• 배면지반의 거동 및 지중수평변위	• 지중경사계
• 엄지말뚝, 벽체 및 띠장 응력	• 변형률계
• 벽체에 작용하는 토압	• 토압계
• 지하수위 및 간극수압	• 지하수위계, 간극수압계
• 버팀대 또는 어스앵커의 거동	• 하중계, 변형률계
• 인접구조물의 피해상황	• 건물경사계, 균열계
• 진동 및 소음	• 진동 및 소음측정기
• 지반 내 수직변위	• 층별 침하계

4 계측 위치

(1) 시공 중 안전성을 담보할 수 있도록 가능한 많은 위치를 선정하는 것이 바람직하나, 합리적이고 경제적인 측면에서 흙막이 벽체와 배면지반의 거동을 대표할 수 있는 최소한의 측점이 포함되도록 다음 항목과 같은 원칙으로 계측 위치를 선정하여야 한다.

① 원위치 시험 등에 의해서 지반조건이 충분히 파악되어 있는 곳에 배치
② 흙막이구조물의 전체를 대표할 수 있는 곳에 배치
③ 중요 구조물이 인접한 곳에 배치
④ 주변구조물에 따라 선정된 계측항목에 대해서는 그 구조물의 위치를 중심으로 계기를 배치
⑤ 공사가 선행하는 위치에 배치
⑥ 흙막이 구조물이나 지반에 특수한 조건이 있어서 공사에 영향을 미칠 것으로 예상되는 곳에 배치
⑦ 교통량이 많은 곳(단, 교통 흐름의 장해가 되지 않으며, 계측기 보호가 가능한 곳)에 배치
⑧ 하천 주변 등 지하수가 많고, 수위의 변화가 심한 곳에 배치
⑨ 가능한 한 시공에 따른 계측기의 훼손이 적은 곳에 배치
⑩ 예측관리를 하는 경우, 필요한 항목의 계측치가 연속해서 얻어지도록 배치
⑪ 연관된 계측항목에 따른 계기는 집중 배치
⑫ 계기의 설치 및 배선을 확실히 할 수 있는 곳에 배치

(2) 공사 전에 계측기 설치자는 현장 계측기 설치 위치에 대해 공사 감독자, 감리자, 시공자, 안전관리자 및 계측관리 담당자와 사전 검토를 실시하여야 한다.

5 계측기 설치 및 측정 방법

(1) 계측기 설치 및 측정 방법, 측정 시 유의사항은 계측기 제품에 따라 다를 수 있으므로 계측기 설치 회사로부터 관련 내용을 사전에 제공받아야 한다.
(2) 지중경사계, 지하수위계, 변형률계, 하중계 및 건물경사계의 일반적인 설치 및 측정 방법, 측정 시 유의사항은 굴착공사계측관리지침을 참조하도록 한다.
(3) 계측기는 계측기 설치 이전에 반드시 계기 검정을 받아야 하며, 측정 중에도 계측관리 담당자가 필요하다면 추가 검정을 받아야 한다.

6 계측자료의 수집 및 측정 빈도

(1) 계측기의 초기치 값은 기초 자료로 활용될 수 있도록 반드시 시공 초기에 미리 얻어져야 한다.
(2) 굴착에 따른 흙막이 벽체 또는 각종 지지 구조의 변형을 정량화하기 위해서는 계측기의 설치작업을 굴착공사 전이나 부재의 변형이 발생되기 전에 완료하여야 한다. 특히, 경사계의 경우에는 흙막이 벽체의 변형을 측정하는 가장 중요한 자료이므로 반드시 굴착 전에 초기화 작업이

이루어져야 하며 설치시기가 늦어 굴착 진행 후 초기치를 설정하지 않도록 하여야 한다.

(3) 굴착지반의 거동은 일일 굴착량과 작업기계 및 기상(우천) 등에 영향을 받으므로 데이터의 변화속도와 안정성 여부의 관련성을 충분히 고려하여 적정한 측정 빈도를 설정해야 한다. 데이터의 변화속도가 빠를수록 측정 빈도를 높여야 하며, 안전과 관련된 직접적인 계측항목은 간접적인 계측항목보다 계측 빈도를 높여야 한다.

(4) 계측 빈도는 공사 진행 정도에 따라 적합하게 결정되어야 하며 구조물의 갑작스러운 응력 변화나 주변 구조물에 공사로 인한 문제점이 발견되면 계측 빈도를 증가시켜야 한다. 일반적인 계측기별 측정 빈도는 다음의 표를 따른다.

(5) 계측값의 변화가 없다고 임의로 계측을 중단하여서는 안 되고, 굴착공사 중에 지속적으로 계측을 실시하여야 한다. 흙막이 가시설의 해체 시에도 지반의 변위는 지속적으로 발생되므로 흙막이 가시설 해체 후 계측값이 안정화될 때까지 지반의 변위에 대한 계측이 실시되어야 한다.

(6) 기 측정일과 다음 측정일 사이의 기간에도 굴착 중 발생되는 대상 구조물의 변화를 주의 깊게 관찰해야 한다.

[계측기별 측정 빈도 예(한국지반공학회(2002), 굴착 및 흙막이 공법)]

계측항목	설치시기	측정시기	측정 빈도	비고
지하수위계	굴착 전	계측기 설치 후	1회/일(1일간)	초기치 설정
		굴착 진행 중	2회/주	우천 1일 후 3일간 연속 측정
		굴착 완료 후	2회/주	
하중계	스트럿과 어스앵커 설치 후	계측기 설치 후	3회/일(2일간)	초기치 설정
		굴착 진행 중	2회/주	다음단 설치 시 추가 측정
		굴착 완료 후	2회/주	다음단 해체 시 추가 측정
변형률계	스트럿 설치 후	계측기 설치 후	3회/일	초기치 설정
		굴착 진행 중	3회/주	다음단 설치 시 추가 측정
		굴착 완료 후	2회/주	다음단 해체 시 추가 측정
지중경사계	굴착 전	그라우팅 완료 후 4일	1회/일(3일간)	초기치 설정
		굴착 진행 중	2회/주	
		굴착 완료 후	2회/주	
건물경사계 균열계	굴착 전	계측기 설치 후 1일 경과	1회/일(3일간)	초기치 설정
		굴착 진행 중	2회/주	
		굴착 완료 후	2회/주	
지표침하계	굴착 전	계측기 설치 후 1일 경과 후	1회/일(3일간)	초기치 설정
		굴착 진행 중	2회/주	
		굴착 완료 후	2회/주	

※ 측정 빈도는 경우에 따라 조정하여 수행할 수 있으며, 특히 집중 호우 시와 해빙기와 같이 급속한 변위가 진행될 때에는 빈도를 높여 수시로 측정을 실시해야 한다.

☑ 계측 자료의 정리

(1) 자료 수집 시 공사내용 및 주변상황, 기상조건 등도 면밀히 기록되어야 한다. 현장에서 얻어진 자료는 즉시 공사현황 및 기상상태 등을 고려하여 분석되고 도표 등으로 가시화되어야 한다.

(2) 현장에서 얻어진 계측자료를 분석 프로그램을 활용하여 공사현황 및 기상상태 등이 고려된 종합 분석을 실시하여야 한다. 계측 결과를 도표 등으로 가시화하고 계측값의 경향을 파악하여 이상이 있다고 판단되면 재측정을 실시하여야 한다.

(3) 각종 계측결과는 일상의 시공관리의 이용 및 장래공사의 계획에 반영할 수 있도록 충분한 경험과 전문지식을 가진 계측 전문기술자에 의해 종합적으로 분석 평가되어야 하며, 분석 결과는 보존되어야 한다.

(4) 관찰된 거동과 예측된 거동 사이에 발생하는 경향을 파악하기 위해 데이터처리에 의한 결과의 도시와 요약이 필요하다.

(5) 관련계측자료는 주간보고서, 월간보고서, 최종보고서 등으로 제출되어 현장에서는 관련 보고서를 비치하여 관리하여야 한다.

☒ 계측관리 방법 및 절차

(1) 계측관리 방법

① 굴착 공사현장의 안전관리를 위한 계측관리 방법은 절대치관리 기법과 예측관리 기법으로 나눌 수 있으며, 현장에서는 계측관리 방법을 선택하여 지속적으로 계측관리를 수행하여야 한다.

② 절대치관리 기법은 계측결과에 대해서 신속하게 대처 가능하므로 현장에서의 단순관리에 이용될 수 있으며, 예측관리 기법은 보다 합리적인 관리를 할 수 있으나 예측치 산정이 어려운 단점이 있다.

③ 사고 위험가능성이 높거나 중요한 구조물 등에서는 절대치관리 기법과 예측관리 기법을 병행하여 수행할 수 있다.

④ 절대치관리 기법은 충분한 시간을 가지고 대책공법을 수립할 수 있는 예측관리 기법과는 달리 계측 검토결과 위험한 상태인 경우 즉각적인 대책공법이 실시되어야 하므로 사전에 발생 가능한 상황에 대한 충분한 대책방안이 수립되어야 한다.

(2) 절대치관리 기법

① 계측관리 기준은 지질 조건, 단면의 크기 및 형상, 굴착 공법, 주변 구조물 및 환경조건 등에 따라 각각 달라지므로 일정한 기준을 적용하는 것은 곤란하나, 각종 이론식에 의한 기준치, 유사지질 및 단면에서의 계측결과를 토대로 한 경험적 기준치에 의하여 정한다.

② 절대치관리 기법의 한 예는 설정된 절대 기준치에 대하여 1차 관리기준치를 부재의 허용응력일 경우와 벽체의 변형 및 배면 토압 등에 대하여 $80 \sim 100\%$로 정하고, 2차 관리기준치

는 허용응력과 설계 변위로 규정지어 그 이상일 경우는 공사를 중지하고 흙막이 벽체의 전반적인 검토를 수행하는 것이다. 개략적인 1, 2차 관리기준 값의 예는 다음 표와 같다.

[1, 2차 관리기준 예(한국지반공학회(2002), 굴착 및 흙막이 공법)]

계측항목	비교 대상	관리기준치	
		제1차	제2차
측압, 수압	설계 측압 분포 (지표면~각 단계, 굴착 깊이)	100%	–
벽체 응력	• 철근의 허용인장응력도 • 허용 휨모멘트 • 콘크리트의 허용압축응력도	80% 80% 80%	100%
벽체 변형	설계 시 계산치	100%	–

(3) 예측관리 기법

① 예측관리 기법은 선행굴착에 대한 측정결과에서 토질정수, 벽체 및 지보공의 특성값을 구한 후 그 값을 이용하여 다음 단계 굴착 이후의 벽체와 지보공의 거동을 시뮬레이션하여 안전성을 판단하여 안정하면 굴착공사를 진행하고 문제가 있으면 대책을 강구하고 다시 시뮬레이션을 수행하여 안전성을 확인 후 공사를 진행하는 방법이다.

② 초기에 문제점을 발견할 수 있는 장점이 있으나 숙련된 기술자가 필요하며, 계측변위를 입력데이터로 하여 역으로 토질정수를 출력데이터로 얻게 되는 역해석 방법이 이용된다.

〈역해석 개념도〉

9 안전관리 활용 및 특기사항

(1) 공사 책임자는 시공 담당자 중에서 계측관리 담당자를 사전에 지정하여야 하며, 시공 전에 반드시 계산서 등의 설계 도서를 확인하여 단계별 계측관리기준을 명확히 설정하여야 한다.

(2) 계측관리 담당자는 계측값을 관리기준과 비교·분석하여 안전회의와 위험성평가 등의 회의에 보고하여야 하며, 공사 책임자, 굴착공사 책임자, 관리감독자는 계측값을 확인하고 분석 자료를 근거로 현 단계 및 향후 굴착공사의 안전성을 확인 후 공사를 진행하여야 한다. 굴착공사 안전성 검토는 흙막이 구조물의 설치뿐만 아니라 해체 공정을 반드시 포함하여야 한다.

(3) 단계별 관리기준에 계측값이 접근하는 경우, 계측 빈도를 높이고 주의시공 및 필요시 보강대책을 수립하여야 한다. 단계별 관리기준을 넘어서는 경우, 즉시 시공을 중단하고 발생 원인을

찾고 사전대책을 강구하여 안전성을 확보한 후 굴착공사를 진행하여야 한다. 또한, 관리기준을 초과하는 경우 공사 관계자 등에게 즉시 알려야 한다(예 SMS 문자 등).

(4) 계측관리를 수행하기 전에 관련된 모든 사항들을 신중하게 계획을 세우고, 특별한 사정이 없는 한 계획안에 맞추어 업무가 진행되도록 한다. 계측기 설치자, 시공자, 안전관리자 및 계측관리 담당자 간의 상호 협조체제가 결여되어 계획되지 않은 지점에 계측기를 설치하거나 시기를 놓쳐버리는 일이 없도록 해야 한다. 또한, 계측기의 매설은 특별한 주의가 요구되므로 철저한 교육을 통하여 정확한 계측결과를 얻을 수 있도록 하여야 한다.

(5) 현장 내에 설치된 계측기는 시공이 진행됨에 따라 다양한 원인으로 파손되는 경우가 많다. 어스앵커 천공에 따른 경사계관의 파손, 백호우에 의한 흙막이 벽체 근접 굴착 시 하중계와 변형률계의 파손 및 케이블 훼손에 따른 측정불능 등의 많은 사고가 발생하므로 일반적으로 눈에 잘 보이도록 표지판과 보호펜스 등의 보호 장치를 설치하고 현장 작업자들에게 주지시켜 피해를 최소화시켜야 한다. 계측계획 수립 시 계측기 보호방안이 포함되어야 하며, 표지판에는 계측명, 위치, 초기 측정일자와 초기 측정값 등이 기록되어야 한다.

(6) 기온이 영하로 아주 심하게 내려 갈 경우에는 계측기의 배터리 소모량이 급격히 증가하므로 동절기의 계측관리에는 이를 감안한 대비책을 미리 강구해야 한다.

(7) 계측기는 도면에 표시된 바와 동일한 위치에 설치되어야 하며, 현장 사정상 설치가 곤란한 경우는 감리자의 지시에 따라 위치를 재선정하여야 한다.

(8) 측정 시스템은 기계식, 전자식 등이 있으며, 측정 형식을 동일 시스템으로 통일하는 것이 좋다.

(9) 계측기의 운영방법은 인력에 의한 계측기 운영과 자동화 장비에 의한 자동화 계측으로 구분되며, 계측 대상 시설물의 중요도, 피해 발생 시 영향, 경제성 및 계측빈도 등을 고려하여 결정되어야 한다. 굴착공사 시 일반적으로 인력에 의한 계측방법이 선호되고 있으나, 중요한 구조물과 시공 중 위험도가 높은 공사일 경우에는 자동화 계측을 실시하여야 한다.

(10) 흙막이 가시설의 해석방법은 관용적인 간편 해석법, 탄소성 해석법, 유한요소법(FEM) 및 유한차분법(FDM) 등이 적용되고 있다. 간편 해석법(1/2분할법, 하방분담법, 단순보법 및 연속보법)은 계산이 간단하나 흙막이 벽체의 변위 계산과 굴착 단계별 해석이 불가능하므로, 단계별 굴착이 실시되는 경우 탄소성 해석법, 유한요소법 및 유한차분법을 적용하여 굴착단계별 안전성을 확인하여야 한다.

(11) 지반 구조물의 해석은 설계자의 판단에 따라 정해진 토질 특성값을 사용하므로 설계자와 사용해석 프로그램에 따라서 계측값과 상이할 수 있다. 또한 시공사의 시공품질, 지층변화, 작업과정에 따라 동일 위치에서도 현장 계측값은 많은 차이를 보이므로 반드시 현장의 관리기준을 설정하여 계측값을 확인하고 공사를 진행하여야 한다.

(12) 흙막이 벽체의 변위 및 지지구조 축력 분포 등은 시공 조건에 따라 일정한 유형을 나타내므로 갑작스러운 변위 발생 시 굴착공사를 중지하고 계측값을 확인하여 흙막이 벽체의 안전성을 확인하여야 한다.

(13) 흙막이 벽체의 종류와 지지 형식에 따라 굴착단계에 따른 벽체의 변위 발생 형상은 상이하다.

자립식 흙막이 벽체의 경우는 굴착이 진행될수록 벽체의 최상단에서 최대 수평변위가 발생하나, 버팀대(스트럿)와 어스앵커 등으로 지지된 경우 지지대에서 변위가 줄어들고 지지대 사이와 지지대와 굴착면 사이에서 수평변위가 증가하는 형상을 나타낸다. 따라서 굴착단계에 따른 최대 수평변위 위치를 계산서에서 확인한 후 상시 점검 시 주의깊게 관찰하여야 한다.

⒁ 어스앵커로 보강한 경우, 설계에 가정된 정착장 길이를 확보하지 않고 시공하거나 실제 파괴면과 설계 시 가정한 가상 파괴면이 상이할 경우 어스앵커의 정착장 부족으로 파괴가 발생할 수 있다. 일반적으로 어스앵커 정착장 부족 등으로 파괴가 발생할 경우에 벽체의 수평변위는 자립식 흙막이와 같이 벽체 최상단 변위가 급작스럽게 증가하여 무너지므로 굴착단계에 따른 수평변위의 발생 현상을 주의 깊게 관찰하여야 한다

⒂ 벽체의 변위분포 양상은 벽체 및 지반의 강성뿐만 아니라 과굴착과 같은 시공 요소에도 영향을 받는다. 벽체 및 지반의 강성이 감소함에 따라 벽체 중하단부에서, 과굴착이 이루어진 경우는 중상단부에서 변위 증가가 두드러지므로 설계에 제시된 제원에 따라 흙막이 벽체를 설치하고, 단계별 시공순서 및 굴착 깊이를 준수하여야 한다. 계측값이 관리기준을 넘어서는 경우 공사를 중지하고 안전대책을 세워야 한다.

⒃ 굴착공사 주변 지반의 침하영역과 벽체 배면의 최대 침하는 설계에서 제시된 값을 기준으로 계측값을 관리하여야 한다. 엄지말뚝과 흙막이 판으로 구성된 흙막이 벽체의 경우, 일반적으로 주변 지반의 침하 영역은 굴착 깊이의 $1.0 \sim 2.0$배 정도이며, 벽체 배면의 최대 침하는 벽체 최대 수평변위의 $0.7 \sim 1.0$배 정도임을 감안하여 시공 안전성을 확보하여야 한다.

⒄ 굴착공사 주변에 상재하중이 존재하지 않는 경우의 지표 침하는 벽체 배면에서 가장 큰 침하량을 보이고 벽체로부터 이격됨에 따라 점차적으로 침하량이 감소하는 곡선을 나타내나, 상재하중이 존재하는 경우는 상재하중이 적용된 지점 바로 하부에 큰 침하량을 나타내는 포물선 형태의 침하곡선을 나타낸다.

⒅ 본 굴착 완료 후 지보 해체 공정에서도 벽체 수평변위 및 지표 침하가 지속되어 최대 수평변위와 지표 침하량은 해체 공정에서 발생하므로 해체 공정 시 계측관리에 유의하여야 하며, 설계 시에 해체 공정을 포함한 구조검토가 이루어져야 한다. 지반 및 흙막이 구조물 거동에 대한 검토 작업이 수반되지 않는 무리한 지보 해체는 과도한 지반 변위를 초래하며, 본 구조물과 인접 구조물의 손상이 발생할 수 있으므로 현장특성에 적합한 해체 공정의 수립 및 관리가 이루어져야 한다.

··· 25   계측기 종류별 굴착공사계측관리지침

1 지중경사계

(1) 설치방법 및 순서

① **설치장소** : 배면에 중요 구조물이 위치하는 곳, 벽체에서 0.5m 정도 떨어진 곳

② **설치방법** : 고정점 확보를 위해 부동층까지 천공(토사 : 3~4m, 암반 : 1~2m)

③ **설치순서**

　㉠ 계획심도까지 보링 실시(홀 크기 100~200mm 정도)

　㉡ 경사계 케이싱의 한쪽 끝에 End cap을 씌우고 리벳(Rivet) 작업

　㉢ 미리 케이싱과 커플링을 리벳으로 조합시켜 놓고 실링(Sealing) 처리

　㉣ 조립된 케이싱을 차례로 보링 홀 내에 넣어 측정방향과 Keyway의 방향을 일치

　㉤ 그라우팅 펌프와 트레미 관을 이용하여 천공 홀 내부 그라우팅

　㉥ 그라우팅재가 양생된 후 침하된 부위에 다시 그라우팅

　㉦ 그라우팅재로 완전히 채운 후 경사계를 보호 커버(Protective cover)로 덮고 보호시설
　　설치

(2) 계측방법

① 경사계관의 상부 보호마개를 열고 Pulley assembly를 설치

② Pulley assembly와 데이터 수집 장치를 연결

③ 50cm 간격으로 측정데이터를 입력

④ A방향과 B방향을 측정하여 데이터 입력

⑤ 계측 수행 시 특이사항 기재

⑥ 데이터 정리 후 분석

2 지하수위계

(1) 설치방법

① 계획심도까지 보링을 함(홀 크기 100~200mm 정도)

② 카사그란드 팁(Casagrande Tip)과 PVC 관 연결

③ PVC 관을 커플링을 이용하여 지표까지 계속 연결 설치

④ 카사그란드 팁 상부 300mm까지 모래를 채우고 벤토나이트 차수층 형성

⑤ 그라우팅 및 보호 커버 작업

(2) 계측방법

① 계측기 팁에 물을 묻혀보고 이상이 없는지를 확인한다.

② 감지기를 스탠드 관(Stand pipe) 속으로 삽입하여, 지하수위 위치가 확인되면 줄자의 깊이를 읽고 기록한다.

③ 측정치 기록 시 기상상태, 우천일자 및 그라우팅이 실시된 경우에는 그라우팅의 종류, 깊이, 지층조건 등을 기록한다.

③ 변형률계

(1) 설치위치

① 버팀대용 변형률계는 버팀대 끝단 1m 이내의 복부판 양쪽에 부착

② 띠장용 변형률계는 버팀대용과 같이 관리하는 경우 버팀대와 접촉하는 플렌지 배면에 부착하고, 엄지말뚝용 변형률계와 같이 관리하는 경우에는 엄지말뚝과 접촉하는 플렌지 배면에 부착

③ 엄지말뚝용 변형률계는 노출된 플랜지 면에 부착

(2) 설치방법

표면 부착형과 매립형이 있으며 표면 부착형 설치방법은 다음과 같다.

① 설치하고자 하는 부재의 표면의 이물질 제거

② 마운팅 블록(Mouting Block)을 용접을 이용하여 부재에 부착

③ 변형률계(Strain Gauge)를 마운팅 블럭에 설치

④ 케이블을 측정하기 적당한 곳까지 연장

④ 하중계

(1) 계측기 설치 및 계측방법

하중계 설치시기는 설치위치 +0.5~1.0m보다 현 굴착고가 작은 상태에서 설치해야 하며, 하중계 설치 시 변위계를 함께 설치하는 것이 원칙

① 어스앵커용 하중계

- 하중계의 규격에 맞추어 미리 띠장을 가공
- 초기치를 기록하고, 유압인장기를 이용하여 정착
- 인장 시 늘어난 양을 측정하고 설계값과 비교하여 어스앵커의 정착상태를 파악
- 케이블 연결 및 보호캡 설치
- 계측 및 계측관리

② 버팀대용 하중계

- 하중계 설치 전에 버팀대의 제작은 재하판 및 하중계 소요두께를 고려하여 약 10cm 정도 짧게 하고 브래킷은 띠장, 하중계, 버팀대를 동시에 거치할 수 있는 크기로 제작하여 설치부위에 부착
- 띠장과 버팀대 사이에 하중계 설치
- 스크류잭 인장 전·후 1회씩 측정
- 계측 시에는 현재 굴착고 및 주변현황 기록

⑤ 건물경사계

(1) 계측기 설치방법

① 설치지점을 그라인더로 표면 손질 및 이물질 제거
② Devcon bonding을 이용하여 틸트 플레이트 부착
③ 건물경사계 센서를 플레이트에 거치시킨 후 경사계 Readout을 이용하여 계측

(2) 계측방법

① 부착 후 2~3일 경과 후에 부착정도를 확인한 후에 초기치를 측정
② 계측 시에는 Peg의 1-3축, 2-4축, 3-1축 및 4-2축으로 감지기를 시계방향으로 돌려가면서 측정
③ 측정값이 안정되지 않고 미세하게 움직이는 경우에는 2~3회 반복하여 측정
④ 측정된 결과치는 주어진 상관관계식으로부터 상대침하량과 각 변위로 나타낼 수 있다. 환산된 값은 틸트 플레이트의 크기에 한정된 결과이므로 설치된 위치에 따라 스케일 팩터 (Scale Factor)를 사용하여 해석하는 경우가 일반적임
⑤ 현재의 읽음값과 초기값의 차를 계산하여 변형량과 변형속도로 파악

··· 26 Under Pinning 공법

1 개요

언더피닝 공법은 기초를 보강하거나 신규 기초를 설치해 기존 건축물을 보강하는 공법으로, 기울어진 건축물을 바로잡을 때 또는 인접 토공사에 따른 터파기 작업 시 기존 건축물의 침하 방지를 목적으로 적용하는 공법이다.

2 적용 대상 공사

(1) 건축물의 침하에 따른 복원
(2) 건축물의 이동
(3) 기존 건축물의 지지력 보강
(4) 기존 건축물 하부에 지중구조물을 시공하는 경우

3 시공 시 사전조사

(1) 지하안전영향평가 대상 여부 확인
(2) 기존 건축물의 기초와 지질조건
(3) 공법 적용에 따른 안전관리계획 수립 규모
(4) 굴착 및 시공 시 발생될 진동 및 소음 발생량이 인근 지역에 미칠 영향

4 시공순서

(1) 사전조사
① 지하안전영향평가 대상 여부 확인
② 지반, 지하수위 조사
③ 인접 건물의 기초, 지하매설물 조사

(2) 준비 공사
① 급배수시설 및 가시설
② 건축물의 구조적 손상 시 사전보수

(3) 가받이 공사
① 소규모 건축물 또는 경량 건축물
② 보 가받이 공사
③ 기초 가받이 공사

(4) 본받이 공사

① 신설 기초로 건축물 보강(바로받이)

② 신설 보로 기초 하부 건물받이(보받이)

(5) 철거 및 복구

① 가설 흙막이, 가받이 철거

② 되메우기 작업

③ 급배수 복원

④ 통로 복구

5 Underpinning 공법의 종류

(1) 바로받이공법

철골조 또는 자중이 가벼운 기존 기초 하부의
신설 기초 설치공법

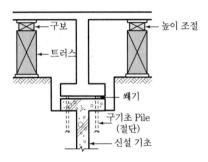

〈바로받이공법〉

(2) 보받이공법

기초 하부의 신설 보 설치로 기존 기초를 보강
하는 공법

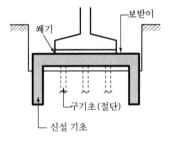

〈보받이공법〉

(3) 바닥판받이공법

① 가받이 콘크리트 쐐기로 기존 건축물을 받
친 후

② 바닥판 전체를 신설 기초로 받치는 공법

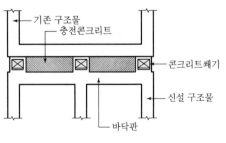

〈바닥판받이공법〉

(4) 약액주입공법

물유리, Cement Paste 등을 고압으로 주입해 지반
강도를 증가시키는 공법

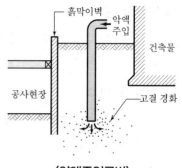

〈약액주입공법〉

(5) Compaction Grouting System

① Mortar를 200kg/cm^2 압력으로 주입하는 공법
② 1차 주입 후 Mortar 양생 후 재주입 반복

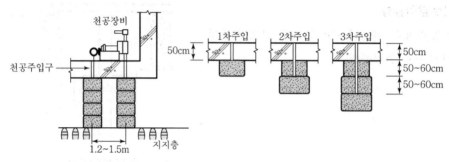

〈Compaction Grouting〉

(6) 이중널말뚝공법

① 인접 건물과 거리상 여유가 있을 때
② 지하수위의 안정화 유지와 침하방지조치를 한 후
③ 널말뚝 시공

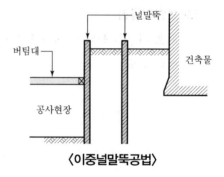

〈이중널말뚝공법〉

(7) 차단벽공법

① 기초 하부 흙의 이동 방지공법
② 심수면 위 공사가 가능한 경우 적용

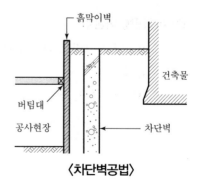

〈차단벽공법〉

6 시공 시 안전관리대책

(1) 인근 건축물의 방호조치

(2) 기존 건축물의 침하방지조치

(3) 시공 시 거동 확인을 위한 계측관리

(4) 비상시 투입용 보강재 사전검토 및 비치

(5) 부등침하 발생 방지를 위해 기존 기초형식과 동일하게 시공

7 결론

Underpinning 공법의 적용 시에는 대상 건축물의 사전조사 및 하중에 대한 충분한 검토가 이루어져야 하며 시공 시에는 굴착공사 및 가설공사에 따른 관리감독자 배치 및 안전시설 설치기준에 준한 준수기준에 따라 관리가 이루어지도록 한다.

··· 27 어스앵커(Earth Anchor)의 분류 및 시공 시 안전대책

1 개요

(1) 'Earth Anchor 공법'이란 지중을 Earth Drill로 천공한 후 인장재를 Grouting한 선단부 앵커체를 경질지반에 정착시켜 인장력에 의하여 토압을 저지하게 하는 공법을 말한다.

(2) 앵커체는 앵커의 인장재에 가해지는 힘을 지중에 전달하는 역할을 하며, 어스앵커는 가설 Anchor와 영구 Anchor로 나눌 수 있다.

2 Earth Anchor의 분류

(1) 가설 Anchor

① 가설 구조물에 임시로 사용하는 것으로 공사 완료 후 철거

② 용도
- 흙막이벽의 Tie Back Anchor
- 말뚝재하시험 시 반력앵커로 사용

(2) 영구 Anchor

① 구조물을 보강하기 위하여 사용

② 용도
- 구조물의 부상(浮上) 방지용(Rock Anchor)
- 송전선 철탑 기초의 인발저항용
- 옹벽의 전도 방지용
- 산사태 방지용

3 Earth Anchor 지지방식

(1) 마찰형 지지방식

앵커체의 마찰저항력에 의해 지지되는 방식

(2) 지압형 지지방식

앵커체의 수동토압(지압)에 의해 발휘되는 지압저항력으로 지지되는 방식

(3) 복합형 지지방식

마찰형 지지방식과 지압형 지지방식이 조합되어 지지되는 방식

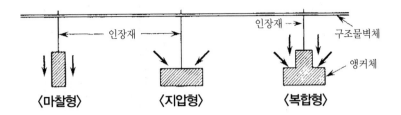

〈마찰형〉　　　　　〈지압형〉　　　　　〈복합형〉

인장재　　　구조물벽체　　　앵커체

④ Earth Anchor의 특징

(1) 장점

① 버팀대공법(Strut Method)에 의해 작업공간을 넓게 활용
② 작업공간이 넓어 기계화 시공이 가능하므로 공기 단축
③ 버팀대와 지지가 필요 없으므로 가설재 절약
④ 지반이 경사져 있어도 시공 가능
⑤ Anchor에 Prestress를 주기 때문에 벽체의 변위와 지반침하 최소화

(2) 단점

① 주변 대지 사용에 따른 지주의 동의 필요
② 지반이 약할 때 적용 불가능
③ 인접 구조물, 지하매설물 등이 있을 경우 부적합
④ 지하수위가 높은 경우 앵커 설치 부분 누수와 토사 유출 시 지반침하 발생

⑤ 시공 Flow Chart

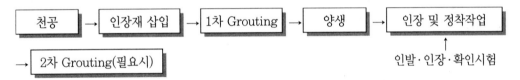

천공 → 인장재 삽입 → 1차 Grouting → 양생 → 인장 및 정착작업

→ 2차 Grouting(필요시)

인발·인장·확인시험

(1) 인장재 가공·조립
(2) 천공
(3) 인장재 삽입
(4) 1차 Grouting → 정착장
(5) 양생
(6) 인장시험
(7) 인장재 정착
(8) 2차 Grouting → 자유장$\left(l_f = h \cdot \sin\left(45 - \dfrac{\phi}{2}\right) + 0.15H\right)$

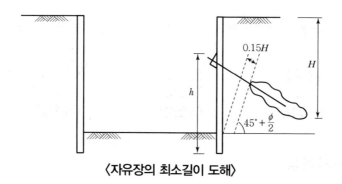

〈자유장의 최소길이 도해〉

6 시공순서와 유의사항

(1) 천공

① 천공 시 벽면이 붕괴되지 않도록 주의

② 순환수는 청정수 사용

(2) 자유장 길이는 최소 3미터 이상

① 정착장에 안전하게 정착되도록 삽입

② 자유장 길이는 최소 3미터 이상이거나

$$h \cdot \sin\left(45 - \frac{\phi}{2}\right) + 0.15H \text{ 이상일 것}$$

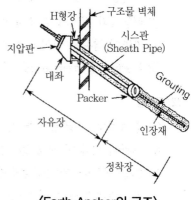

〈Earth Anchor의 구조〉

(3) 1차 Grouting

① 정착장에 밀실하게 Grouting

② Grouting재는 인장재에 부식 영향이 없을 것

(4) 양생

① 진동이나 충격을 주지 않도록 주의

② 양생 시 기온 변화에 유의

(5) 인장 및 정착작업

① 인장 시 응력이완(Relaxation)의 감소를 고려

② 인발·인장·확인시험을 실시한 후 인장재를 좌대에 정착

(6) 2차 Grouting

① 필요시 자유장에 부식 방지를 위해 Grouting 실시

② 일반적으로 가설 Anchor에는 실시하지 않음

⑦ Earth Anchor 시공 시 안전관리사항

(1) 인장재는 녹, 이물질 등을 제거하여 부착력 증대

(2) 자유장 길이는 최소 3.0m 이상

(3) Grouting재는 부식, 방수 등의 영향을 고려

(4) Anchor 설치각은 20~30°

(5) 인장작업 중 안전에 유의

(6) 인발력이 작용하여 지반 균열 시 Grouting으로 보강

(7) 설치된 Anchor는 반드시 시험하여 관리

(8) 대표단면, 취약개소에 대하여 계측관리 실시

⑧ 결론

Earth Anchor 시공 시에는 PS 강선 인장을 비롯해 사면에서의 작업에 의한 추락·낙하·재해 방지를 위한 안전시설 설치 및 관리가 필요하다.

··· 28 어스앵커(Earth Anchor)의 유지관리 사례

1 관리기준

(1) **잔존 긴장력** : 설계하중의 10% 이내

(2) **하중관리** : 하중계 설치기준 100본당 3개 이상 설치하며, 추가 100본당 1개 이상 설치

2 어스앵커의 문제점

(1) 지압판 파손 및 강연선 편심 발생

(2) 긴장력 부족 시 앵커기능 저하

(3) 주요 부재 부식 발생 시 긴장력 저하 및 파괴 유발

3 발생원인

(1) **지압판의 불균형 장착**

① 배면지반 세굴

② 표면 요철처리 미흡

(2) **긴장력 부족**

그라우팅 후 강연선 조기긴장에 의한 그라우팅 부착력 저하

(3) **주요 부재 부식**

특히, 앵커헤더부 부식 방지용 방청유 관리기준 부재

4 대책

(1) **배면지반 처리방법 개선**

모르타르만을 사용하는 방법에서 와이어매시를 추가하고 최소 24MPa의 콘크리트 압축강도 확보

(2) **긴장력 확보**

그라우트 긴장 품질관리 : 최소 27MPa 강도 확보시점에서 긴장 시행

(3) **쐐기교체 가능한 재긴장방식 적용**

강연선에 재긴장 여유장 최소 15cm를 두어 앵커헤드부 부식, 크리프 등에 의한 긴장력 저하 시 쐐기교체 가능토록 보완

⑷ 지반앵커 연속시공 지양

앵커 긴장순서 감리원 승인 후 시공

5 부식 방지대책

앵커헤드 방청유 품질관리기준

⑴ KS 일반용 그리스 2종 기준, 생산일로부터 2년 이내, 개봉 후 1년 이내 제품 사용

⑵ 헤드, 웨지, 경계부 강연선까지 방청유 완전히 충전

　① 강연선 여유장 15cm, 여유장 구간은 방청유 피복

　② 방청유의 경화로 인한 갈라지는 시점 전 교체

··· 29 흙막이공사(Earth Anchor 공법) 안전보건작업지침 [C-12-2012]

이 지침은 산업안전보건기준에 관한 규칙(이하 "안전보건규칙"이라 한다) 제1편(총칙) 제6장(추락 또는 붕괴에 의한 위험방지) 제2절(붕괴 등에 의한 위험방지) 및 제2편(안전기준) 제4장(건설작업 등에 의한 위험방지) 제2절(굴착작업 등의 위험방지) 규정에 따라 흙막이공사 중 어스앵커공법을 시행함에 있어 산업재해 예방을 위해 준수하여야 할 안전지침을 정함을 목적으로 한다.

1 건설주체별 의무

(1) 설계자의 의무

① 대상 지반에 대한 지질조사, 가스관·통신선로·상수관·하수관·인근 구조물의 기초 등 지하매설물 조사, 인근 구조물·고압전선로 등 지상 장애물조사, 장비의 운행경로 등 현황조사를 실시하여야 한다.

② 정착부의 지반에 대한 토질정수를 결정하기 위한 지질조사·토질시험 등을 실시하고 그 결과를 이용한 설계를 하여야 한다.

③ 정착부는 지하구조물 또는 지표면의 역방향 경사 등으로 인하여 마찰저항이 부족한지의 여부를 판단하고 충분한 설계 정착력이 확보될 수 있도록 설계하여야 한다.

④ 대상 현장에 대한 현황조사, 구조해석 결과, 구조도면, 특기시방 등의 설계도서를 공사관계자가 판독하기 용이하게 제작하여야 한다.

⑤ 구조해석 결과에는 지하수위, 토층의 두께, 토질의 단위중량, 흙의 내부마찰각, 지반의 전단강도 등 토압계산에 반영된 제반 토질정수를 기록하여야 한다.

⑥ 구조도면에는 재료의 종류 및 치수, 배치간격, 시공순서, 시공방법 등을 기록하여야 한다.

⑦ 어스앵커를 설치하기 위하여 노출되어 있는 굴착면의 높이와 시공성을 고려하여 굴착 단계별 토압으로 인한 붕괴의 위험성 유무를 검토하여야 한다. 이때, 제거식 앵커인 경우에는 본 구조물의 시공 단계별 제거순서를 명기하여 시공자가 판단의 오류로 산업재해를 유발하지 않도록 하여야 한다.

⑧ 굴착작업 중 지하수위의 변화, 지반의 변위, 이상토압의 증가 등으로 인한 재해를 예방하기 위하여 필요한 계측항목을 정하여야 한다.

⑨ 시공자가 특별히 주의하여 시공할 필요가 있는 사항에 대해서는 특기시방서를 작성하거나 설계도면에 별도로 명기하여 시공자가 안전한 시공을 수행할 수 있도록 하여야 한다.

(2) 감독자 및 감리자의 의무

① 설계도서의 내용이 대상 현장의 지형, 지상 및 지하 장애물 등을 반영하였는지 여부에 대하여 판단하여야 하며, 이상 여부가 발견된 때에는 설계자에게 질의하여 이를 조정하여야 한다.

② 시공자로부터 시공계획서를 제출 받아 이를 검토하고 필요한 경우에는 보완 요청 및 시정 지시를 하여야 하며, 지반의 붕괴 또는 토석의 낙하 등으로부터 안전한 시공계획서일 경우 이를 승인하여야 한다.

③ 시공 중에는 설계도서와 일치 여부를 확인·감독하여야 하며, 현장조건이 설계도서와 상이 하여 설계내용을 변경하여야 할 경우에는 책임 있는 기술자의 의견을 들어 안전한 방법을 선정하고 이를 지시하여야 한다.

④ 설계도서에서 정한 계측의 결과를 검토하여 이상이 발견된 때에는 조치방안을 강구하고 이를 지시한 후 이행 여부를 확인하여야 한다.

⑤ 자재를 반입할 경우에는 설계도서와의 부합 여부를 검수하여야 하며, 검수도중 불량 자재 및 부적격 자재는 즉시 현장 밖으로 반출하도록 지시하여야 한다.

⑥ 근로자의 안전을 위하여 작업장의 안전시설의 설치, 근로자의 보호구 착용상태 등을 점검 하고 불안전한 상태를 제거하도록 노력하여야 한다.

(3) 시공자의 의무

① 작업 시작 전 현장조건이 설계도서와 일치하는지의 여부를 확인하고 상이하다고 판단된 때에는 감독 및 감리자에게 이를 보고하고 대처방안을 상호협의하여야 한다.

② 시공계획서를 작성하여 감독 및 감리자에게 제출하고 그의 승인을 얻은 후 작업을 시행하여야 하며, 시공계획서에는 다음과 같은 사항을 반드시 포함하여 작성하여야 한다.

ㄱ 앵커체, 강선, 지압판, 웨지 등 사용되는 자재의 종류, 성능(강도), 치수, 제작사

ㄴ 천공장비 등 사용장비의 종류, 성능, 운행경로

ㄷ 인장에 사용되는 실린더, 유압장치 등의 종류 및 치수

ㄹ 어스앵커 위치별 설계인장력에 따른 유압장치의 유압력

ㅁ 지반의 변위, 정착력의 변화, 지하수위의 변화 등을 확인할 수 있는 계측의 방법(종류, 위치, 수량, 측정주기, 평가방법 등)

ㅂ 지압판 설치부위 띠장의 국부좌굴을 방지하기 위한 보강재(Stiffener)의 설치방법

ㅅ 인장시험, 인발시험, 확인시험 등 시험의 종류, 횟수 및 방법

ㅇ 모르타르 등 주입재의 배합설계, 양생기간 및 인장시기 등

ㅈ 기타 안전성 확보를 위하여 필요한 주요사항

③ 작업 시작 전 근로자에게 안전한 작업방법을 교육하고 이를 지휘하여야 한다.

④ 설계도서와 시공계획서에 준하여 시공하여야 하며, 공사 도중 지반조건이 설계도서와 상이하거나 지하수 유출이 지반의 안전상에 심대한 영향을 미칠 우려가 있는 때에는 이를 감독 및 감리자에게 보고하고 이에 대한 대처방안을 협의하여야 한다.

⑤ 자재를 반입할 경우에는 사전에 설계도서에서 정한 성능 이상의 자재로서 그의 종류, 규격, 수량, 제작사 등을 명기한 자재승인요청서를 감독 및 감리자에게 제출하여 이를 승인 받은 후 반입하고 반입된 자재는 자체적으로 검수하고 감독 및 감리자의 검수를 받아야 한다. 이 때 부적격한 자재는 즉시 현장 밖으로 반출하여야 한다.

⑥ 자재는 가능한 한 즉시 사용이 가능하도록 필요한 양 만큼 순차적으로 반입하되 일정기간 동안 보관하여야 할 경우에는 양호한 상태로 보관하여야 하며, 부식, 마모, 변형 등이 발생되지 않도록 하여야 한다.

⑦ 근로자의 안전을 위하여 작업장의 안전시설의 설치, 보호구의 착용상태 감시, 악천후 시에는 작업의 중지, 관계근로자 이외의 자의 출입통제 등의 업무를 수행하여야 하며, 붕괴의 위험이 있다고 판단된 경우에는 즉시 근로자를 안전한 장소로 대피시켜야 한다.

⑧ 감독 및 감리자가 없는 현장인 경우에는 현장조건이 설계도서와 상이한 경우 책임 있는 외부 전문기술자의 의견을 청취한 후 시행하여야 하며, 작업계획서는 자체적으로 수립하고 이를 보존하여 두어야 한다.

(4) 근로자의 의무

① 관리감독자가 지휘하는 안전한 작업방법을 준수하여야 한다.

② 작업 도중 불안전한 행위를 하여서는 아니 된다.

③ 작업 중에는 반드시 필요한 보호구를 착용하여야 하며, 작업 후에는 보호구를 양호하게 관리하여야 한다.

④ 작업 중 이상 현상 또는 위험한 요인을 발견한 때에는 즉시 관리감독자에게 이를 알려야 하며, 그의 지시를 받아서 작업하여야 한다.

② 안전작업절차

(1) 작업내용 및 순서

이 지침은 흙막이공사 중 어스앵커공법으로 시공하는 경우에 대한 지침이므로 어스앵커공사만으로 범위를 정하였으며, 어스앵커공사의 시공순서는 다음 그림과 같다.

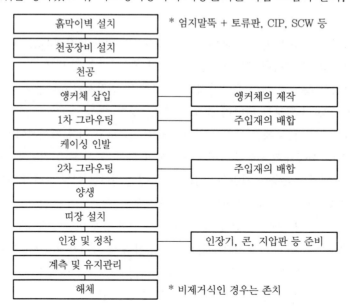

흙막이벽 설치	* 엄지말뚝 + 토류판, CIP, SCW 등
천공장비 설치	
천공	
앵커체 삽입	앵커체의 제작
1차 그라우팅	주입재의 배합
케이싱 인발	
2차 그라우팅	주입재의 배합
양생	
띠장 설치	
인장 및 정착	인장기, 콘, 지압판 등 준비
계측 및 유지관리	
해체	* 비제거식인 경우는 존치

(2) 천공작업

① 천공장비의 조정원은 건설기계관리법에 규정된 공기압축기 면허를 갖춘 자로 하여야 한다.

② 천공장비를 이동할 경우에는 장비의 전도·전락을 방지하기 위하여 이동통로의 안전성을 확보하여야 하며, 근로자의 협착 및 충돌 재해를 방지하기 위하여 이동경로에는 출입통제를 하여야 한다.

③ 천공의 지점은 설계도서에 준하여 미리 측량하여 표식하여 두어야 한다. 이때 수직높이의 오차가 최소가 되도록 주의하여야 하며, 천공작업 전에는 가스관, 상하수도관, 인근 구조물의 기초 등 지하매설물의 유무를 반드시 확인하여야 한다.

④ 수직으로 굴착하여 천공지점이 노출된 후 장기간 방치하여 흙막이구조에 과대응력이 발생되지 않도록 후속 공정을 조속히 진행하여야 한다.

⑤ 천공장비는 천공작업 중 흔들림, 이동 등이 없도록 설치 지반을 정지하여야 한다.

⑥ 설계된 천공각도 및 천공깊이를 확인하고 장비를 설치하여야 하며, 천공 도중에는 설계각도를 유지하고 이를 확인할 수 있도록 하여야 하고, 천공이 완료된 때에는 천공깊이를 확인하여야 한다.

⑦ 주입재와 주변지반과의 마찰력이 충분히 발현될 수 있도록 천공의 직경은 설계에서 정한 치수 이상을 확보하여야 한다.

⑧ 천공 지점은 수평열이 일직선이 되도록 천공지점 높이의 오차를 최소화 하여야 한다. 이는 띠장의 위치에서 강선이 절곡될 우려가 있기 때문이며 그러한 경우에는 긴장력의 손실을 초래할 수 있다. 이중 띠장인 경우에는 하부 띠장을 미리 설치한 후 천공함으로서 수평열의 일직선을 유지할 필요가 있다.

⑨ 천공 중에는 공벽의 붕괴를 방지하기 위하여 케이싱을 설치한다. 공벽 붕괴의 우려가 없는 경우에는 예외로 한다.

⑩ 동절기에 천공하는 경우에는 이수의 동결을 방지하기 위하여 온수를 사용하여야 한다.

⑪ 천공 중에는 비산 먼지 및 소음이 심하므로 근로자에게는 방진마스크 및 귀마개를 착용하도록 하고, 천공 입구에는 비산먼지를 최소화할 수 있도록 집진장치 또는 분진 방지책을 설치하여야 한다.

⑫ 천공 홀 바닥의 굴착토사를 완전히 제거하여야 하며 설계심도까지의 천공 여부를 확인하여야 한다.

(3) 앵커체의 제작 및 삽입

① 강선의 절단은 기계적 방식에 의하여 절단하며 절단으로 인한 재료의 국부적 성질의 변화가 없도록 하여야 한다.

② 설계도서에서 정한 정착장과 자유장이 확보되도록 제작되어야 하며, 자유장은 인장할 수 있도록 여유길이를 두어야 한다.

③ 제작된 앵커체를 검수할 때에는 다음과 같은 항목을 중점적으로 확인하여야 한다.

    ⊙ 정착장과 자유장의 소요길이

    ⓛ 스페이서(Spacer)의 설치상태 및 이물질 부착 유무

    ⓒ 정착장과 자유장의 구분을 위한 패커(Packer)의 설치상태

    ⓔ 자유장은 피복제 및 방청제의 도포 상태

    ⓜ 주입재의 주입을 위한 2개의 내외부 주입용 관 설치 상태(삽입 후 외부에서 구별할 수 있는 표시 필요)

    ⓗ 공벽의 붕괴 등으로 삽입길이의 부족 여부를 삽입 후 판단 가능하도록 길이의 표식

④ 앵커체를 삽입하기 전에는 앵커체에 부착된 먼지, 기름 등 이물질을 제거하여야 하며, 자유장에는 부식방지를 위한 조치를 하여야 한다.

⑤ 앵커체를 삽입할 때에는 앵커체에 손상이 발생되지 않도록 조심하여 서서히 삽입하고 자유장의 방청체가 손상되지 않도록 한다.

(4) 주입재의 배합 및 주입

① 시멘트는 보통포틀랜드시멘트 또는 조강포틀랜드시멘트를 사용한다.

② 배합강도는 주변토질과 인장재가 부착하여 소요강도를 발현할 수 있도록 배합되어야 하며, 주입 후 공시체를 제작하여 현장 및 실내 양생하여 인발 전 발현강도를 확인하여야 한다.

③ 공벽의 붕괴 등을 방지하기 위하여 천공 후 장기간 방치하지 않으며, 앵커체 삽입 후 즉시 주입하여야 한다.

④ 주입은 천공 홀 바닥에서 공 내부의 물과 공기를 밀어내면서 주입되도록 하고 주입재 내부에 공극이 발생되지 않도록 하여야 한다.

⑤ 주입재의 주입은 천공 홀 선단부에 슬라임이 완전 배출될 때까지 1차 주입하고 케이싱을 제거한 후 공벽을 완전히 채우도록 2차 주입을 수행한다.

⑥ 교반기는 감전재해를 방지하기 위하여 KOSHA GUIDE E-106-2011(건설현장의 전기설비설치 및 관리에 관한 기술지침)을 준용하여야 한다.

(5) 양생 및 띠장의 설치

① 주입재는 인발에 필요한 강도를 발현할 때까지 양생하여야 한다.

② 띠장의 설치는 설계자의 의도에 따라 이중 띠장과 외줄 띠장으로 구분되며 어느 경우에도 인장력(Jacking Force)에 의한 소요강도를 갖는 부재의 치수를 확보하여야 한다.

③ 띠장은 일직선으로 설치하고 띠장의 이음부위는 모재의 강도 성능 이상의 능력을 발휘할 수 있는 이음으로 제작되어야 한다.

④ 강선과 지압판은 서로 직각이 되도록 설치하여야 하며, 이중 띠장인 경우에는 띠장과 지압판 사이에 경사면을 갖는 좌대를 설치하고 외줄 띠장인 경우에는 띠장을 경사지게 설치하여 강선과 지압판이 서로 직각을 유지할 수 있도록 설치하여야 한다.

⑤ 외줄 띠장인 경우에는 띠장에 강선이 관통할 수 있는 구멍을 드릴링하되 재료의 성능이 변할 수 있는 산소 절단기 등을 이용하여서는 아니 된다.

⑥ 지압판이 설치되는 위치에는 인장력에 의한 국부적인 좌굴을 방지하기 위하여 띠장의 상하면에 각각 2개소 이상의 보강재(Stiffener)를 설치하여야 한다.

⑦ 띠장과 엄지말뚝 사이에는 토압의 전달이 원활하도록 쐐기를 설치하는 등 밀실하게 설치하여야 한다.

⑧ 띠장은 단면의 손실, 변형, 부식된 것을 사용하여서는 아니 된다.

⑨ 띠장을 설치하기 위하여 양중 작업을 할 때에는 신호수를 배치하여야 하며, 띠장이 이동하는 경로 및 하부에는 근로자의 출입통제를 하여야 한다.

⑩ 띠장은 강선이 정착장에서 자유장, 띠장, 지압판까지 일직선을 유지할 수 있도록 적합한 위치에 설치되어야 한다.

(6) 인장 및 정착

① 주입재를 주입할 때 제작한 공시체에 대하여 압축강도시험을 실시하고 소요강도 이상의 강도발현을 확인한 후 강선을 인장하여야 한다.

② 인장을 할 때에는 사용하는 인장기의 실린더 단면적과 설계 인장력을 근거로 계산된 유압력을 미리 계산하고 이에 따라 인장하여야 한다.

③ 인장기의 유압게이지는 검교정한 것을 사용하여야 한다.

④ 인장을 할 때에는 시공계획서 또는 특기시방서에서 정한 인장시험, 인발시험, 확인시험을 실시하여야 하며, 하중단계별 강선의 늘음량을 측정하고 이를 기록하여야 한다.

⑤ 강성 판단 등 불의의 사고를 방지하기 위하여 인장되는 후면에는 근로자가 접근하지 않도록 하여야 한다.

(7) 계측

① 설계도서 또는 시공계획서에서 정한 각 계측기를 설치하고 초기 측정값을 기록 보존하여야 하며, 계측센서의 유실을 방지하기 위한 보호조치를 하여야 한다.

② 계측은 최소한 하중계, 경사계, 지하수위계를 1개조로 하여 설치하되 그 개수 및 항목은 현장 여건에 따라 적합하게 설치하여야 한다.

③ 계측의 주기는 현장의 여건에 따라 정하되 1주일 이내를 원칙으로 하며, 이상토압의 발견 또는 불안전한 변위 등이 발견된 때에는 그 주기를 단축하고 위험 여부를 확인하여야 한다.

④ 계측항목별 판단기준을 정하고 위험수위별 대처방안을 수립하여 두어야 한다.

⑤ 계측결과는 계측 즉시 감독 및 감리자에게 구두 또는 간략 보고하여야 하며, 보고서 작성 시간으로 인하여 위험단계의 대응시기를 놓치지 않아야 한다.

⑥ 흙막이 구조의 변형 등을 상시 육안 조사하고 해빙기 또는 장마기에는 특별점검을 실시하여야 한다.

⑦ 굴착 선단부에는 낙하의 위험이 있는 토사는 제거하여야 하다.

⑧ 굴착 선단부에는 중량물을 적재하는 등 상재하중을 가하지 않는 것을 원칙으로 하며, 현장 여건 상 필요한 경우에는 구조적 안전성을 확인하여야 한다.

(8) 해체

① 제거식 앵커인 경우에는 해체계획을 수립하고 이에 따라 작업을 수행하여야 한다. 해체계획에는 기시공된 구조물의 변형 등을 고려하여 구조물공사와 연계된 안전한 작업순서가 반영되어야 한다.

② 강선을 절단할 경우에는 높은 인장력이 도입된 상태에서 갑자기 절단되는 것이기 때문에 부품들이 비래될 우려가 있으므로 주의하여야 한다.

③ 띠장과 엄지말뚝 사이에 연결된 부위를 절단할 때에는 띠장의 낙하로 인한 위험이 발생되지 않도록 인양장비에 걸어두는 등 안전조치를 선행하여야 한다.

④ 지중에 매립된 강선을 제거할 때에는 급격한 인발로 인한 위험이 발생되지 않도록 서서히 인발하여야 한다.

3 그 밖의 흙막이공사에 관한 안전작업

KOSHA GUIDE C-39-2011 굴착공사안전작업지침 및 KOSHA GUIDE C-4-2012 흙막이공사(엄지말뚝) 안전작업지침의 규정에 따른다.

··· 30 Soil Nailing 공법

1 개요

(1) 'Soil Nailing 공법'이란 흙과 보강재 사이의 마찰력, Nail의 인장응력 등으로 흙과 Nail을 일체화시켜 지반의 안정을 도모하는 지반보강공법을 말한다.

(2) 절토사면의 보강, 굴착면의 흙막이 등으로 사용되며, Earth Anchor 공법과 유사한 공법으로 점착력 있는 지반에서 주로 사용한다.

2 Soil Nailing 공법의 목적

(1) 갱구부 보강

(2) 가설 흙막이 보강

(3) 사면 안정

(4) 옹벽 보강

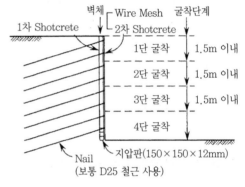

〈Soil Nailing 시공순서〉

3 Soil Nailing 공법의 적용 토질

(1) 경암반

(2) 연암반

(3) 풍화암(균열이 깊지 않은 것)

4 Soil Nailing 공법의 특징

(1) 장점

① 단일 공법으로 공종이 간단하며 공기가 단축됨

② 장비가 소형(크롤러 드릴)이며 굴착 시 가시설 불필요

③ 공사비가 저렴하며 원지반 자체를 벽체로 이용

④ 단계적으로 작업이 가능하며 좁은 장소에서도 시공 가능

⑤ 소음·진동이 적어 도심지 근접 시공에 유리

(2) 단점

① 지하수 발생 부위에 시공 곤란

② 점착력이 부족한 사질토 지반은 부적합

③ 공법 자체의 특성에 기인하는 수평·수직변위 발생에 유의

④ Nail의 부식에 유의

⑤ 계측관리 등의 정밀한 공사관리 필요

⑤ Nail의 종류

(1) Driven Nail

① 직경 15~46mm 정도의 연강으로 제조

② 지반을 천공하지 않고 유압 Hammer 또는 충격 Hammer를 이용하여 설계된 각도로 지반에 타입

(2) 부식 방지용 Nail

① 영구 구조물에 사용

② 물의 침투로 인한 부식(腐植)을 방지하기 위하여 아연 도금 또는 Epoxy로 피복된 Bar를 직접 지반에 타입

(3) Grouted Nail

① 일반적으로 가장 많이 사용, 직경 15~46mm 정도의 고강도 강봉

② 천공된 구멍 내부에 설치하여 Resin 또는 Grouting으로 충전하는 방법

⑥ Soil Nailing 공법 시공 Flow Chart

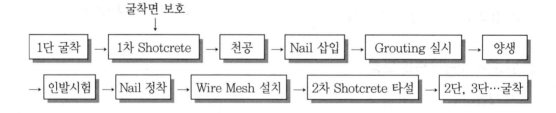

```
                        굴착면 보호
                            ↓
┌─────────┐   ┌──────────────┐   ┌─────────┐   ┌──────────┐   ┌────────────┐   ┌───────┐
│ 1단 굴착 │ → │ 1차 Shotcrete │ → │  천공   │ → │ Nail 삽입 │ → │ Grouting 실시 │ → │  양생  │
└─────────┘   └──────────────┘   └─────────┘   └──────────┘   └────────────┘   └───────┘

┌─────────┐   ┌───────────┐   ┌──────────────┐   ┌─────────────────┐   ┌──────────────┐
│ 인발시험 │ → │ Nail 정착 │ → │ Wire Mesh 설치 │ → │ 2차 Shotcrete 타설 │ → │ 2단, 3단…굴착 │
└─────────┘   └───────────┘   └──────────────┘   └─────────────────┘   └──────────────┘
```

⑦ Soil Nailing 공법 시공 시 유의사항

(1) 굴착작업

토질조건을 고려하여 Nailing으로 굴착벽면을 보강하며 1~2m 정도 굴착

(2) Shotcrete 작업

① 굴착벽면의 붕괴, 낙석 등을 방지하기 위하여 굴착 즉시 1차 Shotcrete를 시공하여 벽면 보호

② Nailing 작업 후 Wire Mesh로 보강하고 신속히 2차 Shotcrete 시공

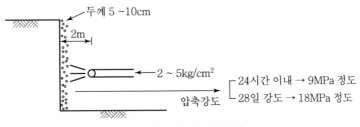

〈1차 숏크리트 전면처리〉

(3) 천공작업

① 설계된 각도를 유지하며 천공

② 천공 시 공벽 붕괴가 발생되지 않도록 지반조건에 적합한 천공기계 사용

(4) 천공간격

천공간격은 정해진 간격을 유지하는 것이 중요

(5) Grouting

① Nailing 작업이 끝나면 주입구를 통하여 정압으로 주입

② Grouting 주입 시 굴착공 내에 공기가 유입되지 않도록 유의

(6) 긴장작업

Nail의 긴장작업은 요구되는 강도 도달 시까지 긴장하여 정착

(7) 정착력 확인

긴장 완료된 Nailing은 지압판 위에 정착시킨 후 긴장력 시험기를 통하여 정착력 확인 검사 실시

(8) 기타

① 단계별로 굴착과 보강이 동시에 이루어지므로 품질관리에 유의

② 점착력이 약한 지반에서는 시공이 곤란하므로 주의

8 결론

Soil Nailing 공법은 기초, 사면, 터널 갱구부 등에 널리 사용되는 공법으로 보강 및 영구 벽체로의 활용에 대한 규정이 확보되어 있으며 향후 보다 안전하고 경제적인 시공법에 대한 연구 개발이 진행되어야 할 것이다.

사 면

··· 01 사면(Slope)의 종류

🔳 개요

사면은 자연상태로 존재하는 무한사면과 인위적인 토공사로 발생되는 유한사면·직립사면으로 구분된다. 특히, 인위적인 건설공사로 인해 발생되는 유한사면과 직립사면의 붕괴유형을 이해하고 방지대책을 수립하는 것은 토공작업의 가장 기본적인 안전대책으로 평가된다.

🔳 무한사면(Infinite Slope)

(1) 활동하는 흙의 깊이에 비해 사면의 길이가 긴 사면

(2) 사면의 높이가 대략 활동면 깊이의 10배 이상인 사면

(3) 붕괴 형태

① 직선활동에 의한 평면파괴

② 경사가 완만하여 서서히 발생하며 활동속도가 매우 느림

🔳 유한사면(Finite Slope)

(1) 활동하는 흙의 깊이가 사면의 높이보다 비교적 긴 사면

(2) 붕괴 형태

① 사면 천단부 붕괴(사면 선단 파괴 : Toe Failure)
  • 사면의 활동면이 사면의 끝(Toe)을 통과하는 경우의 파괴
  • 사면의 경사각이 53° 이상일 때 발생

② 사면 중심부 붕괴(사면 내 파괴 : Slope Failure)
  • 사면의 활동면이 사면의 끝보다 위를 통과하는 경우의 파괴
  • 연약토에서 굳은 기반이 얕게 있을 때 발생

③ 사면 하단부 붕괴(사면 저부 파괴 : Base Failure)
  • 사면의 활동면이 사면의 끝보다 아래를 통과하는 경우의 파괴
  • 연약토에서 굳은 기반이 깊이 있을 때 발생

4 직립사면

(1) 단단한 지반(점토지반, 암반)을 연직으로 깎은 사면

(2) 붕괴의 형태

① 비탈의 일부가 낙하 또는 아래로 굴러 떨어지는 붕락(Falls) 형태

② 떨어지는 물체와 비탈 사이에 전단변위가 거의 없으며 낙하속도가 매우 빠름

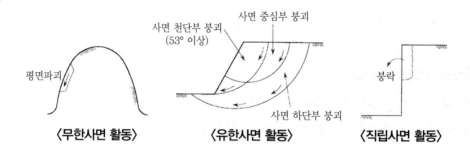

〈무한사면 활동〉　　〈유한사면 활동〉　　〈직립사면 활동〉

1 개요

(1) '사면(Slope)'이란 지표면의 경사를 말하며, 자연사면과 인공사면으로 나눌 수 있다. 자연사면의 붕괴현상으로는 산사태(Land Slide)가 있으며 인공사면의 붕괴현상으로는 사면파괴(절토사면과 성토사면의 붕괴)가 있다.

(2) 사면파괴의 발생원인에는 외적 요인과 내적 요인이 있으며, 사면파괴를 방지하기 위해서는 이들 요인을 잘 파악하여 효과적인 대책을 결정하여야 한다.

2 사면의 종류

(1) 무한사면(Infinite Slope)

활동하는 흙의 깊이에 비해 사면의 길이가 긴 사면

(2) 유한사면(Finite Slope)

활동하는 흙의 깊이가 사면의 높이보다 비교적 긴 사면

(3) 직립사면

단단한 지반(점토지반, 암반)을 연직으로 깎은 사면

3 사면붕괴 방지대책

(1) 사면보호공법(억제공)

① 식생공 : 평떼붙임공, 식생 Mat공, 식수공, 파종공 등

② 뿜어붙이기공 : 콘크리트 또는 Cement Mortar를 뿜어 붙임

③ 블록공 : 사면을 Block이나 격자 모양 Block으로 덮는 사면안정공법

④ 돌쌓기공, Block 쌓기공 : 견치석 또는 콘크리트 Block을 쌓아 보호하는 공법

⑤ 배수공 : 지표수 배수를 통한 공법

⑥ 표층안정공 : 약액 또는 Cement를 지반에 Grouting하는 공법

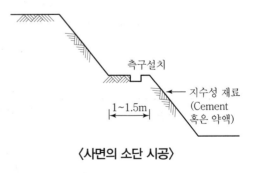

〈사면의 소단 시공〉

(2) 사면보강공법(억지공)

① **말뚝공(억지말뚝)** : 말뚝 시공으로 활동을 억제하는 공법

② **앵커공(Earth Anchor 공법)**

③ **옹벽공**

④ **절토공**

⑤ **압성토공** : 자연사면 선단부에 토사를 성토하여 활동에 대한 저항력을 증가시키는 공법

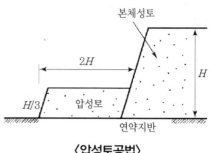

〈압성토공법〉

⑥ **Soil Nailing 공법** : 사면에 강철봉을 타입 또는 천공 후 삽입시켜 지반의 안정을 도모하는 공법

〈Soil Nailing 천공작업〉

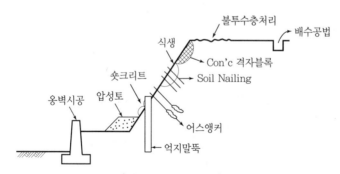

〈사면붕괴 방지대책〉

[사면붕괴 비교]

구분	Land Slide	Land Creep
지형	급경사 30° 이상	완경사(5~20°)
토질	불연속층	활동면
속도	순간적	느림
붕괴규모	작음	큼

4 절토작업 시 준수사항

(1) 상부의 붕락 위험이 있는 장소에서의 작업은 금한다.

(2) 상·하부 동시작업은 금지하나 부득이한 경우 다음 조치를 실시한 후 작업한다.

　① 견고한 낙하물 방호시설 설치

　② 부석 제거

　③ 작업장소에 불필요한 기계 등의 방치 금지

　④ 신호수 및 담당자 배치

(3) 굴착면이 높은 경우 계단식으로 굴착하고 소단 폭은 2m 정도로 한다.

(4) 사면경사 1 : 1 이하이며 굴착면 2m 이상인 경우 안전대 등을 착용하고 작업한다.

(5) 급경사에는 사다리 등을 통로로 사용하고 도괴하지 않도록 상·하부를 고정시키고 장기간 공사 시에는 비계 등을 설치한다.

(6) 용수 발생 시 즉시 작업책임자에게 보고하고 배수 및 작업방법에 대해 지시를 받는다.

(7) 우천 또는 해빙으로 토사 붕괴가 우려되는 경우 작업 전 점검을 실시하고 특히 굴착면 천단부 주변에는 중량물 방치를 금하며 건설기계 통과 시 적절한 조치를 한다.

(8) 절토면을 장기간 방치 시 가마니 쌓기, 비닐 덮기 등 적절한 보호조치를 한다.

(9) 발파 암반 방치 시 낙석 방지용 방호망 부착, 모르타르 주입, 그라우팅, 록볼트 설치 등의 방호시설을 한다.

(10) 암반이 아닌 경우 경사면에 도수로, 산마루 측구 등 배수시설을 하고, 제3자가 통행할 가능성이 있는 경우 가설방책 등 안전시설과 안전표지판을 설치한다.

(11) 벨트 컨베이어를 사용할 경우는 경사를 완만하게 하여 안정된 상태를 유지하도록 하며, 컨베이어 양단면에 스크린 등의 설치로 토사의 전락을 방지한다.

5 굴착면 기울기

구분	지반의 종류	기울기
흙	모래	1 : 1.8
	그밖의 흙	1 : 1.2
암반	풍화암	1 : 1
	연암	1 : 1
	경암	1 : 0.5

6 유의사항

설계 등 여건상 기울기 준수가 어려운 경우에는 지반 안전성검토 결과에 따른 기울기로 하여야 한다.

7 결론

(1) 사면의 붕괴는 사면의 종류에 따라 파괴형태가 결정되며, 경사면의 경사각과 토질에 따라 붕괴규모가 큰 차이를 보인다.

(2) 사면 붕괴에 의한 재해를 방지하기 위해서는 안전점검기준에 따라 점검이 이루어져야 하며, 점검 후 보수·보강 시에도 재해 발생 방지대책 수립 후 실시해야 한다.

··· 03 암반사면의 붕괴형태

1 개요

암반사면의 붕괴는 암석의 강도보다 불연속면의 발달상태에 따라 형태가 달라지며, 붕괴형태에는 원형파괴, 평면파괴, 쐐기파괴, 전도파괴 등이 있다.

2 암반사면의 붕괴형태

(1) 원형파괴(Circular Failure)

① 불연속면이 불규칙하게 많이 발달된 경우 발생
② 풍화가 심하거나 절리가 심하게 발달된 암반에서 발생

(2) 평면파괴(Plane Failure)

① 불연속면이 한 방향으로 발달되어 있는 경우 발생
② 불연속면의 경사방향이 절개면의 경사방향과 평행할 때 발생

(3) 쐐기파괴(Wedge Failure)

① 불연속면이 두 방향으로 발달하여 불연속면이 교차되는 경우 발생
② 두 개의 불연속면의 교선이 사면의 표면에 나올 때

(4) 전도파괴(Toppling Failure)

① 절개면의 경사방향과 불연속면의 경사방향이 반대인 경우 발생
② 절개면과 절리면의 주향 차이가 ±20° 이내일 때

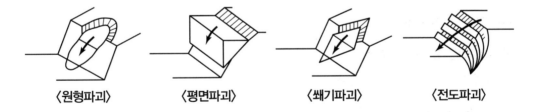

〈원형파괴〉　　〈평면파괴〉　　〈쐐기파괴〉　　〈전도파괴〉

··· 04 암반사면의 붕괴 원인과 방지대책

1 개요

(1) 암반사면은 암반 내 불연속면(Discontinuity), 경사(Dip), 절리(Joint) 등에 관계되어 활동하는 사면으로서, 암반의 강도와 지질구조 변화를 파악하여 붕괴요소에 따른 효과적인 공법을 선택하여야 한다.

(2) 암반사면의 안정대책 공법 선정 시에는 암괴 형태 및 암반 내에 발달하고 있는 절리방향·절리 간격·연장성 등을 고려하여 시공 여건에 적합하고 경제적인 공법을 선정하여 암반사면의 안정을 확보하여야 한다.

2 암반사면의 붕괴 형태

(1) 원형파괴

불연속면이 불규칙하게 많이 발달된 경우 발생

(2) 평면파괴

불연속면이 한 방향으로 발달되어 있는 경우 발생

(3) 쐐기파괴

불연속면이 두 방향으로 발달하여 불연속면이 교차되는 경우 발생

(4) 전도파괴

절개면의 경사방향과 불연속면의 경사방향이 반대인 경우 발생

3 암반사면 붕괴의 원인

(1) 일률적인 표준구배 적용

설계 시 지층의 특성을 고려하지 않은 일률적 표준구배 적용

(2) 사면안정 해석방법의 오류

풍화암이나 절리가 많은 연암의 사면은 토사사면의 특성을 참조해야 함

(3) 진동·충격

발파, 지진 등에 의한 진동이나 충격

(4) 암반의 강도 저하

낮은 암반 강도로 인한 풍화에 따른 붕괴

⑸ 함수량 증가

① 함수량 증가(지표수·지하수 침투)에 따른 암반 중량 증가에 의한 붕괴

② 지하수위와 간극수압 증가에 의한 붕괴

⑹ 사면구배 높이의 증가

사면의 불안정으로 인한 붕괴

⑺ 하중의 증가

구조물, 강우, 적설 등 외적인 하중의 증가에 의한 붕괴

⑻ 사면의 형상 변화

하천·해안의 침식(하식·해식)에 의한 붕괴

◢ 암반사면 붕괴 방지대책

⑴ 선균열 발파(Pre-split)

① 선균열 발파에 의해 이완된 사면의 위치를 후퇴시키거나 경사를 조정하면서 붕괴되거나 이완된 부분을 제거(화강암 등 균질한 발파층에 적용)

② 부분적으로 낙석($0.5m^3$ 이상)의 우려가 있는 개소는 Rock-Bolt 등으로 보강

⑵ 무진동 발파

① 천공 후 팽창제를 충전하여 무진동으로 발파

② 절취면 배후에 진동 차단용 무장약 천공부를 주열상으로 천공 후 소발파

⑶ 옹벽공

① 뒤채움식 옹벽 : 옹벽과 암반사면 사이를 성토로서 배면경사를 완만하게 조정

② 의지식 옹벽 : 암반사면에 옹벽 설치로 사면 붕괴 방지

⑷ Texsol 공법

① 원지반 절취 후 자연산 모래에 화학섬유를 현장에서 혼합하여 Texsol 옹벽 타설

② 강도가 높아 옹벽의 기능을 가진 구조물에 가능한 공법

⑸ Rock Bolt

암반사면인 경우 Rock Bolt 시공

⑹ 앵커공

① 고강도 앵커재를 암반사면에 삽입하여 견고한 암반층에 정착시켜 불안정한 암반을 고정

② 앵커재 두부(頭部)에 작용하는 하중을 정착암반에 전달하는 암반 안정 공법

③ 종류 : Rock Anchor, Rock Bolt

(7) 배수공

① 암반의 강도를 저하시키는 지표수, 지하수를 배수시켜 사면의 안정을 유지하는 공법

② 배수공의 분류

- 지표수 배제공
  - 지반활동의 원인이 되는 지표수가 사면 내에 침투하지 못하도록 하는 공법
  - 종류 : 침투방지공, 수로공, 유공관 매설공 등
- 지하수 배제공
  - 사면 내의 지하수위를 저하시켜 공극수압의 상승을 방지하는 공법
  - 종류 : 수평 보링공, 집수정공, 배수터널공 등

(8) 기타

① 사면구배 높이의 완화　　　　　② 소단 설치

③ 콘크리트 격자틀과 Anchor의 결합　　④ 낙석방지망 설치

⑤ Steel Fence 설치

5 작업 시 안전관리 유의사항

(1) 동시작업 금지

① 붕괴 토석의 최대 도달거리 내에서 굴착공사, 배수관 매설, 철근 Con'c 타설 등의 동시 작업 금지

② 동시 작업 시 적절한 보강대책 강구

(2) 대피공간 확보

① 일반적으로 붕괴의 속도는 높이에 비례

② 수평방향의 활동에 대비하여 작업장 좌우에 피난통로 확보

(3) 2차 재해 방지

① 작은 규모의 붕괴 발생 후 구조작업 도중 대형 붕괴 연속 발생에 대비

② 붕괴면의 주변 상황을 충분히 확인하고 안전대책 조치 후 작업 실시

6 결론

암반사면 붕괴 방지를 위한 대책공 시공 시에는 관리감독자를 선임해 작업 중 발생할 수 있는 돌발 재해에 대비해야 하겠으며, 특히 동시 작업의 금지와 대피공간의 확보가 이루어져야 한다. 또한, 작업에 투입하는 근로자들에게는 작업순서를 충분히 숙지토록 안전교육을 실시하고 작업절차에 따라 안전한 작업이 이루어지도록 해야 한다.

··· 05 암반사면의 안정성 평가방법

1 개요

암반사면은 암반 내 불연속면(Discontinuity), 경사(D구), 절리(Joint) 등에 의해 활동하는 사면으로 암석의 강도보다는 불연속면의 발달상태를 조사하여 사면안정을 판단하는 것이 중요하다.

2 암반사면의 파괴형태

(1) 원형파괴

불연속면이 불규칙하게 발달된 경우 발생하는 파괴형태

(2) 평면파괴

불연속면이 한 방향으로 발달되어 있는 경우 발생하는 파괴형태

(3) 쐐기파괴

불연속면이 두 방향으로 발달하여 불연속면이 교차되는 경우 발생하는 파괴형태

(4) 전도파괴

절개면의 경사방향과 불연속면의 경사방향이 반대인 경우 발생하는 파괴형태

3 암반사면의 안정성 평가방법

(1) 현장조사

① **지표지질조사** : 지형, 분포암종, 기존 절취면 경사, 붕괴흔적, 불연속면 조사(방향, 간격, 연장, 강도, 틈새, 암괴의 크기·형태 등)

② **시추조사** : 시추조사(NX 규격), 표준관입시험, 공내 시료채취

(2) 현장시험

① Schmidt Hammer Test : 암석의 일축압축강도 측정

② Point Load Test : Core 시료에 대한 일축압축강도 측정

③ Tilt Test : 절리면의 경사각 측정

④ Profile Gauge Test : 절리면의 거칠기 정도 측정

(3) 암석시험

① **일축압축강도시험** : 일축압축강도, 푸아송비, 탄성계수, 탄성파속도, 비중, 흡수율 측정
② **삼축압축시험** : 전단강도 산출
③ **절리면 전단시험** : 암반의 저항각 측정

(4) 사면안정해석

① 지질조사에서 조사된 위험 암반 지점에 대하여 평사투영법으로 개략적인 사면안정해석 실시
② 평사투영법에 의하여 위험하다고 판정된 부분에 대해 한계평형법에 의한 정밀 사면안정해석을 실시하여 안정성 평가

4 평가 시 유의사항

(1) 점검 기계·기구의 정비로 정확한 점검이 이루어지도록 할 것
(2) 정확한 점검이 이루어질 수 있도록 사전교육 실시
(3) 재해 방지를 위한 보호구의 지급 및 착용상태 확인
(4) 측정 결과의 관리를 통한 Data Feedback

··· 06 사면의 계측

1 개요

'계측(Observation)'이란 계측기기의 기능을 조합시켜 공학적으로 유용한 정보를 수립하는 것을 말하며, 사면의 계측은 대상에 따라 지반·지표변위, 간극수압, 하중, 토압으로 나눌 수 있다.

2 계측방법 분류

(1) 상시계측
(2) 자동계측

3 사면계측의 목적

(1) 사면 불안정의 원인 및 대책 강구
(2) 사면 불안정 상태를 예보(경보를 발하여 주민 대피 등)
(3) 지반변위 관측
(4) 사면안전대책 수립·시행

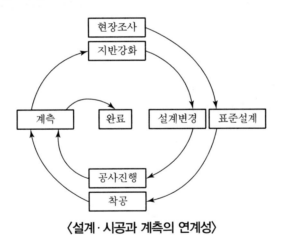

〈설계·시공과 계측의 연계성〉

4 세부 계측계획

(1) **계측 인력 배치** : 계측업무 분담
(2) **계측기 설정** : 계측기의 상세 배치 계획
(3) **계측기 설치** : 설치위치, 설치시기 결정
(4) **측정** : 세부측정계획 수립

(5) 자료 정리 : 자료의 정리 및 Data 수집·해석

(6) 결과 보고 : 계측 결과의 보고 및 보완사항 시행

5 사면의 계측

(1) 원상태의 현장조건 측정

① 사면 기울기 측정 : Tiltmeter

② 지하수위 측정 : Water Level Meter

③ 기타 : 불연속면, 잠재파괴면 등의 측정

(2) 굴착 중 사면안정 측정

① 지반·지표변위 측정

- 측량기 : Level, Transit
- 균열계 : Crack Gauge
- 경사계 : Tiltmeter

② 지반·지중변위 측정

- 경사계 : Inclinometer
- 침하계 : Extensometer
- 간극수압계 : Piezometer

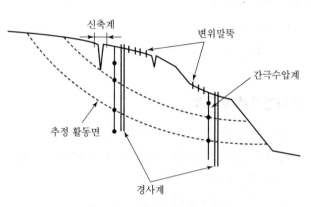

〈사면의 계측기 설치도해〉

6 계측 시 유의사항

(1) 계측 전 충분한 자료의 검토 선행

(2) 계측관리방법에 의한 관리기준 준수

(3) 계측목적에 부합하는 정확한 측정 대상과 계측빈도 관리

7 결론

사면의 안정은 절토부나 성토부의 안전 확보를 위한 매우 중요한 검토사항으로, 시공 단계에서 보호·보강공을 시공한 경우라도 유지관리 단계에서의 불안정한 요인에 의해 안전성이 급격하게 저하될 수 있는 요인이 지속적으로 발생하므로 이에 대한 정보화 관리가 매우 중요한 의미를 갖는다고 할 수 있다.

CHAPER

04

옹벽

··· 01 옹벽(Retaining Wall)

1 개요

(1) '옹벽(Retaining Wall)'이란 절·성토 시 사면의 붕괴를 방지하기 위하여 설치하는 토압에 저항하는 구조물을 말한다.

(2) 옹벽의 재료는 무근 Con'c, 철근 Con'c, 돌, 벽돌 등으로 나눌 수 있으며, 구조상으로는 중력식 옹벽, 반중력식 옹벽, 역T형 옹벽, 부벽식 옹벽 등이 있다.

2 옹벽의 용도

(1) 성토·절토 사면의 안정

(2) 하천의 호안

(3) 택지 배후지의 활용

3 옹벽의 종류

(1) 중력식 옹벽(Gravity Type Retaining Wall) : 3m 이하

① 옹벽 자체의 무게로 토압 등의 외력에 대응하는 옹벽

② 기초기반이 양호한 경우 무근 Con'c, 석축으로 시공

(2) 반중력식 옹벽(Semi-gravity Type Retaining Wall)

① 중력식 옹벽과 철근 Con'c 옹벽의 중간 형식

② 중력식 옹벽의 벽두께를 얇게 하고 이로 인해 생기는 인장응력에 저항하기 위해 철근으로 보강

(3) 역T형 옹벽(Reversed T-shaped Retaining Wall) : 5~7m

① 옹벽의 배면에 기초 Slab가 일부 돌출한 모양의 옹벽

② 옹벽 높이가 높을 때 적용하는 형식

〈중력식 옹벽〉　　〈반중력식 옹벽〉　　〈역T형 옹벽〉

(4) 부벽식 옹벽(Buttress Type Retaining Wall) : 7m 이상

① 직접 토압을 지탱하고 있는 벽의 전면 또는 후면에 격벽을 붙여 보강한 옹벽

② 앞부벽식과 뒷부벽식이 있다.

〈앞부벽식 옹벽〉　　〈뒷부벽식 옹벽〉

(5) 보강토 옹벽

(6) Gabion 옹벽 등

4 옹벽에 작용하는 토압

(1) 주동토압(P_a : Active Earth Pressure)

$$P_a = \frac{1}{2}K_a\gamma H^2, \ K_a = \tan^2\left(45° - \frac{\phi}{2}\right)$$

① 벽체의 앞쪽으로 변위를 발생시키는 토압

② 옹벽과 같은 구조물에서 검토되는 토압

③ 옹벽 설계용 토압은 주동토압을 사용

(2) 정지토압(P_o : Earth Pressure At Rest)

$$P_o = \frac{1}{2}K_o\gamma H^2, \ K_o = 1 - \sin\phi$$

① 벽체에 변위가 없을 때의 토압

② 토압이 정지상태에 있다는 개념

③ 정지토압의 적용

　• 지하벽이나 Box Culvert(암거) 등의 지하구조물

　• 변위를 허용하지 않는 교대구조물

(3) 수동토압(P_p : Passive Earth Pressure)

$$P_p = \frac{1}{2}K_p\gamma H^2, \ K_p = \tan^2\left(45° + \frac{\phi}{2}\right)$$

① 벽체의 뒤쪽으로 변위를 발생시키는 토압

② 벽체가 흙쪽으로 향해 움직일 때 흙이 벽체에 미치는 압력

③ 흙막이벽에서 주로 발생하며, 정지토압보다 크다.

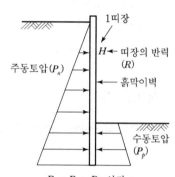

$P_a < P_p + R$: 안전
$P_a = P_p + R$: 정지토압
$P_a > P_p + R$: 붕괴

〈토압의 분포도〉

(4) 토압의 크기

$$\boxed{수동토압(P_p) > 정지토압(P_o) > 주동토압(P_a)}$$

5 토압의 변화

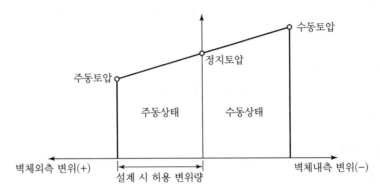

6 옹벽의 시공 시 유의사항

(1) 기초공

① **지지 지반이 암반인 경우**

푸팅(Footing) 시공에 필요한 깊이까지 암반을 굴착하고 직접기초로 시공

② **지지 지반이 토사·자갈 등인 경우**

굴삭면에 율석을 깔고 충분히 균등다짐을 하여 Con'c를 타설한 후 직접기초로 시공

③ **지지 지반이 경사인 경우**

계단식으로 암반층까지 콘크리트로 치환한 후 구체 시공

④ **연약지반에 옹벽을 세울 경우**

- 일반적으로 말뚝기초로 시공
- 연약층이 얇거나 치환재료의 입수가 쉬울 때에는 연약층을 치환하여 균일한 지지상태로 한 후 시공

(2) 구체공

① Footing부와 상부는 일체로 하여 Con'c 타설
② 일체로 시공이 불가능할 경우 시공이음, 강제 삽입 등의 대책 수립 후 Con'c를 타설
③ 옹벽에는 연장 방향으로 중력식은 10m, 부벽에서는 15~20m 간격으로 신축이음 설치
④ 부벽식 옹벽과 같이 다짐이 곤란한 뒤채움은 다짐층 두께를 얇게 하여 래머 등으로 충분히 다짐
⑤ 빗물과 지하수 침투로부터 보호하기 위한 배수공 설치

7 옹벽 시공 시 안전대책

(1) 수평방향의 연속시공 금지 및 분단시공

수평방향의 연속시공을 금하며, 블록으로 나누어 단위시공 단면적을 최소화하여 분단 시공

(2) 굴착 후 방치 금지

하나의 구간 굴착 시 방치하지 말고 즉시 버림 Con'c로 타설하고 기초 및 본체 구조물 축조 마무리

(3) 절취 경사면의 방호

전석, 낙석의 우려 시 혹은 장기간 방치 시 Shotcrete, Rock Bolt, Net, 캔버스 및 Mortar 등으로 방호

(4) 대피 통로 확보

작업 위치의 좌우에 대피 통로 확보

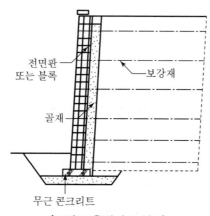

전면판
또는 블록

보강재

골재

무근 콘크리트

〈보강토 옹벽의 모식도〉

8 결론

옹벽은 사용목적, 설치장소에 따라 경제성, 유지·관리 편리성을 고려해야 하며, 안전조건이 확보되어야 설계목적에 부합할 수 있으므로 특히 뒤채움, 배수, 이음부에 대한 관리 및 시공 시 재해방지조치에 만전을 기해야 한다.

1 개요

(1) 옹벽이란 절·성토사면의 붕괴를 방지하는 구조물이며 구조상으로는 중력식, 반중력식, 역T형, 부벽식 옹벽이 있다.

(2) 옹벽은 활동·전도·침하 안정성인 3대 안정성에 대한 검토가 필요하며, 최근 지진 발생 건수가 증가하고 있음을 감안해 이에 대한 안전대책의 수립도 필요하다.

2 옹벽의 종류

(1) 중력식 옹벽　　　　　　　(2) 반중력식 옹벽

(3) 역T형 옹벽　　　　　　　(4) 부벽식 옹벽

(5) 보강토 옹벽　　　　　　　(6) Gabion 옹벽

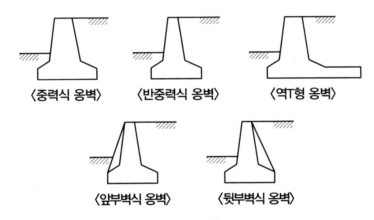

〈중력식 옹벽〉　　〈반중력식 옹벽〉　　〈역T형 옹벽〉

〈앞부벽식 옹벽〉　　〈뒷부벽식 옹벽〉

3 옹벽에 작용하는 토압

(1) 주동토압

(2) 정지토압

(3) 수동토압

(4) **토압의 크기**

　　수동토압 > 정지토압 > 주동토압

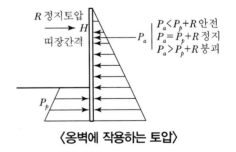

R 정지토압

H

띠장간격

P_a

$\begin{vmatrix} P_a < P_p + R \text{ 안전} \\ P_a = P_p + R \text{ 정지} \\ P_a > P_p + R \text{ 붕괴} \end{vmatrix}$

P_p

〈옹벽에 작용하는 토압〉

④ 옹벽의 안정성 검토

(1) 활동에 대한 안정성

① 안전율 $F_s = \dfrac{\text{기초지반 마찰력 합계}}{\text{수평력 합계}} \geq 1.5$

② 대책
- 기초 하부에 Shear Key 설치
- 기초 저판 폭 증대
- 기초 하부 말뚝 보강

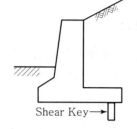

Shear Key →

(2) 전도에 대한 안정성

① 안전율 $F_s = \dfrac{\text{전도에 저항하는 모멘트}}{\text{전도 모멘트}} \geq 2.0$

② 대책
- 옹벽의 높이 낮춤
- 기초 후면의 뒷굽 길이 확장

(3) 침하에 대한 안정성

① 지반의 극한 지지력 > 연직력의 합

안전율 $F_s = \dfrac{\text{지반의 극한 지지력}}{\text{연직력의 합}} \geq 3.0$

② 대책
- 기초 하부 지반 개량 및 강화
- 기초저판의 폭 증대

(4) 원호활동에 대한 안정성

안전율 $F_s \geq 1.5$

⑤ 수위상승 방지를 위한 대책

(1) 지하수에 의한 간극수압 발생을 방지하기 위한 대책

유효응력의 저하 방지

[전응력 유효응력 비교]

구분	전응력해석	유효응력해석
전단강도	$S = c + \sigma \tan\phi$	$S = c + (\sigma - \mu)\tan\phi$
간극수압	미고려	고려
적용	절토, 성토 직후	절토, 성토의 장기안정

(2) 배수공의 설치 사례

① 배수공 : 배수공 지름 5~10cm, 수평·수직으로 3m 이내마다 설치

② 배면토압 저하를 위해 투수성 재료, 토압 발생이 적은 재료로 시공

6 계측관리

(1) 변위측정기

옹벽 벽체 수직·수평변위 측정

(2) 부등침하계

옹벽 상부 구조물 부등침하 측정

(3) 경사계

옹벽의 경사도 측정 관리

(4) 간극수압계

옹벽 배면의 간극수압 측정

7 결론

옹벽은 3대 안정성인 활동·전도·침하에 대한 안정성 확보가 가장 중요하며, 또한 뒤채움, 이음부, 배수공의 등의 관리상태 확인을 위한 유지관리 단계에서의 계측관리가 상시 운영되어야 한다.

···03 옹벽의 붕괴 원인과 안전대책

1 개요

옹벽의 붕괴는 설계단계부터 시공 및 유지관리 등 여러 요인에 의해 발생되므로 각 단계별 안전성 확보와 보수·보강으로 재해 방지에 힘써야 한다.

2 옹벽의 종류

(1) 중력식 옹벽(Gravity Type Retaining Wall)

옹벽 자체의 무게로 토압 등의 외력에 지지(支持)하는 옹벽

(2) 반중력식 옹벽(Semi-gravity Type Retaining Wall)

중력식 옹벽과 철근콘크리트 옹벽의 중간 형태

(3) 역T형 옹벽(Reversed T-shaped Retaining Wall)

옹벽의 배면에 기초 Slab가 일부 돌출된 옹벽

(4) 부벽식 옹벽(Buttress Type Retaining Wall)

토압을 지지하고 있는 벽의 전면 또는 후면에 격벽을 붙여 보강한 옹벽

3 옹벽의 안정성 검토조건

(1) 활동에 대한 안정성
(2) 전도에 대한 안정성
(3) 기초지반의 지지력 안정성
(4) 원호활동에 대한 안정성
(5) 지진(地震)에 대한 안정성

4 옹벽의 붕괴 원인

(1) 옹벽의 안정성 미확보

옹벽의 활동, 전도 기초지반의 지지력 등에 대한 안정성 미확보

(2) 지반의 지지력 부족

지반의 지지력 부족으로 침하 및 활동 발생

(3) 배수 불량

배수공의 부족 및 배수공 막힘에 의한 수압 발생

(4) 과도한 토압의 발생

간극수압 또는 성토하중에 의한 토압

(5) 옹벽 뒷굽 길이의 부족

옹벽의 저판 길이가 짧을 경우 전도 또는 침하 발생

(6) 옹벽 배면의 활동 발생

옹벽 배면의 성토하중으로 전도·침하·활동 발생

(7) 뒤채움 불량

옹벽의 뒤채움 재료의 불량 또는 뒤채움토의 다짐 불량

(8) 옹벽 저판면적 부족

기초저면과 흙의 마찰력 부족으로 활동·침하 발생

(9) 옹벽의 높이

옹벽의 높이가 높을수록 전도모멘트 증가

5 옹벽의 붕괴 방지대책

(1) 옹벽의 안정성 확보

(2) 기초지반 지지력 증대

① 기초지반 개량
② 기초저판 확대

(3) Pile 보강

(4) 배수공 및 Filter 설치

① 배수공 간격 : 4.5m 이내
② 공직경 : $\phi\, 65\sim100$mm

(5) 주동토압 경감 확장

옹벽 배면에 잡석 등으로 주동토압 경감

(6) 옹벽 뒷굽 길이로 전도모멘트에 대응

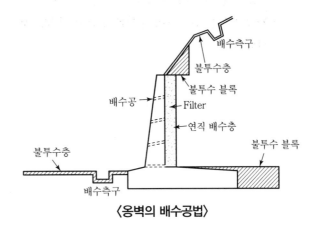

〈옹벽의 배수공법〉

(7) 옹벽 배면의 활동 경감

Earth Anchor, Rock Bolt, Rock Anchor 시공

(8) 양질의 뒤채움재 치환 및 다짐으로 전단강도 증대

(9) 배면 배수구 시공

(10) 옹벽의 높이 조정으로 전도모멘트 저감

(11) 기타

① 뒤채움 재료는 최대 입경 100mm 이하

② 기초 Slab 하부에 Shear key 설치

③ 옹벽 배면에 Filter층 설치로 배수공 막힘 방지

6 옹벽 시공 시 안전대책

(1) 수평방향의 연속시공 금지, 분단시공

(2) 굴착 후 방치 금지

(3) 절취경사면 보호

(4) 대피통로 확보

7 결론

(1) 옹벽의 붕괴는 설계 단계에서의 안전성 검토 부족, 시공 지반의 지지력 부족 등에 의해 발생되므로 시공 시 안전성 확보에 만전을 기해야 한다.

(2) 완공 후에는 유지관리 계획을 수립해 적절한 보수·보강 공법에 의한 유지관리가 이루어져야 한다.

옹벽(콘크리트 옹벽)공사의 안전보건작업지침 [C-78-2016]

이 지침은 산업안전보건기준에 관한 규칙에 의거 옹벽공사(콘크리트 옹벽) 중 발생할 수 있는 토사의 무너짐, 장비에 의한 부딪힘 및 깔림, 고소작업 시 떨어짐 등의 재해를 예방할 수 있는 콘크리트 옹벽공사 안전보건 작업지침을 정함을 목적으로 한다.

1 콘크리트 옹벽의 종류

(1) 중력식 옹벽

옹벽 자체의 무게로 토압 등의 외력을 지지하여 자중으로 토압에 저항하는 형식

(2) 반중력식 옹벽

중력식 옹벽의 벽두께를 얇게 하고 이로 인해 생기는 인장응력에 저항하기 위해 철근을 배치한 형식

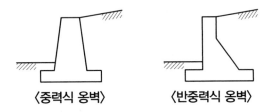

〈중력식 옹벽〉　　〈반중력식 옹벽〉

(3) 캔틸레버(Cantilever)식 옹벽

① 역T형 옹벽 : 옹벽의 배면에 기초 슬래브가 일부 돌출한 모양의 옹벽 형식
② L형 옹벽 : L형 옹벽은 한쪽 끝이 고정되고 다른 끝은 받쳐지지 않은 상태로 되어있는 보를 이용해 옹벽의 재료를 절약하는 형식

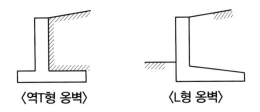

〈역T형 옹벽〉　　〈L형 옹벽〉

(4) 부벽식 옹벽

① 앞부벽식 옹벽 : 외벽면에서 바깥쪽으로 튀어나와 벽체가 쓰러지지 않게 지탱하기 위하여 부벽을 이용하는 형식
② 뒷부벽식 옹벽 : 부벽을 2~3m마다 설치하여 벽체 및 기초의 강성을 증대시키는 형식

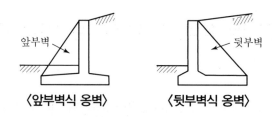

〈앞부벽식 옹벽〉　　　〈뒷부벽식 옹벽〉

2 콘크리트 옹벽공사 작업별 안전사항

콘크리트 옹벽 작업 시에는 다음과 같은 순서에 의하여 안전작업절차를 준수하여야 한다.

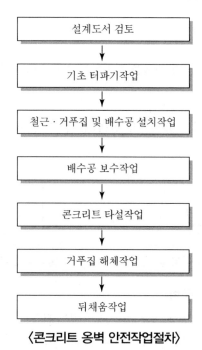

〈콘크리트 옹벽 안전작업절차〉

3 일반 안전사항

(1) 옹벽 기초형식을 결정 시에는 지형 및 지반조건을 충분히 검토하고 구조형식과 시공조건을 고려하여야 한다.

(2) 옹벽공사 작업계획은 작업장소의 여건과 설계도서(도면 및 시방서) 등을 검토하여 안전한 작업계획을 수립하여야 한다.

(3) 모든 단위공정은 사전 위험성평가를 실시하여 잠재 위험요인에 대한 안전대책을 수립하여 관리하여야 한다.

(4) 작업장의 지형, 지반 및 지층상태 등에 대한 사전조사를 실시하여 작업계획서를 작성하고, 근로자에게 주지시켜야 한다.

(5) 작업계획서 작성 시 비계, 거푸집, 백호, 카고크레인, 펌프카, 다짐기계 등의 사용 시 안전성 검토 후 작업계획을 수립하여야 한다.

(6) 작업계획서는 옹벽(콘크리트 옹벽)공사의 공법에 대한 이해와 경험이 풍부한 작업지휘자가 작업사항을 검토하여 실제 안전작업이 이루어지는지 확인하여야 한다.

(7) 차량계 건설기계 사용 시 작업반경 내에는 근로자 출입금지 조치 및 신호수 배치 등 접촉 및 충돌방지 조치를 하여야 한다.

(8) 차량통행이 많은 도로 등의 장소에서 작업 시에는 교통처리계획을 수립하여 안전 시설물의 설치 및 신호수를 배치하고 작업을 실시하여야 한다.

(9) 순간 풍속이 초속 10m를 초과하여 근로자에게 위험을 미칠 우려가 있는 경우에는 즉시 작업을 중지하여야 한다.

4 기초 터파기작업

(1) 원지반 굴착 시 연약지반인 경우 지반 보강 및 치환작업을 실시하여 지지력을 확보하여야 한다.

(2) 터파기 작업 전 근로자에게 작업계획서의 내용 및 사용하는 기계기구 확인 작업방법 및 작업순서 등 안전관리사항을 교육을 실시하여야 한다.

(3) 터파기 작업 중 용수, 지하수 등 발생 시에는 배수시설을 설치하고 굴착면 및 배면에 우수 등이 유입되지 않도록 관리하여야 한다.

(4) 장비를 이용한 터파기 작업 시 차량계 건설기계의 장비 진입로와 작업장 주행로를 확보하고 다짐도, 노폭, 경사도 등의 상태를 점검하고 신호수를 배치하여야 한다.

(5) 장비 사용 전 브레이크, 후진경보기 등 안전장치 설치상태 및 운전원의 유자격 여부를 확인하여야 한다.

(6) 옹벽 기초 터파기의 완성면이 토사 또는 풍화암인 경우 굴착 지반면의 흐트러짐이 최소화 되도록 하여야 하며 굴착 후 버림 콘크리트를 타설하도록 사전준비 및 계획을 수립하여야 한다.

(7) 터파기 작업구간은 접근방지시설, 조명, 경고표지 등과 필요시 보행자 통행로를 설치하여야 한다.

(8) 작업 중 긴급 상황 발생 시에는 관리감독자에게 통보하고 안전조치 완료 시까지 해당 작업을 실시해서는 안 된다.

(9) 굴착 공사 시 지반의 종류에 따라서 굴착면의 안전구배 기준을 준수하여야 한다.

(10) 굴착토나 자재 등을 굴착부 배면에 쌓아 두어서는 안 된다.

(11) 터파기 구간 주변에 맞음 및 무너짐 위험이 있는 경우에는 작업을 금지하여야 한다.

(12) 불안전한 경사면 작업 시에는 사면 보호 및 보강 조치 후 작업을 실시하여야 한다.

5 철근 가공, 운반 및 조립작업

(1) 가공 및 운반

① 철근 절단 작업 시 철근이 튀어 근로자가 상해를 입지 않도록 절단기 안전 덮개부착 여부를 확인하여야 한다.

② 철근 절곡 작업 시 근로자는 철근 사이에 장갑이 끼지 않도록 하며, 타인에 의한 작동을 방지하기 위하여 조작 페달에 안전덮개를 설치하여야 한다.

③ 철근을 장비로 인양할 때에는 인양로프를 2지점 이상 결속하고 별도의 유도로프를 설치 후 운반하여야 한다.

④ 사용하는 기계기구는 외함 접지를 실시하고 가설전기는 반드시 누전차단기를 설치하여 사용하도록 하여야 한다.

⑤ 장비를 이용하여 철근을 달아 올리거나 내릴 때에는 인양로프의 안전율을 검토하여 작업을 실시하여야 한다.

⑥ 긴 철근을 운반할 때에는 근로자 2인 1조가 되어 운반하도록 한다.

⑦ 철근 1회 운반중량은 남자근로자 20~30kgf, 여자근로자 10~15kgf를 기준으로 운반하여야 한다.

⑧ 인력운반은 최소화하고 가능한 운반구나 장비를 사용하여 운반하도록 하여야 한다.

(2) 철근 조립

① 철근조립 시 철근 이음위치에 대하여 충분히 검토하고 철근의 도괴방지를 위하여 강관파이프, 와이어로프, 각재, 조립철근 등으로 버팀재를 설치하여야 한다.

② 옹벽 전면의 철근피복두께는 5센티미터 이상으로 하고, 문양거푸집을 사용하는 경우에는 문양홈 깊이를 제외한 두께가 5센티미터 이상이어야 한다.

③ 작업발판 상부에 문양거푸집 및 자재 보관 시에는 하부로 떨어지지 않도록 별도 고정 조치를 하여야 한다.

④ 2미터 이상 고소작업 시에는 비계를 조립 설치하거나 별도 작업대를 설치하여야 한다.

⑤ 장철근 설치 시 철근지지대를 사용하여 먼저 설치한 철근이 넘어가지 않도록 조치하여야 한다.

⑥ 옹벽 뒷면부에서의 철근조립 작업 시 충분한 작업공간을 확보하여야 하며, 굴착사면 안전성 확보하여 확인 후 작업을 실시하여야 한다.

⑦ 옹벽 상부에서의 철근조립 작업 시 작업발판을 설치하기 위한 비계를 설치하고 작업발판 단부는 떨어짐 방지용 안전난간대를 설치하여 작업을 실시하여야 한다.

6 거푸집 설치 및 해체 작업

(1) 거푸집 설치

① 거푸집 설치할 경우 콘크리트 타설 시 수평력에 충분히 견딜 수 있도록 구조검토 후 조립도를 작성하고 조립도에 의거하여 거푸집을 설치하여야 한다.

② 거푸집의 운반 및 설치 작업에 필요한 작업장 내의 통로가 충분한가를 확인하여야 한다.

③ 거푸집 설치에 필요한 재료 및 기구, 공구를 올리거나 내릴 때에는 달줄 및 달포대 등을 사용하여야 한다.

④ 옹벽작업장 주위에는 작업원 이외의 통행을 제한하고 작업하여야 한다.

⑤ 옹벽 거푸집 상부에는 근로자의 떨어짐 방지를 위하여 비계의 작업발판에 안전난간을 설치하여야 한다.

⑥ 거푸집은 옹벽 뒤채움 완료 시까지 유지하고 그 후에 해체하여야 한다.

⑦ 옹벽 거푸집 하부에는 깔판 또는 깔목을 설치하여 침하방지 조치를 해야 한다.

(2) 거푸집 해체

① 거푸집을 사용한 콘크리트면에서 이물질 제거 시 부착물 등이 근로자의 안면에 튀어 손상을 입지 않도록 보안경 또는 보안면을 착용하고 작업을 하여야 한다.

② 거푸집동바리는 콘크리트 자중 및 시공 중에 가해지는 기타 하중에 충분히 견딜만한 강도를 확보 후 해체하여야 한다.

③ 해체장소 및 주변지역은 출입금지 구역으로 설정하여 관계자 이외의 출입을 금지시키고, 상하 동시작업은 금지하여야 한다.

④ 관리감독자는 거푸집동바리의 해체시기, 해체순서, 해체방법 등을 결정하고 근로자에게 주지시켜야 한다.

⑤ 해체 작업 근로자는 떨어짐 위험이 있는 장소에서의 작업 시에는 반드시 안전대를 착용하여야 한다.

⑥ 거푸집 해체 작업 시에는 관리감독자를 배치하여 관리하여야 한다.

7 콘크리트 타설작업

(1) 콘크리트 타설

① 콘크리트를 타설 중 거푸집 및 거푸집동바리의 이상 유무를 확인하고 감시자를 배치하여 이상이 발생한 때에는 신속히 안전조치를 하여야 한다.

② 콘크리트는 표면이 수평이 되도록 쳐야 하며 타설 계획 및 순서에 따라 균형있게 타설하며 1회 타설 높이는 40~50센티미터 이하로 한다.

③ 콘크리트를 한 곳에만 집중적으로 타설 시 편심하중에 의한 거푸집의 변형 및 동바리의 탈락이 발생하지 않도록 균형있게 타설하여야 한다.

④ 타설작업 시 콘크리트 치기는 최대 50센티미터로 하고 다짐봉을 아래층 콘크리트 속에 10
~15센티미터 넣어서 다짐을 실시하여야 한다.

⑤ 진동기 사용 시 지나친 진동으로 인한 도괴에 주의하고 반드시 2인 1조로 작업을 하여야 한
다.

⑥ 콘크리트 타설 시 콘크리트 분배용 슈트를 사용할 경우 콘크리트가 작업장 내에 튀지 않도
록 주의하여 타설하여야 한다.

⑦ 연약지반구간 타설작업 시에는 치환 및 다짐작업으로 지반 보강조치를 실시하여 작업을 진
행하여야 한다.

⑧ 진동기는 외함접지를 실시하고 가설전기는 반드시 누전차단기를 거쳐 인출토록 배선하고
다짐 시 횡방향으로 이동시키지 않아야 하며, 수직으로 고른 간격으로 실시하여야 한다.

(2) 콘크리트 펌프카 및 믹서트럭관리

① 펌프카를 사용할 때에는 콘크리트가 비산하는 경우가 있으므로 주의하여 타설하고 작업구
간 하부에는 근로자의 출입을 통제하여야 한다.

② 펌프카는 사용 전 배관상태를 확인하여야 하며, 레미콘트럭과 펌프카와 호스선단의 연결
작업을 확인하고 호스길이 4미터를 초과하여서는 안 된다.

③ 펌프카 호스선단이 요동되지 않도록 보조로프를 사용하여 확실히 붙잡고 타설을 하여야
한다.

④ 펌프카의 붐대를 조정할 때에는 주변 전선 등 지장물을 확인하고 이격 거리(특고압 : 300
센티미터 이상)를 준수하여야 한다.

⑤ 펌프카의 정차 시에는 반드시 수평을 유지하여 장비 안전성을 확보한다.

⑥ 펌프카 설치 시 아웃트리거를 사용할 때 지반의 부등침하로 펌프카가 전도되지 않도록 받
침목을 설치하여야 한다.

⑦ 콘크리트 펌프카와 믹서트럭 작업 시 차량유도원을 배치하여 부딪힘 및 깔림을 예방하여야
한다.

⑧ 경사면 작업 시 건설장비의 불시 구름을 방지하기 위해 바퀴에 고임목을 설치하고 정지선
을 설정하여 후진 시 충돌을 예방하여야 한다.

⑨ 콘크리트의 운반 및 타설장비는 작업 전 장비의 성능을 확인하여야 하고 사용전·후 반드시
점검을 실시하여야 한다.

8 배수작업

(1) 배수공 선정 시에는 물구멍, 배수 파이프, 브랭킷 배수, 필터 등 효과적인 방법을 선정·검토하
여 적용하여야 한다.

(2) 배수파이프 등을 설치할 때에는 자재 운반 시 통로 주변 정리정돈을 실시하여 근로자가 걸려
넘어지거나 부딪힘 사고가 발생하지 않도록 조치하여야 한다.

(3) 배수파이프를 옹벽 전면 되메움 선보다 높게 설치하여 옹벽 배면의 배수처리에 주의하여 원활한 배수가 되도록 하여야 한다.

(4) 드레인보드 설치 시 콘크리트용 타카를 이용하여 고정작업 시 타카가 튀어 손상을 입지 않도록 개인보호구를 착용하여야 한다.

(5) 배수관 및 파이프 운반, 설치 시에는 반드시 2개소 이상 고정하여 자재의 탈락을 방지하여야 한다.

(6) 배수관이 콘크리트 타설 후 막힌 경우 이물질을 즉시 제거하여야 한다.

(7) 배수파이프 설치 시에는 지하수 수위 및 강우와 침투수에 따른 충분한 사전안전성을 검토하여 배수시설을 설치하여야 한다.

⑨ 뒤채움 작업

(1) 뒤채움은 콘크리트가 충분히 양생된 후 빠른 시일 내에 실시하되, 배수가 잘 되는 자갈 등 양질의 재료를 사용하고 충분한 다짐을 실시하여 침하 및 지지력 저하를 방지하여야 한다.

(2) 뒤채움 작업 시 컴팩터 및 래머, 롤러 등의 장비 작업 시에는 장비 운행경로, 작업순서, 신호수 배치 등을 포함한 장비작업계획서를 작성하여야 한다.

(3) 장비를 이용한 뒷채움 작업 시 작업반경 내에는 근로자의 출입을 통제하고 유도원을 배치하여 신호를 실시하여야 한다.

(4) 옹벽 뒷면으로부터 최소 1미터 이내에는 중장비 롤러나 포크레인을 사용해서는 아니 되며, 소형 콤팩터나 소형 진동롤러를 사용하고 작업 중 근로자의 부딪힘, 깔림을 예방하여야 한다.

(5) 이동식 진동 콤팩터 또는 래머 등을 사용하여 다짐 작업 시에는 유경험자를 배치하고 속도준수, 주변 통제 등을 실시하여야 한다.

(6) 뒤채움은 기준 이상의 재료를 사용하여 주변지반 및 구조물에 영향을 미치지 않도록 컴팩터 또는 래머 등으로 충분히 다져야 한다.

(7) 뒤채움 장비 작업 시에는 급정지, 급선회를 피하고 운행 시 전도에 주의하여 작업을 실시하여야 한다.

(8) 강우가 예상될 경우 임시 배수로 설치 및 다짐면에 방수막을 깔아 우수가 침투하는 것을 방지하고 근로자가 이동 중 미끄러지거나 넘어지지 않도록 주의하여야 한다.

(9) 옹벽단부 등 근로자의 떨어짐 위험이 있는 장소에서는 안전난간대 및 추락방지망 등을 설치하여야 한다.

(11) 옹벽 다짐작업 시 단부에는 안전거리를 확보하고 근로자의 안전대 부착설비 및 안전대 착용 등에 대한 안전조치를 하여야 한다.

··· 05 보강토 옹벽

1 개요

'보강토 옹벽'이란 성토체 내부에 수평보강재를 삽입한 후 성토체를 다짐해 겉보기 점착력이 부여된 복합성토체가 일체화 구조물과 같이 거동하도록 하여 수평변위 억제 및 배면토압을 지지함은 물론, 흙의 전단강도를 증대시킨 옹벽을 말한다.

2 보강토 옹벽의 구성요소

구성요소	재료 및 역할
보강재	재질에 따른 분류 •금속성 보강재 •섬유 보강재
전면판	•보강재의 고정 •국부적인 토체의 이완 방지
뒤채움 흙	흙과 보강재 사이 마찰력 극대화

3 보강토 옹벽의 단면구성도

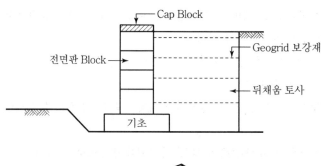

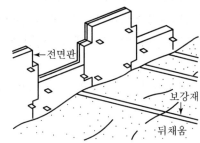

4 보강토 옹벽의 설계안전율

구분	검토항목	평상시	지진 시	비고
외적 안정	활동	1.5	1.1	
	전도	2.0	1.5	
	지지력	2.5	2.0	
	전체 안정성	1.5	1.1	
내적 안정	인발파괴	1.5	1.1	
	보강재 파단	1.0	1.0	

※ 전도에 대한 안정은 수직합력의 편심거리 e에 대한 식으로도 평가할 수 있다.

평상시, $e \leq L/6$: 기초지반이 흙인 경우, $e \leq L/4$: 기초지반이 암반인 경우

지진 시, $e \leq L/4$: 기초지반이 흙인 경우, $e \leq L/3$: 기초지반이 암반인 경우

※ 보강재 파단에 대한 안전율은 보강재의 장기설계인장강도를 적용하므로 1.0으로 한다.

5 뒤채움재 조건

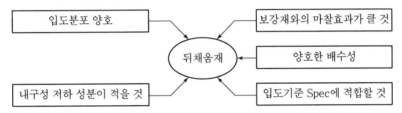

입도기준 : $C_u > 10$ 이상, $1 > C_g > 3$ $\left(C_u = \dfrac{D_{60}}{D_{10}}, \ C_g = \dfrac{(D_{30})^2}{D_{10} \times D_{60}} \right)$

6 유지관리 단계에서의 검토내용

구분		검토내용	활용방안
기초 자료 조사 및 검토		과업지시서, 지반조사보고서, 관련된 모든 자료	지반 및 재료 특성치 조사 적정성 평가
설계 도서	준공도면	설계도면	시설물 제원 및 설계상태 취약부 파악
	보수도면	보수내용	• 보수내용 평가 • 손상, 변형, 열화 정도 파악
	구조계산서	시설물 설계에 적용된 설계기준 및 계산내용	• 구조계산의 적정 여부 분석 • 사용 프로그램 확인 • 해석용 입력자료 분석 평가
	시공상세도	주요부위 시공 상세도	주요부위 시공상태 파악
	지반조사 보고서	시설물 주변 토질 및 기초 상태	구조물 주변 및 기초지반 안전성 파악

구분		검토내용	활용방안
시방서		시설물에 적용한 시방서 내용	설계지침, 구조계산서, 토질보고서와 연계하여 분석
시험	재료시험 결과	뒤채움재 시험결과, 보강재 시험결과, 전면벽체 시험결과	보강토 옹벽의 안전성 확인
점검 유지 관리	안전점검 및 안전진단	정기검진, 정밀점검, 정밀안전진단 등 보고서	정기점검, 정밀점검 보고서 결과 및 조치 여부
	유지관리	유지관리, 보수·보강 도면, 시방서 등	• 유지관리지침 작성 여부 및 관리 실태 • 보수·보강 내용 및 이력 관리 • 보수·보강 내용 평가 • 손상·변형·열화 정도 파악 • 균열 등 이력 관리 실태

7 보강토 옹벽의 배수처리

(1) 수압 작용 시 하중이 증가되므로 수압 증가 억제

(2) 보강토 옹벽 상부 배수층 설치로 배수 유도

(3) 성토층 경계면에 경사 필터 배수층 설치

(4) 보강재 상부로부터 수직으로 바닥부까지 배수층 설치

(5) 옹벽 지지부에 배수층 설치로 유도배수

8 계측관리

[공용 중 보강토 옹벽의 계측을 위한 계측기 종류]

계측기명	설치 목적
기계식 변위 측정기	전면벽체의 수평·수직변위 측정
E. L. Tilt. Beam	구조물의 부등침하 측정
보강토 옹벽 자동경사계	보강토 옹벽 경사 측정
간극수압계	보강토 옹벽 배면 간극수압 측정

9 결론

보강토 옹벽은 성토체 내부에 보강재를 삽입한 후 충분한 다짐을 통해 두 가지를 합성한 물체를 단일 구조체로 만들어 수평변위, 배면토압을 지지하게 만드는 공법으로 시공 시에는 층다짐 30cm 이하, 다짐도 95%, 배수처리, 잡석다짐, 콘크리트 품질관리에 특히 주의해야 한다.

···06 블록식 보강토 옹벽 공사 안전보건작업지침 [C-68-2012]

이 지침은 산업안전보건기준에 관한 규칙(이하 "안전보건규칙"이라 한다) 제1편 제6장 제2절(붕괴 등에 의한 위험방지), 제2편 제4장 제2절(굴착작업 등의 위험방지), 제3편 제12장 제3절(중량물을 들어올리는 작업에 관한 특별조치) 등의 규정에 따라 블록식 보강토 옹벽 공사를 시공함에 있어 산업재해 예방을 위해 준수하여야 할 안전보건작업지침을 정함을 목적으로 한다.

1 재료의 성능

(1) 보강토(뒷채움재)

① 보강토(뒷채움재)는 유기질 및 유해물이 함유되지 않은 재료를 사용하여야 한다.

② 보강토는 콘크리트 블록에 연결된 보강재가 토압에 충분히 저항할 수 있는 전단강도를 발현할 수 있는 재료를 사용하여야 한다.

③ 보강토의 입도는 No.200체($75\mu m$)의 통과백분율이 15% 이하 및 내부마찰각 25° 이상이어야 하고 세부 사항은 관련 시방서에 따른다.

④ 현장의 유용토를 사용할 경우에는 그 적합 여부를 표준삼축압축강도시험 또는 직접전단시험 등을 수행하여 검증하여야 한다.

(2) 콘크리트 블록

① 현장에 반입된 콘크리트 블록은 표본 채취하여 압축강도, 흡수율, 치수, 외관조사 등을 실시하고 그 성능을 검증하여야 한다.

② 블록의 강도시험은 KS F 2405-01(콘크리트 압축강도)과 KS F 4419-01(보차도용 조립블록)을 준용하여 실시하고, 설계기준강도 이하의 콘크리트 블록을 사용하여서는 아니 된다.

③ 블록의 흡수율은 평균 8% 이내이어야 하고 각각의 흡수율은 10% 이내이어야 한다.

④ 블록의 치수는 가로, 세로, 높이가 각각 ±3mm 이내의 오차로 제작되어야 하고 이를 초과한 제품을 사용하여서는 아니 된다.

⑤ 블록의 외관은 균열 및 파손 등의 결함이 없는 것을 사용하여야 한다.

⑥ 블록의 야적 장소는 평탄한 곳을 택하여 적치된 블록이 쓰러지지 않도록 조치하여야 한다.

(3) 보강재

① 보강재의 규격은 다음과 같은 기준을 준수하여야 한다.

규격	최소단기파괴하중(kN)	공칭폭(mm)	공칭두께(mm)
20kN	20	50±3	2.5±0.3
30kN	30	50±3	3.0±0.3
50kN	50	50±3	4.5±0.3

② 보강재는 설계서에서 정한 인장강도 이상의 제품을 사용하여야 한다.

③ 보강재의 인장변형률은 최대인장강도에서 13% 이내이어야 하며, 치수는 허용오차를 초과하지 않아야 한다.

④ 보강재는 지중에 매립되었을 때 부식을 방지할 수 있는 재료를 사용하여야 한다.

⑤ 보강재의 부식방지용 피복이 손상된 재료를 사용하여서는 아니 된다.

⑥ 보강재를 보관할 때에는 인화성이 있는 물질을 피하고, 자외선에 장시간 노출되지 않도록 보호커버를 씌워서 보관하여야 한다.

(4) 결속봉(Connecting Rod)

① 결속봉은 부식을 방지할 수 있는 재질을 사용하여야 하며, 결속봉 전용으로 제작된 것을 사용하여야 한다.

② 콘크리트 블록과 보강재를 상호 결속에 필요한 강도 등의 성능을 고려하여 자재를 선정하여야 한다.

(5) 배수재(Drain Filter)

① 블록의 배면에 설치하여 토립자의 유출방지 성능이 우수한 자재를 사용하여야 한다.

② 배수재는 블록벽체 배면에 설치되는 배수 필터로써, 투수성이 크고 내부식성이 높은 부직포를 사용하여야 하며, 설치 시 이음부의 겹이음이 충분할 수 있도록 하여야 한다.

2 안전작업절차

(1) 작업내용 및 순서보강토 옹벽의 시공순서

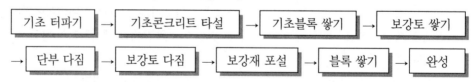

기초 터파기 → 기초콘크리트 타설 → 기초블록 쌓기 → 보강토 쌓기 → 단부 다짐 → 보강토 다짐 → 보강재 포설 → 블록 쌓기 → 완성

(2) 작업 전 검토사항

① 각 세부공정별로 위험성평가를 실시하고, 관리 대상 위험요인에 대한 재해예방 대책을 시행하고 작업하여야 한다.

② 위험성평가를 실시할 때에는 설계서, 현장 및 작업 조건, 투입되는 근로자 및 건설장비 등을 종합적으로 검토하여야 하며, 허용할 수 없는 위험요인에 대해서는 위험요인의 제거 또는 위험수준을 낮출 수 있도록 재해 예방 대책을 수립하여야 한다.

③ 보강토 옹벽의 설계는 현장의 지형, 지반 조건, 옹벽의 높이, 보강토의 토질정수, 보강토 옹벽에 사용되는 자재의 성능 등을 반영한 것이어야 한다. 이때 보강토 옹벽 배면에 설치하는 보강재 길이의 충분한 확보 및 지하매설물 또는 지상구조물 등의 여부를 확인하여야 한다.

④ 보강토 옹벽 배면에 시공 시 간섭되는 지하매설물이 있는 경우에는, 지하매설물의 이설, 설계 변경 등 대책 방안을 수립하여야 한다.

⑤ 보강토 옹벽 배면에 기존 시설물이 존재하거나 현장여건에 따라 보강재의 설계길이가 부족한 경우에는 기존 구조물에 앵커를 설치하거나 기존 지반에 소일네일링 등의 계획을 수립하고 그에 대한 안전성을 검토하여야 한다.

⑥ 설계서에는 기초의 소요지내력, 보강토의 성토두께 및 다짐조건, 보강재를 설치할 수 없는 경우의 앵커체를 정착할 수 있는 지반 또는 구조물의 강도기준, 앵커체와 콘크리트 블록 간의 연결방법 등을 반드시 명기하여야 한다.

(3) 기초 터파기

① 투입되는 건설장비의 종류 및 능력을 검토하여 작업조건에 적합한 건설기계를 선정하여야 한다.

② 작업조건 및 지형을 고려하여 건설장비의 안전한 이동경로를 확보하여야 하며, 굴착작업을 하는 때에는 굴착장비의 전도·전락 또는 근로자의 충돌·협착 등의 사고를 방지하기 위하여 유도자를 배치하는 등의 안전조치를 하여야 한다.

③ 기초 터파기는 설계서에서 정한 깊이와 폭, 지반의 지내력 등을 확보하여야 하며, 콘크리트 블록을 수평으로 설치할 수 있도록 준비되어야 한다.

④ 기초 터파기의 깊이와 폭은 설계서에서 정한 바에 따라 굴착하되 기초콘크리트 타설과 기초 블록을 설치할 수 있는 작업공간을 확보하여야 하고, 배면에는 보강재의 설치가 용이하도록 하여야 한다.

⑤ 보강토 옹벽의 설치높이에 따른 콘크리트 블록의 자중으로 인하여 침하가 발생하지 않도록 기초 지반의 지내력을 확보하여야 하며, N=6 이하의 연약한 지층인 경우에는 연약층 깊이를 고려하여 연약지층을 치환 또는 보강하는 등의 조치를 하여야 한다.

⑥ 기초 바닥면은 지내력이 충분하지 않을 경우 다짐, 잡석 포설 등 보강조치를 하여야 한다.

⑦ 그 밖의 지반 굴착작업의 안전에 관한 사항은 KOSHA GUIDE C-39-2011(굴착공사 표준안전 작업지침)에 따른다.

(4) 기초 콘크리트 타설

① 콘크리트를 타설할 때에는 장비의 이동경로 및 작업 공간을 확보하고 작업반경 내 근로자의 접근을 통제하여야 한다.

② 기초 콘크리트는 계획된 기초 높이에 맞추어 기초표면이 수평이 되도록 타설하여야 한다. 이때 기초 지반이 경사지인 경우에는 콘크리트 블록의 길이와 높이를 고려하여 모든 콘크리트 블록이 수평을 유지할 수 있도록 계획하여 계단식으로 타설하여야 한다.

③ 기초 콘크리트의 치수는 콘크리트 블록의 크기 및 지반조건에 따라 설계서에서 정한 크기로 설치하여야 한다.

④ 콘크리트 타설 시의 작업안전은 KOSHA GUIDE C-43-2012(콘크리트공사의안전보건작업지침)에 따른다.

(5) 콘크리트 블록의 축조

① 콘크리트 블록의 축조는 기초콘크리트를 타설한 이후 ㉠ 기초블록 쌓기 ㉡ 보강토 쌓기 ㉢ 보강토의 단부다짐 ㉣ 보강토의 내측 다짐 ㉤ 보강재 포설 ㉥ 콘크리트 블록 쌓기의 순으로 계획된 높이까지 반복하여 작업하고 최상층에는 ㉦ 마감블록 쌓기를 하여 완료한다.

② 콘크리트 블록은 쌓기 작업 위치별로 분산 적재하고 운반장비의 이동경로 및 작업조건 등을 고려하여 안전한 작업계획을 수립하여야 한다.

③ 콘크리트 블록의 축조는 근로자의 근골격계 질환은 예방할 수 있는 방법으로 실시하여야 한다.

④ 작업조건에 따라 작업시간과 휴식시간 등을 적정하게 배분하여야 한다.

⑤ 지게차 등으로 콘크리트 블록을 운반할 경우에는 보강재가 손상되지 않도록 이동 경로를 정하여야 한다.

⑥ 블록 인양기구는 블록 인양공 등의 형상에 적합하고 블록의 중량을 고려한 강도로 제작하여야 한다.

⑦ 블록은 2개 단위로 결합된 블록을 1개조로 하여 옹벽의 계획된 선형 및 수직도에 맞추어 콘크리트 기초에 수평하게 설치하고, 블록상부에 형성된 보강재 고정홈에 보강재를 연결한 다음, 다시 2개 단위로 결합된 각각의 블록 및 수평간격 이음재를 기설치된 블록 상단부와 결속봉으로 상호 일체화되도록 축조한다.

⑧ 상하로 인접하는 블록 간에는 블록이 상호 교차되도록 조립하고 좌우로는 요철결합이 되도록 축조하여야 한다.

⑨ 윗단 블록 설치는 보강재 설치와 보강토(뒷채움재) 포설 다짐이 완료된 후 시행한다.

⑩ 블록 설치 시 블록치수의 허용오차 내의 누적된 수평변위 또는 부동침하에 의한 블록의 수평변위 등의 문제에 따른 블록 벽체의 변형을 방지하기 위하여, 블록 설치마다 기울기 및 수평도의 이상 유무를 확인하여야 하고, 블록의 기울기 및 수평도에 이상이 있을 때에는 모르터 등을 사용하여 수평을 조정한 후 블록을 설치하여야 한다.

⑪ 최 윗단 블록 설치는 계획된 상단 높이에 맞추어 마무리하고, 옹벽 상부 마감은 최 윗단 블록 상부에 별도의 마감 블록을 모르터 및 에폭시 본드 등으로 고정하여 완성한다.

⑫ 시공이 완료된 옹벽의 높이에 대한 기울기는 100분의 3 이내이어야 한다.

⑬ 그 밖의 인력운반 및 설치작업과 관련된 사항은 KOSHA GUIDE H-66-2012(근골격계 질환 예방을 위한 작업환경개선 지침)에 따른다.

⑭ 그 밖의 지게차 운반 작업의 안전작업에 관련된 사항은 KOSHA GUIDEM-88-2011(지게차 안전작업에 관한 기술지침)에 따른다.

(6) 보강토의 포설 및 다짐

① 보강토의 포설 및 다짐작업을 하는 경우에는 장비의 이동경로를 계획하고 이동경로에 따라 장비의 전도·전락 또는 근로자의 충돌·협착 재해 등을 방지하기 위하여 작업지휘자를 배치하여야 한다.

② 보강토의 각 층별 다짐작업은 그 층의 보강재 포설 및 콘크리트 블록 쌓기를 완료한 후 시행하여야 한다.

③ 보강토 옹벽 단부에는 장비사용 시 붕괴, 전락 등의 사용 장비의 중량 등을 고려하여 접근한계를 설정하고 준수하여 작업을 실시하여야 한다.

④ 보강토의 포설 및 다짐 작업은 블록의 방향과 평행하게 실시하되, 블록과 가까운 쪽부터 시작하여 먼 쪽으로 진행하여야 한다. 이때 블록에서 1.5m 이내의 위치는 중량의 장비의 접근을 금지하고, 소형 롤러 등 경량의 장비로 다짐하여야 한다.

⑤ 옹벽의 단부에서 근로자가 작업하는 경우에는 작업조건 및 지형 등을 고려하여 근로자의 추락을 방지하기 위한 적절한 조치를 하여야 한다.

⑥ 보강토의 포설 및 다짐은 다짐 장비 및 흙의 성질에 따라 충분한 다짐이 되도록 계획하되 1개 층의 다짐두께는 20cm가 초과되지 않도록 하고 매 층마다 설계서에서 정한 다짐도를 확보하여, 블록의 높이 및 보강재의 포설 높이까지 단계별로 시공한다.

⑦ 보강토의 포설 및 다짐 작업 시 장비의 이동으로 인하여 설치된 보강재가 뒤틀리거나 훼손되지 않도록 하여야 한다.

⑧ 보강토의 다짐층 높이는 전면에 걸쳐 동일하게 하고 특히 블록과 보강재의 연결고리 부분은 보강재의 연결 폭과 높이를 적정히 유지하여, 그 위층에 보강토를 포설 및 다짐할 때에 보강재가 눌리어 블록이 끌려오거나 보강재가 꺾이지 않도록 하여야 한다.

⑨ 보강재 후단을 팽팽히 긴장하였을 때 다짐면으로부터 이격됨이 없이 접합되도록 보강토 다짐면의 평활도를 확보하여, 그 위층의 뒷채움재를 포설 및 다짐할 때 보강재에 굴곡이 생기지 않고 토압에 대응하는 전단력이 충분히 발현될 수 있도록 하여야 한다.

(7) 보강재의 설치

① 보강재의 설치는 뒷채움재(보강토)를 포설하고 다짐이 완료된 후 시행하고, 보강재를 벽체에 연결하여 뒷채움재의 다짐층 위에 지그재그(Zigzag) 형태로 펴서 설치하되, 보강재의 느슨함이 없도록 보강재 후단부를 긴장하여 고정하여야 한다.

② 띠형 보강재의 경우 보강재의 이음은 1m 이상 겹이음 하고, 겹이음의 위치는 항상 보강재의 후단부 고정못 위치에서 하여야 한다.

③ 보강토 옹벽 배면에 기존 구조물과의 간섭 등으로 인하여 보강재의 설치 길이가 충분히 확보되지 않아 앵커를 근입하여 보강재를 설치하는 경우에는, 보강재를 연결하는 앵커의 정착력이 블록에 작용하는 토압 이상으로 확보되도록 하여야 한다.

④ 보강토 옹벽 배면에 원지반의 경사면이 있어 이에 소일네일링을 시공하고 보강재를 설치하

는 경우에는 소일네일링의 정착력이 블록에 작용하는 토압 이상으로 확보되는지를 확인하여야 한다.

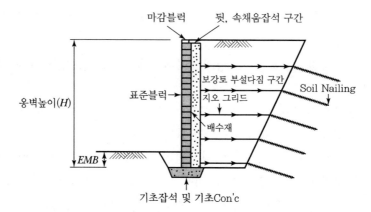

⑤ 보강토 옹벽 배면에 설치되는 앵커 및 소일네일링과 보강재의 연결을 위한 모든 재료는 토사에 매립될 경우 부식이 되지 않도록 방청재를 도포하는 등 부식방지 조치를 하여야 한다. 다만 콘크리트를 타설하여 콘크리트에 매립되는 경우에는 그러하지 아니하다.

⑥ 기타 앵커 및 소일네일링의 작업안전과 관련된 사항은 KOSHA GUIDEC-12-2011[흙막이공사(Earth Anchor)를 위한 안전보건작업지침], KOSHA GUIDE C-13-2011[흙막이공사(Soil Nailing)를 위한 안전보건작업지침]에 따른다.

(8) 배수재의 설치

① 배수재는 블록벽체 설치 후 시행하고, 각 블록벽체 배면부에 설치한다.

② 배수재 설치 시 발생되는 각 이음부는 겹이음 처리하되 벌어짐으로 인한 토사유출 방지를 위해 겹이음량을 충분히 하여야 한다.

③ 배수가 원활히 될 수 있도록 배수재와 접하는 측에는 잡석으로 뒷채움을 하고 그 후면에 보강토(뒷채움재)를 포설하여야 한다.

④ 다량의 지하수 혹은 용출수의 유입이 예상될 경우에는 원활한 배수를 위하여 기초 지반 위에 배수층을 설치하여야 한다.

⑤ 보강토로서 점성질 사질토를 사용할 경우에는 높이 3~4m 간격마다 배수층을 수평으로 설치하여 벽체의 배수공을 통하여 배수될 수 있도록 하여야 한다.

⑥ 옹벽 전면이 물에 잠기거나 물이 흐르는 하천인 경우에는 토사의 유실을 방지하고, 수위 변화에 따른 전면부 배수를 원활히 하기 위해 깬자갈을 약 50cm 폭으로 벽체 후면부에 채워야 한다. 또한 옹벽기초부의 침식 방지 및 기초 보강을 위한 보호책을 강구하여야 한다.

(9) 추락방지 조치사항

① 콘크리트 블록 쌓기작업, 옹벽 단부에서의 다짐작업 및 보강재의 포설작업 배수재 설치 작업 등을 수행할 때에는 추락재해로부터 근로자를 보호하기 위한 조치를 취하여야 한다.

② 근로자를 대상으로 추락재해 예방에 대한 안전교육을 실시하여야 한다.

③ 현장조건 및 작업조건에 고려하여 예상되는 추락 위험 요인에 적합한 안전시설물을 갖추어야 한다.

④ 추락재해 방지시설은 옹벽 전면에 쌍줄비계를 설치하여 안전난간을 설치하거나 옹벽 후면에 안전대 부착설비를 갖추어 안전대를 착용하는 등의 조치를 하여야 한다.

⑤ 기타 비계의 설치 및 사용에 관한 것은 KOSHA GUIDE C-20-2011(비계안전설계 지침) 및 KOSHA GUIDE C-30-2011(강관비계 설치 및 사용안전지침)에 따르며, 안전대와 관련된 사항은 KOSHA GUIDE C-49-2012(안전대사용지침)에 따른다.

1 보강토 옹벽의 초기점검 항목

(1) 외관조사

① 옹벽 시공상태 : 블록의 균열, 벌어짐, 침하흔적, 배부름, 수평변위 여부

② 배수시설 : 시공상태, 신축이음부 벌어짐 여부, 성토사면 조경수 식재에 따른 토석류 퇴적 여부, 손상부위 발생 여부

(2) 시험 및 분석

① 콘크리트 강도시험

반발경도법에 의한 압축강도 측정은 측정강도＞설계기준강도일 것

② 기울기 조사

수평변위 여부를 측정하기 위한 것으로 보강토 옹벽 전면부에 대한 기울기 측정

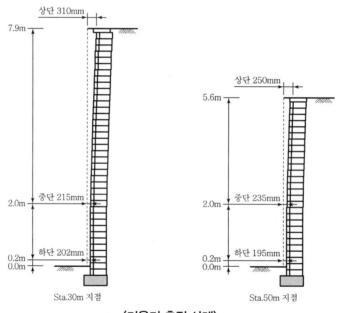

〈기울기 측정 사례〉

2 평가방법

(1) 평가기준

객관적인 손상 정도의 판단기준 제공 및 효율적인 유지관리를 위해 시설안전공단의 안전점검 및 정밀안전진단 세부지침에 의해 평가

(2) 평가항목

침하, 계획선형오차, 활동, 세굴, 파손, 손상 및 균열, 이격, 유실, 진행성 변형, 배수시설, 사면상태 등

(3) 사면상태

(4) 평가방법

결함점수 합계, 평가단위결함지수 산정, 평가단위평가결과 산정

(5) 안전성 평가

수평활동, 전도, 지지력, 원호활동, 내적 안정

❸ 안전등급 판정

안전등급	시설물의 상태
A(우수)	문제점이 없는 최상의 상태
B(양호)	보조부재에 경미한 결함이 발생하였으나 기능 발휘에는 지장이 없으며 내구성 증진을 위하여 일부의 보수가 필요한 상태
C(보통)	주요부재에 경미한 결함 또는 보조부재에 광범위한 결함이 발생하였으나 전체적인 시설물의 안전에는 지장이 없으며, 주요부재에 내구성·기능성 저하 방지를 위한 보수가 필요하거나 보조부재에 간단한 보강이 필요한 상태
D(미흡)	주요부재에 결함이 발생하여 긴급한 보수·보강이 필요하며 사용제한 여부를 결정하여야 하는 상태
E(불량)	주요부재에 발생한 심각한 결함으로 인하여 시설물의 안전에 위험이 있어 즉각 사용을 금지하고 보강 또는 개축을 하여야 하는 상태

❹ 보수·보강방법

(1) **활동** : 약액주입, 고압분사, 지반강화, 앵커공법
(2) **전도** : 기초지반 전면부 세굴 보강, 고압분사, 압력 주입 그라우팅, 앵커 설치
(3) **침하** : 고압분사, 압력 주입 그라우팅, 앵커설치, 경량재료로 치환
(4) **벽체파손** : 표면처리, 충진, 주입
(5) **동해발생부** : 치환
(6) **누수** : 수발공·유도배수공 설치

···08 보강토 옹벽의 안정성 검토

1 개요

보강토 옹벽의 안정 해석은 건설공사 비탈면 설계기준과 시설물 특성에 따라 설계방법을 적용하며 외적 안정과 내적 안정으로 구분 해석한다.

(1) 외적 안정

활동, 전도, 침하, 지지력, 전체 안정성

(2) 내적 안정

인발파괴, 보강재 파단, 앵커체 및 보강재 체결부 등의 안정성 검토

2 보강토 옹벽의 설계안전율

구분	검토항목	평상시	지진 시	비고
외적 안정	활동	1.5	1.1	
	전도	2.0	1.5	
	지지력	2.5	2.0	
	전체 안정성	1.5	1.1	
내적 안정	인발파괴	1.5	1.1	
	보강재 파단	1.0	1.0	

※ 전도에 대한 안정은 수직합력의 편심거리 e에 대한 식으로도 평가할 수 있다.
　평상시, $e \leq L/6$: 기초지반이 흙인 경우, $e \leq L/4$: 기초지반이 암반인 경우
　지진 시, $e \leq L/4$: 기초지반이 흙인 경우, $e \leq L/3$: 기초지반이 암반인 경우
※ 보강재 파단에 대한 안전율은 보강재의 장기설계인장강도를 적용하므로 1.0으로 한다.

3 안정성 검토항목

(1) 기초지반 조사 및 전체 안정성 검토

① 옹벽 길이 방향으로 100m 또는 급격한 지형 변화 구간은 50m마다 시추, 표준관입시험 실시

② 대표단면은 전체 안정성 검토 실시(한계평형해석)

③ **고려사항** : 균등한 보강재 간격의 수직 보강토 옹벽은 하나의 강성구조체로 보고 활동파괴면은 보강토체를 통과하지 않는 것으로 판단

(2) 기초지반 침하

① 즉시침하, 압밀침하로 산정 가능

② 균등한 침하는 옹벽의 구조적 안정에 큰 영향을 미치지 않으나, 총 침하량이 클 경우 배면 지반 균열·이완 등의 요인으로 부등침하 발생 가능

(3) 특수형식

① 식생 보강토 옹벽

② 다단식, 절토부, 교대부 등

4 배수시설

배면의 유입수로 뒤채움 흙 포화 시 전단강도의 급격한 저하로 불안정해짐

(1) 내부 배수시설

① 전면벽체 배면의 자갈·쇄석 배수층 및 암거

② 전면벽체 배면의 토목섬유 배수재

③ 보강토체 내부의 수평배수층

(2) 외부 배수시설

① 상부 지표수 유입 방지용 지표면 배수구

② 배면유입용수처리용 보강토체·배면토체 경계면 배수층

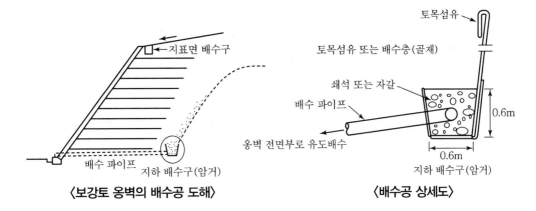

〈보강토 옹벽의 배수공 도해〉　　　　〈배수공 상세도〉

5 유지관리를 위한 검토내용

구분		검토내용	활용방안
기초 자료 조사 및 검토		과업지시서, 지반조사보고서, 관련된 모든 자료	지반 및 재료 특성치 조사 적정성 평가
설계 도서	준공도면	설계도면	시설물 제원 및 설계상태 취약부 파악
	보수도면	보수내용	• 보수내용 평가 • 손상, 변형, 열화 정도 파악
	구조계산서	시설물 설계에 적용된 설계기준 및 계산내용	• 구조계산의 적정 여부 분석 • 사용 프로그램 확인 • 해석용 입력자료 분석 평가
	시공상세도	주요부위 시공 상세도	주요부위 시공상태 파악
	지반조사 보고서	시설물 주변 토질 및 기초 상태	구조물 주변 및 기초지반 안전성 파악
시방서		시설물에 적용한 시방서 내용	설계지침, 구조계산서, 토질보고서와 연계하여 분석
시험	재료시험 결과	뒤채움재 시험결과, 보강재 시험결과, 전면벽체 시험결과	보강토 옹벽의 안전성 확인
점검 유지 관리	안전점검 및 안전진단	정기검진, 정밀점검, 정밀안전진단 등 보고서	정기점검, 정밀점검 보고서 결과 및 조치 여부
	유지관리	유지관리, 보수·보강 도면, 시방서 등	• 유지관리지침 작성 여부 및 관리 실태 • 보수·보강 내용 및 이력 관리 • 보수·보강 내용 평가 • 손상·변형·열화 정도 파악 • 균열 등 이력 관리 실태

6 기타 항목

(1) 화재취약성

전면벽체가 콘크리트가 아닌 플라스틱 등의 가연성 소재를 사용한 경우 화재 발생 시 영향 검토

(2) 이격 및 단차

지속적 관찰로 진행상태를 확인하고 최상단 마감블록과 하부블록과의 접합성도 조사

7 결론

Bulking 현상을 이용한 보강토 옹벽은 설치공법의 편리함에 따른 장점으로 그 시공사례가 확대되고 있으나 안정성 저하로 인한 붕괴를 비롯한 파손이 문제가 되고 있으므로 이에 대한 대책 공법의 연구가 지속적으로 이루어져야 하며, 안정성 확보를 위해서는 시공단계는 물론 공용 중인 보강토 옹벽의 변위, 부등침하, 경사도 등의 관리가 이루어져야 한다. 특히, 보강토 옹벽 특성에 기인하는 침하, 활동, 파손 시 적절한 보수 보강의 조치도 안정성 확보에 중요한 요인이 됨을 이해해야 한다.

···09 기대기 옹벽

1 개요

기대기 옹벽은 소규모 비탈면의 보강을 위한 옹벽으로 장기적인 안정성 유지를 위해 비탈면과의 일체화가 중요하며, 또한 내적 열화 발생의 억제가 이루어져야 한다.

2 기대기 옹벽의 분류

(1) 합벽식 옹벽

벽체의 두께를 증가시키는 방법으로 안정성을 도모한 형식의 옹벽

(2) 계단식 옹벽

계단이 겹치는 너비가 안정성의 관건이 되며, 비탈면과의 일체화를 위해 고정핀의 시공이 중요하다.

3 안정성 검토항목

(1) 옹벽의 활동 파괴
(2) 옹벽의 전도 파괴
(3) 기초의 지지력 파괴
(4) 옹벽 자체의 전단 파괴
(5) 옹벽 자체의 모멘트 파괴

4 안정해석 고려하중

(1) 옹벽의 자중

콘크리트의 단위 중량당 체적으로 산정하며 옹벽의 무게중심으로 고려한다.

(2) 예상 파괴구간의 하중

쐐기파괴는 파괴면과 동일한 방향으로 쐐기파괴 높이의 1/3 높이에 위치시키며, 쐐기파괴의 활동 안정성은 안전율을 1.5 이상으로 한다.

(3) 옹벽에 직접 작용하는 하중

옹벽에 작용하는 토압 및 수압, 상재하중 등

(4) 파괴쐐기 하중

파괴면과 나란한 방향으로 파괴쐐기의 높이 1/3에 위치시키며, 파괴쐐기 활동에 대한 안정성
검토결과 안전율 1.5 이상 시 안정해석은 생략한다.

5 안전율

구분	고려항목	안전율
	Sliding	1.5
외적 안정성	Overturning	1.5
	Bearing Capacity	2.5
내적 안정성	–	2.0

6 외적 안정해석 항목

(1) 활동에 대한 안정성

배면의 파괴쐐기에서 가해지는 수평하중을 기초의 수평저항력이 커야 한다.

(2) 전도에 대한 안정성

기대기 옹벽을 강성벽체로 간주하여 옹벽의 압굽에서 모멘트를 취했을 때 활동모멘트보다 저
항모멘트가 커야 한다.

(3) 지지력에 대한 안정성

옹벽자체의 하중과 파괴쐐기로부터 가해지는 하중에 대하여 안정해야 한다.

7 내적 안정해석

(1) 전단파괴에 대한 안정성

파괴쐐기의 수평하중성분에 대해 벽체의 공칭전단저항력이 충분한지에 대해 검토하며, 계단
식 옹벽은 파괴쐐기에 가까운 구간에 대해 계단 사이의 수평저항력이 충분한지를 검토한다.

(2) 모멘트에 대한 안정성

벽체에 작용하는 하중에 의해 벽체 내부에 발생되는 최대모멘트가 벽체의 저항모멘트보다 작
아야 한다.

8 배수시설

(1) 배수구멍

(2) 수평배수공

(3) 옹벽배면 토목섬유 배수재

9 결론

기대기 옹벽은 깎기 비탈면의 부분적인 불안정성을 해소하기 위한 것으로 콘크리트를 사용함에 따른 내적 안정성과 일반적 옹벽에서 검토해야 하는 외적 안정성이 확보되어야 하며, 유지관리 시에도 안정성 확보가 되도록 하는 것이 중요하다.

CHAPER

05

기초

⋯ 01 기초의 분류

1 개요

(1) '기초(基礎 : Foundation, Footing)'는 구조물로부터의 하중을 지반에 전달시키는 부분으로, 얕은기초(Shallow Foundation)와 깊은기초(Deep Foundation)로 나눌 수 있다.

(2) 얕은기초(Shallow Foundation)는 직접기초라고도 하며 구조물의 하중을 지표면에서 깊지 않은 지반에 전달시키는 기초이다. 깊은기초는 토질이 연약하고 큰 지지력을 필요로 하는 경우에 시공하며 말뚝기초, Caisson기초가 있다.

2 분류

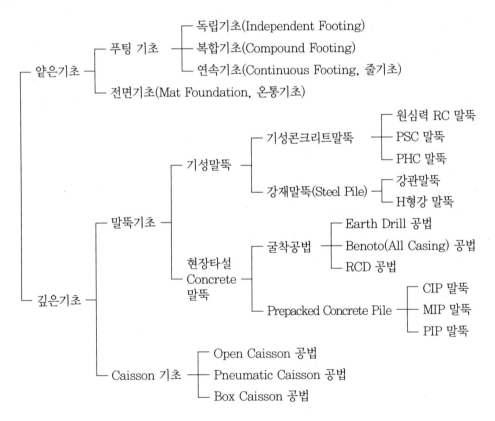

··· 02 기초의 종류와 안전관리

1 개요

(1) '기초구조'란 푸팅(Footing)과 지정으로 구성되며 상부구조의 하중을 지반에 직접 전달하는 부분을 말한다.

(2) 기초구조는 상부구조물을 지지하는 중요한 부분으로, 지내력의 저하 시 구조물의 내구성이 저하되므로 경제적이고 지반의 강성을 증대시킬 수 있는 기초공법을 선정하여 지내력을 확보하여야 한다.

2 기초의 종류

(1) **지정(地定 : Foundation)**

① 푸팅(Footing)을 보강하거나 지반의 내력을 보강한 부분으로, 얕은 기초에서 사용

② **종류**

- 잡석지정 : 지름 15~30cm 정도의 잡석을 세워서 깔고 사춤자갈로 틈새를 메우고 견고하게 다진 지정
- 모래 지정 : 기초 밑의 지반이 연약하고 2m 이내에 굳은 지층이 있어 말뚝을 박을 필요가 없을 때 굳은 지층까지 파내어 모래를 넣고 물다짐한 지정
- 자갈지정 : 5~10cm 정도의 자갈을 깔고 Rammer 등으로 다진 지정
- 밑창 Concrete 지정(버림 콘크리트 지정) : 잡석지정, 자갈지정 등의 위에 기초의 먹매김을 하기 위해 두께 5cm 정도의 콘크리트를 타설한 지정
- 긴 주춧돌 지정 : 비교적 간단한 건물에 사용되며, 지반이 깊을 때 긴 주춧돌을 세운 지정

(2) **기초(基礎 : Footing)**

① 구조물의 하중을 지반(地鐘) 또는 지정(地定)에 직접 전달하는 부분

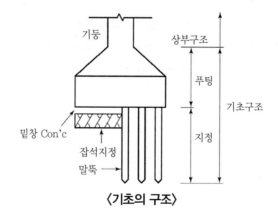

〈기초의 구조〉

② 종류
- 얕은기초(Shallow Foundation : 직접기초)
  - 푸팅기초(Footing Foundation) : 독립푸팅기초, 복합푸팅기초, 연속기초
  - 전면기초(Mat Foundation : 온통기초)
- 깊은기초(Deep Foundation)
  - 말뚝기초(Pile Foundation) : 기성말뚝, 현장타설 콘크리트말뚝, Prepacked Con'c Pile
  - 케이슨기초(Caisson Foundation) : Open Caisson, Pneumatic Caisson, Box Caisson

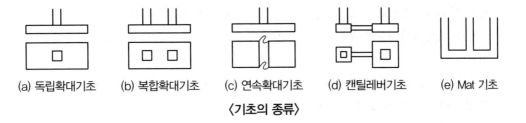

(a) 독립확대기초　　(b) 복합확대기초　　(c) 연속확대기초　　(d) 캔틸레버기초　　(e) Mat 기초

〈기초의 종류〉

3 기초형식 선정 시 고려사항

(1) 상부구조의 하중조건 및 허용 침하량 파악
(2) 토질조사(지반조사)를 실시하여 기초의 형식 결정
(3) 토사의 강도, 압밀 등을 파악하여 기초의 크기 및 근입깊이 결정
(4) 경제적이고 적정한 기초의 선정

4 지정 및 기초의 기능

(1) 지정(地定 : Foundation)

　푸팅(Footing)을 보강하여 지반의 내력 확보

(2) 기초(基礎 : Footing)

　구조물의 하중을 지반(地盤) 또는 지정(地定)에 직접 전달

(3) 상부구조의 지지

　상부구조의 하중을 지반에 전달하여 상부구조를 지지

(4) 구조물의 안정

　상부에서 전달되는 외력에 대한 충분한 저항력으로 구조물 안정

(5) 상부하중의 지지

　지반이 연약할 때 깊은기초를 사용하여 상부의 큰 하중을 지지

5 기초 굴착 시 준수사항

(1) 사면굴착 및 수직면굴착 등 오픈컷 공법에 있어 흙막이벽 또는 지보공 안전 담당자를 필히 선임하여 구조, 특징 및 작업순서를 충분히 숙지한 후 순서에 의해 작업하여야 한다.

(2) 버팀재를 설치하는 구조의 흙막이지보공에서는 스트럿, 띠장, 사보강재 등을 설치하고 하부 작업을 하여야 한다.

(3) 기계굴착과 병행하여 인력굴착 작업을 수행할 경우는 작업 분담 구역을 정하고 기계의 작업반경 내에 근로자가 들어가지 않도록 해야 하며, 담당자 또는 기계 신호수를 배치하여야 한다.

(4) 버팀재, 사보강재 위로 통행해서는 안 되며, 부득이 통행할 경우에는 폭 40cm 이상의 안전통로를 설치하고 통로에는 표준안전난간을 설치하고 안전대를 사용하여야 한다.

(5) 스트럿 위에는 중량물을 놓아서는 안 되며, 부득이한 경우는 지보공으로 충분히 보강하여야 한다.

(6) 배수펌프 등은 용수 시 항상 사용할 수 있도록 정비하여 두고 이상 용출수가 발생할 경우 작업을 중단하고 즉시 작업 책임자의 지시를 받는다.

(7) 지표수 등이 유입하지 않도록 차수시설을 하고 경사면에 추락이나 낙하물에 대한 방호조치를 하여야 한다.

(8) 작업 중에는 흙막이지보공의 시방을 준수하고 스트럿 또는 흙막이벽의 이상 상태에 주의하며 이상 토압이 발생하여 지보공 또는 벽에 변형이 발생하면 즉시 작업 책임자에게 보고하고 지시를 받아야 한다.

(9) 점토질 및 사질토의 경우에는 히빙 및 보일링 현상에 대비하여 사전조치를 하여야 한다.

6 결론

(1) 기초는 지반 조건, 구조물 규모, 현장 여건에 따라 종류와 형식이 정해지며, 구조물의 가장 핵심적인 부분이다.

(2) 특히, 연약지반에 기초 시공 시에는 안정성 확보를 위해 말뚝공법, Caisson 공법 적용 등 현장 여건에 따른 대책이 강구되어야 하며, 각 공법 시공 시 재해 발생 방지를 위한 대책을 수립해 적용하는 것이 필요하다.

··· 03 기성 콘크리트말뚝 시공 시 안전대책

1 개요

기성 콘크리트말뚝은 시공속도가 빠르고 시공이 용이하나 시공 시 소음·진동으로 인한 건설공해
가 발생하므로 이에 대한 대책이 필요하며, 말뚝의 운반이나 항타 시 균열·파손 등이 발생하지 않
도록 한다.

2 기성 콘크리트말뚝 시공순서

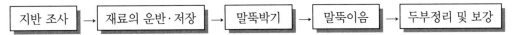

지반 조사 → 재료의 운반·저장 → 말뚝박기 → 말뚝이음 → 두부정리 및 보강

3 시공단계별 유의사항

(1) 지반조사

① 지층의 토질·토질분포, 지하수 분포 등을 조사

② 지반조사 결과에 따라 말뚝 종류 및 시공방법 선정

(2) 재료의 운반 및 저장

① 운반 시 충격이나 손상이 발생되지 않도록 할 것

② 말뚝 저장은 2단 이하로 배수가 양호하고 지반이 견고한 곳에 할 것

(3) 항타작업

① 두부 파손 방지를 위한 Cushion재 설치

② 최종관입량 및 수직허용오차, 위치허용오차 기준 준수

(4) 말뚝이음

① 이음 조건 : 경제성, 시공의 용이성, 단시간 내 가능, 이음내력이 확실할 것

② 이음의 종류 : 장부식 이음, 충전식 이음, Bolt식 이음, 용접식 이음

(5) 두부정리

① 두부정리는 말뚝에 충격을 주지 않는 전용 절단기 사용

② 두부정리가 완료된 말뚝은 기초 콘크리트 타설 시까지 이음부의 오염 방지 조치

③ 말뚝이 길 때의 조치

버림 Con'c 위 6cm를 남기고 절단, 절단점의 10cm 아래를 Band로 조여 Crack 발생을 방
지할 것

④ 말뚝 길이 부족 시 조치

- 보강철근은 PC Pile 본체의 철근 배근 개수 이상 배치
- Joint 철근은 밑창 Concrete면 위로 30cm 이상 여유를 둘 것
- 내부받이판은 말뚝 직경의 1/2(0.5D) 되는 밑 지점에 둘 것

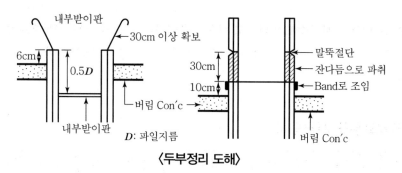

〈두부정리 도해〉

(6) 보강

① 설계위치에서 벗어난 경우

- 벗어난 거리가 75~150mm 미만 : 말뚝 중심선 외측으로 벗어난 만큼 기초 확대, 철근량의 1.5배로 보강 배근
- 벗어난 거리가 150mm 초과 : 정위치에서 추가

② 수직시공이 안 된 경우

기울기가 말뚝길이의 1/50 이상일 때 보강말뚝 시공

③ 말뚝의 중간 파손 시

설계위치에 인접하여 추가 항타, 말뚝 중심선의 외측으로 벗어난 만큼 기초 확대 및 철근량 보강

4 두부정리 필요성

① 기초 Pile과 기초 Con'c 일체화 시공
② 기초 Pile PS 강선 기초 정착
③ Pile 길이 조정

5 재해발생 방지를 위한 대책

(1) 지지력 부족에 의한 전단파괴 대책

① 토질시험에 의한 정확한 지지력 산정
② 사전조사에 의한 치환 및 지반개량
③ 작업장 인근의 항타 및 장비주행에 의한 진동 및 충격 방지조치

(2) 단위 작업별 대책

① 자재·장비 반입
- 지게차 안전조치(헤드가드 설치, 운전원 자격증, 후면경광등)
- 유도자 배치
- 파일 적재 시 구름 방지용 쐐기 설치

② 천공
- 천공기 운전원 자격증 확인
- 유도자 배치
- 천공기 붐의 구조적 안전성

③ 파일 항타
- 파일 세우기 작업 시 와이어로프 체결상태 점검
- 항타기 후면부 접근금지표지 설치
- 항타기 전도 방지 아웃트리거 설치
- 항타기 하부의 침하 방지조치

④ 두부정리
- 커터장비의 헤드커버 설치 여부 확인
- 커터장비 운전원 자격증 확인
- 두부정리 파일 상단부 철근 보호커버 및 덮개 설치
- 커터장비 사용 중 유도자 배치

6 결론

타입말뚝, 매입말뚝, 현장타설 콘크리트말뚝으로 분류되는 말뚝기초 시공 시에는 작업단계별 안전대책을 숙지하고 적절한 안전조치가 이루어져야 한다. 특히, 천공작업과 항타작업 전 자재·장비 반입작업 시 재해 발생률이 높으므로 이에 대한 안전대책도 소홀히 하지 말아야 할 것이다.

··· 04 기성 콘크리트 파일 항타 작업의 안전보건작업지침 [C-71-2012]

이 지침은 콘크리트파일 항타 작업에서 발생할 수 있는 낙하, 장비전도, 협착, 추락 건강장해 등의 재해예방을 위하여 작업 단계별 안전사항 및 안전시설에 관한 기술적 사항 등을 정함을 목적으로 한다.

1 항타기 주요 안전장치

(1) 리더(Leader) 경사 각도계

본체 및 리더의 경가 각도를 표시하는 장치로 표시각도는 $0 \sim \pm 5°$이며 본체가 좌우 각각 $1.5°$ 이상 경사 시 경보 발생하는 것을 말한다.

(2) 오거(Auger) 인발 하중계

오거 작업 시 오거의 인발 하중을 검출하여 리더의 허용하중 이상 하중 발생 시 경보를 발하는 안전장치를 말한다.

(3) 권과방지장치

과다 권상 시 오거와 탑시브의 접촉으로 인한 와이어로프 파단을 방지하기 위해 최상부와 $0.25m$ 이상의 거리에서 권상동작을 정지시키는 장치를 말한다.

(4) 역회전방지 브레이크

브레이크의 이상 시 드럼의 회전을 방지하기 위해 랫칫(Ratchet)에 의해 드럼의 회전을 불가하게 하여 오거 등의 낙하를 방지하는 장치를 말한다.

2 안전작업계획 수립

(1) 작업 단계별 위험성평가를 실시하여 유해 위험요인을 도출하고 세부공정별 사전 안전대책을 수립하여야 한다.
(2) 장비투입 계획 수립 시 장비조립위치, 플랜트위치, 파일 야적위치 등을 사전에 충분히 검토하여야 한다.
(3) 전기기계·기구 사용을 위한 가설전기 배전반의 접지 및 누전차단기 설치계획을 수립하여야 한다.
(4) 작업장소로의 자재운반을 위한 양중 작업 및 운반 작업에 대하여 사전안전대책을 수립하여야 한다.
(5) 각 작업 단위별 필요한 안전시설물의 종류와 설치순서와 방법, 시기 등을 정하여야 한다.
(6) 안전보호구 지급계획(안전모, 안전대, 안전화, 방진마스크, 보안면, 귀마개 등)을 수립하여야 한다.

(7) 항타기를 조립·해체·변경 또는 이동하는 경우 그 작업방법과 절차를 정하여 근로자에게 주지시켜야 한다.

❸ 안전작업 공통 사항

(1) 작업 전 안전사항

① 항타기를 조립·해체·변경 또는 이동하는 경우 작업지휘자를 지정하여 지휘·감독하도록 하여야 한다.

② 관리감독자는 작업 전에 근로자에게 위험요인과 이에 대한 대응 방법 등에 대하여 교육을 실시하여야 한다.

③ 작업 전 근로자가 지켜야 할 사항에 대하여 위험예지활동을 실시하여야 한다.

④ 작업 전에 근로자 이동통로, 자재하역 장소 및 운반통로를 확보하여야 하며, 작업 중 자재에 걸려 넘어지지 않도록 정리·정돈하여야 한다.

⑤ 건설기계를 이용하는 작업장의 지반은 평탄하게 정리하고 침하방지를 위한 지내력을 확보하여야 한다.

⑥ 유자격 운전자(건설기계 조종사 면허)를 배치하여야 한다.

⑦ 이동식크레인 등 작업에 적정한 양중장비를 선정하고, 자재 및 부재의 현장 반입은 작업공정 순서에 맞게 이루어질 수 있도록 한다.

(2) 작업장 안전관리

① 항타기 운전 작업 시에는 일정한 신호방법을 정하여 신호하고, 운전자는 그 신호에 따라야 한다.

② 권상장치에 하중을 건 상태에서는 운전자가 운전위치를 이탈하게 해서는 아니 된다.

③ 야간작업 시에는 충분한 조도(일반작업 75럭스)를 확보하여야 한다.

④ 운전 중인 항타기의 권상용 와이어로프 등의 부착 부분의 파손에 의하여 와이어로프가 벗겨지거나 드럼(Drum), 도르래 뭉치 등이 낙하하지 않도록 작업 전에 점검하여 이상 발견 시 수리 또는 교체 등의 조치를 하고, 낙하물에 의한 재해 발생 우려가 있는 장소에는 근로자의 출입을 통제하여야 한다.

⑤ 작업 시에는 유도자를 배치하여 건설장비 등을 유도하고 장비별 특성에 따른 일정한 표준 신호방법을 정하여 신호하여야 한다.

⑥ 강풍, 폭우, 폭설 등의 악천후 시 작업을 금지하여야 한다.
- 풍속이 초속 10미터 이상인 경우
- 적설량이 시간당 1센티미터 이상인 경우

⑦ 파일 항타 위치에 가스관·지중선로 기타 지하매설물의 손괴에 의하여 근로자에게 위험을 미칠 우려가 있을 때에는 지장물 등의 유무를 조사하여 이설 또는 방호 등의 조치를 하여야 한다.

⑧ 항타·천공 등 건설기계의 작동 중에는 기계장치 보수작업을 금지하여야 한다.

⑨ 파일 항타 작업 시 소음, 진동에 대한 영향을 확인하여 환경기준을 준수하여야 한다.

⑩ 화재의 위험이 있는 장소에는 소화기 등을 비치하여 초기 소화할 수 있도록 하여야 한다.

⑪ 작업장소로의 운반 시에는 부재별 형상에 적합한 운반 장비를 선정하고 사용하여야 하며, 운반경로 상에 관계자 외 출입을 통제하고 안전통로를 확보하여야 한다.

⑫ 작업장 및 통로 주변 개구부 등 추락위험장소에는 안전난간, 덮개 등 방호시설 설치 여부와 통로의 바닥상태 등을 확인하고, 작업장에 안전표지를 부착하여야 한다.

(3) 사용 기계, 기구 안전관리

① 모든 도르래, 케이블, 기계류, 훅걸이 및 항타기의 주요 부분은 작업 전에 점검하여야 하며, 마모되거나 파손된 부품이나 기계는 즉시 수리하거나 교환하여야 한다.

② 운전석 내부 및 장비는 청결히 하고 오르내리는 발판, 손잡이 등은 항상 깨끗이 하여 미끄러지지 않도록 한다.

③ 전기기계·기구 사용 시 합선 및 과부하에 의한 화재, 감전 등을 예방하기 위하여 사용 전에 점검하여야 한다.

④ 전기기계·기구 사용 시 접지 및 누전차단기가 되어 있는 분전함에서 인출하여야 한다.

⑤ 습윤한 장소에 사용되는 접속기는 방수형 등 그 장소에 적합한 것을 사용하여야 하며 해당 꽂음 접속기를 접속시킬 경우에는 땀 등 젖은 손으로 취급하지 않도록 해야 한다.

⑥ 그라인더 등 절단기 사용 시에는 숫돌의 최고 사용회전속도를 준수하고, 방호장치(안전커버)의 부착을 확인하여야 한다.

(4) 근로자 안전관리

① 근로자는 작업 시에 안전모, 안전화, 방진마스크, 보안면, 귀마개 등 작업에 적합한 개인 보호구를 착용하여야 한다.

② 작업 전 운전자 및 근로자 안전교육을 실시하여야 한다.

4 파일 항타 작업 단계별 안전사항 절차

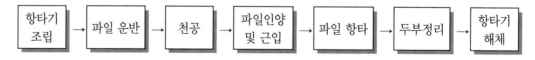

(1) 파일 항타 작업 시 단계별 안전사항

① 항타기 조립

ㄱ 조립 작업 전 사전에 충분한 공간을 확보하도록 하여야 한다.

ㄴ 리더(Leader)를 세우기 전 안전대 부착설비를 사전 설치하여 추후 리더상·하부 이동 시 추락방지 안전대를 착용하여 활용토록 하여야 한다.

ⓒ 작업 전 와이어로프에 대하여 점검을 실시하고 다음 사항에 해당되는 것은 사용금지하여야 한다.
- 이음매가 있는 것
- 와이어로프의 한 꼬임에서 끊어진 소선의 수가 10퍼센트 이상인 것
- 지름의 감소가 공칭지름의 7퍼센트를 초과하는 것
- 심하게 변형 또는 부식된 것
- 꼬임, 꺾임, 비틀림 등이 있는 것

② 파일 운반 작업

ⓐ 지게차 등 장비를 이용한 운반 시에는 급제동 및 급전환을 금지하고, 주변 장애물과 충돌 등을 예방하여야 한다. 그 밖의 지게차 이용 작업과 관련한 안전수칙은 지게차의 안전운행에 관한 기술지침(KOSHAGUDIE G-31-2011)을 따른다.

ⓑ 파일 하차 및 운반 작업 시에는 파일이 구르거나 떨어지지 않도록 구름방지 기구 등 안전시설을 사용하여야 한다.

ⓒ 파일 하차 및 운반 작업 시에는 신호수 또는 유도원을 배치하여 운반 작업장 주변의 출입을 통제하여야 한다.

③ 천공 작업

ⓐ 장비 이동 시에는 바닥의 평탄성과 침하 예방을 위한 지내력을 확보하고 필요할 경우 도괴의 방지를 위하여 깔판·깔목 등을 사용하여야 한다.

ⓑ 천공작업은 장비의 아웃트리거(Outrigger)를 설치 후 사용하여야 한다.

ⓒ 천공작업 시 상부에서 흙 및 돌 등이 낙하할 수 있으므로 오거 주위에 출입을 통제하여야 한다.

ⓓ 천공 후에는 홀 상부에 덮개 등을 설치하여 토사유입 및 근로자의 추락을 예방하여야 한다.

④ 파일 인양 및 근입 작업 파일 인양작업

ⓐ 파일을 인양할 때에는 파일 하중을 고려한 안전한 와이어로프를 사용하여야 하며 권상용 와이어로프의 안전계수는 5이상으로 하여야 한다.

ⓑ 이음매가 있는 권상용 와이어로프는 사용을 금지하여야 하고, 훅블록 등이 최저의 위치에 있을 때 또는 파일을 인양하기 시작할 때를 기준으로 권상장치의 드럼에 적어도 2회 감기고 남을 수 있는 충분한 길이여야 한다. 클램프 및 클립 등을 사용하여 견고하게 고정하여야 한다.

ⓒ 파일을 인양할 때에는 작업 반경 내에 근로자의 출입을 통제하여야 한다.

ⓓ 신호수와 장비운전원 간의 신호체계를 확립하여야 한다.

⑤ 파일 항타 작업

ⓐ 항타용 해머(Hammer) 인양 시 하부에 근로자의 출입을 통제하여야 한다.

ⓑ 해머(Hammer) 이동 시 신호수와 항타기 운전원과의 신호체계를 확립하여야 한다.

ⓒ 램(Ram) 해체 시에는 리더의 수직 사다리를 이용하여 이동해야 하며 수직 추락방지대(완강기)를 착용하여야 한다.

ⓓ 파일의 용접 이음 작업 시에는 근로자에게 보안면을 지급하여 착용토록 하여야 한다.

ⓔ 용접기 등 전동 기계·기구는 접지상태 및 누전상태 등을 수시로 점검하여야 한다.

ⓕ 항타기의 권상장치에 하중을 건 상태로 정지하여 두는 경우에는 쐐기 장치 또는 역회전 방지용 브레이크를 사용하여 제동하는 등 확실하게 정지시켜두어야 한다.

ⓖ 항타기의 권상장치에 하중을 건 상태에서는 운전자가 운전위치를 이탈하여서는 아니된다.

⑥ 두부정리 작업

ⓐ 그라인딩 작업 시 베임 또는 비산, 감전 등의 사고예방을 위해 안전교육을 실시하여야 한다.

ⓑ 압쇄기 등을 이용한 파쇄 시 작업 순서 등이 포함된 계획을 수립하여 파일의 전도 등에 의한 재해를 예방하여야 한다.

ⓒ 강선 절단 시 비산 및 찔림 등에 의한 재해 예방 조치를 취하고, 근로자는 보안면(경)과 같은 안면보호구와 보호 장갑을 착용하여야 한다.

⑦ 항타 작업 종료 시 유의사항

ⓐ 해머, 어스오거 등은 마스트 최하단으로 내린 후 결속하는 등의 조치를 취해야 한다.

ⓑ 전기 기기류는 방수용 시트 등으로 덮어야 한다.

ⓒ 지주의 하부는 물이 고이지 않도록 배수 처리하고 마스트는 선회 프레임에 고정하는 등 전도 예방 조치를 하여야 한다.

ⓓ 장기간 보관할 때에는 제작사가 제공하는 장비 관리 기준에 따라 필요한 조치를 하여야 한다.

⑧ 항타기 해체 작업

ⓐ 장비를 해체하기 위한 고소작업 시 안전대를 착용하는 등의 추락재해예방조치를 하여야 한다.

ⓑ 장비를 오르내리는 경우 승강설비를 설치하여 이용하는 등 안전하게 이동하여야 한다.

ⓒ 해체된 장비를 양중, 운반 시에는 중량과 현상을 고려하여 적합한 장비를 선정하고 작업 반경 내에 근로자의 출입을 통제하여야 한다.

⑨ 그 밖의 작업별 안전조치 사항

건설기계 안전보건작업지침(KOSHA GUIDE C-48-2012)과 굴착공사 안전작업지침(KOSHAGUIDE C-39-2011)에 따른다.

··· 05 Caisson 기초

1 개요

Caisson 기초공법은 수평지지력과 수직지지력이 큰 기초공법으로 바닥이 없는 Caisson 내측 지반을 굴착하면서 Caisson 자중이나 외력으로 계획고까지 침설시켜 기초를 설치하는 공법으로 Open Caisson, Pneumatic Caisson, Box Caisson으로 분류할 수 있으며 말뚝기초의 단점을 보완한 기초공법이다.

2 Caisson 기초의 종류

(1) Open Caisson

(2) Pneumatic Caisson

(3) Box Caisson

3 Open Caisson

상하단이 개방된 우물통 모양의 케이슨을 지표면에 거치한 후 통 내를 통해 지반토를 굴착해 소정의 지지층까지 침설시키는 공법으로 수중에서 저부 콘크리트 슬래브를 타설하고 모래, 자갈, 빈배합 콘크리트로 채운 후 상부 콘크리트 슬래브를 설치하는 공법이다.

(1) 특징

① 장점
- 시공설비가 간단하다.
- 소음에 의한 공해가 거의 없다.
- 침설깊이에 제한이 없다.

② 단점
- 침하속도가 일정하지 않아 공사기간이 지연될 수 있다.
- 굴착 중 장애물 제거가 곤란하다.
- 케이슨에 경사가 발생할 우려가 있다.

(2) 시공순서 Flow Chart

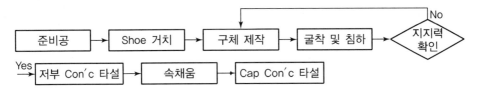

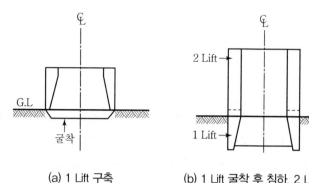

(a) 1 Lift 구축　(b) 1 Lift 굴착 후 침하, 2 Lift 구축　(c) 침설 완료

〈오픈케이슨 시공순서〉

(3) 시공 시 유의사항

① 연약지반 거치 시 부등침하, 경사가 발생하므로 지반 개량 필요

② 굴착은 중앙부에서 주변부로 대칭굴착

③ 여굴로 인한 케이슨의 경사 발생 주의

④ 강제배수를 피하고 수중 콘크리트로 타설(강제배수의 경우 지반 파괴)

4 Pneumatic Caisson

Caisson 하부에 압축공기 작업실을 두고 지하수압에 상당하는 고압 공기를 공급해 지하수를 배제한 후 작업실 바닥 토사를 굴착해 지지층까지 침설시키는 공법으로, 굴착작업이 대부분 인력에 의존한다는 큰 취약점이 있다.

(1) 특징

① 장점

- 인력작업으로 시공정밀도가 높다.
- 굴착 중 장애물 제거가 용이하다.
- 중심 위치가 낮아 경사 수정이 용이하다.
- 수중 콘크리트가 아니므로 콘크리트 품질이 양호하다.

② 단점

- 압축공기 사용으로 대규모 기계설비 필요
- 소음 및 진동 다량 발생
- 케이슨병 발생(고압 내 작업 후 대기압에 나올 때 감압현상으로 혈액 또는 조직 내 용해되어 화되어 체내에 잔류해 모세혈관을 차단시키는 현상)

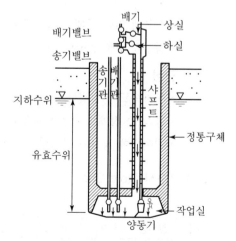

〈Pneumatic Caisson〉

(2) 시공법

① 시공순서 Flow Chart

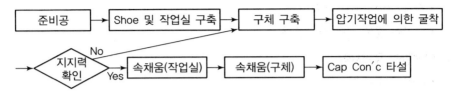

② 시공 시 유의사항
- 중앙부터 굴착하고 주변파기를 할 것
- 작업실 높이 1.8m 이상으로 shoe와 천장 슬래브는 일체 콘크리트로 타설

③ 안전관리 유의사항
- 작업원 안전위생관리 : 고기압 상태에서 작업 시 안전위생상 관리에 유의
- 작업실 기압 : $3.5{\sim}4kgf/cm^2$, 작업원 인체에 대한 공기압 한도 유지
- 정전사고 대책 : 발전기 및 예비 컴프레서 준비
- 통신설비 유지 : 장내 전화기, 인터폰, 작업용 버저, 스피커, 비디오 모니터
- 지지력 확인 : Oil Jack 가압에 의한 케이슨 천장의 반력으로 내력 측정

5 Box Caisson

지상에서 철근 콘크리트로 만들어진 Box형 구조물을 진수하여 소정의 위치까지 배로 예인해 침설하는 공법으로 항만 구조물 방파제, 계선시설 등 횡하중을 받는 구조물에 이용된다.

(1) 특징

① 장점
- 지상에서 Box 구조물이 제작되므로 품질 확보가 용이하다.
- 설치가 간편하다.
- 공사비가 저렴하다.

② 단점
- 기초 부분에 세굴이 발생할 우려가 있다.
- 운반 시 파랑, 바람, 조류 등의 횡압으로 전도의 위험이 있다.

(2) 시공법

① 시공순서 Flow Chart

② 시공 시 유의사항
- 지지기반에 수평으로 굴착
- 지지기반의 세굴 방지
- 수심이 깊은 경우 사석 설치

③ 안전관리 유의사항
- 기상조건 준수
  - 풍속 15m/sec 이상 시 작업중지
  - 강우 100mm/일 이상 시 작업중지
  - 시계 1km 이하 시 작업선박 운행 중지
- 해상조건 준수
  - 파도 0.8~1m가 작업 한계
  - 조류 2~4노트 이상은 작업 난이
  - 시간별·일자별 조위차 관리(항만청 자료 참조)

··· 06 팽이기초

1 개요

팽이 형태의 콘크리트 파일을 연속 압입 배열하고 말뚝 주변은 쇄석으로 채워 다지는 공법으로 연약지반, 해안 및 호안 보호공 등에 폭넓게 적용되고 있으며 소음과 진동이 발생하지 않기 때문에 도심지 기초공법에 점차 확대 적용되고 있다.

2 구조도

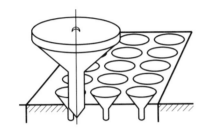
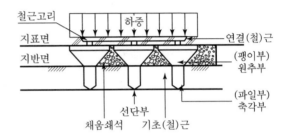

3 부재별 역할

구분	역할	효과
팽이부	하중 분산	균등침하
선단부	지지력 증대	침하 감소
쇄석층	구속응력 증대	과잉간극수압 방지

4 장점

(1) 진동 및 충격 흡수
(2) 중·소형 구조물에 적합
(3) 공사비 저렴
(4) 응력 균등화
(5) 지지력 강화

5 시공순서

| 고정용 철근 설치 | → | 팽이말뚝 근입 | → | 쇄석 채움 | → | 연결철근 설치 |
| :위치측량 실시 | | : Leveling | | : 다짐 실시로 Interlocking | | : 결속 철저 |

6 적용대상

(1) 옹벽 및 교대

(2) 암거

(3) 소형구조물

말뚝기초의 종류와 특징

1 개요

말뚝기초(Pile Foundation)는 상부 하중을 지반에 전달시켜 상부 구조물을 지지하기 위하여 설치하는 것이다. 말뚝기초의 시공법(施工法)은 기성말뚝의 시공법과 현장타설 콘크리트 말뚝의 시공법으로 나눌 수 있다.

2 말뚝기초의 종류

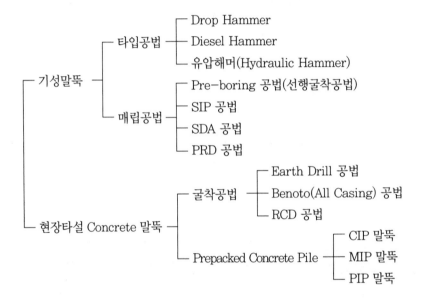

3 말뚝기초 공법 선정 시 고려사항

4 말뚝기초 시공법의 특징

(1) 타입 말뚝

① 분류

- Drop Hammer : 말뚝머리를 손상시킬 우려가 있으므로 낙하높이를 2m 이하로 한다.
- Diesel Hammer : 타격력이 크고 속도가 빠르며 기동성이 우수하다.
- 유압해머(Hydraulic Hammer) : 유압방식 이용으로 매연이 없으며 강널말뚝(Steel Sheet Pile)에 적용한다.

② 장점

- 시공속도가 빠르며 시공성이 좋다.
- 기성제품이므로 말뚝체의 품질관리가 용이하다.
- 각각의 지지력 Check가 가능하다.
- 지하수위에 관계없이 시공이 가능하다.

③ 단점

- 소음·진동으로 인한 건설공해 발생된다.
- 긴 말뚝의 경우 이음이 필요하다.
- 전석층, 호박돌층이 있을 경우 말뚝파손의 우려가 발생된다.
- 운반 도중 말뚝에 충격이나 손상이 발생될 수 있다.

(2) 매립 말뚝

① 분류

구분	프리보링 타격공법 (선굴착 후 항타공법)	SIP 공법	SDA 공법	PRD 공법
개념도				
굴착 및 말뚝 선단부 안치 위치	지지층까지 완전굴착공법(풍화토층이 얕고 바로 풍화암 이상의 암질이 도출될 경우)	지지층까지 굴착 후, 슬라임 압입공법	지지층까지 굴착	지지층까지 굴착

② 장점

- 소음·진동의 발생이 적다.
- 기성 제품이므로 말뚝의 품질관리가 양호하다.

- 대구경 말뚝의 시공이 가능하다.
- 인접 구조물에 대한 영향을 최소화할 수 있다.

③ 단점
- 시공관리가 타입 방식에 비해 난해하다.
- 지반을 교란시키므로 지지력이 저하된다.
- 배토처리가 필요하다.
- 타입말뚝에 비하여 공사비가 고가이다.

(3) 현장타설 Concrete 말뚝

① 분류 : All Casing, Earth Drill, RCD

② 장점
- 소음 및 진동 발생이 적다.
- 대구경 말뚝의 시공이 가능하다.
- 이음이 필요 없고 길이 조정이 용이하다.
- 인접 구조물에 대한 영향이 적다.

③ 단점
- 시공관리가 복잡하고 시공자 수준에 따라 품질의 차이가 크게 발생된다.
- 작은 직경의 말뚝 시공에는 부적합하다.
- 지반을 교란시키므로 지지력이 작아진다.
- 굴착 중 공벽붕괴가 우려되며 배토처리가 필요하다.

5 말뚝기초 시공 시 안전대책

(1) 자재, 장비 반입작업 시

① 지게차 안전조치(헤드가드 설치, 운전원 자격증, 후면경광등)
② 유도자 배치
③ 파일 적재 시 구름 방지용 쐐기 설치

(2) 천공작업

① 천공기 운전원 자격증 확인
② 유도자 배치
③ 천공기 붐의 구조적 안전성

(3) 파일 항타작업

① 파일 세우기 작업 시 와이어로프 체결상태 점검
② 항타기 후면부 접근금지표지 설치

③ 항타기 전도 방지 아웃트리거 설치

④ 항타기 하부의 침하 방지조치

(4) 두부정리 작업

① 커터장비의 헤드커버 설치 여부 확인

② 커터장비 운전원 자격증 확인

③ 두부정리 파일 상단부 철근 보호커버 및 덮개 설치

④ 커터장비 사용 중 유도자 배치

6 결론

타입, 매립, 현장타설 방식으로 분류되는 말뚝기초는 모든 건축·토목공사의 최초 단계에서 실시되는 공사로서 현장관리가 쉽지 않은 가운데 시공해야 하므로 안전대책에 특히 유의할 필요가 있다. 따라서 자재 및 장비 반입 단계에서부터 천공·항타·두부정리 작업이 수시로 진행됨에 따른 위험요인에 대한 철저한 사전교육과 안전작업지침의 준수상태를 수시로 관리·감독해야 할 것이다.

··· 08 배토말뚝과 비배토말뚝

1 개요

(1) 배토말뚝

타입되는 말뚝으로 인해 지반토가 인접 지반에 영향을 주는 말뚝

(2) 비배토말뚝

말뚝 위치의 지반토를 제거한 후 말뚝을 타설할 때 인접 지반에 영향을 주지 않는 말뚝

타입 말뚝 　　　　　　　　　　　　현장타설, 매입

2 시공방법에 의한 분류

(1) 배토말뚝

타격, 진동에 의한 타입

(2) 비배토말뚝

현장타설이나 Preboring 후 타설

3 특징

(1) 배토말뚝(강관폐단말뚝, 콘크리트·목재말뚝)

장점	단점
• 지반 다짐 효과가 크다. • 시공속도가 빠르다.	• 주변에 교란영역이 발생된다. • 건설공해가 발생된다(진동, 소음 등).

(2) 비배토말뚝(중공말뚝, SIP, Benoto, RCD 등)

장점	단점
• 지지층 확인이 가능하다. • 말뚝 개수를 절감할 수 있다.	• 시공속도가 느리다. • 지반 다짐 효과가 적다.

부주면 마찰력 발생 원인과 대책

1 개요

(1) '부마찰력(負摩擦力 : Negative Friction)'이란 연약지반에서 말뚝의 주위 지반이 침하함에 따라 하향으로 작용하는 마찰력을 말한다. 부마찰력은 말뚝보다 지반의 침하량이 큰 부분에서 발생한다.

(2) 부마찰력은 말뚝의 지지력을 저해하므로 방지대책을 수립해 피해를 방지하도록 해야 한다.

2 말뚝기초의 지지력 구분

(1) 정마찰력(PF : Positive Friction)

① 말뚝에 작용하는 마찰력 중 상향(上向)으로 작용하는 마찰력

② 말뚝은 선단 지반의 지지력과 상향의 주면 마찰력의 합으로 지지된다.

(2) 부마찰력(NF : Negative Friction)

① 말뚝에 작용하는 마찰력 중 하향(下向)으로 작용하는 마찰력

② 말뚝 주면의 지반침하로 말뚝을 끌어내리는 방향으로 발생하는 마찰력

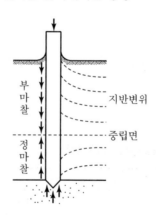

3 부마찰력 발생 시 문제점

(1) 매설물 파손

(2) 부등침하에 의한 구조물 균열 및 손상

(3) 말뚝의 지지력 저하

(4) 말뚝의 파손

❹ 중립면과 중립층

(1) 중립면

① 부마찰력(하향)에서 정마찰력(상향)으로 변화하는 위치 NF는 중립면 위에서만 발생

② 지반의 압밀침하와 말뚝의 침하가 동일해 상대적으로 이동이 없는 위치

③ 말뚝이 박혀 있는 지지층의 굳기에 따라 중립면의 위치는 달라진다.

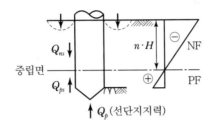

(2) 중립층의 두께

$$\boxed{\text{중립층의 두께} = n \times H}$$

여기서, n : 지반에 따른 계수
        ① 마찰말뚝, 불완전지지말뚝 : $n = 0.8$
        ② 보통 모래 또는 자갈층에 지지된 말뚝 : $n = 0.9$
        ③ 암반이나 굳은 지층에 완전 지지된 말뚝 : $n = 1.0$
      H : 압밀층의 두께

❺ 부주면 마찰력 발생원인

(1) 성토자중에 의한 압밀이 진행 중일 때

(2) 연약점토층 위에 성토로 압밀이 발생하는 경우

(3) 주위 지반의 굴착에 의하여 지하수위가 내려갈 때

(4) 연약지반에서 말뚝을 타설하여 과잉간극수압이 발생한 후 과잉간극수압이 소산할 경우

(5) 말뚝 주변 지반이 말뚝의 침하량보다 상대적으로 큰 침하를 일으킬 때

❻ 저감대책

(1) 말뚝의 지지력을 증가시키는 방법

① 말뚝의 선단면적을 증가

② 말뚝의 재질을 향상시켜 말뚝을 보강

③ 말뚝의 본수를 증가

④ 지지층에의 근입깊이를 증가

(2) 부주면 마찰력의 저감방법

① 이중관 사용

② 말뚝표면에 아스팔트 도포

③ 단면이 하단으로 가면서 조금씩 작아지는 Tapered Pile 시공

④ 항타작업 전 보링작업과 벤토나이트 등을 주입한 이후 관입시킴

⑤ 표면적이 작은 말뚝으로 시공

(3) 설계변경에 의한 방법

① 마찰말뚝으로 설계

② 군말뚝으로 설계

7 결론

(1) 부마찰력(Negative Friction)에 의한 피해로 부등침하에 의한 구조물의 균열·손상뿐만 아니라, 말뚝기초의 파괴도 발생하므로 말뚝의 허용지지력을 결정할 때 부마찰력에 대한 대책을 수립해야 한다.

(2) 부마찰력은 말뚝보다 지반의 침하량이 큰 부분에서 발생하므로 토질의 면밀한 분석과 설계 반영 및 시공 시 품질관리로 부마찰력으로 인한 피해를 최소화하여야 한다.

··· 10 Slip Layer Pile

1 개요

Slip Layer Pile은 NF(Negative Skin Friction)의 저감방법으로 개발된 말뚝으로 표면에 특수 아스팔트를 도포해 아스팔트의 점탄성 특성을 이용해 NF를 저감하는 말뚝을 말한다.

2 Slip Layer Pile의 시공효과

(1) NF의 대폭 저감

(2) NF의 저감으로 말뚝본수 저감 가능

(3) 말뚝본수의 저감으로 공기 단축 및 공사비 저감

(4) 시공성 향상

3 Slip Layer Pile 적용 시 유의사항

(1) 아스팔트층 손상

① 아스팔트 도포 하단층에 보호 Ring 부착

② 전석과 지중장애물 조사

(2) 기온조건

① 기온차가 심할 때 : 아스팔트 점도 변경

② 5℃ 이상 시간 때 항타

(3) 운반

① Pile 상부 보행금지   ② 다른 재료와 접촉 금지

(4) 보관

① 받침목 위에 보관   ② 현장 보관기간은 1주 이내

③ 포개서 적재하지 말 것   ④ 고온 시 덮개 사용

(5) 타입

① 외기온도 5℃ 이하 시 타입 금지   ② 지표면 전석층 등 지중장애물 제거

4 Compound층 보수방법

(1) 강관 표면에 Gas 버너로 건조

(2) 인두로 평탄하게 소정의 두께로 정형 작업

···11 말뚝의 지지력 산정방법

1 개요

말뚝의 허용지지력은 말뚝선단지지력과 말뚝주면마찰력의 합을 안전율로 나눈 것을 말하며 허용지지력 추정방법에는 정역학적 추정방법, 동역학적 추정방법, 재하시험에 의한 추정방법 등이 있다.

2 말뚝 지지력 산정의 중요성

(1) 말뚝설계를 위한 지지력 결정
(2) 말뚝기초의 규격과 소요량 결정
(3) 기시공된 말뚝의 허용안전하중 확인
(4) 파일의 파손 유무 확인

3 말뚝의 허용지지력

$$R_a = R_u(\text{극한지지력})/F_s(\text{안전율})$$

$F_s(\text{안전율})$ ┬ 정역학
            └ 동역학 ┬ Sander 공식 : $F_s = 8$
                    ├ Engineering News 공식 : $F_s = 6$
                    └ Hiley 공식 : $F_s = 3$

4 말뚝의 허용지지력 추정방법

(1) 정역학적 추정방법

① 토질시험에 의한 Terzaghi 공식에 의한 방법

$$R_u = R_p + R_f = \pi r^2 q_u + 2\pi r \ell F_s$$

② 표준관입시험 N치에 의한 Meyerhof 공식

$$R_u = 40 N_p A_p + \frac{1}{5} N_s A_s + \frac{1}{2} N_c A_c$$

(2) 동역학적 추정방법

① Sander 공식

$$R_u = \frac{W \times H}{S}$$

② Engineering News 공식

$$R_u = \frac{W \times H}{S + 2.45}$$

③ Hiley 공식

$$R_u = \frac{W \cdot H \cdot e}{S + 1/2(C1 + C2 + C3)}$$

5 재하시험에 의한 방법

(1) 정재하시험의 종류

① 압축재하시험

② 인발시험

③ 수평재하시험

(2) 정재하시험 종류별 시험방법

① 압축재하시험

- 등속도 관입시험
  - 말뚝이 등속도로 관입되도록 지속적으로 하중을 증가시키는 방법
  - 말뚝의 극한하중 결정에 주로 사용
- 하중지속시험
  - 말뚝에 하중을 가해 1시간 정도 침하시킨 후, 동일한 하중을 한 단계씩 높여가는 방법
  - 설계하중 2배 하중까지 재하하며, 한 단계 하중은 설계하중의 25%로 8단계로 재하

② 인발시험

- 유압잭을 사용해 인발하는 시험
- 압축재하시험과 동일한 방법으로 시험

③ 수평재하시험

  말뚝의 수평하중에 저항하는 정도를 측정하는 시험

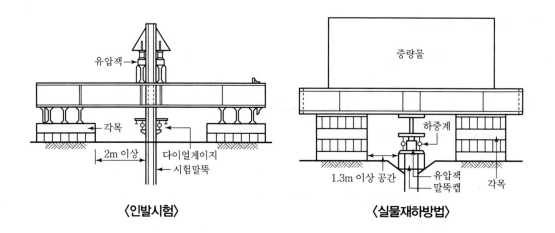

〈인발시험〉　　　　　　　　〈실물재하방법〉

6 결론

말뚝의 지지력은 토질형태, 말뚝형식, 시공성, 경제성을 검토해 가장 적당한 것을 선택해야 하며, 실험실 위주의 산정방법은 현장 적용 시 현실성이 결여될 수 있으므로 현장의 상황을 감안한 가장 실용적인 판단방법을 적용해야 한다.

··· 12 동재하시험

1 개요

파일 두부에 가속도계와 변형률계를 부착, 가속도와 변형률을 측정해 지지력을 산정하는 시험 방법

2 특징

(1) 시험방법이 간단하다.
(2) 지지력 판정이 쉽다.
(3) 비용이 저렴하다.
(4) 신속한 판정이 가능하다.
(5) 현장의 활용도가 높다.

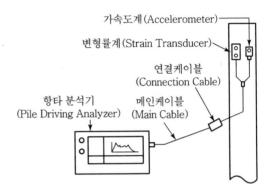

〈동재하시험 계측기 부착요령〉

3 시험방법

(1) 해머 : 시험하중의 $1 \sim 1.5\%$ 중량
(2) 변형률계 : 힘 산정$\left(E = \dfrac{\sigma}{\varepsilon} = \dfrac{P/A}{\Delta l/l} \rightarrow P\right)$
(3) 가속도계 : 말뚝변위속도, 힘 산정$(F = ma \rightarrow F)$
(4) 분석기 : 힘, 속도 파형과 지지력 분석
(5) 두부정리(지상부 길이 3D 정도)와 계측기 부착(각 1쌍)
(6) 말뚝제원 입력(탄성계수, 단위중량, 파속도)
(7) 항타로 저장된 Data 분석

1 산정 방법(Hiley 식)

$$R_u = \frac{e\,W_r H}{S + \dfrac{C_c + C_p + C_q}{2}} \cdot \frac{W_r + n^2 W_p}{W_r + W_p}$$

여기서, R_u : 동적 극한지지력(ton)　　　　e : 해머 효율

　　　　W_r : 해머 중량(ton)　　　　　　H : 해머 낙하고(cm)

　　　　S : 관입량(cm)　　　　　　　　C_c : 말뚝머리 부착물의 탄성변형량(cm)

　　　　C_p : 말뚝의 탄성변형량(cm)　　　C_q : 지반의 탄성변형량(cm)

　　　　R : 리바운드양(cm) : $C_p + C_q$　W_p : 말뚝중량(ton)

　　　　n : 반발계수

　　　　단, S, R은 말뚝박기 종료의 최종 10회 평균치를 적용함

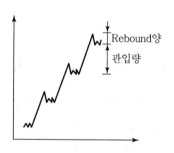

⟨Rebound Check⟩

2 특징

(1) 시험 및 지지력 산정이 간편함

(2) 많이 보급되어 있음

(3) 시공되는 모든 말뚝에 대해 시험 가능함

(4) 정적 지지력 외에 동적 지지력 포함

(5) 지반조건, 장비 성능·효율에 따라 지지력 편차가 커서 신뢰도 낮음

(6) 편타 시 중파, 두부 파손으로 지지력 과대 평가

(7) 항타응력 파악 곤란으로 말뚝건전도 확인 불가

··· 14 콘크리트말뚝의 파손 원인별 대책

1 개요

말뚝의 파손은 구조물 전체가 구조적으로 불안정해지는 결과를 가져오게 되므로 말뚝재의 강도 확보, Cushion재의 두께 확보, 연직도 확보 등으로 말뚝의 파손을 방지해야 한다.

2 파손 부위별 원인

(1) 두부 파손 원인

① 장비의 정비불량, 편마모, 항타 중 경사 등에 의한 편타

② 말뚝의 길이, 직경에 비해 해머 규격이 큰 경우

③ 타격횟수가 과도한 경우

④ 쿠션재의 교체시기 지연으로 마모가 심한 경우

(2) 중간부 파손 원인

① 말뚝을 연약지반에 타입하는 경우 선단이 연약하고 주면 저항도 작은 조건에서 큰 인장응력이 발생될 수 있음

〈두부의 파손 유형〉

② 콘크리트말뚝은 A, B, C 종류에 따라 인장응력은 $60 \sim 120 \mathrm{kg/cm^2}$ 정도이므로, 이보다 큰 응력이 발생되면 중간부에서 균열이 발생되며 타입 중 알지 못하면 균열위치에서 압괴되어 파손됨

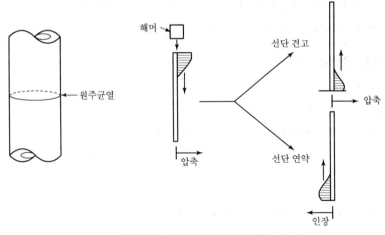

〈말뚝의 파손원인 분류 도해〉

(3) 선단부 파손 원인

① 지지층의 경사가 심해서 말뚝이 미끄러지고 선단부가
    파손됨

② 중간층에 전석 등 장애물이 있는 경우

③ 해머규격이 적정하지 않거나 과도한 타격이 있는 경우

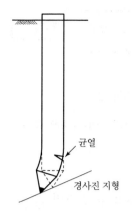

균열

경사진 지형

〈선단부 파손 유형 도해〉

❸ 대책

(1) 두부 파손 대책

① 장비의 정비를 철저히 하고, 항타 중 경사를 측정(경사
    $\frac{1}{100}$, $\frac{D}{4}$ 와 10cm 중 작은 값)하여 관리함

② 해머쿠션이 본재 두께의 25% 이상, 말뚝쿠션이 50% 이상 감소되거나 편마모가 심한 경우
    교체함

③ 예비적으로 말뚝 직경, 길이에 대해 선정하고, 파동방정식 해석인 WEAP, 시공 시 동재하
    시험으로 결정하여 적정 해머규격이 되도록 함

④ 총 타격횟수 제한은 2,000회이며, 최종 10m 부분은 800회 이하로 함(강관 : 3,000회,
    1,500회)

(2) 중간부 파손 대책

① 경사지반인 경우 선단을 보강하거나 말뚝을 강관말뚝으로 함

② 전석 등을 Preboring해서 미리 천공함

③ 두부 파손 대책과 같이 적정 해머 사용, 총 타격수를 제한함

④ 최종항타관입량은 3~6mm로 관리함(강관 Pile : 2~4mm)

(3) 선단부 파손 방지대책

① 사전조사 철저

② 전석 등의 사전 제거

③ 적정해머 용량의 정확한 산정 및 사전항타시험 실시 후 시공

❹ 결론

(1) 기초말뚝은 상부 구조물의 하중을 지반에 전달하므로 말뚝의 파손은 구조물 전체가 구조적으
    로 불안정해지는 결과를 초래하게 된다.

(2) 말뚝 파손으로 인한 지지력 손실 발생 방지를 위해 지반 조건에 적합한 시공법 선정과 시공기
    준 준수가 이루어져야 한다.

··· 15 강관 Pile의 국부좌굴 발생 원인과 방지대책

1 개요

(1) 강관 Pile은 지지력이 우수하나 부식·좌굴 등의 문제가 발생할 수 있다.

(2) 따라서 적절한 부식 방지조치가 이루어져야 하며, 좌굴 발생 방지대책을 수립해 시공해야 한다.

2 강관말뚝의 특징

(1) 지지력(支持力)이 크고 지지층에 깊게 관입할 수 있다.

(2) 재료의 강도가 크고 타격에 대한 저항력이 크다.

(3) 휨에 대한 수평저항력이 크다.

(4) 이음이 안전하며 장척(長尺) 시공이 가능하다.

(5) 재료비가 고가이며 단척은 비경제적이다.

(6) 부식에 의해 내구성이 저하된다.

3 좌굴의 형태

(1) 지상 노출 부분의 좌굴   (2) 지중 부분의 좌굴

(3) 토압, 수압 등의 측압에 의한 좌굴   (4) 말뚝 타입 시 발생되는 좌굴

4 국부좌굴의 발생 원인

(1) Hammer의 용량 과다   (2) 두께 부족

(3) 쿠션(Cushion)의 두께 부족   (4) 편심 항타

(5) 지중 장애물   (6) 수직도 불량

5 국부좌굴 방지대책

(1) 적정 Hammer의 선정

(2) 강관파일의 관 두께 증대

(3) 쿠션(Cushion)의 두께 증대

(4) 말뚝 구경에 맞는 캡(Cap) 사용으로 편타 방지

(5) 지중 장애물 제거

(6) 수직도 유지

1 개요

기성말뚝은 선단부의 개폐 여부에 따라 개단말뚝과 폐단말뚝으로 나누는데, 개단말뚝이 말뚝 내부의 마찰력에 의해 폐단말뚝보다 더 큰 지지력을 가지며 이는 말뚝의 폐색효과로 발생된다.

2 폐색 판정방법

(1) 관입 깊이에 의한 방법

$$\frac{\Delta l}{D} > 5 \text{ : 완전폐색}$$

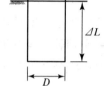

(2) 관내토 증분비에 의한 방법

$$r = \frac{\Delta l}{\Delta L} \times 100$$

① 완전개방상태($r = 100\%$)

② 부분폐색상태($0\% < r < 100\%$)

③ 완전폐색상태($r = 0\%$)

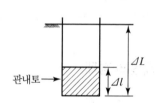

관내토 →

3 말뚝의 종류별 지지력

(1) 개단말뚝

개단말뚝은 선단이 완전개방상태 또는 부분폐색상태가 되어 말뚝 주변의 마찰력을 말뚝지름의 3~4배 범위에서 기대할 수 있으므로 말뚝의 지지력이 증가됨

$$Q = Q_p + Q_{f_1} + Q_{f_2}$$

여기서, Q : 말뚝지지력
Q_p : 선단지지력
Q_{f_1} : 외주면마찰력
Q_{f_2} : 내주면마찰력

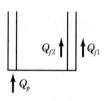

〈개단말뚝 지지력〉

(2) 폐단말뚝

폐단말뚝은 선단이 완전폐색상태에 있으므로 말뚝의
내주면마찰력을 기대할 수 없음

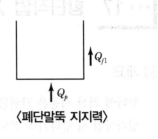

$$Q = Q_p + Q_{f_1}$$

여기서, Q : 말뚝지지력

Q_p : 선단지지력

Q_f : 외주면마찰력

〈폐단말뚝 지지력〉

··· 17 항타작업 시 안전관리방안

1 개요

항타에 의한 시공은 간편함과 경제성으로 인해 사용하는 공법으로, 소음·진동 등의 건설공해와 항타작업 시 항타기의 전도·감전·지하매설물 파손 등의 사고가 발생하므로 시공 시 안전관리를 철저히 하여 안전사고를 방지하여야 한다.

2 항타작업 시 재해유형

(1) 항타기의 전도

(2) 항발기 Wire Rope 절단 또는 전도

(3) 항타기 이동 시 작업자와 충돌

(4) 지하매설관의 파손

(5) Boom, Wire Rope 등의 고압선 접촉에 의한 감전

3 시공순서

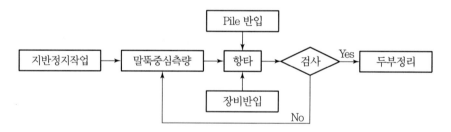

4 시공 시 유의사항

(1) 시험항타 시 실제 말뚝길이보다 긴 것을 사용하고 실제 말뚝과 동일한 방법으로 시공

(2) 시공계획서에 따라 2개소 이상의 규준대를 설치하여 말뚝을 수직 세움

(3) 10~20회의 타격 평균값으로 최종 관입량 결정

(4) 말뚝의 선단부가 일정한 깊이에 닿을 때까지 수직으로 중단 없이 계속 항타

(5) 예정 위치 도달 전 침하가 안 될 경우 검토하여 말뚝길이를 변경

(6) Cushion의 두께를 확보하여 말뚝머리 손상 방지

(7) 소정의 깊이까지 굴착하여 정확한 말뚝 위치를 확인

(8) 말뚝박기 간격은 중앙부 2.5d 이상 또는 70~90cm, 기초판 끝에서 1.25d 또는 37.5cm

⑤ 항타기 및 항발기 조립·해체 시 준수사항

(1) 권상기에 쐐기장치 또는 역회전 방지용 브레이크를 부착할 것

(2) 권상기가 들리거나 미끄러지거나 흔들리지 않도록 설치할 것

(3) 그 밖에 조립·해체에 필요한 사항은 제조사에서 정한 설치·해체 작업 설명서에 따를 것

⑥ 항타기 및 항발기 조립·해체 시 점검사항

(1) 본체 연결부의 풀림 또는 손상 유무

(2) 권상용 와이어로프·드럼 및 도르래의 부착상태의 이상 유무

(3) 권상장치의 브레이크 및 쐐기장치 기능의 이상 유무

(4) 권상기의 설치상태 이상 유무

(5) 리더의 버팀방법 및 고정상태의 이상 유무

(6) 본체·부속장치 및 부속품의 강도가 적합한지 여부

(7) 본체·부속장치 및 부속품에 심한 손상·마모·변형 또는 부식이 있는지 여부

⑦ 항타·항발작업 시 재해예방대책

(1) 작업자는 안전모·안전화 등의 개인보호구 착용

(2) 항타기 설치 시 깔판·깔목 등을 사용하여 침하 방지

(3) 심하게 변형·부식·꼬임·비틀림 등이 있는 권상용 Wire Rope는 사용 금지

(4) 권상기에는 역회전 방지용 브레이크를 부착

(5) 권상기가 들리거나 미끄러지거나 흔들리지 않도록 설치

(6) 운전자는 권상장치에 하중을 건 상태로 이탈 금지

(7) 근로자에게 위험을 미칠 우려가 있는 장소의 근로자 출입금지 조치

(8) 신호수를 지정

(9) 작업지휘자를 지정하여 지휘·감독

(10) 이동 시에는 반대 측에서 윈치로 텐션와이어를 사용하여 제동하며 이동

(11) 인근 전선은 절연피복 등으로 보호 조치

(12) 말뚝걸기작업은 지정된 자가 실시

(13) 항타작업 전 지중가스관·지중전선로 등의 유무를 조사하여 적절한 조치 후 작업

⑧ 결론

말뚝의 항타공법 선정 시에는 사전조사 및 지질상황, 공사조건에 따른 적절한 선정이 이루어져야 하며, 시공의 품질관리와 재해 방지를 위한 무소음, 무진동 공법의 개발을 비롯한 연구가 지속적으로 이루어져야 할 것이다.

··· 18 구조물의 침하 종류와 방지대책

1 개요

즉시침하, 압밀침하로 구분되며 침하 발생 시 발생량이 일정하지 않기 때문에 부등침하가 발생하게 되며 부등침하는 구조물의 안정성에 매우 불안정한 요인이 된다.

2 침하가 구조물에 미치는 영향

(1) 구조물의 부등침하   (2) 상부 구조물의 균열

(3) 구조물의 누수   (4) 구조물의 내구성 저하

3 침하의 종류

(1) **즉시침하(Immediate Settlement)**

① 외부 하중이 가해지는 짧은 시간에 즉시 발생하는 침하로 모래는 배수성이 양호하여 체적변화를 수반하므로 즉시 침하량은 전체 침하량과 거의 같음

② 점토는 체적변화가 없는 상태에서 발생되는데 이는 투수계수가 작기 때문임

(2) **1차 압밀침하(Primary Consolidation Settlement)**

투수계수가 작아 배수가 불량한 점토에 하중이 작용하면 생기는 과잉간극수압이 시간이 지남에 따라 소산되면서 생기는 침하

(3) **2차 압밀침하(Secondary Compression Settlement)**

과잉간극수압이 소산된 후, 즉 1차 압밀이 완료된 후에 작용되는 하중에 의해 점토의 Creep 현상 발생으로 입자가 재배치되면서 나타나는 침하

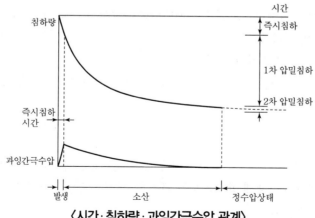

〈시간·침하량·과잉간극수압 관계〉

4 침하 발생원인

(1) 사전조사 부실

(2) 부마찰력의 발생

(3) 기초 하부에 지하매설물 또는 Hole이 있을 때

(4) 경사지에 근접하여 시공 시

(5) 액상화, Boiling, Heaving 현상의 발생

(6) 인근 지역 터파기에 의한 토사붕괴

(7) 지하수위 변화

(8) 증축에 의한 과하중의 발생

(9) 흙막이 재료, 접합부의 변형

5 침하 방지대책

(1) 지반 개량

① 지반 개량을 통한 액상화, Boiling, Heaving 방지

② 약액주입공법으로 간극수압 저감, 지반 고결

(2) 상부구조 개량

① 구조물 중량 경감

② 증축 시 하중불균형의 고려에 의한 부등침하 방지

(3) 기초구조

① 경질지반에 지지

② 마찰말뚝 시공

③ 복합기초 시공

④ 굳은 지층이 깊이 있는 연약지반에는 지하실 설치

⑤ Under Pinning 공법으로 기존 구조물의 기초 보강

6 계속 관리에 의한 침하량 측정

(1) 압밀층에 침하판 설치

(2) 일일 침하량 기록 및 비교·검토

$$V = \frac{S_t}{S_e} \times 100(\%)$$

여기서, V : 압밀도(%)

S_t : t시간에서의 침하량(mm), S_e : 최종 침하량

⑦ 지하공동구 침하 방지조치 사례

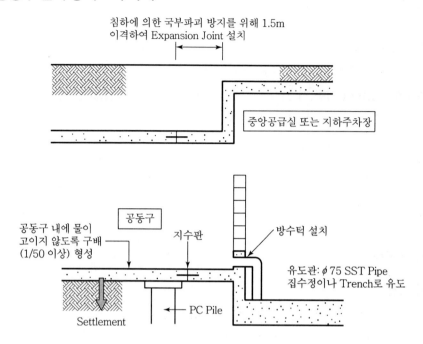

⑧ 결론

구조물의 침하는 상부 구조물의 균열과 누수를 유발해 내구성 저하를 초래하는 주요인 중의 하나로, 공사 착수 전 구조물 규모에 대응하는 지반 지지력의 정확한 산정을 토대로 지반 개량, 상부구조 개량, 기초구조의 결정이 선행되어야 하며 계측관리로 안정성 확보가 이루어지도록 조치해야 한다.

··· 19 다짐과 압밀

1 정의

다짐이란 사질지반에 하중에 의한 응력이 작용할 때 간극 내의 공기가 제거되면서 사질층이 수축하는 현상이며, 압밀이란 점토질 지반에 하중에 의한 응력이 작용할 때 간극 내의 간극수가 제거되면서 점토층이 수축하는 현상을 말한다.

2 개념도

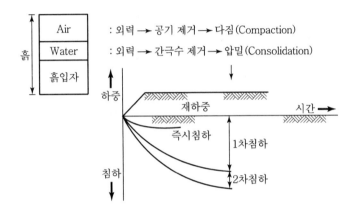

3 다짐과 압밀의 특징

구분	다짐	압밀
제거대상	공기	간극수
소요시간	단기	장기
침하량	적다	많다
적용지반	사질토	점성토

4 침하량 산정

$$침하(S_t) = 탄성\ 침하(S_e) + 1차\ 압밀침하(S_c) + 2차\ 압밀침하(S_{cr})$$

P A R T

02

철근콘크리트공사

CHAPER

01

거푸집

CHAPTER

11

개요

1 개요

(1) 연속거푸집공법에는 Sliding Form과 Slip Form이 있으며, 두 공법은 York로 끌어올리며 연속으로 콘크리트 타설이 가능하다는 것이 특징이다.

(2) Sliding Form은 굴뚝·사일로(Silo)·교각 등 평면 형상이 일정하고 돌출부가 없는 높은 구조물에 사용하며, Slip Form은 급수탑·수신탑·전망대 등에 적용되고, 고소작업에 따른 안전대책이 필요하다.

2 연속거푸집의 분류

분류		내용
수직 이동	Slip Form	단면의 변화가 있는 구조물에 적용
	Sliding Form	단면의 변화가 없는 구조물에 적용
수평 이동	Travelling Form	수평으로 이동이 가능한 대형 System화된 거푸집

3 연속거푸집공법의 특징

(1) Sliding Form

① 단면의 변화가 없는 구조물의 콘크리트 타설에 사용하는 거푸집

② 거푸집 높이 1~1.2m

③ 1일 상승높이 5~8m

④ 주야 연속작업 시 여유인원이 확보되어야 함

⑤ 야간작업, 고소작업 시 안전대책 수립

⑥ 빌딩의 Core 부분, Silo, 교각 등의 콘크리트 타설 작업에 주로 사용

⑦ 시공이음부 없이 타설이 가능해 콘크리트의 외관이 양호

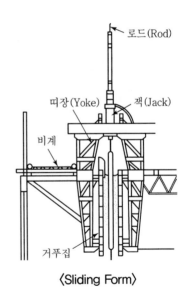

〈Sliding Form〉

(2) Slip Form

① 단면의 형상에 변화가 있는 구조물의 콘크리트
타설에 사용하는 거푸집

② 거푸집 높이 0.9~1.2m

③ 1일 3~5회 정도 반복 타설

④ 시공 시 안전성, 정밀도를 고려해 주간에만 작업

⑤ 최상부 Slab Con'c 타설 시 안전대책 수립

⑥ 급수탑, 수신탑, 전망대 등의 콘크리트 타설에
주로 사용

⑦ 발판지보공이 소요되지 않음

⑧ 작업의 특수성에 따라 특수장비의 사용이 추가
될 수 있음

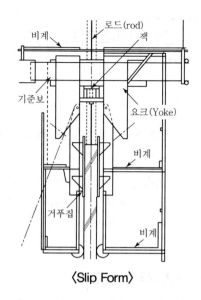

〈Slip Form〉

(3) Travelling Form

① 동일 단면 수평 연속작업 시 사용

② 공기단축, 공정단순, 경제적 시공 가능

③ 터널 라이닝, 암거 등의 작업 시 사용되는 대표
적인 거푸집

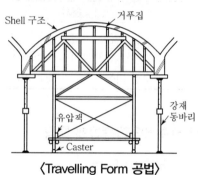

〈Travelling Form 공법〉

4 수직도 관리방안

구분	수직추 이용법	연직기 이용법
특징	거푸집에 수직추를 연결해 중력으로 연직도 확인	슬립폼 내 연직기를 설치하고 기초 상단에 타깃을 설치해 Slip Up 후 육안 확인
개요도		
장단점	• 정밀도가 낮다. • 풍압의 영향이 크다. • 소규모 공사용	• 교고가 높은 곳은 정밀도가 낮다. • 탈부착식으로 관리가 어렵다. • 단일 단면 시공용
연직오차 허용범위	$H < 30\text{m} : 5.08\text{cm}$, $H > 30\text{m} : 20.30\text{m}$	

5 연속거푸집 시공 시 유의사항

(1) 활동조작 중의 변형 방지에 유의할 것

(2) 탈형 직후 콘크리트의 압축강도는 그 부분에 작용하는 전 하중의 2배 이상 중량에 견딜 수 있도록 한다.

(3) 철근조립이 거푸집의 상승속도와 일치하도록 작업계획을 수립한다.

(4) 콘크리트의 운반이 거푸집의 상승속도와 일치하도록 작업계획을 수립한다.

(5) 거푸집 이동기간은 시멘트의 종류, 콘크리트의 배합 및 타설 시의 온도 등에 크게 영향을 받는다.

(6) 상승속도는 예비시험을 통해 결정한다.

(7) 기상이나 시공조건의 변화로 소요강도를 기대할 수 없는 경우 이동속도를 변경한다.

6 연속거푸집 시공 시 안전대책

(1) 안전방망

① 작업발판, 작업판, 비계 등의 외측면 및 하부에 안전방망 설치

② 안전방망 설치기준 준수

(2) 철근작업 시 유의사항

① 철근 상승 작업 시 협착사고에 유의할 것

② 철근 양단에 형광테이프 또는 리본을 설치해 시인성을 확보할 것

(3) 운반용 승강기의 유지관리 사항

① 승강속도는 16~24m/분을 유지하도록 관리

② 승강기 승·하강 시 안전설비 설치 및 출입구 방호조치

(4) 피뢰침 설치

① 임시 피뢰침 : 시공 진척에 따라 상승 설치

② 영구 피뢰침 : 영구구조물 시공을 고려해 설치

(5) 가설전등

① 가설조명 : 야간작업 시 작업에 방해되지 않도록 충분한 조도수준이 확보되도록 함

② 높이 60m 이상 시에는 경고등 설치

(6) 통신설비

콘크리트 타설 시 고소 작업장과 지상과의 통신망 구축 및 경고램프 설치

(7) 화재 방지대책

① 작업 현장에 소화기를 비롯한 진화장비 설치

② 화재감시카메라 및 열감지센서 활용 등의 AI 기술 적극 도입

(8) 요크(York)의 제작

작업 근로자의 재해 방지를 위한 대책을 반영해 제작할 것

7 결론

연속거푸집은 시공의 편리성과 경제성이 탁월한 공법이나, 사용 시 시공목적에 부합하는 효과를 거두기 위해서는 관리기준의 준수와 더불어 고소작업에 따르는 재해 예방을 위한 안전대책의 수립과 안전수칙의 준수가 이루어져야 할 것이다.

··· 02 거푸집공사 준수사항

1 개요

거푸집 및 동바리는 소정의 강도와 강성을 가지는 동시에 완성된 구조물의 위치, 형상, 치수가 정확하게 확보되어 목적 구조물 조건의 콘크리트가 되도록 설계도에 의해 시공하여야 한다.

2 거푸집작업 Flow Chart

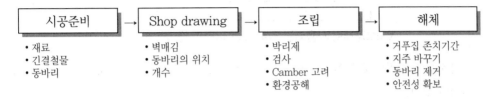

시공준비	→	Shop drawing	→	조립	→	해체
• 재료 • 긴결철물 • 동바리		• 벽매김 • 동바리의 위치 • 개수		• 박리제 • 검사 • Camber 고려 • 환경공해		• 거푸집 존치기간 • 지주 바꾸기 • 동바리 제거 • 안전성 확보

3 고려 하중

(1) 연직방향 하중

거푸집, 지보공(동바리), 콘크리트, 철근, 작업원, 타설용 기계 기구, 가설설비 등의 중량 및 충격하중

(2) 횡방향 하중

작업할 때의 진동·충격·시공오차 등에 기인되는 횡방향 하중, 필요에 따라 풍압, 유수압, 지진 등

(3) 콘크리트의 측압

굳지 않은 콘크리트의 측압

(4) 특수하중

시공 중에 예상되는 특수한 하중

(5) (1)~(4)의 하중에 안전율을 고려한 하중

4 사용 재료

(1) 목재 거푸집

① 흠집 및 옹이가 많거나 거푸집과 합판의 접착부분이 떨어져 구조적으로 약한 것은 사용하여서는 아니 된다.
② 거푸집의 띠장은 부러지거나 균열이 있는 것을 사용하여서는 아니 된다.

(2) 강재 거푸집

① 형상이 찌그러지거나, 비틀림 등 변형이 있는 것은 교정한 다음 사용하여야 한다.

② 강재 거푸집의 표면에 녹이 많이 나 있는 것은 쇠솔(Wire Brush) 또는 샌드페이퍼 (Sandpaper) 등으로 닦아내고 박리제(Form Oil)를 얇게 칠해 두어야 한다.

(3) 지보공(동바리)

① 현저한 손상, 변형, 부식이 있는 것과 옹이가 깊숙히 박혀 있는 것은 사용하지 말아야 한다.

② 각재 또는 강관지주는 다음의 그림과 같이 양 끝을 일직선으로 연결한 선 안에 있어야 하고, 일직선 밖으로 굽은 것은 사용을 금하여야 한다.

중심축 — [---] — 중심축

〈지보공재로 사용되는 각재 또는 강관의 중심축 예〉

③ 강관지주(동바리), 보 등을 조합한 구조는 최대 허용하중을 초과하지 않는 범위에서 사용하여야 한다.

(4) 연결재

① 정확하고 충분한 강도가 있는 것이어야 한다.

② 회수, 해체가 쉬운 것이어야 한다.

③ 조합 부품 수가 적은 것이어야 한다.

5 조립

(1) 준수사항

① 거푸집 지보공을 조립할 때에는 안전담당자를 배치하여야 한다.

② 거푸집의 운반, 설치 작업에 필요한 작업장 내의 통로 및 비계가 충분한가를 확인하여야 한다.

③ 재료, 기구, 공구를 올리거나 내릴 때에는 달줄, 달포대 등을 사용하여야 한다.

④ 강풍, 폭우, 폭설 등의 악천후에는 작업을 중지시켜야 한다.

⑤ 작업장 주위에는 작업원 이외의 통행을 제한하고 슬래브 거푸집을 조립할 때에는 많은 인원이 한곳에 집중되지 않도록 하여야 한다.

⑥ 사다리 또는 이동식 틀비계를 사용하여 작업할 때에는 항상 보조원을 대기시켜야 한다.

⑦ 거푸집을 현장에서 제작할 때는 별도의 작업장에서 제작하여야 한다.

(2) 강관지주의 조립 및 작업 시 준수사항

① 거푸집이 곡면일 경우에는 버팀대의 부착 등 당해 거푸집의 변형을 방지하기 위한 조치를 하여야 한다.

② 지주의 침하를 방지하고 각부가 활동하지 아니하도록 견고하게 하여야 한다.

③ 강재와 강재와의 접속부 및 교차부는 볼트, 클램프 등의 철물로 정확하게 연결하여야 한다.

④ 강관지주는 3본 이상이어서 사용하지 아니하여야 하며, 또 높이가 3.6m 이상의 경우에는 높이 1.8m 이내마다 수평연결재를 2개 방향으로설치하고 수평연 결재의 변위가 일어나지 아니하도록 이음 부분은 견고하게 연결하여 좌굴을 방지하여야 한다.

⑤ 지보공 하부의 받침판 또는 받침목은 2단 이상 삽입하지 아니하도록 하고 작업인원의 보행에 지장이 없어야 하며, 이탈되지 않도록 고정시켜야 한다.

(3) 강관틀비계를 지보공(동바리)으로 사용 시 준수사항

① 강관틀비계를 지보공(동바리)으로 사용할 때에는 교차가새를 설치하고, 최상층 및 5층 이내마다 거푸집 지보공의 측면과 틀면 방향 및 교차가새의 방향에서 5개 틀 이내마다 수평연결재를 설치하고, 수평연결재의 변위를 방지하여야 한다.

② 강관틀비계를 지주(동바리)로 사용할 때에는 상단의 강재에 단판을 부착시켜 이것을 보 또는 작은 보에 고정시켜야 한다.

③ 높이가 4m를 초과할 때에는 4m 이내마다 수평연결재를 2개 방향으로 설치하고 수평방향의 변위를 방지하여야 한다.

④ 목재를 지주(동바리)로 사용 시 준수사항
- 높이 2m 이내마다 수평연결재를 설치하고, 수평연결재의 변위를 방지하여야 한다.
- 목재를 이어서 사용할 때에는 2본 이상의 덧댐목을 사용하여 당해 상단을 보 또는 멍에에 고정시켜야 한다.
- 철선 사용을 가급적 피하여야 한다.

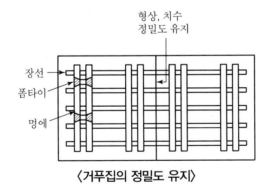

〈거푸집의 정밀도 유지〉

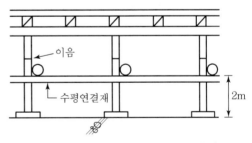

〈3.5m 이상 동바리 수평연결재 설치〉

6 점검

(1) 거푸집

① 직접 거푸집을 제작, 조립한 책임자가 검사

② 기초 거푸집을 검사할 때에는 터파기 폭 확인

③ 거푸집의 형상 및 위치 등 정확한 조립상태 확인

④ 거푸집에 못이나 날카로운 것이 돌출되어 있으면 제거

(2) 지주(동바리)

① 지주를 지반에 설치할 때에는 받침철물 또는 받침목 등을 설치하여 부동침하 방지조치

② 강관지주(동바리) 사용 시 접속부 나사 등의 손상상태 확인

③ 이동식 틀비계를 지보공(동바리) 대용으로 사용할 때에는 바퀴의 제동장치 확인

(3) 콘크리트 타설

① 콘크리트를 타설할 때 거푸집의 부상 및 이동 방지 조치

② 건물의 보, 요철부분, 내민부분의 조립상태 및 콘크리트 타설 시 이탈방지장치 확인

③ 청소구의 유무 확인 및 콘크리트 타설 시 청소구 폐쇄 조치

④ 거푸집의 흔들림을 방지하기 위한 턴버클, 가새 등의 필요한 조치

7 해체

(1) 거푸집 및 지보공(동바리)의 해체는 정해진 순서에 의하여 실시하여야 하며 안전담당자를 배치하여야 한다.

(2) 거푸집 및 지보공(동바리)은 콘크리트 자중 및 시공 중에 가해지는 기타 하중에 충분히 견딜 만한 강도를 가질 때까지는 해체하지 아니하여야 한다.

(3) 거푸집을 해체할 때에는 다음 사항을 유념하여 작업하여야 한다.

① 안전모 등 안전 보호장구를 착용토록 하여야 한다.

② 거푸집 해체 작업장 주위에는 관계자를 제외하고는 출입을 금지시켜야 한다.

③ 상하 동시 작업은 원칙적으로 금지하여 부득이한 경우에는 긴밀히 연락을 취하며 작업하여야 한다.

④ 거푸집 해체 때 구조체에 무리한 충격이나 큰 힘에 의한 지렛대 사용은 금지하여야 한다.

⑤ 보 또는 슬래브 거푸집을 제거할 때에는 거푸집의 낙하 충격으로 인한 작업원의 돌발적 재해를 방지하여야 한다.

⑥ 해체된 거푸집이나 각목 등에 박혀 있는 못 또는 날카로운 돌출물은 즉시 제거하여야 한다.

⑦ 해체된 거푸집이나 각목은 재사용 가능한 것과 보수하여야 할 것을 선별, 분리하여 적치하고 정리정돈을 하여야 한다.

8 결론

거푸집 조립 및 해체 작업은 가설공사의 개념으로 관리됨에 따라 안전성 확보에 소홀할 개연성이 높은 공정이므로 콘크리트공사 표준안전작업지침에 의한 규정의 준수는 물론, 각 사업장 특성을 고려한 안전대책을 수립해 시행해야 한다.

··· 03 갱폼 제작 시 안전설비기준 및 건설현장 사용 시 안전작업대책

1 개요

갱폼 제작 및 사용에 관한 안전지침은 갱폼에 대한 제작 시 구비하여야 할 안전상의 설비기준과 사용 시의 안전작업기준을 정하여 작업과정에서 발생할 수 있는 재해의 예방을 목적으로 한다.

2 갱폼의 이해

(1) 갱폼은 외부벽체 콘크리트 거푸집 기능과 외부벽체에서 위험작업들을 안전하게 수행할 수 있는 작업발판으로서의 기능을 동시에 만족할 수 있도록 구조상, 설비상의 안전성을 확보하여야 한다.

(2) 갱폼은 공장에서 제작되어 일단 현장에 투입되면 사용과정에서 변형, 수정하기가 어려우므로 제작 계획 시 사용과정에서 발생될 수 있는 문제점을 면밀히 검토, 반영하여야 한다.

3 갱폼 제작 시의 안전설비 기준

(1) 인양고리

① 안전율 5 이상의 부재를 사용하여 인양 시 갱폼에 변형을 주지 않는 구조일 것

② 냉간압연 $\phi22mm$ 환봉을 U-벤딩하여 거푸집 상부 수평재 뒷면에 용접 고정

③ 환봉 벤딩 시의 최소반경은 1,500mm 이상

[인양고리의 수량 및 길이]

거푸집의 길이(m)	인양고리의 수량(개)	인양고리의 길이(전장, cm)
1.5 이하	2	70
1.5~6	2	150
6 이상	2	200

(2) 표준안전난간

작업용 발판 설치지점의 상부케이지 외측과 하부케이지 내·외측에 발판 바닥면에서 45~60cm에, 중간대 90~120cm에 상부난간대 설치

(3) 이동식 비계

최대 적재하중 250kg 이하로 하며, 상부에는 표준안전난간 설치

(4) 갱폼 케이지 간의 간격

최소간격 20cm를 초과하지 않도록 제작, 설치하여 브래킷 결속작업 또는 작업발판 이동 시 추락 방지

(5) 케이지 코너 마무리

코너부는 외측을 내측보다 45° 각도로 길게 제작하여 사다리꼴로 마무리

(6) 작업발판 설치

① 케이지 내 작업발판은 상부 3단은 50cm 폭으로, 하부 1단은 60cm 폭으로 케이지 중앙부에 설치

② 작업발판 양쪽의 틈은 10cm 이내

③ 유공 아연도강판 또는 익스텐디드 메탈을 발판 폭에 맞추어 발판 띠장재에 조립, 용접

④ 발판 내·외측 단부에 10cm 이상 발끝막이판 설치 또는 외부에 2,700 데니어 수직보호망 설치

(7) 작업발판 연결통로

① 근로자가 안전하게 구조물 내부에서 작업발판으로 출입, 이동할 수 있도록 연결. 이동 통로를 설치

② 작업발판을 관통하여 콘크리트 압송관 설치 시 작업발판 내측 일부만 따내어 콘크리트 압송관 설치

4 갱폼 사용 시의 안전작업대책

(1) 조립자재의 반입과 관리

① 야적장, 조립작업장 등을 준비, 갱폼 조립 안전작업계획 수립 및 용접, 볼팅 등 조립작업과 인양설비 점검

② 반입차량 진출입로 점검

③ 하차 시 장비, 인양설비 등을 점검하고 안전사고에 유의

(2) 현장 조립 작업

① 거푸집을 도면에 따라 부위별로 정확하게 설치

② 외관상 휨, 변형 유무 및 설계도면 치수 확인 후 조립

③ 자재보관대를 갱폼 상단에 설치, 낙하물 사고 예방

④ 외부 수직보호망은 안전성, 내구성을 갖추고 가설기자재 성능검정규격 승인 제품 사용

(3) 갱폼 설치 및 해체 작업

① 갱폼 작업안전 일반사항

- 작업방법·작업순서·점검항목·점검기준 등에 관한 안전작업계획 수립, 관리감독자 지정, 작업 지휘
- 작업 전 근로자에게 안전작업 계획의 내용 주지, 특별안전교육 실시
- 경험이 많은 숙련공 고정 투입
- 지정된 연결통로 이용 갱폼 내부로 출입

② 갱폼 설치작업

- 폼타이 볼트는 내부 유로폼과의 간격을 유지할 수 있도록 정확히 설치
- 설치 후 거푸집 설치상태의 견고성과 뒤틀림 및 변형 여부, 부속철물 위치와 간격 등 이상 유무 확인
- 인양 시 충돌부분은 반드시 용접부위 등을 확인·점검하고 수리·보강 실시
- 슬래브에 고정용 앵커 설치 후 와이어로프 2개소 이상 고정
- 피로하중으로 인한 갱폼낙하 방지 위해 하부 앵커볼트는 5개 층 사용 시마다 점검 및 교체

③ 갱폼 해체·인양작업

- 해체 작업은 콘크리트 타설 후 충분한 양생기간이 지난 후 실시
- 동별, 부위별, 부재별 해체순서를 정하고 해체된 갱폼자재 적치계획 수립
- 해체·인양장비를 점검하고 작업자를 배치
- 해체 작업 중에는 해체 중 표지판 게시 및 하부 출입통제, 감시인 배치
- 인양작업은 해체 작업 완료 후 작업자 철수 확인 후 실시
- 타워크레인 인양 시 보조로프를 사용하여 갱폼 유동 방지
- 데릭 인양 시 체인블록 훅 해지장치 및 체인 상태 확인, 후면에 9mm 이상 W/R와 턴버클로 긴장 후 인양
- 인양 후 슬래브 단부가 오픈되지 않도록 사전에 안전난간 설치 후 인양

(4) 미장, 견출, 기타 작업

① 미장, 견출작업은 상부에서의 거푸집 설치, 해체 작업에 맞춰 갱폼 설치기간에 해당 부분 작업 실시

② 케이지 내 작업안전사항은 갱폼 설치, 해체 작업에 준함

5 결론

갱폼은 주로 타워크레인으로 인양되어 현장에서 조립되는 거푸집으로 자재 반입 단계에서부터 조립, 인양, 설치, 해체, 반출 단계별 안전대책을 수립해 철저히 준수해야 한다.

··· 04 거푸집 존치기간

가설공사표준시방서 : 거푸집동바리 일반사항 개정(2023.1.31. 시행)
콘크리트 시방서 : 콘크리트 타설 후 소요강도 확보 시까지 외력 또는 자중에 영향이 없도록 거푸집 존치

1 압축강도 시험을 할 경우

부재		콘크리트의 압축강도(f_{ck})
기초, 보, 기둥, 벽 등의 측면		• 5MPa 이상 • 내구성이 중요한 구조물인 경우 : 10MPa 이상
슬래브 및 보의 밑면 아치 내면	단층구조인 경우	f_{ck}의 2/3 이상(단, 14MPa 이상)
	다층구조인 경우	f_{ck} 이상(필러 동바리 구조를 이용할 경우는 구조계산에 의해 존치 기간을 단축할 수 있음. 단, 이 경우라도 최소강도는 14MPa 이상)

2 압축강도를 시험하지 않을 경우(기초, 보, 기둥, 벽 등의 측면)

시멘트의 종류 평균기온	조강 포틀랜드 시멘트	보통포틀랜드 시멘트 고로슬래그 시멘트(1종) 포틀랜드포졸란 시멘트(A종) 플라이애시 시멘트(1종)	고로슬래그 시멘트(2종) 포틀랜드포졸란 시멘트(B종) 플라이애시 시멘트(2종)
20℃ 이상	2일	4일	5일
20℃ 미만 10℃ 이상	3일	6일	8일

3 거푸집 존치기간의 영향 요인

(1) 시멘트의 종류　　　　　　　　　(2) 콘크리트의 배합기준
(3) 구조물의 규모와 종류　　　　　　(4) 부재의 종류 및 크기
(5) 부재가 받는 하중　　　　　　　　(6) 콘크리트 내부온도와 표면온도

4 해체 작업 시 유의사항

(1) Slab, 보 밑면은 100% 해체하지 않고, Filler 처리함
(2) 중앙부를 먼저 해체하고 단부 해체
(3) 다중 슬래브인 경우 아래 2개 층 이상 Filler 처리한 동바리를 존치할 것

···05 거푸집동바리 작업 시 안전조치사항

1 개요

거푸집동바리의 경우 작용하는 하중에 대한 구조검토 미비, 조립도 작성 미준수, 동바리 설치불량 시 붕괴위험이 증가되며 자재 반입 전 단계, 조립 및 설치단계, 콘크리트 타설단계, 해체단계로 구분하여 안전대책을 수립·실행해야 한다.

2 작업절차

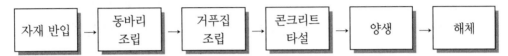

| 자재 반입 | → | 동바리 조립 | → | 거푸집 조립 | → | 콘크리트 타설 | → | 양생 | → | 해체 |

3 단계별 안전조치

(1) 조립 및 설치단계

기둥·보·벽체·슬래브 등의 거푸집동바리 등을 조립·해체 등 작업 시 공통 준수 사항을 준수하여야 하며 동바리 조립 시 안전조치(준수사항)와 거푸집 조립 시 안전조치(준수사항)사항을 각각 준수하여 조립해야 하고, 시스템 동바리 설치 시에는 지주형식 동바리와 보형식 동바리 유형별 조치사항(준수사항)을 준수하여 설치 및 조립하여야 한다.

① 해당 작업을 하는 구역에는 관계근로자가 아닌 사람의 출입을 금지할 것

② 재료, 기구 또는 공구 등을 올리거나 내리는 경우에는 근로자로 하여금 달줄·달포대 등을 사용하도록 할 것

③ 낙하·충격에 의한 돌발적 재해를 방지하기 위하여 버팀목을 설치하고 거푸집 동바리 등을 인양장비에 매단 후에 작업을 하도록 하는 등 필요한 조치를 할 것

(2) 동바리 조립 시 안전조치(준수사항)

① 조립도를 준수하여 수직재, 수평재, 가새재 등을 견고하게 조립할 것

② 수직재와 수평재는 직교가 되도록 조립하고 강재와 강재의 접속부 및 교차부는 볼트·클램프 등 전용철물을 사용하여 단단히 연결하고 동바리의 이음은 같은 품질의 재료를 사용할 것

③ 깔목이나 깔판의 사용·콘크리트 타설, 말뚝박기, 상하고정 등 동바리의 침하 및 미끄러짐을 방지하기 위한 조치를 할 것

④ 깔목이나 깔판은 2단 이상 설치하지 않도록 하며, 부득이하게 이어서 사용하는 경우에는 그 깔판 또는 깔목은 단단히 연결하여 고정시킬 것

⑤ U헤드 등 단판이 없는 동바리의 상단에 멍에 등을 올릴 경우에는 해당 상단에 U헤드 등 단판을 설치하고, 멍에 등이 전도되거나 이탈되지 않도록 고정시킬 것

⑥ 개구부 상부에 동바리를 설치하는 경우에는 상부하중을 견딜 수 있는 견고한 받침대를 설치할 것

⑦ 동바리는 상·하부의 동바리가 수직선상에 위치하도록 할 것(상·하부에 동바리 설치 시 수직 유지)

⑧ 지반에 설치된 동바리는 강우로 인하여 토사가 씻겨 나가지 않도록 보호할 것

⑨ 겹침이음을 하는 수평연결재 간의 이격되는 순간격은 10mm 이내가 되도록 하고, 각각의 교차부에는 볼트나 클램프 등의 전용철물을 사용하여 연결할 것

⑩ 수직으로 설치된 동바리의 바닥이 경사진 경우에는 고임재 등을 이용하여 동바리 바닥이 수평이 되도록 하여야 하며, 고임재는 미끄러지지 않도록 바닥에 고정할 것

⑪ 동바리에 삽입되는 U헤드 및 받침철물의 삽입길이는 U헤드 및 받침철물 전체길이의 1/3 이상 되도록 할 것

(3) 거푸집 조립 시 안전조치

① 거푸집이 콘크리트 하중이나 그 밖의 외력에 견딜 수 있거나 넘어지지 않도록 견고한 구조의 긴결재, 버팀대 또는 지지대를 설치하는 등 필요한 조치를 할 것

② 거푸집이 곡면인 경우 버팀대의 부착 등 그 거푸집의 부상을 방지하기 위한 조치를 할 것

③ 시스템 동바리를 설치하는 경우에는 동바리 유형에 따른 안전조치 사항을 준수하여 설치 및 조립할 것

(4) 콘크리트 타설단계

① 작업 전 거푸집동바리 등의 변형, 변위 및 지반침하 유무를 점검하고 이상 발견 시 보수

② 작업 중에는 감시자를 배치하는 등 거푸집동바리 등의 변형·변위 및 침하 유무 등을 확인하여야 하며, 이상이 있으면 작업을 중지하고 근로자 대피조치

③ 타설작업 시 거푸집 붕괴위험 발생우려 시 즉시 충분한 보강조치를 해야 함

④ 콘크리트 양생기간을 준수하여 거푸집동바리 등을 해체

⑤ 타설 시 편심이 발생하지 않도록 골고루 분산 타설

(5) 거푸집동바리 해체단계

① 해체 작업 시 작업지휘자를 배치하여 작업을 지휘·감독

② 거푸집동바리 해체는 존치기간을 준수하거나 압축강도 Test를 통해 설계기준 강도가 충분히 확보된 것을 확인 후 해체

③ 작업구간은 관계자 외 출입을 통제

④ 작업 시 상·하 동시작업은 금지

⑤ 악천후 시에는 작업을 중지

⑥ 해체 작업은 조립의 역순으로 진행

4 결론

거푸집동바리는 거푸집에 작용하는 하중을 하부로 전달시키는 가설재로 수직·수평력에 대응할 수 있는 구조이어야 하며 강성 부족 또는 수직도 불량을 비롯한 설치 및 검사가 기준에 부합되지 못했을 경우 붕괴 등의 재해가 발생될 수 있으므로 고용노동부 기준에 의한 안전작업지침의 준수 및 콘크리트 타설 시 안전수칙의 준수 등 안전관리에 만전을 기해야 한다.

··· 06 파이프 서포트 동바리 안전작업지침 [C - 51 - 2020]

이 지침은 산업안전보건기준에 관한 규칙(이하 "안전보건규칙"이라 한다) 제2편 제4장 제1절(거푸집동바리 및 거푸집 규정)에 따라, 파이프 서포트 동바리 설치 및 사용에 관한 기술적 사항을 정함을 목적으로 한다.

1 파이프 서포트 동바리 안전작업 절차

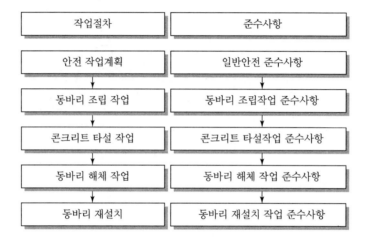

2 파이프 서포트 동바리 조립·해체 안전작업

(1) 일반안전사항

① 파이프 서포트 동바리 재료는 고용노동부고시 제2020-33호(방호장치 안전인증고시)에 적합한 것을 사용하여야 한다.

② 재사용하는 파이프 서포트 동바리는 건설기술진흥법 제55조(건설공사의 품질관리)에 적합한 것을 사용하여야 한다.

③ 파이프 서포트 동바리 재료는 변형·부식 또는 심하게 손상된 것을 사용해서는 아니 된다.

④ 거푸집동바리에 사용하는 동바리·멍에 등 주요 부분의 강재는 산업안전보건기준에 관한 규칙 별표 10의 기준에 적합한 것을 사용하여야 한다.

⑤ 장선 및 멍에는 거푸집 널과 원활히 결합될 수 있는 재료나 결합방식을 고려하여 선정하여야 한다.

⑥ 장선 및 멍에로 사용하는 목재는 구조용 목재를 사용하여야 하며, 원형 강관은 KS D 3566, 각형 강관은 KS D 3568, 경량 형강은 KS D 3530, 기타의 강재는 KS D 3503 또는 KS D 3515에 적합하여야 한다.

⑦ 파이프 서포트 동바리는 구조를 검토한 후 조립도를 작성하고, 조립도에 따라 조립하여야한다.

⑧ 높이 5m 이상인 거푸집동바리 및 발주자 또는 인허가기관의 장이 필요하다고 인정한 거푸집동바리는 건설기술 진흥법 시행령 제101조2에 따라 시공 전 관계전문가(기술사법에 등록된 자로 수급인에게 고용되지 않은 구조기술사)로부터 구조적 안전성을 확인받아야 한다.

⑨ 조립도에는 동바리·멍에 등 부재의 재질·단면규격·설치간격 및 이음방법 등을 명시하여야 한다.

⑩ 재료, 기구 또는 공구 등을 올리거나 내리는 경우에는 건설장비 사용을 원칙으로 하며, 부피나 길이가 작은 재료, 기구 또는 공구 등은 양중함이나 달줄·달포대 등을 사용하도록 하여야 한다.

⑪ 거푸집동바리 조립 및 해체 작업 근로자는 산업안전보건법 제140조 및 유해·위험작업의 취업 제한에 관한 규칙에 의하여 기능습득교육을 받은 자 또는 동등 이상의 자격을 갖춘 자이어야 한다.

(2) 동바리 조립작업 준수사항

① 거푸집동바리는 시공 전 조립·콘크리트 타설·해체 계획과 안전시공 절차 등 시공계획을 수립하여야 한다.

② 동바리를 지반에 설치하는 경우에는 침하를 방지하기 위하여 콘크리트를 타설하거나, 두께 45mm 이상의 깔목, 깔판, 전용 받침 철물, 받침판 등을 설치하여야 한다.

③ 지반에 설치하는 동바리는 강우로 인하여 토사가 씻겨나가지 않도록 보호하여야 한다.

④ 개구부 상부에 동바리를 설치하는 경우에는 상부하중을 견딜 수 있는 견고한 받침대를 설치하여야 한다.

⑤ 동바리의 상·하 고정 및 미끄러짐 방지 조치를 하고, 하중의 지지상태를 유지하여야 한다.

⑥ 강재와 강재의 접속부 및 교차부는 볼트·클램프 등 전용철물을 사용하여 연결할 것

⑦ 거푸집이 곡면인 경우에는 버팀대의 부착 등 그 거푸집의 부상(浮上)을 방지하기 위한 조치를 할 것

⑧ 강관 파이프 서포트 동바리로 대체하여 사용하는 경우에는 다음 사항을 준수하여야 한다.
  • 높이 2m 이내마다 수평연결재를 2개 방향으로 설치하고 수평연결재의 변위를 방지할 것
  • 멍에 등을 상단에 올릴 경우에는 해당 상단에 강재의 단판을 붙여 멍에 등을 고정시킬 것

⑨ 파이프 서포트 동바리는 다음 사항을 준수하여야 한다.
  • 파이프 서포트를 3개 이상 이어서 사용하지 않도록 할 것
  • 파이프 서포트를 이어서 사용하는 경우에는 4개 이상의 볼트 또는 전용철물을 사용하여 이을 것

- 높이가 3.5m를 초과하는 경우에는 높이 2m 이내마다 비계용 강관을 사용하여 수평연결재를 2개 방향으로 설치하고 수평연결재의 변위를 방지하기 위하여 비계용 클램프로 체결할 것

⑩ 층고가 4m를 초과(단, 안전인증을 받은 동바리는 제외)하는 경우 및 콘크리트 타설 두께가 1.0m를 초과하여 파이프 서포트로 설치가 어려울 경우와 파이프 서포트 조립 간격이 너무 좁아 작업이 어려운 경우에는 하중을 안전하게 지지할 수 있는 안전성을 확보할 수 있는 지지구조의 동바리 구조로 변경하여야 한다.

⑪ 경사면 하부에 조립하는 거푸집동바리는 다음 사항을 준수하여야 한다.
- 거푸집의 형상에 따른 부득이한 경우를 제외하고는 깔판·깔목 등을 2단 이상 끼우지 않도록 할 것
- 깔판·깔목 등을 이어서 사용하는 경우에는 깔판·깔목은 단단히 연결할 것
- 경사면에 설치하는 동바리는 연직도를 유지하도록 깔판·깔목 등으로 고정할 것
- 연직하게 설치되는 동바리는 경사면방향 분력으로 인하여 미끄러짐 및 전도가 발생할 수 있으므로 모든 동바리에 가새를 설치하는 등 안전조치할 것

(3) 콘크리트 타설작업 준수사항

① 콘크리트 타설작업은 콘크리트 타설순서 등 타설계획을 수립하여야 한다.
② 콘크리트 타설작업은 작업 전 청소를 실시하고 조립도 준수 여부를 확인하여야 한다.
③ 동절기 및 해빙기에 콘크리트 타설하는 경우에는 동바리가 동결된 지반 상부에 직접 설치되어졌는지를 확인하여야 하며, 침하 등의 우려가 있는 경우 보수하여야 한다.
④ 콘크리트 타설작업은 작업 전 거푸집동바리의 변형·변위 및 지반의 침하 유무 등을 점검하고 이상이 있으면 보수하여야 한다.
⑤ 콘크리트 타설작업 중에는 거푸집동바리 등의 변형·변위 및 침하 유무 등을 감시할 수 있는 감시자를 배치하여야 한다.
⑥ 감시자는 콘크리트 타설작업 중에 비정상적인 처짐이나 거푸집의 이탈이나 분리, 모르타르의 누출, 이동, 경사, 침하, 접합부의 느슨해짐 등이 발생하는 경우 즉시 관리감독자에게 알려야 한다.
⑦ 관리감독자는 거푸집동바리의 이상 징후를 보고 받은 경우 즉시 작업을 중지하고 근로자를 대피시킨 다음 충분히 보강 조치하여 안전을 확인한 다음 작업을 재개하여야 한다.
⑧ 콘크리트를 타설은 편심이 발생하지 않도록 골고루 분산하여 타설하여야 한다.
⑨ 콘크리트 펌프 또는 콘크리트 펌프카를 사용하는 경우에는 다음 사항을 준수하여야 한다.
- 작업 전 콘크리트 펌프용 비계 등 펌프 장비를 점검하고 이상을 발견하면 즉시 보수할 것
- 작업하는 근로자가 호스의 요동·선회로 인하여 떨어지는 위험을 방지하기 위하여 안전난간 설치 또는 안전대 착용 등 떨어짐 방지 등 필요한 조치를 할 것
- 콘크리트 펌프카의 붐을 조정하는 경우에는 주변의 전선 등에 의한 위험을 예방하기 위한

적절한 조치를 할 것

- 작업 중에 지반의 침하, 아웃트리거의 손상 등에 의하여 콘크리트 펌프카가 넘어질 우려가 있는 경우에는 이를 방지하기 위한 적절한 조치를 할 것

(4) 동바리 해체 작업 준수사항

① 거푸집동바리 해체 작업은 작업 전 해체 시기, 순서 등 해체 작업 안전계획을 수립하여야 한다.

② 거푸집동바리의 해체 시기는 설계도서상의 거푸집 존치기간이나 거푸집 해체 가능 강도를 준수하여 해체하여야 한다.

③ 해체 시기·범위 및 절차 등의 해체작업 안전계획은 해체작업 근로자에게 교육하여야 한다.

④ 해체 작업 구역에는 당해 작업에 종사하는 근로자 및 관련자 이외에는 출입을 금지하기 위하여 출입금지 안전표지를 부착하여야 한다.

⑤ 비, 눈, 그 밖의 기상상태의 불안정으로 날씨가 몹시 나쁜 경우에는 그 작업을 중지하여야 한다.

⑥ 재료, 기구 또는 공구 등을 올리거나 내리는 소운반 작업은 근로자로 하여금 달줄·달포대 등을 사용하도록 하여야 한다.

⑦ 해체한 자재는 신속하게 반출하여 작업공간을 확보하고, 안전한 장소에 적재하여야 한다.

⑧ 해체 자재를 슬래브 위에 쌓아 놓는 경우에는 콘크리트 재령에 따른 허용하중을 추정하여 분산 적치하여야 한다.

(5) 동바리 재설치 작업 준수사항

① 동바리를 해체한 다음 하중이 재하되는 경우에는 동바리를 재설치하여야 하며, 고층건물의 경우 최소 3개층에 걸쳐 동바리를 재설치하여야 한다.

② 각 층에 재설치되는 동바리는 동일한 위치에 놓이게 하는 것을 원칙으로 하며, 구조계산에 의하여 그 안전성을 확인한 경우에는 예외로 한다.

③ 동바리 재설치는 지지하는 구조물에 변형이 없도록 밀착하되, 이로 인해 재설치된 동바리에 별도의 하중이 재하되지 않도록 하여야 한다.

(6) 기타 안전작업 준수사항

그 밖의 이 지침에서 규정하는 경우를 제외하고는 거푸집동바리 등의 안전작업은 「가설공사 표준시방서」에서 정하는 바에 따른다.

거푸집동바리 설계 시 고려해야 할 하중과 구조검토사항

① 개요

콘크리트공사표준안전작업지침에 의한 거푸집동바리 설계 시 고려해야 할 하중과 구조검토사항으로는 연직하중과 수평하중을 비롯해 응력·처짐 검토, 표준조립상세도가 포함되어야 한다.

② 거푸집동바리 설계 시 고려해야 할 하중(콘크리트공사표준안전작업지침 제4조)

(1) 연직방향 하중

콘크리트 타설높이와 관계없이 최소 5kN/m² 이상

① **고정하중** : 철근콘크리트(보통 24kN/m³), 거푸집(최소 0.4kN/m²)

② **활하중** : 작업하중(작업원, 경장비하중, 충격하중, 자재·공구 등 시공하중)

(2) 횡방향 하중

① 작업할 때의 진동, 충격, 시공오차 등에 기인되는 횡방향 하중 이외에 필요에 따라 풍압, 유수압, 지진 등

② MAX(고정하중의 2%, 수평방향 1.5kN/m) 이상

③ 벽체거푸집의 경우, 거푸집 측면은 0.5kN/m² 이상

(3) 콘크리트의 측압

굳지 않은 콘크리트 측압, 타설속도·타설높이에 따라 변화

(4) 특수하중

① 시공 중에 예상되는 특수한 하중

② 편심하중, 크레인 등 장비하중, 외부 진동다짐 영향, 콘크리트 내부 매설물의 양압력

(5) 그 밖에 수직하중, 수평하중, 측압, 특수하중에 안전율을 고려한 하중

③ 거푸집 및 동바리 설계기준에 따른 분류

(1) 연직하중

(2) 수평하중

(3) 콘크리트 측압

(4) 풍하중

> 풍하중 $P = C \times q \times A$
> 풍하중(kgf) = 풍력계수 × 설계속도압(kgf/m²) × 유효풍압면적(m²)

(5) 특수하중

4 구조검토사항

(1) 하중검토

작용하는 모든 하중검토

(2) 응력·처짐 검토

부재(거푸집널, 장선, 멍에, 동바리)별 응력과 처짐검토

(3) 단면검토

부재 응력·처짐 고려 적정 단면검토

(4) 표준조립상세도

부재의 재질, 간격, 접합방법, 연결철물 등 기재한 상세도

··· 08 거푸집 측압

1 개요

콘크리트 타설 시 거푸집에는 수평압이 작용하며, 1종 시멘트, 단위중량 $24kN/m^3$, 슬럼프 100mm 이하, 내부 진동다짐, 혼화제를 감안하지 않는 경우 아래 산정식에 의해 산정한다.

2 측압의 증가요인

(1) 경화속도가 늦을수록(기온, 습도, Concrete 온도의 영향을 받음)

(2) 타설 속도가 빠를수록

(3) 슬럼프가 클수록

(4) 다짐이 많을수록

(5) 벽체, 기둥이 두꺼울수록

(6) 외기 온도가 낮을수록

(7) 시공연도가 좋을수록

(8) 거푸집 표면이 평활할수록

3 타설방법에 따른 측압의 변화

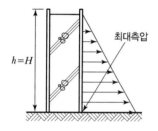

〈한 번에 타설하는 경우〉

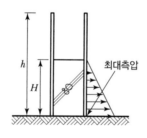

〈2회로 나누어 타설하는 경우〉

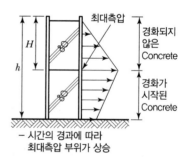

〈2차 타설 시의 측압〉

4 측압 산정

(1) 측압 표준값

분류	진동기 사용 안함	진동기 사용
벽체	$20.0kN/m^2$	$30.0kN/m^2$
기둥	$30.0kN/m^2$	$40.0kN/m^2$

(2) 측압 산정식

타설 속도(m/h)	2 이하인 경우	2 초과인 경우
기둥	$0.8 + \dfrac{80R}{T+20} \le 15$ 또는 $2.4H$	
벽	$0.8 + \dfrac{80R}{T+20} \le 10$ 또는 $2.4H$	$0.8 + \dfrac{120+25R}{T+20} \le 10$ 또는 $2.4H$

주) R : 타설 속도, T : 거푸집 내의 콘크리트 온도(℃)

　* 이 경우는 슬럼프 10cm 이하의 콘크리트를 내부 진동기 사용하여 타설할 때 사용

타설 속도(m/h)		10 이하인 경우		10을 넘고 20 이하인 경우		20을 넘는 경우
부위 H(m)		$H \le 1.5$	$1.5 < H \le 4.0$	$H \le 2.0$	$2.0 < H \le 4.0$	$H \le 4.0$
기둥		$W_O \times H$	$1.5W_O \times 0.6W_O \times (H-1.5)$	$W_O \times H$	$2.0W_O \times 0.8W_O \times (H-2.0)$	$W_O \times H$
벽	높이 $\le$ 3m		$1.5W_O \times 0.2W_O \times (H-1.5)$		$2.0W_O \times 0.4W_O \times (H-2.0)$	
	높이 > 3m		$1.5W_O$		$2.0W_O$	

주) H : 아직 굳지 않은 콘크리트 헤드의 높이(m)

　　(측압을 구하고자 하는 위치 위에 있는 콘크리트의 부어넣기 높이)

　W_O : 아직 굳지 않은 콘크리트의 단위용적중량(t/m³)

5 측압의 측정방법

(1) 수압판에 의한 방법

수압판을 거푸집면의 바로 아래에 대고 탄성변형에 의한 측압을 측정하는 방법

(2) 측압계를 이용하는 방법

수압판에 Strain Gauge(변형률계)를 설치해 탄성변형량을 측정하는 방법

(3) 조임철물 변형에 의한 방법

조임철물에 Strain Gauge를 부착시켜 응력변화를 측정하는 방법

(4) OK식 측압계

조임철물의 본체에 유압잭을 장착하여 인장력의 변화를 측정하는 방법

1 개요

거푸집동바리의 구조적 안전성을 보완하기 위해 수직·수평재의 완전한 체결과 수평재 간격의 손쉬운 조절이 가능토록 하는 등 작업 안정성 향상과 부재의 단순화로 시공 용이성까지 겸비한 가설구조물로, 적용 시 재료 및 설치기준의 엄격한 준수가 필요하다.

2 장단점

특징	내용
장점	• 수직·수평재의 완전한 체결이 가능하다. • 수직재 허용내력에 따른 수평재 간격의 조절이 용이하다. • 작업 시 안정성을 도모할 수 있다. • 부재의 단순화로 시공이 간편하다.
단점	• 초기 투자비용이 파이프 서포트 대비 부담이 된다. • 구조적 안정성의 우수함으로 인한 과다한 신뢰성의 착오를 유발할 수 있다. • 구조검토가 선행되어야 한다.

3 구조 및 명칭

주요 구성부 : 수직재, 수평재, 가새, 링,
연결핀, 잭베이스, 유헤드

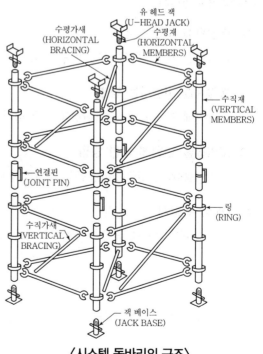

〈시스템 동바리의 구조〉

4 작업순서 및 단계별 관리사항

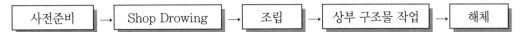

사전준비 → Shop Drowing → 조립 → 상부 구조물 작업 → 해체

(1) **사전준비** : 가설재 반입검사
(2) **Shop Drawing** : 구조 검토 및 공작도 작성
(3) **조립단계** : 부재긴압, 침하, 좌굴, 휨, 변형 방지
(4) **상부 구조물 작업** : 임의해체 금지 및 콘크리트 존치기간 준수
(5) **해체** : 해체기준의 준수

5 지주 형식 동바리 시공 시 준수사항

(1) 수급인은 동바리 시공 시 공급자가 제시한 설치 및 해체 방법과 안전수칙을 준수하여야 한다.
(2) 동바리는 구조설계 결과를 반영한 시공상세도에 따라 정확히 설치한 후 검사하여 안전성을 확인하여야 한다.
(3) 동바리를 지반에 설치할 경우에는 연직하중에 견딜 수 있도록 지반의 지지력을 검토하고 침하 방지 조치를 하여야 한다.
(4) 수직재와 수평재는 직교되게 설치하여야 하며 이음부나 접속부 등은 흔들림이 없도록 체결하여야 한다.
(5) 수직재, 수평재 및 가새재 등의 여러 부재를 연결한 경우에는 수직도를 유지하도록 시공하여야 한다.
(6) 시스템동바리는 연직 및 수평하중에 대해 구조적 안전성이 확보되도록 구조설계에 의해 작성된 조립도에 따라 수직재 및 수평재에 가새재를 설치하고 연결부는 견고하게 고정하여야 한다.
(7) 동바리를 설치하는 높이는 단변길이의 3배를 초과하지 말아야 하며, 초과 시에는 주변 구조물에 지지하는 등 붕괴방지 조치를 하여야 한다. 다만, 수평버팀대 등의 설치를 통해 전도 및 좌굴에 대한 구조 안전성이 확인된 경우에는 3배를 초과하여 설치할 수 있다.
(8) 콘크리트 두께가 0.5m 이상일 경우에는 동바리 수직재 상단과 하단의 경계조건 및 U헤드와 조절형 받침철물의 나사부 유격에 의한 수직재 좌굴하중의 감소를 방지하기 위하여, U헤드 밑면으로부터 최상단 수평재 윗면, 조절형 받침철물 윗면으로부터 최하단 수평재 밑면까지의 순간격이 400mm 이내가 되도록 설치하여야 한다.
(9) 수직재를 설치할 때에는 수평재와 수평재 사이에 수직재의 연결부위가 2개소 이상 되지 않도록 하여야 한다.
(10) 가새재는 수평재 또는 수직재에 핀 또는 클램프 등의 결합방법에 의해 견고하게 결합되어 이탈되지 않도록 하여야 한다.

⑾ 동바리 최하단에 설치하는 수직재는 받침철물의 조절너트와 밀착하게 설치하여야 하고 편심 하중이 발생하지 않도록 수평을 유지하여야 한다.

⑿ 멍에는 편심하중이 발생하지 않도록 U헤드의 중심에 위치하여야 하며, 멍에가 U헤드에서 전 도되거나 이탈되지 않도록 고정시켜야 한다.

⒀ 동바리 자재의 반복 사용으로 인한 변형 및 부식 등 심하게 손상된 자재는 사용하지 않도록 한다.

⒁ 경사진 바닥에 설치할 경우 고임재 등을 이용하여 동바리 바닥이 수평이 되도록 하여야 하며, 고임재는 미끄러지지 않도록 바닥에 고정시켜야 한다.

6 보 형식 동바리 시공 시 준수사항

(1) 수급인은 동바리 시공 시 공급자가 제시한 설치 및 해체 방법과 안전수칙을 준수하여야 한다.

(2) 동바리는 구조설계 결과를 반영한 시공상세도에 따라 정확히 설치한 후 검사하여 안전성을 확 인하여야 한다.

(3) 보 형식 동바리의 양단은 지지물에 고정하여 움직임 및 탈락을 방지하여야 한다.

(4) 보와 보 사이에는 수평연결재를 설치하여 움직임을 방지하여야 한다.

(5) 보조 브래킷 및 핀 등의 부속장치는 소정의 성능과 안전성을 확보할 수 있도록 시공하여야 한다.

(6) 보 설치지점은 콘크리트의 연직하중 및 보의 하중을 견딜 수 있는 견고한 곳이어야 한다.

(7) 보는 정해진 지점 이외의 곳을 지점으로 이용해서는 아니 된다.

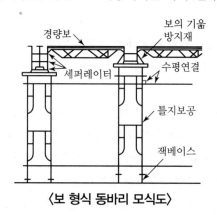

〈보 형식 동바리 모식도〉

7 가새재

(1) 가새재는 수평하중을 지반 또는 구조물에 안전하게 전달할 수 있도록 설치하여야 한다.

(2) 단일부재 가새재 사용이 가능할 경우 기울기는 60° 이내로 사용하는 것을 원칙으로 한다.

(3) 단일부재 가새재 사용이 불가능할 경우의 이음방법은 다음 사항에 따른다.

① 이어지는 가새재의 각도는 같아야 한다.

② 겹침이음을 하는 가새재 간의 이격되는 순 간격이 100mm 이내가 되도록 설치하여야 한다.

③ 가새재의 이음위치는 각각의 가새재에서 서로 엇갈리게 설치하여야 한다.

(4) 동바리가 도로 위에 설치되거나 인접해 있을 때에는 수평하중 및 진동에 대한 안정을 유지할 수 있도록 가새재를 설치하여야 하며, 이러한 가새재는 동바리가 해체될 때까지 유지시켜야 한다.

(5) 가새재는 바닥에서 동바리 상단부까지 설치되어야 하며, 가새재를 동바리 밑둥과 결속하는 경우에는 바닥에서 동바리와 가새재의 교차점까지의 거리가 300mm 이내가 되도록 설치하고, 해당 동바리는 바닥에 고정시켜 가새재로 인한 상승력에 저항할 수 있도록 한다.

(6) 강성이 큰 구조물에 수평연결재로 직접 연결하여 수평력에 대하여 충분히 저항할 수 있는 경우에는 가새재를 설치하지 않을 수 있다.

8 해체 시 준수사항

(1) 해체 작업 반경에는 관계근로자가 아닌 사람의 출입을 금지하고 그 내용을 보기 쉬운 장소에 게시하여야 한다.

(2) 해체 작업 전에 시스템비계와 벽 연결재와 안전난간 등의 부재 설치상태를 점검하고, 결함이 발생한 경우에는 정상적인 상태로 복구한 다음 해체하여야 한다.

(3) 해체 작업을 하는 경우에는 근로자로 하여금 안전대를 사용하도록 하는 등 근로자의 떨어짐을 방지하기 위한 조치를 하여야 한다.

(4) 해체된 부재는 비계 위에 적재해서는 아니 되며, 지정된 위치에 보관하여야 한다.

(5) 해체부재의 하역은 인양장비 사용을 원칙으로 하며, 인력 하역은 달줄, 달포대 등을 사용하여야 한다.

(6) 비, 눈 그 밖의 기상상태의 불안전으로 날씨가 몹시 나쁜 경우에는 그 작업을 중지하여야 한다.

9 해체

(1) 정해진 순서에 의하여 실시하여야 하며 안전담당자를 배치하여야 한다.

(2) 콘크리트 자중 및 시공 중에 가해지는 기타 하중에 충분히 견딜 만한 강도를 가질 때까지는 해체하지 아니하여야 한다.

(3) 거푸집을 해체할 때에는 다음 사항을 유념하여 작업하여야 한다.

① 안전모 등 안전 보호장구를 착용토록 하여야 한다.

② 거푸집 해체 작업장 주위에는 관계자를 제외하고는 출입을 금지시켜야 한다.

③ 상하 동시 작업은 원칙적으로 금지하며 부득이한 경우에는 긴밀히 연락을 취하며 작업하여야 한다.

④ 거푸집 해체 때 구조체에 무리한 충격이나 큰 힘에 의한 지렛대 사용은 금지하여야 한다.

⑤ 보 또는 슬래브 거푸집을 제거할 때에는 거푸집의 낙하 충격으로 인한 작업원의 돌발적 재해를 방지하여야 한다.

⑥ 해체된 거푸집이나 각목 등에 박혀 있는 못 또는 날카로운 돌출물은 즉시 제거하여야 한다.
⑦ 해체된 거푸집이나 각목은 재사용 가능한 것과 보수하여야 할 것을 선별, 분리하여 적치하고 정리정돈을 하여야 한다.

🔟 결론

시스템 동바리는 거푸집에 작용하는 하중을 하부로 전달하는 가설재로 수직·수평력에 대응할 수 있는 구조이어야 하며 강성 부족 또는 수직도 불량을 비롯한 설치 및 검사 기준에 부합하지 못했을 경우 붕괴 등의 재해가 발생될 수 있으므로 표준안전작업지침의 준수 및 콘크리트 타설 시 안전수칙의 준수 등 안전관리에 만전을 기해야 한다.

···10 수평연결재와 가새

1 개요

동바리는 콘크리트의 응결과 경화 시까지 수직하중과 좌굴하중, 수평하중에 충분한 저항을 해야 하는 부재로서 타설하중과 풍압 등의 불안정 요소에 대응토록 하기 위해 수평연결재와 가새의 설치를 적극 검토해야 한다.

2 설치목적

(1) 수직하중에 대한 저항력 증가

(2) 좌굴하중 증가에 대응

① 좌굴 하중이 작용하는 부재에서 하중이 서서히 증가하면 어느 한계에서 좌굴이 발생된다. 그 때의 하중·좌굴 하중은 영 계수·길이·단면 형상 및 그 단부(端部)의 구속 상태에 의해 정해지며, 좌굴 하중을 구하는 식으로는 오일러의 공식이나 랭킹의 공식 등이 있으나 세장비(細長比)가 큰 범위에서는 오일러의 공식에 의한 값이 유리하다.

② 오일러 좌굴하중

$$F = \frac{\pi^2 EI}{(KL)^2}$$

여기서, E : 재료의 탄성계수(or 강도)
I : 기둥 단면의 면적 관성모멘트
K : 기둥 양단의 지지 상태에 따라 달라지는 상수
L : 기둥의 길이

③ 수평하중에 저항

수평연결재 설치로 지진, 풍하중 등의 수평하중에 저항

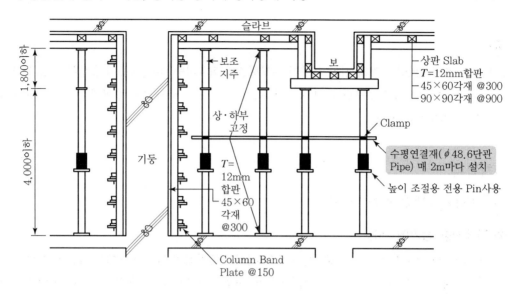

④ 동바리 수평연결재 및 가새 설치기준

(1) 수평연결재

① 동바리 높이 3.5m 초과 시 높이 2m 이내마다 양방향으로 설치
② 수평연결재는 반드시 직교하는 방향으로 설치

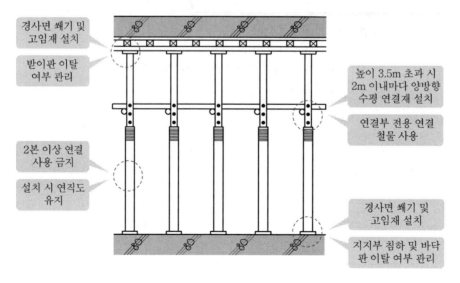

(2) 가새

① 단일 부재를 기울기 60° 이내로 사용하는 것을 원칙으로 한다.

② 이어지는 가새의 각도는 동일하게 할 것

③ 가새 간 순간격은 100mm 이내일 것

④ 가새의 이음 위치는 각 가새틀에서 서로 엇갈리게 설치한다.

⑤ 가새재를 동바리 밑둥과 결속하는 경우 바닥에서 동바리와 가새재 교차점까지의 거리는 300mm 이내로 하며 해당 동바리는 바닥에 고정한다.

⑥ 단, 강성이 큰 구조물에 수평연결재로 직접 연결하여 수평력에 대한 저항력이 충분한 경우 가새의 설치를 생략할 수 있다.

5 유의사항

(1) 높이 3.5m 이상 동바리의 경우 콘크리트 타설 시 연직하중에 의한 동바리 좌굴 발생에 유의

(2) 작용하중에 대한 압축좌굴 방지를 위해 최우선 조치할 것

(3) 휨 변형에 대한 사전검토

(4) 수직재 허용내력 증가방안 검토

(5) 특히 국부좌굴 방지에 집중할 것

(6) 겹침이음 수평 연결재 간 이격되는 순간격은 100mm로 할 것

(7) 각 교차부의 볼트나 클램프는 전용철물을 사용할 것

〈수평연결재 평면도〉　　　〈수평연결재 입면도〉　　　〈연결재 이음 부재 간 상세도〉

CHAPER

02

철근

··· 01   정(正)철근과 부(負)철근

1 정의

(1) 정철근 : 압축응력(+) 모멘트에 저항하는 주철근

(2) 부철근 : 인장응력(−) 모멘트에 저항하는 주철근

2 정철근과 부철근의 3경간 연속교 배치형태 및 Moment도

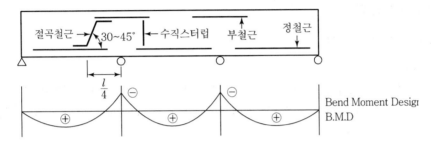

3 정철근 및 부철근의 요구사항

(1) Concrete와의 부착성

(2) 강도가 높을 것, 항복점이 높을 것

(3) 연성이 좋을 것, 가공성이 좋을 것

(4) 부식에 대한 저항성이 좋을 것

4 주철근(정·부 철근)과 전단철근의 특징 비교

구분	주철근	전단철근
용도	하중에 대항하는 철근	사인장 응력에 대응하는 철근
분류	정철근, 부철근	절곡철근, 스터럽
규격	D25~32mm	D10~16mm

5 주철근(인장철근)에 의한 할렬균열의 원인 및 대책

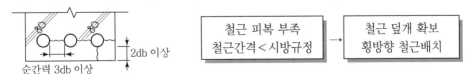

··· 02 철근의 이음

① 개요

철근의 이음부는 구조상 취약하므로 이음을 하지 않는 것이 원칙이나 설계도나 시방서에 규정된 경우 또는 책임기술자의 승인이 있을 경우에는 이음을 할 수 있다. 이음을 할 경우에는 최대 인장응력이 작용하는 곳은 피하고 한 단면에 집중되지 않도록 서로 엇갈리게 해야 한다.

② 철근의 이음공법

(1) 결속선에 의한 방법

① 겹침이음
- 철근다발의 겹침이음은 다발 내 각 철근에 요구되는 겹침이음 길이에 따라 결정됨
- 각 철근에 규정된 겹침이음 길이에서 3개의 철근다발에는 20%, 4개의 철근다발에는 33%를 증가시킴
- 휨부재에서 겹침이음으로 이어진 철근 간 순간격은 겹침이음 길이의 1/5 이하 또는 15cm 이하로 관리

② 이음길이
- 압축철근 이음길이
  - f_y가 400MPa 이하인 경우 : $\ell_\ell = 0.072 f_y d$ 이상
  - f_y가 400MPa 초과인 경우 : $\ell_\ell = (0.13 f_y - 24)d$ 이상
  - 이음길이는 300mm 이상이어야 한다(단, f_{ck}가 21MPa 미만인 경우 겹침 이음의 길이를 1/3 증가시킴).
- 인장철근 이음길이
  - A급 이음 : $\ell_\ell = 1.0 \ell_d$(ℓ_d : 인장철근의 정착길이) 배근량이 해석상 요구되는 철근량의 2배 이상이고, 겹친 구간 이음철근량이 전체 철근량의 1/2 이하인 경우
  - B급 이음 : $\ell_\ell = 1.3 \ell_d$: A급 이음에 해당되지 않는 경우

(2) 용접에 의한 방법

① 용접이음
완전용접이음은 철근이 항복강도 125% 이상의 인장력을 발휘할 수 있는 맞댐용접이어야 함

② Gas 압접

철근의 접합면을 직각으로 절단해 맞대고 압력을 가해 아세틸렌 가스 중성염으로 가열하고, 접합부재의 양측에는 3kg/mm²으로 압력을 가해 부재를 부풀어 오르게 접합하는 공법

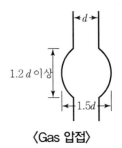

〈Gas 압접〉

(3) 기계적 방법

① Sleeve Joint(슬리브 압착)

- 철근을 맞대고 강재 Sleeve를 끼운 다음 Jack으로 압착
- 인장·압축에 대하여 완전한 전달내력 확보 가능

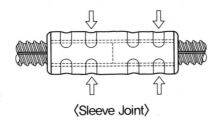

〈Sleeve Joint〉

② Sleeve 충전공법

Sleeve 구멍을 통해 에폭시나 모르타르를 철근과 Sleeve 사이에 충전해 이음하는 방법

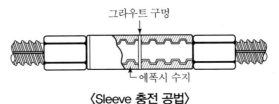

〈Sleeve 충전 공법〉

③ 나사식 이음

철근에 수나사를 만들고 Coupler 양단을 Nut로 조여 이음하는 방법

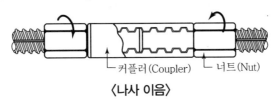

〈나사 이음〉

④ G-lock Splice

- 깔때기 모양의 G-loc Sleeve를 하단 철근에 끼우고 이음철근을 위에서 끼워 G-loc Sleeve를 망치로 쳐서 조임
- 철근규격이 다를 때는 Reducer Insert를 사용한 수직철근 전용 이음방식 적용

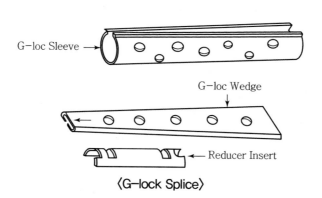

G-loc Sleeve

G-loc Wedge

Reducer Insert

〈G-lock Splice〉

(4) Cad Welding

① 철근에 Sleeve를 끼워 연결하고, 철근과 Sleeve 사이 공간에 화약과 합급 혼합물(Cad Weld Alloy)을 충전하고 순간적 폭발로 부재를 녹여 이음하는 방법

② 굵은 철근에 주로 사용한다.(D28 이상)

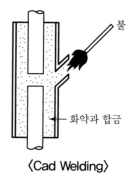

불

화약과 합금

〈Cad Welding〉

❸ 철근의 이음위치

(1) 응력이 큰 곳은 피함

(2) 기둥은 하단에서 50cm 이상 이격

(3) 기둥높이의 $\frac{3}{4}$ 이하 지점에서 이음

(4) 보의 경우 Span 전장의 $\frac{1}{4}$ 지점 압축 측에 이음

(5) 엇갈리게 이음하고, $\frac{1}{2}$ 이상을 한곳에 집중시키지 않는다.

❹ 결론

철근작업 시에는 철근콘크리트 구조물의 적정한 내력 확보를 위해 철근 운반, 가공의 안전수칙 준수가 이행되어야 하며, 이음작업에 필요한 적절한 공법 선정과 재해방지대책 수립 등의 관리가 필요하다.

··· 03 철근공사 시 안전작업지침

1 개요

철근콘크리트 구조물 시공을 위한 철근의 운반·가공·조립·배근 등의 공사 시에는 표준안전작업지침에 의한 준수사항의 이행과 철근의 인장력에 의한 내력 확보가 용이하게 될 수 있도록 변형 발생 방지를 위한 조치가 필요하다. 또한, 현장에서 장기간 보관 시 부식 발생의 우려가 있으므로 적정량이 반입되도록 조치할 필요가 있다.

2 철근반입 시 안전대책

(1) 지게차 운전원 자격 여부 사전확인
(2) 인양 및 하역 장소의 주변구조물과 일정간격을 두어 철근이 부딪히지 않도록 하고 유도자 배치
(3) 적재용 받침대는 철근무게를 충분히 견딜 수 있는 강도를 갖출 것
(4) 지게차 후면부에는 경광등·후진경보장치 부착 및 후진 시 근로자 접근금지
(5) 안전모, 안전화 등 개인보호구 착용
(6) 적재 시 견고하고 평탄한 지반에 적재
(7) 지게차로 하역 시 철근 중심부에서 정확히 인양하고 근로자 접근금지
(8) 지게차 사용 시 유도자 배치 및 근로자 접근통제

3 철근 가공작업 시 안전대책

(1) 작업장에서 넘어짐, 미끄러짐 등의 위험이 없도록 작업장 바닥을 안전하고 청결한 상태로 유지
(2) 가공장 주변에 울타리 설치
(3) 가공 시 절단기·절곡기 외함 접지
(4) 풋 스위치 오조작 예방을 위한 덮개 등의 방호조치 실시
(5) 기계·기구 및 설비의 외함은 접지선을 추가배선하여 외함에 견고하게 고정
(6) 가공기 전원 측에 누전차단기 부착 연결
(7) 절연열화로 인한 감전예방을 위해 배선의 절연저항 주기적 측정 및 관리
(8) 철근 적재 시 무너져 내리지 않도록 안전하게 적재 및 받침목 수평으로 설치
(9) 가공 및 운반 작업 중 안전모, 안전화 등 개인보호구 착용

4 철근 운반 및 인양작업 안전대책

(1) 인양 시 2줄걸이로 결속하고 수평인양
(2) 안전장치(과부하방지장치, 권과방지장치, 훅해지장치)의 정상상태 유지 및 점검
(3) 정격하중 표지판 부착 등 정격하중 초과적재 금지
(4) 지게차 안전작업계획서 작성 및 계획서의 준수를 위한 운전자 및 근로자 교육
(5) 지게차 운행속도 지정 및 근로자 이동과 구분된 전용통로 확보
(6) 유자격자 전담지정하여 운전
(7) 지게차 작업 전 헤드가드, 백레스트, 전조등, 후미등 설치·부착·작동상태확인 및 운전원의 안전벨트 착용
(8) 작업 전 관리감독자에 의한 안전점검 실시
(9) 적재하중 준수 및 시야확보
(10) 지게차 작업반경 출입제한 및 작업 공간확보
(11) 시동키 분리 및 별도보관으로 무자격자에 의한 운전사고 예방
(12) 인양로프는 철근 중량을 충분히 결딜만한 견고한 로프 사용
(13) 작업 전 와이어로프 등 줄걸이 마모 및 손상 여부 점검
(14) 인양, 운반 시 유도자 배치로 작업통제 실시

5 조립작업 안전대책

(1) 작업발판 설치 시 이동식 비계에 작업발판 설치
(2) 조립 중이나 조립 후 철근이 넘어지지 않도록 넘어짐 방지조치
(3) 가스 압접기 사용 시 보호장갑 착용 및 안전작업절차 준수
(4) 상부철근 조립 시 이동식 비계와 작업발판 설치
(5) 배근작업 시 관리감독자 배치하여 근로자 접근 통제
(6) 이동식 비계 사용 시 승강시설 설치
(7) 이동식 비계의 작업발판 단부에 안전난간대 설치
(8) 가스 압접작업 시 안전작업절차 준수로 끼임 방지
(9) 작업장소의 상황, 순서방법 등이 포함된 작업계획 작성
(10) 작업시작 전 비상정지장치, 리미트 등 안전장치 기능 확인 및 바스킷 부딪힘·끼임 방지용 방호가드 설치 확인

··· 04 철근의 부식 발생원인과 방지대책

1 개요

철근이 부식되면 체적 팽창(약 2.6배)으로 피복 콘크리트에 균열이 발생하고, 이는 철근콘크리트 구조물 성능 저하를 유발하는 가장 중요한 요인이 되므로 부식 방지를 위한 조치가 설계 단계에서부터 고려되어야 하며, 완공 후에도 정기적인 점검과 유지관리로 내구수명의 확보가 이루어지도록 조치해야 한다.

2 부식의 분류

(1) 건식 부식(Dry Corrosion)

수분의 작용 없이 금속 표면에 발생하는 부식

(2) 습식 부식(Wet Corrosion)

수분의 영향이 주원인이 되어 발생하는 부식

3 부식의 Mechanism

(1) 양극반응

$$Fe \rightarrow Fe^{++} + 2e^-$$

(2) 화학반응

$$Fe^{++} + H_2O + \frac{1}{2}O_2 \rightarrow Fe(OH)_2 : 수산화제1철(붉은 녹)$$

$$Fe(OH)_2 + \frac{1}{2}H_2O + \frac{1}{4}O_2 \rightarrow Fe(OH)_3 : 수산화제2철(검은 녹)$$

(3) 부식 촉진제(부식의 3요소)

① 물(H_2O)
② 산소(O_2)
③ 전해질($2e^-$)

4 부식률의 한계

(1) **교량, 도로구조물, 주차장구조물** : 15%

(2) **일반 건축구조물, 아파트** : 30% 이내

(3) **공장, 창고** : 50% 이내

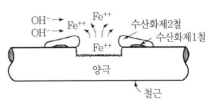

〈철근의 녹 발생〉

5 부식에 따른 성능 저하 손상도 및 보수판정기준

성능 저하 손상도	철근의 상태	보수 여부
Ⅰ (경미)	① 전체적으로 얇거나 부분적인 부유녹 발생 ② 철근과 콘크리트의 일체성 확보됨	불필요
Ⅱ (보통)	① 철근의 둘레 또는 전 길이에 부유녹 발생 ② 녹에 의한 팽창압으로 콘크리트의 균열 발생	필요에 따라 실시
Ⅲ (과다)	① 단면결함 발생 ② 콘크리트의 파손 및 철근의 단면 결손	필요

6 부식의 발생원인

(1) 콘크리트의 동결융해

(2) 콘크리트의 탄산화 진행

(3) 알칼리 골재 반응

(4) 시공재료 및 사용환경에 의한 염해 발생

(5) 진동하중, 반복하중 등과 같은 기계적 작용

구조물의 진동 및 충격에 의한 콘크리트의 균열 발생으로 인한 부식

(6) 전류작용에 의한 부식

직류전류작용으로 유발되는 부식

7 저감대책

(1) 양질의 재료 사용 및 적정 혼화재료 사용

(2) 밀실한 콘크리트 타설 및 양생기준 준수

(3) 철근 부식 방지대책 적용

① 철근 표면 아연 도금

② Epoxy 및 Tar 코팅 처리

③ 콘크리트 피복두께 증대

④ 콘크리트 균열 발생부의 즉각적인 보수 및 보강

⑤ 콘크리트 시공 시 단위수량 저감

⑥ 콘크리트 탄산화 지연을 위한 마감처리

··· 05 부식과 방식

1 개요

철근 콘크리트 구조물의 외부환경이 이산화탄소와 산성비에 노출되어 있는 경우 급속한 탄산화의 진행으로 콘크리트 구조물의 균열 및 이로 인한 내구성 저하가 유발되므로 설계단계에서부터 부식의 진행 억제를 위한 조치가 이루어져야 한다. 최근 이러한 부식의 진행 억제를 위한 방식공법의 꾸준한 개발이 이루어지고 있으므로 이러한 신공법의 도입에 관심을 가질 필요가 있다.

2 부식 발생 메커니즘

(1) 철근콘크리트의 부식 발생 메커니즘

(2) 화학반응식

① $Fe \rightarrow Fe^{++} + 2e^-$

② $Fe^{++} + H_2O + \dfrac{1}{2}O_2 \rightarrow Fe(OH)_2$: 수산화제1철

③ $Fe(OH)_2 + \dfrac{1}{2}H_2O + \dfrac{1}{4}O_2 \rightarrow Fe(OH)_3$: 수산화제2철

3 부식환경에 대한 관리기준

(1) 부식을 허용하는 상태

부식두께의 설계반영 : 부식속도 × 내구연수

(2) 부식을 허용하지 않는 상태

방식공법의 적용

4 부식방지대책

(1) 콘크리트

① **외적 방법** : 표면의 피복, 도장, 타일 시공

② **내적 방법** : Polymer 함침 등에 의한 밀실처리, 내황산염 시멘트 사용, 피복두께의 증대

(2) 철근-내적 방법

① 내식성 강(Corrosion), 내후성 강(Weather) 시공

② 전기방식 : 외부전원법, 희생양극법

5 전기적 공법

(1) 외부전원법

① Zn, Mg, Al 등의 양극재료를 사용해 전원을 인가하는 방법

② 대규모의 시공이 가능한 공법

③ 방식범위가 비교적 넓은 경우에도 설치 가능

④ 전원공급에 따른 관리 필요

⑤ 시공방법과 유지관리가 까다로움

(2) 희생양극법

① Mn, Zn 등을 양극재료로 사용하거나 전원을 공급하지 않는 사용재료 자체의 자연적인 전위차를 활용하는 방법

② 시공이 간단, 유지관리도 용이

③ 외부전원법에 비해 효과가 제한적

··· 06 피복두께와 철근의 유효높이

1 개요

피복두께는 철근 표면과 콘크리트 표면까지의 최단거리로서 철근과 콘크리트의 부착성, 시공성, 내화성을 가름하는 중요한 요소이다. 응력 계산 시 적용하는 높이이며, 부재의 압축연단에서 인장철근 중심선까지의 길이로서 철근콘크리트 내력 확보의 중요한 요소임을 이해할 필요가 있다.

2 피복두께 관리 목적

(1) 내구성 및 내화성 확보
(2) 철근과의 부착성 및 방청성 증대
(3) 콘크리트 유동성에 의한 시공성 증대
(4) 철근콘크리트 구조물의 내력 확보

3 피복두께 관리기준

수중 콘크리트	지중 콘크리트	대기 노출 환경	대기 비노출 환경
100mm	80mm	40~60mm	20~40mm

4 허용오차

구분	유효높이(d) 허용오차	피복두께 허용오차
$d \leq 200mm$	$\pm10mm$	$-10mm$
$d \geq 200mm$	$\pm13mm$	$-13mm$

5 관리기준 초과 및 미만 시 문제점

(1) 기준 초과

　① 부재의 처짐현상 유발
　② 구조물의 자중 증가로 인한 내력 저하

(2) 기준 미만

　① 철근과의 부착력 저하로 인한 시공성 및 내구성 저하
　② 대기환경에 따른 염해 발생
　③ 기타 탄산화 저항성 저하로 인한 내구연한 감소

⑥ 철근 유효높이 부족 시 문제점

(1) 단면성능 부족에 의한 휨강성 저하
(2) 압축력, 인장력 발휘 길이 부족으로 구조내력 저하
(3) 철근 콘크리트 구조물 내구성 저하의 주요 원인으로 작용할 수 있음

⑦ 유효높이 확보대책

(1) 적정한 Spacer의 배치
(2) 근로자 작업하중에 의한 철근 변형의 방지 조치
(3) 전기박스 주위 철근의 보강철근 배근
(4) 콘크리트 진동다짐 시 과다짐 방지 조치

⑧ 결론

철근 콘크리트 구조물의 피복과 철근의 유효높이는 밀접한 관계를 이루는 대상으로, 설계 시 내구연한을 좌우하는 중요한 개념으로 이해해야 한다. 특히, 철근의 유효높이는 구조물 내력 확보의 가장 중요한 요소이므로 시공 시 발생되는 오류를 방지하기 위한 적절한 대안을 고려해 공사에 임해야 하고, 유지관리 단계에서 이로 인한 성능저하 현상을 발견한 경우 즉각적인 보강조치를 이행하는 것이 사용자 안전 확보의 근간이 됨을 인식할 필요가 있다.

··· 07 평형철근비(P_b : Balance Steel Ratio)

1 개요

평형철근비는 Con'c의 압축응력과 철근의 인장응력이 동시에 허용응력에 도달할 때의 철근비로, 이때의 인장철근 단면적을 평형철근 단면적이라고 할 수 있다.

2 평형철근비(P_b)와 인장철근비(P_t)의 관계

평형철근	과대철근
압축측 ── 중립축 인장측 ○ ○ ○	
$P_t = P_b$ 인장·압축 측 동시 파괴 가장 경제적	$P_t > P_b$ 압축 측 먼저 허용응력 도달 Con'c의 취성파괴

3 평형철근비 이하 설계 이유

(1) 철근 콘크리트 구조체는 콘크리트 취성파괴 시 불안전하므로
(2) 인장응력을 받는 철근이 연성파괴가 되도록 설계해야 하므로
(3) 연성파괴는 $P_t < P_b$인 과소철근 단면을 가진 구조체이므로

4 과대철근 설계 시 보의 보강방안

(1) 압축부 Tension
(2) 단면 확대
(3) 추가 단면부 Tension

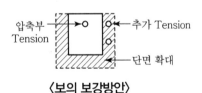

〈보의 보강방안〉

⋯ 08 피복두께

1 개요

철근 콘크리트 구조물의 콘크리트 피복두께는 탄산화 지연을 위한 내구성능 확보는 물론 화재 발생 시 내화성능, 철근과의 부착성능 등 기본적인 성능과 콘크리트 강도 확보에도 영향을 미치는 중요한 관리기준이므로 관리기준의 엄격한 준수가 필요하다.

2 피복두께 관리의 목적

(1) 내구성 확보
(2) 부착성 확보
(3) 내화성
(4) 방청성 확보
(5) 콘크리트의 유동성 확보

3 피복두께 결정 시 고려사항

(1) 내화성 · 내구성 · 구조내력 등의 범위
(2) 부재의 종류별 마무리 유무
(3) 사용환경조건
(4) 시공 정밀도

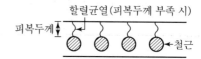

〈피복두께 부족 시 : 할렬균열〉

4 최소 피복두께 기준

부위			피복두께(mm)	
			마감 있음	마감 없음
흙에 접하지 않는 부위	바닥 Slab, 지붕 Slab, 비내력벽	옥내	20 이상	20 이상
		옥외	20 이상	30 이상
	기둥, 보, 내력법	옥내	30 이상	30 이상
		옥외	30 이상	40 이상
	옹벽		40 이상	40 이상
흙에 접하는 부위	기둥, 보, 바닥 Slab, 내력벽		–	40 이상
	기초, 옹벽		–	60 이상

5 피복두께 검사

(1) **외관검사** : 육안검사
(2) **외관검사 결과의 확인검사** : 외관검사 결과 피복두께의 확인이 필요한 부위
(3) **취약부 검사** : 각 층 바닥 및 지붕 슬래브의 모서리면 검사

1 개요

부동태막이란 철근이 부식되기 어려운 상태로 만드는 막으로 철근 표면에 시멘트의 강알칼리성 성분이 화학적으로 흡착되어 형성된다. 그러나 부동태막은 대기 중 이산화탄소의 영향으로 인한 탄산화로 손상이 진행되므로 이에 대한 메커니즘과 저감대책을 이해하고 관리하는 것이 철근 콘크리트 구조물의 내구수명 확보를 위한 관리의 기본이 된다.

2 부동태막 손상 메커니즘

탄산화 반응

$[Ca(OH)_2 + CO_2 \rightarrow CaCO_3 + H_2O]$

→ 약알칼리성으로 변화

→ 부동태막 파괴

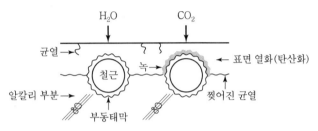

〈부동태막 손상에 의한 균열 도해〉

3 부동태막 손상 시 문제점

(1) 철근 부식 → 녹 발생 → 철근 체적 팽창(2.5~4배)

(2) 콘크리트 표면 균열 → 표면 열화 → 물, 이산화탄소 침투 → 부동태막 파괴

(3) 부동태막 파괴 → 구조물 내구연한 한계시점 도래 → 붕괴위험에 따른 철거

4 손상 지연대책

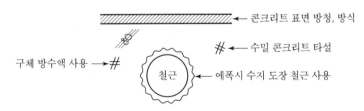

5 손상 시 처리대책

(1) 녹 발생 및 탄산화 부분 제거 또는 재시공

(2) 균열부위 표면처리, 주입, 충전공법에 의한 보수

(3) 시설물 안전 및 유지관리에 관한 특별법상 점검 및 진단의 실시 및 보수 · 보강

콘크리트 재료

⋯ 01 골재의 흡수량과 비중에 따른 골재의 분류

1 개요

(1) '골재의 흡수량(Water Absorption)'이란 절대건조상태에서 표면건조포화상태가 될 때까지 흡수하는 수량(水量)을 말하며, 보통 24시간 침수에 의하여 절대건조상태에 대한 골재중량의 백분율로 나타낸다.

(2) 건조골재가 물을 접하면 처음에는 급히, 나중에는 완만하게 흡수현상이 진행되며 콘크리트의 배합은 골재의 표면건조상태를 기준으로 이루어진다.

2 골재의 함수상태

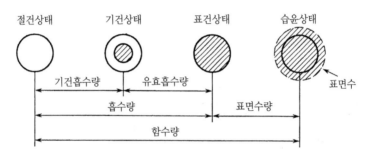

- 흡수량 : 표면건조 내부포화상태의 골재에 포함된 물의 양
- 표면수량 : 습윤상태의 골재표면수량
- 유효흡수량 : 흡수량과 기건상태의 골재 내에 함유된 수량의 차이
- 절건상태 : 일정 질량이 될 때까지 110℃ 이하의 온도로 가열 건조한 상태

⟨골재의 함수상태⟩

(1) **절대건조상태(Absolute Dry Condition : 절건상태)**

   ① 100~110℃의 온도에서 24시간 이상 골재를 건조시킨 상태

   ② 골재입자 내부의 공극에 포함된 물이 전부 제거된 상태

(2) **대기 중 건조상태(Air Dry Condition : 기건상태)**

   ① 자연건조로 골재입자 표면과 내부의 일부가 건조한 상태

   ② 공기 속의 온·습도 조건에 대하여 평형을 이루고 있는 상태로 내부는 수분을 포함하고 있는 상태

(3) **표면건조 내부포화상태(Saturated Surface Dry Condition : 표건상태)**

   ① 골재입자의 표면에 물은 없으나 내부의 공극에는 물이 가득 차 있는 상태

   ② SSD 상태, 또는 표건상태라고도 함

(4) 습윤상태(Wet Condition)

골재입자의 내부에 물이 차 있고, 표면도 물에 젖어 있는 상태

❸ 각종 골재의 흡수율

골재의 종별		잔골재	굵은 골재
보통골재		3~4%	2~4%
인공경량골재	조립형	4~11%	2~9%
	비조립형	7~14%	6~11%
천연경량골재		7~35%	15~50%

(1) 모르타르의 강도가 가장 크고, 첨가할 조골재량이 증가할수록 강도는 낮아진다.

(2) 같은 조골재량이라도 조골재의 최대 치수가 클수록 강도는 낮다.

❹ 흡수율, 공극률 산정방법

(1) 흡수율

$$흡수율(\%) = \frac{표건질량 - 절건질량}{절건질량} \times 100$$

(2) 공극률

$$공극률 = 1 - \left(\frac{단위용적중량}{비중}\right) \times 100(\%)$$

(3) 흡수율시험

$$굵은골재 = \frac{표건중량 - 기건중량}{기건중량} \times 100(\%)$$

$$잔골재 = \frac{500 - 기건중량}{기건중량} \times 100(\%)$$

5 굵은 골재의 최대 치수

(1) 굵은 골재의 공칭 최대 치수는 다음 값을 초과하지 않아야 한다. 그러나 이러한 제한은 콘크리트를 공극 없이 칠 수 있는 다짐방법을 사용할 경우에는 책임기술자의 판단에 따라 적용하지 않을 수 있다.

① 거푸집 양 측면 사이의 최소 거리의 1/5

② 슬래브 두께의 1/3

③ 개별철근, 다발철근, 긴장재 또는 덕트 사이 최소 순간격의 3/4

(2) 굵은 골재의 최대 치수

구조물의 종류	굵은 골재의 최대 치수(mm)
일반적인 경우	20 또는 25
단면이 큰 경우	40
무근콘크리트	40 부재 최소 치수의 1/4을 초과해서는 안 됨

···02 혼화재료(Admixture)

1 개요

(1) '혼화재료'란 굳지 않은 콘크리트(Fresh Concrete) 및 굳은 콘크리트(Hardened Concrete)에 소요의 품질을 부여하고 콘크리트를 경제적으로 만들기 위하여 콘크리트에 첨가하는 재료를 말한다.

(2) 혼화재료는 사용량의 다·소에 따라 혼화재(混和材)와 혼화제(混和劑)로 나눌 수 있으며, 선정 및 사용 시 혼화재료 각각의 품질이나 효과를 충분히 확인해야 한다.

2 혼화재료의 사용 목적

(1) 초기강도의 증진 및 장기강도의 증가

(2) 콘크리트의 응결시간 촉진 및 지연

(3) 콘크리트의 내구성능 개선

(4) 콘크리트의 수밀성 증진

(5) 철근의 부착강도 증진 및 부식 방지

(6) Workability의 향상

(7) 수화열 저감

(8) 단위수량·단위시멘트량 저감

3 혼화재료의 분류

(1) 혼화재(混和材)

① 비교적 다량으로 사용되어 콘크리트(Concrete)의 물성을 개선하는 재료
- Workability 향상
- 수화열 저감
- 수축 저감

② 시멘트 중량의 5% 이상 사용하는 재료

③ 사용량이 비교적 많기 때문에 콘크리트의 배합 계산 시 고려하는 항목으로 포함됨

(2) 혼화제(混和劑)

① 비교적 소량으로 사용되는 첨가제의 개념

② 물리·화학적 작용을 도모하는 첨가제

③ 콘크리트의 경제성 향상

④ 시멘트 중량의 5% 이하 사용을 기준으로 함

4 혼화재료의 용도별 분류

(1) 혼화재(混和材)

① Fly Ash, 규조토, 화산재, 규산백토 : 포졸란(Pozzolan) 반응재

② 고로슬래그 미분말 : 잠재수경성

③ 팽창재

④ 규산 미분말

⑤ 착색재

⑥ 기타 : 고강도용 혼화재, 폴리머, 증량재(增量材) 등

(2) 혼화제(混和劑)

① AE제, AE 감수제 : Workability와 내동해성 개선제

② 감수제, AE 감수제 : 워커빌리티 향상으로 단위수량·단위시멘트량 저감

③ 유동화제 : 유동성 개선

④ 고성능감수제 : 감수효과제

⑤ 응결촉진제, 응결지연제, 초지연제, 급결제

⑥ 방수제

⑦ 기포제, 발포제 : 기포작용으로 충전성 개선

⑧ 방청제 : 철근의 부식 억제

⑨ 프리팩트 콘크리트용 혼화제, 고강도 프리팩트용 혼화제, 공극충전 모르타르용 혼화제
   : 유동성 개선, 충전성과 강도 개선

⑩ 고성능 AE 감수제 : 단위수량 저감으로 내동해성 개선

⑪ 수중 불분리성 혼화제 : 수중 콘크리트의 재료분리 저감

⑫ 수중 콘크리트용 혼화제 : 응집작용에 의한 재료분리 억제

⑬ 기타 : 보수제, 방동제, 건조수축저감제, 수화열억제제, 분진방지제 등

5 혼화재료 사용 시 주의사항

(1) 혼화재료 사용 전 시험 또는 품질 확인 후 사용

(2) 품질이 확인되지 않은 혼화재료는 사용을 금할 것

(3) 분말제는 습기가 없는 곳, 통풍이 잘되는 곳에 보관할 것

(4) 액상재료는 동결 및 고온저장에 주의하고 직사광선 노출금지

(5) 정화 후 방류하여 수질오염 방지에 만전을 기할 것

1 유동화제

(1) 정의

'유동화제'란 고성능 감수제로 감수에 의한 방법이 아닌 동일한 물시멘트비(w/c)로 콘크리트 유동성을 대폭 증대시켜 재료분리를 비롯한 콘크리트의 타설 시 문제점을 보완하기 위해 사용하는 혼화제를 말한다.

(2) 특징

① 콘크리트의 유동성 대폭 증대
② 단위수량(單位水量) 저감 효과
③ 타설작업 및 다짐 등의 시공성 향상 및 Pumpability 향상
④ 비공기연행성 · 비응결지연성
⑤ 건조수축의 저감으로 균열발생 방지효과
⑥ 첨가량 과다 시 재료분리가 발생될 수 있음에 유의할 것

2 감수제

(1) 정의

콘크리트 중 시멘트 입자를 분산시켜 단위수량 저감을 목적으로 사용하는 혼화제이다.

(2) 특징

① 단위수량 저감
② 분산작용에 의한 단위시멘트량 저감
③ 단위시멘트량 저감으로 수화열 발생을 줄일 수 있다.
④ 수밀성과 내구성 증대
⑤ 콘크리트 강도 증대
⑥ 감수제에 AE제를 첨가하거나 AE 감수제로도 사용이 가능하다.

···04 콘크리트 재료 분리

1 개요

(1) '재료분리'란 균질하게 비벼진 콘크리트는 어느 부분의 콘크리트를 채취해도 시멘트·골재·물의 구성비율이 동일하나, 콘크리트가 균질성을 상실하여 굵은 골재가 국부적으로 집중되거나 수분이 콘크리트의 상부로 떠오르는 현상을 말한다.

(2) 재료분리는 콘크리트가 불균질하게 되어 강도·수밀성·내구성 등이 저하되므로, 배합설계·운반·타설·다짐·거푸집·철근배근간격 등 전 과정에서의 철저한 품질관리가 필요하다.

2 재료분리로 인한 문제점

(1) 콘크리트의 강도 저하

(2) 콘크리트의 수밀성 저하

(3) 내구성능의 저하

(4) 철근과의 부착강도 저하

(5) Bleeding 발생으로 인한 콜드조인트의 발생

3 발생원인

(1) 시멘트량 부족

단위시멘트량 부족으로 인한 수밀성 저하

(2) 굵은 골재의 분리

굳지 않은 콘크리트의 비중 차에 의해 발생되는 재료분리의 가장 중요한 요인

(3) 단위 수량 증가

Workability 증대 등을 위한 배합수 과다 사용으로 인해 발생

(4) Slump치 과다

(5) 잔골재율 과다

(6) 부적절한 배합

설계배합을 고려하지 않은 현장배합

(7) 블리딩(Bleeding) 현상 발생

❹ 방지대책

(1) 재료

① **시멘트** : 적정한 분말도의 시멘트 사용 및 단위 시멘트양 결정

② **적정한 골재 선택** : 적정한 입도와 입형의 골재 사용

③ **혼화재료 사용** : AE제나 포졸란재 사용으로 콘크리트의 응집성을 증진

(2) 배합

① **단위수량** : 가능한 범위 내에서 최소 단위수량이 되도록 시험에 의해 결정

② **슬럼프치 관리**

③ **잔골재율** : Workability 확보가 가능한 범위 내에서 최소화

④ **적절한 배합**

(3) 시공

① **거푸집** : Cement Paste의 누출을 방지하고 충분한 다짐에 견디도록 수밀성이 높고 견고한 거푸집 사용

② **철근배근간격 유지** : 적절한 간격재의 선정과 적정 설치간격 확보

③ **굵은골재의 분리 방지** : 굵은골재의 분리 발생 시 균일하게 될 때까지 재비빔 후 타설

④ **콘크리트 타설** : 타설높이 최소화 및 충격발생이 되지 않도록 한다.

⑤ **과도한 진동기 사용 억제**

⑥ **일정한 타설속도 준수**

1 개요

(1) 콘크리트의 배합은 소요강도, 내구성, 수밀성, 균열저항성, 철근 또는 강재를 보호하는 성능을 갖도록 정하여야 한다.

(2) 콘크리트의 배합은 내구성을 고려하여야 하고, 이때 설계기준압축강도와 물-결합재비에 따라 배합을 정한다. 다만, 노출등급이 정해지지 않은 구조물의 경우에는 구조계산을 통해 정해진 설계기준압축강도와 규정된 물-결합재비를 적용하여 배합을 정한다.

(3) 작업에 적합한 워커빌리티를 갖도록 하기 위해서는 거푸집 구석구석까지 콘크리트가 충분히 채워지도록 하고, 다지는 작업이 용이하면서 재료분리가 생기지 않도록 콘크리트 배합을 정하여야 한다.

2 배합강도

(1) 구조물에 사용되는 콘크리트 압축강도가 소요강도를 갖기 위해서는 콘크리트 배합설계 시 배합강도(f_{cr})를 정하여야 한다. 배합강도(f_{cr})는 $(20\pm2)℃$ 표준양생한 공시체의 압축강도로 표시하는 것으로 하고, 강도는 강도관리를 기준으로 하는 재령에 따른다.

(2) 배합강도(f_{cr})는 현장 콘크리트의 품질변동을 고려하여 식 ①과 같이 구조계산에서 정해진 설계기준압축강도(f_{ck})와 내구성 설계를 반영한 내구성기준압축강도(f_{cd}) 중에서 큰 값으로 결정된 품질기준강도(f_{cq})보다 크게 정한다.

$$f_{cq} = \max(f_{ck}, f_{cd})(\text{MPa}) \qquad \cdots\cdots\cdots ①$$

(3) 배합강도(f_{cr})는 품질기준강도(f_{cq}) 범위를 35MPa 기준으로 분류한 아래의 두 경우의 각 두 식(②, ③ 및 ④, ⑤)에 의한 값 중 큰 값으로 정하여야 하고, 이때 품질기준강도(f_{cq})는 기온보정강도값(T_n)을 더하여 구한다.

$f_{cq} \leq 35\text{MPa}$인 경우
$$f_{cr} = f_{cq} + 1.34s(\text{MPa}) \qquad \cdots\cdots\cdots ②$$
$$f_{cr} = (f_{cq} - 3.5) + 2.33s(\text{MPa}) \qquad \cdots\cdots\cdots ③$$

$f_{cq} > 35\text{MPa}$인 경우
$$f_{cr} = f_{cq} + 1.34s(\text{MPa}) \qquad \cdots\cdots\cdots ④$$
$$f_{cr} = 0.9f_{cq} + 2.33s(\text{MPa}) \qquad \cdots\cdots\cdots ⑤$$

여기서, s : 압축강도의 표준편차(MPa)

f_{cq} : 품질기준강도(MPa)[설계기준압축강도(f_{ck})와 내구성 기준 압축강도(f_{cd}) 중 큰 값]

(4) 레디믹스트 콘크리트의 경우에는 배합강도(f_{cr})를 호칭강도(f_{cn})보다 크게 정한다.

(5) 레디믹스트 콘크리트 사용자는 식 ⑥에 따라 기온보정강도(T_n)를 더하여 생산자에게 호칭강도(f_{cn})로 주문하여야 한다.

$$f_{cn} = f_{cq} + T_n (\text{MPa}) \qquad \cdots\cdots\cdots ⑥$$

여기서, T_n ; 기온보정강도(MPa)

❸ 물-결합재비

(1) 물-결합재비는 소요강도, 내구성, 수밀성 및 균열저항성 등을 고려하여 정하여야 한다.

(2) 콘크리트의 압축강도를 기준으로 물-결합재비를 정하는 경우 그 값은 다음과 같이 정하여야 한다.

① 압축강도와 물-결합재비와의 관계는 시험에 의하여 정하는 것을 원칙으로 한다. 이때 공시체는 재령 28일을 표준으로 한다.

② 배합에 사용할 물-결합재비는 기준 재령의 압축강도와의 관계식에서 배합강도에 해당하는 값의 역수로 한다.

❹ 단위수량

(1) 단위수량은 최대 185kg/m^3 이내의 작업이 가능한 범위 내에서 될 수 있는 대로 적게 사용하며, 그 사용량은 시험을 통해 정하여야 한다.

(2) 단위수량은 굵은 골재의 최대 치수, 골재의 입도와 입형, 혼화 재료의 종류, 콘크리트의 공기량 등에 따라 다르므로 실제의 시공에 사용되는 재료를 사용하여 시험을 실시한 다음 정하여야 한다.

❺ 단위결합재량

(1) 단위결합재량은 원칙적으로 단위수량과 물-결합재비로부터 정하여야 한다.

(2) 단위결합재량은 소요강도, 내구성, 수밀성, 균열저항성, 강재를 보호하는 성능 등을 갖는 콘크리트가 얻어지도록 시험에 의하여 정하여야 한다.

(3) 단위결합재량의 하한값 혹은 상한값이 규정되어 있는 경우에는 이들의 조건이 충족되도록 한다.

6 굵은골재의 최대 치수

(1) 굵은골재의 공칭 최대 치수는 다음 값을 초과하지 않아야 한다. 그러나 이러한 제한은 콘크리트를 공극 없이 칠 수 있는 다짐방법을 사용할 경우에는 책임기술자의 판단에 따라 적용하지 않을 수 있다.

  ① 거푸집 양 측면 사이의 최소 거리의 1/5
  ② 슬래브 두께의 1/3
  ③ 개별철근, 다발철근, 긴장재 또는 덕트 사이 최소 순간격의 3/4

(2) 굵은골재의 최대 치수는 다음 표의 값을 표준으로 한다.

[굵은 골재의 최대 치수]

구조물의 종류	굵은골재의 최대 치수(mm)
일반적인 경우	20 또는 25
단면이 큰 경우	40
무근 콘크리트	40 부재 최소 치수의 1/4을 초과해서는 안 됨

7 슬럼프 표준값

(1) 콘크리트의 슬럼프는 운반, 타설, 다지기 등의 작업에 알맞은 범위 내에서 될 수 있는 한 작은 값으로 정하여야 한다.

(2) 콘크리트를 타설할 때의 슬럼프값은 다음 표의 값을 표준으로 한다.

[슬럼프의 표준값]

종류		슬럼프값(mm)
철근 콘크리트	일반적인 경우	80~150
	단면이 큰 경우	60~120
무근 콘크리트	일반적인 경우	50~150
	단면이 큰 경우	50~100

주 1) 유동화 콘크리트의 슬럼프는 KCS 14 20 31 (2.2)의 규정을 표준으로 한다.

2) 여기에서 제시된 슬럼프값은 구조물의 종류에 따른 슬럼프의 범위를 나타낸 것으로 실제로 각종 공사에서 슬럼프값을 정하고자 할 경우에는 구조물의 종류나 부재의 형상, 치수 및 배근상태에 따라 알맞은 값으로 정하되 충전성이 좋고 충분히 다질 수 있는 범위에서 되도록 작은 값으로 정하여야 한다.

3) 콘크리트의 운반시간이 길 경우 또는 기온이 높을 경우에는 슬럼프가 크게 저하하므로 운반 중의 슬럼프 저하를 고려한 슬럼프값에 대하여 배합을 정하여야 한다.

8 잔골재율

(1) 잔골재율은 소요의 워커빌리티를 얻을 수 있는 범위 내에서 단위수량이 최소가 되도록 시험에 의해 정하여야 한다.

(2) 잔골재율은 사용하는 잔골재의 입도, 콘크리트의 공기량, 단위결합재량, 혼화재료의 종류 등에 따라 다르므로 시험에 의해 정하여야 한다.

(3) 공사 중에 잔골재의 입도가 변하여 조립률이 ±0.20 이상 차이가 있을 경우에는 배합의 적정성 확인 후 배합 보완 및 변경 등을 검토하여야 한다. 이때 잔골재율에 대해서도 그 적합 여부를 시험에 의해 확인하여야 한다.

(4) 콘크리트 펌프 시공의 경우에는 펌프의 성능, 배관, 압송거리 등에 따라 적절한 잔골재율을 결정하여야 한다.

(5) 유동화 콘크리트의 경우, 유동화 후 콘크리트의 워커빌리티를 고려하여 잔골재율을 결정할 필요가 있다.

(6) 고성능 AE 감수제를 사용한 콘크리트의 경우로서 물–결합재비 및 슬럼프가 같으면, 일반적인 AE 감수제를 사용한 콘크리트와 비교하여 잔골재율을 1~2% 정도 크게 한다.

9 공기연행 콘크리트의 공기량

(1) AE제, AE 감수제 또는 고성능 AE 감수제를 사용한 콘크리트의 공기량은 굵은골재 최대 치수와 노출등급을 고려하여 다음 표와 같이 정하며, 운반 후 공기량은 이 값에서 ±1.5 % 이내이어야 한다.

[공기연행 콘크리트 공기량의 표준값]

굵은 골재의 최대 치수(mm)	공기량(%)	
	심한 노출[1]	일반 노출[2]
10	7.5	6.0
15	7.0	5.5
20	6.0	5.0
25	6.0	4.5
40	5.5	4.5

주 1) 노출등급 EF2, EF3, EF4
　　2) 노출등급 EF1

(2) 공기연행 콘크리트의 공기량은 같은 단위 AE제량을 사용하는 경우라도 여러 조건에 따라 상당히 변화하므로 공기연행 콘크리트 시공에서는 반드시 KS F 2409 또는 KS F 2421에 따라 공기량 시험을 실시하여야 한다.

🔟 혼화재료의 단위 사용량 결정

(1) AE제, AE 감수제 및 고성능 AE 감수제 등의 단위량은 소요 슬럼프 및 공기량을 얻을 수 있도록 시험에 의해 정하여야 한다.

(2) 상기 (1) 이외의 혼화재료의 단위량은 시험 결과나 기존의 경험 등을 바탕으로 효과를 얻을 수 있도록 정하여야 한다.

(3) 제빙화학제에 노출된 콘크리트 노출등급 EF4에 있어서 플라이애시, 고로 슬래그 미분말 또는 실리카 품을 시멘트 재료의 일부로 치환하여 사용하는 경우 이들 혼화재의 사용량 값을 초과하지 않도록 한다.

··· 06 콘크리트의 시방배합과 현장배합

1 개요

'콘크리트의 배합'이란 콘크리트의 조성재료인 시멘트·잔골재·굵은골재·물 등의 비율 또는 사용량을 말하며, 시방배합은 설계단계에서 요구되는 조건을 반영한 배합기준이고, 현장배합은 시방배합을 현장에 적용하기 위해 골재입경, 함수상태 등을 보정하는 배합기준이다.

2 콘크리트의 요구조건

(1) 소요강도를 확보할 것
(2) 적당한 Workability를 가질 것
(3) 균일성을 유지하도록 할 것
(4) 내구성이 있을 것
(5) 수밀성이 있을 것
(6) 가장 경제적일 것

3 시방배합과 현장배합의 흐름도

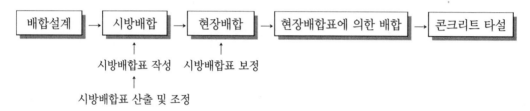

4 시방배합

(1) 설계계산에 기초한 시방서 또는 책임기술자에 의해 지시된 배합

(2) **시방배합표 작성순서(시방배합의 산출 및 조정)**
　① 배합설계 시 산정된 각 값으로 소요되는 재료량을 산출하여 시험 Batch를 만들어 시험비빔
　② 시험 배치(Batch)에 의해 배합을 조정하고 물시멘트비(W/C) 결정
　③ 시험 배치(Batch) 결과에서 얻어진 값으로 1m³당 재료량을 계산하여 시방배합표를 작성

(3) **골재의 함수상태** : 표면 건조 포화상태
(4) **골재의 계량** : 중량(kg)으로 표시
(5) **단위량의 표시** : 1m³당

5 현장배합

(1) 시험조건과 현장조건이 일치하지 않을 경우 시방배합을 현장상태에 적합하게 보정한 배합

(2) 시방배합의 현장배합으로의 조정

① 시방배합을 현장의 골재흡수량 및 입도상태를 고려하여 보정

② 보정된 값으로 현장배합표 작성

(3) 골재의 합수상태 : 공기 중 건조상태(기건상태) 또는 습윤상태

(4) 골재의 계량 : 중량(kg)으로 표시하나 용적계량일 경우도 있음

(5) 단위량의 표시 : 믹서(Mixer) 용량에 의해 1Batch 양으로 표시

6 시방배합·현장배합의 비교

구분		시방배합	현장배합
개념		시방서 배합, 책임기술자 지시배합	골재입도와 표면수 수정배합
골재 함수상태		표면건조 내부포화	기건, 습윤상태
골재	굵은골재	5mm 이상	5mm 이상 골재분포
	잔골재	5mm 이하	5mm 이하 골재분포
골재계량		중량계량	중량계량과 용적계량
단위량		$1m^3$	1batch

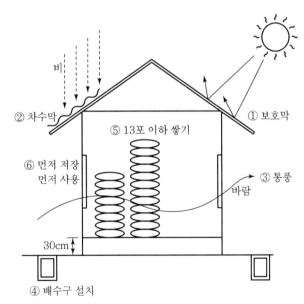

〈시멘트 보관창고 설치 예〉

··· 07 품질, 타설, 양생검사

1 압축강도에 의한 콘크리트의 품질검사

종류	항목	시험·검사 방법	시기 및 횟수	판정기준	
				$f_{cn} \leq 35MPa$	$f_{cn} > 35MPa$
품질기준강도[2]로부터 배합을 정한 경우	압축강도 (재령 28일의 표준양생 공시체)	KS F 2405의 방법	콘크리트 강도별 받아들이기 시점에 1회/일 또는 구조물의 중요도와 공사의 규모에 따라 120m³마다 1회	① 연속 3회 시험값의 평균이 품질기준강도 이상 ② 1회 시험값이 품질기준강도(3.5MPa) 이상	① 연속 3회 시험값의 평균이 품질기준강도 이상 ② 1회 시험값이 품질기준강도의 90% 이상
그 밖의 경우				압축강도의 평균치가 품질기준강도 이상일 것	

주 1) 1회의 시험값은 공시체 3개의 압축강도 시험값의 평균값임
   2) 현장 배치플랜트를 구비하여 생산·시공하는 경우에는 설계기준압축강도와 내구성 설계에 따른 내구성기준 압축강도 중에서 큰 값으로 결정된 품질기준강도를 기준으로 검사

2 콘크리트의 타설검사

항목	시험·검사 방법	시기	판정기준
타설설비 및 인원배치	외관 관찰	콘크리트 타설 전 및 타설 중	시공계획서와 일치할 것
타설방법	외관 관찰		시공계획서와 일치할 것
타설량	타설 개소의 형상치수로부터 양을 확인		소정의 양일 것

3 양생검사

항목	시험·검사 방법	시기	판정기준
양생설비 및 인원배치	외관 관찰	콘크리트 양생 중	시공계획서와 일치할 것
양생방법	외관 관찰		시공계획서와 일치할 것
양생기간	일수, 시간 확인		정해진 조건에 적합할 것

··· 08 굳지 않은 콘크리트의 조건

1 개요

(1) 굳지 않은 콘크리트는 비빔 직후부터 소정의 강도가 확보될 때까지 운반·다짐·마무리 작업이 용이하여야 하며 재료 분리·균열 등이 발생되지 않아야 한다.

(2) 굳지 않은 콘크리트의 Workability, Consistency, Plasticity, Finishability, Pumpability 에 영향을 주는 인자는 단위수량, 단위시멘트량, 시멘트의 성질, 골재의 입도 및 입형 등이 있다.

2 Workability

(1) 재료분리를 일으키지 않고 부어넣기·다짐·마감 등의 작업이 용이할 수 있는 정도를 나타내는 굳지 않은 콘크리트의 성질

(2) 굳지 않은 콘크리트의 품질을 판정하는 필수 조건

(3) 워커빌리티의 평가 시 경험을 기초로 한 판정이 일반적

(4) 일반적으로 콘크리트의 연도(軟廣, Consistency)가 워커빌리티를 좌우

3 Consistency

(1) 주로 물의 양이 많고 적음에 따른 반죽의 되고 진 정도를 나타내는 굳지 않은 콘크리트의 성질

(2) 콘크리트의 반죽질기(Consistency)는 워커빌리티를 나타내는 하나의 지표가 됨

(3) 반죽질기(Consistency)는 보통 슬럼프 시험에 의한 슬럼프값으로 표시

(4) 단위수량이 많을수록 반죽질기(Consistency)가 커지고, 콘크리트 온도가 높을수록 반죽질기(Consistency)가 작아짐

(5) 단위수량과 단위시멘트량을 일정하게 한 경우에 잔골재율을 증가시키면 슬럼프값이 작아짐

4 굳지 않은 콘크리트의 영향 인자

(1) 단위수량

① 부어넣기 직후의 콘크리트 1m³ 중에 포함된 물의 양으로, 골재 중의 수량은 포함하지 않음

② 단위수량은 작업이 가능한 범위 내에서 되도록 적어지도록 시험에 의해서 결정

③ 단위수량을 증가시키면 반죽질기(Consistency)가 커지고 재료분리가 발생

(2) 단위시멘트량

① 부어넣기 직후의 콘크리트 1m³ 중에 포함된 시멘트의 중량

② 단위시멘트량은 소요강도·내구성·수밀성 등을 갖는 콘크리트가 되도록 시험에 의해 결정

(3) 시멘트의 성질

① 시멘트의 종류, 분말도, 풍화의 정도 등에 따라 워커빌리티가 달라짐

② 시멘트의 분말도가 낮을수록 반죽질기(Consistency)는 커져도 재료분리가 쉬워져 워커빌리티가 저하됨

(4) 골재의 입도 및 입형

골재의 입도는 워커빌리티에 큰 영향을 주며, 입형이 둥글둥글한 골재가 Workability가 좋음

(5) 공기량

① 부어넣기 직후의 콘크리트 용적에 대한 콘크리트 속에 포함되어 있는 공기 용적의 백분율로, 골재 내부의 공기는 포함하지 않음

② AE제, AE 감수제에 의해서 콘크리트 중에 연행된 공기는 Ball Bearing 작용에 의해 워커빌리티를 개선

(6) 혼화재료

① AE제, AE 감수제를 적정량을 혼입하면 워커빌리티 개선이 가능

② 감수제는 8~15% 정도의 단위수량 저감이 가능

(7) 비빔시간

① 비빔이 불충분하고 불균질한 상태의 콘크리트는 워커빌리티가 저하

② 과도한 비빔시간은 수화반응을 촉진시켜 워커빌리티를 저하시킴에 유의

(8) 온도

① 대기온도가 높을수록 Consistency가 저하됨

② 비빔온도가 1℃ 높아지면 슬럼프는 대략 3cm 정도 감소

콘크리트의
품질관리

··· 01 콘크리트의 품질관리시험

1 개요

콘크리트 공사에서 품질관리시험은 크게 재료시험, 타설 전 시험, 타설 후 시험으로 분류할 수 있으며, 콘크리트에 필요한 모든 재료 및 콘크리트의 품질을 확인하여 적합성 여부를 판단하여야 한다.

2 콘크리트의 품질관리시험의 분류

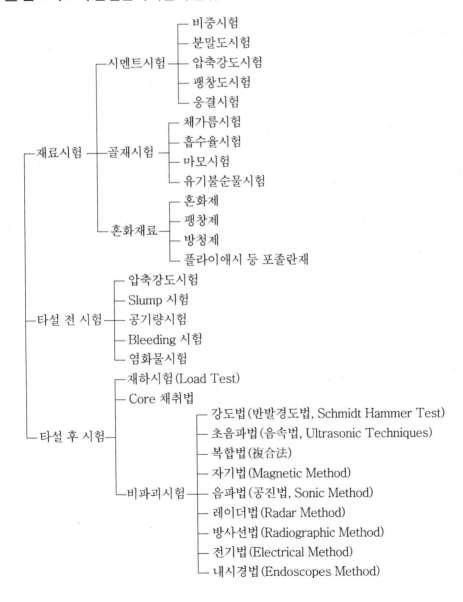

··· 02 워커빌리티·컨시스턴시의 측정방법

1 개요

워커빌리티·컨시스턴시란 굳지 않은 콘크리트(미경화 콘크리트)의 유동성 정도를 말하는 것으로 일반적으로 슬럼프시험(Slump Test)이 주로 적용된다.

2 워커빌리티 및 컨시스턴시의 측정방법

(1) Slump Test

(2) Vee-bee Test

　① '비비시험'이란 슬럼프 시험으로 측정하기 어려운 된 비빔 콘크리트의 컨시스턴시(Consistency)를 측정하고 진동다짐의 난이 정도를 판정하기 위한 시험이다.

　② 시험방법

　　• 진동대 위에 몰드를 놓고 채취한 시료를 몰드에 채운다.

　　• 다짐봉으로 다져 몰드의 윗면을 고른 후 즉시 몰드를 연직으로 올려서 빼고 투명한 원판을 얹은 후 진동기를 가동시킨다.

　　• 진동을 계속하면 콘크리트 표면에 모르타르가 떠올라 원판에 붙는다.

　　• 진동기가 가동한 때부터 원판 전면에 모르타르가 접촉될 때까지의 시간을 초단위로 측정 값을 비빔값 또는 침하도라 한다.

(3) Flow Test

　① '흐름시험'이란 콘크리트의 연도(軟度 : Consistency)를 측정하기 위한 시험으로, Flow Table에 상하 진동을 주어 면의 확산을 흐름값으로 확인한다.

　② 시험방법

　　• Flow Table(흐름판) 중앙에 Flow Cone을 놓고 채취한 시료를 Mold에 채운다.

　　• 다짐대로 균일하게 다진 후 Flow Cone을 연직으로 들어 올린다.

　　• Flow Table을 상하로 진동시켜 넓게 퍼진 콘크리트의 평균 직경을 측정한다.

　③ 흐름값

$$흐름값 = \frac{시험 후의 직경 - 25.4m}{25.4m} \times 100\%$$

④ 슬럼프 플로의 허용오차

슬럼프 플로	슬럼프 플로의 허용오차
500mm	±75mm
600mm	±100mm
700mm[1]	±100mm

주 1) 굵은 골재의 최대 치수가 15mm인 경우에 한하여 적용한다.

(4) 다짐계수시험(Compacting Factor Test)

① 다짐계수시험장치에서 A, B, C 용기를 차례로 낙하시켜 콘크리트의 중량을 측정하여 다짐 계수를 구하는 시험으로, Slump Test보다 정확하며 진동다짐을 하여야 하는 된 비빔 콘크리트에 효과적

② 시험방법
- A 용기에 콘크리트를 다진 후 밑 뚜껑을 열어 B 용기에 낙하시켜 콘크리트의 상태를 일정하게 한 후 C의 원통용기에 낙하시킨다.
- C의 원통용기에서 여분의 콘크리트를 제거하고 용기 내의 콘크리트 중량을 측정한다.
- C 용기와 동일한 용기에 콘크리트를 충분히 채워 다진 후 중량을 측정하여 다짐계수를 구한다.

(5) Remolding Test

① 리몰딩시험기를 사용하여 콘크리트의 반죽형상이 다른 반죽형상으로 변화하는 데 필요한 힘을 측정

② 슬럼프시험·흐름시험보다 정확하게 워커빌리티(Workability)를 측정할 수 있으며, 점성이 큰 콘크리트 적용 시 효과적

(6) 케리의 구(球) 관입시험(Ball Penetration Test)

① 13.6kg의 볼(Ball)을 콘크리트 위에 놓으면 Ball이 콘크리트 속으로 관입하는데 이때의 관입깊이를 측정

② 콘크리트의 반죽질기를 측정하며, 관입값의 1.5~2.0배가 Slump 값이 됨

··· 03 Slump Test

1 개요

(1) 'Slump'란 슬럼프 콘에 굳지 않은 콘크리트(Fresh Concrete)를 충전하고 탈형했을 때 자중에 의해 밑으로 내려앉은 양을 높이의 변화(cm)로 측정한 값을 말한다.

(2) '슬럼프 시험'이란 슬럼프 Cone에 의한 콘크리트의 유동성 측정시험을 말하며, 컨시스턴시(Consistency)를 측정하는 가장 대표적인 시험방법이다.

2 Test 목적

(1) 콘크리트의 유연성 정도(程度) 측정

(2) 운반·타설 시의 Workability 측정

(3) 콘크리트의 점성·골재분리 측정

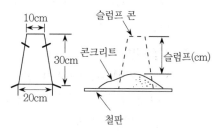

〈슬럼프 시험〉

3 Test 방법

(1) 수밀평판을 수평으로 설치하고 Slump Cone을 중앙에 설치한다.

(2) Slump Cone 안에 채취한 콘크리트를 용적의 1/3씩 3층으로 나누어 채운다.

(3) 각 층을 다짐봉으로 25회씩 단면 전체에 골고루 다짐한다.

(4) 서서히 수직으로 들어올려 무너져 내린 높이를 측정한다.

4 슬럼프의 허용오차

슬럼프값	슬럼프의 허용오차
25mm	±10mm
50mm 및 65mm	±15mm
80mm 이상	±25mm

5 Test 시 주의사항

(1) 둘째 층과 최상층은 그 아래층도 약간 관입할 정도로 다짐할 것

(2) Slump Cone을 올리는 작업은 5초 정도로 끝낼 것

(3) Slump Cone에 채우기 시작해서 올릴 때까지 작업은 중단 없이 2분 30초 안에 끝낼 것

(4) 콘크리트에 가로 방향 운동이나 비틀림이 가해지지 않도록 들어 올릴 것

6 슬럼프 형상별 특징

슬럼프	좋음	나쁨
15~18cm	균등한 슬럼프로 충분한 끈기가 있다.	끈기가 없고 부분적으로 무너진다.
	흘러 내리지만 끈기가 있다.	흘러내려 흐트러지듯이 허물어진다.
20~22cm	미끈하게 퍼지고 골재의 분리가 없다.	골재가 분리되어 위에 뜬다.

7 슬럼프의 표준값

종류		슬럼프값
철근 콘크리트	일반적인 경우	80~150mm
	단면이 큰 경우	60~120mm
무근 콘크리트	일반적인 경우	50~150mm
	단면이 큰 경우	50~100mm

주 1) 유동화 콘크리트의 슬럼프는 KCS 14 20 31 (2.2)의 규정을 표준으로 한다.

2) 여기에서 제시된 슬럼프값은 구조물의 종류에 따른 슬럼프의 범위를 나타낸 것으로 실제로 각종 공사에서 슬럼프값을 정하고자 할 경우에는 구조물의 종류나 부재의 형상, 치수 및 배근상태에 따라 알맞은 값으로 정하되 충전성이 좋고 충분히 다질 수 있는 범위에서 되도록 작은 값으로 정하여야 한다.

3) 콘크리트의 운반시간이 길 경우 또는 기온이 높을 경우에는 슬럼프가 크게 저하하므로 운반 중의 슬럼프 저하를 고려한 슬럼프값에 대하여 배합을 정하여야 한다.

··· 04 콘크리트의 양생(Curing)

1 개요

(1) '콘크리트의 양생(Curing)'이란 타설 후의 콘크리트가 저온, 건조, 급격한 기온 변화에 의한 유해한 영향을 받지 않도록 하고, 또한 경화 중에 진동, 충격, 무리한 하중 등을 받지 않도록 보호하는 것을 말한다.

(2) 콘크리트의 타설 후 습윤양생을 하기 전에 콘크리트를 건조시키면 소성수축이 발생하여 균열 등의 결함이 생기므로 콘크리트의 타설 후 일정 기간 동안 습윤상태를 유지하여 콘크리트가 충분한 강도를 발현하여 균열이 발생하지 않도록 하여야 한다.

2 콘크리트 양생방법의 종류

(1) 습윤양생(Wet Curing)

① 콘크리트의 건조를 방지하고 수분상태를 유지시키는 양생

② 수분상태의 유지는 살수, 분무, Sheet 피복 등의 방법으로 한다.

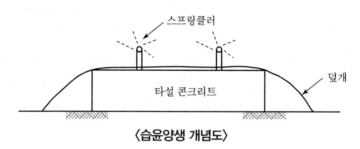

〈습윤양생 개념도〉

(2) 고압증기양생(High-pressure Steam Curing)

① 양생실 안에 제품을 넣고 고압증기를 이용하여 양생하는 방법으로 최적 양생온도는 50kgf/cm²의 증기압으로 약 180℃ 정도이다.

② 오토클레이브(Autoclave) 양생이라고도 하며, 프리캐스트 콘크리트에 적용한다.

(3) 상압증기양생(Low-pressure Steam Curing)

① 증기를 발생시켜 습윤상태로 콘크리트의 경화를 촉진시키는 방법

② 특수 콘크리트 제품의 제작이나 한중(寒中) 콘크리트에 적용한다.

(4) 피막양생(Membrane Curing)

액상의 피막양생제를 콘크리트 표면에 도포하여 수분 증발을 막고 습도를 유지시키는 방법

(5) 전열양생(Electric Heat Curing)

① 전열선을 거푸집에 둘러 콘크리트의 냉각을 막고 양생하는 방법

② 콘크리트 속의 강재에 직접 전류를 통과시켜 발열로 양생을 촉진하는 방법

(6) 보온양생

① 단열성이 높은 재료로 콘크리트 주위를 덮어 시멘트의 수화열로 소요강도가 얻어질 때까지 보온하는 방법

② 한중(寒中) 콘크리트에 적용한다.

(7) 온도제어양생

① 시멘트 수화열에 의한 온도균열을 제어하기 위하여 실시하며, 서중(暑中) 콘크리트, Mass 콘크리트에 적용한다.

② 프리쿨링(Pre-cooling), 파이프쿨링(Pipe-cooling) 등의 방법이 있다.

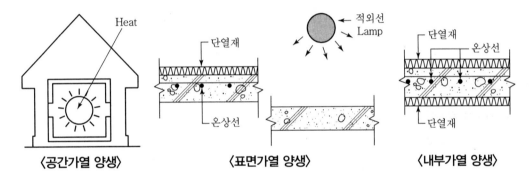

〈공간가열 양생〉　　〈표면가열 양생〉　　〈내부가열 양생〉

③ 콘크리트 양생 시 유의사항

(1) 기온이 높거나 직사광선을 받는 경우 콘크리트면이 건조하지 않도록 할 것

(2) 타설 후 강도 발현 전까지 상부 보행이나 자재 적재 금지

(3) 진동이나 충격 금지

(4) 급격한 온도변화 발생 방지 조치

(5) 압축강도시험이나 거푸집 탈형 기준의 준수

··· 05 굳은 콘크리트(Hardened Concrete)

1 개요

(1) '굳은 콘크리트(Hardened Concrete)'란 시간의 경과에 따라 강도가 발현된 콘크리트를 말한다.

(2) 굳은 콘크리트가 갖추어야 할 조건으로는 강도·내구성·수밀성·체적변화·콘크리트의 중량 등이 있다.

2 좋은 콘크리트의 조건

(1) 적정 강도(Strength)가 확보될 것

(2) 내구수명을 고려한 내구성(Durability)이 있을 것

(3) 경제적인 콘크리트일 것

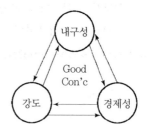

3 굳은 콘크리트의 특성

(1) 강도(Strength)

① 압축강도(Compressive Strength)

• 특징

　－콘크리트의 역학적 기능을 대표하는 강도이다.

　－콘크리트는 압축강도가 크다.

　－압축강도로부터 다른 강도의 크기와 굳은 콘크리트의 성질을 개략적으로 추정할 수 있다.

• 영향요인

　－구성 재료 : 시멘트, 골재, 물, 혼화재료 등

　－콘크리트 배합기준 : 물시멘트비, 슬럼프, 공기량, 잔골재율, 굵은골재의 최대치수 등

　－시공방법 : '재료계량 → 비빔 → 운반 → 타설 → 다짐 → 마무리 → 양생'에서의 영향

　－재령

　－시험방법 : 공시체의 모양과 크기, 공시체 표면의 모양, 재하속도

② 기타 강도

• 인장강도(Tensile Strength)

　－콘크리트 압축강도의 1/13~1/10 정도

　－콘크리트의 건조수축·온도변화 등에 의한 균열 발생 경감에는 인장강도가 클수록 유리하다.

- 휨강도(Flexural Strength)
  - 콘크리트 압축강도의 $1/8 \sim 1/5$, 인장강도의 $1.6 \sim 2.0$배 정도
  - 휨강도 시험방법에는 중앙집중재하방법과 3등분점재하방법이 있다.
- 전단강도(Shear Strength)
  - 콘크리트 압축강도의 $1/6 \sim 1/4$, 인장강도의 $2.3 \sim 2.5$배 정도
  - 전단응력과 휨응력이 합성된 사인장응력에 따라 균열파괴현상이 발생한다.
- 철근과의 부착강도(Bond Strength)
  - 부착강도는 철근의 종류·지름·위치·방향·묻힘길이, 콘크리트의 피복두께·품질 등에 따라 다르다.
  - 부착강도는 일반적으로 콘크리트 압축강도가 증가함에 따라 증가한다.
- 지압강도(Bearing Strength)
  Prestressed Concrete의 긴장재 정착부 등에서 부재면의 일부분에만 국부하중을 받는 경우의 콘크리트 압축강도
- 피로강도(Fatigue Strength)
  콘크리트가 반복하중을 받는 경우 정적 압축강도보다 낮은 강도에서 파괴될 때의 강도

(2) 탄성계수(Modulus of Elasticity)

① 콘크리트의 변형성능을 평가하는 계수
② 콘크리트의 압축강도가 클수록 탄성계수도 크다.

(3) 크리프(Creep)

① 일정한 하중을 지속적으로 받을 때, 시간과 더불어 변형이 증가하는 현상을 말한다.
② W/C가 클수록, 작용응력이 클수록, Cement Paste가 많을수록 Creep가 크게 발생한다.

(4) 단위중량

① 골재의 비중·입도·입형·최대치수, 콘크리트의 배합·건조상태 등에 따라 변화
② 콘크리트의 중량
  - 보통콘크리트 : 2.3tonf/m^3(AE제를 넣으면 2.2tonf/m^3 정도)
  - 경량콘크리트 : 2.0tonf/m^3 이하

(5) 체적 변화

① 건조수축(Drying Shrinkage)
  - 콘크리트는 흡수하면 팽창하고, 건조되면 수축한다.
  - 시멘트의 분말도가 낮을수록, 골재의 흡수량이 많을수록, 온도가 높을수록 습도가 낮을수록, 단면치수가 작을수록 건조수축은 커진다.

② 온도변화에 의한 체적변화
- 사용 골재에 영향을 받으며 W/C, Cement Paste 양의 영향은 비교적 작다.
- 경량콘크리트의 열팽창계수는 보통콘크리트의 70~80% 정도이다.

(6) 수밀성(Water Tightness)

① 콘크리트 투수의 원인은 시공불량(Honey-comb, 균열, 불완전 이음부)으로 콘크리트의 배합이 중요한 변수이다.

② W/C가 작을수록, 골재최대치수가 클수록, 습윤양생이 충분할수록, 다짐이 충분할수록, 혼화재료를 사용할수록 수밀성은 향상된다.

(7) 내구성(Durability)

기상작용(동결융해·온도변화·건조수축), 화학적 작용(탄산화·알칼리골재반응·염해), 물리적 작용(진동·충격·마모·손상, 전류의 적용) 등이 내구성 저하의 대표적 원인으로 작용한다.

(8) 내화성(Fire Resistance)

① 콘크리트는 열의 영향으로 강도·탄성계수가 저하되고 철근과 콘크리트와의 부착력도 저하된다.

② 열의 영향을 받은 후 콘크리트는 다공질로 변화되어 흡수성이 증대되고 균열이 발생하며 탄산화 속도가 빨라짐에 따라 내구성도 저하된다.

··· 06 콘크리트 조기강도 판정방법

1 개요

콘크리트 압축강도는 통상 28일 강도를 기준으로 하나 단기간에 품질 확인을 하기 위해 조기강도 추정을 하며, 기타설 콘크리트의 압축강도를 추정하는 방법으로는 복합법을 주로 사용한다.

2 ASTM 표준방법

(1) 온수 사용방법

① 보통의 공시체

② 32~38℃ 온도의 물에 23.5시간 → 탈형 후 캐핑(Capping) → 시험

(2) 끓는 물 사용방법

① 표준시험용 공시체 양생 : (21±6)℃의 물에서 23시간 수침양생

② Hot Water에 3.5시간 방치

③ 1시간 냉각 후 캐핑(Capping) → 시험

(3) 수화열 이용방법

① 절연 컨테이너에서 실린더형 콘크리트 공시체 타설

② 48시간 유지

③ 콘크리트의 최고·최저온도 기록 후 시험

3 7일 강도에 의한 28일 강도추정식(O. Graf의 식)

(1) 하한 : $f_{28} = 1.4f_7 + 1\,(\text{MPa})$

(2) 상한 : $f_{28} = 1.7f_7 + 6\,(\text{MPa})$

4 보통 PC 압축강도기준

3일	7일	28일
13N/mm^2	22N/mm^2	29N/mm^2

1 개요

'비파괴시험(NDT : Non Destructive Test)'이란 재료 혹은 제품 등을 파괴하지 않고 강도, 결함의 유무 등을 검사하는 방법으로 콘크리트의 현장시험은 콘크리트의 강도·결함·균열 및 철근의 피복두께·위치·직경 등을 검사하는 것을 말한다.

2 콘크리트 비파괴시험의 목적

(1) 콘크리트의 압축강도 추정
(2) 신설 구조물의 품질검사
(3) 기존 구조물의 안전점검 및 정밀안전진단

3 콘크리트의 비파괴시험의 종류

사용 용도		측정 방법	개요
강도 추정		슈미트 해머법	Concrete 표면을 타격했을 때의 반발경도에서 강도를 추정하는 방법
		초음파속도법	Concrete 속을 전파하는 초음파의 속도에서 동적 특성이나 강도를 추정하는 방법
		인발법	Concrete 속에 매립한 Bolt 등의 인발내력에서 강도를 측정하는 방법
		조합법	반발경도, 초음파 속도, 언발내력 등 2종류 이상의 비파괴 시험값을 병용해서 강도를 추정하는 방법
내부 탐사	균열 결함 공극	탄성파법	초음파 충격파의 전파 속도나 반사파의 파형을 분석해서 Concrete 속의 결함부나 균열을 탐사
		Acoustic Emission법	미소 파괴에 수반하여 발생하는 탄성파의 파형이나 발생빈도를 분석할 때 성능저하의 상황, 파괴원 위치 등을 조사하는 방법
		적외선법	피측정물의 표면 온도 분포를 적외선 복사 온도계로 측정하여 마감재의 박리, 내부 결함, 균열 등을 조사
	철근 위치 강재 부식	자기법	내부 철근의 존재에 의한 자기의 변화를 측정하여 철근의 위치, 지름, 피복두께 등을 추정하는 방법
		방사선투과법	Concrete 속을 투과하는 방사선의 강도를 사진 촬영하여 내부 철근이나 공동 등을 조사하는 방법
		레이저법	Concrete 속에 수백 MHz~수 MHz 정도의 전자파를 안테나에서 발사하고, 반사파를 분석해서 내부 철근이나 공동 등을 조사하는 방법
		자연 전극 전위법	Concrete 속의 철근과 Concrete 표면 위에 대조 전극과 전위차(자연전위)를 측정해서 내부 철근의 부식 상황을 추정하는 방법

반발경도법(Schmidt Hammer Test)

1 개요

'반발경도법(Schmidt Hammer Test)'이란 Schmidt Hammer로 콘크리트의 표면을 타격하여 Hammer의 반발경도로 콘크리트의 압축강도를 추정하는 방법이며 실험실 및 현장에서 적용될 수 있는 가장 유용한 비파괴시험방법이다.

2 콘크리트 비파괴시험의 목적

(1) 콘크리트의 압축강도 추정

(2) 신설 구조물의 품질검사

(3) 기존 구조물의 안전점검 및 정밀안전진단

3 반발경도법 측정기의 종류

(1) M형

Mass Concrete에 사용

($600 \sim 1,000$kgf/cm^2 범위 강도 측정)

(2) N형, NR형

보통 Concrete에 사용($150 \sim 600$kgf/cm^2)

(3) L형, LR형

경량 Concrete에 사용($100 \sim 600$kgf/cm^2)

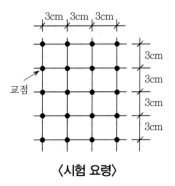

〈시험 요령〉

4 반발경도법의 특징

(1) 비용이 저렴

(2) 구조가 간단하고 사용이 편리

(3) 각종 요인의 영향으로 신뢰성 부족

5 반발경도 측정방법과 압축강도 추정식

(1) 측정방법

① 벽, 기둥, 보 측면의 평활한 면에 3cm의 간격으로 가로 4개, 세로 5개의 교점 20개의 측정
값을 평균하여 산출

② 20개의 타격점 평균값을 구한 후 오차 20% 초과되는 시험값은 버리고 평균 강도값 산출

③ 20% 초과 오차값이 4포인트 이상이면 전체 시험값을 버리고 재시험

(2) 압축강도(f_{cu}) 추정식

- $f_{cu} = 7.3R_o + 100$ (일본건축학회의 식)
- $f_{cu} = 13R_o - 184$ (일본재료학회의 식)
- $f_{cu} = 10R_o + 110$ (일본동경도건축재료검사소의 식)
- $R_o = R + \Delta R$ (단위 : kgf/cm^2)

여기서, R_o : 수정반발경도

R : 표면반발경도

ΔR : 타격각도에 대한 보정값

6 반발경도 측정 시 유의사항

(1) 측정면은 균질하고 평활한 평면부를 선정할 것

(2) 콘크리트 표면에 열화현상이 있을 경우 표면을 제거하고 사포처리 후 실시할 것

(3) 타격은 수직면에서 직각으로 행하고 서서히 힘을 가해 타격할 것

(4) Schmidt Hammer는 정기적으로 점검할 것

··· 09 초음파법(Ultrasonic Techniques)

1 개요

'초음파법'이란 초음파 펄스를 이용한 비파괴 시험방법 중 하나로 콘크리트의 강도, 결함, 균열 상태 등의 추정이 가능한 비파괴시험방법으로 시험 전 시험장비의 검교정 상태를 확인하고 시험자에 의한 오차가 발생되지 않도록 유의한다.

2 초음파법의 특징

(1) 콘크리트의 종류 및 추정하는 부재의 형상, 치수에 따른 적용상의 제약이 적다.
(2) 강도가 작을 경우 오차가 크게 발생된다.

3 초음파법에 의한 측정위치와 압축강도 추정

(1) 측정위치

굵은골재가 노출되거나 철근이 있는 곳, 모서리 부분 등을 피해 선정한다.

(2) 압축강도 추정방법

① 초음파속도의 계산(단위 : km/sec)

$$Vp = \frac{L}{T}$$

여기서, Vp : 초음파 속도
L : 측정거리(m 또는 km)
T : 음파전달시간(sec)

② 압축강도(f_{cu}) 추정식

- $f_{cu} = 215\,Vp - 620$ (일본건축학회의 식)
- $f_{cu} = 102\,Vp - 117$ (오창희 음속법의 식)

③ 초음파 속도에 따른 판정(단위 : km/sec)
- 4.5 이상 : 우수
- 3.0~3.6 미만 : 보통
- 3.6~4.5 미만 : 양호
- 2.1~3.0 미만 : 불량

④ 초음파법 측정 시 유의사항

(1) 검교정 상태를 확인한 후 측정한다.

(2) 측정지점은 그라인더 등으로 표면의 불순물, 미장 및 도장부를 제거하고 측정한다.

(3) 진동자와 측정면의 공극 방지를 위해 윤활제를 도포하고 측정한다.

(4) 측정거리는 측정오차를 줄이기 위해 최소 10cm 이상으로 한다.

···10 자기법(철근탐사법 : Magnetic Method)

1 개요

'자기법(Magnetic Method)'이란 전류를 감지기(Probe)에 통과시켜 전자장에 의한 전압의 변화량으로 철근의 위치, 피복두께 등을 측정하는 방법이다.

2 자기법의 용도

(1) 철근의 배근간격 측정
(2) 철근의 피복두께 측정
(3) 철근의 직경 측정
(4) 철근의 위치와 방향 추정
(5) 코어(Core) 채취 시험 전에 실시하는 간편한 측정방법

3 자기법의 사용 대상

(1) 철근 콘크리트조
(2) 철골철근 콘크리트조
(3) 비금속 안에 매설된 자성체 금속전선관 등

4 자기법 시험 시 유의사항

(1) 시험 전 도면상 철근지름 확인
(2) 감지기는 사용 중 급히 움직이지 말 것
(3) 감지기는 손의 온기에 의해 사용 중 오류가 발생할 수 있으므로 장갑을 착용할 것
(4) 철근탐지기는 60℃ 이상의 발열체와 접하지 않도록 할 것
(5) 편차 발생 시 0점의 위치에 미터의 바늘을 조정하여 보정(補正)한다.

⋯ 11 콘크리트 공사의 단계별 시공관리

1 개요

(1) 콘크리트는 비중과 크기가 다른 여러 입자와 물의 혼합물이므로, 운반·타설 시 균질성을 상실한 재료분리가 발생되지 않도록 주의하여야 한다.

(2) 콘크리트 공사에서 요구되는 강도·내구성·수밀성 등의 품질을 만족하면서 균질한 콘크리트를 얻기 위해서는 철저한 사전준비를 하고 시공계획을 미리 수립하는 것이 중요하다.

2 콘크리트 공사의 Flow Chart

재료계량 → 비빔 → 운반 → 타설 → 다짐 → 마무리 → 양생

3 시공단계별 유의사항

(1) 재료계량

① 콘크리트 각 재료의 계량오차는 콘크리트 품질 저하의 원인이 되므로, 정확하게 계량한다.

② 재료는 시방배합을 현장배합으로 수정한 후 현장배합에 의하여 계량한다.

(2) 비빔

① 반죽된 콘크리트가 균등질이 될 때까지 충분히 비빌 것

② 비빔시간은 시험에 의하여 정하되, 정해진 비빔시간의 3배 이상 초과하지 않도록 한다.

(3) 운반

① 콘크리트는 신속하게 운반하여 타설하고, 운반 및 타설 시 재료분리가 발생되지 않도록 주의한다.

② 비빔으로부터 타설이 끝날 때까지의 시간은 외기온도가 25℃ 미만인 경우에는 120분, 25℃ 이상인 경우에는 90분 이내가 되도록 한다.

(4) 타설

① 타설 전 철근·거푸집·설비배관·박스·매입철골 등의 배치 및 거푸집 상태를 확인한다.

② 콘크리트 타설 시 철근·매설물의 배치나 거푸집이 변형·손상되지 않도록 주의한다.

(5) 다짐

① 타설 직후 충분히 다져 밀실한 타설이 되도록 한다.

② **다짐방법**

- 진동다짐 : 진동기는 수직으로 사용하고 과다한 진동이 가해지지 않도록 한다.
- 봉다짐·나무망치다짐 : 묽은 반죽 콘크리트의 경우 거푸집의 바깥쪽에서 진동을 주어 다짐한다.

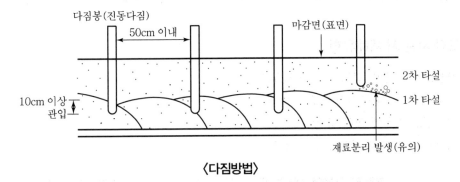

〈다짐방법〉

(6) 마무리

① 다짐 후 콘크리트 표면은 요구되는 정밀도에 따라 평활하게 마감한다.

② Bleeding, 들뜬 골재, 콘크리트 부분침하 등의 결함은 콘크리트 응결 전에 제거한다.

(7) 양생

① 콘크리트 경화에 필요한 온도·습도조건을 유지하며 충분히 양생한다.

② 양생기간 중에 예상되는 진동·충격·하중 등이 발생되지 않도록 주의한다.

··· 12 펌프카에 의한 콘크리트 타설 시 안전대책

1 개요

펌프카에 의한 콘크리트 타설 시 발생되는 재해는 타설방법에 따라 상이할 수 있으며, 재해유형은
압송관 막힘 등 돌관작업에 의한 경우가 많으므로 시공안정성 확보를 위한 조치가 중요하다.

2 펌프카 사용 시 재해유형

(1) 충돌, 협착, 장비 전도 등의 재해 발생

(2) Plug 현상 등의 품질저하 요인 발생

(3) 고압선로 접촉에 의한 감전

(4) 작업도구 및 부재 낙하에 의한 충돌

〈펌프카 시공작업 현장〉

③ 펌프카에 의한 타설 시 재해 발생 메커니즘

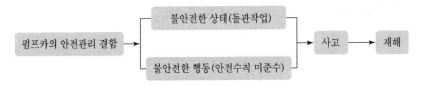

④ 콘크리트 타설방법별 장단점

(1) **주름관** : 주름관이 바닥에 끌림으로 인해 철근에 영향 발생

(2) **분배기** : 좁은 공간에 활용되며, 철근에 영향을 주지 않음

(3) **CPB** : 초고층 현장에 적합하며, 고강도 콘크리트 타설에 사용

⑤ 타설 시 문제점

(1) 안전관리

① 근로자 추락

② 장비에 의한 충돌 및 협착

③ 공구, 자재의 낙하 및 비래

④ 장비의 전도

⑤ 고압선로 접촉에 의한 감전

(2) 품질관리

① 압송관 막힘

② 슬럼프 저하(압송관 내 수분협착 및 수분증발)

③ 재료분리

④ 맥동현상에 의한 거푸집 강성 저하 및 철근간격 변화(장비압력에 의한)

⑤ 선송 모르타르의 타설에 의한 강도저하

⑥ Pumpability의 영향요인

(1) Slump값, 굵은골재 최대 치수 등의 배합상의 문제

(2) 펌프카의 노후화 정도에 따른 장비의 영향

(3) 운반시간과 대기온도 등에 의한 시공 및 환경상의 영향요인

☑ 안전대책

(1) 안전관리(콘크리트 공사 표준안전작업지침 준수)

① 레미콘 트럭과 펌프카를 적절히 유도하기 위하여 차량 안내자를 배치하여야 한다.

② 펌프 배관용 비계를 사전 점검하고 이상이 있을 때에는 보강 후 작업하여야 한다.

③ 레미콘 트럭과 펌프카, 호스 선단의 연결작업을 확인하고, 장비 사양의 적정 호스 길이를 초과하여서는 아니 된다.

④ 호스 선단이 요동하지 아니하도록 확실히 붙잡고 타설하여야 한다.

⑤ 공기 압송 방법의 펌프카를 사용할 때에는 콘크리트가 비산하는 경우가 있으므로 주의하여 타설하여야 한다.

⑥ 펌프카의 붐대를 조정할 때에는 주변의 전선 등 지장물을 확인하고 이격거리를 준수하여야 한다.

⑦ 아우트리거를 사용할 때 지반의 부등침하로 펌프카가 전도되지 아니하도록 하여야 한다.

⑧ 펌프카의 전후에는 식별이 용이한 안전표지판을 설치하여야 한다.

(2) 품질관리

① 압송관 막힘
- 레미콘의 최근접조치
- 압송관 길이의 최소화
- 작업 시 압송관 막힘 발생 시 2~3회 역타설 시도
- 압송관 내 콘크리트의 폐기조치

② 재료분리 : 굵은골재 최대 치수 관리

압송관 치수(mm)	G_{max}
100	20
150	40

(3) 구조체의 강도저하 방지대책

① 선송 모르타르의 외부처리

② 철근에 영향이 없는 CPB에 의한 타설방법 적극 검토

☑ 결론

펌프카에 의한 콘크리트 타설 시에는 펌프카의 전도를 비롯해 각종 사용 장비 및 부재의 낙하 또는 비래 등의 재해가 발생될 수 있으며, 콘크리트 품질관리상 압송관 막힘과 타설시간 지연 시 콜드 조인트 등 콘크리트 구조물의 내구성에 치명적인 결함이 발생될 수 있으므로 이에 대한 대책을 수립해 체계적인 타설이 이루어지도록 해야 한다.

콘크리트 펌프카 사용 시 안전대책

▎사전조치 및 작업계획서 내용(차량계 건설기계를 사용하는 작업 – 산업안전보건기준에 관한 규칙 제8조)

- 사전조사
  해당기계의 전락, 지반의 붕괴 등으로 인한 근로자의 위험을 방지하기 위한 해당 작업장소의 지형 및 지반상태

- 작업계획서
  가. 사용하는 차량계 건설기계의 종류 및 성능
  나. 차량계 건설기계의 운행경로
  다. 차량계 건설기계에 의한 작업방법
  　　－ 펌프카 : 타설량, 타설방법, 펌프카 위치의 타설부위 간 거리에 따른 장비이동계획 등 작업방법에 따른 추락, 낙하, 전도, 협착, 붕괴위험에 대한 안전대책 수립

▎주요 위험요인

- **전도** : 펌프카 엔드호스 길이 초과 사용, 펌프카를 화물 양중에 사용하여 펌프카 전도
- **충돌** : 펌프카 아웃트리거 하부 지반이 침하되어 펌프카가 기울어지면서 펌프카의 붐 등에 충돌
- **낙하** : 콘크리트 펌프카 붐대의 유압실린더 지지판이 파단되면서 붐대가 낙하
- **협착** : 지반 침하로 펌프카가 전도되어 붐대에 협착, 수리 중 불시 하강으로 협착
- **감전** : 콘크리트 펌프카 설치 및 사용 시 고압선에 접촉

▎재해유형별 안전대책

- 전도 및 충돌 예방
  - 지반의 부동침하 방지를 위해 견고한 지반에 장비 설치
  - 충분한 강도와 접지면을 확보한 철판을 지면에 깔고 그 위에 장비 설치
  - 엔드호스 길이 초과 사용 금지, 펌프카를 크레인 대용으로 화물 양중에 사용 금지

- 낙하 예방
  붐 하부에서 수리·점검작업 등 수행 시 안전블록 또는 안전지주를 설치하는 등 방호조치 실시

- 협착 예방
  - 작업 전에 펌프카 및 아웃트리거 받침 부분에 지반다짐 실시
  - 펌프카의 주 용도 외 사용을 엄격히 제한

- 감전 예방
  - 충전전로 인근 사용 시 감시인을 배치하고 전선로 등으로부터 충분한 이격거리 확보
  - 필요시 절연용 방호구를 설치하거나 전선을 이설

- 사용 전 점검
  - 사용하는 기계의 종류 및 능력, 운행경로, 작업방법 등의 작업계획 수립
  - 작업시작 전 브레이크, 클러치 등의 기능을 점검
  - 작업구역 내 고압선, 수도배관, 가스배관, 케이블 등의 위치 확인
  - 운전석 내부를 청결히 하고 발판과 손잡이는 미끄러지지 않도록 조치
  - 유도자 배치 및 장비별 특성에 따른 일정한 표준방법을 지정

1 개요

콘크리트의 줄눈(Joint)은 온도변화·건조수축·Creep 등으로 인한 균열의 발생을 방지할 목적으로 설치하는 것으로, 콘크리트 타설 시 시공상 필요에 의해 설치하는 시공줄눈(Construction Joint)과 구조물이 완성되었을 때 구조물의 다양한 변형에 대응하기 위한 기능줄눈(Function Joint)으로 구분된다.

2 콘크리트 줄눈(Joint)의 종류

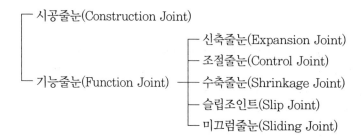

- 시공줄눈(Construction Joint)
- 기능줄눈(Function Joint)
  - 신축줄눈(Expansion Joint)
  - 조절줄눈(Control Joint)
  - 수축줄눈(Shrinkage Joint)
  - 슬립조인트(Slip Joint)
  - 미끄럼줄눈(Sliding Joint)

(1) 시공줄눈(Construction Joint)

① 콘크리트 타설 시 일정 시간 중단 후 이어 칠 때 발생되는 이음부

② 콘크리트 이음부는 균열, 누수, 강도 등이 취약하므로 가능한 한 발생되지 않도록 한다.

③ 구조물의 강도에 큰 영향이 없는 곳, 전단력이 작은 곳에 계획한다.

④ 수직이음은 피하는 것이 좋으며, 수직이음 시 지수판을 사용한다.

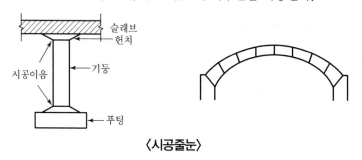

〈시공줄눈〉

(2) 신축줄눈(Expansion Joint)

① 콘크리트의 수축이나 팽창에 저항하기 위한 목적으로 설치하는 줄눈

② 신축줄눈의 종류

- Closed Joint(막힌 줄눈)
- Open Joint(트인 줄눈)

- Butt Joint(맞댄 줄눈)
- Settlement Joint(침하줄눈)

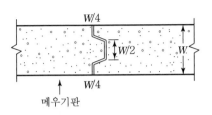 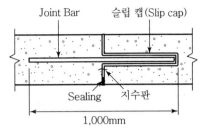

〈신축줄눈〉

③ 설치위치
- 길이 50m 이내
- 팽창수축에 의해 변형이 집중될 것으로 예상되는 곳
- 건축물의 중량배분이 다른 곳
- 길이가 긴 건물이거나 기초가 다른 건축물이나 구조물

(3) 조절줄눈(Control Joint)

① 콘크리트의 취약부에 줄눈을 설치하여 일정한 곳에서만 균열이 발생되도록 유도하는 줄눈
② **콘크리트의 분리 간격 : 벽(Wall) 6~7.5m, 바닥(Slab) 3m 이내**

(4) 수축줄눈(Shrinkage Joint)

① 장Span의 구조물에 수축줄눈을 설치하고 콘크리트를 타설 후 수축줄눈 부분을 타설하여 구조물을 일체화시켜 콘크리트의 건조수축을 감소시키기 위한 줄눈
② 신축줄눈(Expansion Joint)의 설치 없이 시공이 가능하다.

(5) 슬립조인트(Slip Joint)

① 조적벽체와 철근 콘크리트조 Slab 사이에 설치되는 줄눈
② 온도변화에 따른 변형 대응, 내력벽의 수평균열 방지를 위한 줄눈

(6) 미끄럼줄눈(Sliding Joint)

① 걸림턱을 만들어 그 위에 바닥판이나 보를 걸쳐 쉽게 움직일 수 있게 한 이음
② 바닥판 하부에 아연판, 동판, 스테인리스판 등의 금속판 매입에 의한 방법으로 설치한다.

··· 14 Cold Joint

1 개요

(1) 'Cold Joint'란 콘크리트의 연속타설 시 선타설한 콘크리트와 후타설한 콘크리트가 일체화되지 않은 시공불량에 의한 이음부를 말한다.

(2) 콘크리트의 부어넣기 경과시간이 25℃ 이상에서는 2시간 이상, 25℃ 이하에서는 2.5시간 지난 후 이어붓기 할 경우에 발생하는 Joint로서 서중(暑中) 콘크리트에서 주로 발생한다.

2 콘크리트에 미치는 영향

(1) 내구성 저하
(2) 우수(雨水)의 침투
(3) 철근의 부식 촉진
(4) 균열 발생의 촉진
(5) 수밀성 저하
(6) 탄산화 촉진으로 철근 부식

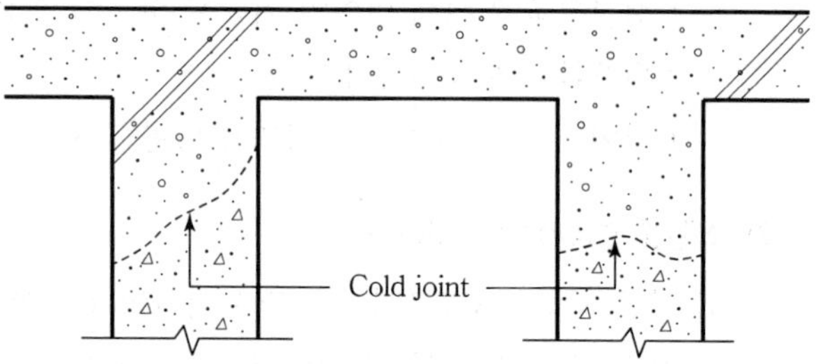

〈기둥에서의 Cold Joint〉

3 Cold Joint의 발생원인

(1) 레미콘의 지연
(2) 콘크리트 타설 시 재료분리가 발생된 콘크리트의 사용
(3) 굵은골재의 비중이 Mortar 부분보다 작을 경우 굵은골재가 떠올라 다음에 타설되는 콘크리트와의 일체성이 저하된 경우
(4) 타설계획이 수립되지 않았거나 부적합하게 수립된 경우

4 Cold Joint 방지대책

(1) 콘크리트 운반, 타설순서, 타설구획에 대한 계획 수립
(2) 이음부 시공 시 진동다짐
(3) 응결지연제의 사용
(4) 타설에 수반되는 블리딩수나 빗물의 신속한 제거
(5) 레이턴스 제거, 청소 등 시공관리
(6) 사전에 레미콘을 Remixing하여 재료분리 방지

(7) 이어치기 시간 엄수

　① 서중(暑中) 콘크리트 : 약 2시간

　② 한중(寒中) 콘크리트 : 약 4시간

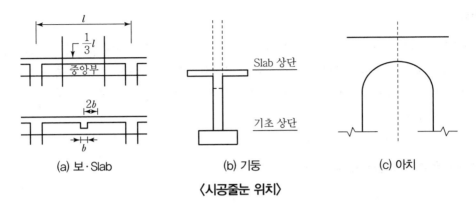

(a) 보·Slab　　　　(b) 기둥　　　　(c) 아치

〈시공줄눈 위치〉

(8) Batch Plant의 현장 설치

··· 15 콘크리트의 수축(Shrinkage)

1 개요

콘크리트는 타설 직후부터 수축이 발생하며, 이를 분류하면 경화과정에서 발생하는 소성수축과
자기수축 그리고 경화 후 발생하는 건조수축 및 탄산화수축 등으로 구분된다. 수축현상은 철근 콘
크리트 구조물의 내구성 저하를 유발하는 요인으로 작용하므로 방지대책을 수립하고 시공에 임하
는 것이 중요하다.

2 콘크리트 수축 Mechanism

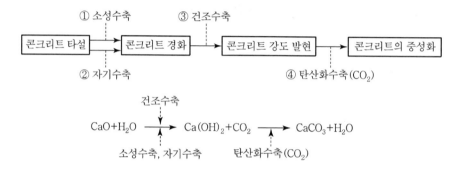

3 콘크리트 수축의 분류

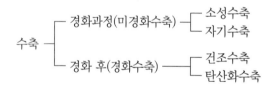

(1) 소성수축(Plastic Shrinkage)

① 미경화 콘크리트가 건조한 바람이나 고온저습한 외기에 노출되었을 경우, 급격한 증발 건
조에 의해 콘크리트의 체적이 감소되는 현상

② 일반적으로 콘크리트 내 수분의 증발 속도가 Bleeding 속도보다 빠를 때 발생

(2) 자기수축(Autogenous Shrinkage)

① 미경화 콘크리트의 경화과정에서 시멘트의 수화반응에 의한 초결 이후 발생되는 체적 감소
현상

② 수화반응에 의한 수화과정에서 콘크리트 속의 배합수가 소비되어 콘크리트의 체적이 감소
되는 현상

⑶ 건조수축(Drying Shrinkage)

콘크리트 경화 후 콘크리트 속의 잉여수가 증발하면서 콘크리트의 체적이 감소되는 현상

⑷ 탄산화수축(Carbonation Shrinkage)

① 콘크리트 경화 후 공기 중의 탄산가스(CO_2)에 의한 시멘트 수화물의 탄산화 작용으로 콘크리트의 체적이 감소되는 현상

② 오랜 시간에 걸쳐 진행되며, 콘크리트에 탄산화가 발생되어 내구성이 저하됨

··· 16 콘크리트의 건조수축(Drying Shrinkage)

1 개요

'콘크리트의 건조수축(Drying Shrinkage)'이란 습윤상태에 있는 콘크리트가 건조됨에 따라 수축되는 현상을 말하며, 콘크리트의 건조수축으로 인한 균열은 철근 부식, 콘크리트 강도 저하 등을 발생시켜 콘크리트의 내구성을 저하시키는 요인이 된다.

2 건조수축의 분류

(1) 수화반응과정에서의 수축
(2) 콘크리트의 수분 증발에 따른 수축

3 수축(Shrinkage)의 종류

(1) **경화수축(Hardening Shrinkage)**

수분 공급이 없을 때 나타나는 체적감소 수축

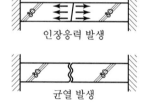

인장응력 발생

(2) **건조수축(Drying Shrinkage)**

수분의 증발에 의해 발생되는 체적감소 수축

균열 발생

(3) **탄산화수축(Carbonation Shrinkage)**

〈구속이 있는 경우 건조수축〉

시멘트 수화물의 탄산화(Carbonation)에 의한 체적감소 수축

4 건조수축의 영향 요인

(1) **시멘트**

① 시멘트의 화학성분과 분말도
② 일반적으로 시멘트의 분말도가 높을수록 수축량이 커진다.

(2) **골재의 형태**

① 골재의 탄성계수가 크고, 흡수율이 작을수록 콘크리트의 수축량은 작아진다.
② 일반적으로 골재의 크기가 클수록 건조수축이 저감된다.

(3) **함수비와 배합비**

① 단위수량의 증가될수록 건조수축량이 커진다.
② 골재량이 증가될수록 건조수축이 저감된다.

(4) 혼화제

경화촉진제는 초기 건조수축을 증가시킨다.

(5) 증기 양생

증기양생은 콘크리트의 초기 강도를 증가시켜 건조수축을 저감시킨다.

(6) 포졸란 재료

① 포졸란재의 사용은 단위수량 증가로 이어져 건조수축을 증가키는 요인으로 작용할 수 있다.

② 포졸란재 중 Fly Ash는 건조수축에 영향을 주지 않는다.

(7) 부재의 크기가 클수록 건조수축이 크게 발생된다.

5 건조수축의 방지대책

(1) 낮은 분말도 및 중용열 시멘트 사용
(2) 골재의 입도가 양호하고 굵은골재인 치수가 큰 골재 사용
(3) 단위수량 저감
(4) 전체 골재 사용량 증대
(5) 증기양생 검토
(6) 수축보상콘크리트 등의 적용
(7) 건조수축 방지를 위한 철근의 배근

··· 17 소성수축

1 개요

(1) 미경화 콘크리트가 건조한 바람이나 고온저습한 외기에 노출되면 급격히 증발하게 됨에 따라 건조현상이 발생되며, 이때 증발속도가 Bleeding 속도보다 빠를 경우 소성수축에 의한 균열이 발생된다.

(2) 소성수축에 의한 균열은 균열부가 불규칙하고 폭이 0.1mm 이하이며, 노출면적이 넓은 Slab 등의 타설 직후에 발생한다는 특징을 갖는다.

2 소성수축균열 Mechanism

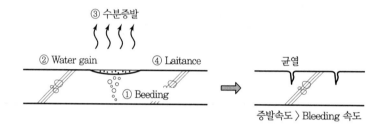

Bleeding 속도보다 수분 증발 속도가 빠를 경우 소성수축균열 발생

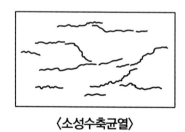

〈소성수축균열〉

3 소성수축 발생시기

(1) Con'c 타설 직후

(2) 양생이 시작되기 전

(3) 마감공사를 시작하기 전

④ 소성수축의 발생원인

(1) 물의 증발속도가 $1kg/m^2/h$ 이상일 때

(2) Bleeding이 적은 된 비빔의 Con'c일 경우

(3) 건조한 바람의 영향을 받는 환경

(3) 고온저습한 환경인 경우

⑤ 소성수축 방지대책

(1) 증발속도 $0.5kg/m^2/h$ 정도 시 해받이, 바람받이 등의 설치

(2) 골재는 충분한 습윤 후에 사용

(3) Plastic sheet로 보호 양생

(3) 습윤이 손실되지 않도록 타설 초기에 외기 노출에 유의

(4) 현장배합의 조정 시 초기 습윤 손실로 인한 인장응력 발생의 억제방안 모색

··· 18 침하균열(Settlement Crack)

1 개요

(1) 콘크리트 타설 시 다짐작업과 마감작업을 한 이후에도 콘크리트는 지속적으로 침하가 진행되며, 이때 발생하는 균열을 침하균열이라 한다.

(2) 침하균열은 Slab나 보의 상부 콘크리트 타설 후 일반적으로 1~3시간 사이에 주로 발생된다.

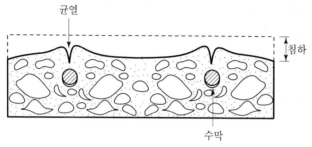

〈침하로 인한 균열〉

2 침하균열 발생 시기

(1) 콘크리트 다짐과 표면 마무리가 끝난 후

(2) 타설 후 1~3시간 사이

3 침하균열의 원인 및 대책

원인	대책
• Slump가 클수록 • 거푸집이 수밀하지 않을수록 • 피복두께가 얇을수록 • 다짐이 불충분할수록 • 물결합재비가 높을수록	• 수밀한 거푸집 시공 • 충분한 다짐 • 배합 시 물시멘트비를 작게 한다. • 혼화제 사용으로 Slump값을 낮게 한다. • 피복두께 증가 • 타설속도 조절 • 1회 타설높이를 낮게 한다.

··· 19 블리딩의 발생원인과 방지대책

1 개요

(1) 'Bleeding'이란 콘크리트 타설 후 무거운 골재나 시멘트는 침하하고 가벼운 물이나 불순물이 상승하여 콘크리트 표면에 떠오르는 현상을 말한다.

(2) Bleeding은 굳지 않은 콘크리트의 재료분리 현상으로 상부의 콘크리트를 다공질로 만들어 품질저하 및 내부에 수로를 형성시켜 수밀성·내구성을 저하시킨다.

2 블리딩이 콘크리트에 미치는 문제점

(1) 철근 하단의 수막으로 철근과 콘크리트의 부착력 감소

(2) 콘크리트의 강도 저하

(3) 콘크리트의 수밀성 저하

(4) Slump 저하

(5) 수분 상승으로 인한 동절기의 동해(凍害) 발생

(6) 철근 상단의 균열 발생으로 철근 부식 발생

(7) 건조수축 발생

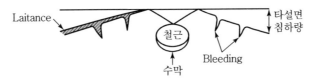

〈Bleeding과 Laitance〉

3 블리딩의 발생원인

(1) 물결합재비(W/B)가 클수록

(2) 반죽질기가 클수록

(3) 비중 차가 큰 굵은골재 사용 시

(4) 콘크리트 타설높이가 높고 타설속도가 빠를수록

(5) 단위수량, 부재의 단면이 클수록

4 블리딩 방지대책

(1) 재료

① **시멘트** : 분말도가 낮은 시멘트, 응결이 빠른 초속경시멘트 사용

② **골재** : 굵은골재는 쇄석보다 입형이 둥글고, 입도가 양호한 골재 사용

③ **혼화재료** : AE제, AE 감수제, 고성능 감수제 사용으로 단위수량을 저감

(2) 배합

잔골재율을 낮춰 단위수량을 저감

(3) 시공

① 콘크리트 타설높이를 가급적 낮춤

② 과도한 두드림이나 진동기의 과다 사용을 금지

③ 적정한 타설속도 유지

··· 20 Laitance

1 개요

(1) 'Laitance'란 Bleeding에 의하여 콘크리트 표면에 떠올라 침전된 미세한 물질을 말한다.

(2) Laitance는 시멘트·골재의 미세한 분말과 골재에 묻은 진흙 등의 혼합물로 콘크리트의 강도와 접착력을 저하시키므로 반드시 제거하여야 한다.

2 Laitance가 콘크리트에 미치는 영향

(1) 콘크리트 이음부의 강도 저하

(2) 콘크리트의 부착강도 저하

(3) 이어붓기 부분의 일체화 저해

3 Laitance의 발생원인

(1) 물결합재비(W/B)가 클수록

(2) 풍화된 시멘트 사용

(3) 불순물 및 미세입자가 많은 골재의 사용

(4) 타설높이가 높을수록

(5) 단위수량, 부재의 단면이 클수록

4 Laitance 방지대책

(1) 물결합재비(W/B)가 작은 콘크리트 사용

(2) 분말도가 낮은 시멘트를 사용하고 풍화된 시멘트는 사용을 금함

(3) 입도·입형이 양호하고 불순물이 함유되지 않은 골재 사용

(4) 잔골재율을 작게 하여 단위수량 감소

(5) AE제, AE 감수제, 고성능 감수제 사용

(6) 콘크리트 타설높이는 가급적 낮게 유지

(7) 과도한 두드림이나 진동기의 과다 사용을 금함

1 개요

탄성이란 하중 제거 시 변형 발생 없이 원래대로 복귀되는 현상이며, 콘크리트의 탄성계수는 응력−변형률 곡선의 기울기를 의미한다.

2 응력−변형률 곡선

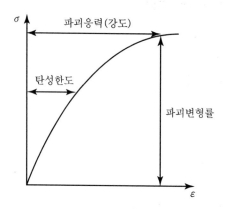

3 콘크리트 탄성계수

(1) f_{ck}<30MPa인 경우(w_c=2.3ton/m³)

$$E_c = 4,700\sqrt{f_{ck}}\,(\text{MPa})$$

(2) f_{ck}>30MPa인 경우(w_c=2.3ton/m³)

$$E_c = 3,300\sqrt{f_{ck}} + 7,700(\text{MPa})$$

4 영향요소

(1) 물시멘트비(W/C)
(2) 시멘트강도
(3) 혼화재료
(4) 골재품질
(5) 양생

··· 22 Creep

1 개요

(1) '크리프(Creep)'란 일정한 크기의 하중이 지속적으로 작용할 때 하중의 증가가 없어도 시간이 경과함에 따라 콘크리트의 변형이 증가되는 현상을 말한다.

(2) 크리프 현상이 나타나면 변형·처짐 등이 시간의 경과와 더불어 증대하므로 일시적 하중에 비해서 지속하중이 큰 콘크리트 구조물에서는 크리프의 영향을 설계에 고려하여야 한다.

2 Concrete에 미치는 영향

(1) 콘크리트의 변형

(2) 콘크리트의 처짐

(3) 콘크리트의 균열 증대

(4) 콘크리트의 파괴

(5) 프리스트레스트 콘크리트에서 도입된 프리스트레스의 감소

3 Creep 변형

(1) 지속하중에 의해서 시간의 경과와 더불어 증대하는 변형

(2) **크리프 변형의 진행 속도**

① 콘크리트의 재령 28일(f_{28}) : 총크리프 변형률의 50% 진행

② 3~4개월 : 최종값의 75% 진행

③ 1~5년 : 최종값으로 정지

(3) **크리프 변형률**

$$\varepsilon_c(\text{크리프 변형률}) = \varepsilon_e(\text{탄성 변형률}) \times (1.5 \sim 4)$$

4 Creep 계수

(1) 소정의 하중에 의한 크리프 변형률과 탄성 변형률의 비율

(2) **크리프 계수(ϕ)**

$$\phi = \frac{\varepsilon_c}{\varepsilon_e} = \frac{\text{크리프 변형률}}{\text{탄성 변형률(순간변형률)}}$$

(3) ϕ의 값

① 옥외 구조물

- 경량콘크리트 : 1.5
- 보통콘크리트 : 2.0

② 옥내 구조물 : 3.0

5 Creep 증가요인

(1) 물결합재비(W/B)가 클수록
(2) 재령이 짧을수록
(3) 온도가 높을수록
(4) 습도가 낮을수록
(5) 시멘트 풀(Cement Paste)이 많을수록
(6) 강도가 낮은 콘크리트일수록
(7) 작용응력이 클수록

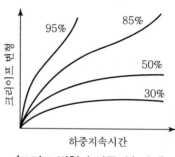

〈크리프 변형과 하중지속시간〉

6 Creep 파괴

(1) 지속응력의 크기가 정적강도의 80% 이상이 될 때까지 크리프 변형이 계속 증가되어 콘크리트가 파괴되는 현상

(2) 크리프 파괴의 3단계

① 제1단계(변천 크리프) : 크리프 변형속도가 시간이 지남에 따라 감소
② 제2단계(정상 크리프) : 크리프 변형속도가 시간과 관계없이 일정 또는 최소
③ 제3단계(가속 크리프) : 크리프 변형속도가 차차 증대하여 파괴에 도달

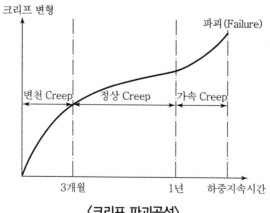

〈크리프 파괴곡선〉

내구성

콘크리트 구조물의 열화 발생원인과 방지대책

1 개요

(1) 콘크리트 구조물의 열화는 기상작용, 물리·화학적 작용, 기계적 작용 등 성능 저하가 발생하는 현상을 말하며 설계 단계에서 사용 단계까지의 기술적 오류나 관리 부재로 인해 발생 정도의 현격한 차이가 나타난다.

(2) 콘크리트 구조물의 열화는 콘크리트 구조물의 수명 단축을 의미하므로, 내구성의 저하를 방지하기 위해서는 성능 저하 요인의 철저한 검토, 지연대책을 포함한 관리와 더불어 완공 후 정기적인 점검과 유지보수 등 종합적인 관리체계를 유지하는 것이 중요하다.

2 콘크리트 구조물 열화 촉진 원인

(1) 기본 원인

① 설계상 원인
- 철근량 부족, 피복두께 부족
- 설계단면의 부족과 과다·과소하중
- 균열방지 및 유도용 Joint의 생략

② 재료상 원인
- 물, 시멘트, 골재 등 재료의 불량으로 인한 내구성 저하
- 혼화재료 과다 사용

③ 시공상 원인
- 콘크리트 운반 중 재료 분리
- 콘크리트 타설 시 가수(加水), 다짐불량
- Cold Joint
- 콘크리트 타설 후 양생불량

(2) 기상작용

① 동결융해
- 팽창·수축작용에 의한 균열 발생
- Pop Out 현상 발생

② 온도 변화
③ 건조수축

(3) 화학적 작용

① 탄산화(Carbonation)

② 알칼리 골재반응(AAR : Alkali Aggregate Reaction)

③ 염해(Salt Damage)

(4) 물리적 작용

① 충격

② 마모

(5) 전류에 의한 전식작용에 의한 철근의 부식

(6) 하중작용

① 과재하중

② 피로하중

❸ 열화 발생 지연을 위한 대책

(1) 기본 대책

① 설계상 대책

• 부재단면 확보

• 철근의 피복두께 확보

② 재료상 대책

• 물 : 염화물 함유량 규제치 이내

• 시멘트 : 풍화되지 않은 시멘트 사용

• 골재 : Silica 성분이나 탄산염이 적을 것

• 혼화재료 : AE제, 감수제, 방청제 사용

③ 시공상 대책

• 콘크리트 타설속도 준수, 이음부 밀실시공

• 적절한 Slump값 유지, 재료분리 방지, 가수(加水) 금지 및 초기양생 철저

• 단위수량 저감

• 공기연행량 : (4.5±1.5)%

(2) 기상작용의 대책

① 동결융해 : 한중 콘크리트 타설

② 기온의 변화

• 양생 시 온도 조절로 콘크리트의 인장변형능력을 증대

• Precooling, Pipe Cooling

③ 건조수축
- 굵은골재 최대 치수 관리
- 입도 양호 골재 사용

(3) 화학적 열화 지연대책

① 탄산화(Neutralization)
- 낮은 물결합재비(W/B), 밀실한 콘크리트 타설
- 철근 피복두께 확보 및 AE제 또는 AE 감수제 사용

② 알칼리 골재반응(AAR : Alkali Aggregate Reaction)
- 반응성 골재의 사용 금지
- 양질의 용수 및 저알칼리 시멘트 사용

③ 염해(Salt Damage)
- 밀실한 콘크리트 타설
- 규정치 이하의 염분 함량

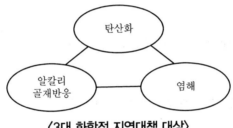

〈3대 화학적 지연대책 대상〉

(4) 물리적 작용 방지

① 진동·충격
- 콘크리트 타설 후 일체의 하중요소 방지
- 콘크리트 양생 중 현장 내 출입을 철저히 통제

② 마모·파손
- 낮은 물결합재비(W/B), 밀실한 콘크리트 타설
- 충분한 습윤양생

③ 전류에 의한 작용(전식 : 電餘)
- 전식피해 방지조치
- 배류기 설치 등의 전식 방지대책 강구

4 결론

콘크리트 구조물의 열화는 구조물의 수명을 단축시키므로 성능저하 외력에 대한 철저한 방지대책을 세우고 완공 후 정기적 점검과 합리적 유지보수 등 종합적인 관리체제를 유지하는 것이 중요하다.

··· 02 콘크리트의 내구성 시험방법

1 개요

콘크리트는 재료, 시공, 기상요인, 물리·화학적 작용에 의해 내구성이 저하되며, 시험방법으로는 동결융해시험, 탄산화시험, 알칼리골재반응시험 등이 있다.

2 콘크리트의 내구성 저하 원인

(1) 기본 원인

설계상 원인, 재료상 원인, 시공상 원인

(2) 기상작용

동결융해, 기온의 변화(온도변화), 건조수축

(3) 물리·화학적 작용

탄산화, 알칼리골재반응(AAR), 염해(Salt Damage)

(4) 기계적 작용

진동·충격, 마모·손상, 전류에 의한 작용(전식 : 電蝕)

3 콘크리트의 내구성 시험방법

(1) 동결융해시험

① 1일 6~8회의 동결과 융해를 콘크리트에 반복하여 시험

② 시험의 종류
  • A법 : 수중에서 급속 동결융해시켜 시험
  • B법 : 공기 중에서 급속 동결융해시켜 시험

(2) 탄산화시험

① 시험의 종류
  • 폭로시험
    - 실제 구조물이 받는 조건에서 공시체를 실외에 폭로시켜 시험
    - 결과를 얻을 때까지 장기간이 필요
  • 탄산가스에 의한 탄산화촉진시험
    - 기밀실에 공시체를 넣고 액화탄산가스를 주입하여 시험
    - 시험조건 : 탄산가스 농도 5~10%, 실내온도 30~35℃, 습도 50~70%

② 측정방법
- 콘크리트를 파쇄하여 철근을 노출시킨 다음 콘크리트 단면에 1%의 페놀프탈레인 용액을 분사시켜 부재의 색으로 탄산화의 깊이를 측정
- 탄산화 진행정도의 판정방법
  - 적색 : 강알칼리성을 유지하고 있는 단계
  - 무색 : 탄산화로 인해 강알칼리성을 상실한 단계

(3) 알칼리골재반응시험

① 골재의 알칼리 실리카 반응을 판별하기 위해 실시하는 시험으로, 알칼리 실리카는 주위의 수분을 흡수하여 콘크리트 팽창에 의한 균열유발의 요인이 됨

② 시험의 종류

암석학적 시험법(편광현미경), 화학법, 모르타르바(Mortar bar)법 등

(4) 염화물시험

① 레미콘 운반차에서 시료를 채취하여 실시하는, 굳지 않은 콘크리트의 염분량을 측정하기 위한 시험방법

② 시험의 종류

흡광광도법, 질산은 적정법, 전위차 적정법 등

❹ 내구성 시험 시기

(1) 진단결과 관리기준 이상의 균열이 발생된 경우
(2) 시험결과 관리기준 이상의 내구성 저하 요인이 발생된 경우

❺ 내구성 저하 유형

(1) 균열

0.1mm 이하의 미세균열부터, 중간균열·대형균열로 분류되며 균열부에는 녹 또는 백태 현상이 동반됨

(2) 박리

0.5mm 이하의 경미한 박리부터 25mm 이상의 극심한 박리까지 구분

(3) 층분리

콘크리트가 층을 이뤄 분리되는 현상으로 철근 부식에 의한 팽창작용으로 발생

(4) 박락

깊이 25mm 이하의 소형 박락 또는 그 이상의 대형 박락으로 분류

(5) 백태

염분이 콘크리트 표면에 고형화되어 나타나는 현상

(6) 기타

손상, 누수 등

6 판정결과 조치

내구성 판정결과에 따라 절절한 보수 또는 보강공법 적용

7 결론

콘크리트 건축물 또는 구조물의 표면부에 나타나는 균열, 박리, 층분리, 박락 등의 현상은 철근콘크리트 구조물의 열화가 진행되고 있음을 나타내는 대표적인 현상이므로 발견 즉시 시설물 안전 및 유지관리 특별법상 시설물 종류에 따른 진단 및 점검을 신속히 진행해 내구수명이 확보될 수 있도록 조치해야 한다.

··· 03 노출범주 및 등급

1 개요

구조물에 사용되는 콘크리트는 적절한 내구성을 확보하기 위해 내구성에 영향을 미치는 환경조건에 대해 노출되는 정도를 고려하여 노출등급을 정하여야 한다.

2 노출범주 및 등급

범주	등급	조건	예
일반	E0	• 물리적, 화학적 작용에 의한 콘크리트 손상의 우려가 없는 경우 • 철근이나 내부 금속의 부식 위험이 없는 경우	공기 중 습도가 매우 낮은 건물 내부의 콘크리트
EC (탄산화)	EC1	건조하거나 수분으로부터 보호되는 또는 영구적으로 습윤한 콘크리트	• 공기 중 습도가 낮은 건물 내부의 콘크리트 • 물에 계속 침지되어 있는 콘크리트
	EC2	습윤하고 드물게 건조되는 콘크리트로 탄산화의 위험이 보통인 경우	• 장기간 물과 접하는 콘크리트 표면 • 기초 콘크리트부
	EC3	보통 정도의 습도에 노출되는 콘크리트로 탄산화 위험이 비교적 높은 경우	• 공기 중 습도가 보통 이상으로 높은 건물 내부의 콘크리트 • 비를 맞지 않는 외부 콘크리트[1], [2]
	EC4	건습이 반복되는 콘크리트로 매우 높은 탄산화 위험에 노출되는 경우	EC2 등급에 해당하지 않고, 물과 접하는 콘크리트(예를 들어 비를 맞는 콘크리트 외벽·난간 등)
ES (해양환경, 제설염 등 염화물)	ES1	보통 정도의 습도에서 대기 중의 염화물에 노출되지만 해수 또는 염화물을 함유한 물에 직접 접하지 않는 콘크리트	• 해안가 또는 해안 근처에 있는 구조물[3] • 도로 주변에 위치하여 공기 중의 제빙화학제에 노출되는 콘크리트
	ES2	습윤하고, 드물게 건조되며 염화물에 노출되는 콘크리트	• 수영장 • 염화물을 함유한 공업용수에 노출되는 콘크리트
	ES3	항상 해수에 침지되는 콘크리트	해상 교각의 해수 중에 침지되는 부분
	ES4	건습이 반복되면서 해수 또는 염화물에 노출되는 콘크리트	• 해양 환경의 물보라 지역(비말대) 및 간만대에 위치한 콘크리트 • 염화물을 함유한 물보라에 직접 노출되는 교량 부위[4] • 도로 포장 • 주차장

범주	등급	조건	예
EF (동결융해)	EF1	간혹 수분과 접촉하나 염화물에 노출되지 않고 동결융해의 반복작용에 노출되는 콘크리트	비와 동결에 노출되는 수직 콘크리트 표면
	EF2	간혹 수분과 접촉하고 염화물에 노출되며 동결융해의 반복작용에 노출되는 콘크리트	공기 중 제빙화학제와 동결에 노출되는 도로 구조물의 수직 콘크리트 표면
	EF3	지속적으로 수분과 접촉하나 염화물에 노출되지 않고 동결융해의 반복작용에 노출되는 콘크리트	비와 동결에 노출되는 수평 콘크리트 표면
	EF4	지속적으로 수분과 접촉하고 염화물에 노출되며 동결융해의 반복작용에 노출되는 콘크리트	• 제빙화학제에 노출되는 도로와 교량 바닥판 • 제빙화학제가 포함된 물과 동결에 노출되는 콘크리트 표면 • 동결에 노출되는 물보라 지역(비말대) 및 간만대에 위치한 해양 콘크리트
EA (황산염)	EA1	보통 수준의 황산염 이온에 노출되는 콘크리트	• 토양과 지하수에 노출되는 콘크리트 • 해수에 노출되는 콘크리트
	EA2	유해한 수준의 황산염 이온에 노출되는 콘크리트	토양과 지하수에 노출되는 콘크리트
	EA3	매우 유해한 수준의 황산염 이온에 노출되는 콘크리트	• 토양과 지하수에 노출되는 콘크리트 • 하수, 오폐수에 노출되는 콘크리트

주 1) 중공 구조물의 내부는 노출등급 EC3로 간주할 수 있다. 다만, 외부로부터 물이 침투하거나 노출되어 영향을 받을 수 있는 표면은 EC4로 간주하여야 한다.

  2) 비를 맞는 외부 콘크리트라 하더라도 규정에 따라 방수처리된 표면은 노출등급 EC3로 간주할 수 있다.

  3) 비래 염분의 영향을 받는 콘크리트로 해양환경의 경우 해안가로부터 거리에 따른 비래 염분량은 지역마다 큰 차이가 있으므로 측정결과 등을 바탕으로 한계영향거리를 정해야 한다. 또한 공기 중의 제빙화학제에 영향을 받는 거리도 지역에 따라 편차가 크게 나타나므로 기존 구조물의 염화물 측정결과 등으로부터 한계영향거리를 정하는 것이 바람직하다.

  4) 도로로부터 수평으로 10m, 수직으로 5m 이내에 있는 모든 콘크리트 노출면은 제빙화학제에 직접 노출되는 것으로 간주해야 한다. 또한 도로로부터 배출되는 물에 노출되기 쉬운 신축이음(Expansion Joints) 아래에 있는 교각 상부도 제빙화학제에 직접 노출되는 것으로 간주해야 한다.

③ 내구성 확보를 위한 요구조건

콘크리트 배합은 구조물의 노출범주 및 등급에 따라 내구성 확보를 위한 요구조건에서 규정된 내구성 기준 압축강도, 물－결합재비, 결합재량, 결합재 종류, 연행공기량, 염화물함유량 등에 대한 요구조건을 만족하여야 한다.

[내구성 확보를 위한 요구조건]

항목		일반	EC (탄산화)				ES (해양환경, 제설염 등 염화물)				EF (동결융해)				EA (황산염)		
		노출범주 및 등급																
		E0	EC1	EC2	EC3	EC4	ES1	ES2	ES3	ES4	EF1	EF2	EF3	EF4	EA1	EA2	EA3
내구성 기준 압축강도 f_{cd}(MPa)		21	21	24	27	30	30	30	35	35	24	27	30	30	27	30	30
최대 물－결합재비[1]		–	0.60	0.55	0.50	0.45	0.45	0.45	0.40	0.40	0.55	0.50	0.45	0.45	0.50	0.45	0.45
최소 단위 결합재량 (kg/m³)		–	–	–	–	–	KCS 14 20 44 (2.2)				–	–	–	–	–	–	–
최소 공기량(%)		–	–	–	–	–	–				–				–	–	–
수용성 염소 이온량 (결합재 중량비 %)[2]	무근 콘크리트	–	–				–				–				–		
	철근 콘크리트	1.00	0.30				0.15				0.30				0.30		
	프리스트레스트 콘크리트	0.06	0.06				0.06				0.06				0.06		
추가 요구조건		–	KDS 14 20 50 (4.3)의 피복두께 규정을 만족할 것								결합재 종류 및 결합재 중 혼화재 사용비율 제한				결합재 종류 및 염화칼슘 혼화제 사용 제한		

주 1) 경량골재 콘크리트에는 적용하지 않음. 실적, 연구성과 등에 의하여 확증이 있을 때는 5% 더한 값으로 할 수 있음

2) KS F 2715 적용, 재령 28~42일 사이

··· 04 콘크리트의 탄산화

1 개요

(1) '콘크리트의 탄산화'란 공기 중 탄산가스의 작용을 받아 콘크리트 중의 수산화칼슘(강알칼리)이 서서히 약알칼리화되어 철근의 부식을 촉진하는 현상을 말한다.

(2) 콘크리트의 탄산화가 진전되면 물과 공기가 침투하여 철근의 부식을 촉진시켜 철근의 녹에 의한 체적 팽창(약 2.6배)으로 Crack이 발생하게 됨에 따라 콘크리트의 내구성이 급격하게 저하되므로 관리에 만전을 기할 필요가 있다.

2 탄산화 Mechanism

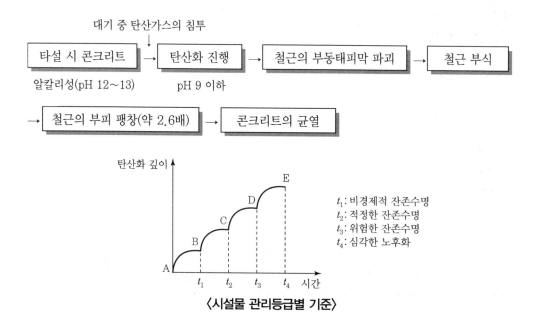

대기 중 탄산가스의 침투

타설 시 콘크리트 → 탄산화 진행 → 철근의 부동태피막 파괴 → 철근 부식

알칼리성(pH 12~13)　　　pH 9 이하

→ 철근의 부피 팽창(약 2.6배) → 콘크리트의 균열

탄산화 깊이

t_1 : 비경제적 잔존수명
t_2 : 적정한 잔존수명
t_3 : 위험한 잔존수명
t_4 : 심각한 노후화

〈시설물 관리등급별 기준〉

3 탄산화 화학반응식

(1) 수화작용(水化作用)

$$CaO + H_2O \xrightarrow{\text{수화작용}} Ca(OH)_2 : pH\ 12.5\ 이상$$

[소석회]　　　　　　[수산화칼슘]

(2) 탄산화

$$Ca(OH)_2 + CO_2 \xrightarrow{\text{탄산화}} CaCO_3 + H_2O$$

[수산화칼슘]　　　[약알칼리성]

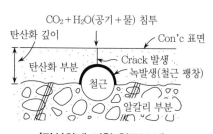

$CO_2 + H_2O$(공기 + 물) 침투
탄산화 깊이
Con'c 표면
탄산화 부분
Crack 발생
녹발생(철근 팽창)
철근
알칼리 부분

〈탄산화에 의한 철근부식〉

4 탄산화 시험방법

(1) 폭로시험

① 실제 구조물의 조건에서 공시체를 실외에 노출시켜 시험하는 방법

② 결과를 얻을 때까지 장기간이 소요되는 단점이 있음

(2) 탄산가스에 의한 시험

① 기밀실에 공시체를 넣고 액화탄산가스를 주입하여 시험하는 방법

② **시험조건** : 탄산가스 농도 5~10%, 실내온도 30~35℃, 습도 50~70%

(3) 탄산화 깊이 조사방법

① 콘크리트를 파쇄하여 철근을 노출시킨 다음 콘크리트 단면에 에탄올 99%, 페놀프탈레인 1% 용액을 분사시켜 부재의 색 변화 정도로 탄산화 깊이를 측정하는 방법

② 탄산화의 판정

- 적색 → 강알칼리성 부위
- 무색 → 탄산화가 발생되어 강알칼리성을 상실한 부위

5 탄산화 깊이에 따른 성능저하 손상 및 보수 판정기준

성능저하 손상도	탄산화 깊이	탄산화 구분	보수 여부
Ⅰ	측정치<0.5D	경미	예방 보전적 조치
Ⅱ	0.5D≤측정치<D	보통	Con'c의 부분교체
Ⅲ	D≤측정치	심각	Con'c의 완전교체

6 탄산화 촉진 요인

(1) **시멘트** : 중용열 저알칼리성 시멘트, 분말도가 낮은 시멘트의 사용

(2) 경량골재의 사용

(3) 혼화재료의 과다 사용

(4) 높은 물결합재비

(5) 기타 습도·온도 조건, 실내·외 등의 환경적 요인

☑ 지연대책

(1) 재료관리

① 고알칼리성 시멘트 사용

② 입도 및 입형이 고른 양질의 골재 사용

③ 감수제, 유동화제 등 혼화재료의 적절한 사용

(2) 배합관리

① 물결합재비를 낮게 유지

② 기타 단위 시멘트양 및 공기량의 적절한 관리

(3) 시공상 대책

① 부재의 단면을 가급적 크게 함

② 충분한 피복두께 확보

③ 재료분리 방지 등 밀실한 콘크리트 타설

④ 표면의 마감처리로 이산화탄소와 산성비의 침투를 억제

☑ 결론

탄산화는 콘크리트 내구성 저하의 가장 큰 요인이므로 환경 여건에 따라 설계단계 및 시공계획 수립 시부터 재료·배합·시공 여건 등을 고려해 최적의 탄산화 지연을 위한 방법을 검토해야 하며, 탄산화 발생이 우려되는 시설물에 대해서는 시설물 안전 및 유지관리 특별법상 시설물 종류에 따른 진단 및 점검을 신속히 진행해 내구수명의 저하가 발생되지 않도록 조치하는 데 만전을 기해야 한다.

··· 05 알칼리골재반응

1 개요

시멘트의 알칼리 성분과 골재의 실리카 성분이 반응하는 현상으로 팽창성 균열에 의한 내구성 저하의 원인이 되며 표면결함으로 백화 또는 Pop Out 현상이 나타난다.

2 메커니즘

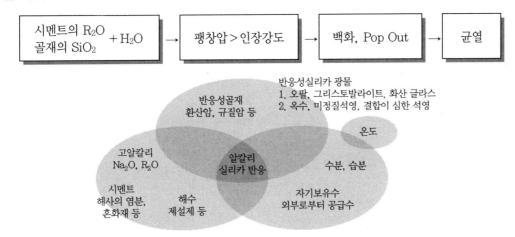

3 알칼리골재반응의 발생원인

(1) **재료** : Silica 성분이 많은 골재 사용, 수산화알칼리 성분이 많은 시멘트 사용

(2) **배합** : 단위시멘트양이 많은 경우

(3) **시공** : 제치장콘크리트로 마감된 경우

4 저감대책

(1) **설계** : 피복두께 증대

(2) **재료** : 반응성골재 사용 금지, 저알칼리시멘트 사용, 고로슬래그 사용

(3) **배합** : W/B 저감, 단위수량 최소화, 굵은골재 최대치수 크게

(4) **시공** : 밀실한 콘크리트 타설, 적정다짐기준 준수, 방수성 마감

5 시험방법

(1) **시험법** : 몰터 시험법

(2) **방법** : 골재 5mm 이하로 파쇄 → 몰터바 제작 → 6개월 저장 → 평가(몰터바 : $4 \times 4 \times 16$cm)

(3) **평가** : 팽창률기준 무해 > 0.1% > 유해

1 개요

(1) 콘크리트용 재료에 함유되어 있는 염화물은 염화나트륨·염화칼슘·염화칼륨·염화마그네슘 등이 있으며 비교적 간단한 염화물이온양(염소이온양) 측정을 통해 산정한 콘크리트 중의 염화물 함유량으로 표시한다.

(2) 콘크리트의 염화물량 측정은 굳지 않은 콘크리트의 측정과 굳은 콘크리트의 측정으로 구분된다.

2 철근 콘크리트 중 염화물의 문제점

(1) 굳지 않은 콘크리트의 Slump치 저하   (2) 건조수축 증가

(3) 응결 촉진   (4) 내구성 확보를 위한 장기강도 저하

(5) 철근의 부식 촉진

3 발생원인

(1) 염화물 허용량 이상의 해사 사용

(2) 철근 피복두께의 부족

(3) 대기 중 염화물이온(Cl^-)의 침입

(4) 콘크리트 재료에 함유된 염화물(염화나트륨, 염화칼슘, 염화칼륨 등)

4 염해 방지대책

(1) 시공관리법

① 염분 허용량의 철저한 준수

② 중용열 시멘트 사용에 의한 염해 저항성 및 장기강도 증대

③ AE제를 사용하여 수밀성 증대

④ 물시멘트비(W/C)를 낮춰 내구성·수밀성 향상

⑤ 밀실한 Concrete 타설

(2) 해사(海沙)의 염분 제거방법

① 야적하여 자연강우에 의해 2~3회 이상 염분 제거

② 80cm 두께로 깔아놓고 Sprinkler로 간헐적 살수

③ 제염 Plant에서 모래 체적의 1/2의 담수를 이용한 세척

④ 준설선 위에서 모래 1m³, 물 6m³ 비율로 세척 실시

⑤ 제염제(초산은 알루미늄 분말 8%)의 혼합 사용

⑥ 하천 모래와 혼합하여 염분량을 낮춤

(3) 철근부식 방지법

① 철근 표면 아연도금

② Epoxy Coat, Tar Epoxy 사용

③ 방청제를 Concrete에 혼합하여 철근 표면에 피막을 형성

④ 철근 피복두께 증대

⑤ Concrete 표면 피막제 도포

⑥ 단위수량의 저감

5 염화물 규제치

(1) 콘크리트 중의 염화물이온양

① 0.3kg/m³ 이하

② 현장배합 기준 사용 재료에 함유되어 있는 염화물이온양의 총합

(2) 혼합수 염화물이온양

① 0.04kg/m³

② 현장배합 기준 혼합수에 포함된 염화물이온양

(3) 콘크리트 중 염화물이온양의 허용상한치 : 0.6kg/m³

(4) 잔골재의 염화물이온양 : 0.02%

6 염화물량의 측정방법

(1) 굳지 않은 콘크리트의 측정법

① Fresh Concrete의 액상 중에 함유된 염소이온농도를 측정한 후 단위수량을 가해 염화물양(Cl^-)으로 환산하는 방법

② 측정법의 종류

- 흡광광도법 : 티오시안산이온과 철의 반응으로 생기는 붉은 주황색의 흡광도(吸光度)를 측정하여 염화물이온양을 측정한다.
- 질산은 적정법 : 크롬산칼륨 용액을 지시약으로 질산은 용액으로 적정하여 염화물이온양을 산정한다.
- 전위차 적정법 : 염소이온 선택성 전극을 이용해 전위를 측정하여 염화물이온양을 산정한다.

- 이온전극법 : 염화물양 측정기를 이용한 간이 측정법으로, 염화물이온전극을 사용하거나 전위차를 측정하여 염화물이온양을 산정한다.
- 시험지법 : 시험지를 이음하는 간이 측정법으로, 백색으로 변색된 부분의 길이로 염소이온농도를 측정한다.

⑵ 굳은 콘크리트 측정법

① 경화된 콘크리트의 시료를 분쇄해 산(酸)으로 용해시켜 염분을 추출하거나 온수 속에 침전시켜 염분을 추출한 후 그 용액 속 염소이온농도를 측정하여 염화물량(Cl^-)으로 환산하는 방법

② 측정법의 종류
- 전위차적정법
- 이온색층분석법
- 시료분석법

7 열화 진행과정 단계별 외관상태

열화과정	정의	외관상태
잠복기	• 철근 위치에 염화물이온 부식 발생 • 한계농도($0.2kg/m^3$)에 달할 때까지의 기간	Con'c 외관 이상 무
진전기	• 부식 발생 시작, 부식생성물(녹) 발생 • 덮개 Con'c 균열 발생 기간	• 외관상 이상 무 • 실내 환경 내부철근 부식 시작
가속기	• 철근 부식에 의한 균열 • 염화물 침투, 수분공기 침투 • 부식속도 및 부식 증대 기간	• 전반기 - 철근 부식 - 균열·녹물 발생 • 후반기 - 부식에 균열·녹물 다량 발생 - Con'c 박락
열화기	• 철근 부식량 증대 • Con'c 내하력 저하 기간	• 철근 균열 다수 발생 • 균열폭 증가 • 변형 및 처짐 증대

8 결론

염해로 인해 발생되는 철근 콘크리트의 내구성 저하는 초기 단계의 건조수축 증가 등을 비롯한 장기적인 강도 저하는 물론, 철근의 부식 촉진을 일으켜 철근 콘크리트 구조물의 취성파괴를 유발하는 가장 치명적인 열화 발생의 원인 중 하나로 파악되고 있다. 따라서 콘크리트 타설 시 재료부터 철저한 관리가 이루어지도록 할 필요가 있으며 유지관리 단계에서도 적절한 관리대책을 수립해 내구연한이 단축되지 않도록 해야 할 것이다.

··· 07 콘크리트의 동결융해

1 개요

(1) '콘크리트의 동결융해'란 콘크리트에 함유되어 있는 수분의 동결(Frost)에 의한 팽창(약 9%의 체적팽창)과 융해(Melting)로 인한 수축팽창이 반복되는 현상을 말한다.

(2) 콘크리트의 동결융해는 경화 후의 콘크리트 강도·수밀성·내구성 등이 현저히 저하되므로 방지대책의 수립 및 준수가 필요하다.

2 동결융해의 문제점

(1) 균열 및 누수의 발생

(2) 체적팽창에 의한 열화 발생 촉진

(3) 철근의 부식 촉진

(4) 내구성 저하를 유발하는 강도의 저하

(5) 해빙기 미결합수 융해에 의한 콘크리트 구조물의 붕괴

3 동결융해의 원인

(1) 수화반응되지 않은 자유수의 존재

(2) 사용 재료 중 배합수의 재료분리

(3) 과다한 물결합재비(W/B)

(4) AE제, AE 감수제 등 혼화제의 부족 또는 미사용

(5) 최소 양생기간 미준수 및 양생작업 불량

4 동결융해 방지대책

(1) AE제 또는 AE 감수제 등의 혼화제 사용

(2) 물결합재비(W/B) 저감

(3) 단위수량 저감

(4) 콘크리트 타설 시 철근, 거푸집의 빙설 제거

(5) 양생 시 보온재 사용

(6) 빗물유입 방지턱 설치로 수분유입 차단

⑤ 동결융해 시험

(1) 시험방법

1일 6~8회 동결과 융해를 콘크리트에 반복시켜 시험하는 방법

(2) 시험의 종류

① A법 : 수중에서 급속 동결융해시켜 시험
② B법 : 공기 중에 급속 동결융해시켜 시험

⑥ 발생 시 조치

(1) 자체안전점검 실시
(2) 자체안전점검 결과 구조적 이상 발견 시 정밀안전점검 의뢰
(3) 구조적 결함 시 재시공
(4) 비구조적 결함 시 보수공사 실시

⑦ 결론

동절기 콘크리트 배합수의 동결현상으로 인해 발생되는 동결융해 현상은 동결 발생 시 재료분리 발생으로 철근의 부식이 촉진되며, 이로 인한 균열부에 누수와 강도 저하 현상이 급격히 진행되므로 재료, 배합, 시공 단계별 동결현상의 방지를 위한 조치가 필요하다.

··· 08 철근 콘크리트 균열 발생부 처리방법

1 개요

철근 콘크리트 건축물·구조물의 균열은 콘크리트 타설 후 강도 발현 전 발생되는 초기균열과 강도 발현 이후 발생되는 장기균열로 구분된다.

균열 발생 이후의 탄산화 촉진과 철근 부식의 가속화는 내구성 저하의 중요한 요인이 되므로 안전진단 및 점검 시 보수·보강공법의 적절한 대책을 수립해야 한다.

2 균열 발생 단계별 특징 및 원인

초기균열	장기균열
• 소성수축균열 • 침하균열 • 물리적 균열	• 화학적 반응(탄산화, 염해) • 시공불량 • 외부응력(기초부 부등침하) • 기상작용(온도 변화에 의한 응력작용) • 건조수축

3 초기균열 발생원인별 대책

구분	발생원인	대책
소성수축균열	• 과도한 물 증발속도 • 양생 시 건조한 바람에 노출 • 거푸집의 누수 • 고온, 저습한 환경	• 단위수량 최소화 • 습윤양생 • 피복두께의 적절한 유지 • 양생 시 바람막이 등의 설치
침하균열	• 거푸집 누수, 잔골재율 과다 • 과도한 물결합재비 • 양생 시 진동, 충격 • Bleeding	• 밀실한 거푸집 시공 • 물결합재비 저감 • 단위수량 저감 • 양생 시 진동, 충격 방지
물리적 균열	• 거푸집 변형 • 양생 시 진동, 충격	• 거푸집의 안전성 확보 • 양생 시 진동, 충격 방지

4 균열부위 측정방법

(1) 육안 측정

① 균열폭은 휴대용 균열폭 측정기를 이용하여 측정

② 육안검사 시 도면 위에 구간별로 표시하고 스케치 및 촬영

(2) 비파괴 검사

① 콘크리트의 균열 위치, 내부 균열 및 철근의 위치·방향·직경을 측정

② 초음파법, 자기법 등의 방법으로 측정

(3) 코어(Core) 채취 시험

① 의심되는 부분의 코어를 채취하여 검사

② 균열의 크기 및 위치 등을 비교적 정확하게 조사

(4) 설계도면 및 시공자료의 검토

① 설계도면과 철근상세도 등을 세밀히 조사

② 설계하중과 실제 작용하는 하중 사이의 차이점 등을 조사·분석

5 장기균열 방지 대책

(1) 기상작용

팽창줄눈 및 조절줄눈(Expansion Joint, Control Joint)

(2) 화학적 반응

① **탄산화 저감** : W/B 저감 및 밀실한 콘크리트 타설, 적절한 피복두께 확보

② **염해** : 타설 시 염화물 함유량 기준 준수, 밀실한 타설

③ **알칼리골재반응** : 반응성 골재의 사용 배제 및 저알칼리성 시멘트의 사용

(3) 외부 응력

줄눈의 설치 및 시공 시 연약지반 개량 및 언더피닝 공법 시공

6 보수·보강방법 선정

(1) 보수·보강의 목적

① 강도의 회복 또는 증진

② 구조물의 성능 개선

③ 철근의 부식 방지

④ 철근 콘크리트 구조물의 내구성 향상

(2) 보수·보강방법의 선정

① 균열의 크기와 그 원인을 평가한 후 적절한 보수·보강방법 선정

② 관리 주체는 보수·보강의 소요 기간, 사용제한 또는 사용금지 기간을 고려해야 함

☑ 보수공법

(1) 치환공법

(2) 표면처리공법

① 균열선을 따라 콘크리트 표면에 Cement Paste로 처리하는 공법

② 균열폭 0.2mm 이하의 경미한 균열 보수에 적용되는 공법

(3) 충전공법

① 균열부위를 V-cut 한 후 수지 모르타르 또는 팽창성 모르타르로 충전하고 경화 후 표면을 Grinding

② 균열의 폭이 작고 주입이 곤란한 경우 적용

(4) 주입공법

균열선을 따라 10~30cm 간격으로 주입용 Pipe 설치 후 저점성 Epoxy 수지 주입

(5) BIGS공법(Balloon Injection Grouting System)

고무 튜브로 압력을 가하여 균열 심층부까지 주입 충전하는 공법

☒ 보강공법

(1) 강판부착공법

① 균열 부위에 강판을 대고 Anchor로 고정

② 접촉 부위를 Epoxy 수지로 접착

(2) Prestress 공법

① 균열과 직각 방향으로 PC 강선을 배치하여 긴장시키는 방법

② 구조체의 균열이 깊을 때 시공

(3) 강재 Anchor 공법

① 꺾쇠형 Anchor를 균열을 가로질러 설치하여 보강하는 방법

② 시멘트 모르타르, 수지 모르타르를 Leg에 주입 정착

(4) 탄소섬유 Sheet 보강법

① 강화섬유 Sheet인 탄소섬유 Sheet를 접착제로 콘크리트 표면에 접착하는 공법

② 보나 Slab 및 기둥 등에 시공이 편리하여 구조물 보강법에 널리 시공되고 있는 공법

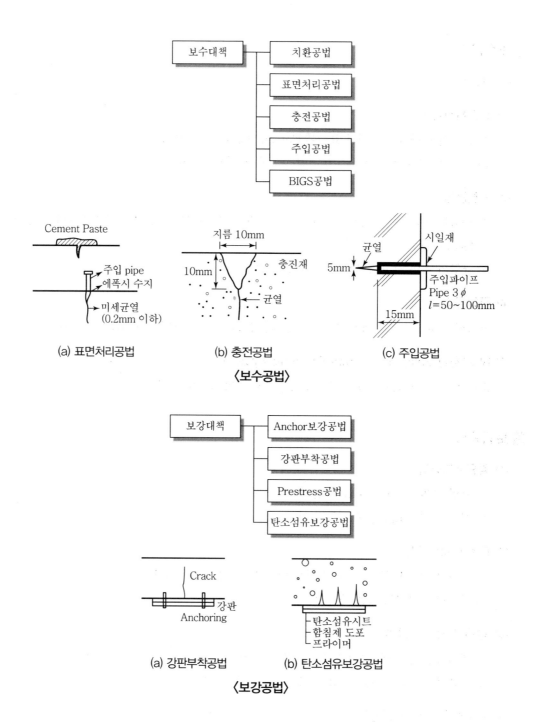

〈보수공법〉

(a) 표면처리공법
(b) 충전공법
(c) 주입공법

〈보강공법〉

(a) 강판부착공법
(b) 탄소섬유보강공법

9 결론

콘크리트의 균열은 철근 콘크리트 건축물, 구조물의 내구성에 매우 중대한 요인이므로 시공단계별 국토교통부 시방기준에 따라야 하며, 완공 이후에는 열화 발생 유형별로 진단 및 점검을 통해 적절한 유지관리가 이루어져야 한다.

··· 09 콘크리트의 폭열현상

1 개요

'콘크리트의 폭열'이란 화재 시 짧은 시간에 고온의 화열이 콘크리트에 접하면 순식간에 콘크리트의 표면 온도가 상승하여 콘크리트 부재 표면이 폭발적인 음과 함께 탈락 및 박리되는 파열(破裂) 현상을 말한다.

2 폭열의 문제점

(1) 피복 콘크리트의 박리
(2) 구조물 수명의 급속한 저하
(3) 콘크리트의 탈락으로 인한 박리물 비산에 의한 2차 재해 유발
(4) 철근의 노출에 따른 내력 저하

3 폭열의 발생원인

(1) 콘크리트의 수증기압 발생

화재 시 고열에 의한 콘크리트 내부의 수분 증발로 증기압 발생

(2) 수증기압의 상승

(3) 콘크리트의 인장강도 저하

화재 시 내·외부의 심한 온도차로 인한 비정상적인 열응력으로 인장강도 저하

(4) 흡수율이 큰 골재 사용
(5) 콘크리트의 함수율이 높은 경우

4 방지대책

(1) 콘크리트 내부의 수증기압 발생 방지

콘크리트에 폴리프로필렌 섬유 등을 혼합하여 화재 시 섬유가 녹아 생긴 통로로 내부 수증기압이 배출되도록 하는 방법

(2) 콘크리트의 함수율 저하

함수율이 낮은 골재 사용 및 콘크리트의 함수율이 3.5% 이하가 되도록 건조

(3) 콘크리트의 급격한 온도상승 방지

내화피복, 내화도료 등을 사용하여 화재 시 급격한 온도상승 방지

(4) 콘크리트 표면 보호

콘크리트 표면을 회반죽 등의 내화재로 보호

5 화재 시 콘크리트 온도별 파손구분

6 결론

화재 시 발생되는 콘크리트 폭열은 초고층 건축물 시공에 따른 고강도 콘크리트의 사용 및 골재, 마감처리공법 등의 영향요인에 따라 그 피해 규모가 다를 수 있으며 사전에 폭열 발생을 방지하는 것이 중요하므로 향후 지속적인 연구·개발이 필요하다.

··· 10 콘크리트 구조물의 화재피해 저감방안

1 개요

(1) 콘크리트 구조물의 화재 시 콘크리트 내부 잔류 수분의 증기압으로 인해 콘크리트 표면이 박리되며, 500~600℃가 되면 콘크리트와 철근의 성능이 50% 이하로 저하되어 콘크리트 구조물의 수명에 심각한 영향을 미친다.

(2) 화재 발생으로 인한 콘크리트 구조물은 내력 손실을 유발하므로, 화재 발생에 대비한 피해 저감대책의 수립은 콘크리트 구조물의 내구성능 확보 차원에서도 큰 의미가 있다.

2 화재 정도에 따른 콘크리트 및 강재의 파손

(1) 콘크리트

화재 지속시간	화재 온도(℃)	파손깊이(mm)
80분	800	0~5
90분	900	15~25
180분	1,100	30~50

(2) 강재

종류	화재 온도(℃)	강도 변화
냉간 강재	500	강도 상실
일반 강재	800	강도 상실

3 화재피해의 영향요인

(1) 화재 발생 정도
① 화재 지속시간 및 화원의 종류
② 균열 및 부재에 가한 영향 정도

(2) 설계
① 피복두께
② 발생 Gas 유형

(3) 시공
① 골재의 종류(함수율, 내화성)
② 콘크리트 함수율

④ 화재피해 저감방안

(1) 내열설계

(2) 내화성이 높은 골재 사용

(3) 콘크리트의 함수율 저하

⑷ 콘크리트 내부의 수증기압 발생 방지

콘크리트에 내열성이 작은 폴리프로필렌 섬유 등을 혼합하여 화재 시 섬유가 녹아 생긴 통로로 내부 수증기압을 빠른 시간 내에 제거

[섬유콘크리트의 폭열 방지 효과]

구분	시간	가열온도(℃)					
		200	300	400	500	600	700
일반 콘크리트	60분	−	−	○	◎	×	×
섬유혼입 콘크리트	60분	−	−	−	−	−	○

주 1) 섬유혼입률 : 0.5%
  2) ○ : 박리폭열, ◎ : 심한 폭열, × : 파괴폭열

⑤ 화재피해등급별 보수·보강 방법

화재 등급	피해 유형	보수·보강 방법
1급	• 경미한 폭열 발생 • 마감재 일부의 박리	필요시 마감재 일부 보수
2급	• 폭열로 철근의 일부가 노출됨 • 보 하단 콘크리트의 들뜸 발생 • 마감재의 부분 손상	• 마감재 부분 보수 • 부분적 제거 후 모르타르 충전
3급	• 넓은 범위의 콘크리트 박리 및 철근 노출 • 마감재 완전 박리 • 기둥의 국부적 폭열로 철근 노출	• 폭열 발생부 콘크리트 제거 후 보수 • 마감재 전면 보수 • 철근 노출부 보강공법 시공
4급	• 전체적 폭열 발생 • 보 하단부 폭열로 철근 노출 • 구조체 좌굴 및 변형 발생	• 콘크리트 부재를 전면적으로 제거 • 철근 및 콘크리트 재시공

⑥ 결론

철근 콘크리트 건축물, 구조물의 화재 발생 시에는 안전진단을 실시해 화재 발생 시간 및 규모에 따라 1급부터 4급까지의 판정등급에 따른 적절한 보수·보강공법을 실시해 2차 재해를 방지하고 사용성에 문제가 없도록 조치해야 한다.

특수콘크리트

··· 01 프리스트레스트 콘크리트

1 개요

(1) Prestressed Concrete(PSC)란 PS 강재(Prestressed Concrete Steel)로 콘크리트의 인장
응력이 생기는 부분에 압축력을 주어 인장강도를 증가시키고 휨저항을 증대시킨 콘크리트를
말한다.

(2) Prestress란 외력에 의해서 발생되는 인장응력을 소정의 한도로 상쇄할 수 있도록 콘크리트
에 가해지는 응력을 말하며, PS 강재 인장방법에 따라 프리텐션과 포스트텐션으로 구분한다.

2 PS 콘크리트의 특징

(1) 장점

① 장Span이 가능하며 내구성, 수밀성이 좋다.

② 변형, 처짐, 균열 등에 대한 저항성이 크므로 안전성이 확보된다.

③ RC조에 비해 소요자재가 절약되므로 자중 경감이 가능하다.

④ PS 강재는 탄력성이 크므로 복원성이 강하다.

(2) 단점

① 형상·치수 변화가 불가하다.

② 높은 강도의 재료를 사용하므로 공사비가 고가(高價)이다.

③ RC조에 비하여 강성이므로 변형, 진동 저항성이 낮다.

④ 풍부한 경험과 철저한 시공관리가 요구된다.

3 PS 강재의 인장방법

(1) Pre-tension Method

① PS 강재를 인장시켜 설치하고 긴장(緊張)시킨 상태에서 콘크리트를 타설하여 콘크리트 경
화 후에 PS 강재에 주어진 인장력으로 PS 강재와 콘크리트의 부착력에 의해 콘크리트에
프리스트레스를 도입시키는 방식

② 공장 제작이 가능하므로 품질관리가 양호

(2) Post-tension Method

① PS 강재를 넣을 위치에 시스(Sheath)를 묻고 콘크리트를 타설하여 콘크리트 경화 후에 시
스에 PS 강재를 집어넣어 잭(Jack)으로 긴장시킨 후 콘크리트 부재 끝에 정착시켜 프리스
트레스를 도입하는 방식

② PS 강재와 시스 내의 공간에 시멘트 그라우트를 주입하여 충전하는 방식과 그라우트를 주
입하지 않고 PS 강재에 피복재료를 바르는 언본드(Un-bond) 방식이 있음

③ 대규모 구조물인 교량, 큰보, PSC 널말뚝 등에 적용

4 프리스트레스트 콘크리트 시공 시 유의사항

(1) 시공계획서 및 시공상세도 순서에 따라 시공

(2) PS 강선의 부식방지 조치

(3) 긴장 후 PS 강재를 시스와 부착시키는 경우 녹막이 처리를 할 것

(4) 그라우트의 재령 28일 강도는 200kgf/cm² 이상이어야 함

(5) 부착시키지 않을 경우(Un-bond 방식) 긴장재의 피복재료는 긴장재의 부식 등이 발생되지 않
는 재료를 사용할 것

5 긴장작업 시 유의사항

(1) 관리감독자 선임

(2) 인장장치 후방에 방호벽 설치

(3) 프리스트레스 도입에 따른 전도방지 조치

(4) 긴장장치 배면에서의 작업 금지

(5) 관계자 외 출입금지 조치

··· 02 응력이완

1 개요

(1) '응력이완(Relaxation)'이란 PS 강재(Prestressed Concrete Steel)의 긴장(緊張) 후 시간 경과에 따라 PS 강재의 인장응력이 점차 감소하는 현상을 말한다.

(2) 응력이완은 Prestressed Concrete(PSC) 부재에 변형·균열·처짐 등을 발생시켜 내구성을 저하시키며, '순 Relaxation'과 '겉보기 Relaxation'으로 나눌 수 있다.

2 Relaxation의 분류

(1) 순 Relaxation

① 변형률을 일정하게 유지했을 때 일정한 변형하에서 발생하는 Relaxation

② 인장응력의 감소량이 겉보기 Relaxation보다 큼

(2) 겉보기 Relaxation

① 콘크리트의 Creep 현상과 건조수축에 의하여 변형률이 일정하게 유지되지 못하고 시간의 경과에 따라 변형률이 감소하는 Relaxation

② 실제로 PSC 부재에서 발생하는 PS 강재의 Relaxation

3 PS 강재의 조건

(1) PS 강재의 요구 성질

① Relaxation(응력이완)이 적을 것

② 인장강도가 높을 것

③ 부식에 대한 저항성이 클 것

④ 콘크리트와의 부착성이 좋을 것

> PS 강연선 > PS 강선 > PS 강봉

〈PS 강재의 인장강도 크기〉

(2) PS 강재의 종류

① PS 강연선

Pre-tension 방식과 Post-tension 방식에 사용

② PS 강선

• 주로 Pre-tension 방식에 많이 사용

• 원형 PS 강선과 이형 PS 강선으로 분류

③ PS 강봉
- 주로 Post-tension 방식에 사용되며, 원형 PS 강봉과 이형 PS 강봉으로 분류
- PS 강선, PS 강연선보다 Relaxation이 적음

④ 기타
- 특수 PS 강연선 : 많은 수의 소선을 꼬아 만든 다층 PS 강연선
- 피복 PS 강재 : 부식되지 않도록 플라스틱으로 피복
- 저Relaxation PS 강재 : 보통의 PS 강연선·강선보다 Relaxation이 적은 강재

4 Relaxation 허용기준

(1) **PS 강선, PS 강연선** : 3% 이하
(2) **PS 강봉** : 1.5% 이하

1 개요

응력부식이란 응력이 집중되는 부위가 부식성 환경에 노출될 때 발생되는 현상으로 메커니즘적으로 취성파괴를 유발시키고, PS 강재의 급격한 녹이나 내부조직 변화로 취약해지는 현상이 나타난다. 재료의 특성을 기반으로 노출온도, 산소량 표면상태 등 영향요인의 관리가 필요하다.

2 응력부식 발생부

(1) 긴장한 PS 강선

(2) 강구조 가공에 따른 이상 응력 발생부

(3) 강구조의 용접부

(4) 응력집중이 큰 강구조물

3 응력부식 발생원인

(1) 용접 후 잔류응력 발생

(2) PS 강재 긴장

(3) 응력 집중

(4) 강재 변형

4 응력부식 촉진 요인

(1) 국부적인 응력 작용

(2) 과도한 녹 발생

(3) 표면에 생긴 흠

(4) 단면 취약부

5 방지대책

(1) Grouting

(2) 에폭시 도장

(3) 잔류응력 제거

(4) 응력 분산

(5) 표면 흠 제거

(6) 단면 보강

··· 04 숏크리트

1 개요

(1) 숏크리트(Shotcrete)란 모르타르 또는 콘크리트를 압축공기로 시공면(施工面)에 뿜는 콘크리트를 말하며, 건식 공법과 습식 공법으로 분류한다.

(2) 숏크리트는 소요강도·내구성·수밀성과 함께 강재 보호 성질을 갖고 품질 변화가 적어야 하며, 작업 시 분진 공해가 발생하므로 분진 발생을 억제하고 작업자를 보호할 수 있는 대책이 필요하다.

2 Shotcrete의 용도

(1) 터널공사의 지보공

(2) 구조물의 보수·보강 및 피복 콘크리트 타설

(3) 사면 보호공

(4) 방수용 모르타르 마감, 강재의 녹 방지에 효과적

(5) 철골 내화피복

3 Shotcrete 공법의 분류

(1) 건식 공법

① 시멘트와 골재를 믹서로 혼합한 상태로 압축공기를 보내 Nozzle에서 물과 혼합시켜 콘크리트를 뿜어 붙이는 공법

② 숏크리트의 리바운드(Rebound) 양이 많으며 분진이 발생한다는 단점이 있다.

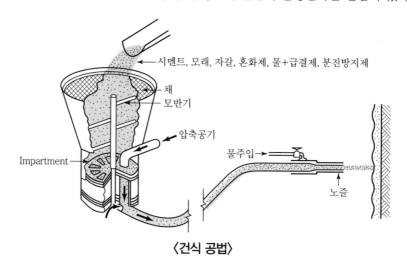

〈건식 공법〉

(2) 습식 공법

① 물을 포함한 전 재료(시멘트, 굵은골재, 잔골재, 혼화재료)를 믹서로 비빈 후 압축공기를 노즐(Nozzle)로 보내 뿜어 붙이는 공법

② Nozzle의 관리가 어려우나 분진 발생이 적다.

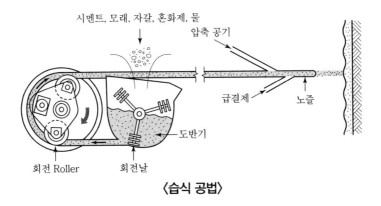

〈습식 공법〉

4 공법의 특징

(1) 매우 작은 틈새 등의 시공면 관리가 용이하다.

(2) 밀도, 강도가 높으며 거푸집이 불필요하다.

(3) 작업조건에 관계없이 시공이 가능하다.

(4) 건조수축이 크며, 분진이 발생한다.

5 시공 시 유의사항

(1) 타설면에 대한 Nozzle의 각도는 90° 유지

(2) 타설면과의 거리는 1m를 유지하여 Rebound양 최소화

(3) 뿜어붙일 면에 용수가 있을 경우에는 배수파이프, 배수필터 등을 설치하여 배수처리

(4) 철근 또는 철망은 이동·진동 등이 발생하지 않도록 적절한 방법으로 설치·고정

(5) 숏크리트는 저온, 건조, 급격한 온도변화 등에 유해한 영향을 받지 않도록 충분히 양생

6 Shotcrete 작업 시 안전대책

(1) 골재 저장소의 장비작업 시 작업반경 내 근로자 접근 금지

(2) 재료투입구 주변 개구부 방호 조치

(3) 분진 발생 방지를 위해 습식 공법으로 타설

(4) 분진 방지제 및 장비 사용

(5) 작업자는 방진마스크, 보안경 등 개인보호구 착용

··· 05 수중 콘크리트

■ 개요

(1) '수중 콘크리트(Underwater Concrete)'란 트레미관, 콘크리트 펌프 등을 사용하여 수중(水中)에 타설하는 콘크리트를 말하며, 무근 콘크리트에 한하고 주로 구조물의 기초 시공용으로 적용된다.

(2) 수중에서 콘크리트를 시공하는 경우 재료·배합·치기·시공기계 등에 주의하여 재료분리가 가급적 발생하지 않도록 시공하여야 한다.

■ 수중 콘크리트의 배합

(1) 재료분리를 줄이기 위하여 단위시멘트양, 잔골재율을 크게 함
(2) 물결합재비(W/B)는 50% 이하, 단위시멘트양은 37MPa 이상
(3) 굵은골재는 입도가 좋은 자갈을 사용하며, 잔골재율은 40~50%가 표준

■ 수중 콘크리트의 Slump 허용치

시공방법	슬럼프의 범위(cm)
트레미, 콘크리트 펌프	15~20
밑열림 상자, 밑열림 포대	12~17

■ 수중 콘크리트의 공법

(1) Tremie 공법

① 트레미(Tremie)의 안지름은 굵은골재 최대 치수의 8배 정도로 할 것
② 트레미 1개로 칠 수 있는 면적은 30m² 정도가 좋으며, 콘크리트 타설 시 하반부가 항상 콘크리트로 채워져 있어야 함
③ 트레미의 하단은 쳐 놓은 콘크리트 면보다 30~40cm 아래로 유지

(2) Concrete Pump 공법

① 수중 콘크리트를 낮은 곳에서 압송할 때 배관 내에서 부압(負壓)이 걸리는 경우가 많으므로 콘크리트의 배관은 수밀해야 함
② 콘크리트 펌프의 배관 선단 부분은 콘크리트의 상면으로부터 30~50cm 아래로 유지해야 하며, 선단 부분에 역류방지장치 설치

(3) 밑열림 상자 및 밑열림 포대에 의한 치기

① 밑열림 상자 및 밑열림 포대는 콘크리트를 치는 면 위에 도달해서 콘크리트를 쏟아 부을 때 쉽게 열릴 수 있는 구조이어야 함

② 콘크리트가 구석까지 잘 들어가지 않는 경우가 있으므로 수심을 측정하여 깊은 곳에서부터 콘크리트를 타설해야 하며, 소규모 공사에 사용됨

5 수중 콘크리트 시공 시 유의사항

(1) 콘크리트의 강도, 시공성 확보를 위하여 부배합으로 배합

(2) 거푸집의 강도 및 조립에 주의

(3) 시멘트의 유실, 레이턴스의 발생을 방지하기 위해 물막이 후 타설

(4) 콘크리트를 수중에 낙하시키면 재료분리, 시멘트 유실이 발생하기 때문에 수중 콘크리트의 치기공법에 의하여 타설

··· 06 스마트 콘크리트

1 개요

콘크리트 내부에 압전센서 및 광섬유 센서를 내장시켜 온도 및 습도를 조절하는 등 환경 변화에 스스로 대응하는 콘크리트로, 파괴현상에 대한 안정성이 확보되는 콘크리트를 말한다.

2 Smart 콘크리트의 구성 원리

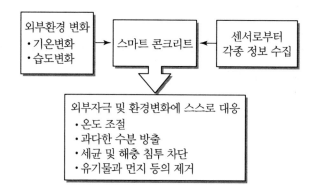

3 Smart 콘크리트의 특징

(1) 콘크리트 내부에 각종 센서를 내장시켜 특수한 기능을 부여함으로써 외부 환경변화에 스스로 대응하여 구조물의 수명과 내구성을 향상시킨다.

(2) 특징

장점	단점
① 다양한 기능 가능	① 초기 공사비 증가
② 구조물의 효율적 관리	② 시공실적이 적음
③ 구조물 수명 연장	③ 다양한 특성 개발 지연
④ 구조물 건전성 확보	④ 연구 개발 투자 미흡

4 Smart 콘크리트의 시공 Flow Chart

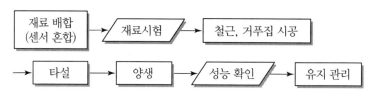

5 Smart 콘크리트의 종류

(1) 내장형 광섬유 센서 스마트 콘크리트

① 광감도 센서, 간섭형 센서, 광섬유 격자 센서 등

② 고층 골조 구조물에 적용

③ 보, 기둥 접합부의 반복하중에 대한 안전성 및 내진성능 강화

④ 장점 : 제작이 쉽고, 견고하며, 신호처리가 단순함

⑤ 단점 : 측정감도가 낮음

(2) 캡슐형 스마트 콘크리트

① 캡슐에 각종 기능성 물질을 내장해 외부 환경에 스스로 대응하는 콘크리트

② 종류

• 항균캡슐 : 일정 기간 곰팡이에 대한 저항성을 높여줌

• 방충캡슐

　– 방충캡슐이 모르타르와 혼합되어 방충성능을 발휘

　– 방충모르타르는 시멘트양의 약 10%를 사용

• 에폭시 캡슐 : 자기보수기능 강화

• 조습제 캡슐 : 제올라이트, 습도조절기능 강화

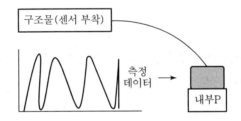

(3) 광촉매를 적용한 스마트 콘크리트

① 광촉매란 태양광 등의 빛을 받아 강한 산화작용을 일으킴으로써 각종 물질을 분해하는 물질이다.

② 기능

• 수질 및 대기 오염 물질 제거

• 살균작용

• 탈취작용

• 자기정화기능 강화

⑥ Smart 콘크리트 시공 시 안전대책

(1) **품질관리** : 품질시험 규정 준수

(2) **다양한 특성 확보** : 화재에 대한 안전성 등

(3) **유지관리** : 센서를 통한 계측관리

(4) **Data Base 구축** : 공사실적, 연구실적, 계측관리 실적 등의 Feedback

(5) **거푸집 존치기간 확보** : 벽체 5MPa 이상, 슬래브 및 보 F_{ck} 100% 이상

(6) **양생 철저** : 한중 및 서중 콘크리트 구분 타설

(7) 콘크리트 타설 시 이상 유무 확인

(8) 콘크리트 타설 시 재료분리 방지

(9) **거푸집동바리의 구조검토 실시** : 수직하중, 수평하중, 측압 등의 검토

⑦ Smart 콘크리트의 향후 개발방향

(1) 고기능성 및 친환경적 건축, 토목구조물에 적용 확대

(2) 체계적인 연구 개발 및 투자

(3) 다양한 특성의 콘크리트 개발

(4) 자기 모니터링 기능 강화

⑧ 결론

(1) 스마트 콘크리트는 최근 연구 개발이 활발해지고 다양한 공법이 개발되고 있으나 시공실적은 아직 미미한 수준이다.

(2) 자기 모니터링 기능 및 대기정화 기능, 항균·방충 기능 등 쾌적한 환경을 추구하는 현대인의 요구사항과 일치되어 향후 건축, 토목구조물의 재료로 널리 적용될 것으로 기대된다.

··· 07 자기치유 콘크리트

1 개요

'자기치유 콘크리트'란 균열 발생 시 캡슐, 튜브, 형상기억합금 등을 이용한 방법으로 보수 및 복구를 하는 콘크리트로 구조물 파괴에 대한 안정성이 확보되는 콘크리트를 말한다.

2 특징

(1) 구조물 파괴에 대한 안정성 확보
(2) 육안조사가 불가능한 부위에 대한 안정성 확보
(3) 원자로 등 점검이 불가능한 구조체 복구 가능
(4) 콘크리트 구조물의 수명 연장 가능

3 자기치유 메커니즘

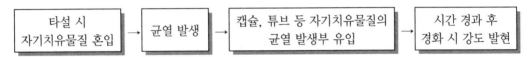

4 종류

종류	공법의 특징	적용
튜브혼입형	보수재가 내재된 튜브를 타설 시 혼입하는 형	대형 균열 보수 가능
형상기억합금 방법	일정 온도 도달 시 형상기억합금의 회복작용으로 복원시키는 방법	온도에 민감한 구조물
박테리아 방법	박테리아 함유 모래를 사용하는 방법	보수에 일정 기간 소요
캡슐혼입형	보수재가 내재된 미세 캡슐을 혼합해 타설하는 형	미세 균열 보수용

5 자기치유 콘크리트 사용 시 유의사항

(1) 품질의 균일성 사전 확인
(2) 혼화재료와의 상호 작용에 의한 부작용 확인
(3) 사전에 충분한 시험을 거칠 것
(4) 과다 사용 시 문제점에 대한 사전 검토

① 개요

(1) '경량골재 콘크리트(Lightweight Aggregate Concrete)'란 콘크리트의 중량 경감을 목적으로 자연산 또는 인공의 경량골재를 사용한 콘크리트를 말한다.

(2) 현재 자연산 경량골재는 거의 기대할 수 없어 주로 인공경량골재를 사용하며, 경량골재 콘크리트는 경량골재 콘크리트 1종 및 경량골재 콘크리트 2종으로 분류된다.

② 경량골재 콘크리트의 분류

(1) 경량골재 콘크리트 1종

(2) 경량골재 콘크리트 2종

③ 경량골재 콘크리트의 특징

(1) 구조물의 자중 경감

(2) Pile, 철근 등의 사용을 경감시킬 수 있어 경제적

(3) 굵은골재의 비중이 작기 때문에 골재의 부상 우려(콜드 조인트)

(4) 충전성이 불량하며 흡수·건조수축이 큼

④ 경량골재 콘크리트의 종류

사용한 골재에 의한 콘크리트의 종류	사용골재		설계기준강도 (kgf/cm²)	기건 단위용적중량 (tonf/m³)
	굵은골재	잔골재		
경량골재 콘크리트 1종	경량골재	모래, 부순모래, 고로슬래그잔골재	150 210 240	1.7~2.0
경량골재 콘크리트 2종	경량골재	경량골재나 혹은 경량골재의 일부를 모래, 부순모래, 고로슬래그잔골재로 대치한 것	150 180 210	1.4~1.7

5 경량골재 콘크리트의 시공 시 유의사항

(1) 경량골재의 성질 및 경량골재 콘크리트의 성질을 고려해 시공

(2) Slump값은 18cm 이하로 하고 단위시멘트양의 최솟값은 $300kg/m^3$, 물시멘트비의 최댓값
은 60%

(3) 경량골재는 수시로 물을 뿌리고 표면에 포장 등을 하여 습윤상태 유지

(4) 굵은골재가 떠오르는 경우 굵은골재를 눌러 넣어 표면을 마무리할 것

(5) 표면을 마무리하고 1시간 정도 경과 후에 다지기 등으로 재마무리하여 균열 방지

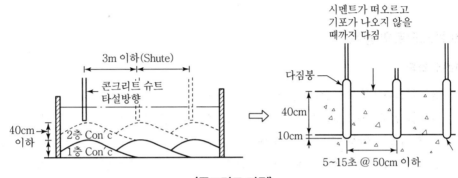

〈콘크리트 다짐〉

··· 09 내화구조 콘크리트

1 개요

내화구조란 화재 발생 시 견딜 수 있는 성능의 구조로 장시간의 화재에도 구조적 내력이 크게 변하지 않고 화재가 진화된 이후 간단한 수선으로 재사용이 가능한 구조를 말하는 것으로 국토교통부 고시에 의해 벽, 기둥, 바닥, 보, 지붕으로 분리해 관리기준을 지정하였다.

2 내화 콘크리트의 범위

(1) 벽의 경우

① 철근콘크리트조 또는 철골철근콘크리트조로서 두께가 10cm 이상인 것

② 골구를 철골조로 하고 그 양면을 두께 4cm 이상의 철망모르타르(그 바름바탕을 불연재료로 한 것으로 한정한다.) 또는 두께 5cm 이상의 콘크리트블록·벽돌 또는 석재로 덮은 것

③ 철재로 보강된 콘크리트블록조·벽돌조 또는 석조로서 철재에 덮은 콘크리트블록 등의 두께가 5cm 이상인 것

④ 벽돌조로서 두께가 19cm 이상인 것

⑤ 고온·고압의 증기로 양생된 경량기포 콘크리트패널 또는 경량기포 콘크리트블록조로서 두께가 10cm 이상인 것

(2) 외벽 중 비내력벽인 경우

① 철근콘크리트조 또는 철골철근콘크리트조로서 두께가 7cm 이상인 것

② 골구를 철골조로 하고 그 양면을 두께 3cm 이상의 철망모르타르 또는 두께 4cm 이상의 콘크리트블록·벽돌 또는 석재로 덮은 것

③ 철재로 보강된 콘크리트블록조·벽돌조 또는 석조로서 철재에 덮은 콘크리트블록 등의 두께가 4cm 이상인 것

④ 무근콘크리트조·콘크리트블록조·벽돌조 또는 석조로서 그 두께가 7cm 이상인 것

(3) 기둥의 경우

그 작은 지름이 25cm 이상인 것. 단, 고강도 콘크리트(설계기준강도가 50MPa 이상인 콘크리트)를 사용하는 경우에는 국토교통부장관이 정하여 고시하는 고강도 콘크리트 내화성능 관리기준에 적합해야 한다.

① 철근콘크리트조 또는 철골철근콘크리트조

② 철골을 두께 6cm(경량골재를 사용하는 경우에는 5cm 이상)의 철망모르타르 또는 두께 7cm 이상의 콘크리트블록·벽돌 또는 석재로 덮은 것

③ 철골을 두께 5cm 이상의 콘크리트로 덮은 것

(4) 바닥의 경우

① 철근콘크리트조 또는 철골철근콘크리트조로서 두께가 10cm 이상인 것

② 철재로 보강된 콘크리트블록조·벽돌조 또는 석조로서 철재에 덮은 콘크리트블록 등의 두께가 5cm 이상인 것

③ 철재의 양면을 두께 5cm 이상의 철망모르타르 또는 콘크리트로 덮은 것

(5) 보(지붕틀을 포함)의 경우(단, 고강도 콘크리트를 사용하는 경우에는 국토교통부장관이 정하여 고시하는 고강도 콘크리트내화성능 관리기준에 적합해야 한다.)

① 철근콘크리트조 또는 철골철근콘크리트조

② 철골을 두께 6cm(경량골재를 사용하는 경우에는 5cm) 이상의 철망모르타르 또는 두께 5cm 이상의 콘크리트로 덮은 것

③ 철골조의 지붕틀(바닥으로부터 그 아랫부분까지의 높이가 4m 이상인 것에 한한다)로서 바로 아래에 반자가 없거나 불연재료로 된 반자가 있는 것

(6) 지붕의 경우

① 철근콘크리트조 또는 철골철근콘크리트조

② 철재로 보강된 콘크리트블록조·벽돌조 또는 석조

③ 철재로 보강된 유리블록 또는 망입유리(두꺼운 판유리에 철망을 넣은 것을 말한다)로 된 것

(7) 계단의 경우

① 철근콘크리트조 또는 철골철근콘크리트조

② 무근콘크리트조·콘크리트블록조·벽돌조 또는 석조

③ 철재로 보강된 콘크리트블록조·벽돌조 또는 석조

④ 철골조

··· 10 동절기 콘크리트 타설 시 발생되는 문제점과 안전성 확보방안

1 개요

(1) 한중콘크리트란 일 평균기온이 4℃ 이하이거나, 타설 완료 후 24시간 내에 일 최저기온이 0℃ 이하로 내려가는 경우 또는 이후에도 초기 동해 우려가 있어 콘크리트 응결지연에 의한 동결될 시기에 타설하는 콘크리트를 말한다.

(2) 한중 콘크리트 타설 시에도 구조내력 저하가 발생하지 않아야 하고 한파로 인한 안전사고 및 적설에 의한 피해가 없어야 한다.

2 동절기 콘크리트 작업 시 문제점

(1) 콘크리트 동결현상 발생
(2) 야외작업에 따른 동절기 질환 유발
(3) 양생작업 시 산소결핍 및 화재발생
(4) 응결 및 경화의 지연

3 기온별 콘크리트 분류

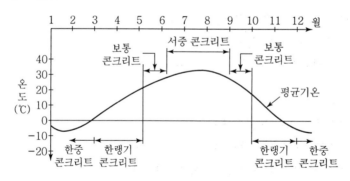

4 한중 콘크리트 타설 시 안전작업 절차

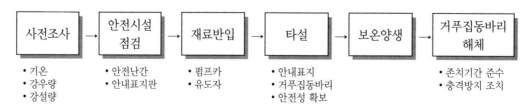

5 품질관리 조치

(1) 응결 초기 동결 방지

(2) 강도발현 시까지 동결융해 방지조치

(3) 시공 중 돌관작업 시 충분한 강도 확보

6 문제 발생 방지를 위한 대책

(1) 콘크리트 품질 관련

구분		관리항목
재료	시멘트	• 조강 포틀랜드 시멘트 사용 • 동결방지조치
	골재	• 빙설혼입 방지조치(Sheet 보온) • 가열 시 건조 방지
	혼화재료	• AE제, AE 감수제 사용 • W/C 저감으로 저항성 향상
배합		단위수량 최소화에 의한 Workability 확보
시공		• 운반부터 타설 시까지 최단시간이 소요되도록 계획 • 타설 시 적정한 온도관리 : 5℃ 이상 유지 • 압송관 예열 및 보온조치

(2) 양생 관련

① 보온 : 단면이 큰 경우(외기온도가 과히 낮지 않을 경우)

　• 단열재를 사용한 덮개로 수화발열 활용

② 급열 : 보온양생으로 동결현상의 방지가 불가능한 경우

　• 온풍기, 전열기 등의 사용

　• 초기 건조수축 방지를 위해 살수시설 가동

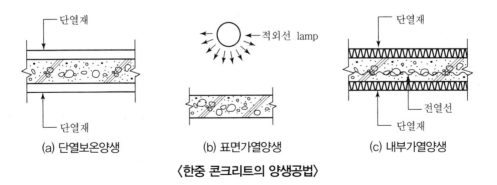

(a) 단열보온양생　　(b) 표면가열양생　　(c) 내부가열양생

〈한중 콘크리트의 양생공법〉

(3) 거푸집/동바리 안전성확보 관련

    ① 동결된 지반에 동바리 설치 금지

    ② 보온성이 우수한 거푸집 사용

⑦ 동절기 재해 방지를 위한 대책

(1) 소방시설

    ① 소화기, 간이소화장치, 비상경보장치

    ② 간이피난유도선 설치 : 바닥면적 $150m^2$ 이상의 지하층, 무창층

(2) 작업통로의 결빙으로 인한 추락재해 방지를 위한 일상점검

(3) 낙하물방지망, 방호선반 위 강설의 즉시 제거 및 근로자의 하부통행 금지조치

(4) 결빙구간의 신속한 제거 및 부직포 등에 의한 미끄럼 방지조치

⑧ 보온양생 작업장 질식사고 예방조치 사례(갈탄 사용 현장)

(1) 작업장 출입 전 관리감독자에 의한 산소 및 일산화탄소 농도 측정결과 게시

(2) 출입 시 1인 1공기호흡기 지급 및 착용상태 확인

(3) 주 1회 인명구조상황 실전 훈련

    ① 피해자 발생 시 안전장비 없이 구조 금지

    ② 지역 119 구조대와의 합동훈련 및 관리교육 실시

⑨ 근로자 안전보건 유지관련

(1) 체온 유지를 위한 따뜻한 복장 지급 및 충분한 영양 공급을 위한 식단 관리

(2) 수분 흡착 작업복의 착용 금지 및 여분의 작업복 비치

(3) 작업 전 준비운동의 생활화

(4) 휴게시설 및 작업장 내 난방시설 구비

⑩ 결론

동절기 콘크리트 타설작업 시에는 콘크리트의 동결현상을 비롯한 품질상의 문제가 발생할 가능성이 높으므로 작업 시 한중 콘크리트의 품질안정화 대책이 요구된다. 또한 근로자 안전보건의 유지증진을 위해 휴게시설 내 난방시설 및 보온대책 등이 필요하며 특히 매년 겨울철마다 되풀이 되는 갈탄 사용 보온양생 작업장의 질식사고 방지를 위한 관계 기관과의 합동훈련 및 재해방지 대책의 생활화가 필요하다.

··· 11 한랭질환

1 정의

(1) 한파주의보

① 아침 최저기온이 전날보다 10℃ 이상 하강하여 3℃ 이하이고 평년 값보다 3℃ 낮을 것으로 예상될 때

② 아침 최저기온이 영하 12℃ 이하가 2일 이상 지속될 것이 예상될 때

③ 급격한 저온현상으로 중대한 피해가 예상될 때

(2) 한파경보

① 아침 최저기온이 영하 15℃ 이하가 2일 지속될 것이 예상될 때

② 아침 최저기온이 전날보다 15℃ 이상 하강하여 3℃ 이하이고 평년 값보다 3℃ 낮을 것으로 예상될 때

③ 급격한 저온현상으로 광범위한 지역에서 중대한 피해가 예상될 때

2 한랭질환증상

(1) 저체온증

체온이 35℃ 미만일 때로 우리 몸이 열을 잃어버리는 속도가 열을 만드는 속도보다 빠를 때 발생하는데 열 손실은 물과 바람 부는 환경에서 증가하므로 눈, 비, 바람, 물에 젖은 상황은 더 위험하다. 또한 두뇌에 영향을 끼쳐 명확한 의사결정 및 움직임에 악영향을 끼치고 약물이나 음주를 하였을 때 더욱 악화될 수 있다.

가장 먼저 온몸, 특히 팔다리의 심한 떨림 증상이 발생하고 35℃ 미만으로 체온이 떨어지면 기억력과 판단력이 떨어지며 말이 어눌해지다가 지속되면 점점 의식이 흐려져 결국 의식을 잃게 된다.

(2) 동상

추위에 신체 부위가 얼게 되어서 조직이 손상되는 것으로 주로 코, 귀, 뺨, 턱, 손가락, 발가락에 걸리게 되고, 최악의 경우 절단이 필요할 수도 있는 겨울철 대표 질환이다.

(3) 참호족

물(10℃ 이하 냉수)에 손과 발을 오래 노출시키면 생기는 질환으로 주로 발에 잘 생긴다.

예 축축하고 차가운 신발을 오래 신고 있을 때

⑷ 동창

영상의 온도인 가벼운 추위에서 혈관 손상으로 염증이 발생하는 것으로 동상처럼 피부가 얼지는 않지만 손상부위에 세균 침범 시 심한 경우 궤양이 발생할 수 있다.

❸ 한랭질환 예방을 위한 건강수칙

⑴ 실내에서의 수칙

가벼운 실내운동을 하고, 적절한 수분 섭취와 고른 영양분을 가진 식사를 하는 생활습관을 갖는다.

⑵ 실내환경

실내 적정온도(18~20℃)를 유지하고 건조해지지 않도록 한다.

⑶ 실외에서의 수칙

① 따뜻한 옷
② 장갑, 목도리, 모자, 마스크 착용
③ 무리한 운동자제
④ 외출 전 체감온도를 확인

❹ 한랭에 대한 순화

한랭순화는 열 생산의 증가, 체열보존능력의 증대 등 내성 증가로 인해 고온순화보다 느린 것이 특징이다.

··· 12 서중 콘크리트

1 개요

(1) '서중(暑中) 콘크리트'란 기온이 높아 콘크리트 운반 중에 Slump 저하, Cold Joint 발생, 콘크리트 표면 수분의 급격한 증발 등이 우려되는 시기에 시공되는 콘크리트를 말한다.

(2) 하루 평균 기온이 25℃이거나 최고온도가 30℃를 초과하는 시기에 시공할 경우 서중 콘크리트 시공을 고려해야 한다.

2 서중 콘크리트의 문제점

(1) 강도, 내구성 저하

(2) 균열 발생

(3) Cold Joint 발생

(4) 온도균열 발생

(5) Slump치 감소

(6) 단위수량 증가

(7) 수밀성 저하

(8) 연행 공기량 감소

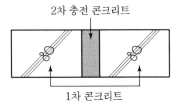

〈온도균열 제어 대책〉

3 방지대책

(1) 재료

① 시멘트 : 중용열 포틀랜드 시멘트

② 골재 : 흡수율이 낮은 골재

③ 물 : 20℃ 이하

(2) 배합

① 슬럼프 18cm 이하

② 단위수량 최소화

③ 단위시멘트양 최소화

(3) 시공

① 타설 시 35℃ 이하

② AE제, 유동화제

③ 90분 내 연속타설

(4) 양생

습윤, 피막, 파이프쿨링, 차양막, 덮개

4 서중 콘크리트 시공 시 유의사항

(1) 콘크리트의 온도상승이 최소가 되도록 재료 및 배합 결정

(2) 콘크리트 타설 전 프리쿨링(Pre-cooling)에 의한 골재, 물 등의 재료 냉각

(3) 중용열 포틀랜드 시멘트, 고로 시멘트, 플라이애시 시멘트 등의 저발열 시멘트 사용

(4) 단위수량 및 단위시멘트양 저감

(5) 감수제, AE 감수제, 응결지연제, 유동화제 등의 혼화제 사용

(6) 지반, 거푸집 등 콘크리트로부터 물을 흡수할 우려가 있는 부분은 습윤상태를 유지

(7) 콘크리트 타설 시 온도는 35℃ 이하여야 하며 1.5시간 이내에 타설

(8) 거푸집, 철근 등이 직사광선을 받아서 고온이 될 우려가 있는 경우에는 살수, 덮개 등의 적절한 조치

(9) 양생 시 24시간 이상 노출면이 습윤상태를 유지하여야 하며, 최소 5일 이상 실시

(10) 콘크리트의 타설시간을 콘크리트의 비빔시간 후부터 90분 이내로 가능한 한 짧게 함

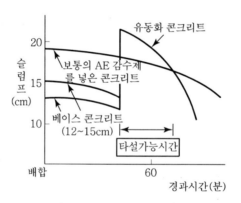

〈Con'c 타설 가능 시간〉

5 혹서기 근로자 건강장해 예방조치

(1) 휴게시설 설치 및 운영

① 가급적 근로자 작업장소와 가까운 곳에 그늘진 장소 마련

② 그늘막, 차양막은 햇볕을 완전히 차단할 수 있는 재질로 할 것

③ 시원한 바람이 통할 수 있도록 하거나 선풍기, 에어컨 설치

④ 휴게시설 내에는 시원한 물과 깨끗한 컵 준비

(2) 폭염주의보, 폭염경보 등 발령 시 1시간 주기로 10~15분 이상 규칙적으로 휴식할 수 있도록 하고, 시원하고 깨끗한 물을 주기적으로 마실 수 있도록 할 것

(3) 폭염주의보 발령 시 작업시간을 1~2시간 앞당겨 착수하는 등 탄력적으로 운영하여 오후 2~5시 사이에는 옥외작업 최대한 자제, 폭염경보 시에는 옥외작업 중단

(4) 현장 내 식당, 숙소 주변에 대한 방역 실시, 현장식당의 조리기구에 대한 청결 관리, 식수는 끓여 제공, 각종 시설에 대한 보건·위생관리 철저히 실시

6 결론

서중 콘크리트 타설 시에는 혹서기에 발생되는 콘크리트의 내구성 저하 및 수밀성 저하 등의 방지대책 수립과 더불어 근로자 안전보건 유지 증진을 위한 대책이 선행되어야 하므로 기상조건 중 기온의 변화와 더불어 폭우 발생에 대해서도 안전한 작업환경을 조성해야 하는 의무사항의 준수가 필요하다.

··· 13 고열장해

1 개요

고온환경에 노출되어 체온조절 기능의 생리적 변조 또는 장해를 초래해 자각적으로나 임상적으로
증상을 나타내는 현상

2 열사병

땀을 많이 흘려 수분과 염분손실이 많을 때 발생하며, 고온 다습한 작업환경에 격렬한 육체노동을
하거나 옥외에서 고열을 직접 받는 경우 뇌의 온도가 상승해 체온조절 중추의 기능에 영향을 주는
현상

주요증상	응급처치
전조증상 : 무력감, 어지러움, 근육떨림, 손발떨림, 의식저하, 혼수상태	• 즉각적인 냉각요법 후 병원에서의 집중적인 치료 • 즉각적 냉각요법 : 냉수섭취, 의복제거 등

3 열경변

고온환경에 심한 육체적 노동을 할 때 지나친 발한에 의한 탈수와 염분손실로 발생

주요증상	응급처치
근육경련, 현기증, 이명, 두통	0.1% 식염수를 먹이고 시원한 곳에서 휴식조치

4 열탈진(일사병)

고온환경에 폭로된 결과 말초혈관, 운동신경의 조절장애로 탈수와 나트륨 전해질의 결핍이 이루
어질 때 발생

주요증상	응급처치
어지러움, 피로, 무기력함, 근육경련, 탈수, 구토	0.1% 식염수를 먹이고 시원한 곳에서 휴식조치

5 열성발진

땀띠라 불리며 땀에 젖은 피부 각질층이 염증성 반응을 일으켜 붉은 발진형태로 나타남

주요증상	응급처치
작은 수포, 즉 피부의 염증 발생	피부온도를 낮추고 청결하게 유지하며 건조시킴

6 열쇠약

고열에 의한 만성체력 소모를 말하며, 특히 고온에서 일하는 근로자에게 가장 흔히 나타나는 증상

주요증상	응급처치
권태감, 식욕부진, 위장장애, 불면증	0.1% 식염수를 먹이고 시원한 곳에서 휴식조치

7 열허탈

고열에 계속적인 노출이 이루어지면 심박수가 증가되어 일정 한도를 넘을 때 염분이 소실되어 경련이 일어나는 등 순환장해를 일으키는 현상

주요증상	응급처치
혈압저하, 전신권태, 탈진, 현기증	시원한 곳에서 휴식조치

8 열피로

고열환경에서 정적인 작업을 할 때 발생하며, 대량의 발한으로 혈액이 농축되어 혈류분포 이상으로 발생되는 현상

주요증상	응급처치
심한 갈증, 소변량 감소, 실신	0.1% 식염수를 먹이고 시원한 곳에서 휴식조치

··· 14 고유동 콘크리트

1 개요

일반 콘크리트로는 충전이 곤란한 과밀배근 및 단면 형상이 복잡한 구조물의 시공 시 별도의 다짐 작업 없이 또는 추가의 다짐 작업으로 양호한 충전성 확보를 기대할 수 있는 콘크리트를 말한다.

2 사용목적

(1) 보통 콘크리트로 충전이 곤란한 구조체인 경우
(2) 균질하고 정밀도 높은 구조체를 요구하는 경우
(3) 타설 작업 최적화로 시간 단축이 요구되는 경우
(4) 다짐 작업에 따르는 소음과 진동 발생을 억제할 필요가 있는 경우

3 자기 충전 등급

(1) 1등급

최소 철근 순간격 35~60mm의 복잡한 단면 형상을 가진 철근 콘크리트 구조물. 단면 치수가 작은 부재 또는 부위에서 자기 충전성을 가지는 성능

(2) 2등급

최소 철근 순간격 60~200mm의 철근 콘크리트 구조물 또는 부재에서 자기 충전성을 가지는 성능

(3) 3등급

최소 철근 순간격 200mm 이상으로 단면 치수가 크고 철근량이 적은 부재 또는 부위, 무근 콘크리트 구조물에서 자기 충전성을 가지는 성능

4 유동화제의 첨가방법

(1) 공장 첨가 유동화방법

① 콘크리트 플랜트에서 트럭에지테이터에 유동화제를 첨가하여 고속으로 교반시켜 유동화하는 방법
② 현장과의 거리가 짧은 경우

(2) 현장 첨가 유동화방법

① 콘크리트 플랜트에서 운반한 콘크리트에 공사현장에서 유동화제를 첨가해 교반시켜 유동
화하는 방법

② 유동화제의 과잉 첨가에 주의

(3) 공장 첨가 현장 유동화방법

① 콘크리트 플랜트에서 트럭에지테이터에 유동화제를 첨가하여 저속으로 교반하고 공사현
장 도착 후에 고속으로 교반시켜 유동화하는 방법

② 가장 자주 사용하는 방법

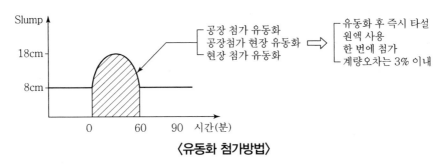

〈유동화 첨가방법〉

5 시공단계에서의 안전대책

(1) 시공일반

① 유동성이 크므로 타설 후 거푸집에 작용하는 측압은 거의 액압으로 작용한다. 또한, 응결시
간이 길어지므로 타설 후에도 장시간에 걸쳐 측압이 작용되는 경향이 있다.

② 거푸집 설계 시 반드시 공인된 실험이나 해석을 통해 입증된 결과를 토대로 실시하고, 기술
책임자의 승인을 얻어야 한다.

(2) 운반

교통체증 등 예상하지 못한 문제점이 발생할 수 있으므로 이런 경우를 모두 고려하여 운반시간
을 정해야 한다.

(3) 타설

콘크리트 펌프에 가해지는 압송부하가 펌프의 최대 압력보다 작도록 펌퍼빌리티를 확보한다.

항목	단위	호칭지수	수평환산거리
직선 강관	1m	100 125 150	1
테이퍼관(1m)	1개	175~150 150~125 125~100	3
곡관	1개	90° γ=0.5m γ-1.0	6
가요성 호스	길이 5~8m 한 개당		20

(4) 양생

① 일반 콘크리트에 응결시간이 지연되므로 초기양생에 주의할 것

② 블리딩이 거의 없고 표면건조가 빠르게 되는 경우가 많으므로 서성수축 균열 발생에 유의할 것

③ 경화 시까지 직사광선이나 바람 등에 노출되지 않도록 할 것

④ 표면이 건조되기 전 마감 작업을 신속히 완료할 것

6 고유동 콘크리트의 슬럼프 관리

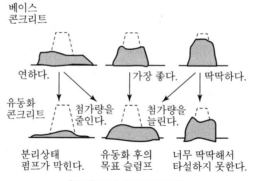

〈효과적인 슬럼프 관리〉

7 결론

고유동 콘크리트는 제조 후 운반되는 과정에서 품질이 변화되며, 특히, 펌프 압송 시 압송 전후에 유동성, 재료분리 저항성, 자기 충전성, 공기량이 크게 변화된다. 따라서 현장에서 콘크리트 타설을 안정적으로 수행하기 위해서는 배합설계단계에서 압송 후 품질 변화를 검토하고 실제현장과 동일한 조건의 사전 실험을 수행하는 것이 적절하다.

··· 15 고강도 콘크리트

1 개요

고강도 콘크리트의 강도는 표준 양생한 콘크리트 공시체의 재령 28일의 강도를 표준으로 하며, 설계기준압축강도는 보통 또는 중량골재 콘크리트에서 40MPa 이상, 경량골재 콘크리트에서 27MPa 이상으로 한다.

2 특징

(1) 보통 강도를 갖는 콘크리트에 비해 재령에 따른 강도 발현이 빠르게 나타나면서 늦게까지 강도 증진이 이루어진다.
(2) 보통 또는 중량골재 콘크리트에서 40MPa 이상, 경량골재 콘크리트에서 27MPa 이상
(3) 기준 재령은 28일을 일반적으로 정하나 강도의 크기에 따라 56일, 90일 등을 채택할 수 있다.

3 구성재료

(1) 시멘트

일반 콘크리트에 비해 엄격히 관리해야 하며 3종 조강 포틀랜드 시멘트를 사용할 경우 사용목적 및 방법을 신중히 검토한 후 사용하여야 한다.

(2) 혼화재료

① 고강도 콘크리트의 제조가 가능한 것은 고성능 감수제(고유동화제)의 개발에 기인한다.
② 이 외에도 여러 감수제가 있으나 그 품질을 확인하는 시험배합을 한 다음 가능한 한 현장시험배합까지 실시한 후 사용하여야 한다.

(3) 잔골재

먼지, 진흙, 유기불순물, 염분 등의 유해물질이 포함되지 않은 깨끗하고 강하며 내구적인 것으로 입도가 기준에 맞게 분포되어야 한다.

(4) 굵은골재

① 굵은골재 자체의 강도는 콘크리트 강도에 크게 영향을 미치므로 단단하고 견고한 골재를 선별 사용하여야 한다.
② 강도발현에 직경이 작은 골재를 사용하는 것이 효과적이므로 굵은골재 최대 치수는 구조물 단면 크기에 관계없이 25mm 이하로 한다.

4 배합

(1) 물-결합재비의 결정

① 단위수량은 소요의 워커빌리티 및 강도를 얻을 수 있는 범위 내에서 가능한 한 적게 되도록 정한다.

② 슬럼프는 작업이 가능한 범위 내에서 되도록 작게 하며, 유동화 콘크리트로 할 경우 슬럼프 플로의 목표값은 설계기준압축강도 40MPa 이상 60MPa 이하의 경우 작업 조건에 따라 500, 600, 700mm로 구분하여 정한다.

③ 40MPa 이상의 강도 발현을 위해서는 가능한 45퍼센트 이하의 물-결합재비 값으로 소요의 강도와 내구성을 고려해 정한다.

5 비비기

가경식 믹서보다는 강제식 팬 믹서가 효율적이고, 팬 믹서는 내부팬과 회전팬이 반대방향 회전을 동시에 시키는 비비기가 가장 효과적이다.

6 운반

재료의 분리 및 슬럼프 값의 손실이 적은 방법으로 신속하게 운반하고 그렇지 못할 경우 운반차는 트럭믹서, 트럭 애지테이터 혹은 건비빔 믹서로 한다.

7 타설

(1) 타설 낙하높이는 1m 이하로 하며 고강도 콘크리트는 점성이 높아 재료 분리 발생 가능성이 낮으므로 타설 품질에 악영향을 미치지 않는 범위에서 낙하높이를 조절한다.

(2) 수직부재에 타설하는 콘크리트 강도와 수평부재 타설하는 콘크리트 강도차가 1.4배를 초과하는 경우 수직부재에 타설한 고강도 콘크리트는 수직-수평부재의 접합면으로부터 수평부재 쪽으로 안전한 내민길이를 확보하도록 한다.

8 양생

(1) 낮은 물-결합재비로 제조한 고강도 콘크리트는 수분이 적기 때문에 반드시 습윤양생을 실시한다.

(2) 일반 콘크리트에 비해 양생 개시시기를 되도록 빨리한다.

9 결론

고강도 콘크리트는 강도가 높으며 블리딩이 없는 등의 장점이 있으나, 폭열발생의 우려가 있으므로 이에 대한 대비가 필요하며, 점성이 커서 흙손에 콘크리트가 붙어 작업하기 어려운 경우도 있으므로 표면건조를 방지하는 범위 내에서 표면 마무리를 위해 적당한 수분을 가하는 것이 가능하다. 특히, 단위 시멘트량이 증가되어 수화온도가 상승되면 거푸집 제거 후 수화균열이 발생할 가능성이 있으므로 주의가 필요하다.

··· 16 매스 콘크리트

1 개요

(1) 매스 콘크리트로 다루어야 하는 구조물의 부재치수는 두께 80cm 이상, 하단이 구속된 벽에서는 두께 50cm 이상이다.

(2) 특수 콘크리트 중 하나로 경화과정에서 과도한 수화열에 의한 온도균열이 발생하여 콘크리트의 내구성에 영향을 미치므로 콘크리트 부재 내부의 온도와 외기의 온도차 발생을 최소화하여 온도균열을 제어해야 한다.

2 온도균열 발생원인

(1) 재료

분말도 높은 시멘트

(2) 배합

① 단위시멘트양 과다
② 낮은 굵은골재 최대 치수
③ 슬럼프치 과다
④ 잔골재율 과다

(3) 시공

① 타설속도가 빠를 때
② 타설높이가 높을 때
③ 신축이음간격이 과다할 때

3 매스 콘크리트의 온도 상승 요인

(1) 부재의 단면치수가 클수록
(2) 콘크리트의 내부 온도와 외부 기온의 차이가 클수록
(3) 단위시멘트양이 많을수록
(4) 타설 시 콘크리트 온도가 높을수록

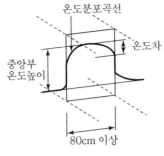

〈Mass Con'c 내부 온도분포〉

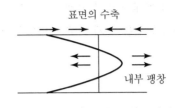

〈Mass Con'c 내부의 열응력〉

4 온도균열의 제어방법

(1) 시공 전반 검토

① 시멘트, 혼화재료, 골재 등 적절한 재료 및 배합의 선정

② 블록분할과 이음위치, 콘크리트치기 시간간격의 선정

③ 거푸집의 재료와 구조, 콘크리트의 냉각 및 양생방법의 선정

(2) Pre-cooling에 의한 온도 제어

(3) Pipe-cooling에 의한 온도 제어

(4) 팽창 콘크리트에 의한 균열 방지

(5) 균열유발줄눈으로 균열발생위치 제어

(6) 균열제어철근 배치에 의한 방법

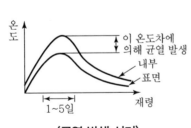

〈균열 발생 시기〉

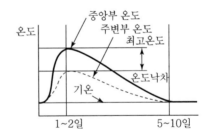

〈Mass Con'c 내부 온도변화〉

5 매스 콘크리트 시공 시 유의사항

(1) 콘크리트의 온도상승 저감을 위한 재료 및 배합 결정

(2) Slump 및 단위시멘트양 조절로 수화열 저감

(3) 감수제, AE 감수제, 유동화제 등 혼화재료 사용

(4) 이어치기 시간간격은 외기온이 25℃ 미만일 때는 120분, 25℃ 이상에서는 90분으로 하며, 기온이 높을 경우 응결지연제 사용

(5) 양생 시 온도변화를 제어하기 위해 콘크리트 표면의 보온 및 보호 조치

(6) 굵은골재 최대 치수를 크게 하고 실적률이 높은 골재 사용

(7) 1회 타설 높이를 낮게 하고 전단면을 2~3회로 분할해 타설한다.

⑥ 결론

매스콘크리트는 콘크리트 사용재료의 특성상 수화열이 과다하게 발생되는 구조적 특성을 갖고 있음에 따라 온도균열의 저감이 가장 큰 관리대상이 된다. 따라서 온도균열 저감을 위한 재료의 선정과 양생 단계에서의 안전대책을 수립해 준수하는 것이 중요하며, 내·외부 온도차 관리를 위한 지속적인 연구개발도 지속적으로 진행되어야 할 분야로 여겨진다.

··· 17 PC(Precast Concrete) 시공 시 안전대책

1 개요

(1) 'PC(Precast Concrete) 공사'란 공장에서 제작된 PC부재를 현장에서 조립·접합하여 구조체를 만드는 공사를 말하며, 추락·낙하·비래·감전·충돌·협착 등의 재해 발생 우려가 있다.

(2) PC 공사는 고소작업이 많아 추락에 의한 재해발생 가능성이 높으므로 안전대책 수립 후 작업이 진행되어야 한다.

2 PC 공법의 특징

(1) 장점

① 공장생산으로 품질 균일

② 구체공사와의 병행으로 공사기간 단축

③ 현장작업의 축소로 노무비 절감

④ 대량생산으로 원가 절감

(2) 단점

① 고소작업으로 안전관리에 취약

② PC 부재의 접합부 취약

③ PC 부재의 운반, 설치 시 파손 우려

3 PC 공사 Flow Chart

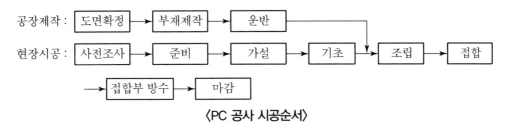

〈PC 공사 시공순서〉

4 PC 공사 시 재해유형

(1) **추락** : 고소작업 시 작업자의 부주의 및 안전시설 미비로 인한 추락

(2) **낙하·비래** : PC 조립작업 시 부재의 낙하·비래

(3) **감전** : 전기기계·기구에 의한 감전, 인양장비의 가공선로 접촉으로 인한 감전

(4) **충돌·협착** : 작업 중 인양장비에 의한 작업자의 충돌·협착

(5) **도괴** : PC 조립부재가 완전히 고정되기 전 자중으로 인한 도괴

(6) **전도** : 지반 부등침하, 장비급선회, 받침대 불량에 의한 인양장비의 전도

5 PC 공사 시 시공단계별 안전대책

(1) 반입도로 정비

① PC 부재 운반차량, 크레인 등의 중차량 통행을 위하여 부지 내의 도로는 안전운행을 할 수 있도록 유지·보수

② 부재의 반입도로와 야적장의 연결

(2) 야적장

① 양중장비의 작업반경 내 위치

② 운반 차량 통행에 지장이 없도록 여유 확보

③ 바닥이 평탄해야 하고 물이 잘 빠지도록 주위에 배수구 설치

④ 가장 큰 부재를 기준으로 적치스탠드 배치

(3) 비계

① 외부 비계 설치 시 작업에 지장을 주지 않도록 바닥면보다 1m 이상 높게 설치

② 필요에 따라 달비계를 설치하여 작업

(4) PC 부재의 설치

① 설치 시 PC 부재가 파손되지 않도록 주의

② PC 부재의 하부가 오염되지 않도록 받침목 설치

③ PC 부재는 수직으로 설치

(5) PC 부재의 조립

① 작업 전에 작업자에 대한 작업내용 숙지 및 안전교육 실시

② 안전담당자의 지휘 아래 작업

③ PC 부재 인양작업 시 신호는 사전에 정해진 방법에 따라 실시

④ 신호수 지정

⑤ 조립 작업자는 복장을 단정하게 하고 안전모, 안전대 등 보호구 착용

⑥ 조립작업 전 기계·기구 공구의 이상 유무 확인

⑦ 부재 하부의 작업자 출입 금지

⑧ 강풍 시 조립부재를 결속하거나 임시 가새 등 설치

⑨ PC 부재를 달아 올린 채 주행 금지

⑩ PC 부재 인양작업 시 적재하중을 초과하는 하중 금지

⑪ 작업반경 내 작업자 외 출입금지

⑫ 작업현장 부근의 고압선로는 절연 방호 조치

⑬ PC 부재의 인양작업 시 중량을 고려하여 크레인의 침하 방지 조치

6 재해방지시설

(1) 추락 방지시설

구분	시설종류	점검 시 확인사항
추락 방지	개구부 방호철물	• 사용위치 : 엘리베이터홀 • 설치기준 : 바닥부에 100mm 이상 발판턱 설치, 난간틀에는 안전 표지판 부착 • 사용 시 주의사항 : 작업을 위해 해체 시 작업 후 즉시 재설치
	개구부 덮개	• 개구부 발생즉시 덮을 수 있도록 사전에 준비할 것 • 개구부가 작아도 반드시 설치할 것 • 안전표지 및 조명상태 사전확인
	안전방망	• 51합 이상 사용 • 그물코는 사각 또는 마름모로 크기 100mm 이하일 것 • 강도손실이 초기 인장강도의 30% 이상 시 폐기할 것 • 설치 후 1년 이내 최초검사, 이후 6개월 이내마다 재검사
	안전난간	• 설치위치 : 중량물취급 개구부, 가설계단 통로, 경사로, 흙막이 지보공 상부 • Keyword : 변위, 탈락이 발생되지 않도록 클램프체결을 견고하게 하고 타 용도 사용을 금할 것 • 난간대 지름은 2.7cm 이상으로 한다.

(2) 낙하물 방지시설

① 낙하물 방지망

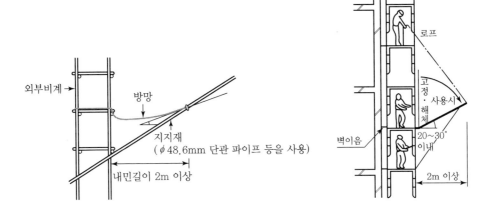

② 수직방망

- 수직방망을 설치하기 위한 수평 지지대는 수직 방향으로 5.5m 이하마다 설치할 것
- 용단, 용접 등 화재 위험이 있는 작업 시 반드시 난연 또는 방염 가공된 방망 설치
- 수직방망끼리의 연결은 동등 이상의 강도를 갖는 테두리 부분에서 하고, 망을 붙여 칠 때 틈이 생기지 않도록 할 것
- 지지대에 고정 시 망 주위를 45cm 이내의 간격으로 할 것
- 방망 연결 부위의 개소당 인장강도는 1,000N 이상으로 할 것
- 단부나 모서리 등에는 그 치수에 맞는 수직방망을 이용하여 틈이 없도록 칠 것
- 통기성이 작은 수직방망은 예상 최대 풍압력과 지지대의 내력 관계를 벽연결 등으로 충분히 보강
- 수직방망을 일시적으로 떼어낼 때에는 비계의 전도 등에 대한 위험이 없도록 할 것

7 결론

PC 공사는 향후 시공범위가 확대될 분야로 현장에서의 콘크리트 타설에 따른 거푸집·동바리 작업의 생략 등 많은 장점이 있으나 대형 장비 사용 및 양중 작업에 따른 안전조치와 고소작업 시 재해발생 방지를 위한 각종 안전시설 및 안전계획 수립 이후 작업이 진행되도록 해야 한다.

P A R T

03

철골공사

CHAPER

01

철골공사의
안전관리

··· 01 철골공사의 특징과 안전대책

1 개요

철골작업은 H-beam 등 철골부재를 공장에서 제작해 운반해 온 후 조립도에 의해 기초 위에 볼트, 리벳, 고력볼트, 용접 등의 방법으로 조립하고 Beam 위에 Deck Plate를 설치해 바닥부를 구성하는 공사로 철골조립 작업 중 추락, 가조립 철골부재의 전도·도괴, 데크플레이트 설치 중 추락재해 등이 발생되므로 이에 대한 예방대책이 필요하다.

2 철골공사의 특징

(1) 재료의 강성이 크고 단일재료가 사용된다.
(2) 공기단축이 가능하며, 사전조립에 의한 정밀도 향상이 가능하다.
(3) 내구성이 우수하며, 구조물 해체 후 재사용 자재의 범위가 넓다.
(4) 좌굴안정성 부족 및 고소작업에 따르는 추락재해의 발생 위험성이 크다.

〈도심지 철골공사 현장〉

3 철골공사 순서

설계도서 검토 → 발주 → 공작도 작성 → 공장 제작 → 운반 → 설치 → 내화피복

4 재해발생 주요 단위작업

부재 반입 및 운반 → 인양 및 조립 → 데크플레이트 설치 → 콘크리트 타설

5 주요 재해유형

(1) 철골부재 반입 시 협착

(2) 이동식 크레인에 의한 하역 시 철골부재 충돌

(3) 인양작업 시 결속부 탈락에 의한 부재 낙하

(4) 조립된 철골부재의 도괴

(5) 조립작업 중 추락

(6) 콘크리트 타설 시 데크플레이트 붕괴에 의한 추락

6 좌굴안정성 검토

(1) 압축좌굴 : 좌굴 예측 상황별 재료길이 수정

(2) 국부좌굴 : 폭과 두께의 비율을 안정성 범위 내에서 유지할 것

(3) 횡좌굴 : 가새 또는 Slab로 보강할 것

7 단위작업별 위험원인별 대책

단위작업	안전대책
부재 반입 및 운반	• 와이어로프의 폐기기준 준수 • 경사면 차량 거치 시 구름방지조치(쐐기 등 사용) • 인양, 하역작업 시 유도자 배치 • 하역작업 시 충분한 조명시설 확보
인양 및 조립	• 안전대 부착설비 설치 및 안전대 착용 • 이동통로에 가설통로 설치 • 철골부재 하부 추락방지망 설치 • 철골기둥에 승강용 트랩 설치
데크플레이트 설치	• 데크플레이트 설계 시 개구부 최소화 • 탈락 방지를 위한 가용접의 철저한 시공 • 단부에 안전대 걸이용 로프 설치 및 추락위험표지 설치 • 하부에 추락방지망 설치 • 용접작업 중 화재발생 방지조치

8 철골공사 현장의 안전관리기준 관리대책

(1) 평균풍속 10m/s, 강우 1mm, 강설 1cm

(2) 전도방지

① 자립도검토

② 보강 와이어로프 본조임까지 유지

(3) 중점관리

① Span보다 4배 이상 높은 구조물

② 높이 20m 이상 구조물

(4) 시공계획단계 검토사항

① 양중기 종류, 위치, 대수

② 복공판 선정

③ 세우기 순서

④ 안전시설 종류, 규모, 개수

9 결론

철근콘크리트 공사에 비해 많은 장점으로 최근 도심지 초고층 건축물을 비롯해 물품 보관을 위한 창고 등의 시공이 활발하게 이루어지는 철골공사는 공장에서 제작한 부재를 현장에서 볼트 또는 용접 등의 방법으로 조립하고 데크플레이트를 설치해 바닥부를 구성하는 공정으로 진행됨에 따라 간편한 공법임에 비해 추락재해 등이 빈번하게 발생되고 있으므로 이에 대한 안전대책의 준수가 무엇보다 중요하다.

··· 02 철골 공작도

1 개요

(1) '철골 공작도(Shop Drawing)'란 설계도서와 시방서를 근거로 철골 부품의 가공·제작을 위해 그려지는 도면이다.

(2) 건립 후 가설부재나 부품을 부착하는 것은 고소작업 등의 위험한 작업이 많으므로, 사전에 계획하여 위험한 작업을 공작도에 모두 포함할 수 있도록 함으로써 재해예방이 가능하다는 것을 이해하는 것이 중요하다.

2 철골공작도 작성목적

(1) 정밀시공

(2) 안전성 확보

(3) 설계오류로 인한 문제점의 사전예방

(4) 돌관작업으로 인한 안전사고의 예방

3 철골의 공사 전 검토사항

(1) 설계도 및 공작도의 확인 및 검토사항

① 확인사항
- 부재의 형상 및 치수
- 접합부의 위치
- 브래킷의 내민치수
- 건물의 높이 등

② 검토사항
- 철골의 건립형식
- 건립상의 문제점
- 관련 가설설비 등

③ 기타
- 검토결과에 따라 건립기계의 종류를 선정하고 건립공정을 검토하여 시공기간 및 건립기계 대수 결정
- 현장용접의 유무, 이음부의 시공 난이도를 확인하여 작업방법 결정
- SRC조의 경우 건립순서 등을 검토하여 철골계단을 안전작업에 이용
- 내민보가 한쪽만 많이 있는 기둥에 대한 필요한 조치

(2) 공작도(Shop Drawing)에 포함시켜야 할 사항

건립 후 가설부재나 부품을 부착하는 것은 위험한 작업이므로 사전에 계획하여 공작도에 포함시켜 고소작업 등의 위험한 작업 방지

(3) 철골의 자립도를 위한 대상 건물

풍압 등 외압에 대한 내력이 설계에 고려되었는지 확인하여야 할 철골구조물

4 철골공작도에 포함시켜야 할 사항

(1) 외부비계받이 및 화물 승강용 브래킷

(2) 기둥 승강용 Trap

(3) 구명줄 설치용 고리

(4) 건립에 필요한 Wire 걸이용 고리

(5) 난간 설치용 부재

(6) 기둥 및 보 중앙의 안전대 설치용 고리

(7) 방망 설치용 부재

(8) 비계 연결용 부재

(9) 방호선반 설치용 부재

(10) 양중기 설치용 보강재

5 철골 공작도 작성 Flow-chart

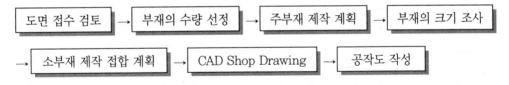

1 개요

(1) 철골공사는 건립 중에 강풍이나 무게중심의 이탈 등으로 도괴될 뿐만 아니라 건립 완료 후에도 완전히 구조체가 완성되기 전까지는 외력에 의한 안정성 저하요인이 발생될 수 있으므로 철골 자립도에 대한 안정성 확보가 필요하다.

(2) 철골공작도 작성은 정밀시공과 안전성 확보를 위하여 매우 중요한 철골작업 전 선행될 사항이다.

2 철골의 자립도 검토 대상 건축물

(1) 높이 20m 이상의 구조물

(2) 구조물의 폭과 높이의 비(比)가 1:4 이상인 구조물

(3) 단면구조에 현저한 차이가 있는 구조물

(4) 연면적당 철골량이 50kg/m² 이하인 구조물

(5) 기둥이 타이플레이트(Tie Plate)형인 구조물

(6) 이음부가 현장용접인 구조물

3 철골공작도 작성 Flow Chart

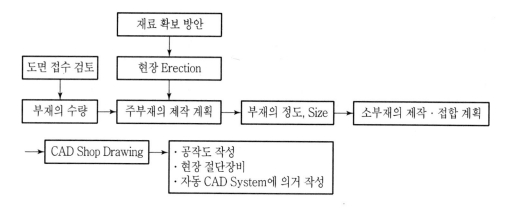

··· 04 제작공장 관리

1 개요

공장제작 시 불합리한 사항은 발주처에 질의해 승인을 득한 후 Shop Drawing 작업에 착수한다. 또한, 접합부는 작업자가 숙지할 수 있도록 디테일하게 작성해야 하며, 신속한 도면 확정 및 설계변경의 능동적 대처를 위해 Basic Drawing과 Shop Drawing 간의 확인 Check를 실시해 제작반영에 차질이 없도록 하는 것이 중요하다.

2 공장제작의 원칙

(1) 현장 세우기 순서에 따라 가공
(2) 동일, 동종의 부재가 다소 있을 경우에는 능률을 감안하여 연속가공
(3) 장착물, 중량물은 운반능력과 건립조건에 따라 분할가공
(4) 가공을 마친 부재는 반출에 지장이 없도록 적치
(5) 접합부에 대한 Sampling 검사 실시

3 공장제작 Flow Chart

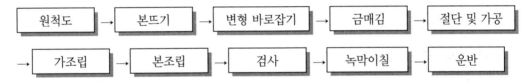

원척도 → 본뜨기 → 변형 바로잡기 → 금매김 → 절단 및 가공
→ 가조립 → 본조립 → 검사 → 녹막이칠 → 운반

4 공장제작 단계별 내용

(1) 원척도 작성

1:1의 실측도면으로 설계도에 의해 공장의 원척장에서 작성

(2) 본뜨기

원척도에 따라 얇은 강판으로 작업

(3) 변형 바로잡기
(4) 금매김
(5) 절단 및 가공

⑹ **구멍뚫기**

철골부재에 Bolt 구멍, 리벳구멍 등을 뚫음

⑺ **가조립**

각각의 부재를 Bolt, 드리프트 핀(Drift Pin) 등으로 가조립

⑻ 본조립

⑼ 검사

⑽ 녹막이칠

⑾ 운반

5 공장제작 용접관리

⑴ 용접 일반사항

① 0℃ 이하의 용접 시에는 적정온도 예열 후 용접 시행

② 용접결함 발생 시는 감독원의 승인 후 수정작업 시행

③ 수동용접봉은 규정에 의한 건조 후 사용

⑵ 기상조건에 의한 작업 제한

① 눈, 비로 용접할 부위가 젖었을 때, 습도가 90%를 넘었을 때

② 풍속이 6m/sec 이상일 때

③ 기온이 영하 5℃(−5℃) 이하일 때

⑶ 용접 기타사항

① 모재 용접면의 이물질은 Wire Brush로 제거하고 수분 및 기름 등은 Gas Burner로 제거한다.

② 용접 완료 후 24시간이 지난 후 용접검사 실시

···05 철골공사의 건립계획 수립 시 검토사항

① 개요

(1) 철골공사에서의 주요 작업은 건립작업이며, 현장마다 입지조건이 다르기 때문에 작업환경을 충분히 고려하여 건립계획을 수립하여야 한다.

(2) 철골공사의 건립계획 수립 시에는 실제 작업을 수행하는 협력업체의 의견도 충분히 반영하여야 하며, 사전에 충분한 검토를 거친 후 건립계획을 수립하여 작업의 안전성을 확보하여야 한다.

② 현지 조사사항

(1) 현장에서 발생되는 소음, 낙하물 등이 인근 주민, 통행인, 가옥에 위해를 끼칠 우려가 있는지의 여부 조사 및 대책 수립

(2) 차량 통행이 인근 가옥, 전주, 가로수, 가스·수도관 및 케이블 등의 지하매설물에 지장을 주는지, 통행인 또는 차량 진행에 방해가 되는지, 자재 적치장 소요면적은 충분한지 등을 조사

(3) 건립용 기계의 붐이 오르내리거나 선회하는 작업반경 내에 인접 가옥 또는 전선 등의 지장물이 없는지, 기타 주변 지형지물과의 간격과 높이 등을 조사한다.

③ 철골 건립기계 선정 시 검토사항

(1) 건립기계의 출입로, 설치장소, 기계조립에 필요한 면적

(2) 이동식 Crane 주행통로의 유무

(3) 고정식 건립기계는 기초구조물을 설치할 수 있는 공간과 면적

(4) 이동식 Crane의 소음진동허용치 검토

(5) 건축물의 길이, 높이 등에 적합한 건립기계 선정

(6) 고정식 건립기계는 작업반경, Boom의 안전인양하중 범위, 수평거리, 수직높이 등을 검토

④ 철골 건립순서 계획 수립 시 검토사항

(1) 철골 건립 시 계획 및 확인

① 현장건립순서와 공장제작순서가 일치되도록 계획

② 제작검사 사전실시, 현장운반계획 등 확인

(2) 좌굴, 탈락에 의한 도괴 방지

어느 한 면만 2절점 이상 동시에 세우는 것 금지

(3) 조립순서 설정

① 건립기계의 작업반경·진행방향을 고려하여 조립순서 결정

② 조립된 부재에 의해 후속작업이 방해받지 않도록 계획

(4) 연속기둥의 설치 좌굴 및 편심에 의한 탈락 방지

연속기둥 설치 시 안전성을 확보하여 좌굴 및 편심에 의한 탈락 방지

(5) 건립 중 도괴 방지

볼트 체결기간 단축으로 건립 중 도괴 방지조치

5 1일 작업량 결정 시 고려사항

(1) 운반로의 교통체계

(2) 장애물에 의한 부재 반입 여건

(3) 작업시간 여건

6 재해 방지시설의 설치 검토

(1) 기둥의 승강용 Trap, 구명줄

(2) 추락 방지용 방망(추락 방지망)

(3) 방호철망(낙하물 방지망, 낙하물 방호선반)

(4) 통로(수직통로, 수평통로) 등

7 기타 검토사항

(1) 건립기계, 용접기 등의 사용에 소요
되는 전력시설

(2) 지휘명령계통

(3) 기계 공구류의 점검 및 취급 방법

(4) 신호방법 및 양중관리체계

(5) 악천후에 대비한 처리방법

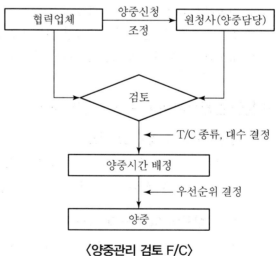

〈양중관리 검토 F/C〉

··· 06 현장작업 시 안전대책

1 개요

(1) 철골공사는 철골부재를 가공하는 '공장제작'과 현장에서 조립·세우기 작업을 하는 '현장작업'의 2가지 공정으로 나눌 수 있다.

(2) 철골공사의 작업 전 고소작업에 따른 안전대책과 소음·진동에 따른 환경공해에 대한 대책도 수립하여야 한다.

2 현장시공 Cycle

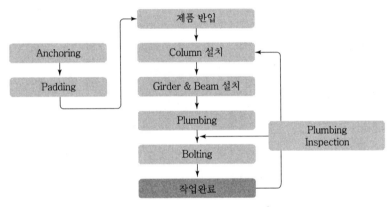

〈철골작업 현장시공 Cycling〉

3 철골 반입 시 준수사항

(1) 안정성 있는 받침대 사용

적치될 부재의 중량을 고려하여 받침대는 적당한 간격으로 안정성 있는 것을 사용

(2) 건립순서를 고려하여 반입

(3) 부재 하차 시 도괴 방지 조치

(4) 인양 시 부재의 도괴 방지 조치

(5) 인양 시 수평이동

(6) 수평이동 시 준수사항

① 전선 등 다른 장해물에 접촉할 우려가 없는지 확인

② 유도 Rope를 끌거나 누르지 않도록 할 것

③ 인양된 부재의 아래쪽에 작업자 출입금지 조치

④ 내려야 할 지점에서 일단 흔들림을 정지시킨 다음 서서히 내릴 것

(7) 적재 시 주의사항

① 너무 높게 쌓지 말 것

② 체인 등으로 묶어두거나 버팀대를 대어 넘어가지 않도록 할 것

③ 적치높이는 적치부재 하단폭의 1/3 이하

4 현장 세우기 순서 Flow Chart

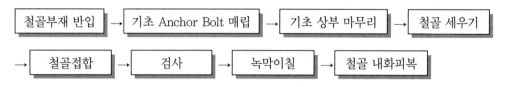

5 현장 세우기 단계별 유의사항

(1) 철골부재 반입

① 운반 중의 구부러짐, 비틀림 등을 수정하여 건립순서에 따라 정리

② 건립순서를 고려하여 시공순서가 빠른 부재는 상부에 위치

(2) 기초 Anchor Bolt 매립

① 기둥의 먹줄을 따라 주각부와 기둥밑판의 연결을 위해 기초 Anchor Bolt 매립

② 기초 Anchor Bolt 매립공법의 종류

- 고정매립공법
- 가동매립공법
- 나중매립공법

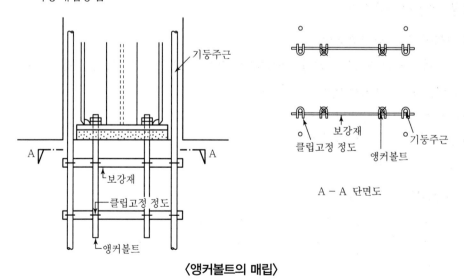

〈앵커볼트의 매립〉

(3) 기초 상부 마무리

① 기둥밑판(Base Plate)을 수평으로 밀착시키기 위하여 실시

② 기초 상부 마무리공법의 종류
- 고름 Mortar 공법
- 부분 Grouting 공법
- 전면 Grouting 공법

(4) 철골 세우기

① 기둥 세우기 → 철골보 조립 → 가새설치 순으로 조립

② 변형 바로잡기

트랜싯·다림추 등을 이용하여 수직·수평이 맞지 않거나 변형이 발생된 부분을 바로잡는다.

③ 가조립

바로잡기 작업이 끝나면 가체결 Bolt, 드리프트 핀(Drift Pin) 등으로 가조립한다.

(5) 철골 접합

가조립된 부재를 Rivet, Bolt, 고력 Bolt, 용접 등으로 접합

(6) 검사

① Rivet, Bolt, 고력 Bolt, 용접 등의 접합상태 검사

② 육안검사, 토크 관리법(Torque Control), 비파괴검사 등의 방법으로 검사

(7) 녹막이 칠

① 철골 세우기 작업 시 손상된 곳, 남겨진 부분에 방청도장 실시

② 공장제작 시 녹막이칠과 동일한 방법으로 실시

(8) 철골내화피복

① 철골을 화재로부터 보호하고 일정 시간 강재의 온도 상승을 억제할 목적으로 실시

② 타설공법, 뿜칠공법, 성형판붙임공법, 멤브레인공법 등이 있음

6 안전관리 대책

(1) 권과방지장치, 과하중경보장치 설치

(2) 와이어로프 관리기준 준수

(3) 적재물에 탑승 금지

(4) 작업반경 내 관계자 외 출입 금지

(5) 신호수 배치

(6) 아우트리거, 가대 침하방지 조치

(7) 유도로프 설치

(8) 붐대의 전선접촉 방지 조치

⑦ 결론

철골공사는 공장제작 시 주요부의 Basic Drawing 과 Shop Drawing 간 오차가 발생하지 않도록 제작이 이루어져야 하며, 이후, 현장반입 후 세우기 작업 시 재해 방지를 위한 추락방지망과 안전로프 등의 안전시설 설치개소의 사전파악과 설치기준의 준수가 무엇보다 중요하다.

··· 07 건립공법

1 개요

공장에서 제작해 반입된 철골부재를 건립하는 공법의 분류에는 Lift Up, Stage 조립, Stage 조출, 현장조립공법 등이 있으며 건립 시에는 현장시공 Cycle에 의한 안전한 작업이 이루어질 수 있도록 특히 본조임 시 안전대책의 수립과 준수가 필요하다.

2 현장건립공법 선정 시 고려사항

(1) 현장의 입지 조건

(2) 철골공사의 규모

(3) 철골의 구조 및 공사기간

(4) 경제성, 시공성, 무공해성, 안전성

3 현장건립공법의 종류와 특징

(1) Lift Up 공법

① 구조체를 지상에서 조립하여 이동식 크레인, 유압잭 등으로 건립하는 공법으로, 체육관·공장·전시관 등의 건립에 사용되는 공법

② 특징
- 지상에서 조립하므로 고소작업이 적어 안전한 작업이 가능하다.
- 작업능률이 좋으며, 전체 조립의 시공오차 수정이 용이하다.
- Lift Up 하는 철골부재에 강성 부족 시 적용하기 곤란하다.
- Lift Up 종료까지 하부작업이 불가하며 Lift Up 시 집중적인 안전관리가 필요하다.

(2) Stage 조립공법

① 파이프트러스(Pipe Truss)와 같은 용접 구조물로서, 가조립으로 달아 올리기가 불가능한 경우 철골의 하부에 Stage를 짜고 철골의 각 부재를 Stage로 지지하면서 접합하여 전체를 조립하는 공법

② 특징
- Stage를 작업장으로 사용할 수 있으므로 안전작업이 가능하다.
- 각 부재의 맞춤·접합 시 조정이 용이하고 Stage는 타 작업에도 이용 가능하다.
- Stage 가설비가 고가이다.
- Stage 조립작업 시간이 비교적 많이 소요된다.

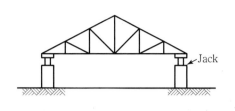

〈Lift up 공법〉

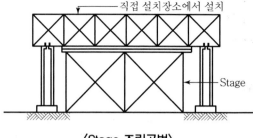

〈Stage 조립공법〉

(3) Stage 조출공법

① Stage를 일부에만 설치하고 하부에 Rail을 깔아 이동하면서 순차적으로 철골 부재를 조립하는 공법

② 특징

- 부분 Stage이므로 하부 작업과 조정이 용이하다.
- 작업장소가 제한되므로 양중장비 대수의 제한이 필요하다.
- Stage 조립공법보다 공사기간이 길며 숙련도가 요구된다.
- 이 공법도 철골부재의 강성이 요구된다.

(4) 현장조립공법

① 부재의 길이, 폭, 중량 등으로 인해 전체를 조립하여 반입하지 못하는 경우 분할 반입하여 양중 위치와 가까운 곳에서 조립하여 올리는 공법

② 특징

- 소부재로 분할하므로 운반 작업이 쉽다.
- 현장에서 조립하므로 장척 구조물이거나 중량물도 양중이 가능하다.
- 현장조립 장소가 필요하며 현장조립 공기가 추가로 소요된다.
- 대형, 대중량물을 양중함에 따라 계획상의 제약이 많이 발생한다.

(5) 병립공법

① 한쪽 면에서 일정 부분씩 계단식으로 최상층까지 철골건립을 완료하고 순차적으로 건립하는 공법

② 특징

- 조립능률의 향상이 가능하다.
- 자립 가능한 철골단면이 없을 경우 시공이 곤란하다.

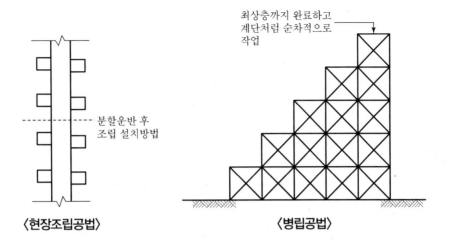

〈현장조립공법〉 〈병립공법〉

최상층까지 완료하고
계단처럼 순차적으로
작업

분할운반 후
조립 설치방법

(6) 지주공법

① 부재의 길이, 중량 등의 제한으로 전체를 달아 올려 조립 불가 시 그 접합부에 지주를 세워 지주 위에서 접합을 하고 지주를 철거하는 공법

② 특징

- 분할해서 달아 올리므로 양중기의 적합한 계획이 가능하다.
- 지주가 있어 접합부의 임의 조정이 쉽다.
- 지주 위에서의 조립작업이므로 작업능률이 저하된다.
- 각 부재 접합의 종료 후 지주를 빼낼 수 없으므로 지주의 반복 사용이 불가능하다.

(7) 겹쌓기공법(수평쌓기공법)

① 하부에서 1개 층씩 조립 완료 후 상부층으로 조립해가는 공법

② 특징

- 철골의 제작과 조립순서가 같아 건립작업의 조정이 용이하다.
- 타 작업도 어느 정도 시공할 수 있으므로 공정진행이 원활하다.
- 양중기를 내부에 설치 시 본체 철골 보강이 필요하다.
- 조립 완료 후 양중기 해체 시 작업량이 증가하는 단점이 있다.

4 본조임 시 안전대책

볼트 본조임 시 달비계를 사용하여 작업발판을 확보하고 안전벨트를 착용한 후 작업에 임하며 다음 사항을 준수한다.

(1) 공구 상태, 수량 등을 점검한다.

(2) 재료나 공구류를 확인하고 여분은 정리하여 보관한다.

(3) 전동공구의 상태를 점검한다.

(4) 전동공구는 접지극이 있는 플러그를 사용한다.

(5) 체결철물의 상태를 확인한다.

(6) 안전모, 안전대, 보조로프, 장갑 등 보호구를 확인한다.

(7) 작업발판과 승강설비의 상태를 점검한다.

(8) 작업장 주변에 출입금지를 표시하여 관계자 외는 출입을 금지시킨다.

(9) 강우, 강풍 시는 작업을 중지하고 현장을 정돈한다.

⑤ 결론

(1) 철골공사의 대부분은 공장 제작된 철골부재를 현장에서 조립하는 공정으로, 철골의 건립작업은 철골공사의 주요 작업이 된다.

(2) 건립공법의 선정 시에는 공사의 규모, 입지조건, 철골의 구조, 공기 등을 고려하여 결정하여야하며, 또한 경제적이고 안전한 시공이 되도록 한다.

···08 Lift Up 공법

1 개요

(1) 'Lift Up 공법'이란 구조체를 지상에서 조립하여 이동식 크레인·유압잭 등으로 들어올려서 건립하는 공법을 말한다.

(2) Lift Up 공법은 지상에서 철골부재가 조립되므로 고소작업이 적어 안전작업이 용이하나 Lift Up 하는 철골부재에 어느 정도의 강성이 없으면 곤란한 공법이다.

2 Lift Up 공법의 적용대상

(1) 체육관, 홀

(2) 공장, 전시실

(3) 정비고, 전파송수신용 탑, 교량 등

3 Lift Up 공법의 종류

Lift Slab 공법	기둥의 선행제작＋지상에서 제작한 슬래브를 달아 올려 고정하는 공법
큰 지붕 Lift 공법	지상에서 철골조를 완성시킨 후 달아 올려 고정하는 공법
Lift Up 공법	지상에서 조립하고 수직으로 달아 올려 고정시키는 공법

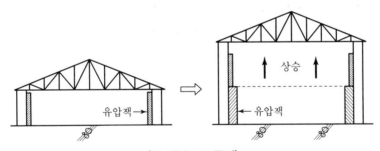

〈큰 지붕 Lift 공법〉

4 Lift Up 공법의 특징

(1) 장점

① 지상에서 조립하므로 고소작업이 적어 안전작업이 가능하다.

② 작업능률이 좋으며, 전체 조립의 시공오차 수정이 쉽다.

③ 가설비계 및 중장비의 절감으로 공사비가 절감된다.

④ 시공성 향상으로 동일한 조건하에서 공기단축이 가능하다.

(2) 단점

① Lift Up 하는 철골부재에 어느 정도의 강성이 없으면 곤란하다.

② Lift Up 종료 시까지 하부작업 진행이 불가능하다.

③ 구조체를 Lift Up 시킬 때 집중적인 관리가 필요하다.

④ 사전준비와 숙련도가 요구된다.

5 Lift Up 공법의 안전관리 유의사항

(1) 안전담당자의 지휘하에 작업

(2) 작업반경 내 관계자 외 출입 금지

(3) 강풍, 강우, 폭설 등 악천후 시 작업 중지

구분	내용
강풍	10분간 평균 풍속이 10m/sec 이상
강우	1시간당 강우량이 1mm/hour 이상
강설	1시간당 강설량이 1cm/hour 이상

(4) 강풍 시 높은 곳에 있는 부재나 공구류가 낙하·비래하지 않도록 조치할 것

(5) 상부작업 시 공구류는 달줄 또는 달포대 등을 사용하여 운반할 것

(6) Lift Up 시 신호수를 배치하여 신호방법 준수

(7) 가공전선과 충분한 이격거리를 확보

(8) 건립 중에 Wire Rope, 턴버클 등으로 자재 등의 붕괴·전도 방지 조치

(9) 작업 전 작업내용·작업방법 주지 및 안전교육 실시

(10) 작업자는 반드시 안전모, 안전대 등 안전보호구 착용

··· 09 Column Shortening

① 개요

(1) 철골조 고층건축물 시공 시 내외부 기둥구조가 다르거나 재료의 차이 및 응력 발생의 차이로 신축량에 차이가 발생되는 현상을 말한다.

(2) 기둥이나 벽 같은 수직부재가 하중을 과다하게 받는 경우에도 이러한 현상이 발생하므로 유의해야 한다.

(3) 발생한 변위량을 조정하기 위해서는 전체 층을 구간별로 나누어 가조립 상태에서 변위량을 조절한 후 본조립을 하는 등의 조치가 필요하다.

② 발생유형

(1) 구분

구분	특징
탄성 Shortening	상부하중으로 발생되는 변위
비탄성 Shortening	구조물 응력 또는 하중차로 발생되는 변위

(2) 발생유형

① 탄성 Shortening
- 기둥부재 재질이 다른 경우
- 기둥부재의 높이 차이
- 단면적 차이
- 작용하중 차이

② 비탄성 Shortening
- 콘크리트 하중에 의한 응력 차이
- 건축물 방향에 따른 건조수축량 차이
- 부재체적, 철근비에 의한 차이

③ Column Shortening의 원인

(1) 재질 상이

① 같은 층 기둥의 재질이 다를 경우
② 상하층 기둥의 재질이 다를 경우

(2) 기둥구조가 다를 때

① 초고층 건물에서 내외부 기둥구조의 차이로 인해 부등축소가 발생

② 코어부분과 기둥과의 Level 차이로 발생

(3) 압축응력 차이

내외부 기둥부재의 응력 차이로 인해 변위가 다른 경우

(4) 온도 차이

① 내·외부 온도차에 의해 변위가 다를 경우

② 온도차로 인한 발생

③ 태양열에 의한 철골 신축은 100m에 4~6cm 발생

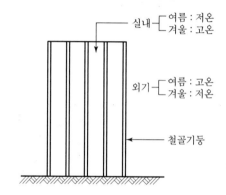

(5) 기초 상부 고름질 불량

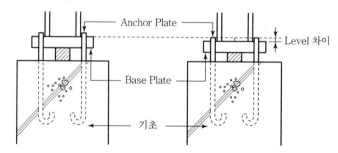

기초 상부 고름 Mortar의 두께 상이로 인한 Level 차이 발생

(6) 신축량 차이

부재 간의 신축량의 차이가 심하게 발생하여 변위 발생

4 대책

(1) 변위량 예측

① 설계 시 변위량 미리 예측

② Feedback System 적용

③ 변위량에 대한 정확한 Data 적용

④ 기둥 절단 및 변위량 조절

(2) 변위량 최소화

① 구간별로 나누어진 발생 변위량을 등분 조절하여 변위 치수를 최소화

② 변위가 일어날 수 있는 곳을 미리 예측하여 변위를 조절

(3) 변위 발생 후 본조립

변위가 발생된 후에 가조립 상태에서 본조립 상태로 완전조립

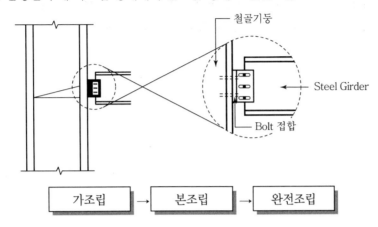

(4) 구간별 변위량 조절

발생되는 변위량을 조절하기 위하여 전체 층을 몇 개의 구간으로 구분

(5) 계측 철저

① 시공 시 변위 발생량을 정확히 측정

② 계측기구 사용

(6) Level 관리 철저

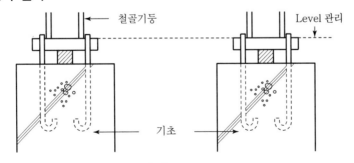

Base Plate의 Level이 같아지도록 관리

(7) 콘크리트 채움 강관 적용

① 초고층의 기둥을 콘크리트 채움 강관(Concrete Filled Tube)으로 시공

② 국부 좌굴 방지, 휨감성 증대로 변위량 감소

5 결론

(1) 철골조 초고층 건축물 시공 시 기둥의 Column Shortening으로 인하여 보, Slab 등 다른 부재의 균열이 발생되므로, 변위량을 예측하여 안전한 시공이 되도록 해야 한다.

(2) Column Shortening은 구조적인 영향 및 마감재에 주는 영향이 크므로 Column Shortening 으로 인한 균열·변형 등의 방지대책을 수립해 시공해야 한다.

··· 10 커튼월의 결함 발생유형과 방지대책

1 개요

(1) 커튼월의 결함 중 가장 많은 유형은 누수와 결로가 대표적이며, 시공 시 구조적 안정성과 기밀성, 방수성이 확보되도록 관리하는 것이 중요하다.

(2) 결함의 발생 요인은 재료, 시공, 사용환경 등으로 구분되며 시공 정밀도의 향상과 더불어 실링재의 개발과 시험기술의 향상이 이루어져야 할 것이다.

2 요구성능

(1) 수밀성

(2) 결로 방지

(3) 기밀성

(4) 내풍압성

(5) 차음성

(6) 강도 및 내구성

3 결함의 종류

(1) 누수

① 재료불량(프라이머, 실링재 등)

② 시공불량

③ 구조체 변형

④ 접합면 바탕처리 불량

(2) 결로

① 단열성능 부족

② 내외부 온도 차

③ 환기량 부족

④ 단열재 미사용

(3) Sealing재의 파괴

① Sealing 재료의 불량

② 바탕처리의 불량

③ 시공의 정밀도 부족

(4) 변형

① 온도 변화에 의한 변형

② 재료 자체의 변형

(5) 탈락

① 시공정밀도 미흡

② Fastener 요구성능의 부족

(6) 파손

① 공장에서 운반 및 현장 도착 시 이동 과정에서 파손 발생

② 양중기로 양중 및 설치 시 파손 발생

(7) 온도 변화

금속재의 온도팽창 차이로 발음(發音)현상 발생

4 방지대책

(1) 누수대책

원인	대책	도해
중력	상향구배	틈새 ⇨ 상향구배
표면장력	물끊기 설치	⇨ 물끊기
모세관 현상	Air Pocket 설치	0.5mm 이하 ⇨ Air Pocket
운동에너지	미로 설치	⇨ 미로
기압 차	내·외벽 간의 감압 공간	⇨

(2) 결로 방지

단열 Bar 및 복층유리를 사용하여 결로 발생 방지

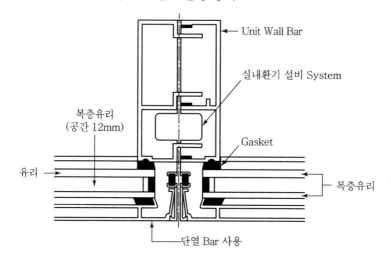

(3) 층간변위 추종성 확보

① 고층 철골구조(유연구조) : 20mm 전후

② 중·저층 건물(강구조) : 10mm 전후

(4) 단열성능 향상

① Curtain Wall 부재 사이에 단열재 설치

② Curtain Wall의 이음부에는 내측으로 단열 보강

(5) 적정 Fastener 방식 채택

건축물의 규모와 용도에 따른 Fastener 방식의 채택으로 층간변위에 대한 추종성 확보

(6) 파손 방지

적정 강도 유지

(7) 구조안전성 확보를 위한 시험 실시

① 풍동시험(Wind Tunnel Test)

② 실물대 시험(Mock Up Test)

③ Field Test

(8) 금속 접촉부 절연재 시공

① 금속 접촉부 사이에 절연시트 시공

② 테플론 등의 마찰계수가 낮은 소재 사용

5 결론

(1) 커튼월 적용 건축물은 누수와 결로를 비롯한 결함이 발생되지 않도록 시공 시 구조적 안정성과 기밀성, 방수성이 확보되도록 관리하는 것이 중요하다.

(2) 결함 발생 방지를 위해 재료, 시공, 사용환경 등에 관한 고려와 시공 시 추락재해 등의 발생 방지를 위한 안전조치가 이루어져야 할 것이다.

1 개요

커튼월은 동시설치방법과 분리설치방법으로 분류되며 건축물 규모와 사용재료 등을 고려해 적합한 공법이 선정되어야 하며 특히 시공 불량 시 보수작업이 어려운 점을 고려해 정밀한 작업이 이루어지도록 해야 하며 고소작업에 따른 추락 및 낙하재해 예방대책의 수립이 필요하다.

2 요구성능

항목	내용
차음성	틈이 생기지 않게 정밀 시공하여 내외부 소음으로부터 차음성능 확보
강도	마감재의 설계치 이상 강도를 유지하고 확보
층간변위 추종성	수평 및 수직 방향의 변위에 추종하는 성능 확보
내풍압성	건물 외벽에 작용하는 풍압으로부터 내력 확보 및 풍동시험으로 문제점 파악
기밀성	마감 후 부재 간의 접합 부위에 대한 기밀성능 확보
결로 방지	내외부 온도 차에 의한 접합부 및 코너부 결로 방지가 가능한 공법 요구
시공성	시공이 용이한 재료와 구조방식 및 보수·보강이 쉬운 방식
경제성	가격이 저렴하고 원가절감이 가능한 경제적인 재료와 구조방식
내열성	외기온도에 견딜 수 있는 성능으로서 100~200℃에서 내열시험
심미성	주위 환경과 조화를 이루며 아름다운 형태의 외관 추구

3 Line Marking

건물 내부에 기준먹을 설치하고 피아노선을 이용하여 외부에 설치할 Curtain Wall의 시공정밀도 관리

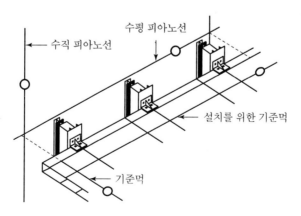

4 설치방법

(1) Stick System

① Curtain Wall의 각 구성 부재를 현장에서 하나씩 조립하여 설치하는 System

② 단위 부재를 현장에서 조립하므로 Knock Down System이라고도 한다.

(2) Unit System

Curtain Wall 구성 부재를 공장에서 조립하여 Unit화한 후, 유리 등 마감재를 미리 시공하고 현장에서는 Unit만 설치하는 System

(3) Unit & Mullion System(Semi Unit System)

① Stick System과 Unit System이 혼합된 System

② 수직 Mullion Bar를 먼저 설치하고 조립 완료된 Unit 설치

(4) Panel System

① PC Panel 내에 단열재와 마감재(타일, 돌) 등을 부착시킨 대형 Panel 등을 부착시키는 System

② 공장에서 PC Panel을 완성시킨 후 현장에서는 설치만 하는 System

5 용어

(1) Fastener(커튼월 구조체 긴결부품)

① 요구성능 : 시공성, 내력 Sliding 성능, 내구성, 층간변위 대응, 내화성

② 방식

〈Sliding 방식〉　　　〈Locking 방식〉　　　〈Fixed 방식〉

(2) 창호시험의 종류

① **기밀시험** : 한 시간 동안 창을 통과한 공기량(부피)($m^3/h \cdot m^2$)

② **내풍압시험** : 강한 바람에 창이 버틸 수 있는 최대 풍압

③ **수밀시험** : 빗물이 실내에 들어오지 않는 한계풍압

④ **단열시험** : 창을 통해 전달되는 열에너지[k : 열전도율($W/m \cdot K$)]

··· 12 철골공사 현장의 재해방지시설

1 건립준비

(1) 건립 준비 및 기계, 기구 배치 시 낙하물 위험이 없는 평탄한 장소를 선정해 정비하고 경사지에는 작업대나 임시 발판을 설치해 안전하게 한 후 작업한다.

(2) 건립작업에 지장이 되는 수목은 제거하거나 이설한다.

(3) 인근에 건축물, 고압선 등이 있는 경우 방호조치 및 안전조치를 한다.

(4) 사용 전 기계, 기구에 대한 정비 및 보수를 실시한다.

(5) 기계가 계획대로 배치되었는지, 윈치는 작업구역을 확인할 수 있는 곳에 위치하였는지, 그리고 앵커 등의 고정장치와 기초구조 등을 확인한다.

2 철골반입

(1) 작업에 장해가 되지 않는 곳에 적치한다.

(2) 받침대는 부재 중량을 고려해 적당한 간격을 유지한다.

(3) 반입 시 건립 순서를 고려해 반입한다.

(4) 부재 하차 시 부재의 도괴에 대비한다.

(5) 부재 하차 시 트럭 위에서의 작업은 불안정하므로 인양 시 무너지지 않도록 주의한다.

(6) 부재에 로프를 체결하는 작업자는 경험이 풍부한 사람으로 한다.

(7) 인양 시 서서히 들어 올려 안정 상태가 된 것을 확인한 후 다시 들어 올리며 트럭 적재함에서 2m 정도가 되었을 때 수평이동시킨다.

(8) 수평이동 시 장해물과의 접촉을 방지하고 적재높이가 과다하지 않도록 한다.

3 철골공사용 가설설비

(1) 비계

① 달비계 등 전면비계는 추락 방지용 방망을 연결·설치해 사용한다.

② 달기틀 및 달비계용 달기체인은 '가설기자재 성능검정규격'에 적합한 것이어야 한다.

(2) 재료적치장소와 통로

① 공사용 재료, 공구, 용접기 등의 적치장소와 통로를 가설해 구체공사에도 이용되도록 계획한다.

② 철골, 철근 콘크리트조의 경우 작업장을 연면적 $1,000m^2$에 1개소를 설치하고 2개소 이상 설치할 경우 작업장 간 연락통로를 가설한다.

③ 작업장 설치위치는 기중기 선회범위 내에서 수평운반거리가 가장 짧게 되도록 계획한다.

④ 자재 수량, 배치방법의 제한 요령을 명확히 정해 안전수칙을 부착한다.

⑤ 건물 외부로 돌출된 작업장은 적재하중과 작업하중을 고려해 충분한 안전성을 갖게 하고 난간과 낙하방지를 위한 안전난간대 등 안전설비를 갖춘다.

⑥ 가설통로는 사용 목적에 따라 안전성을 충분히 고려해 설치하고 통로 양측에는 지지력이 있는 손잡이 난간을 설치한다.

4 동력 및 용접 설비

(1) 타워크레인을 사용하는 고층 구조물의 경우 최상층 높이까지 이동할 수 있는 케이블 등을 준비한다.

(2) 현장용접이 필요한 경우 용접량, 용접방법, 용접규격, 용접기 대수 등을 정확히 계획한다.

(3) 용접기, 용접봉, 건조기 등은 보관소를 설치해 작업장소 변경에 따라 이동시키며 작업하도록 계획한다.

5 재해방지설비

(1) 용도, 사용장소 및 조건에 따라 재해방지설비를 갖추도록 한다.

[재해 유형별 안전시설]

기능		용도·사용장소·조건	설비
추락 방지	안전한 직업이 가능한 작업발판	높이 2m 이상의 장소로서 추락의 위험이 있는 작업	• 비계 • 달비계 • 수평통로 • 표준안전난간
	추락자 보호	작업발판 설치가 어렵거나 개구부 주위로 난간 설치가 어려운 곳	추락 방지용 방망
	추락의 우려가 있는 위험장소에서 작업자의 행동 제한	개구부 및 작업발판의 끝	• 표준안전난간 • 방호울
	작업자의 신체 유지	안전한 작업발판이나 표준안전난간설비를 할 수 없는 곳	• 안전대부착설비 • 안전대 • 구명줄

기능		용도·사용장소·조건	설비
비래·낙하 및 비산 방지	낙하 위험 방지	철골 건립, Bolt 체결 및 기타 상하작업	• 방호철망 • 방호울 • 가설 Anchor 설비
	제3자의 위해 방지	Bolt, 콘크리트 덩어리, 형틀재, 일반자재, 먼지 등이 낙하·비산할 우려가 있는 작업	• 방호철망 • 방호 Sheet • 방호울 • 방호선반 • 안전망
	불꽃의 비산 방지	용접, 용단을 수반하는 작업	불연성 울타리, 용접포

(2) 고소작업에 따른 재해 방지를 위해 추락방지용 방망을 설치하고 작업자는 안전대를 사용하도록 하며, 미리 철골에 안전대부착설비를 설치한다.

(3) 구명줄을 설치할 경우 1가닥 구명줄을 여러 명이 동시에 사용하지 않도록 하며, 구명줄은 마닐라 로프 직경 16mm를 기준으로 설치하고 작업방법을 충분히 검토한다.

(4) 낙하, 비래 및 비산 방지설비는 철골건립 개시 전 설치하고 높이가 20m 이하일 때는 방호선반을 1단 이상, 20m 이상인 경우 2단 이상 설치하며 건물 외부 비계 방호 시트에서 수평거리로 2m 이상 돌출하고 20도 이상의 각도를 유지시킨다.

(5) 외부 비계를 필요로 하지 않는 공법을 채택한 경우에도 낙하, 비래 및 비산 방지 설비를 하여야 하며, 철골보 등을 이용하여 설치하여야 한다.

(6) 화기 사용 시 불연재료로 울타리를 설치하거나 용접포로 주위를 덮는 등의 조치를 취한다.

(7) 내부에 낙하비래방지시설을 설치할 경우 3층 간격마다 수평으로 철망을 설치해 추락방지시설을 겸하도록 하되 기둥 주위에 공간이 생기지 않도록 한다.

(8) 건립 중 건립 위치까지 작업자가 안전하게 승강할 수 있는 사다리, 계단, 외부비계, 승강용 엘리베이터 등을 설치해야 하며, 기둥 승강 설비로는 16mm 철근 등을 이용해 트랩을 설치해 안전대부착설비 구조를 겸용하도록 한다.

··· 13 조립 시 안전대책

1 개요

철골의 조립작업은 팀(Team)별로 공동으로 수행하는 것이 일반적으로, 조원(組員)들 간의 부조화 시 재해 개연성이 높아지므로 작업 시작 전 올바른 작업순서 및 작업방법을 숙지하고 안전담당자의 지시하에 작업을 수행하여 재해를 예방하여야 한다.

2 철골 건립 준비 시 준수사항

(1) 작업장의 정비

(2) 수목의 제거 및 이설

(3) 인근 구조물·매설물 등에 대한 방호 및 안전조치

(4) 기계·기구 정비 및 보수

(5) 확인사항

① 계획대로 기계가 배치되었는지 확인

② 윈치가 작업구역을 확인할 수 있는 곳에 위치하였는지 확인

③ 기계에 부착된 Anchor 등 고정장치와 기초구조 등을 확인

3 철골 조립 시 안전대책

(1) 기둥을 세울 때에는 가조립 Bolt를 조여 달기까지 인양 Wire Rope를 풀거나 낮추지 말 것

(2) 기둥 세우기는 보와 연결하여 한 칸씩 할 것

(3) 보를 달지 못할 때에는 버팀줄 또는 버팀대로 보호할 것

(4) 기둥의 밑부분이 핀일 경우 버팀대 설치 후 인양 Wire Rope를 제거할 것

(5) 분할핀은 사전에 철골에 연결할 것

(6) 브래킷, 커버 플레이트 등은 탈락하지 않도록 철선으로 부착할 것

(7) 분할핀, Bolt, 공구류 등은 보 위에 방치하지 말 것

(8) 공구류는 달기로프 또는 달기포대 등을 사용하여 운반할 것

(9) 재료, 공구 등을 보관 시에는 철골에 결속할 것

(10) 상하 동시 작업 시 낙하 방지조치를 강구할 것

(11) 드리프트 핀(Drift Pin)을 타입할 때에는 하부에 출입금지 조치를 할 것

(12) 철골 각 층으로 통하는 안전통로 및 승강설비를 조치할 것

(13) 철골 각 층마다 수평망 또는 구명 Net를 설치할 것

(14) 건립 중에 Wire Rope, 턴버클 등으로 강풍, 자재 적재 등에 의해 쓰러지지 않도록 할 것

(15) 가공전선과 충분한 이격거리를 확보하거나 방호조치 할 것

···14 철골공사의 작업통로

1 개요

(1) '철골공사의 작업통로'란 철골작업 시 임시로 설치되어 재료의 운반 및 근로자의 이동통로로 이용되는 가설구조물을 말하며, 크게 수직통로와 수평통로로 나눌 수 있다.

(2) 철골공사에서는 수평·수직 방향의 이동작업이 많은 데 비해 사용상의 제약조건이 많으므로 설치 및 사용에 대한 사전계획이 필요하다.

2 철골공사 작업통로의 분류

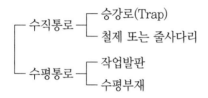

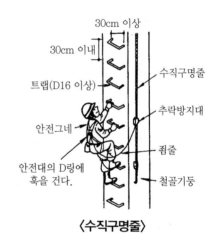

〈수직구명줄〉

3 수직통로

(1) **승강로(Trap)**

① 기둥 제작 시 16mm 철근 등으로 설치

② 높이 30cm 이내, 폭 30cm 이상으로 설치하고, 수직구명줄을 병설하여 승강 시 안전대의 부착설비로 사용

(2) **철제 또는 줄사다리**

철골부재의 공장제작 시 부착시킨다.

(3) **Stud Bolt**

철골부재와 콘크리트의 연결재 Stud Bolt를 이용하여 수직통로로 이용

(4) **기타**

강재계단 : 다른 부위보다 조기에 강재계단을 설치하여 활용

4 수평통로

(1) 작업발판과 철골 자체

① 일반적으로 철골보 자체가 통로로 이용되며, 그 외에는 대부분이 작업발판과 겸용하여 수평통로로 이용된다.

② 로프(Rope)나 난간용 지주 등을 이용하며 반드시 안전난간을 설치한다.

(2) 잔교

① 자재를 적치장소에서 작업장소로 운반하거나 작업자 통행을 위해 가설한다.

② 강교 등의 토목공사에 주로 사용되며 건축공사에서의 사용빈도는 높지 않다.

1 개요

철골공사에서 작업발판을 필요로 하는 작업은 볼트체결·용접·도장·마무리 등의 작업으로 이러한 작업의 작업용 발판에는 작업장 전체에 설치되는 전면발판과 필요한 개소에만 설치하는 부분발판이 있다.

2 철골공사용 작업발판의 종류

(1) 전면발판
(2) 부분발판
　　① 달대비계 : 전면형, 통로형, 상자형
　　② 기타 : 달비계, 이동식 비계 등

3 전면발판

작업장 전체에 설치

4 부분발판

(1) 달대비계

　① 철골구조물의 달아 내린 작업발판으로 철골보·철골기둥 등을 기본 지지물로 사용
　② 철골작업의 리벳치기, 용접 등에 사용되며 작업 완료 후 해체
　③ 필요한 개소에 설치하며, 설치가 쉽고 안전성도 높음
　④ 달대비계의 종류
　　• 전면형 : 철골·철근콘크리트조(SRC조)에서 전면적으로 가설되어 후속 철근공사 등의 작업발판으로 사용

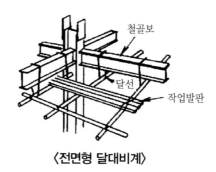

〈전면형 달대비계〉

- 통로형 : 작업을 할 수 있도록 철골의 내민보에 조립틀을 부착하여 작업발판으로 사용

〈통로형 달대비계〉

- 상자형 : 기둥, 내민보에 용접 접합한 상자 모양의 작업발판으로 고층 순철골 시공 시 사용

〈상자형 달대비계〉

(2) 달비계

내민보를 설치하고 작업발판을 달아놓은 비계로 철골공사의 마무리 작업으로 사용

① 곤돌라형 달비계

㉠ 다음의 어느 하나에 해당하는 와이어로프를 달비계에 사용해서는 아니 된다.

- 이음매가 있는 것
- 와이어로프의 한 꼬임[스트랜드(Strand)]에서 끊어진 소선(素線)(필러선은 제외)의 수가 10% 이상(비자전로프의 경우에는 끊어진 소선의 수가 와이어로프 호칭지름의 6배 길이 이내에서 4개 이상이거나 호칭지름 30배 길이 이내에서 8개 이상)인 것
- 지름의 감소가 공칭지름의 7%를 초과하는 것
- 꼬인 것
- 심하게 변형되거나 부식된 것
- 열과 전기충격에 의해 손상된 것

㉡ 다음의 어느 하나에 해당하는 달기 체인을 달비계에 사용해서는 아니 된다.

- 달기 체인의 길이가 달기 체인이 제조된 때의 길이의 5%를 초과한 것
- 링의 단면지름이 달기 체인이 제조된 때의 해당 링의 지름의 10%를 초과하여 감소한 것
- 균열이 있거나 심하게 변형된 것

㉢ 달기 강선 및 달기 강대는 심하게 손상·변형 또는 부식된 것을 사용하지 않도록 할 것

ⓔ 달기 와이어로프, 달기 체인, 달기 강선, 달기 강대는 한쪽 끝을 비계의 보 등에, 다른 쪽 끝을 내민 보, 앵커볼트 또는 건축물의 보 등에 각각 풀리지 않도록 설치할 것

ⓜ 작업발판은 폭을 40cm 이상으로 하고 틈새가 없도록 할 것

ⓗ 작업발판의 재료는 뒤집히거나 떨어지지 않도록 비계의 보 등에 연결하거나 고정시킬 것

ⓢ 비계가 흔들리거나 뒤집히는 것을 방지하기 위하여 비계의 보·작업발판 등에 버팀을 설치하는 등 필요한 조치를 할 것

ⓞ 선반 비계에서는 보의 접속부 및 교차부를 철선·이음철물 등을 사용하여 확실하게 접속시키거나 단단하게 연결시킬 것

ⓩ 근로자의 추락 위험을 방지하기 위하여 다음의 조치를 할 것
- 달비계에 구명줄을 설치할 것
- 근로자에게 안전대를 착용하도록 하고 근로자가 착용한 안전줄을 달비계의 구명줄에 체결(締結)하도록 할 것
- 달비계에 안전난간을 설치할 수 있는 구조인 경우에는 달비계에 안전난간을 설치할 것

② **작업의자형 달비계**

사업주는 작업의자형 달비계를 설치하는 경우에는 다음의 사항을 준수해야 한다.

㉠ 달비계의 작업대는 나무 등 근로자의 하중을 견딜 수 있는 강도의 재료를 사용하여 견고한 구조로 제작할 것

㉡ 작업대의 4개 모서리에 로프를 매달아 작업대가 뒤집히거나 떨어지지 않도록 연결할 것

㉢ 작업용 섬유로프는 콘크리트에 매립된 고리, 건축물의 콘크리트 또는 철재 구조물 등 2개 이상의 견고한 고정점에 풀리지 않도록 결속(結束)할 것

㉣ 작업용 섬유로프와 구명줄은 다른 고정점에 결속되도록 할 것

㉤ 작업하는 근로자의 하중을 견딜 수 있을 정도의 강도를 가진 작업용 섬유로프, 구명줄 및 고정점을 사용할 것

㉥ 근로자가 작업용 섬유로프에 작업대를 연결하여 하강하는 방법으로 작업을 하는 경우 근로자의 조종 없이는 작업대가 하강하지 않도록 할 것

㉦ 작업용 섬유로프 또는 구명줄이 결속된 고정점의 로프는 다른 사람이 풀지 못하게 하고 작업 중임을 알리는 경고표지를 부착할 것

㉧ 작업용 섬유로프와 구명줄이 건물이나 구조물의 끝부분, 날카로운 물체 등에 의하여 절단되거나 마모(磨耗)될 우려가 있는 경우에는 로프에 이를 방지할 수 있는 보호 덮개를 씌우는 등의 조치를 할 것

㉨ 달비계에 다음의 작업용 섬유로프 또는 안전대의 섬유벨트를 사용하지 않을 것
- 꼬임이 끊어진 것
- 심하게 손상되거나 부식된 것
- 2개 이상의 작업용 섬유로프 또는 섬유벨트를 연결한 것

- 작업높이보다 길이가 짧은 것
ⓩ 근로자의 추락 위험을 방지하기 위하여 다음의 조치를 할 것
  - 달비계에 구명줄을 설치할 것
  - 근로자에게 안전대를 착용하도록 하고 근로자가 착용한 안전줄을 달비계의 구명줄에 체결(締結)하도록 할 것

5 결론

철골공사현장의 작업발판 중 부분발판에 해당되는 달대비계와 달비계는 와이어로프 파단에 의한 추락재해가 빈번하게 발생되고 있는 주요 원인이 되고 있어 폐기기준의 준수가 무엇보다 중요하다. 또한 작업의자형 달비계를 사용하는 현장은 구명줄과 안전대 착용상태의 관리감독이 철저히 준수되어야 한다.

··· 16 기초 앵커볼트 매립공법

1 개요

Anchor Bolt는 주각부와 기둥밑판(Base Plate)을 연결하는 부재로 휨모멘트에 의해 발생되는 인장력에 대응하며, Anchor Bolt를 설치 후 기초 상부가 경화된 다음 기둥 세우기를 한다.

2 기초 Anchor Bolt 매립공법

(1) 고정매립공법

① Anchor Bolt를 기초 상부에 묻고 콘크리트를 타설하는 공법
② 대규모 공사에 적합하며, Anchor Bolt 매립 불량 시 보수 곤란

(2) 가동매립공법

① Anchor Bolt 상부 부분의 위치를 조정할 수 있도록 얇은 강판제를 Anchor Bolt 상부에 대고 콘크리트를 타설하고 경화 후 제거하는 공법
② 중규모 공사에 적합하며, 시공오차의 수정 용이

(3) 나중매립공법

① Anchor Bolt 위치에 콘크리트 타설·경화 후 거푸집을 제거하고 Anchor Bolt 고정 후 2차 콘크리트를 타설하여 마무리하는 공법
② 경미한 공사에 적합, 기계기초에 사용되는 공법

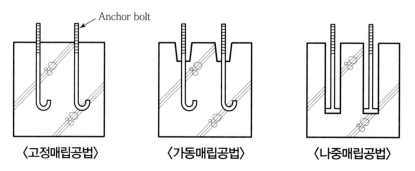

〈고정매립공법〉　　　〈가동매립공법〉　　　〈나중매립공법〉

3 Anchor Bolt 매립 시 준수사항

(1) Anchor Bolt는 매립 후 수정하지 않도록 설치
(2) Anchor Bolt는 견고하게 고정시키고 이동, 변형이 발생하지 않도록 주의하면서 콘크리트를 타설

(3) Anchor Bolt의 매립 정밀도 범위

① 기둥 중심은 기준선 및 인접기둥의 중심에서 5mm 이상 벗어나지 않을 것

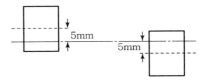

② 인접 기둥 간 중심거리 오차는 3mm 이하일 것

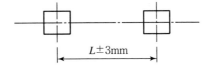

③ Anchor Bolt는 기둥 중심에서 2mm 이상 벗어나지 않을 것

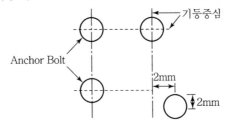

④ Base Plate 하단은 기준높이 및 인접 기둥의 높이에서 3mm 이상 벗어나지 않을 것

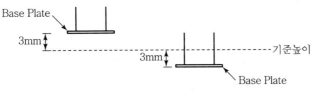

4 기초 상부의 마무리

(1) 기초 상부는 기둥밑판(Base Plate)을 수평으로 밀착시키기 위해 양질의 Mortar를 채움

(2) 기초 상부의 마무리공법(주각 Set 공법)

① 전면바름공법

Base Plate보다 3cm 이상 넓게, 3~5cm의 두께로 된 비빔 Mortar를 바르고 경화 후에 기둥 세우기를 하는 공법으로, 소규모에 적합

② 나중 채워넣기 중심바름법

Base Plate 하부 중앙부에 먼저 모르타르를 발라 기둥을 세운 후 Mortar를 채워 넣는 공법으로, 중규모에 적합

③ 나중 채워넣기 +자바름법

Base Plate 하부에 +자 모양으로 모르타르를 발라 기둥을 세운 후 Mortar를 채워 넣는 공법으로, 중규모에 적합

④ 나중 채워넣기

　　Base Plate 하부의 네 모서리에 수평조절장치 및 라이너(Liner)로 높이와 수평조절을 하
　　고 된 비빔 Mortar를 다져 넣는 공법으로, 대규모에 적합

⑤ 완성된 기초에 대한 확인 및 수정

(1) 기본치수의 측정 확인

기둥간격, 수직도, 수평도 등의 기본치수를 측정하여 확인

(2) Anchor Bolt의 수정

부정확하게 설치된 Anchor Bolt는 수정

(3) 콘크리트의 배합강도 확인

철골기초 콘크리트의 배합강도가 설계기준과 동일한지 확인

⑥ 앵커 고정방법

(1) 형틀판 고정

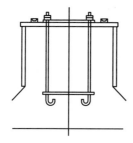
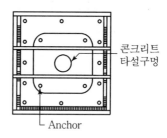

콘크리트
타설구멍

Anchor

(2) 강재프레임 고정

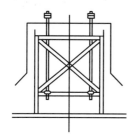
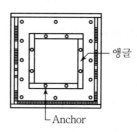

앵글

Anchor

··· 17 악천후 시 작업중지

1 개요

철골공사 중 강풍·폭우 등과 같은 악천후 시에는 작업을 중지하여야 하며, 특히 강풍 시에는 높은 곳에 있는 부재나 공구류가 낙하·비래하지 않도록 조치하여야 한다.

2 악천후 시 작업중지

(1) 악천후 기준

구분	내용
강풍	10분간 평균 풍속 10m/sec 이상
강우	1시간당 강우량 1mm/hour 이상
강설	1시간당 강설량 1cm/hour 이상

(2) 강풍 시 조치

① 높은 곳에 있는 부재나 공구류가 낙하·비래하지 않도록 조치
② Wire Rope, 턴버클, 임시가새 등으로 쓰러지지 않도록 보강

3 풍속별 작업범위

풍속(m/sec)	종별	작업종별
0~7	안전작업범위	전 작업 실시
7~10	주의경보	외부용접, 도장작업 중지
10~14	경고경보	세우기 작업 중지
14 이상	위험경보	고소작업자는 즉시 하강 안전대피

4 철골공사 재해 방지시설의 설치 검토

(1) 기둥의 승강용 Trap, 구명줄
(2) 추락 방지용 방망(추락 방지망)
(3) 방호철망(낙하물 방지망, 낙하물 방호선반)
(4) 통로(수직통로, 수평통로) 등

··· 18 데크플레이트 공사 시 안전대책

1 개요

최근 5년간 데크플레이트 관련 사망사고는 추락 및 붕괴, 낙하 등으로 총 41건이 발생하였고, 작업공정별로 판개, 설치작업, 콘크리트 타설, 양중거치의 순으로 발생건수가 많았으며, 향후 이에 대한 안전대부착설비 및 안전방망 등의 기본적인 안전가시설 설치는 물론 구조검토 등의 기술적인 종합적 대책이 필요하다.

2 데크플레이트의 정의

(1) 사다리꼴이나 사각형의 면외방향 강성과 길이방향 내좌굴성을 향상시킨 판이다.
(2) 거푸집용과 구조용으로 구분되며 거푸집용에는 고형 및 평형이 있다.
(3) 구조용은 철근트러스형 및 합성 데크플레이트로 구분된다.

3 핵심 안전대책

(1) 접합부 걸침길이 확보 및 고정
(2) 추가 동바리 또는 수평연결재 설치
(3) 시방서 등 설계도서에 따라 시공

4 재해발생 메커니즘

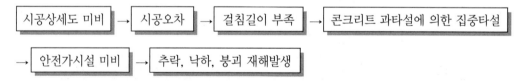

시공상세도 미비 → 시공오차 → 걸침길이 부족 → 콘크리트 과타설에 의한 집중타설

→ 안전가시설 미비 → 추락, 낙하, 붕괴 재해발생

5 붕괴발생의 기술적 원인(문제점)

(1) 구조검토 및 시공상세도 미작성

① 설계기준에 의한 데크의 응력 및 처짐량
② 데크 받침재 등 주요구조부의 용접강성

(2) 시공오차로 인한 데크플레이트 양단 걸침길이 부족

① 시공오차로 인한 길이방향 또는 폭방향 걸침길이 부족
② 콘크리트 타설 시 데크플레이트 처짐으로 인한 양단부 지지점 탈락

(3) 콘크리트 타설관리 미흡으로 과타설, 집중타설

① 타설두께 미준수

② Span 중앙부로 콘크리트를 받아 집중타설

6 개선대책

(1) 구조검토 및 시공상세도 작성 이행

① 설계기준에 의한 데크 응력 및 처짐량 검토

② 주요구조부 용접부의 구조검토, 목두께·용접길이 등 검수 철저

(2) 양단 걸침길이 관리기준 일관성 유지

① 철골조

• 데크플레이트 처짐길이 좌우 50mm 이상 걸침길이 확보

• 1매째부터 즉시 용접 후 순차적으로 60cm 이내마다 용접 고정

② RC조

• 거푸집 내측면과 크랭크 내측 이격거리 10mm 이상 유지

• 합성데크는 끝단이 거푸집 내측으로 20mm 이상 물리도록 설치

(3) 콘크리트 타설계획 수립 이행

① 타설 시 Span 중앙부에서 내려 받아 집중타설 금지

② 분산타설 실시 및 타설두께 준수

• 등분포하중을 가정한 분산타설에 의한 처짐 검토

• 과도한 처짐에 의한 단부에서의 탈락 및 꺾임 방지

7 데크플레이트 설치 및 콘크리트 타설 시 안전대책

(1) 데크플레이트 설치단계

① 구조안정성 검토 후 작성한 시방서, 조립도를 준수해 설치한다.

② 데크플레이트 양단 이음부를 못, 용접 등으로 견고하게 고정한다.

③ 데크플레이트 양단 하부 동바리가 흔들리지 않도록 수평연결재를 설치한다.

④ 데크플레이트 중앙부에 동바리를 추가로 설치한다(수평연결재 설치 시 안정성 확인 후 중앙부 동바리의 생략 가능).

(2) 콘크리트 타설 시

① 콘크리트 타설작업은 시방서 등 설계도서에 따른 시공방법을 준수한다.

② 타설 전 거푸집 및 동바리의 변위, 변형, 침하 여부를 확인한다.

③ 콘크리트 타설 중 편심이 발생하지 않도록 골고루 분산하여 타설한다.

④ 콘크리트 타설 진행 중인 장소의 하부에는 작업자의 출입을 금지한다.

⑤ 타설 중 거푸집 및 동바리의 이상 변위, 변형, 침하 유무를 감시한다.

⑥ 타설 중 이상 발견 시 작업자를 즉시 대피시키고 보강조치 후 작업을 재개한다.

8 재해발생 방지대책

(1) 추락방지

① 개구부나 슬래브 단부에 안전난간 설치

② 작업부 하단에 안전방망이나 안전대 부착설비 설치

(2) 낙하방지

① 시방서, 도면에 의한 용접관리

② 판개 후 Tack Welding 실시

③ 안전방망 또는 출입통제 조치

(3) 붕괴방지

① 자재 과적치 금지

② 구조 검토 후 시공상세도 작성 및 조립도 준수

③ 설치 시 양단 걸침길이 확보

④ 콘크리트 타설계획의 준수 및 과타설, 집중타설 방지

(4) 조립, 설치 전 점검사항

① 작업신호체계 및 유무선 통신상태

② 용접자 자격 여부 및 특별교육 실시상태

③ 휴대공구의 낙하방지조치 상태

④ 안전대 및 용접면 등의 개인보호구 지급, 착용상태

⑤ 낙하물방지망, 추락방지망, 안전난간 등의 안전가시설 설치상태

9 결론

데크플레이트(Deck Plate) 공사 시 추락, 낙하, 붕괴 3가지 재해의 방지를 위해서는 데크플레이트 걸침길이 관리기준의 준수가 중요하므로 이에 대한 철저한 준수와 안전대책의 수립이 필요하다.

··· 19 철골공사 무지보 거푸집동바리(데크플레이트공법) 안전보건작업지침 [C-65-2012]

이 지침은 산업안전보건기준에 관한 규칙(이하 "안전보건규칙"이라 한다) 제2편 제4장 제1절(거푸집동바리 및 거푸집)의 규정에 의하여 철골공사 현장에서 무지보 거푸집동바리(이하 "데크플레이트 공법"라 한다)의 설계, 조립 및 설치에 필요한 안전보건작업지침을 정함을 목적으로 한다.

1 데크플레이트 시공순서

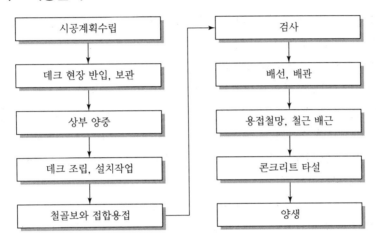

2 설계 시 안전고려사항

(1) 설계자는 데크플레이트 조립 및 콘크리트 타설 시 추락재해를 예방할 수 있도록 안전난간, 안전방망, 안전대 부착설비, 안전한 작업발판 등을 설계 시 반영하여야 한다.

(2) 자재나 공구류의 낙하물에 대한 재해를 예방할 수 있도록 출입금지구역 설정, 틈이 없는 바닥판 구조, 수직보호망, 방호선반 등을 설계 시 반영하여야 한다.

(3) 데크플레이트는 자중과 작업하중을 고려한 단면설계 및 바닥 중앙의 휨보강 등 구조적 강성을 확보토록 설계하여 콘크리트 타설 시 붕괴에 대하여 안전하도록 설계하여야 한다. 특히 보와 접합되는 단부에 콘크리트 누설방지 등 틈이 없는 바닥판 구조로 설계하여 안전성을 확보하도록 설계하여야 한다.

(4) 데크플레이트는 작업 또는 통행 시에 심하게 움직이거나 흔들리지 않는 강도로 설계하여야 한다.

(5) 설계자는 건설안전 관련 법령에서 정한 요건을 확인 및 검토하여야 한다. 또한 법상 요건을 설계에 적용하여 적절한 작업환경을 조성함으로써 건설공사 안전관리에 노력하여야 한다.

3 작업계획 수립 시 준수사항

(1) 공사현장의 제반 여건 등을 고려하여 안전성이 확보된 데크플레이트 시공방법을 선정하여야 한다.

(2) 데크플레이트는 작용하는 하중을 고려하여 데크플레이트 구조계산의 적정성 여부를 검토하여야 한다.

(3) 데크플레이트 반입, 양중, 조립·설치, 용접, 콘크리트 타설 등 각 작업단계별 작업방법과 순서, 근로자와 장비에 대한 안전조치 사항 등이 포함된 작업계획서를 수립하여야 한다.

(4) 작업계획서는 데크플레이트 작업에 풍부한 경험과 지식을 갖춘 사람이 수립하여야 하며, 공사 중에는 계획서의 내용이 제대로 이행되는지의 여부를 정기적으로 확인할 수 있도록 하여야 한다.

(5) 데크플레이트는 미끄러워 발을 헛디딜 위험성, 햇빛 반사로 인한 눈부심 현상과 같은 특징을 가지고 있고, 특히 고층에서 작업이 이루어지는 경우가 많으므로 안전대 사용, 안전난간 설치, 추락방지망 설치 등과 같은 추락방지대책을 강구하여야 한다.

(6) 데크플레이트는 비교적 풍압을 받기 쉬운 특징을 가지고 있기 때문에 돌풍이나 바람 등에 의해 날리는 위험을 방지하기 위하여 일기예보를 수시로 파악하여 강풍·강우 등 악천후가 없는 기간에 작업을 완료할 수 있도록 작업계획을 수립하여야 한다.

(7) 용접이나 절단작업 시에 전기, 가스 등에 의한 감전, 화재, 화상 또는 중독사고 방지 등에 대한 안전대책을 강구하여야 한다.

(8) 데크플레이트 조립도에는 다음 사항이 포함되어야 한다.
　① 전체 바닥판 평면 위에 규격판, 재단되고 남은 쪽판 등 각각의 위치와 번호가 명시된 상판재의 배치도 및 리스트
　② 단부 처리방법
　③ 개구부의 보강상세 등

4 데크플레이트 작업 안전조치사항

(1) 공통사항

　① 작업시작 전에 관리감독자를 지정하여 작업을 지휘하도록 하여야 한다.

　② 고압 가공전로, 전기·통신케이블 등 장애물 현황 등을 사전에 조사하고, 가공전로에 근접하여 작업할 때에는 가공전로를 이설하거나 절연용 방호구를 장착하도록 하는 등의 가공전로 접촉방지 조치를 하여야 한다.

　③ 작업자를 배치할 때는 작업환경, 작업의 종류·형태·내용·기한, 작업조건 등의 작업 특성과 연령, 건강상태, 업무경력, 경험한 정도, 작업자의 특성을 개개 근로자별로 고려해서 작업배치 적정 여부를 결정하여야 한다. 특히 데크플레이트 설치작업은 고층에서 작업이 이루어지므로 고소공포증, 고령자, 고혈압 질환자 등은 배제시켜야 한다.

④ 안전모, 안전대 등 근로자의 개인보호구를 점검하고 작업 전에 보호구의 착용방법에 대한 교육을 실시한 다음 작업 중에 착용 여부 및 상태를 확인하여야 한다.

⑤ 사용예정 장비는 안전점검을 실시하여야 하며, 이상이 발견된 때에는 정상적인 장비로 교체하거나 정비하여 이상이 없음을 확인한 후 사용하도록 한다.

⑥ 위험기계·기구의 방호장치를 점검하고 이상이 있는 경우에는 정상적인 제품으로 교체하여야 한다.

⑦ 관리감독자는 당해 작업의 위험요인과 이에 대한 안전수칙을 근로자에게 주지시키고 이행 여부를 확인하여야 한다.

⑧ 공사차량의 출입로를 확보하고 차량유도계획을 수립하여 제3자에게 피해를 주지 않도록 하여야 한다.

⑨ 개구부나 보 외주부 등 추락위험이 있는 장소에는 안전난간, 추락방지망 등 추락재해 방지 시설을 설치하고, 설치하기 곤란한 경우에는 근로자에게 안전대를 착용하도록 하는 등 추락위험을 방지하기 위하여 필요한 조치를 하여야 한다.

⑩ 작업시작 전에 작업통로, 안전방망, 안전난간 등 안전시설의 설치상태와 이상유무를 확인하여야 한다.

⑪ 작업장 내 공구 및 자재를 정리정돈하여 낙하·비래 등의 재해를 예방하여야 한다.

⑫ 부재를 크레인으로 인양할 때에는 인양용 와이어로프를 부재의 4지점 이상에 결속하고 별도의 유도 로프를 설치하여 안전하게 유도하여야 한다.

⑬ 중량물 부품을 운반하여 지면에 임시 적재할 때에는 반드시 받침목을 고이고 균형을 잡은 후 적재하여야 한다.

⑭ 기타 추락, 낙하·비래, 강풍·강우 등 악천후 시 작업중지 등에 관한 안전조치 사항은 KOSHA GUIDE C-44-2012(철골공사 안전작업에 관한 기술지침)에 따른다.

(2) 자재 반입, 보관

① 데크플레이트는 콘크리트 타설 시 처짐현상이 발생하기 쉬우므로 자재반입 시 현장에서 캠버값을 확인하여야 한다.

② 반입장소, 임시 적치장소, 차량 대기장소 등은 작업시작 전에 준비 및 확인하여야 한다.

③ 데크플레이트는 크레인 등을 이용하여 하역하여야 하며 다음 사항을 주의하여야 한다.

    ㉠ 각 포장단위별로 사용위치를 표시한 꼬리표를 별도로 부착하여 양중 위치선정이 용이 하도록 하여야 한다.

    ㉡ 와이어로프, 샤클, 인양용 보조 와이어로프, 보호대의 상태를 확인하여야 한다.

    ㉢ 녹이나 변형이 생기지 않도록 받침목은 최소 2개소 이상 받치고 적재하여야 한다. 이 때, 받침목은 지면에서 최소 20cm 이상으로 하고 하중이 균등하게 분배될 수 있는 적절한 간격으로 설치하여야 한다.

    ㉣ 안전하고 편평한 장소에 적재하고 철골보 위에 임시 적재할 경우에는 좌우보에 충분히

걸쳐 있는지 확인하고 균등하게 되도록 적재하여야 한다.

　　　ⓜ 바람 등에 의하여 데크플레이트가 날리지 않도록 로프 등으로 단단히 고정하여야 한다.

④ 지상에 야적할 경우 포장된 데크플레이트는 과적 시 붕괴위험이 있으므로 2단 이상 양중 및 적재하지 않아야 한다.

⑤ 데크플레이트는 제품의 특성상 충격 또는 집중하중에 의한 변형이 발생하기 쉬우므로 운반·보관 시에는 변형에 따른 구조내력에 지장이 없도록 하여야 한다.

(3) 양중

① 하중을 고려하여 적절한 슬링 와이어로프(Sling wire rope)를 사용하고 인양용 받침대(Sleeper)를 이용하여 4지점 체결 후 양중하여야 한다. 특히 데크플레이트와 와이어로프가 접촉하는 부위에 적당한 완충재를 사용하여 데크플레이트의 변형과 와이어로프의 손상 등을 방지하여야 한다.

② 데크플레이트 설치위치를 확인하고 설치구역(Zone) 및 일정한 간격(Pitch)별로 필요량만 양중하여 적재하여야 한다.

③ 강풍으로 인한 데크플레이트나 부속자재 등이 바람에 날리거나 전도되지 않도록 풍속별로 안전조치 계획을 수립하고, 특히 10분간 평균풍속이 10m/sec를 초과하는 경우에는 작업을 중지하고 데크플레이트를 결속하는 보강재를 설치하고 철골보 등에 로프 등을 이용하여 고정하여야 한다.

④ 한 장소에 과다한 데크플레이트 중량을 거치시키면 집중하중이 발생하여 바닥판이 손상되거나 붕괴될 우려가 있으므로, 작업 전 바닥판의 손상 여부를 확인하고 균등하게 분산적재하여야 한다. 일반적으로 철골이 겹쳐있는 십자부분에 안전하게 분산적재토록 하여야 한다.

⑤ 양중 작업 시작 전에는 작업방법, 순서, 안전조치사항 등을 근로자에게 주지시키고, 양중 작업 시 다음 사항을 준수하여야 한다.

　　　㉠ 중량물 취급주의와 안전모 등 보호구 착용

　　　㉡ 양중장비의 양중능력을 고려하여 정격속도는 5km/h 이하

　　　㉢ 인양용 받침대(Sleeper)를 이용하여 4지점 체결 후 양중

　　　㉣ 주변에 안전공간을 확보하는 등 위험 방지조치를 실시하여야 한다.

　　　㉤ 데크플레이트를 바닥면에 내릴 때에는 바닥에서부터 60cm 정도에서 데크플레이트의 균형을 유지한 후 내려야 한다.

⑥ 데크플레이트 포장용 밴드는 비산위험과 변형 방지를 위하여 조립·설치 직전에 절단하여야 한다.

⑦ 포장을 풀거나 포장밴드를 절단할 때에는 데크플레이트 위에 올라서서 포장을 풀어서는 안 된다.

(4) 데크플레이트 절단 및 구멍내기

① 사전에 데크플레이트의 분할도면을 작성하고 기둥, 보 및 데크플레이트 상호 간의 이음부 위를 명확히 하여 현장에서 절단작업이 최소화 되도록 하여야 한다.

② 데크플레이트 절단 시에는 모서리를 예각으로 가공하는 것을 회피하여야 한다. 또한 깔아 넣기 전까지 절단면을 보수하여야 한다.

③ 전선인입구 설치 시 지상층에서 드릴 등을 이용 정확한 위치에 펀칭을 하여 변형이나 꺾임 등으로 인한 데크플레이트의 구조적 손상을 방지하여 작업 중 붕괴를 방지하여야 한다.

④ 가스절단이나 구멍내기 등으로 인한 불티가 안전망이나 보양천막 등에 인화되지 않도록 반드시 방호시트나 방호매트, 철판 등으로 보호하여야 한다.

⑤ 잘 보이는 장소에 소화기를 비치하고 비상시 사용 가능하도록 사용방법을 숙지시켜야 한다.

⑥ 절단 후 잔재의 정리정돈을 철저히 하여야 한다.

(5) 조립·설치작업

① 작업 시작 전에는 반드시 데크플레이트 조립·설치 작업순서와 안전작업방법 등을 교육하고 작업내용을 분담하여야 한다.

② 데크플레이트 조립·설치 작업 시작 전에는 다음과 같은 사항을 점검하여야 한다.

  ㉠ 작업 인원수와 근로자 건강상태

  ㉡ 작업 신호와 통신시설 상태

  ㉢ 가스용접 기능 강습, 아크용접 특별교육 수료와 같은 유자격자 여부 확인

  ㉣ 용접기, 가스공구, 휴대공구의 낙하방지장치 상태

  ㉤ 고소작업용 안전대, 용접 보호면, 차광안경과 같은 개인보호구 상태

  ㉥ 낙하물방지망, 추락방지망, 안전난간 등과 같은 가시설 설치상태

③ 개구부 주위나 외주 보 주위에는 추락재해 방지를 위하여 반드시 추락방지망, 안전난간, 안전대 걸이시설, 유도로프, 수직생명줄 등을 설치 후 데크플레이트 조립·설치작업을 하여야 한다.

④ 데크플레이트는 2인 1조로 소운반 후 조립·설치하여야 한다. 특히 외주 보위에서 소운반할 때는 지정통로를 사용하고 보 위에서는 외주 안전로프에 안전대를 걸고서 운반하여야 한다. 또한 데크플레이트 하부 추락방지망 설치는 KOSHA GUIDE C-31-2011(추락방망 설치 지침)에 따른다.

⑤ 데크플레이트 운반 시 공동 작업자와 작업상 호흡 불일치 또는 이동 중 전단 연결재(Stud Bolt) 등에 발이 걸려 넘어져 전도될 우려가 있으므로 데크플레이트 상부에 근로자 이동 시 전도 방지를 위한 통로용 작업발판을 설치하여야 한다.

⑥ 데크플레이트는 다른 건설자재와 비교해서 미끄러지기 쉽고 발을 헛디딜 위험성이 있으므로 콘크리트 타설 전까지 작업발판 설치가 곤란할 시에는 합판 등을 덮어 놓고 통행하여야 한다.

⑦ 데크플레이트 걸침부의 면이 고르지 않거나 불순물이 있는 경우에는 양중 전에 충분히 청소하고 수분 및 유분을 제거하여야 한다.

⑧ 데크플레이트가 바람에 의해 날아가거나 낙하하는 등의 안전사고를 방지하기 위하여 보 상단 좌우 50mm 이상 걸치도록 설치하고, 1매 째의 데크플레이트를 설치한 후에는 곧바로 가용접을 하여야 한다. 이후 순차적으로 60cm 간격 이내마다 가용접을 실시하여야 한다.

⑨ 남은 자재는 그날 작업 완료 시 반드시 정리하고 포장밴드, 모퉁이 보호대를 쇠부스러기나 고철 회수(Scrap) 상자에 정돈하는 등 낙하방지 조치를 취하여야 한다.

⑩ 처짐 및 붕괴재해 예방을 위해 데크플레이트 지점간격이 3.6m 이내일 경우 다음의 데크플레이트의 걸침길이와 정착부위를 준수하여야 한다.

　㉠ 주근 방향으로 설치할 때 보에 걸치는 길이는 50mm 이상

　㉡ 폭 방향으로 설치할 때 보에 걸치는 치수는 50mm 이상(다만, 아크 용접을 할 경우에는 30mm 이상)

　㉢ 폭 조절용 플레이트를 이용하는 경우는 50mm 이상

⑪ 콘크리트 타설 시 처짐과 붕괴재해가 발생할 가능성이 있으므로 길이방향 배치 시에는 다음 사항을 준수하여야 한다.

　㉠ 좌우 보에서의 걸림이 균등하게 되도록 하여 작업 시 붕괴재해를 방지하여야 한다.

　㉡ 외주부 깔기를 할 때에는 반드시 안전대를 외주 안전로프에 걸고 작업하여야 한다.

　㉢ 펼친 데크플레이트에 개구부가 생기지 않게 하여 추락이나 낙하물에 주의하여야 한다.

　㉣ 판개 시에는 골방향으로 일직선을 맞추고 2인 1조로 무리한 힘을 가하지 않고 펼쳐야 한다. 특히 무리하게 들지 말고 기준선을 설정하여 끌면서 한 장씩 펼쳐 시공하여야 한다.

　㉤ 깔기작업은 배치도에 따라 미리 꼭지점, 중간점의 위치를 보 위에 먹 놓기를 하여 데크플레이트 끝면의 위치가 바르고 일정하도록 하며 데크플레이트의 골방향 걸침길이는 50mm 이상을 확보하여야 한다.

　㉥ 데크플레이트 이음부 시공 시 데크플레이트의 이음부가 이탈하지 않도록 정확히 시공하여야 하며 표시한 선에 맞추어 시점을 기준으로 끝을 맞추어 당긴 후 떨어짐이 없도록 하여 치수를 맞추어야 한다.

　㉦ 데크플레이트의 골과 골 방향을 일치시켜야 하며, 데크플레이트 상호 간의 어긋남이나 탈락을 방지하도록 하여야 한다.

⑫ 콘크리트 타설 과정에서 슬래브 상부의 각종 하중이 데크플레이트와 보 부위에 집중되어, 콘크리트 타설 시 처짐과 붕괴재해가 발생할 가능성이 있으므로 폭방향 배치 시에는 데크플레이트의 걸침길이와 받침길이를 다음과 같이 준수하여야 한다.

　㉠ 데크플레이트의 폭방향 걸침길이는 50mm 이상(아크용접을 할 경우에는 30mm 이상)으로 하여야 한다.

　㉡ 커버(필러)플레이트의 받침길이는 200mm 이하로 하여야 한다.

⑬ 포장풀기를 한 데크플레이트가 남아 있지 않은지 점검하고 남아 있으면 모아서 철선 등으로 결속하여야 한다.

⑭ 단위 작업반 내에서 의사소통이 미흡한 경우 위험상황을 초래할 수 있으므로 작업반 구성 시 외국인 근로자가 포함되는 경우 원활한 의사소통을 위하여 사전에 교육, 훈련을 실시하여야 한다.

⑮ 데크플레이트 조립·설치작업 시 하부에 안전지대를 구획하고 신호수 배치 및 보행자를 통제하여 급박한 위험상황에 대비하여야 한다.

(6) 철골보와의 접합용접

① 데크플레이트는 시공도면 및 시방서에 의거 탈락이나 처짐 등이 발생하지 않도록 부재 간 용접을 철저히 하여야 한다.

② 데크플레이트 간의 접합 시에는 시공하중에 대한 안전성을 검토하고 바람에 의해 데크플레이트가 날아가지 않도록 깔기 작업 후에는 곧바로 가용접을 실시하여야 한다.

③ 용접 시에는 인화 물질 등을 제거하고 화재에 주의하여야 한다. 특히 용접장소 주변을 점검하고 화기가 남아 있지 않도록 조치, 확인하여야 한다.

④ 개구부 주위나 외주 보 주위에서 용접작업 시 추락재해를 예방하기 위하여 반드시 수직생명줄, 안전대 걸이시설, 유도로프, 추락방지망 고리, 안전난간 등을 설치하여야 한다.

⑤ 용접은 1스판(Span)을 깔아 넣을 때마다 시행하여야 하며 데크플레이트 1장당 2개소 이상 용접하는 것을 원칙으로 한다. 이때 점용접으로 고정하며 곡선부분은 전부 용접하여야 한다.

⑥ 용접봉 조각은 즉시 회수하여야 하고 포장밴드, 모퉁이 보호대를 쇠부스러기나 고철 회수 상자에 정리정돈하여야 한다.

(7) 부속자재 설치

① 콘크리트 타설 시 콘크리트의 누출을 방지하기 위하여 엔드 클로저(End Closure)를 설치하여야 하며, 설치 시에는 다음 사항을 준수하여야 한다.

　㉠ 엔드 클로저 설치부위는 길이방향의 맞댐 조인트 부위, 골방향이 변경되는 부분, 기둥, 벽, 개구부 주위 등에 설치하여야 한다.

　㉡ 시공 후 데크플레이트나 이음부위에 콘크리트 누출의 우려가 되는 틈은 콘크리트 타설에 앞서 철물이나 테이프로 보강하여야 한다.

② 데크플레이트의 폭 조정을 위하여 설치되는 커버(필러) 플레이트(Coverplate or Filler Plate) 설치 시에는 다음 사항을 준수하여야 한다.

　㉠ 최소두께는 1.2mm 이상으로 하여야 한다.

　㉡ 커버 플레이트는 데크플레이트 골방향이 바뀌거나 가장자리, 기둥, 벽 등의 접합부위에 설치하여야 한다.

③ 콘크리트의 타설 시 누출을 방지하기 위하여 설치되는 콘크리트 스토퍼(Stopper) 설치 시에는 다음 사항을 준수하여야 한다.

    ㉠ 콘크리트 스토퍼는 슬래브 끝면인 데크플레이트 외측면 가장자리 부위에 설치하여야 한다.

    ㉡ 콘크리트 스토퍼는 슬래브 두께에 맞추어 제작하며 부착위치로 해당 자재를 소운반하며 구체 도면을 따라 설치위치 및 타입을 확인하여야 한다.

    ㉢ 지정위치에 고정하고 1,000mm 간격으로 점용접하여 고정한다. 용접은 중앙부를 선행하고 인접한 콘크리트 스토퍼를 같은 모양으로 하고 나서 단부의 용접을 실시한다.

④ 스페이서(Spacer)는 D6 이상의 철선을 사용하여 데크플레이트 1~2산 부위마다 1개씩 설치하며, 설치간격은 1,000mm로 하여야 한다.

⑤ 천정시공과 설비배관을 위해 설치하는 인서트 행어는 데크플레이트 하부의 인서트 피트부위에 설치하여야 한다.

⑥ 부속자재 설치 후의 잔재물 정리를 실시하여 낙하물에 대하여 주의하여야 한다. 특히 포장밴드, 용접봉이나 부속자재 조각이 흩어져 있지 않도록 하고 스크랩 상자에 정리정돈을 철저히 하여야 한다.

⑦ 작업 후 비닐, 종이류 등 이물질을 청소하고 공구류는 지정장소에 보관하고 정리정돈을 철저히 하여야 한다.

⑧ 용접기의 전원 스위치 관리에 주의하여야 하며 가스밸브는 잠가야 한다. 특히 용접장소 주변을 점검하고 화기가 남아 있지 않도록 조치 및 확인하여야 한다.

(8) 배근 및 콘크리트 타설

① 철근 등의 중량물 과다적재로 인하여 데크플레이트 손상 및 붕괴 우려가 있으므로 구조계산에 입각한 적정한 하중 검토를 실시하여야 한다. 특히 철근 적재 시에는 보 부위를 이용하여 사선으로 적재토록 하여 붕괴를 방지하여야 한다.

② 설비, 전기공사 등으로 주철근 절단 후 보강 작업이 미비한 경우 슬래브 붕괴 또는 처짐 등의 위험이 있으므로 철근 절단 시 보강작업을 철저히 하여야 한다.

③ 보 경간이 넓은 경우 데크플레이트의 휨 현상 발생 및 집중하중에 의한 붕괴위험이 크므로 필요시 중앙부 처짐을 방지하기 위해 지보재 등을 사용하여 설치하여야 한다.

④ 콘크리트를 타설하기 전에 데크플레이트와 철골 보와의 접합부 시공상태를 확인하여야 한다.

⑤ 데크 설치완료 후 콘크리트 타설 전에 세밀한 사전검사를 통하여 정렬상태와 연결상태 등의 보완을 한 뒤에 콘크리트를 타설하여야 한다.

⑥ 콘크리트 타설 시 집중하중이나 충격 등이 발생하지 않도록 분산 타설하도록 하고 타설방향은 폭방향(부근방향)으로 하여야 한다.

⑦ 진동다짐 시 데크에 직접 접촉하게 되면 강판탈락과 균열을 야기하므로 가능한 데크에 직접 접촉되지 않도록 주의하여야 한다.

⑧ 콘크리트 타설 도중 작업자에 의하여 용접철망이 변형되지 않도록 유의하며 작업발판 등 콘크리트 타설에 필요한 시설을 사전에 설치하여야 한다.

⑨ 관리감독자는 해당 근로자에게 데크플레이트의 구조도면 및 조립도를 제시하고 올바른 작업방법 및 순서를 주지시켜야 한다.

⑩ 가설통로, 안전시설, 작업발판 등은 안전기준에 적합하게 설치하여야 한다. 또한 콘크리트 타설 전 가시설물의 설치상태를 점검하고 이상 발견 시에는 즉시 보수하여야 한다.

⑪ 작업자는 적절한 휴식시간으로 근골격계질환 예방을 위한 적절한 조치를 하여야 한다.

⑼ 기타 안전조치사항

그 밖의 데크플레이트 안전작업사항 등에 대한 전반적인 내용은 KOSHAGUIDE C-23-2011(거푸집동바리 및 거푸집 안전설계 지침), KOSHAGUIDE C-51-2012(거푸집동바리 구조검토 및 설치 안전보건작업지침), KOSHA GUIDE C-24-2011(단순 슬래브 콘크리트 타설 안전보건작업지침), KOSHA GUIDE C-43-2012(콘크리트공사 안전보건작업지침)에 따른다.

··· 20 철골부재의 접합방법

1 개요

'철골부재의 접합'이란 철골의 부재들을 연결하여 하중을 지지할 수 있는 구조체를 조립하는 작업을 말하며, 철골부재의 접합방법에는 Rivet 접합, Bolt 접합, 고력 Bolt 접합, 용접접합이 있다.

2 철골부재 접합방법 선정 시 고려사항

(1) 시공성
(2) 강성
(3) 저공해
(4) 경제성
(5) 안전성

3 철골부재 접합방법의 종류

(1) Rivet 접합

① 접합 현장에서 Rivet을 900~1,000℃ 정도로 가열하여 조 리베터(Jaw Riveter), 뉴매틱 리베터(Pneumatic Riveter) 등의 기계로 타격하여 접합시키는 방법

② 타격 시 소음, 화재의 위험, 시공효율 등이 다른 접합방법보다 낮아 거의 사용되지 않는다.

(2) Bolt 접합

① 전단·지압접합 등의 방식으로 접합하며 소규모 구조재나 가설건물에 사용된다.

② 주요 구조재의 접합에는 사용되지 않는다.

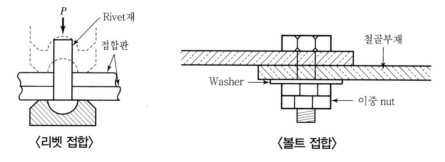

〈리벳 접합〉　　　　　〈볼트 접합〉

(3) 고력볼트(High Tension Bolt) 접합

① 탄소합금강 또는 특수강을 소재로 성형한 Bolt에 열처리하여 만든 고력 Bolt를 토크렌치(Torque Wrench)로 조여 부재 간의 마찰력에 의하여 접합하는 방식

② 접합방식
- 마찰접합 : 볼트의 조임력에 의해 생기는 부재면 마찰력으로 응력을 전달
- 인장접합 : 볼트의 인장내력으로 응력을 전달
- 지압접합 : 볼트의 전단력과 볼트구멍 지압내력에 의해 응력을 전달

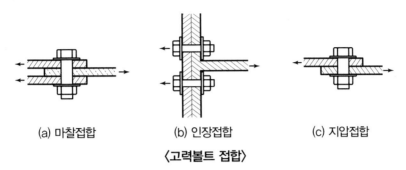

| (a) 마찰접합 | (b) 인장접합 | (c) 지압접합 |

〈고력볼트 접합〉

(4) 용접(Welding) 접합

① 철골부재의 접합부를 열로 녹여 일체화시키는 방법

② 강재의 절약, 건물경량화, 소음회피 등의 목적으로 철골공사에서 사용

③ 용접의 이음형식

- 맞댄용접(Butt Welding) : 모재의 마구리와 마구리를 맞대어 행하는 용접
- 모살용접(Fillet Welding) : 목두께의 방향이 모재의 면과 45° 또는 거의 45° 각을 이루는 용접

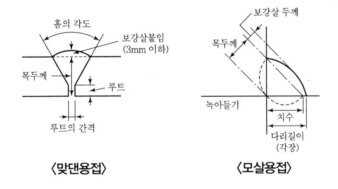

〈맞댄용접〉 〈모살용접〉

4 철근 관통 철골구멍 지름

(단위 : mm)

철근	환강	9	13	D 16	D 19	D 22	D 25	D 29	D 32
	이형	D 10	D 13						
관통구멍 지름		20		24	27	31	34	39	42

··· 21 고력볼트(High Tension Bolt)의 조임 및 검사

1 개요

(1) '고력볼트(고장력볼트 : High Tension Bolt)'란 탄소합금강 또는 특수강을 소재로 성형한 Bolt를 열처리하여 제조한 Bolt를 말한다.

(2) 조임 시 강한 인장력이 생기고 접합면에 발생되는 마찰력에 의하여 접합하는 방식으로 접합부의 강성이 높아 변형이 거의 없고 작업이 간단하다.

2 고력볼트의 특징

(1) 접합부의 강성이 높아 변형이 없다.

(2) 작업이 간단하고 강한 조임력으로 Nut의 풀림이 없다.

(3) 소음, 진동이 적고 불량개소 수정이 용이하다.

(4) 조이기 검사가 필요하다.

(5) 숙련공이 필요하며 비교적 고가이다.

3 고력볼트의 접합방식

(1) 마찰접합(Friction Type)

① 볼트의 조임력에 의해 발생되는 부재면 마찰력으로 응력 전달

② 응력이 Bolt 축에 직각으로 작용

(2) 인장접합(Tension Type)

① 볼트의 인장내력으로 응력 전달

② 응력이 Bolt 축방향으로 작용

(3) 지압접합(Bearing Type)

① 볼트의 전단력과 볼트구멍 지압내력에 의해 응력 전달

② 응력이 Bolt 축에 직각으로 적용

4 고력볼트의 조임

(1) 1차 조임

① Torque Wrench, Impact Wrench 등을 사용하여 본조임 볼트 삽입 후 즉시 조임

② 조임은 볼트 접합부, 볼트군마다 중앙에서 단부로 조임

(2) 금매김 철저

　① 1차 조임 후 반드시 실시

　② 볼트, 너트, 와셔, 부재에 모두 실시

(3) 본조임

　① 토크 관리법(Torque Control Method)

　　• 시공 전 축력계를 사용하여 Torque Wrench에 필요한 Torque Moment 값을 입력하여 일정한 Torque Moment로 너트를 회전시켜 조임

　　• 조임기기의 조정은 매일 조임작업 전에 하는 것을 원칙으로 함

　② 너트 회전법(Turn of Nut Method)

　　• Nut를 일정 각도만 조이는 것으로 1차 조임 완료 후를 기점으로 해서 Nut를 120° 회전

　　• 볼트 길이가 볼트 호칭의 5배를 넘는 경우의 Nut 회전량은 특기시방에 따름

5. 고력볼트의 검사와 조임 시 유의사항

(1) 외관 검사

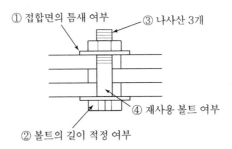

(2) 틈새처리

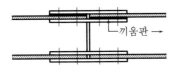

틈새	종별
1mm 이하	처리 불필요
1mm 이상	끼움판 삽입

(3) 축력계, 토크렌치 등 기기의 정밀도 확인

(4) 마찰면의 처리상태 및 접합부 건조상태 확인

(5) 접합면끼리 구멍의 오차 확인

(6) 접합면 녹 제거 및 표면 거칠기 확보

(7) 조임 순서 준수

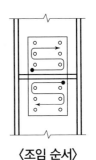

〈조임 순서〉

··· 22 용접(Welding) 접합

1 개요

용접접합은 강재사용량의 절감 등의 기술적 차원의 목적과 더불어 소음진동의 저감 등 공해저감을 위해 그 사용범위가 확대되고 있으나, 정확한 검사방법의 적용 및 근로자 보건관리 측면에서도 보다 많은 관심을 기울여야 할 것이다.

2 용접(Welding)의 특징

(1) 응력전달이 확실하며 이음이 쉽다.

(2) 강재의 절약으로 철골중량이 감소된다.

(3) 소음, 진동이 저감된다.

(4) 용접결함에 대한 검사가 어렵다.

(5) 용접열에 의해 변형이 발생된다.

(6) 숙련공이 필요하며 용접공의 기능도에 따라 품질이 좌우된다.

3 용접의 분류

(1) 용접방법에 의한 분류

① 피복아크용접(Shield Metal Arc Welding : 손용접)

용접봉과 모재(母材) 사이에 아크(Arc)를 발생시켜 상호 간을 용착시키는 방법

② 서브머지드아크용접(Submerged Arc Welding : 자동용접)

용접심선(心線)의 송급에 따라 용접진행을 자동화한 자동 금속아크용접법으로, 하향(下向) 전용 용접

③ 가스실드아크용접(Gas Shield Arc Welding, CO_2 Arc Welding : 반자동용접)

이산화탄소(CO_2)로 Shield해서 Arc를 보호하여 용접하는 방법으로, 용접금속의 변형 방지에 유용한 방법

④ 일렉트로슬래그용접(Electro Slag Welding : 전기용접)

두꺼운 강판을 용접하는 데 사용되는 수직용접법으로, 플럭스(Flux)가 녹으며 발생되는 Slag의 전기저항열로 모재와 용접봉을 녹여 순차적으로 진행하는 방법

(2) 이음형식에 의한 분류

① 맞댄용접(Butt Welding)

모재의 마구리와 마구리를 맞대어서 하는 용접

② 모살용접(Fillet Welding)

목두께의 방향이 모재의 면과 45° 또는 거의 45° 각을 이루는 용접

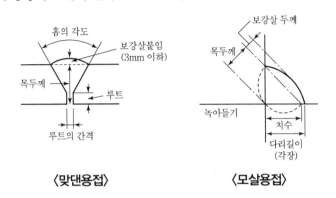

〈맞댄용접〉　　　　　　　　〈모살용접〉

4 Scallop

스캘럽 반경은 30mm를 표준으로 한다. 다만, 조립 H형강인 경우는 스캘럽 내 웨브 필렛의 용접부를 피하기 위한 스캘럽 반경을 35mm로 하고, 현장용접의 밑플랜지인 경우는 그림과 같다.

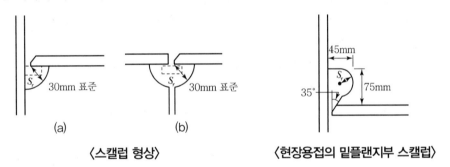

〈스캘럽 형상〉　　　　　　　〈현장용접의 밑플랜지부 스캘럽〉

5 용접접합 시 안전대책

(1) 용접작업 시 주변에 가연물질, 인화물질이 없도록 정리

(2) 작업대, 안전난간 등의 설치

(3) 차광안경, 가죽장갑, 안전화, 안전모, 안전대 등의 안전보호구 착용

(4) 감전 방지용 누전차단기 설치

(5) 자동전격방지기 설치

(6) 용접, 용단작업 시 불꽃이 비산되지 않도록 불연재료 등으로 주위를 덮는 등의 조치

(7) 용접작업 후 용접장소 주변의 화기 확인

(8) 화재감시자 배치

··· 23 건설현장 용접·용단 작업 시 안전보건작업 기술지침 [C-108-2017]

1 유해·위험요인별 안전보건 조치

(1) 화재예방

건설현장에서의 용접·용단 작업 시 불꽃, 불티 등 점화원 발생과 작업장소에 근접한 인화성, 가연성 물질과 접촉에 따른 화재예방을 위하여 다음의 조치를 하여야 한다.

① 일반사항

ㄱ 용접·용단 작업 전 작업조건, 작업장소 주변에 인화성, 가연성 물질 여부 등을 조사하여 위험성 평가를 통한 작업 전 위험요인 제거, 방호조치 등을 하여야 한다.

ㄴ 용접·용단 작업장소에 근접하여 다른 작업을 하거나 통행하는 근로자의 위험을 예방하기 위하여 작업구역 설정, 출입통제용 안전울 설치, 화기작업 경고표지 설치 등의 조치를 하여야 한다.

ㄷ 용접·용단 불꽃, 충격마찰, 스파크, 정전기 등 점화원이 있는 장소에서는 인화성, 가연성 물질을 충분히 격리시키고, 같은 높이의 작업장소에서는 불티의 수평 비산 가능거리인 11m 이상 격리될 수 있도록 조치한다.

ㄹ 화재 발생 위험요인을 근원적으로 제거하거나 방호하기 어려운 다음과 같은 작업조건에서 용접·용단 작업을 하는 경우 화재 감시인을 배치하여 위급상황에 적시 대처할 수 있도록 조치하여야 한다.

- 인화성, 가연성 물질이 작업장소에서 반경 11m 이상 떨어져 있지만 불티로 인하여 발화위험이 있는 경우
- 작업장소에서 반경 11m 이내 측면 또는 바닥 개구부를 폐쇄 또는 방호조치하기 어려운 경우
- 인화성, 가연성물질이 열전도성 칸막이, 벽, 바닥, 천정 또는 지붕의 반대쪽 면에 인접하여 열전도 또는 열복사에 의해 발화 가능성이 있는 경우
- 기타 화재발생의 위험이 높은 장소의 화재 위험요인에 대한 충분한 예방조치를 적용하기 어려운 경우

ㅁ 용접·용단 작업 근로자에게는 내열성능이 있는 장갑, 보호복, 안전모, 보안경 등의 보호구를 지급, 착용하도록 관리한다.

ㅂ 작업장소와 가까운 위치에 경보용 설비 또는 도구를 설치 또는 비치하여 위급상황 시 신속하게 경고하고 전파될 수 있도록 조치한다.

ㅅ 화재·폭발 발생 위험이 높은 경우 즉시 작업을 중단하고 용접·용단 장비의 가스 차단 또는 전원 차단 후 대피한다.

◎ 질산염, 과산화수소, 과염소산, 산소, 불소 등 산화제는 가연성 물질과 혼합 시 폭발할 위험이 높으므로 내산성인 저장용기를 사용하고, 점화원 발생 위험장소로부터 안전한 거리 이상으로 격리시키고 관리하여야 한다.

② 인화성, 가연성 물질 관리

㉠ 작업장소의 조건을 고려하여 가능한 모든 인화성, 가연성 물질은 용접·용단 작업장소로부터 수평거리 11m 이상 격리시켜야 한다.

㉡ 인화성, 가연성 물질의 격리조치가 어렵거나 고정되어 있는 경우 다음 사항에 유의하여 작업하여야 한다.

- 가연성 물질 및 불티 비산거리 내 벽, 바닥, 덕트 등의 개구부 또는 틈새에 불티가 들어가지 않도록 방염시트 등으로 빈틈없이 방호하여야 한다.
- 배관 등의 보온재로 사용된 가연성 단열재는 가능한 한 제거한 후에 작업하여야 한다.
- 높은 위치에서 실시하는 강구조물, 배관 보수 작업 시 불티받이포를 설치하여 아래 또는 측면으로 떨어지는(퍼지는) 불티가 비산하지 않도록 조치하여야 한다.
- 폴리우레탄폼, 스티로폼, 샌드위치 패널 등이 적재 또는 시공되어 있는 경우 용접·용단 작업 시 불꽃, 불티 등 고열물 등과 접촉되지 않도록 주의하여야 한다. 그 외의 사항은 KOSHA GUIDE F-3-2014(경질폴리우레탄폼 취급 시 화재예방에 관한 기술지침)를 참조한다.
- 바람의 영향으로 용접·용단 불티가 운전 중인 설비 근처로 비산할 가능성이 있을 때에는 작업을 중지하여야 한다.
- 윤활유, 유류, 인화성 또는 가연성 물질이 덮여 있는 표면에서는 작업을 금지한다.
- 가연성 벽, 칸막이, 천장 또는 지붕과 접촉하는 배관 또는 기타 금속에 대한 용접·용단작업을 계획한 경우 열전도에 의해 발화위험이 높으므로 방호조치를 취하거나 대체작업을 검토하여야 한다.

③ 전기용접 시 유의사항

전기용접 시 화재 예방을 위해서는 전기용접기 및 관련 전기기기의 올바른 사용이 중요하므로 다음 사항에 유의하여 작업하여야 한다.

㉠ 다수의 용접기를 동시에 사용하는 경우 접지클램프를 한 곳에 접속시킨 상태에서 동시 작업을 금지한다.

㉡ 용접기의 전원개폐기는 작업의 종료·중단, 작업 위치변경 또는 사고 발생 시 전원을 신속하게 차단할 수 있도록 가까운 곳에 설치하며, 주변에는 인화성·가연성 물질이 없도록 조치한다.

④ 가스용접 시 유의사항

가스 용접·용단 작업 시 산소의 압력, 절단속도 및 절단방향에 따라 비산불티의 양과 크기가 달라지므로 다음 사항에 유의하여 작업하여야 한다.

㉠ 가스 절단 시에는 불티가 광범위하게 비산하므로 차단막이나 방염시트 등으로 비산 방지 조치를 하여야 한다.

㉡ 산소용기, 호스 및 밸브에 유지류가 묻어 있을 경우, 화재의 위험이 있으므로 취급 시 기름 등이 묻은 손이나 장갑으로 취급하지 않도록 유의하여야 한다.

(2) 폭발 예방

용접·용단 시 아세틸렌, LPG 등 가스 사용작업 중 가스 누출, 밀폐공간 내 가스잔류 등 원인으로 점화원이 발생하는 경우 폭발 위험이 높으므로 다음 사항에 유의하여 작업하여야 한다.

① 가스누출 예방

㉠ 용접·용단 작업 전 가스용기 연결부, 호스, 밸브 등의 손상, 풀림 등의 원인으로 인한 가스누출 여부를 항상 점검하고 잔류가스 유무를 확인한 후 작업을 시작하여야 한다. 가스 용접·용단 장비의 구성품별 주요 점검내용은 다음 표와 같다.

[가스 용접·용단 장비 주요점검 내용]

구성품	주요 점검 내용
가스용기	충격, 부식 등으로 인한 손상 여부
압력 조절기	정상 작동상태, 기밀시험, 접속부 누출 검사
고무호스	외관검사, 접속부 누출 검사, 호스 균열 또는 열화 여부
취관	외관검사, 기밀시험, 밸브누설 여부, 화염상태 확인

㉡ 호스의 연결부는 조임물을 이용하여 견고하게 연결하고 호스상태를 수시 점검하여 갈라진 부분이 있을 때는 즉시 교체하여 가스가 누출되지 않도록 관리하여야 한다.

㉢ 가스 용접·용단 작업에 사용되는 장비의 각 구성품 간 기밀유지를 위해 사용되는 고무 재질 부품은 열화하기 때문에 작업 전 일상점검을 통해 반드시 가스누출 여부를 파악하여야 한다.

㉣ 가스누출감지기를 사용하여 점검하고 누출이 발견되면 점화원 발생 위험이 없는 개방된 장소로 옮겨 수리하거나 교체하여야 한다.

㉤ 가스용기는 반드시 세워 보관하고 충격에 유의해야 하므로 굴리거나 어깨에 메고 운반 또는 이동하는 행위를 금지하고 반드시 전용 운반장비를 사용하여야 한다.

㉥ 가스용기를 지상에 설치하여 사용하는 경우 호스를 당기거나 요철부위 위에 설치하여 가스용기가 전도되는 일이 발생하지 않도록 용기의 전도방지 조치를 하여야 한다.

(3) 감전재해 예방조치

용접·용단 작업 시 습도가 높고 피부나 의복이 젖어 있을 경우 감전재해 위험이 높으므로 감전예방을 위하여 다음 사항에 유의하여 작업하여야 한다.

① 전선, 전극용 홀더, 용접봉 등의 전기용접 관련 기구는 항상 건조 상태를 유지할 수 있도록 관리하여야 한다.

② 용접봉에 접촉되거나 용접기의 2차 측 배선이나 홀더의 절연의 불량으로 인한 감전을 방지하기 위해 용접기의 무부하 전압을 안전전압인 30V 이하로 저하시키는 자동전격방지기를 설치하고 작동 여부를 수시로 확인하여야 한다.

③ 훼손되거나 과전류(열손상)에 의하여 피복이 손상된 용접케이블은 신품으로 교체하거나 절연테이프로 보수하여 사용한다.

④ 절연용 홀더를 사용하고 홀더에 용접봉을 끼운 채 방치하지 못하도록 관리하여야 한다.

⑤ 접지클램프는 용접대상물(모재)에 접지해야 하며, 모재가 아닌 주변 구조물(철재빔 등)에 접지하지 않도록 한다.

⑥ 용접봉과 접지클램프를 가능한 가깝게 하여 외부로 전류가 누설되는 것을 방지하여야 한다.

(4) 용접·용단 작업 시 근로자 보호

① 유해가스 중독 및 산소결핍 예방

유독물이 저장되었던 장소의 내부 용접 시에는 잔류가스에 의한 중독, 질소가스를 이용한 치환작업 시 산소결핍으로 인한 질식 위험이 높으므로 다음과 같은 근로자 보호 조치를 하여야 한다.

㉠ 작업 전 유해가스 체류농도, 산소농도를 측정하여 안전한 상태임을 확인하여야 한다.

㉡ 유해가스 이송배관에 근접한 장소에서 작업하는 경우 유해가스 누출로 인한 중독, 산소결핍 등 위험이 높으므로 방독마스크, 송기마스크 등 호흡용 보호구를 비치하고 위급상황 발생 시 즉시 사용 가능한 상태에서 작업하여야 한다.

㉢ 용접 퓸(Fume)이 발생하는 용접작업 시 부분 및 전체 환기시설을 설치하여 유해가스를 외부로 배출시키고, 근로자에게 호흡용 보호구를 지급·착용하도록 하여야 한다.

㉣ 작업 중 유해가스 등의 누출·유입·발생 가능성이 있는 경우는 주기적으로 가스 농도를 측정하여야 한다.

㉤ 실내에서 작업 시 환기와 배기가 중단되지 않고 균일하게 환기되도록 필요한 전원 등 동력공급이 중단되지 않도록 하여야 한다.

㉥ 맨홀 및 피트 등 통풍이 불충분한 곳에서 작업 시 위급상황에 대처할 수 있도록 외부와의 연락장치, 비상용사다리, 로프 등을 준비하고 작업하여야 한다.

② 화상예방

용접작업 시 아크광이나 불꽃, 불티, 과열된 금속 및 레이저 등에 의하여 눈, 얼굴 및 신체의 화상재해 발생위험이 높으므로 화상을 방지하기 위하여 다음과 같은 근로자 보호 조치를 하여야 한다.

㉠ 용접작업 근로자에게 안전장갑, 보안경, 보안면, 보호복 등 보호장구를 지급하고 착용하도록 하여야 한다.

㉡ 용접근로자의 작업복은 가급적 난연성 재질의 복장을 착용하도록 한다.

③ 유해광선, 소음 등 방호조치

    ㉠ 아크용접 시 강렬한 가시광선, 자외선 및 적외선을 포함한 아크광에 의한 안구와 피부 손상을 방호하기 위하여 근로자에게 안전인증을 받은 차광 및 비산물 위험방지용 보안경을 지급하여 착용하도록 한다.

    ㉡ 아크용접 작업장소에 인접한 작업을 하는 다른 근로자 보호를 위하여 아크광차폐시설을 설치한다.

    ㉢ 용접·용단 작업 방법에 따라 65~105dB 수준의 소음이 발생하며, 이는 일시적 및 영구적 난청을 유발할 수 있으므로 소음이 85dB 이상인 경우 차음보호구(귀마개)를 착용하여야 한다.

··· 24 용접부의 비파괴시험

1 개요

비파괴시험은 방사선, 초음파 등을 이용하여 구조물의 성질과 내부조직을 변화·파괴하지 않고 시험체 내·외면 결함을 검사하는 것을 말한다.

2 비파괴검사방법의 종류

(1) 방사선투과법(RT : Radiographic Test)

(2) 초음파탐상법(UT : Ultrasonic Test)

(3) 자기탐상법(MT : Magnetic Particle Test)

(4) 침투탐상법(PT : Penetrating Test)

(5) 육안검사법(VT : Visual Test)

3 방사선투과법(RT : Radiographic Test)

(1) 정의

① X-선 또는 γ-선 등의 방사선을 시험체에 투과시켜 필름에 형상을 담아 결함을 검출하고 분석하는 방법

② 방사선을 시험체에 조사하였을 때 결함부의 투과선량의 차에 의한 필름상의 농도차로 결함 검출

(2) 특징

① 거의 모든 재질을 검사 가능

② 필름 형태로 반영구적으로 기록 보존

③ 대부분의 용접결함에 대한 검출능력 양호

④ 방사선 안전관리의 어려움

⑤ 제품의 형상, 크기, 두께에 의한 검사 제한

⑥ 미세한 균열이나 라미네이션(Lamination) 등의 검출 곤란

(3) 시험 시 유의사항

① 시험체에 따라 방사선원과 필름을 선정

② 방사선원의 에너지는 시험체의 재질과 두께에 따라 적절히 선택

③ 선원-필름 간 거리는 되도록 길게 함

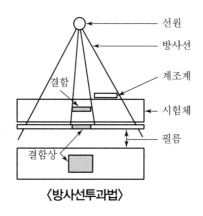

〈방사선투과법〉

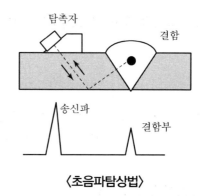

〈초음파탐상법〉

4 초음파탐상법(UT : Ultrasonic Test)

(1) 정의

① 시험체에 초음파를 투과하여 결함부위에서 반사한 신호를 CTR Screen에 표시, 분석하여 결함의 크기 및 위치를 검사하는 방법

② 균열 등 면상 결함의 검출능력이 방사선투과법보다 우수

(2) 특징

① 장치가 소형으로 취급이 간편

② 검사결과를 바로 확인 가능, 검사속도가 빠르고 경제적임

③ 결함의 정확한 위치 및 깊이 확인 가능

④ 균열 등 면상 결함의 검출은 방사선투과법보다 우수

⑤ 결함의 종류 식별이 곤란

⑥ 금속 조직의 영향을 많이 받음

(3) 시험 시 유의사항

① 주파수는 1~5MHz 사용

② 용접부에 용접 후 열처리 등의 지정이 있는 경우 열처리 후 탐상

③ 덧살의 모양이 탐상 결과에 영향을 주는 경우 적절히 다듬질

④ 탐상면은 스패터, 스케일, 녹, 도료 등이 있는 경우 제거

5 자기탐상법(MT : Magnetic Particle Test)

(1) 정의

① 시험체에 자속을 흐르게 하여 자분을 시험체에 뿌려 자분의 모양으로 결함부를 검출하는 방법

② 시험에 사용되는 철분을 자분이라 하며 이때 생긴 무늬를 자분 무늬라 한다.

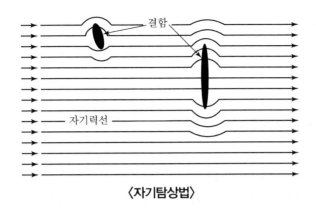

〈자기탐상법〉

(2) 특징

① 미세한 표면균열 검출능력 우수

② 시험체의 크기 및 형상 등의 영향이 적음

③ 검사가 비교적 간단하고 경제적임

④ 강자성체에만 시험 가능

⑤ 아주 작은 결함이 무수히 많은 곳에는 시험 곤란

6 침투탐상법(PT : Penetrating Test)

(1) 정의

① 결함에 침투액을 스며들게 한 다음 현상액으로 결함을 검출하는 방법

② 침투액에 염료를 섞는 염색탐상법과 형광물질을 섞는 형광탐상법이 있음

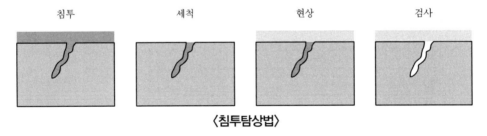

| 침투 | 세척 | 현상 | 검사 |

〈침투탐상법〉

(2) 특징

① 거의 모든 재질, 제품에 적용 가능

② 시험방법이 간편하고 결과를 즉시 확인 가능

③ 시험체의 크기, 형상에 영향이 적음

④ 시험온도에 제한

⑤ 표면이 다공성인 시험체의 검사가 곤란

⑥ 시험체가 침투제와 반응하여 손상 가능

(3) 시험 시 유의사항

　① 시험체에 침투액을 적용하기 전에 유지류, 녹, 스케일 등을 충분히 제거

　② 시험 후, 표면에 부착되어 있는 현상제가 시험체를 부식시킬 우려가 있을 경우 현상제 제거

7 육안검사법(VT : Visual Test)

(1) 정의

　① 사람의 육안으로 결함 여부를 식별하는 방법

　② 육안검사는 다른 비파괴검사 방법이 사용되기 전에 적용되어야 함

(2) 특징

　① 빠르고 간단

　② 경제적이고 도구(렌즈, 현미경 등)가 간단

　③ 결과를 필름으로 저장 가능

　④ 검사의 신뢰성 확보가 어려움

(3) 육안검사 가능한 표면결함 종류

　① 언더컷

　② 오버랩

　③ 용접 비드 모양

　④ 표면 균열

　⑤ PIT

　⑥ 스패터

··· 25 용접결함 종류와 보정방법

1 개요

용접은 고열(高熱)을 수반하는 접합으로 부주의한 용접으로 인하여 재질의 변화·변형과 수축·잔류응력 등에 의해 발생되며, 이로 인한 여러 가지 형태의 용접결함이 발생하므로 용접의 전 과정에 걸쳐 철저한 품질관리로 용접결함 발생을 최소화하여야 한다.

2 용접결함의 종류

(1) Crack

① 용착금속과 모재에 생긴 균열
② 고온터짐, 저온터짐, 수축터짐 등이 있음

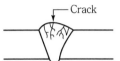

(2) Blow Hole

용접부에 수소+CO_2 Gas의 기포가 발생되는 현상

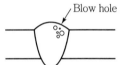

(3) Slag 감싸돌기

모재와의 융합부에 Slag 부스러기가 잔류되는 현상

(4) Crater

Arc 용접 시 Bead 끝이 오목하게 파이는 결함

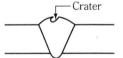

(5) Under Cut

과대전류 또는 용입 부족으로 모재가 파이는 결함

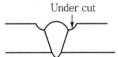

(6) Pit

용접부 표면에 생기는 작은 기포

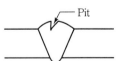

(7) 용입 불량

용착금속의 융합 불량으로 완전 용입이 되지 못한 결함

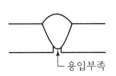

(8) Fish Eye

① Blow Hole 및 Slag가 모여 반점이 발생하는 현상
② 용착금속의 파면(被面)에 나타나는 은백색을 한 생선
　눈 모양의 결함

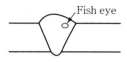

(9) Overlap

용착금속과 모재가 융합되지 않고 겹쳐지는 현상

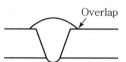

(10) Lamellate Tearing

용접 시 열영향부에 발생되는 미세균열로 수직재인 기둥
과 수평재인 보 사이의 용접 시 발생한다.

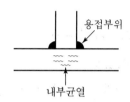

(11) 목두께 불량

응력을 유효하게 전달하는 용착금속의 두께 부족 현상

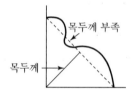

(12) 각장 부족

한쪽 용착면의 다리길이 부족

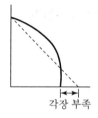

[보강살붙임의 한계]

(단위 : mm)

용접이음	용접공법	보강살붙임한계
맞댐이음 구석이음	손용접	3
	반자동용접	4
	자동용접	4
모살용접 플레어 용접	손용접 반자동용접	3

③ 용접결함의 보정방법

(1) Blow Hole, Slag 혼입, 용입 부족, 용입 불량

Chipping Hammer, Arc Air Gauging, 그라인더 등으로 제거 후 보수용접

(2) 각장 부족, Under Cut

4mm 이하의 동일 용접봉을 사용해 보수용접

(3) 각장의 과대, 덧붙임의 과대, Overlap, 비드 표면 불규칙

그라인더로 끝손질

(4) 용접금속의 균열

액체침투탐상검사(PT), 자분탐상검사(MT) 등의 방법으로 균열한계를 확인한 후 균열 발생 양단에서 50mm 이상을 따내고 재용접

(5) 모재 균열

모재의 취재(取才)

(6) Arc Strike

그라인더로 끝손질

(7) Under Cut

비드 용접한 후 그라인더로 마무리(용접비드의 길이 40mm 이상)

··· 26 용접결함의 종류와 발생원인 및 대책

1 개요

(1) 용접결함의 원인에는 용접재료·용접전류·용접속도·용접숙련도 등이 있다.

(2) 용접부의 결함은 강도·내구성의 저하로 철골구조물의 수명 단축에 영향을 미치므로 용접 전·중·후의 전 과정에 걸친 용접부 검사로 결함의 파악과 원인 분석으로 대책을 수립하여 용접부의 결함으로 인한 피해를 방지하여야 한다.

2 용접결함의 종류

(1) Crack

(2) Blow Hole

(3) Slag 감싸돌기

(4) Crater

(5) Under Cut

(6) Pit

(7) 용입불량(Incomplete Penetration)

(8) Fish Eye

(9) Overlap

(10) Over Hang

(11) 목두께 불량

(12) 각장 부족

3 용접결함의 원인

(1) 적정 전류 미사용

(2) 용접속도 부적절

(3) 용접숙련도 부족

(4) 용접재료(용접봉)의 불량

(5) 용접 개선(開先 : Groove)부 불량

(6) 예열 미실시

(7) 잔류응력

용접 후 먼저 용접한 부위의 용접열에 의한 잔류응력의 영향

(8) Arc Strike

모재(母材)에 순간접촉으로 Arc가 발생하여 터짐(Crack)이나 기공(기포) 발생

(9) End Tab 미사용

용접의 시작과 끝지점의 불안정에 의한 결함 발생

4 용접결함의 방지대책

(1) 적정 전류 사용

(2) 적정 용접속도

(3) 용접숙련도

용접숙련도를 확인 후 숙련 기능공을 배치하고 용접 기능 미숙자 기술교육 실시

(4) 적정 용접재료 사용

적정 용접봉 사용(저수소계 용접봉 사용), 습기가 없는 건조한 곳에 용접봉 보관

(5) 용접 개선(開先 : Groove)부 정밀도 확보 및 청소

개선부의 정밀도를 확보하고 개선부의 유류, 먼지, 수분 등 불순물 제거

(6) 예열 실시

(7) 잔류응력 최소화

전체 가열법, 돌림용접 등 용접방법을 개선하여 잔류응력 최소화

(8) Arc Strike 금지

(9) End Tab 사용

⑽ 기타

① Rivet과 고력 Bolt를 병용하여 변형 방지 및 잔류응력 분산

② 저온, 고습, 야간 등의 경우 작업 금지

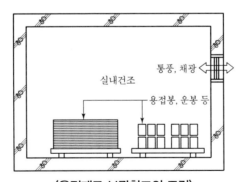

〈용접재료 보관창고의 조건〉

5 용접부의 검사방법

(1) 용접 착수 전 검사

① **트임새 개선(Groove)** : 적합한 Groove 형태, 개선각도의 적합성 확인

② **구속법** : 부재의 역변형 방지, 각변형·회전변형의 정도 확인

③ **용접부 청소** : 용접부재 이물질 제거상태 확인

④ 용접 자세의 적부 확인

(2) 용접작업 중 검사

① **용접봉** : 적정 용접봉 사용, 습기가 없는 용접봉

② **운봉(遠韸)** : 용접선 위에서 용접봉을 이동시키는 동작 검사

③ 적정 전류

④ 용접속도

(3) 용접 완료 후 검사

① 육안검사

② 절단검사

③ 비파괴검사

- 방사선투과시험(RT : Radiographic Test)
- 초음파탐상시험(UT : Ultrasonic Test)
- 자기분말탐상시험(MT : Magnetic Particle Test)
- 침투탐상시험(PT : Penetration Test, Liquid Penetrant Test)
- 와류탐상시험(Eddy Current Test)

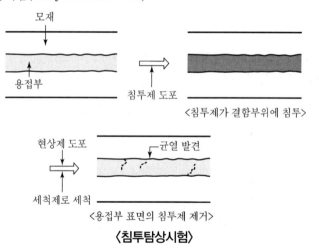

〈침투탐상시험〉

⑥ 결론

용접결함은 재료, 기후조건, 용접순서, 용접방법 등의 영향요인에 의해 발생되며, 결함 발생 시 구조물 내구성 저하의 원인이 되므로 용접 전, 용접 중, 용접 후에 검사가 이루어져야 한다.

··· 27 End Tab

1 개요

(1) Blow Hole, Crater 등의 용접결함이 발생되기 쉬운 용접 Bead의 시작과 끝 지점 모재의 양단
에 부착하는 보조강판을 말하며, 용접 후 제거하므로 Run-off Tab이라고도 한다.

(2) 용접작업 전에는 설계 및 시방서 검토 및 재해예방을 위한 사전안전대책이 요구된다.

2 End Tab 상세도

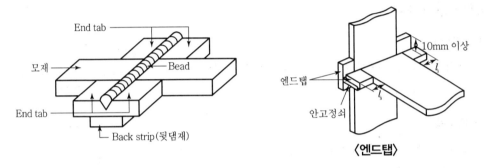

〈엔드탭〉

3 End Tab의 기준

(1) End Tab의 재질은 모재와 동일 종류의 재료를 사용한다.

(2) End Tab에 사용되는 자재의 두께는 본 용접자재의 두께와 동일해야 한다.

(3) End Tab의 길이

용접방법	End Tab 길이
수동용접	35mm 이상
반자동용접	40mm 이상
자동용접	70mm 이상

4 End Tab 사용 시 유의사항

(1) End Tab을 사용했을 때 용접 유효길이를 전부 인정받을 수 있다.

(2) 돌림용접을 할 수 없는 모살용접이나 맞댄용접에 적용한다.

(3) 용접이음부의 강도시험을 할 경우 절단하여 시험편으로 이용할 수 있다.

(4) 돌림용접, 되돌림용접 등에 의하여 용접단부의 결함 방지를 인정할 때는 설치하지 않아도 된다.

(5) 용접이 완료되면 End Tab을 떼어낸다.

(6) 용접부 양단 끝의 용접결함을 방지할 수 있다.

1 개요

(1) '용접변형(Welding Distortion)'이란 용접에 의한 온도변화의 과정에서 철골부재의 이음부에 응력변화로 발생되는 변형을 말한다.

(2) 용접변형은 철골부재의 강도저하, 용접균열 등의 결함이 발생되며 조립 정도에까지 영향을 미치므로, 용접 시 철저한 품질관리로 변형을 최소화시켜야 한다.

2. 용접변형의 종류

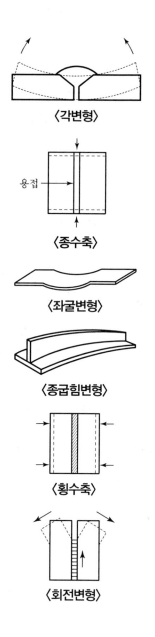

(1) 각변형

용접에 의한 온도분포가 불균일한 경우 이음부 양단 부분이 휘어지는 현상

〈각변형〉

(2) 종수축

교량, 철골, 기둥, Beam과 같이 긴 부재 용접 시 용접선에 평행방향으로 수축되는 현상

용접

〈종수축〉

(3) 비틀림변형

용접부가 냉각된 후 높은 응력 발생으로 나타나는 용접부 비틀림 현상

(4) 좌굴변형

용접 시 종수축에 의한 수축응력으로 좌굴되어 파도 모양으로 나타나는 변형

〈좌굴변형〉

(5) 종굽힘변형

좌우 용접선의 종수축 차이로 발생되는 현상

〈종굽힘변형〉

(6) 횡수축

용접층 수가 많거나 Root 간격이 넓을 때 용접선에 직각 방향으로 수축이 발생되는 현상

〈횡수축〉

(7) 회전변형

용접 시 용접되지 않는 개선 부분이 내측 또는 외측으로 개선 간격이 이동하는 변형

〈회전변형〉

3 용접변형의 발생원인

(1) 용착금속의 냉각과정상 수축
(2) 용접열 Cycle 과정 중 모재의 소성 변형
(3) 용융금속의 응고 시 모재의 열팽창
(4) 용접순서와 용접방법에 의한 요인

4 용접변형의 방지대책

(1) 역변형법 : 용접변형을 예측하여 용접 전 역변형을 미리 가함

(2) 억제법 : 일시적으로 보강재, 보조판을 붙여 변형을 방지하는 방법

(3) 피닝법(Peening Method) : 망치로 용접 부위를 계속 두들겨 잔류응력을 분산시키는 방법

(4) 가열법 : 전체를 가열하여 용접 시 변형을 흡수시키는 방법

(5) 냉각법 : 수냉동판, 살수로 용접 시 온도를 낮추어 변형을 방지하는 방법

(6) 용접순서 전환

 ① **교호법**(Alternating Method) : 용접방향을 반대로 하는 방법
 ② **후퇴법**(Back Step Method) : 용접방향을 후진으로 하는 방법
 ③ **대칭법**(Symmetry Method) : 좌우 대칭으로 용접하는 방법
 ④ **비석법**(Skip Method) : 한 칸씩 건너 띄어 용접하는 방법

(7) Over Welding을 금지하고 적정 전류 사용

(8) 용접 Pass 수 최소화

(9) 높은 용착속도에 의한 방법

[헌치부 용접 개선면 표준]

(단위 : mm)

1 (편면용접)	2 (양면용접)
$6 < t \leq 32$	$19 < t \leq 32$

··· 29 전기용접작업 시 안전대책

1 개요

(1) 전기용접 작업 시 발생하는 재해는 안전시설의 결함, 작업자의 안전의식 결여, 보호구 미착용 등으로 발생하며, 재해유형에는 감전·화재·중독·추락 등이 있다.

(2) 전기용접 시 발생하는 재해의 대부분은 감전재해로 철골은 도전성이 높으므로 감전 방지용 누전차단기 등을 설치하여 감전재해를 예방하여야 하며, 또한 용접 시 발생하는 유해인자에 대한 개선책으로 용접작업자의 보건대책에도 힘써야 한다.

2 전기용접방법의 분류

(1) 저항용접

접합하는 부재의 접촉부를 통해서 통전(通電)하고, 발생하는 저항열을 이용하여 압력을 가하는 용접

(2) 아크용접

모재와 전극 또는 두 전극 간에 발생하는 Arc 열을 이용한 용접

3 전기용접작업 시 발생 가능한 재해유형

(1) Fume, 금속분진으로 인한 질병이환

카드뮴·크롬·철·망간·납 Fume 중독

(2) 유해가스 흡입으로 인한 호흡기질환

오존(O_3), 질소산화물(NOx), 일산화탄소(CO), 포스겐($COCl_2$), 포스핀(PH_3)

(3) 작업환경 불량으로 인한 재해

① 접지불량, 누전차단기 미설치 등에 의한 감전
② 가연성 또는 인화성 물질에 용접봉 비산으로 인한 화재
③ 고소작업에서의 용접작업 시 추락
⑤ 소음, 고열화상, 화재폭발

4 전기용접 시 안전대책

(1) 주위환경 정리
(2) 접지 확인 및 방지시설 설치
(3) 과전류 보호장치 설치

(4) 감전 방지용 누전차단기 설치

(5) 자동전격방지장치 설치

(6) 용접봉의 홀더

KS 규격에 적합하거나 동등 이상의 절연성 및 내열성을 갖춘 것 사용

(7) 습윤환경에서의 용접작업 금지

(8) 용접, 용단 시 화재 방지대책

① 불연재료 방호울 설치

② 화재감시자 배치

(9) 밀폐 장소에서의 용접 시 기계적 배기장치에 의한 환기

(10) 용접 Arc 광선 차폐

(11) 퓸(Fume)의 흡입 방지 조치

(12) 안전시설 설치

① 추락방지망

② 안전대

③ 낙하·비래 및 불꽃의 비산방지시설

(13) 보호구 착용

① 차광안경, 보안면 등

② **화상방지 보호구** : 용접용 가죽제 보호장갑, 앞치마(Apron), 보호의 등

③ **호흡용 보호구** : 환경조건에 따라 방진·방독 마스크 사용

(14) 이상기후 시 대책

강풍·강설·우천 시 작업중단 및 강풍에 의한 안전사고 방지조치

(15) 기타 용접작업 전 안전대책

구분	내용
설계 및 시방서 검토	재료의 규격 준수 및 용접순서, 용접방법 등 교육 실시
용접 숙련 정도 시험	용접시공 숙련 정도를 Check하여 숙련 정도에 맞는 현장 배치
개선부 관리	개선부의 세척상태 사전점검 및 개선부 각도, 폭, 간격 등의 개선 정밀도 관리
용접재료 관리	용접봉의 건조상태 및 보관함 적정 온도 유지
예열관리	강재의 종류에 따른 예열계획 및 예열방법, 예열온도 등의 관리
기상조건	강우, 강설, 강풍 발생 시 습도 90% 이상, 기온 0℃ 이하 시 작업 금지

5 작업환경 관리 및 건강보호

(1) 환기대책

① 환기대책은 용접 퓸의 관리 중 공학적인 대책의 일부이나 용접작업장의 형태가 다양하므로 「작업형태별 작업환경 관리 대책」에 맞추어 수립한다.

② 환기장치의 설치 및 가동에 관한 사항은 안전보건규칙 제1편 총칙 제8장(환기장치) 등에 따른다.

③ 전체 환기장치작업 특성상 국소배기장치의 설치가 곤란하여 전체 환기장치를 설치하여야 할 경우에는 다음 사항을 고려한다.

    ㉠ 필요 환기량(작업장 환기횟수 : 15~20회/시간)을 충족시킬 것

    ㉡ 유입공기가 오염장소를 통과하되 작업자 쪽으로 오지 않도록 위치를 선정할 것

    ㉢ 공기 공급은 청정공기로 할 것

    ㉣ 기류가 한편으로만 흐르지 않도록 공기를 공급할 것

    ㉤ 오염원 주위에 다른 공정이 있으면 공기배출량을 공급량보다 크게 하고, 주위에 다른 공정이 없을 시에는 청정공기 공급량을 배출량보다 크게 할 것

    ㉥ 배출된 공기가 재유입되지 않도록 배출구 위치를 선정할 것

    ㉦ 난방 및 냉방, 창문 등의 영향을 충분히 고려해서 설치할 것

(2) 밀폐공간에서의 용접작업

① 급기 및 배기용 팬을 가동하면서 작업한다.

② 작업 전 산소농도를 측정하여 18% 이상 시에만 작업한다. 작업 중에 산소농도가 떨어질 수 있으므로 수시로 점검한다.

③ 퓸용 방진마스크 또는 송기마스크를 착용하고 작업한다.

④ 소음이 85dB(A) 이상 시에는 귀마개 등 보호구를 착용한다.

⑤ 탱크맨홀 및 피트 등 통풍이 불충분한 곳에서 작업 시에는 긴급사태에 대비할 수 있는 조치 (외부와의 연락장치, 비상용사다리, 로프 등을 준비)를 취한 후 작업한다.

6 결론

용접작업 시에는 안전상의 조치 이외에 보건상의 조치가 이루어져야 하며, 특히 금속퓸 및 금속분진을 비롯해 유해가스에 의한 유해위험요인 파악을 위한 작업 전 유해인자 노출정도의 측정이 사전에 이루어져야 하며, 산업안전보건법 기준에 의한 건강진단의 실시가 준수되어야 한다.

··· 30 용접작업 시 건강장해 방지대책

1 개요

용접 시 유해인자로 인한 용접작업자의 건강장해를 예방하기 위해서는 환기시설 설치, 분진 발생이 적은 용접 방법 선정, 호흡용 보호구 착용 등의 개선책과 용접작업자에 대한 주기적인 교육이 필요하다.

2 건강장해 유해요인

금속퓸 및 금속분진	유해가스	소음 및 기타요인
카드뮴	포스핀(PH_3)	소음
크롬	오존(O_3)	고열·화상
철	질소산화물(NOx)	감전·화상
망간	일산화탄소(CO)	화재·폭발
납	포스겐($COCl_2$)	
아연		

3 용접작업 시 유발되는 건강장해 유형

(1) 시력 장해

① 안염, 백내장, Arc Eye, 눈의 피로 등
② 용접광선(용접 Arc광 : 적외선, 가시광선 등), 오존 등이 주원인

(2) 호흡기 질환

① 폐기능 이상, 만성 기관지염 등
② 각종 퓸(Fume)과 Gas 분진 등에 의함

(3) 암 유발

폐암, 피부암, 기관지암 등

(4) 신경계 장해

① 납중독, 망간중독, 마그네슘중독으로 인한 불안·의식불명·감각이상
② 납, 망간, 마그네슘, Gas 등이 주원인

(5) 위장관 장해

급성 위염, 위장관 자극, 스트레스성 위질환 등

(6) 피부질환

4 근로자의 유해인자 노출정도의 측정

(1) 측정 전 준비 및 주의사항

① 사전에 작업환경 측정에 관련된 예비조사 및 장비 등을 점검하여 이상이 없을 시 현장에 나가 측정을 개시할 수 있도록 준비한다.

② 작업자는 평소와 같은 방법으로 작업에 임하도록 하며 측정자가 주지하는 내용 및 협조사항에 대해서 꼭 지키도록 하여 올바른 측정이 이루어지도록 한다.

(2) 측정근로자의 노출정도에 대한 작업환경 측정은 KOSHA GUIDE 작업환경 측정·분석방법 지침에 따른다.

(3) 설명회 개최 작업환경 측정 후 산업안전보건위원회 또는 근로자 대표로부터 작업환경 측정 결과에 대한 설명회 개최 요구가 있을 때에는 측정기관 또는 사업주가 설명회를 실시한다.

(4) 사업주는 근로자를 용접작업에 종사하도록 하는 경우에는 고용노동부고시 제2013-38호(화학물질 및 물리적인자의 노출기준)의 기준을 참고하여 필요한 조치를 취한다.

(5) 용접작업에 근로자를 종사하게 하는 경우에는 특별안전보건 교육을 실시한다.

5 보호구 등의 지급

(1) 작업장에서 발생하는 유해인자에 대한 가장 바람직한 대책은 작업설비의 설치단계에서 유해요인을 제거할 수 있도록 하는 것이 가장 바람직하나 이 방법이 불가능할 때 차선책으로 보호구를 지급 착용하게 한다.

(2) 보호구는 성능한계성, 검정합격품 여부 등을 사전에 검토하여 구입한다.

(3) 근로자가 용접 품 등에 노출될 우려가 있는 작업장에서 작업하는 근로자는 품용 방진마스크 또는 송기마스크를 착용한다.

(4) 호흡용 보호구는 해당 근로자 수 이상의 보호구를 지급하고, 보호구의 공동사용으로 인한 질병감염을 방지하기 위하여 개인전용의 것을 지급한다.

(5) 지급된 보호구는 수시로 점검하여 양호한 상태로 유지·관리하고 호흡용 보호구는 여과재의 사용한계에 따른 교체시기를 명확히 하여 정해진 날짜에 교체한다.

6 근로자의 준수사항

(1) 용접작업 중 가동 중인 국소배기장치 등은 작업자 임의로 정지시키지 않도록 하고 감독자의 지시에 따른다.

(2) 용접 품이 최대한 작업장 주변으로 비산되지 않는 방법으로 작업한다.

(3) 용접 품에 노출되지 않도록 주의하면서 작업한다.

(4) 작업 시 지급된 보호구는 사업주 및 안전·보건관계자 등의 지시에 따라 반드시 착용한다.

(5) 용접 퓸, 가스, 유해광선에 의한 건강장해의 예방을 위하여 사업주 및 안전·보건관계자 등의 지시에 따른다.

⑦ 건강진단의 실시

(1) 용접작업 근로자에게는 소음[85dB(A) 이상 시]에 대한 특수건강진단을 2년 1회 실시한다.
(2) 피용접물 또는 용접봉에 망간(크롬산, 카드뮴) 등이 1% 이상 함유 물질과 용접 퓸 등에 노출되는 근로자는 1년에 1회 이상 특수건강진단을 실시한다.
(3) 사업주는 법령에 의한 건강진단을 실시하고 건강진단 개인표를 송부 받은 때에는 그 결과를 지체 없이 근로자에게 통보하고, 근로자의 건강을 유지하기 위하여 필요하다고 인정할 때에는 작업장소의 변경, 작업의 전환, 근로시간의 단축 및 작업환경개선 등 기타 적절한 조치를 한다.
(4) 사업주는 산업안전보건위원회 또는 근로자대표의 요구가 있을 때에는 직접 또는 건강진단을 실시한 기관으로 하여금 건강진단 결과에 대한 설명을 실시한다.
(5) 건강상담 및 건강진단실시에 따른 자각증상 호소자에 대하여 질병의 이환 여부 또는 질병의 원인 등을 발견하기 위하여 임시 건강진단을 실시한다.

⑧ 결론

용접작업 시에는 안전상의 조치 이외에 보건상의 조치가 이루어져야 한다. 특히 금속퓸 및 금속분진을 비롯해 유해가스에 의한 유해위험요인 파악을 위한 작업 전 유해인자 노출정도의 측정이 사전에 이루어져야 하며, 산업안전보건법 기준에 의한 건강진단의 실시가 준수되어야 한다.

1 개요

부식은 산화에 의한 녹과 전식(電蝕)으로 구분할 수 있으며 강재 구조물의 용접부 및 볼트 이음부 등에 대한 적절한 방식조치로 부재 손상을 방지해야 한다.

2 부식의 분류

(1) 건식 부식(Dry Corrosion)

수분의 영향 없이 발생되는 부식

(2) 습식 부식(Wet Corrosion)

수분과 접해 발생되는 부식

3 부식의 메커니즘

(1) 양극반응 : $Fe \rightarrow Fe^{++} + 2e^-$

$$Fe^{++} + H_2O + \frac{1}{2}O_2 \rightarrow Fe(OH)_2 : 수산화제1철$$

$$Fe(OH)_2 + \frac{1}{2}H_2O + \frac{1}{4}O_2 \rightarrow Fe(OH)_3 : 수산화제2철(검은 녹)$$

(2) 부식 촉진제(부식의 3요소)

① 물(H_2O)
② 산소(O_2)
③ 전해질($2e^-$)

4 부식발생 시 문제점

(1) 용접부 강도 저하
(2) 볼트 이음부 결속력 저하
(3) 내구성 저하
(4) 부식심화 시 단면감소로 인한 취성파괴

5 부식의 발생원인

(1) 용접부, 볼트 이음부에 대한 방식조치 미흡
(2) 부재의 부식 방지조치 미흡
(3) 유지관리 부실

6 부식방지대책

(1) 용접부

① 용접부의 수분, 녹 등의 불순물 제거
② 용접 시 용착금속 중 불순물 제거로 산화 방지

(2) 볼트 이음부

① **시공 시** : 방식처리된 재료 사용 및 볼트 구멍·접합면 방식처리
② **부식방지 도장처리** : 부식억제제 사용 및 부식도장, 부식된 볼트 교체

(3) 설계단계부터 부식 방지조치 시공

7 결론

용접부의 부식은 강구조물 내구성 저하의 중요한 요인이므로 부식발생 방지를 위한 사전조치가 중요하며, 부식발생 시에는 취성파괴에 의한 재해가 발생할 수 있으므로 안전점검을 통한 관리가 필요하다.

··· 32 내화피복

1 개요

화재 발생 시 철골 강재의 온도상승에 의한 응력상실에 따른 내력저하를 최소화하기 위한 내화피복은 성능기준에 적합한 공법에 의해 시공이 이루어져야 하며, 시공 후에는 철저한 검사로 안전성이 확보되도록 해야 한다.

2 내화피복재의 조건

(1) 열용량이 클 것
(2) 열전도율이 작을 것
(3) 고온에도 강도저하 및 팽창·수축량이 적을 것
(4) 고온 노출에도 균열이나 박리 발생량이 적을 것

3 내화성능의 기준

(단위 : 시간)

용도	층수/최고높이	내력벽	보, 기둥	슬래브
일반시설	12층/50m 초과	3(2)	3	2
	12층/50m 이하	2	2	2
	4층/20m 이하	1	1	1
주거시설	12층/50m 초과	2	3	2
	4층/20m 이하	1	1	1
공장시설	12층/50m 초과	2	3	2
	12층/50m 이하	2	2	2
	4층/20m 이하	1	1	1

4 내화피복공법의 종류

(1) 습식공법

① 타설공법

경량콘크리트, 보통콘크리트 등을 철골 둘레에 소요 두께로 타설하는 공법으로 접합부 시공이 용이하며 신뢰도가 높다.

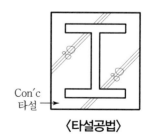

Con′c 타설 →

〈타설공법〉

② 뿜칠공법

　　암면과 시멘트 등을 혼합해 뿜칠로 피복하는 공법

〈뿜칠공법〉

③ 조적공법

　　벽돌, 블록, 석재 등으로 강재 둘레에 조적하는 공법

〈조적공법〉

④ 미장공법

　　철골에 Metal Lath 등을 부착한 후 내화단열성 Mortar
　　로 미장하는 공법

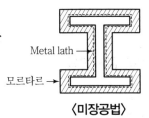

〈미장공법〉

⑤ 도장공법 : 내화페인트를 피복하는 공법

(2) 건식공법

　　① 성형판 붙임공법 : PC, ALC, 무기섬유 강화 석고보드 등을 부착시키는 공법
　　② 멤브레인 공법 : 암면흡음판을 붙여 시공하는 방법

(3) 합성공법

　　① 이종재료 적층공법
　　② 이질재료 접합공법

5 내화피복 시 유의사항

(1) 바탕처리

　　① 강재 표면의 녹, 기름, 이물질 등을 피복 전에 제거해 부착성 저하를 방지한다.
　　② 바탕처리 후에는 신속하게 시공한다.
　　③ 타설공법 시에는 녹막이 도장을 금한다.

(2) 재료

　　① 흡수량 초과와 오염이 발생하지 않도록 한다.

② 재고기간 내에 사용한다.

③ 재료의 휨이나 변형 등이 발생하지 않도록 한다.

(3) 시공관리

① 적정하고 균일한 두께가 확보되도록 한다.

② 시공 중 내화피복재에 수분이 접촉되지 않도록 한다.

③ 동절기 및 혹서기 한중·서중 콘크리트의 유의사항을 준수한다.

6 내화피복 검사시기

(1) 초기검사

(2) 중간검사

(3) 완료검사

(4) 재검사

7 내화피복 검사항목

(1) 외관검사

(2) 두께측정

(3) 밀도측정

(4) 부착강도검사

(5) 배합비검사

8 미장·뿜칠공법의 검사방법

(1) 시공단계 : 5m² 당 1개소 단위로 핀을 이용해 두께를 확인한다.

(2) 뿜칠공법으로 시공하는 경우 두께 및 비중은 코어채취방법으로 측정한다.

(3) 측정개소

① 각 층마다 또는 바닥면적 1,500m²마다 각 부위별 1회, 1회당 3개소

② 연면적 1,500m² 미만은 2회 이상 측정

9 결론

철골의 내화성능 확보를 위한 내화피복 시에는 품질관리를 위한 시공단계의 유의사항을 숙지해야 함은 물론 작업 근로자의 추락 및 낙하물 재해 방지와 건강장해 예방을 위한 안전시설을 갖추고 적절한 보호구를 지급해야 하며, 작업 전 재해 예방을 위한 안전교육이 이루어진 후 작업에 임하도록 해야 한다.

해체공사 · 발파공사

CHAPER

01

일반해체공법

1 개요

(1) 구조물의 해체공사는 해체 대상 구조물의 특성, 해체공사 주변의 환경조건, 각종 규제사항 등에 대한 전반적인 사전조사를 실시하여 이러한 제반 조건에 가장 적합한 공법을 선정하여야 한다.

(2) 해체공사 시 적절한 해체공법을 선정하지 못하면 재해, 공사의 중단, 공기의 지연 등을 초래하게 되므로 해체공법 선정 시에는 경제성·작업성·안전성·저공해성 등을 종합적으로 검토하여야 한다.

2 해체공사의 필요성

(1) 경제적인 수명한계

(2) 구조 및 기능의 수명한계

(3) 주거환경 개선

(4) 도시정비 차원

(5) 재개발사업

3 해체방법의 분류

(1) 기존 구조물 부재의 해체

구조물의 접합부를 떼어내거나 부재를 어느 정도의 크기로 절단하여 분리시키는 부재의 해체

(2) 파쇄해체

기존 구조물의 안전성을 고려해 해체 작업이 용이한 부위부터 잘게 부수어 해체하는 파쇄해체

(3) 구조물의 국부적인 해체

구조물을 보강 또는 이전하기 위한 국부적인 해체

4 해체 작업 Flow—chart

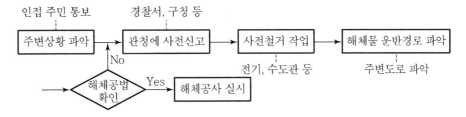

⑤ 해체공법 선정 시 고려사항

(1) 해체 대상물의 구조
(2) 해체 대상물의 부재단면 및 높이
(3) 부지 내 작업용 공지
(4) 부지 주변의 도로상황 및 환경
(5) 해체공법의 경제성·작업성·안전성·저공해성 등

⑥ 해체공법의 종류

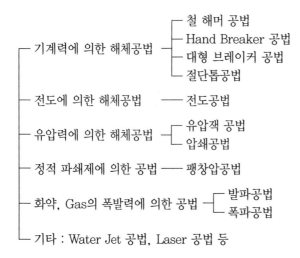

기계력에 의한 해체공법 ─┬─ 철 해머 공법
　　　　　　　　　　　　├─ Hand Breaker 공법
　　　　　　　　　　　　├─ 대형 브레이커 공법
　　　　　　　　　　　　└─ 절단톱공법

전도에 의한 해체공법 ─── 전도공법

유압력에 의한 해체공법 ─┬─ 유압잭 공법
　　　　　　　　　　　　└─ 압쇄공법

정적 파쇄제에 의한 공법 ─── 팽창압공법

화약, Gas의 폭발력에 의한 공법 ─┬─ 발파공법
　　　　　　　　　　　　　　　　└─ 폭파공법

기타 : Water Jet 공법, Laser 공법 등

⑦ 해체 작업 시 안전대책

(1) 해체계획서 작성
(2) 작업구역 내 근로자 출입금지 조치
(3) 강풍, 강우, 강설 등 악천후 시 작업 중지
(4) 파쇄공법에 따른 방진벽·비산차단벽 설치, 비산물로부터의 안전거리 확보
(5) 대피소 설치

⑧ 결론

해체 작업 시에는 재해 방지대책 수립은 물론 소음·진동 등의 공해 방지조치가 이루어져야 하며, 해체로 발생되는 폐기물의 관리대책을 수립해 환경공해를 저감해야 한다.

··· 02 해체공사 절차 및 해체계획서 검토사항

1 개요

「건축물관리법」 제30조에 의해 관리자가 건축물을 해체하려는 경우 허가권자의 허가를 받아야 한다. 허가를 받으려는 자는 건축물 해체허가신청서와 해체계획서를 첨부해 제출토록 하고 있다.

2 해체의 범위

(1) 건축물을 건축·대수선·리모델링하거나 멸실시키기 위해 건축물 전체 또는 일부를 파괴하거나 절단하여 제거하는 것을 말한다.

(2) 멸실이란 건축물이 해체, 노후화 및 재해 등으로 효용 및 형체를 완전히 상실한 상태를 말한다.

3 신고 및 허가대상

(1) 신고 대상

① 일부해체

  주요 구조부를 해체하지 않는 건축물의 해체

② 전면해체

  • 전면적 500m² 미만
  • 건축물 높이 12m 미만
  • 지상층과 지하층을 포함하여 3개층 이하인 건축물

③ 그 밖의 해체

  • 바닥면적 합계 85m² 이내 증축·개축·재축(3층 이상 건축물의 경우 연면적의 1/10 이내)
  • 연면적 200m² 미만+3층 미만 건축물 대수선 관리지역 등에 있는 높이 12m 미만 건축물

(2) 허가 대상

  신고 대상 외 건축물

(3) 신고 대상일지라도 해당 건축물 주변에 버스 정류장, 도시철도 역사 출입구, 횡단보도 등 해당 지방자치단체의 조례로 정하는 시설이 있는 경우 해체 허가를 받아야 함

❹ 해체공사 신고절차

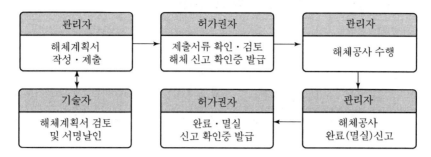

❺ 해체공사 허가절차

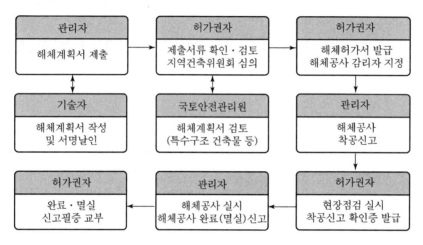

❻ 해체공사 중 변경신고, 변경허가를 받아야 하는 경우

변경신고	• 착공예정일(30일 이상 변경하는 경우로 한정) • 해체 작업자, 하수급인 및 현장관리인과 현장배치 건설기술자 변경	
변경허가	• 해체공법 • 해체장비의 종류 • 해체공사 현장의 안전관리대책	• 해체 작업의 순서 • 해체하는 부분 및 면적 • 해체 대상 건축물의 석면 함유 여부

❼ 국토안전관리원의 검토 대상

(1) 특수구조 건축물
(2) 10톤 이상의 장비를 올려 해체하는 건축물
(3) 폭파하여 해체하는 건축물

8 해체계획서 작성검토 절차

구분	개정		기술자
	작성	검토	
신고 대상	관리자	기술자	• 건축사사무소 개설 신고를 한 자
허가 대상	기술자	–	• 기술사사무소를 개설 등록한 자(건축구조, 건축시공, 건설안전기술사)

9 허가기관의 의무 해체공사현장 점검대상

(1) 해체공사 착공신고를 수리하는 경우

(2) 감리자가 건축물 생애이력 관리시스템에 해체현장 관리업무를 지속적으로 등록하지 아니하여 정당한 사유의 유무를 확인하려는 경우

(3) 변경허가를 수리하는 등 허가권자가 현장점검이 필요하다고 판단하는 경우

(4) 필수확인점의 해체 등 시군구 조례로 정하는 경우

10 건축물 해체계획서 작성기준

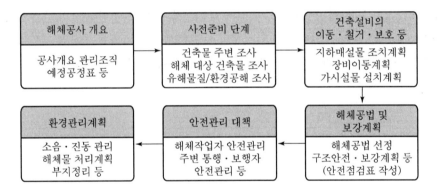

11 감리자 지정 및 자격

(1) 지정기준

지정 대상	• 허가 대상 건축물 • 국토안전관리원 검토 대상 건축물 • 신고대상 중 허가권자가 필요하다고 인정하는 건축물
교체 대상	• 지정에 관한 서류를 부정 또는 거짓으로 제출한 경우 • 관리자 또는 해체 작업자의 위반사항이 있음을 알고도 해체 작업의 시정, 중지를 요청하지 않은 경우 • 건축물 생애이력 관리시스템에 해체현장 관리업무를 지속적으로 등록하지 않는 경우

(2) 자격기준

① 「건축사법」 또는 「건설기술 진흥법」에 따른 감리자격이 있는 자(공사시공자 본인 및 「독점 규제 및 공정거래에 관한 법률」 제2조에 따른 계열회사는 제외한다)

② 해체공사 감리업무 신규교육 또는 보수교육을 3년 이내에 이수한 자

⓬ 감리업무

다음의 사항을 건축물 생애이력 정보체계에 매일 등록

(1) 공종, 감리내용, 지적사항 및 처리결과

(2) 안전점검표현황

(3) 현장 특기사항(발생사항, 조치사항 등)

(4) 해체공사감리자가 현장관리기록을 위하여 필요하다고 판단하는 사항

※ 감리업무 중 필수확인점에 이르게 되면 감리자(건축사 또는 특급기술인)는 해당 작업이 진행되고 있는 현장을 직접 확인하고, 촬영일자가 표시된 사진 및 동영상을 보관해야 함

⓭ 결론

건축물 해체계획서 작성 제도는 최근 급증하고 있는 해체 작업에서의, 특히 대형 장비 사용 및 대규모 건축물 해체에 따르는, 위험요인에 대한 안전성의 사전 확보를 위해 매우 중요한 제도이다. 해체계획서 작성 시에는 해체공사의 안전관리대책은 물론 환경관리계획에도 만전을 기해야 할 것이다.

건축물 해체·철거공사 붕괴사고 예방대책

붕괴사고 주요 발생 원인 /작업계획서 미작성·미준수

☞ 보강 없이 기둥, 벽체 등 무분별한 해체

☞ 잭 서포트(Jack support) 미설치

☞ 철거 잔재물 처리불량으로 인한 누적

☞ 굴착기 등 사용 장비 임의 대형화

☞ 붕괴·추락 위험 구역 출입통제조치 미실시

이것만은 꼭 지켜주세요!!

☞ 사전조사 및 작업계획서 작성·이행

사전조사 내용

☑ 구조물 현황조사

☑ 부지 상황조사

작업계획서 구성 내용

☑ 해체의 방법 및 해체 순서도면

☑ 가설설비·방호설비·환기설비 및 살수·방화설비 등의 방법

☑ 사업장 내 연락방법

☑ 해체물의 처분계획

☑ 해체작업용 기계·기구 등의 작업계획서

☑ 해체작업용 화약류 등의 사용계획서

☑ 그 밖에 안전·보건에 관련된 사항

☞ 철거 구조물 안전성 검토 실시(Flow Chart)

❶ 해체공법 선정	❷ 설계제원	❸ 하중산정	❹ 구조검토 방법 선정	❺ 안전성 검토
▸ 기계식 해체공법 ▸ 발파식 해체공법	▸ 단면크기 및 물성 ▸ 배근현황	▸ 자중 및 잔재물 ▸ 철거장비	▸ 하중계수 적용 ▸ 강도감소계수 적용	▸ 결과 실행

☞ 작업순서 준수 및 관계근로자외 출입통제조치

☞ 철거 폐기물 처리 및 하부 보강 잭 서포트(Jack Support) 설치

고용노동부
서울지방고용노동청

산업재해예방
안전보건공단
서울광역본부

〈서울특별시 기준 분리방지 대책〉

··· 03   해체공사의 사전조사 및 안전조치

1 해체 대상 구조물의 조사

(1) 구조물(RC조, SRC조 등)의 규모, 층수, 건물높이, 기준층 면적

(2) 평면 구성상태, 폭·층고·벽 등의 배치상태

(3) 부재별 치수, 배근상태

(4) 해체 시 전도 우려가 있는 내·외장재

(5) 설비기구, 전기배선, 배관설비 계통의 상세 확인

(6) 구조물의 건립연도 및 사용목적

(7) 구조물의 노후 정도, 화재 및 동해 등의 유무

(8) 증설, 개축, 보강 등의 구조변경 현황

(9) 비산각도, 낙하반경 등의 사전 확인

(10) 진동·소음·분진의 예상치 측정 및 대책방법

(11) 해체물의 집적·운반방법

(12) 재이용 또는 이설을 요하는 부재 현황

(13) 기타 당해 구조물 특성에 따른 내용 및 조건

2 주변환경 조사

(1) 부지 내 공지 유무, 해체용 기계설비 위치, 발생재 처리장소

(2) 해체공사 착수 전 철거, 이설, 보호할 필요가 있는 공사 장해물 현황

(3) 접속도로의 폭, 출입구 개수와 매설물의 종류 및 개폐 위치

(4) 인근 건물 동수 및 거주자 현황

(5) 도로상황 조사, 가공 고압선 유무

(6) 차량 대기 장소 유무 및 교통량

(7) 진동, 소음 발생 시 영향권

3 해체 작업 시 안전조치

(1) 해체건물 등의 조사

구조, 주변 상황 등을 조사해 그 결과를 기록·보전한다.

(2) 해체계획 작성

① 해체방법 및 해체순서 도면

② 해체 작업용 화약류 등의 사용계획서

③ 사업장 내 연락방법

④ 해체 작업용 기계, 기구 등의 작업계획서

⑤ 기타 안전·보건 사항

(3) 작업구역 내 근로자 출입금지 조치

① 작업구역 내 관계근로자 외의 자 출입금지 조치

② 비, 눈, 기타 기상 상태의 불안정으로 날씨가 몹시 나쁠 때에는 작업을 중지시킬 것

(4) 보호구 착용

(5) 작업계획 작성

중량물 취급작업 시에는 작업계획서를 작성하고 준수해야 한다.

4 해체공법별 안전작업수칙

(1) 압쇄기

쇼벨에 설치하며 유압조작으로 콘크리트 등에 강력한 압축력을 가해 파쇄하는 것으로 다음의 사항을 준수하여야 한다.

① 압쇄기의 중량, 작업충격을 사전에 고려하고, 차체 지지력을 초과하는 중량의 압쇄기부착을 금지하여야 한다.

② 압쇄기 부착과 해체에는 경험이 많은 사람으로서 선임된 자에 한하여 실시한다.

③ 압쇄기 연결구조부는 보수점검을 수시로 하여야 한다.

④ 배관 접속부의 핀, 볼트 등 연결구조의 안전 여부를 점검하여야 한다.

⑤ 절단날은 마모가 심하기 때문에 적절히 교환하여야 하며 교환대체품목을 항상 비치하여야 한다.

(2) 대형 브레이커

통상 쇼벨에 설치하여 사용하며, 다음의 사항을 준수하여야 한다.

① 대형 브레이커는 중량, 작업 충격력을 고려, 차체 지지력을 초과하는 중량의 브레이커 부착을 금지하여야 한다.

② 대형 브레이커의 부착과 해체에는 경험이 많은 사람으로서 선임된 자에 한하여 실시하여야 한다.

③ 유압작동구조, 연결구조 등의 주요구조는 보수점검을 수시로 하여야 한다.

④ 유압식일 경우에는 유압이 높기 때문에 수시로 유압호스가 새거나 막힌 곳이 없는가를 점검하여야 한다.

⑤ 해체대상물에 따라 적합한 형상의 브레이커를 사용하여야 한다.

(3) 햄머

크레인 등에 부착하여 구조물에 충격을 주어 파쇄하는 것으로 다음의 사항을 준수하여야 한다.

① 햄머는 해체대상물에 적합한 형상과 중량의 것을 선정하여야 한다.

② 햄머는 중량과 작압반경을 고려하여 차체의 부음, 프레임 및 차체 지지력을 초과하지 않도록 설치하여야 한다.

③ 햄머를 매달은 와이어로프의 종류와 직경 등은 적절한 것을 사용하여야 한다.

④ 햄머와 와이어로프의 결속은 경험이 많은 사람으로서 선임된 자에 한하여 실시하도록 하여야 한다.

⑤ 킹크, 소선절단, 단면이 감소된 와이어로프는 즉시 교체하여야 하며 결속부는 사용 전후 항상 점검하여야 한다.

(4) 콘크리트 파쇄용 화약류

다음의 사항을 준수하여야 한다.

① 화약류에 의한 발파파쇄 해체 시에는 사전에 시험발파에 의한 폭력, 폭속, 진동치속도 등에 파쇄능력과 진동, 소음의 영향력을 검토하여야 한다.

② 소음, 분진, 진동으로 인한 공해대책, 파편에 대한 예방대책을 수립하여야 한다.

③ 화약류 취급에 대하여는 법, 총포도검화약류단속법 등 관계법에서 규정하는 바에 의하여 취급하여야 하며 화약저장소 설치기준을 준수하여야 한다.

④ 시공순서는 화약취급절차에 의한다.

(5) 핸드브레이커

압축공기, 유압의 급속한 충격력에 의거 콘크리트 등을 해체할 때 사용하는 것으로 다음의 사항을 준수하여야 한다.

① 끌의 부러짐을 방지하기 위하여 작업자세는 하향 수직방향으로 유지하도록 하여야 한다.

② 기계는 항상 점검하고, 호스의 꼬임·교차 및 손상 여부를 점검하여야 한다.

(6) 팽창제

광물의 수화반응에 의한 팽창압을 이용하여 파쇄하는 공법으로 다음의 사항을 준수하여야 한다.

① 팽창제와 물과의 시방 혼합비율을 확인하여야 한다.

② 천공직경이 너무 작거나 크면 팽창력이 작아 비효율적이므로 천공 직경은 30~50mm 정도를 유지하여야 한다.

③ 천공간격은 콘크리트 강도에 의하여 결정되나 30~70cm 정도를 유지하도록 한다.

④ 팽창제를 저장하는 경우에는 건조한 장소에 보관하고 직접 바닥에 두지 말고 습기를 피하여야 한다.

⑤ 개봉된 팽창제는 사용하지 말아야 하며 쓰다 남은 팽창제 처리에 유의하여야 한다.

(7) 절단톱

회전날 끝에 다이아몬드 입자를 혼합 경화하여 제조된 절단톱으로 기둥, 보, 바닥, 벽체를 적당한 크기로 절단하여 해체하는 공법으로 다음의 사항을 준수하여야 한다.

① 작업현장은 정리정돈이 잘 되어야 한다.

② 절단기에 사용되는 전기시설과 급수, 배수설비를 수시로 정비 점검하여야 한다.

③ 회전날에는 접촉방지 커버를 부착토록 하여야 한다.

④ 회전날의 조임상태는 안전한지 작업 전에 점검하여야 한다.

⑤ 절단 중 회전날을 냉각시키는 냉각수는 충분한지 점검하고 불꽃이 많이 비산되거나 수증기 등이 발생되면 과열된 것이므로 일시중단한 후 작업을 실시하여야 한다.

⑥ 절단방향을 직선을 기준하여 절단하고 부재 중에 철근 등이 있어 절단이 안 될 경우에는 최소단면으로 절단하여야 한다.

⑦ 절단기는 매일 점검하고 정비해 두어야 하며 회전 구조부에는 윤활유를 주유해 두어야 한다.

(8) 재키

구조물의 부재 사이에 재키를 설치한 후 국소부에 압력을 가해 해체하는 공법으로 다음의 사항을 준수하여야 한다.

① 재키를 설치하거나 해체할 때는 경험이 많은 사람으로서 선임된 자에 한하여 실시하도록 하여야 한다.

② 유압호스 부분에서 기름이 새거나, 접속부에 이상이 없는지를 확인하여야 한다.

③ 장시간 작업의 경우에는 호스의 커플링과 고무가 연결된 곳에 균열이 발생될 우려가 있으므로 마모율과 균열에 따라 적정한 시기에 교환하여야 한다.

④ 정기·특별·수시 점검을 실시하고 결함 사항은 즉시 개선·보수·교체하여야 한다.

(9) 쐐기 타입기

직경 30~40mm 정도의 구멍 속에 쐐기를 박아 넣어 구멍을 확대하여 해체하는 것으로, 다음의 사항을 준수하여야 한다.

① 구멍에 굴곡이 있으면 타입기 자체에 큰 응력이 발생하여 쐐기가 휠 우려가 있으므로 굴곡이 없도록 천공하여야 한다.

② 천공구멍은 타입기 삽입부분의 직경과 거의 같도록 하여야 한다.

③ 쐐기가 절단 및 변형된 경우는 즉시 교체하여야 한다.

④ 보수·점검은 수시로 하여야 한다.

(10) 화염방사기

구조체를 고온으로 용융시키면서 해체하는 것으로 다음의 사항을 준수하여야 한다.

① 고온의 용융물이 비산하고 연기가 많이 발생되므로 화재발생에 주의하여야 한다.

② 소화기를 준비하여 불꽃비산에 의한 인접부분의 발화에 대비하여야 한다.

③ 작업자는 방열복, 마스크, 장갑 등의 보호구를 착용하여야 한다.

④ 산소용기가 넘어지지 않도록 밑받침 등으로 고정시키고 빈 용기와 채워진 용기의 저장을 분리하여야 한다.

⑤ 용기 내 압력은 온도에 의해 상승하기 때문에 항상 40℃ 이하로 보존하여야 한다.

⑥ 호스는 결속물로 확실하게 결속하고, 균열되었거나 노후된 것은 사용하지 말아야 한다.

⑦ 게이지의 작동을 확인하고 고장 및 작동불량품은 교체하여야 한다.

(11) 절단줄톱

와이어에 다이아몬드 절삭날을 부착하고, 고속회전시켜 절단 해체하는 공법으로 다음의 사항을 준수하여야 한다.

① 절단작업 중 줄톱이 끊어지거나, 수명이 다할 경우에는 줄톱의 교체가 어려우므로 작업 전에 충분히 와이어를 점검하여야 한다.

② 절단대상물의 절단면적을 고려하여 줄톱의 크기와 규격을 결정하여야 한다.

③ 절단면에 고온이 발생하므로 냉각수 공급을 적절히 하여야 한다.

④ 구동축에는 접촉방지 커버를 부착하도록 하여야 한다.

5 결론

최근 해체공사의 규모가 대형화됨에 따라 재해발생 시 발생되는 피해규모 또한 급증하고 있다. 따라서 해체공사 시에는 개정된 허가절차와 신고절차를 준수해야 하며, 특히 소규모 해체현장은 공법별 안전수칙을 철저히 준수해야 할 것이다.

··· 04 노후건축물 철거 절차

1 개요

내구연한의 경과로 건축물의 안전성이 저하된 경우 안전성을 높이거나 주거환경을 개선하기 위해 건축물의 철거가 이루어지며 해체공사 시에는 인근 지역에 영향을 미치는 공해의 발생 방지대책 수립이 선행되어야 한다.

2 구조물 상태 평가

등급	구조물 상태	유지관리
A	최상	유지관리
B	양호	시설물 점검, 관찰
C	보통	보수·보강 실시
D	노후 진행	상태평가, 사용제한
E	노후 심각	출입통제, 해체 고려

3 구조물 철거 행정절차

정밀안전진단 → 구조물 상태 평가 → 철거 승인 요청 → 철거 작업

(1) 정밀안전진단
① 구조체 주요부분 상태 점검
② 강도 확인, 철근 상태 확인

(2) 구조물 상태 평가
① 구조물 노후화 정도 평가
② 사용성 및 안전성 평가

(3) 철거 승인 요청
① 지역 관할 행정기관 승인 요청
② 노후상태, 향후 방향 등

(4) 철거 작업
① 주변 안전대책 강구
② 철거 폐기물 처리 방안

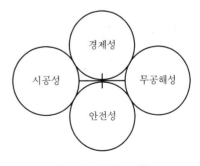

〈해체공사의 요건〉

4 구조물 해체의 필요성

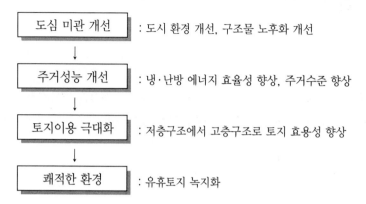

도심 미관 개선 : 도시 환경 개선, 구조물 노후화 개선

↓

주거성능 개선 : 냉·난방 에너지 효율성 향상, 주거수준 향상

↓

토지이용 극대화 : 저층구조에서 고층구조로 토지 효용성 향상

↓

쾌적한 환경 : 유휴토지 녹지화

5 구조물 철거 Process

(1) 사전조사

① 전·출입로, 주변환경, 법적 요건 검토
② 구조물 상태, 구조물 종류 확인

(2) 공법 선정

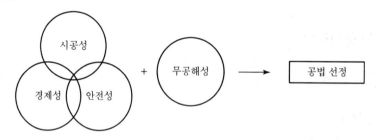

시공성 / 경제성 / 안전성 + 무공해성 → 공법 선정

(3) 해체 계획 수립

① 작업 방법, 순서 결정
② 인원, 장비 투입계획 수립

(4) 안전 시설물 설치

① 수직방호망, 분진방지망
② 방음벽 설치
③ 해체물 비산 방지
④ 인접 건물 보호

(5) 계측관리 실시

① 분진, 소음, 진동 최소화
② 주변 민원발생 방지

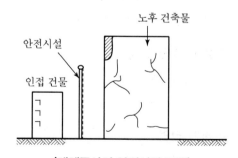

노후 건축물

안전시설

인접 건물

〈해체공사의 안전시설 도해〉

⑹ 폐기물 처리방안 수립

지정 처리업체 허가 여부 확인

⑺ 출입통제 실시

⑻ 안전관리자 배치

⑼ 전기, 수도, Gas 차단

① 해체 시 화재, 폭발 방지
② 근로자 위험요인 제거

⑽ 세륜 및 살수설비 구축

① 인접 도로 오염 방지
② 먼지 비산 방지

6 철거작업 시 안전대책

(1) 해체계획서 작성
(2) 작업구역 내 근로자 출입금지 조치
(3) 강풍, 강우, 강설 등 악천후 시 작업 중지
(4) 파쇄공법에 따른 방진벽·비산차단벽 설치, 비산물로부터의 안전거리 확보
(5) 대피소 설치

7 결론

해체 작업 시에는 재해 방지대책 수립은 물론 소음·진동 등의 공해 방지조치가 이루어져야 하며, 해체로 발생하는 폐기물의 관리대책을 수립해 환경공해 저감이 이루어지도록 해야 한다.

··· 05 절단톱 공법

🔳 개요

(1) 절단톱 공법이란 해체공사 시 회전날 끝에 다이아몬드 입자를 혼합 경화하여 제조한 절단톱으로 기둥·보·바닥·벽체를 적당한 크기로 절단하여 해체하는 공법을 말한다.

(2) 절단톱으로 작업 시 작업장 주위는 정리정돈이 되어 있어야 하며, 회전날에는 접촉 방지 Cover를 부착하고 조임상태를 사전에 점검하여 안전사고를 예방해야 한다.

🔳 절단톱 공법의 특징

(1) 장점

① 작업성이 양호하다.

② 해체 부재의 운반이 용이하다.

③ 진동 및 분진 발생이 비교적 적다.

④ 내부작업을 위한 공법이다.

⑤ 기계 대수에 따라 작업 일정의 조정이 용이하다.

(2) 단점

① 해체된 부재가 큰 경우 2차 파쇄가 필요하다.

② 절단 시 분진이 발생한다.

③ 접합부의 절단작업이 난해하다.

④ 전력 및 급수장치가 필요하다.

🔳 절단톱 사용 시 준수사항

(1) 작업장의 정리정돈 실시

(2) 절단기에 사용되는 전기시설과 급수·배수설비의 정비, 점검

(3) 회전날 접촉 방지 Cover 부착

(4) 회전날의 조임상태는 작업 전 안전점검

(5) 절단 중 회전날의 냉각수 점검 및 과열 시 작업 중단

(6) 절단방향은 직선을 기준으로 하며, 절단이 안 될 경우 최소 단면으로 절단

(7) 절단기의 일상점검 실시

··· 06 정적 파쇄 공법

1 개요

(1) 파쇄할 부분을 천공한 후 물과 혼합된 팽창제를 충전하여 팽창압에 의해 파쇄하는 공법을 말한다.

(2) 팽창제로 사용하는 정적 파쇄제(비폭성 파쇄제)는 광물의 수화반응에 의해 압축력과 함께 인장응력을 발생시키는 팽창성 물질로, 종류에는 브라이스터·S-마이트·감마이트 등이 있다.

2 팽창제 사용 시 준수사항

(1) 팽창제와 물의 시방 혼합비율을 확인할 것

(2) 천공직경이 너무 작거나 크면 팽창력이 작아 비효율적이므로, 천공직경은 30~50mm 정도를 유지할 것

(3) 천공간격은 콘크리트 강도에 의하여 결정되나 30~70cm 정도를 유지할 것

(4) 팽창제 저장 시 건조한 장소에 보관하고 직접 바닥에 두지 말고 습기를 피할 것

(5) 개봉된 팽창제는 사용하지 말아야 하며, 사용 후 남은 팽창제는 안전하게 분리시켜 배출할 것

3 팽창압공법의 시공 Flow Chart

천공 → 팽창제 충전 → 양생 → 균열 확인 → 2차 파쇄

4 팽창압공법의 특징

(1) 장점

① 수화반응에 의한 팽창압에 의한 공법으로 소음, 진동, 비석(飛石) 없이 파쇄가 가능한 공법이다.

② 화학류가 아니므로 법적 규제를 피할 수 있다.

③ 천공에 따라 계획적인 방향으로 파쇄할 수 있고, 수중 파쇄도 가능하다.

④ 무소음, 무진동 공법이며 시공방법도 비교적 단순하다.

(2) 단점

① 종류에 따라 정해진 적용온도가 유지되어야 한다.

② 천공직경 및 천공간격의 관리가 난해하다.

③ 팽창재료 사용에 따른 해체비용의 상승이 발생된다.

⑤ 시공 시 유의사항

(1) 팽창제의 종류에 따라 적용 온도범위 및 천공직경·간격을 준수할 것

(2) 비빔, 충전, Sheet 작업 근로자의 보안경, 고무장갑 등의 보호구 착용상태를 확인할 것

(3) 팽창제 혼합 후 즉시 충전할 것

(4) 팽창제 충전 후 즉시 Sheet를 덮어 양생온도를 유지할 것

(5) 양생 중 모든 근로자의 출입을 통제할 것

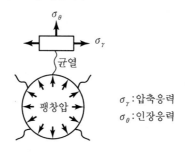

〈팽창제 사용 해체공법〉

⋯ 07 해체 작업에 따른 공해 방지대책

1 개요

해체 작업으로 유발되는 소음·진동·분진 등은 주변 환경에 많은 영향을 미쳐 민원 발생의 소지가 높으므로, 적절한 작업시간대 설정, 저소음·저진동 공법의 채택, 차음·방진시설 설치 등의 종합적인 대책이 필요하다.

2 공해 방지대책

(1) 소음 및 진동

① 생활진동 규제기준

구분	주간(06:00~22:00)	심야(22:00~06:00)
주거지역·녹지지역	65 이하	60 이하
기타 지역	70 이하	65 이하

② 진동치 규제기준

(단위 : cm/sec)

건물 분류	문화재	주택·APT	상가	철근 콘크리트 빌딩·공장
허용변위속도	0.2	0.5	1.0	1.0~4.0

③ **전도공법의 경우** : 전도물 규모를 가급적 작게 할 것
④ **철해머공법의 경우** : 해머의 중량과 낙하높이를 최대한 낮게 할 것
⑤ **인접 건물의 피해 최소화** : 인접 건물의 피해 저감을 위한 방음, 방진의 가시설의 설치

(2) 분진발생 억제

① **직접발생부분** : 피라미드식, 수평살수식으로 물 뿌리기
② **간접발생부분** : 방진시트, 분진차단막 등의 방진벽 설치

(3) 지반침하 대비

지하실 등의 해체 시 해체 작업 전에 대상 건물의 깊이, 토질, 주변상황 등 점검

(4) 각종 보호구 착용

방진마스크, 보안경, 귀마개, 귀덮개 등 보호구 착용

1 개요

(1) 해체공사 시 안전시설은 현장 내 근로자·보행자 등의 안전성 확보를 위한 중요한 재해 예방 시설이다.

(2) 해체공사의 안전시설은 가설울타리·비계·낙하물방호선반·수직보호망 등이 있으며, 해체 작업 시 전도나 붕괴재해가 발생하지 않도록 견고하게 설치하여야 한다.

2 안전시설의 종류

(1) 가설 울타리

① 높이 1.8m 이상으로 한다.

② 바람 등에 전도되지 않도록 한다.

③ 출입금지 표지를 부착한다.

(2) 비계

외부비계에는 비산 방지를 위한 수직보호망이 부착되어 있으므로 풍압에 대한 안전대책을 수립할 것

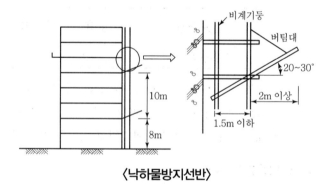

〈낙하물방지선반〉

(3) 낙하물방호선반

① 비계 외측에 설치

② 방호선반은 틈새가 없는 치밀한 구조로 할 것

(4) 수직보호망

① 해체 콘크리트나 자재 등의 비산물에 의한 재해 방지시설

② 비계의 외측에 견고히 설치하고 풍압에 주의

(5) 환기설비

① 옥내의 밀폐된 장소에서의 작업 시 산소결핍, 공기오염 방지를 위해 환기설비 설치

② 작업자는 분진 흡입 방지를 위해 방진마스크를 착용

(6) 신호연락체계 구축

① 공사현장과 사무실 등의 연락을 원활히 하고 공사 진행과 사고 방지를 위한 통신 및 기타 시설 설치

② 스피커, 무전기, 호각, 깃발 등의 시설 구축

(7) 살수설비

책임자를 지정하고 절단작업 시 잔존 해체물에 충분히 살수

(8) 기타

① 추락 위험이 있는 개소에 울타리, 개구부 덮개, 추락방지망 등을 설치

② 근로자 안전통행을 위한 안전통로 설치

❸ 건축물 해체 작업 점검표

구분	점검내용	YES	NO
작업 전	사전조사 및 작업계획서 작성	☐	☐
	안전성 검토 실시	☐	☐
	장비(굴삭기 등) 선정의 적정성	☐	☐
	해체공법의 적정성	☐	☐
	낙하·비래방지망 설치 상태	☐	☐
	안전보건교육 실시	☐	☐
작업 중	출입통제 여부	☐	☐
	잭서포트 설치 등 하부 보강 상태	☐	☐
	해체 폐기물 과적·편재 여부	☐	☐
	해체 순서·방법의 적정성	☐	☐
	사용장비의 적정성	☐	☐
	장비 위치 선정의 적정성	☐	☐
	장비 등 추가 하중에 대한 안전성	☐	☐
	작업발판 및 이동통로 상태	☐	☐
	개구부 추락방호조치	☐	☐
	개인 보호구 착용 상태	☐	☐
	그 밖에 낙하·추락·붕괴 위험 여부	☐	☐
기타 점검사항	악천후 등 이상 발생 여부	☐	☐
	분진방진망, 살수 등 비산먼지 저감대책	☐	☐
	소음 억제대책	☐	☐

05

토목공사

CHAPER

01

터 널

··· 01 사전조사 및 작업계획서의 작성대상 공사

1 개요

사업주는 근로자의 위험을 방지하기 위하여 해당 작업, 작업장의 지형·지반 및 지층 상태 등에 대한 사전조사를 하고 그 결과를 기록·보존하여야 하며, 조사결과를 고려하여 작업계획서를 작성하고 그 계획에 따라 작업을 하도록 하여야 한다.

2 작성대상 공사의 범위

(1) 타워크레인을 설치·조립·해체하는 작업

(2) 차량계 하역운반기계 등을 사용하는 작업(화물자동차를 사용하는 도로상의 주행작업은 제외)

(3) 차량계 건설기계를 사용하는 작업

(4) 화학설비와 그 부속설비를 사용하는 작업

(5) 전기작업(해당 전압이 50V를 넘거나 전기에너지가 250VA를 넘는 경우로 한정)

(6) 굴착면의 높이가 2m 이상이 되는 지반의 굴착작업(이하 "굴착작업"이라 함)

(7) 터널굴착작업

(8) 교량(상부구조가 금속 또는 콘크리트로 구성되는 교량으로서 그 높이가 5미터 이상이거나 교량의 최대 지간 길이가 30m 이상인 교량으로 한정)의 설치·해체 또는 변경 작업

(9) 채석작업

(10) 건물 등의 해체 작업

(11) 중량물의 취급작업

(12) 궤도나 그 밖의 관련 설비의 보수·점검작업

(13) **열차의 교환·연결 또는 분리 작업(이하 "입환작업"이라 함)**

① 사업주는 작성한 작업계획서의 내용을 해당 근로자에게 알려야 한다.

② 사업주는 항타기나 항발기를 조립·해체·변경 또는 이동하는 작업을 하는 경우 그 작업방법과 절차를 정하여 근로자에게 주지시켜야 한다.

③ 사업주는 위 (12)의 작업에 모터카(Motor Car), 멀티플타이탬퍼(Multiple Tie Tamper), 밸러스트 콤팩터(Ballast Compactor, 철도자갈다짐기), 궤도안정기 등의 작업차량(이하 "궤도작업차량"이라 함)을 사용하는 경우 미리 그 구간을 운행하는 열차의 운행관계자와 협의하여야 한다.

1 개요

터널공사에 투입되는 근로자 중 분진, 물리적인자, 야간작업 등 특수건강진단 유해인자에 해당하는 경우 사업주는 진단시기 및 주기를 준수하여 근로자 보건상 유해요인에 대한 관리를 관리해야 한다.

2 건강진단 종류 및 제출기한

건강진단	사업주 제출	지방고용노동부 제출
일반건강진단	30일	–
특수, 배치전, 수시, 임시 건강진단	30일	30일

3 특수건강진단 유해인자

화학적 인자(113)	벤젠 등 113종 – 유기화합물, 허가대상유해물질
물리적 인자(8)	소음, 진동, 방사선, 고기압, 저기압, 유해광선
분진(7)	곡물, 광물성, 나무, 면 분진, 용접 흄, 유리섬유, 석면분진
야간작업(2)	• 6개월간, 0~5시 포함, 8시간 작업, 월평균 4회 이상 • 6개월간, 22~6시 포함, 월평균 60시간 이상

4 특수건강진단 시기 및 주기

유해인자	첫 번째 특수건강검진	주기
벤젠	2개월 이내	6개월
석면	12개월 이내	12개월
분진(광물성), 소음, 충격소음	12개월 이내	24개월
용접 흄, 진동 등	6개월 이내	12개월

5 사업주 조치사항

(1) 작업장소 변경

(2) 작업 전환

(3) 근로시간 단축

(4) 야간근로 제한

(5) 작업환경측정

6 건강진단 결과 보존

(1) 5년 보관

(2) **30년 보존** : 발암성 확인물질 취급 근로자 검진

··· 03 밀폐공간작업 시 보건대책

1 개요

터널공사는 밀폐공간 작업장에 해당되므로 최우선적으로 적정공기 기준의 준수가 이루어져야 하며, 「산업안전보건법」상 밀폐공간 작업 시 준수사항의 철저한 이행이 이루어져야 한다.

2 밀폐공간 작업장의 범위

(1) 근로자가 상주하지 않는 출입제한 장소의 내부
(2) 우물, 수직갱, 터널, 잠함, 피트의 내부
(3) 페인트 건조 전 지하실, 탱크 내부
(4) 갈탄, 연탄으로 콘크리트 양생 장소 : 일산화탄소 중독
(5) 드라이 아이스 사용 냉동고, 냉동 컨테이너 내부
(6) 적정공기 허용치를 벗어나는 장소의 내부

3 적정공기 기준

구분	기준치
산소	18% 이상 23.5% 미만
일산화탄소(CO)	30PPM 미만
황화수소(H_2S)	10PPM 미만
탄산가스	1.5% 미만

4 밀폐공간 재해발생유형 및 원인

재해유형	원인
질식	• 콘크리트 양생 시 송기마스크 미착용 • 재해자 구조를 위해 투입된 구조자의 송기마스크 미착용
화재, 폭발	• 유독가스 유출되는 장소에서 용접 작업 • 흡연 작업

5 질식재해의 발생 원인

(1) 불활성가스의 사용

CO	헤모글로빈의 산소 운반기능을 뺏음 → 뇌에 산소 전달이 안 됨
H_2S	• 세포호흡을 방해 → 세포에 산소 전달이 안 됨 • 거품효과

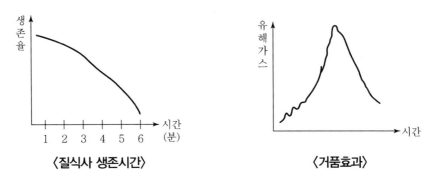

〈질식사 생존시간〉　　　　　〈거품효과〉

(2) 미생물의 호흡작용

① 용제류 사용 시 질식메카니즘

용제류 사용 전　　　용제류 사용　　　용제류 사용

적정공기 유지　　유독가스가 공기치환　　산소결핍

〈유독가스＞공기질 ; 질식〉

6 산소농도별 인체영향 및 증상

산소농도	인체 증상
18% 이상	안전 한계
16%	호흡, 맥박증가, 두통, 메스꺼움
12%	어지러움, 구토, 근력저하, 추락
10%	의식불명, 기도폐쇄
8%	실신, 혼절(8분 이내 사망)
6%	실신, 호흡정지, 경련(5분 이내 사망)

⑦ 밀폐공간 작업 시 안전준수사항

(1) 산소, 유해가스 농도 측정
① 관리감독자, 안전관리자, 보건관리자
② 안전관리전문기관, 보건관리전문기관
③ 건설재해예방전문지도기관

(2) 환기 실시 : 작업 전, 작업 중

(3) 인원 점검

(4) 출입 금지 : 표지판 설치

(5) 감시인 배치
(6) 안전대, 구명밧줄, 공기호흡기 또는 송기마스크

(7) 대피용 기구 배치 : 사다리, 섬유로프, 공기호흡기 또는 송기마스크 등

(8) 작업허가서 발급(PTW)

⑧ 밀폐공간 작업 시 근로자 주지사항

(1) 산소, 유해가스 농도 측정사항
(2) 환기설비가동 등 안전한 작업방법에 관한 사항
(3) 보호구 착용과 사용방법
(4) 사고 시 응급조치
(5) 비상연락처, 구조장비 사용 등 비상시 구출에 관한 사항

⑨ 결론

밀폐공간작업에 해당하는 터널공사현장은 「산업안전보건법」상 밀폐공간작업 프로그램의 준수가 이루어져야 하며, 작업 시 산소농도를 비롯한 유해가스 농도의 측정이 이루어져야 한다. 또한 작업 전과 작업 중 환기의 실시는 물론 입출·인원의 점검이 정확히 이루어져야 한다.

··· 04 터널공법의 분류

1 개요

'Tunnel'이란 철도·도로·용수로·하수도 등을 통과시키기 위한 통로를 말하며 터널공사 시 지형, 지질, 시공성, 터널의 길이 등을 고려하여 안전하고 경제적인 공법을 선정하여야 한다.

2 터널공법 선정 시 고려사항

(1) 안전성

(2) 시공성·경제성

(3) 지형, 지질

(4) 교통장애

(5) 터널의 길이

(6) 건설공해(주변 환경)

3 터널공법의 분류

(1) 발파공법

NATM(New Austrian Tunnelling Method) − 산악 Tunnel

지반 자체를 주지보재로 이용하는 공법으로, 지반의 적용범위가 넓으며 경제성이 우수한 공법

(2) 기계식 굴착공법

① TBM(Tunnel Boring Machine) 공법 − 암반 Tunnel 굴착

폭약을 사용하지 않고 Hard Rock Tunnel Boring Machine의 회전 Cutter로 Tunnel 전 단면을 절삭 또는 파쇄하는 굴착공법

② Shield 공법(Shield Driving Method) − 토사 구간 굴착

지반 내에 Shield를 추진시켜 Tunnel을 구축하는 공법으로, 연약한 토질, 용수가 있는 지반에 시공하는 공법

(3) 기타 공법

① 개착식 공법(절개공법, Open Cut Method) − 도심지 Tunnel

지표면 아래로부터 일정 깊이까지 개삭(開削)하여 Tunnel 본체를 완성한 후 복토하는 공법

② 침매공법(Immersed Method) − 하저(河底) Tunnel

해저(海底) 또는 지하수면하에 Tunnel을 굴착하는 공법으로, 지상에서 Tunnel Box를 제작하여 물에 띄워 현장에 운반한 후 소정 위치에 침하시켜 Tunnel을 구축하는 공법

4 터널 굴착공법의 종류 및 특징

전단면 굴착방법			• 지반 양호 시, 소단면 • 단면 클 때 붕괴 주의 • Cycle time 김
Long Bench Cut	① ②	50m 이상 Long	• 시공 중 Invert 폐합 불필요시 • 지질변화 대처 가능 • 사이클 조정 용이
Short Bench Cut	① ②	Short	• 지질조건 나쁠 때 • 중단면 이상 • 지질변화 대처 가능
다단 Bench Cut	① ② ③	Short	• 비교적 단면이 큰 경우 • Short Bench 자립 × • Bench 多 → 공간 협소

〈숏크리트 타설〉

〈버력처리〉

··· 05 NATM(New Austrian Tunneling Method)

1 개요

(1) 'NATM(New Austrian Tunneling Method)'이란 원지반 자체를 주지보재로 사용하여 Steel Rib, Shotcrete, Rock Bolt 등의 지보공으로 이완된 지반의 하중을 지반자체에 전달하게 하여 지반 자체의 지보능력을 최대로 발휘할 수 있도록 하는 공법이다.

(2) NATM은 원지반 자체를 주지보재로 이용하기 때문에 시공과정에서 지반의 강도를 보호하지 못하면 시공된 Tunnel의 안전이 보장될 수 없으므로 정밀한 시공을 하여야 하며, 작업공간이 넓어 작업효율이 좋고 지하철·철도·도로·Tunnel 등에 많이 사용되고 있다.

2 NATM의 특징

(1) 지반 자체가 주요한 지보재가 된다.

(2) 지보공(Steel Rib, Shotcrete, Rock Bolt 등)은 지반이 주보재가 되도록 하기 위한 보조 지보재로 도입한다.

(3) 지보공인 Steel Rib, Shotcrete, Rock Bolt 등은 영구 구조물이 된다.

(4) 연약지반에서 극경암까지 적용 가능하다.

(5) 계측에 의하여 구조물의 안전성 확인이 가능하다.

(6) 계측결과를 설계 및 시공에 반영할 수 있다.

(7) 경제성이 비교적 우수하다.

3 NATM의 시공 Flow Chart

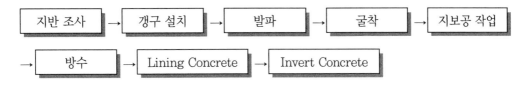

4 NATM의 시공순서와 시공 시 유의사항

(1) 지반 조사

① 토층 분포 상태, 지하수위, 지반의 지지력, 인접 구조물의 지반상태 등 조사

② 작업구, 환기구 등 수직갱 굴착계획구간의 연약지층·지반 정밀조사

(2) 갱구 설치

① 갱구 시공 시 지반 조사 후 적절한 지보재로 보강

② 흙막이 지보공, 방호망 등을 설치하여 위험방지 조치

(3) 발파

① 발파는 선임된 발파책임자의 지휘에 따라 시행

② 발파책임자는 모든 근로자의 대피 확인 및 필요한 방호조치를 한 후에 발파

③ 여굴을 적게 하기 위해 제어발파공법 실시

④ 제어발파공법의 종류

  • Line Drilling

  • Cushion Blasting

  • Pre-splitting

  • Smooth Blasting

(4) 굴착

① 일정한 굴착속도를 유지하고 굴착면을 고르게 하여 여굴량을 줄임

② 굴착의 장기간 중단 시 내공변위, 지질상태를 판단하여 굴착면에 Shotcrete 및 Rock Bolt 추가 시행

③ 원지반이 불량하고 용수가 심할 경우 적절한 보조공법 실시

(5) 지보공 작업

① Shotcrete 타설

  • 암괴의 붕락 방지 및 지반의 이완 방지

  • 굴착 후 가능한 한 조기에 실시

② Wire Mesh 설치

  • Shotcrete 타설 시 부착력 증가

  • 원지반 또는 Shotcrete 면에 밀착

③ Steel Rib

  • Shotcrete와 Wire Mesh 면과 밀착 시공

  • Shotcrete가 경화할 때까지 지보효과 발휘

④ Rock Bolt

  • 굴착에 의하여 이완된 지반을 견고한 지반에 결합

  • Rock Bolt는 조기에 시공하는 것이 바람직

(6) 방수(防水)

① 청결하고 평탄하여야 하며 유해 물질과 돌출부 제거 후 시공

② 부직포, 방수 Sheet 등의 재료로 방수

(7) Lining Concrete

① Lining 콘크리트 배면과 Shotcrete면 사이에 공극이 발생되지 않도록 할 것

② 1구간의 콘크리트는 연속해서 타설

(8) Invert Concrete

① Invert 콘크리트 구간이 긴 경우 적당한 간격으로 줄눈 설치

② 주변 지반이 불안정할 경우 Shotcrete 조기타설 및 Rock Bolt 시공

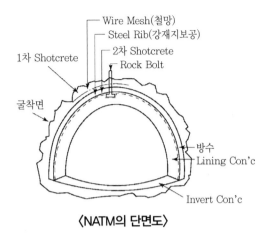

〈NATM의 단면도〉

5 NATM의 지보공

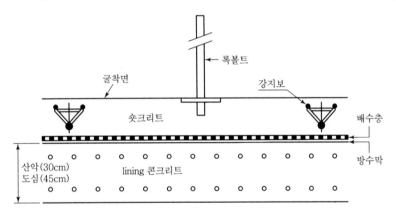

6 지반조건별 Rock Bolt의 기능

주요 기능	적용 지반	배치개념	
봉합효과	연암~중경암	• 암반의 봉합으로 붕락 방지 • 아치부에 배치	
내압 및 아치 형성	연암~풍화암	• 내압 및 아치 형성 • 터널 아치부와 측벽부에 배치 • 팽창성 지반은 인버트에도 배치	
전단저항	토사	연약지반의 터널 측벽부에 발생하는 전단파괴 방지	

제1장 총칙

제1조(목적) 이 고시는 「산업안전보건법」 제13조에 따라 터널공사 중 무지보공 터널굴착공사 (NATM) 재해방지를 위한 작업상의 안전에 관하여 사업주에게 지도·권고할 기술상의 지침을 규정함을 목적으로 한다.

제2조(용어의 정의) 이 고시에서 사용하는 용어의 뜻은 이 고시에 특별한 규정이 없으면 「산업안전보건법」, 같은 법 시행령 및 시행규칙, 「산업안전보건기준에 관한 규칙」에서 정하는 바에 따른다.

제2장 지반의 조사

제3조(지반조사의 확인) 사업주는 지질 및 지층에 관한 조사를 실시하고 다음 각 호의 사항을 확인하여야 한다.

1. 시추(보오링) 위치
2. 토층분포상태
3. 투수계수
4. 지하수위
5. 지반의 지지력

제4조(추가조사) 사업주는 설계도서의 시추결과표 및 주상도 등에 명시된 시추공 이외에 중요구조물의 축조, 인접구조물의 지반상태 및 위험지장물 등 상세한 지반·지층 상황을 사전에 조사하여야 하며 필요시 발주자와 협의한 다음 추가시추 조사를 실시하여야 한다.

제5조(지반보강) 사업주는 작업구, 환기구 등 수직갱 굴착계획구간의 연약지층·지반을 정밀 조사하여야 하며 필요시 발주자와 협의한 다음 지반보강말뚝공법, 지반고결공법, 그라우팅 등의 보강조치를 취하여 굴착 중 발생되는 붕괴에 대비하여 안전한 공법을 계획하여야 한다.

제3장 발파 및 굴착

제6조(일반사항) ① 설계 및 시방에서 정한 발파기준을 준수하여야 하며 이때에는 발파방식, 천공길이, 천공직경, 천공간격, 천공각도, 화약의 종류, 장약량 등을 준수하여 과다발파에 의한 모암손실, 과다여굴, 부석에 의한 붕괴·붕락을 예방하여야 한다.

② 발파대상 구간의 막장암반상태를 사전에 면밀히 확인하여 발파시방에 적합한 암질 여부를 판단하여야 한다.

③ 연약암질 및 토사층인 경우에는 발파를 중지하고 다음 각 호에 대한 검토를 하여야 한다.

1. 발파시방의 변경조치

2. 암반의 암질판별

3. 암반지층의 지지력 보강공법

4. 발파 및 굴착 공법변경

5. 시험발파실시

④ 암질판별 및 발파구간 인접구조물에 대한 피해 및 손상을 예방하기 위한 발파허용진동치는 「건설기술 진흥법」 제44조에 따라 정한 건설공사 설계기준 및 표준시방서 등 관계 법령·규칙에서 정하는 기준을 준수하여야 한다.

⑤ 삭제

⑥ 암질의 변화구간 및 발파시방 변경 시에는 발파 전 폭력, 폭속, 발파 영향력 등의 조사 목적으로 시험발파를 실시하여야 하며 시험발파 후 암질판별을 기준으로 하여 발파방식, 표준시방 등의 계획을 재수립하여야 한다.

⑦ 철도, 기존 지하철, 고속도로, 건축구조물 등 기존 구조물의 하부지반 통과 구간의 굴착은 관계법령을 준수하여야 하며 다음 각 호를 사전에 확인하여야 한다.

1. 발파의 경우 시험발파에 의한 진동영향력에 대하여 정밀검토를 하여야 하며 상부 구조물의 진동의 영향이 없는 범위 내에서 발파를 시행하여야 한다.

2. 발파의 경우에는 발파시방을 준수하여야 하며 풍화암 등 연약암반 및 토층 구간은 발파를 중지하고 수직·수평보오링 등 정밀조사를 실시한 후 암질 판별에 의한 굴착시방을 변경하여야 하며, 다음 각 목에 대한 보강공법을 검토한 후 발주처와 협의에 의한 시공계획을 수립하여야 한다.

   가. 무진동 파쇄공법

   나. 쉴드공법

   다. 언더피닝 및 파이프 루핑공법

   라. 포아폴링공법

   마. 프리그라우팅공법

   바. 국부미진동 소할발파

3. 언더피닝 및 파이프루핑 보강의 경우 다음 각 목에 대하여 계획을 수립하여야 하며 시공 중 안전상태를 확인하여야 한다.

   가. 보강구간의 정밀토층, 지하매설물 등의 사전검토를 실시하여야 한다.

   나. 지반지지력구조 계산 시 통과차량, 지진 등에 대한 충분한 안전율을 적용하여야 한다.

   다. 강재 지보구간의 경우 취성파괴에 대한 사전예방대책 및 볼팅구조의 접합부에 대한 구조상세 계획을 수립하여야 한다.

   라. 재크의 시험성과 합격품목 여부 및 마모, 작동 등의 이상유무를 확인하여야 한다.

   마. 언더피닝구간 등의 가설구조는 응력계, 침하계, 수위계에 의한 주기적 분석의 변위 허용기준을 설정하여야 한다.

바. 언더피닝구간 등의 토사굴착은 사전에 단계별 순서와 토량을 정확하게 산정하여야 한다.

사. 기계·장비 굴착에 의한 진동을 최소화하여야 한다.

아. 굴착 중 용출수 및 누수상태 발생 시 급결제 등의 방수 및 배출수 유도시설을 강구한 후 굴착 및 기타 작업을 실시하여야 한다.

⑧ 계측관리 시 다음 각 호의 사항을 측정하여 그 결과에 따른 보강대책을 마련하고, 이상이 발견되면 즉시 작업을 중지하고 장비 및 인력의 대피 조치를 하여야 한다.

1. 내공변위

2. 천단침하

3. 지중, 지표침하

4. 록볼트 축력측정

5. 숏크리트 응력

⑨ 삭제

⑩ 삭제

제7조(발파작업) 사업주는 터널공사에 필요한 발파작업에서의 재해예방을 위한 화약류의 취급, 운반, 사용 및 관리와 작업상의 안전에 관하여는 「발파 표준안전 작업지침」(고용노동부 고시)을 따른다.

제8조 삭제

제9조 삭제

제10조 삭제

제11조 삭제

제12조 삭제

제13조(버력처리) 사업주는 버력처리에 있어서 다음 각 호의 사항을 준수하여야 한다.

1. 버력처리 장비는 다음 각 목의 사항을 고려하여 선정하고 사토장거리, 운행속도 등의 작업계획을 수립한 후 작업하여야 한다.

가. 굴착단면의 크기 및 단위발파 버력의 물량

나. 터널의 경사도

다. 굴착방식

라. 버력의 상상 및 함수비

마. 운반 통로의 노면상태

2. 버력의 적재 및 운반 작업 시에는 주변의 지보공 및 가시설물 등이 손상되지 않도록 하여야 하며 위험요소에는 운전자가 보기 쉽도록 운행속도, 회전주의, 후진금지 등 안전표지판을 부착하여야 한다.

3. 상기 1, 2호의 계획 및 안전조치를 취한 후 근로자에게 직업안전교육을 실시하여야 한다.

4. 작업장에는 안전담당자를 배치하고 작업자 이외에는 출입을 금지하도록 하여야 한다.

5. 버력의 적재 및 운반기계에는 경광등, 경음기 등 안전장치를 설치하여야 한다.

6. 버력처리에 있어 불발화약류가 혼입되어 있을 경우가 있으므로 확인하여야 한다.

7. 버력운반 중 버력이 떨어지는 일이 없도록 무리한 적재를 하지 않아야 한다.

8. 버력운반로는 항상 양호한 노면을 유지하도록 하여야 하며 배수로를 확보해 두어야 한다.

9. 갱내 운반을 궤도에 의하는 경우에는 탈선 등으로 인한 재해를 일으키지 않도록 궤도를 견고하게 부설하고 수시로 점검, 보수하여야 한다.

10. 버력반출용 수직구 아래에는 낙석에 의한 근로자의 재해를 방지하기 위하여 낙석주의, 접근금지 등 안전표지판을 설치하여야 한다.

11. 버력 적재장에서는 붕락, 붕괴의 위험이 있는 뜬돌 등의 유무를 확인하고 이를 제거한 후 작업하도록 하여야 한다.

12. 차량계 운반장비는 작업시작 전 다음 각 목의 사항을 점검하고 이상이 발견된 때에는 즉시 보수 기타 필요한 조치를 하여야 한다.

    가. 제동장치 및 조절장치 기능의 이상 유무

    나. 하역장치 및 유압장치 기능의 이상 유무

    다. 차륜의 이상 유무

    라. 경광, 경음장치의 이상 유무

제14조(기계굴착) ① 로오드 헤더(Load Header), 쉬일드 머신(Shield Machine), 터널 보오링머신(T.B.M) 등 굴착기계는 다음 각 호의 사항을 고려하여 선정하고 작업순서 등 작업안전 계획을 수립한 후 작업하여야 한다.

    1. 터널굴착단면의 크기 및 형상

    2. 지질구성 및 암반의 강도

    3. 작업공간

    4. 용수상태 및 막장의 자립도

    5. 굴진방향에 따른 지질단층의 변화정도

② 제1항의 수립된 작업안전계획에는 최소한 다음 각 호의 사항이 포함되어야 한다.

    1. 굴착기계 및 운반장비 선정

    2. 굴착단면의 굴착순서 및 방법

    3. 굴진작업 1주기의 공정순서 및 굴진단위길이

    4. 버력적재 방법 및 운반경로

    5. 배수 및 환기

    6. 이상 지질 발견 시 대처방안

    7. 작업시작 전 장비의 점검

    8. 안전담당자 선임

③ 사업주는 제1항 및 제2항에서 수립된 직업안전계획에 준하여 작업을 하여야 하며 이를 작업자에게 교육하고 확인하여야 한다.

④ 작업자는 사업주로부터 지시 또는 교육받은 작업내용을 준수하여야 한다.

제15조(연약지반의 굴착) 사업주는 연약지반 굴착 시에는 다음 각 호의 사항을 준수하여야 한다.

1. 막장에 연약지반 발생 시 포아폴링, 프리그라우팅 등 지반보강 조치를 한 후 굴착하여야 한다.

2. 굴착작업 시작 전에 뿜어붙이기 콘크리트를 비상시에 타설할 수 있도록 준비하여야 한다.

3. 성능이 좋은 급결제를 항상 준비하여 두어야 한다.

4. 철망, 소철선, 마대, 강관 등을 갱내의 찾기 쉬운 곳에 준비하여 두어야 한다.

5. 막장에는 항상 작업자를 배치하여야 하며, 주·야간 교대 시에도 막장에서 교대하도록 하여야 한다.

6. 이상용수 발생 또는 막장 자립도에 이상이 있을 때에는 즉시 작업을 중단하고 이에 대한 조치를 한 후 작업하여야 한다.

7. 작업장에는 안전담당자를 배치하여야 한다.

8. 필요시 수평보오링, 수직보오링을 추가 실시하고 지층단면도를 정확하게 작성하여 굴착계획을 수립하여야 한다.

제4장 뿜어붙이기 콘크리트

제16조(작업계획) ① 사업주는 뿜어붙이기 콘크리트 작업 시에는 사전에 작업계획을 수립 후 실시하여야 한다.

② 제1항 작업계획에는 최소한 다음 각 호의 사항이 포함되어야 한다.

1. 사용목적 및 투입장비

2. 건식공법, 습식공법 등 공법의 선택

3. 노즐의 분사출력기준

4. 압송거리

5. 분진방지대책

6. 재료의 혼입기준

7. 리바운드 방지대책

8. 작업의 안전수칙

③ 사업주는 제1항 및 제2항의 작업계획을 근로자에게 교육시켜야 한다.

제17조(일반사항) 사업주는 뿜어붙이기 콘크리트 작업 시 다음 각 호의 사항을 준수하여야 한다.

1. 뿜어붙이기 작업 전 필히 대상암반면의 절리상태, 부석, 탈락, 붕락 등의 사전 조사를 실시하고 유동성 부석은 완전하게 정리하여야 한다.

2. 뿜어붙이기 작업대상구간에 용수가 있을 경우에는 작업 전 누수공 설치, 배수관매입에 의한 누수유도 등 적절한 배수처리를 하거나 급결성모르타르 등으로 지수하여 접착면의 누수에 의한 수막분리현상을 방지하여야 한다.

3. 뿜어붙이기 콘크리트의 압축강도는 24시간 이내에 $100kgf/cm^2$ 이상, 28일 강도 $200kgf/kg$ 이상을 유지하여야 한다.

4. 철망 고정용 앵커는 10m²당 2본을 표준으로 한다.

5. 철망은 철선굵기 ψ 3mm～6mm 눈금간격 사방 100mm의 것을 사용하여야 하며, 이음부위는 20cm 이상 겹치도록 하여야 한다.

6. 철망은 원지반으로부터 1.0cm 이상 이격거리를 유지하여야 한다.

7. 지반의 이완변형을 최소한으로 하기 위하여 굴착 후 최단시간 내에 뿜어붙이기 콘크리트 작업을 신속하게 시행하여야 한다.

8. 기계의 고장 등으로 작업이 중단되지 않도록 기계의 점검 및 유지 보수를 실시하여야 한다.

9. 작업 전 근로자에게 분진마스크, 귀마개, 보안경 등 개인 보호구를 지급하고 착용 여부를 확인 후 작업하여야 한다.

10. 뿜어붙이기 콘크리트 노즐분사압력은 2～3kgf/cm²를 표준으로 한다.

11. 물의 압력은 압축공기의 압력보다 1kgf/cm² 높게 유지하여야 한다.

12. 지반 및 암반의 상태에 따라 뿜어붙이기 콘크리트의 최소 두께는 다음 각 목의 기준 이상이어야 한다.

   가. 약간 취약한 암반 : 2cm

   나. 약간 파괴되기 쉬운 암반 : 3cm

   다. 파괴되기 쉬운 암반 : 5cm

   라. 매우 파괴되기 쉬운 암반 : 7cm(철망병용)

   마. 팽창성의 암반 : 15cm(강재 지보공과 철망병용)

13. 뿜어붙이기 콘크리트 작업 시에는 부근의 건조물 등의 오손을 방지하기 위하여 작업 전 경계부위에 필요한 방호조치를 하여야 한다.

14. 접착불량, 혼합비율불량 등 불량한 뿜어붙이기 콘크리트가 발견되었을 시 신속히 양호한 뿜어붙이기 콘크리트로 대체하여 콘크리트 덩어리의 분리 낙하로 인한 재해를 예방하여야 한다.

제5장 강아아치 지보공

제18조(일반사항) 강아아치 지보공 설치 시에는 다음 각 호의 사항을 준수하여야 한다.

   1. 강아아치 지보공을 조립할 때에는 설계, 시방에 부합하는 조립도를 작성하고 당해 조립도에 따라 조립하여야 하며 재질기준, 설치간격, 접합볼트 체결 등의 기준을 준수하여야 한다.

   2. 강아아치 지보공 조립 시에는, 부재운반, 부재전도, 협착 등 안전조치를 취한 후 조립작업을 하여야 한다.

   3. 설계조건의 암반보다 구조적으로 불리한 경우에는 강아아치 지보공의 간격을 적절한 기준으로 축소하여야 한다.

제19조(시공) 강아아치 지보공 시공 시에는 다음 각 호의 사항을 준수하여야 한다.

   1. 강아아치 지보공은 발파굴착면의 절리발달, 편암붕락 등 원지반에 불리한 파괴응력이 발생하기 전 가능한 한 신속히 설치하여야 한다.

2. 강아아치 지보공은 정해진 위치에 정확히 설치하여야 하며 건립 후 그의 위치중심, 고저차에 대하여 수시로 점검하여야 한다.

3. 강아아치 지보공의 설치에 있어서는 지질 및 지층의 특성에 따라 침하발생이 우려될 경우 쐐기, 앵커 등의 고정조치를 강구하여야 한다.

4. 강아아치 지보공의 상호연결볼트 및 연결재는 충분히 조여야 하며 용접을 금하고 덧댐판으로 볼트–너트 구조의 접합을 실시하여야 한다.

5. 강아아치 지보공의 받침은 목재 받침을 금하고 철근류 및 양질의 콘크리트 블록 등으로 고정하여야 한다.

6. 강아아치 지보공에 변형, 부재이완, 설치 간격불량 등의 이상이 있다고 인정되는 경우에는 즉시 안전하고 확실한 방법으로 보강을 하여야 한다.

7. 프리그라우팅 및 포아폴링 등의 보강작업 시 사용되는 봉, 파이프 등에 의하여 강아아치 지보공이 이동하거나 뒤틀리는 것을 막아야 하며, 이 경우 설치오차는 수평거리 10cm 이내로 하여야 한다.

8. 예상치 못했던 막장의 구조적 불안정 등과 같은 비상의 상황에 대비하여 충분한 양의 비상용 통나무와 쐐기목, 급결제, 시멘트 등을 준비해 두어야 한다.

제6장 록 볼트

제20조(일반사항) 록 볼트 설치작업에 있어 작업 전, 작업 중 다음 각 호의 사항을 준수하여야 한다.

1. 록 볼트공 작업에 있어서는 작업 전 다음 각 목의 사항을 검토하여 실시하여야 한다.

　　가. 지반의 강도

　　나. 절리의 간격 및 방향

　　다. 균열의 상태

　　라. 용수상황

　　마. 천공직경의 확대유무 및 정도

　　바. 보아홀의 거리정도 및 자립 여부

　　사. 뿜어붙이기 콘크리트 타설방향

　　아. 시공관리의 용이성

　　자. 정착의 확실성

　　차. 경제성

2. 록 볼트 설치작업의 분류기준은 선단정착형, 전면접착형, 병용형을 기준으로 하며 작업 전 설계, 시방에 준하는 적정한 방식 여부를 확인하여야 한다.

3. 록 볼트 선정에 있어서는 2, 3종류의 록 볼트를 선정하여 현장부근의 조건이 동일한 장소에서 시험시공, 인발시험 등을 시행하여 록 볼트 강도를 사전 확인함으로써 가장 적합한 종류의 록 볼트를 선정할 수 있도록 하여야 한다.

4. 록 볼트 재질선정에 있어서는 암반조건, 설계시방 등을 고려하여 선정하여야 하며, 록 볼트의 직경은 25mm를 원칙으로 하여야 한다.

5. 록 볼트 접착재 선정에 있어서는 조기 접착력이 크고, 취급이 간단하여야 하며 내구성이 양호한 조건의 것을 선정하여야 한다.

6. 록 볼트 삽입간격 및 길이의 기준은 다음 각 목의 사항을 고려하여 결정하여야 한다.

　가. 원지반의 강도와 암반 특성

　나. 절리의 간격 및 방향

　다. 터널의 단면규격

　라. 사용목적

제21조(시공) 록 볼트 시공에 있어서는 다음 각 호의 사항을 준수하여야 한다.

1. 록 볼트 천공작업은 소정의 위치, 천공직경 및 천공 깊이의 적정성을 확인하고 굴착면에 직각으로 천공하여야 하며, 볼트 삽입 전에 유해한 녹·석분 등 이물질이 남지 않도록 청소하여야 한다.

2. 록 볼트의 조이기는 삽입 후 즉시 록 볼트의 항복강도를 넘지 않는 범위에서 충분한 힘으로 조여야 한다.

3. 록 볼트의 다시 조이기는 시공 후 1일 정도 경과한 후 실시하여야 하며, 그 후에도 정기적으로 점검하여, 소정의 긴장력이 도입되어 있는지를 확인하고, 이완되어 있는 경우에는 다시 조이기를 하여야 한다.

4. 모든 형태의 지지판은 지반의 변형을 구속하는 효과를 발휘하고, 지반의 붕락방지를 위하여 암석이나 뿜어붙이기 콘크리트 표면에 완전히 밀착되도록 하여야 한다.

5. 록 볼트는 뿜어붙이기 콘크리트의 경과 후 가능한 한 빠른 시기에 시공하여야 한다.

6. 록 볼트의 천공에 따라 용수가 발생한 경우에는 단위면적 기준 중앙 집수유도방식 및 각 공별 차수방식 등에 의하여 용출수 유도 및 차수를 실시하여야 한다.

7. 경사방향 록 볼트의 시공에 있어서는 소정의 각도를 준수하여야 하며, 낙석으로 인한 근로자의 안전조치를 선행한 후에 시행하여야 한다.

8. 록 볼트 작업의 표준시공방식으로서 시스템 볼팅을 실시하여야 하며 인발시험, 내공 변위측정, 천단침하측정, 지중변위측정 등의 계측결과로부터 다음 각 목에 해당될 때에는 록 볼트의 추가시공을 하여야 한다.

　가. 터널벽면의 변형이 록 볼트 길이의 약 6% 이상으로 판단되는 경우

　나. 록 볼트의 인발시험 결과로부터 충분한 인발내력이 얻어지지 않는 경우

　다. 록 볼트 길이의 약 반 이상으로부터 지반 심부까지의 사이에 축력분포의 최대치가 존재하는 경우

　라. 소성영역의 확대가 록 볼트 길이를 초과한 것으로 판단되는 경우

9. 암반상태, 지질의 상황과 계측결과에 따라 필요한 경우에는 록 볼트의 중타 등 보완조치를 신속하게 실시하여야 한다.

10. 록 볼트 시공 시 천공장의 규격에 따라 싱커, 크롤라드릴 등 천공기를 선별하여야 하며, 사용하기 전 드릴의 마모, 동력전달상태 등 장비의 점검 및 유지보수를 실시하여야 한다.

11. 록 볼트의 삽입장비는 시방규격의 회전속도(r.p.m)를 확인하고 에어오우거 등 표준모델의 장비를 사용하여야 한다.

12. 록 볼트는 시공 후 정기적으로 인발시험을 실시하고 축력변화에 대한 기록을 명확히 하여 암반거동의 기록을 분석하여야 한다.

13. 록 볼트 작업은 천공 및 볼트 삽입 작업 시 근로자의 안전을 위하여 개인 보호구를 착용하여야 하며 관리감독자 및 안전담당자는 이를 확인하여야 한다.

제7장 콘크리트 라이닝 및 거푸집

제22조(콘크리트 라이닝) 콘크리트 라이닝을 시공함에 있어서는 시공 전, 시공 중 다음 각 호의 사항을 사전 검토하여야 한다.

1. 콘크리트 라이닝 공법 선정 시 다음 각 목의 사항을 검토하여 시공방식을 선정하여야 한다.
   가. 지질, 암질상태
   나. 단면형상
   다. 라이닝의 작업능률
   라. 굴착공법

2. 굴착공법에 따른 라이닝공법의 선정은 다음 표를 준용한다.

[굴착공법에 따른 라이닝 공법]

라이닝공법		굴착공법	
측벽선행공법	전단면 공법	아아치선행 공법	상부반단면 선진공법
측벽도갱선진 상부반단면 공법		지설도갱선진 상부반단면 공법	

3. 라이닝 콘크리트 배면과 뿜어붙인 콘크리트면 사이의 공극이 생기지 않도록 하여야 한다.

4. 콘크리트 재료의 혼합 후 타설 완료 때까지의 소요시간은 다음 각 호를 기준으로 하여야 한다.
   가. 온난·건조 시 1시간 이내
   나. 저온·습윤 시 2시간 이내

5. 콘크리트 운반 중 재료의 분리, 손실, 이물의 혼입이 발생하지 않는 방법으로 운반하여야 한다.

6. 콘크리트 타설표면은 이물질이 없도록 사전에 제거하여야 한다.

7. 1구간의 콘크리트는 연속해서 타설하여야 하며, 좌우대칭으로 같은 높이로 하여 거푸집에 편압이 작용하지 않도록 하여야 한다.

8. 타설슈우트, 벨트컨베이어 등을 사용하는 경우에는 충격, 휘말림 등에 대하여 충분한 주의를 하여야 한다.

9. 굳지 않은 콘크리트의 처짐 및 침하로 인하여 터널천정 부분에 공극이 생기는 위험을 방지하기 위해서 콘크리트가 경화된 후 시방에 의한 접착 그라우팅을 천정부에 시행하여야 한다.

제23조(거푸집구조의 확인) 거푸집은 콘크리트의 타설 속도 등을 고려하여 타설된 콘크리트의 압력에 충분히 견디는 구조이어야 하며 다음 각 호의 사항을 준수하여야 한다.

1. 이동식 거푸집에 있어서는 다음 각 목의 사항을 준수하여야 한다.

   가. 이동식 거푸집 제작 시에는 근로자의 작업에 지장을 초래하지 않도록 작업공간을 확보할 수 있는 구조이어야 한다.

   나. 이동식 거푸집에 있어서는 볼트, 너트 등으로 이완되지 않도록 견고하게 고정하여야 하며 휨, 비틀림, 전단 등의 응력 발생에 대하여 점검하여야 한다.

   다. 거푸집 이동용 궤도는 침하방지를 위하여 지반의 다짐, 편평도를 사전에 점검하고 침목 설치상태, 레일의 간격 등을 사전점검하여야 한다.

   라. 이동식 거푸집의 경우 설치 후 장시간 방치 시 사용된 재크류의 나선파손, 유압실린더, 플레이트 등의 파손 및 이완 유무를 재확인하여야 하며 교체, 보완, 보강 등의 조치를 하여야 한다.

   마. 콘크리트 타설하중 및 타설충격에 의한 거푸집 변위 및 이동방지의 목적으로 가설앵커, 쐐기 등의 설치를 하여야 한다.

2. 조립식 거푸집에 있어서는 다음 각 목의 사항을 준수하여야 한다.

   가. 조립식 거푸집은 제작사양 조립도의 조립순서를 준수하여야 하며, 해체 시의 순서는 조립순서의 역순을 원칙으로 하여야 한다.

   나. 조립식 거푸집을 해체할 때에는 순서에 의해 부재를 정리 정돈하고 부착 콘크리트, 유해물질 등을 제거하고 힌지, 재크 등의 활절작동 구간은 윤활유 등으로 주입하여야 한다.

   다. 조립과 해체의 반복작업에 의한 볼트, 너트의 손상률을 사전에 검토하고 충분한 여분을 준비하여야 한다.

   라. 라이닝플레이트 등의 절단, 변형, 부재탈락 시 용접 접합을 금하며 필요시 동일 재질의 부재로 교체하여야 한다.

   마. 벽체 및 천정부 작업 시 작업대 설치를 요하며 사다리, 안전난간대, 안전대 부착설비, 이동용 바퀴 및 정지장치 등을 설치하여야 한다.

제24조(시공) 거푸집을 조립할 때 다음 각 호의 사항을 준수하여야 한다.

1. 거푸집 조립작업의 시행 전 다음 각 목의 사항을 고려하여 타설목적에 적당한 규격 여부를 확인하여야 한다.

   가. 콘크리트의 1회 타설량

   나. 타설길이

   다. 타설속도

2. 거푸집의 측면판은 콘크리트의 타설측압 및 압축력에 충분히 견디는 구조로 하여야 하며 모르타르가 새어나가지 않도록 원지반에 밀착, 고정시켜야 한다.

3. 거푸집은 타설된 콘크리트가 필요한 강도에 달할 때까지 거푸집을 제거하지 않아야 하며 시방의 양생기준을 준수하여야 한다.

4. 거푸집을 조립할 때에는 철근의 앵커구조, 피복규격 등을 확인하고 철근의 변위, 이동방지용 쐐기 설치 상태를 확인하여야 한다.

제8장 계측

제25조(계측의 목적) 터널 계측은 굴착지반의 거동, 지보공 부재의 변위, 응력의 변화 등에 대한 정밀 측정을 실시함으로서 시공의 안전성을 사전에 확보하고 설계 시의 조사치와 비교분석하여 현장조건에 적정하도록 수정, 보완하는 데 그 목적이 있으며 다음 각 호를 기준으로 한다.

1. 터널 내 육안조사
2. 내공변위 측정
3. 천단침하 측정
4. 록 볼트 인발시험
5. 지표면 침하 측정
6. 지중변위 측정
7. 지중침하 측정
8. 지중수평변위 측정
9. 지하수위 측정
10. 록 볼트 축력 측정
11. 뿜어붙이기 콘크리트 응력 측정
12. 터널 내 탄성파 속도 측정
13. 주변 구조물의 변형상태 조사

제26조(계측관리) ① 사업주는 터널작업 시 사전에 계측계획을 수립하고 그 계획에 따른 계측을 하여야 한다.

② 제1항의 계측 계획에는 다음 각 호의 사항이 포함되어야 한다.
   1. 측정위치 개소 및 측정의 기능 분류
   2. 계측 시 소요장비
   3. 계측빈도
   4. 계측결과 분석방법
   5. 변위 허용치 기준
   6. 이상 변위 시 조치 및 보강대책
   7. 계측 전담반 운영계획
   8. 계측관리 기록분석 계통기준 수립

③ 사업주는 계측결과를 설계 및 시공에 반영하여 공사의 안전성을 도모할 수 있도록 측정기준을 명확히 하여야 한다.

④ 계측관리의 구분은 일상계측과 대표계측으로 하며 계측빈도 기준은 측정 특성별로 별도 수립하여야 한다.

제27조(계측결과 기록) 사업주는 계측결과를 시공관리 및 장래계획에 반영할 수 있도록 그 기록을 보존하여야 한다.

제28조(계측기의 관리) 사업주는 계측의 인적 및 기계적 오차를 최소화하기 위하여 다음 각 호의 사항을 준수하여야 한다.

1. 계측사항에 있어 전문교육을 받은 계측 전담원을 지정하여 지정된 자만이 계측할 수 있도록 하여야 한다.
2. 설치된 계측기 및 센서 등의 정밀기기는 관계자 이외에 취급을 금지하여야 한다.
3. 계측기록의 결과를 분석 후 시공 중 조치사항에 대하여는 충분한 기술자료 및 표준지침에 의거하여야 한다.

제9장 배수 및 방수

제29조(배수 및 방수계획의 작성) ① 사업주는 터널 내의 누수로 인한 붕괴위험 및 근로자의 직업안전을 위하여 제3조 또는 제4조의 조사를 근거로 하여 배수 및 방수계획을 수립한 후 그 계획에 의하여 안전조치를 하여야 한다.

② 제1항의 시공계획에는 다음 각 호의 사항이 포함되어야 한다.

1. 지하수위 및 투수계수에 의한 예상 누수량 산출
2. 배수펌프 소요대수 및 용량
3. 배수방식의 선정 및 집수구 설치방식
4. 터널내부 누수개소 조사 및 점검 담당자 선임
5. 누수량 집수유도 계획 또는 방수계획
6. 굴착상부지반의 채수대 조사

제30조(누수에 의한 위험방지) 사업주는 누수에 의한 주변구조물 침하 또는 터널붕괴로 인한 근로자의 피해를 방지하기 위하여 다음 각 호의 사항을 준수하여야 한다.

1. 터널 내의 누수개소, 누수량 측정 등의 목적으로 담당자를 선임하여야 한다.
2. 누수개소를 발견할 시에는 토사 유출로 인한 상부지반의 공극발생 여부를 확인하여야 하며 규정된 용량의 용기에 의한 분당 누출 누수량을 측정하여야 한다.
3. 뿜어붙이기 콘크리트 부위에 토사유출의 용수 발생 시 즉시 작업을 중단하고 지중침하, 지표면 침하 등에 계측 결과를 확인하고 정밀지반 조사 후 급결그라우팅 등의 조치를 취하여야 한다.
4. 누수 및 용출수 처리에 있어서는 다음 각 목의 사항을 확인 후 집수유도로 설치 또는 방수의 조치를 하여야 한다.
   가. 누수에 토사의 혼입정도 여부
   나. 제3조 및 제4조의 조사를 근거로 배면 또는 상부지층의 지하수위 및 지질 상태
   다. 누수를 위한 배수로 설치 시 탈수 또는 토사유출로 인한 붕괴 위험성 검토

라. 방수로 인한 지수처리 시 배면 과다 수압에 의한 붕괴의 임계한도

마. 용출수량의 단위시간 변화 및 증가량

5. 상기 각 호의 사항을 확인 후 이에 대한 적절한 조치를 하여야 한다.

제31조(아아치 접합부 배수유도) 사업주는 터널구조상 2중 아아치, 3중 아아치의 구조에 있어서 시공 중 가설배수도 유도는 아아치 접합부 상단에 임시 배수 관로 등을 설치하여 배수안전조치를 취하여야 한다.

제32조(배수로) 사업주는 제29조에 의한 계획에 따라 배수로를 설치하고 지반의 안정조건, 근로자의 양호한 작업조건을 유지하여야 한다.

제33조(지반보강) 사업주는 누수에 의한 붕괴위험이 있는 개소에는 약액주입 공법 등 지반보강 조치를 하여야 하며 정밀지층조사, 채수대 여부, 투수성 판단 등의 조치를 사전에 실시하여야 한다.

제34조(감전위험방지) ① 사업주는 수중배수 펌프 설치 시에는 근로자의 감전 재해를 방지하기 위하여 펌프 외함에 접지를 하여야 하며 수시로 누전상태 등의 확인을 하여야 한다.

② 사업주는 터널 내 각종 전선가설의 안전기준을 확인하여야 하며 근로자가 접촉되지 않도록 충분한 높이의 측면에 가설하여 수중 배선이 되지 않도록 하여야 한다.

③ 갱내 조명등, 수중펌프, 용접기 등에는 반드시 누전차단기 회로와 연결되어야 하며 표준방식의 접지를 실시하여야 한다.

제10장 조명 및 환기

제35조(조명) 사업주는 막장의 균열 및 지질상태 터널벽면의 요철정도, 부석의 유무, 누수상황 등을 확인할 수 있도록 조명시설을 하여야 한다.

제36조(조명시설의 기준) 사업주는 근로자의 안전을 위하여 터널 작업면에 대한 조명장치 및 설비를 확인하여야 하며 조도의 기준은 다음 표를 준용한다.

[작업면에 대한 조도 기준]

작업기준	기준
막장구간	70LUX 이상
터널중간구간	50LUX 이상
터널입·출구, 수직구 구간	30LUX 이상

제37조(채광 및 조명) 사업주는 채광 및 조명에 대해서는 명암의 대조가 심하지 않고 또는 눈부심을 발생시키지 않는 방법으로 설치하여야 하며 막장 점검, 누수점검, 부석 및 변형 등의 점검을 확실하게 시행할 수 있도록 적절한 조도를 유지하여야 한다.

제38조(조명시설의 정기점검) 사업주는 조명설비에 대하여 정기 및 수시점검계획을 수립하고 단선, 단락, 파손, 누전 등에 대하여는 즉시 조치하여야 한다.

제39조(환기) 사업주는 근로자의 보건위생을 위하여 환기시설을 하고 다음 각 호의 사항을 준수하여야 한다.

1. 터널 전지역에 항상 신선한 공기를 공급할 수 있는 충분한 용량의 환기설비를 설치하여야 하며 환기용량의 산출은 다음 각 목을 기준으로 한다.

   가. 발파 후 가스 단위 배출량을 산출하고 이의 소요환기량

   나. 근로자의 호흡에 필요한 소요환기량

   다. 디젤기관의 유해가스에 대한 소요환기량

   라. 뿜어붙이기 콘크리트의 분진에 대한 소요환기량

   마. 암반 및 지반자체의 유독가스 발생량

2. 발파 후 유해가스, 분진 및 내연기관의 배기가스 등을 신속히 환기시켜야 하며 발파 후 30분 이내 배기, 송기가 완료되도록 하여야 한다.

3. 환기가스처리장치가 없는 디젤기관은 터널 내의 투입을 금하여야 한다.

4. 터널 내의 기온은 37℃ 이하가 되도록 신선한 공기로 환기시켜야 하며 근로자의 작업조건에 유해하지 아니한 상태를 유지하여야 한다.

5. 소요환기량에 충분한 용량의 설비를 하여야 하며 중앙집중환기방식, 단열식 송풍방식, 병렬식 송풍방식 등의 기준에 의하여 적정한 계획을 수립하여야 한다.

제40조(환기설비의 정기점검) 사업주는 환기설비에 대하여 정기점검을 실시하고 파손, 파괴 및 용량 부족 시 보수 또는 교체하여야 한다.

제41조(재검토기한) 이 고시에 대하여 2016년 1월 1일 기준으로 매 3년이 되는 시점(매 3년째의 12월 31일까지를 말한다)마다 그 타당성을 검토하여 개선 등의 조치를 하여야 한다.

··· 07 NATM 시공 중 연약지반 구간의 문제점과 대책

1 개요

(1) NATM 터널의 시공구간 내 연약지반은 용수에 의한 지지력 저하 및 안전성의 저하로 터널붕괴의 요인이 된다.

(2) 시공 전 철저한 사전조사로 연약지반에 대한 적정 공법의 선정으로 안전하고 경제적인 시공이 요구된다.

2 NATM 시공 시 사전조사사항

(1) 원지반의 안전성

(2) 터널의 용수량

(3) 터널의 용수압

(4) 팽창압 유무

(5) 지반활동

3 연약지반 출현 시 발생되는 문제점

(1) 용수

① 막장 붕괴

② Shotcrete 부착 불량

③ Rock Bolt 정착 불량

④ 지반의 연약화로 지지력 저하

(2) 이상지압

① 암반의 탈락 붕괴

② 지보공의 변형

③ Arching Effect 감소

(3) 파쇄대

① 지내력 지지력 저하

② 막장 측벽의 안전성 저하

(4) 지반 침하

① 용수에 따른 지반 연약화

② 지하수 유출에 의한 유효응력의 감소로 지반 침하

(5) 천단 막장의 붕괴

　① 지지력 부족에 따른 천단의 붕괴

　② 배수불량에 따른 Boiling 현상 유발

(6) Shotcrete 박리

　① Shotcrete 부착성 불량

　② 용수처리 불량

(7) Invert Ring 붕괴

(8) 측벽융기

4 대책

(1) 배수 및 용수 처리 공법

　① 수발공

　　• 갱내에서 Boring 이용 수압이나 수위 저하

　　• 용수가 많은 곳

　　• 직경 50~200mm

　② 수발갱

　　• 소단면의 갱도를 전진시켜 지하수위의 저하

　　• 용수량이 많은 사질지반에 시공

　③ Well Point 공법

　　• Well Point 집수관을 지반에 설치하여 지하수 흡수

　　• 토피가 적고 용수량이 적을 때 시공

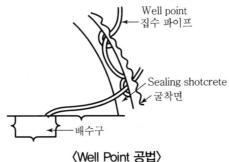

〈Well Point 공법〉

　④ Deep Well 공법

　　• 우물통을 파서 지하수 흡입

　　• 토피가 적고 용수가 많은 곳 적용

(2) 지보공에 의한 대책

① Shotcrete 타설

② Wire Mesh 설치

③ Rock Bolt 시공

④ 약액주입

⑤ Forepoling 시공

(3) 단층 및 파쇄대

주행방향과 파쇄대가 직교하는 경우		주행방향과 파쇄대가 평행한 경우	
천단부	Pipe Roof 강관다단 그라우팅	천단부	Pipe Roof 강관다단 그라우팅
막장면	Shotcrete Rock Bolt 약액주입	막장면	Shotcrete Rock Bolt 약액주입
측벽부	약액주임 고압분사	바닥부	가인버트 마이크로파일
바닥부	가인버트 마이크로파일		

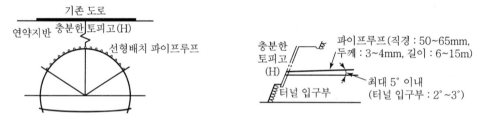

〈파이프루프 시공 도해〉

5 결론

(1) NATM 터널의 시공 중에는 계측결과를 즉시 설계 시공에 반영하여 공사의 안전성을 도모하고 보조지보공이 적절하게 선정되도록 한다.

(2) 특히 연약지반의 시공 시에는 배수 및 용수 처리, 지보공의 정확한 시공이 이루어지도록 한다.

··· 08 터널 갱구부의 안정성 확보 대책

1 개요

터널 갱구부는 갱문 구조물 배면으로부터 터널 길이 방향으로 안정적인 토피가 확보되는 범위로 편토압작용 및 사면안정, 토피부족 등에 의한 문제가 발생되지 않도록 설계부터 유지관리 단계에 이르기까지 안전한 관리가 필요하다.

2 갱구부 위치

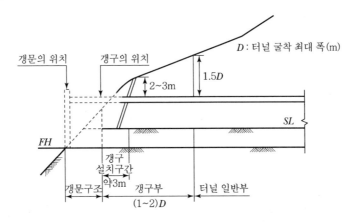

3 갱구부의 기능

(1) 지표수 유입 차단
(2) 사면활동에 대한 보호
(3) 지반의 이완현상 발생 방지
(4) 이상응력 발생에 대한 대응

4 갱구부에서 발생되는 유형별 문제점

(1) 편토압

① 라이닝의 균열
② 터널의 침하

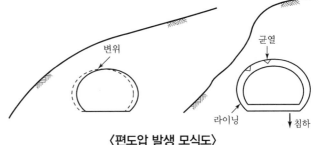

〈편도압 발생 모식도〉

(2) 사면 불안정

　① 갱문의 붕괴 또는 변형

　② 사면붕괴로 인한 교통 장해

(3) 토피 부족으로 인한 불안정

5 방지대책

(1) 편토압 발생에 대한 대책

　① 사면보강공법에 의한 대책

　　㉠ 압성토공법에 의한 토피고 보강으로 편토압 상쇄

　　㉡ 보호절취에 의한 토피고 균등화로 편토압 상쇄

　② 지보공에 의한 보강공법

　　㉠ 록볼트 시공

　　㉡ Pipe Roof 시공

　　㉢ 인버트 콘크리트 타설 전 가인버트 콘크리트의 타설로 안정성 확보

　　㉣ 강섬유 보강 철근 라이닝 시공

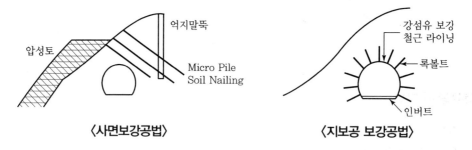

〈사면보강공법〉　　　〈지보공 보강공법〉

(2) 사면안정화 공법

　① 옹벽식 갱문구조에 의한 불안정 해소를 위해 돌출식 갱문구조로 변경

　② 사면 보호·보강 공법에 의한 안정화

　　㉠ 압성토공법

　　㉡ 억지말뚝 시공

　　㉢ Soil Nailing 시공

　　㉣ Earth Anchor 시공

　　㉤ 식생

　　㉥ Micro Pile 시공

　③ 사면 구배의 완화

(3) **토피 부족에 대한 안정성 확보 대책**

   ① 굴착작업 전

      ㉠ 지표면 : JSP 공법, 차수그라우팅공법

      ㉡ 막장면 : Pipe Roof, 강관다단그라우팅, FRP 다단그라우팅

   ② 굴착작업 후 : Wire Mesh, 강섬유 보강 Shorcrete 타설

6 결론

터널의 갱구부는 터널 시공 단계에서 유지관리에 이르기까지 갱문의 전도를 비롯해 침하, 균열, 사면의 붕괴 등 위험한 요소가 많으므로 설계 단계에서부터 안전성 확보를 위한 대책이 필요하며, 유지관리 시에도 위험요인이 발견된 때에는 즉시 안전점검과 진단을 실시해 재해예방조치가 신속하게 이루어지도록 해야 한다.

··· 09   여굴의 발생원인과 저감대책

1 개요

(1) 여굴이란 터널 굴착에 있어 예정선 외측으로 부득이하게 발생되는 공간으로 필요 이상의 굴착을 말한다.

(2) 여굴이 발생되면 버력량의 증가와 채우기 등의 비용이 추가로 발생되어 터널의 안전성 및 경제적 시공 저해 요인이 된다.

2 여굴의 문제점

(1) 버력양의 증가

(2) 라이닝 물량의 증가

(3) 굴착 단면의 불안정

(4) 공사비의 증가

(5) 토압의 불균형

(6) Shotcrete 양의 증가

(7) 낙석, 낙반 사고 발생

3 여굴의 발생원인

(1) 천공의 불량

① 천공길이 불량

② 천공수 불량

③ 천공배치의 불량

④ 천공장비 선정의 불량

(2) 발파에 의한 굴착

① 발파굴착은 다른 방법에 비해 지반 이완 발생의 우려가 큼

② 설계단면 이외의 여굴 발생

(3) 토질

① Silt층 모래층에서 발생

② 적정 굴착방법 미적용

(4) 장약길이

① 장약길이에 의한 폭발력 집중

② 장약길이의 부적절

(5) 착암기의 잘못된 사용

① 착암기 각도와 위치의 불량

② 기능 미숙

(6) 폭발직경 과다로 인한 폭발력 증대
(7) 천공직경과 장약직경의 불균형
(8) 천공길이 불량

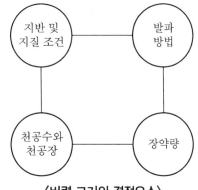

〈버력 크기의 결정요소〉

4 여굴 발생 저감 대책

(1) 천공깊이 및 천공수의 적정 시공

(2) Silt층 모래층 시공 시 적정 공법 선정

(3) 폭발직경을 작게 하여 폭발력 저하

(4) 천공직경과 폭발직경의 균형 유지

(5) 제어발파

(6) Bench Cut

(7) 심빼기 발파

〈천공작업〉

5 제어발파공법의 종류

(1) Line Drilling 공법

① 1열 무장약 – 굴착계획선에 따라 무장약공 설치, 공간격은 공경의 2~4배

② 2열 50% 장약, 3열 100% 장약

③ 천공기술 필요, 천공간격이 작고 천공수가 많아 비용 및 공사기간 증가

(2) Prespliting 공법

① 1열 50% 이하로 장약

② 2열 100% 장약, 3열 100% 장약

③ 균질 암반은 물론 불균질 암반에도 좋으나 파단선 발파를 선행

(3) Cushion Blasting 공법

① 1열 분산 장약

② 2열, 3열 100% 장약

(4) Smooth Blasting 공법

① 외향 천공부에 DI가 1.5~2.0이 되도록 정밀 화약 장약

② 정밀 화약을 일반 장약공보다 나중에 발파

[공법별 단면형태]

구분	라인드릴링	프리스플리팅	쿠션블라스팅	스무드블라스팅
단면	무　50%　100%	50%　100%100%	분산　100%100%	정밀　100%100%
특징	1열 무장약	1열 선발파	1열 분산장약 2, 3열 선발파	DI = 1.5~2.0

6 계측관리

(1) A계측(일상계측)

① 시공상 반드시 실시해야 할 항목

② 천단침하 측정, 지표면침하량 측정, 내공변위 측정, Rock Bolt 인발 측정, 터널 내 관찰 조사

(2) B계측(대표계측)

① 지반조건에 따라 일상계측에 추가하여 선정하는 항목

② Rock Bolt 축력 측정, 숏크리트 응력 측정, 지중침하 및 수평변위 터널 내 탄성파 속도 측정 등

7 결론

(1) 터널 시공 시 굴착 또는 발파에 의한 여굴은 버력양의 중가는 물론 토압의 불균형을 유발시키며, 숏크리트 등으로 채우는 데 따른 불필요한 작업에 의한 재해 증가의 요인이 된다.

(2) 여굴 발생을 최소화하기 위해서는 시공예정지에 대한 철저한 사전조사가 이루어져야 하며, 특히 발파작업 시에는 제어발파를 비롯한 공법의 도입과 연구개발이 지속적으로 이루어져야 할 것이다.

··· 10 발파 안전작업지침

1 개요

발파작업에서의 안전사고는 작업방법, 화약류 취급방법, 발파방법이 잘못되어 발생하므로 화약류의 취급을 주의하고 올바른 작업방법과 적절한 발파방법을 채택하여 재해를 예방하여야 한다.

2 전기뇌관, 비전기뇌관, 전자뇌관의 정의

(1) 전기뇌관

전기적으로 기폭되는 뇌관으로 통상 금속제의 관체에 기폭약과 첨장약을 채워 넣은 것

(2) 비전기뇌관

전기의 사용 없이 시그널튜브에 의한 불꽃 등을 이용하여 기폭되는 뇌관

※ 시그널튜브 : 통상 직경 약 3mm의 플라스틱 튜브 내에 얇은 층의 폭약이 코팅되어, 비전기
  식 발파기로부터 충격을 받아 폭발하여 연결된 뇌관을 기폭시키는 화공약품

(3) 전자뇌관

집적회로(IC칩)에서 발생하는 전자적 신호로 기폭되는 뇌관

3 발파방법 선정 시 고려사항

(1) 작업의 내용, 작업장소의 특성, 진동, 붕괴 또는 낙하 및 파손 영향 등을 고려할 것
(2) 발파방법을 변경하는 경우 또는 연약암질, 토사층 및 암질의 변화구간에서 발파하는 경우 사
   전에 발파에 의한 영향력 등을 조사하기 위한 시험발파를 실시하여 가장 안전한 발파방법을 고
   려할 것
(3) 관계 전문가에게 자문을 하여 안전성을 확보할 수 있는 화약류 사용 및 발파방법을 적용할 것
(4) 레이다, 무선 송수신 시설이 있거나, 측정 결과 누설전류의 위험이 있는 경우에는 전기뇌관의
   사용을 지양할 것
(5) 물이 고여 있거나 지하수 용출이 있는 장소 또는 수공에 장약해야 하는 경우에는 전기뇌관의
   사용을 지양할 것
(6) 온천지역 등의 고온공에서 장약해야 하는 경우 제조사에서 정한 기준에 따라 화약을 선정할 것
(7) 눈보라, 모래바람 등으로 인한 정전기 발생의 우려가 있는 장소 또는 우천, 낙뢰에 의한 누설
   전류로 인해 폭발의 위험성이 높은 장소에서 발파작업을 하는 경우에는 전기적 위험성이 낮은
   비전기뇌관 또는 전자뇌관을 사용할 것

4 발파작업 시 준수해야 할 일반 안전기준

(1) 발파작업을 할 때 발생할 수 있는 산업재해를 예방하기 위하여 발파 작업장소의 지형, 지질 및 지층 상태, 발파 작업 방법 및 순서, 발파 작업장소 굴착기계 등의 운행 경로 및 작업방법 등을 포함한 작업계획서를 작성하여 해당 근로자에게 알리고 작업계획서에 따라 발파작업책임자가 작업을 지휘하도록 해야 한다.

(2) 발파작업으로 인해 토사·구축물 등이 붕괴하거나 물체가 떨어지거나 날아올 위험이 있는 장소에는 관계근로자가 아닌 사람의 출입을 금지해야 한다.

(3) 화약류, 발파기재 등을 사용 및 관리, 취급, 폐기하거나 사업장에 반입할 때에는 제조사의 사용지침에서 정하는 바에 따라야 한다.

(4) 화약류를 사용, 취급 및 관리하는 장소 인근에서는 화기사용, 흡연 등의 행위를 금지해야 한다.

(5) 발파기와 발파기의 스위치 또는 비밀번호는 발파작업책임자만 취급할 수 있도록 조치하고, 발파기에 발파모선을 연결할 때는 발파작업책임자의 지휘에 따라야 한다.

(6) 발파를 하기 전에는 발파에 사용하는 뇌관의 수량을 파악해야 하며 발파 후에는 폭발한 뇌관의 수량을 확인해야 한다.

(7) 수중발파에 사용하는 뇌관의 각선(뇌관의 관체와 연결된 전기선 또는 시그널튜브)은 수심을 고려하여 그 길이를 충분히 확보하고 수중에서 결선하는 각선의 개소는 가능한 적게 해야 한다.

(8) 도심지 발파 등 발파에 주의를 요구하는 장소에서는 실제 발파하기 전에 공인기관 또는 이에 상응하는 자의 입회하에 시험발파를 실시하여 안전성을 검토하여야 한다.

5 발파작업으로 인한 진동 및 파손 우려 시 준수사항

(1) 건물 등 구조물 및 동력선, 통신망 등 시설 인근에서 발파작업을 할 때는 주변 상태와 발파위력을 고려하여 소음과 진동을 최소화할 것

(2) 건물 등 구조물 또는 시설의 소유자, 점유자, 사용자에게 발파계획의 내용과 시기 및 통제조치를 알리고 필요한 조치를 할 때까지 발파작업을 금지할 것

(3) 건설공사 설계기준 및 표준시방서 등 관계 법령에서 정하는 진동 허용기준을 준수할 것

(4) 관계 전문가로부터 발파에 따른 진동을 측정하고 분석한 기록지를 받아 확인하고 보관할 것

6 발파 후 불발된 화약이 있는 경우 조치방법

(1) 발파 후 불발된 화약이 있는 경우에는 객관적으로 그 원인을 조사하고 대책을 수립해야 한다.

(2) 불발된 장약을 처리할 때에는 다음의 사항을 준수해야 한다.

① 불발된 천공 구멍으로부터 60cm 이상(손으로 뚫은 구멍의 경우 30cm 이상)의 간격을 두고 평행으로 천공하여 다시 발파하고 불발한 화약류를 회수할 것

② 불발된 천공 구멍에 물을 주입하고 그 물의 힘으로 전색물과 화약류를 흘러나오게 하여 불발된 화약류를 회수할 것

③ 불발된 화약류를 회수할 수 없는 때에는 그 장소에 표시를 하고 인근 장소에 출입을 금지할 것

④ 불발된 발파공에 압축공기를 넣어 전색물을 뽑아내거나 뇌관에 영향을 미치지 아니하게 하면서 조금씩 장약하고 다시 기폭할 것

⑤ 전기뇌관을 사용한 경우에는 저항측정기를 사용하여 불발공의 회로를 점검하고 이상이 없으면 발파회로에 다시 연결하여 재발파하고, 불발공이 단락되어 있으면 압축공기나 물로 장약된 화약류 및 전색물을 제거한 후 기폭약포를 재장약하여 발파할 것

⑥ 비전기뇌관을 사용한 경우에는 육안으로 불발공의 회로를 점검하고 이상이 없으면 발파회로에 다시 연결하여 재발파하고, 시그널튜브가 손상되어 있으면 압축 공기나 물로 장약된 화약류 및 전색물을 제거한 다음 기폭약포를 재장약하여 발파할 것

⑦ 전자뇌관을 사용한 경우에는 회로점검기를 사용하여 불발공의 회로를 점검하고 이상이 없으면 발파회로에 다시 연결하여 재발파하고 뇌관의 통신이 되지 않으면 압축공기나 물로 장약된 화약류 및 전색물을 제거한 다음 기폭약포를 재장약하여 발파할 것

(3) 불발공으로부터 회수한 뇌관이나 폭약은 모두 제조사의 시방에 따라 처리하여야 하며, 임의로 매립하거나 폐기해서는 안 된다.

(4) 불발의 원인 및 안전한 후속 조치계획을 수립하기 어려운 경우에는 관계 전문가의 도움을 받아서 처리해야 한다.

(5) 불발된 장약을 확인할 수 없거나 적절하게 처리되지 않은 경우에는 해당 발파장소에 근로자의 출입을 금지해야 한다.

7 결론

터널시공에 따른 발파작업 시에는 화약류 사용에 따른 안전사고 예방을 위해 월별 화약사용량 기준으로 화약류 관리 보안책임자가 선임되어야 한다. 또한 발파작업 시에는 낙석, 낙반, 폭발, 화재 등의 재해 예방을 위해 작업 전, 작업 중, 작업 후의 관리기준이 철저히 준수되어야 한다.

1 개요

터널굴착을 위한 발파작업 등이 빈번하게 이루어지는 터널시공 현장에서는 작업자들이 물리적, 화학적, 인간공학적, 생물학적 유해요인에 노출되므로 사업주는 공학적인 대책과 통과 과정상의 대책을 수립하여 시행할 의무가 있다.

2 터널시공 시 유해요인

(1) 화학적 요인

유기용제, 유해물질, 중금속 등에서 발생되는 가스, 증기, Fume, Mist, 분진

(2) 물리적 요인

소음, 진동, 방사선, 이상기압, 극한온도

(3) 생물학적 요인

박테리아, 바이러스, 진균 미생물

(4) 인간공학적 요인

불량한 작업환경, 부적합한 공법, 근골격계질환, 밀폐공간 등

3 개선대책

(1) 공학적 대책

① 오염발생원의 직접 제거

② 사고요인과 오염원을 근본적으로 제거하는 적극적 개선대책

  ㉠ 위험원의 제거

  ㉡ 위험성이 낮은 물질로 대체

  예 연삭숫돌의 사암 유리규산을 진폐위험이 없는 페놀수지로 대체

  ㉢ 기술적 조치(Technical Measure)

  • 공정의 변경 : Fail Safe, Fool Proof

  • 공정의 밀폐 : 소음, 분진 차단

  • 공정의 격리 : 복사열, 고에너지의 격리

  • 습식공법 : 분진발생부의 살수에 의한 비산방지

  • 국소배기 : 작업환경 개선

(2) 통과 과정의 개선대책

① 정리정돈 및 청소
- 작업장 퇴적분진의 비산방지를 위한 제거
- 작업장 주변과 사용공구의 정리정돈

② 희석식 환기(Dilution Ventilation)
국소배기장치의 적용이 불가능한 장소의 신선한 외기 흡입장치

③ 오염발생원과 근로자의 이격
근로자와 유해환경과의 노출에너지 저감

④ 모니터링의 지속실시
- 전문적 지식을 갖춘 자를 배치해 위험성 정도를 수시로 측정 분석(AI기술로 대체 시 더욱 효과적)
- 유해위험성의 기준 초과 시 자동 경보장치 작동체계 구축

(3) 근로자 보호대책

① 교육훈련
- 유해위험물질에 대한 정확한 정보전달
- 작위, 부작위에 의한 불안전한 행동의 통제
  ※ 작위 : 의무사항을 이행하지 않는 행위
  　　부작위 : 금지사항을 실행하는 행위

② 교대근무
근로자의 건강을 저해하는 유해성은 유해물질의 농도와 노출시간에 비례하므로 작업상태가 노출기준 초과기준에 도달하지 않은 경우에도 유해인자의 접촉시간 최소화

$$\boxed{\text{Harber의 법칙 } H = C \times T}$$

여기서, H : Harber's Theory
　　　　　C : 농도
　　　　　T : 노출시간

③ 개인 보호구의 적절한 공급 및 착용상태 관리·감독
- 보호구의 착용이 재해의 발생을 억제시키는 것이 아닌 저감시키기 위한 것임을 주지시킬 것
- 안전인증대상 여부의 필수 확인

4 작업환경의 주기적 측정

구분	측정주기
신규공정 가동 시	30일 이내 실시 후 6개월에 1회 이상
정기적 측정	6개월에 1회 이상
발암성물질, 화학물질 노출기준 2배 이상 초과	3개월에 1회 이상
1년간 공정변경이 없고 최근 2회 측정결과가 노출기준 미만 시(발암성 물질 제외)	1년에 1회 이상

5 작업참여 근로자의 적성검사

(1) 신체검사

체격검사, 신체적 적성검사

(2) 생리적 기능검사

감각기능, 심폐기능, 체력검정

(3) 심리학적 검사

① 지능검사
② **지각동작검사** : 수족협조, 운동속도, 형태지각 검사
③ 인성검사 성격, 태도, 정신상태 검사
④ **기능검사** : 숙련도, 전문지식, 사고력에 대한 직무평가

6 결론

터널굴착을 위한 발파작업 등이 빈번하게 이루어지는 터널시공 현장은 발파작업을 비롯해 Shotcrete 타설, 지보공 설치를 위한 용접작업 등 물리·화학적 유해인자의 발생이 빈번하게 발생되므로 사업주는 공학적인 대책과 통과과정상의 대책을 수립해 시행할 의무가 있다.

··· 12 터널 굴착 시 용수대책

1 개요

(1) 터널 굴착작업 시 용수의 발생은 굴착작업을 어렵게 할 뿐만 아니라 Shotcrete의 부착력을 저하시키며 Rebound의 양을 증가시킨다.

(2) 터널굴착 시 용수가 심한 경우에는 지반을 연약화시켜 붕괴사고로 이어질 수 있으므로 적정한 용수대책을 수립하여 굴착작업 시 안전성을 확보하여야 한다.

2 용수의 문제점

(1) Shotcrete 부착력 저하 (2) 시공성·안정성 저하
(3) 지반의 연약화로 지보공의 침하 (4) 막장의 붕락

3 용수대책 공법의 종류

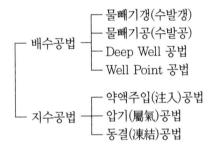

(1) 물빼기갱(수발갱)

① 용수로 인해 굴진이 불가능하게 된 경우 갱내에서 우회갱을 분기시켜 체수(滯木)지대의 용수를 배수시켜 지하수위를 저하시키는 공법

② 단층파쇄대 중 국부적 저류수역을 통과할 경우 적용

(2) 물빼기공(수발공)

① 갱내 깊은 곳의 대수층에 물빼기공을 천공해 지하수위를 낮추는 공법

② 지름 50~200mm 물빼기공 시공으로 지하수위 저하

(3) Deep Well 공법

① 막장 양측에 Deep Well에 스트레이너를 부착한 Casing을 삽입하여 수중 Pump로 양수하여 지하수위를 저하시키는 공법

② 한 개소당 양수량이 크므로 지표에 구조물이 있을 경우 특별 관리 필요

(4) Well Point 공법

① 지중에 집수관(Pipe)을 박고 Well Point를 설치해 진공 Pump로 배수시켜 지하수위를 저하시키는 공법

② 설치 위치는 굴착 부분의 양측 또는 인근

(5) 약액주입공법

① Cement Mortar, 화학약액, 접착제 등을 지반 내 주입관을 통해 지중에 Grouting 하여 균열 또는 공극 부분의 틈에 충전하여 지반을 고결시키는 공법

② 물빼기공, 물빼기 Boring공으로 효과를 기대할 수 없는 경우 적용

(6) 압기(壓氣)공법

① Tunnel 갱내의 막장에 압축공기를 가압(加壓)해 지하수의 용출을 방지하는 공법

② 압축공기 가압으로 막장이 자립되는 연약층에 적용

(7) 동결공법

① 지반을 일시적으로 동결시켜 안정시킨 후 동결된 동안에 구조물을 축조하고 해동(解凍)시키는 특수한 가설공법

② 연약지반이나 약액주입공법으로 효과를 기대할 수 없는 경우 적용

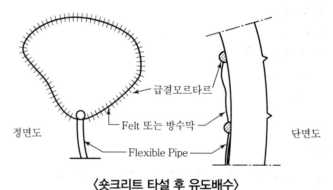

〈숏크리트 타설 후 유도배수〉

4 결론

(1) 터널 시공 시 발생되는 용수는 시공기간을 지연시킴은 물론, 안전관리 측면에서도 매우 중요한 관리요소가 된다.

(2) 용수 발생 시에는 용수처리공법 또는 지수공법의 장단점을 고려해 공법을 선정해야 하며, 일반적으로 가장 유용하게 선택하는 배수에 의한 공법 선정 시에는 가장 효율적인 공법의 선정이 이루어질 수 있도록 각 공법의 특징을 파악해 적용해야 한다.

··· 13 지보공의 기능

1 개요

NATM에서 지보공은 지반 자체의 지보능력을 최대로 발휘할 수 있도록 복공이 완료될 때까지 지반의 하중을 지반 자체에 전달하여 주는 역할을 하며, 지보공에는 Wire Mesh, Steel Rib, Shotcrete, Rock Bolt 등이 있다.

2 NATM 시공 Flow Chart

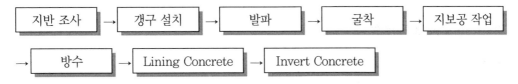

지반 조사 → 갱구 설치 → 발파 → 굴착 → 지보공 작업

→ 방수 → Lining Concrete → Invert Concrete

3 지보공의 종류

(1) Wire Mesh   (2) Steel Rib

(3) Shotcrete   (4) Rock Bolt

4 지보공의 기능

구분	기능
Wire Mesh	• Shotcrete 타설 시 부착력 증가 • Shotcrete의 휨응력에 대한 인장재 역할 • Shotcrete의 강도 및 자립성 유지 • Shotcrete의 시공이음부 보강 및 균열 방지
Steel Rib	• Shotcrete 경화 시까지 지보효과 • 경화 후 Shotcrete와 함께 지지효과 증진 • Tunnel의 형상 유지
Shotcrete	• 지반의 이완 방지 • 응력의 집중 방지 • 굴착면의 붕괴 방지
Rock Bolt	• 지반의 보형성 유지 • 이완된 지반의 봉합효과 발휘 • 지압효과 • 아칭효과 • 지반의 내압효과 보강

··· 14 Shotcrete

1 개요

(1) 'Shoterete'란 압축공기로 시공면(施工面)에 뿜는 콘크리트를 말하며, 지보재 중에서 가장 중요한 요소로 터널 굴착면의 보호 및 안정을 위해 시공한다.

(2) 숏크리트는 소요의 강도·내구성·수밀성과 함께 강재를 보호하는 성질을 갖기 위해 품질의 변화가 적어야 하며, 콘크리트 작업 시 분진에 의한 공해가 발생하므로 분진발생을 억제하고 작업자를 보호할 수 있는 대책 수립이 필요하다.

2 Shotcrete 공법의 분류

(1) 건식 공법

① 시멘트와 골재를 믹서로 혼합한 상태로 압축공기를 보내 Nozzle에서 물과 혼합시켜 콘크리트를 뿜어 붙이는 공법

② 숏크리트의 리바운드(Rebound) 양이 많으며 분진이 발생하는 단점이 있음

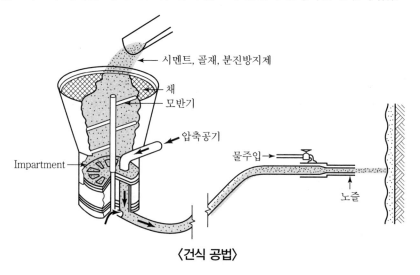

〈건식 공법〉

(2) 습식 공법

① 물을 포함한 전 재료(시멘트, 굵은골재, 잔골재, 혼화재료)를 믹서로 비빈 후 압축공기를 노즐(Nozzle)로 보내 뿜어 붙이는 공법

② Nozzle의 관리가 어려우나 분진 발생이 적음

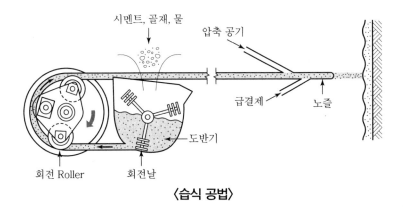

시멘트, 골재, 물
압축 공기
급결제
노즐
회전 Roller
회전날
도반기

〈습식 공법〉

❸ 터널 시공 시 Shotcrete 시공목적

(1) 굴착면에 피복하여 원지반의 이완 방지
(2) 응력의 집중 방지효과로 응력의 집중 완화
(3) 암괴 이동 및 낙반 방지
(4) 시공면을 밀착시켜 굴착면의 붕괴 방지
(5) 아치형 축력으로 지반의 하중 부담
(6) 부착력에 의한 안정성 확보

❹ Shotcrete 시공 시 유의사항

(1) 타설면에 대한 Nozzle의 각도는 90°를 유지
(2) 타설면과의 거리는 1m를 유지하여 Rebound 양을 최소화
(3) 뿜어 붙일 면에 용수가 있을 경우에는 배수파이프, 배수필터 등을 설치하여 배수 처리
(4) 철근 또는 철망은 이동, 진동 등이 일어나지 않도록 적절한 방법으로 설치·고정
(5) 숏크리트는 저온, 건조, 급격한 온도변화 등에 유해한 영향을 받지 않도록 충분히 양생

❺ 작업 시 안전대책

(1) 굴착 후 조기에 실시하여 암괴 등의 붕락 방지
(2) 작업반경 내 근로자 접근 금지
(3) 재료 투입구 주변 개구부 방호조치
(4) 분진 발생 방지를 위해 습식 공법으로 타설
(5) 분진 밀폐식 기계 사용
(6) 작업자는 방진마스크, 보안경 등 개인보호구 착용

··· 15 Shotcrete Rebound

① 개요

Shotcrete 타설 시 발생되는 Rebound 양은 재료의 손실과 콘크리트의 품질 저하 및 작업능률의 저하를 가져오므로 분사각도·타설거리 등을 확보하여 Shotcrete의 반발률을 최소화하여야 한다.

② Shotcrete의 반발률

$$반발률 = \frac{반발재의\ 전\ 중량}{뿜어\ 붙임용\ 재료의\ 전\ 중량} \times 100\%$$

③ Rebound 과다 발생원인

(1) 물결합재비(W/B) 과다
(2) 굵은골재의 최대 치수 부적정
(3) 뿜어 붙임면의 용수로 인한 부착 불량
(4) 분사각도 부적정
(5) Shotcrete의 타설거리 부적정

④ Rebound의 방지대책

(1) 물결합재비(W/B) 저감

(2) 골재

　깨끗하고 내구성이 좋은 재료 사용 및 굵은골재의 적정 최대 치수 확보

(3) 용수 처리방법

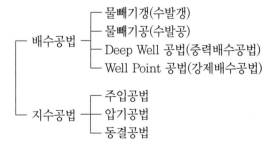

⑷ 적정 분사각도로 Rebound 양 최소화

타설면에 대한 노즐(Nozzle)의 각도는 90° 유지

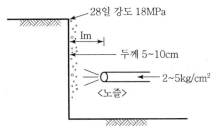

28일 강도 18MPa

1m

두께 5~10cm

2~5kg/cm²

〈노즐〉

〈숏크리트 시공기준〉

⑸ Shotcrete의 적정 타설거리 확보

타설면과의 거리는 1m를 유지하여 Rebound 양 최소화

⑹ Wire Mesh

① 이동이 생기지 않도록 설치·고정

② 굴착지반에 근접 설치

⑺ 타설

① 노즐과 타설면의 거리는 1m, 타설각도는 90°를 유지

② 믹서기와 노즐 사이의 거리는 최대 30m 이내

③ 압송압력은 2.5kg/cm² 이내

⑻ 기타

① 감수제, AE 감수제, 급결제 등의 혼화재료 사용

② 뿜어붙이기 면 정리

③ Wire Mesh를 타설면에 밀착

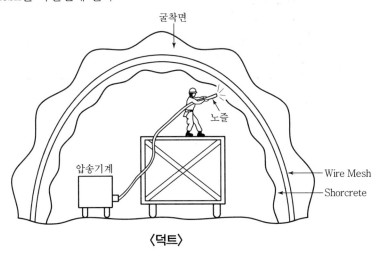

굴착면

노즐

압송기계

Wire Mesh

Shorcrete

〈덕트〉

··· 16 터널시공 시 막장 내 안정화 대책

1 개요

막장은 근로자가 굴착 등의 작업을 하는 작업장으로, 막장 주변의 암 상태, 절리·균열, 용수 발생 등을 지속적으로 관찰하여 적기에 안전조치를 하여 근로자가 안전하게 작업할 수 있도록 해야 한다.

2 막장부 안전대책

(1) 막장면 부석 제거

(2) Shotcrete 타설

(3) 용수대책

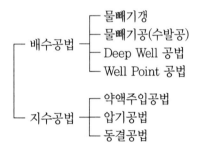

(4) 계측관리로 지반 및 지보공 상태 관리

(5) 조도관리

[작업면 조도기준]

작업 구분	기준
막장구간	70lux 이상
Tunnel 중간구간	50lux 이상
Tunnel 입·출구, 수직구 구간	30lux 이상

(6) 유·무선 통신시설 설치

(7) 막장의 안정을 위한 보조공법

천단부 안정 ─┬─ Pipe Roof
　　　　　　├─ Fore Poling
　　　　　　└─ 강관다단

막장면 안정 ─┬─ Shotcrete
　　　　　　├─ Rock Bolt
　　　　　　├─ 약액주입공법
　　　　　　└─ 동결공법

〈강관다단을 위한 천공〉

〈막장면 숏크리트〉

〈막장면 Rock Bolt〉

(8) Ring Cut 공법

Ring Cut 공법은 자립성이 약한 지반의 막장 안정에 적용하며, 막장면에 작용하는 압력에 저항하는 코어(Core)를 두는 공법으로 숏크리트와 병행하여 시공한다.

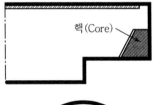

〈Ring Cut 공법〉

(9) 비상대피시설 설치

(10) 방재시설 설치

① 소화설비 : 소화기구, 소화전
② 경보설비 : 비상경보, CCTV

··· 17 터널의 계측관리

1 개요

(1) Tunnel 계측으로 굴착지반의 거동, 지보공 부재의 변위, 응력의 변화 등에 대한 정밀측정을
실시함으로써 시공 안전성을 사전에 확보하고 설계와 비교·분석하여 현장조건에 적정하도록
관리하여야 한다.

(2) Tunnel의 계측은 현장 상황과 설계를 연결하는 중요한 요소로, 계측결과는 분석 후 설계 및
시공에 반영하여 공사의 안전성을 도모하여야 한다.

2 계측의 목적

(1) 주변 지반의 거동 확인

(2) 각종 지보재의 지보효과 확인

(3) 구조물의 안전성 확인

(4) 주변 구조물의 안전 확보

(5) 향후 공사에 대한 자료 축적

(6) 공사의 경제성 확보

3 계측계획의 수립

(1) 측정 위치 및 측정의 기능 분류

(2) 계측 시 소요장비

(3) 계측빈도

(4) 계측결과 분석방법

(5) 변위허용치 기준

(6) 이상 변위 시 조치 및 보강대책

(7) 계측 전담반 운영계획

(8) 계측관리, 기록분석 계통기준 수립

4 계측 항목

(1) **일상계측(A계측)** : 공사의 안전성 및 시공의 적합성을 확인하는 것이 목적

① Tunnel 내 관찰조사
- 암질, 단층 파쇄대, 습곡구조, 변질대 등의 성상파악
- Steel Rib(강재 지보공), Shotcrete, Rock Bolt 등 지보공의 변형 관측

② 내공변위 측정
- 변위량 및 변위속도에 의한 지반의 안전성 파악
- Rock Bolt의 길이, 수 등을 결정

③ 천단침하 측정
- Tunnel 천단의 절대침하량 측정
- 지반의 붕락을 방지

④ 지표침하 측정
- Tunnel에 적용하는 하중변위 측정
- Tunnel 굴착이 지표에 미치는 영향 검토

⑤ Rock Bolt 인발시험
- Rock Bolt의 인발내력 확인
- 정착상태 및 적정 길이 판단

(2) **대표계측(B계측)** : 설계 타당성 확인 및 향후 공사의 D/B로 활용

① 지중변위 측정
- Tunnel 주변 지반의 변위 측정
- Rock Bolt 길이 결정

② 지중침하 측정
- Tunnel에 작용하는 하중변위의 측정
- Tunnel 굴착이 지표에 미치는 영향의 판정

③ 지중수평변위 측정
- Tunnel의 발파 및 굴착 등으로 인한 지중 심도별 수평변위량 측정
- Tunnel의 반경 방향 변위 측정

④ 지하수위 측정
- 지하수위의 변동사항을 측정
- 지하수위 변화 원인 분석 및 대책 수립

⑤ Rock Bolt 축력 측정
- Rock Bolt에 작용하는 축력 측정
- Rock Bolt의 길이, 간격 적합 여부 판단

⑥ 뿜어붙이기 콘크리트(Shotcrete) 응력 측정
- 콘크리트와 암석의 접촉면에서의 응력 측정
- 1차 시공의 안전성 및 2차 시공의 두께 및 시기 결정

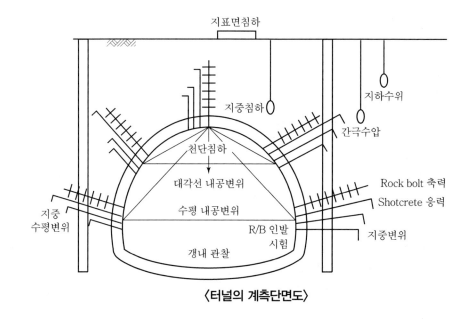

〈터널의 계측단면도〉

[터널의 계측기준]

항목	평가 기준
최대 허용 내공 변위	• 터널 반경의 10% 이내 • 사용 Rock Bolt 길이의 10% 이내
이상적인 내공 변위	• 터널 반경 및 Rock Bolt 길이의 3~4% • 최대 허용 변위 30cm
Rock Bolt 증가 타설 기준	• 굴착 후 10일의 상대 변위가 150m/m 이상일 때 • 10일째 변위 속도가 10mm/day 이상
2차 Linning 타설 시기	굴착 후 100일 이상 경과 후 30일간의 상대 변위가 7m/m 이하일 때 (변위 속도 1.23mm/day)

5 결론

NATM 터널 시공 시 계측관리는 굴착면의 지반 거동 안전성 및 내공변위에 대한 지보공의 지보효과를 확인하기 위한 것으로 계측기 관리 전담자를 지정해야 하며, 계측자료는 차기 공사 시 활용될 수 있도록 관리하고, 시공 완료 후 인계 시 영구 계측기에 대한 관리기준과 유의사항에 대한 교육을 실시해야 한다.

··· 18 NATM 터널 시공 시 재해유형과 안전대책

1 개요

(1) Tunnel 공사의 재해유형은 추락, 낙석·낙반, 충돌 및 협착, 발파사고, 폭파사고 등이 있으며, 재해의 발생 시 대부분이 중대재해와 직결되므로 안전관리에 유의하여야 한다.

(2) Tunnel 공사 시 면밀한 안전관리계획의 수립과 실질적인 안전교육으로 근로자들의 안전을 확보하여야 하며, 위험요소에 안전시설 설치 및 보호구 착용으로 재해를 예방하여야 한다.

2 재해유형과 안전대책

(1) 추락

① 인력 수송 시 추락
  • 승차석 외 장비구조물 위 탑승 금지
  • 인력 수송에 적절한 차량 지정 운행

② 사다리작업 시 추락
  • 파손된 사다리 사용 금지
  • 단시간 내에 간단한 작업만 할 것

③ 천공 및 발파약 장전 시 추락
  • 작업 플랫폼 사용
  • 작업발판 설치 및 안전대 착용

④ 강재지보공(Steel Rib) 설치 시 추락
  • 작업 플랫폼 사용
  • 작업 진행방향 준수
  • 안전한 작업대 사용

⑤ Rock Bolt 작업 시 추락
  • 작업 플랫폼 사용
  • Rock Bolt 근입깊이 확인

⑥ Shotcrete 타설 시 추락
  • 추락 방지용 작업발판 설치
  • 작업 플랫폼 사용

(2) 낙석·낙반

① 천공작업 시 낙석
- 낙석위험 확인·조치 후 작업
- 안전모 등 보호구 착용

② 발파작업 시 낙반
- 발파 막장으로부터 300m 이상의 안전거리 유지
- 대피공간, 대피장소 확보

③ Tunnel 측벽 정리굴삭 시 낙석
- 막장 용출수 처리
- 낙석, 부석 위치로부터 안전거리 확보

④ Tunnel 굴착 후 낙반사고
- Tunnel 굴착 후 즉시 Shotcrete 타설
- Wire Mesh, Steel Rib, Shotcrete, Rock Bolt 등의 지보공으로 암반 보강

(3) 충돌 및 협착

① 장비와의 충돌 및 협착
- 인도와 차도의 분리
- 난간 및 분리대에 의한 안전통로 확보
- 필요시 대피소 또는 경고등 설치

② 천공작업 시 천공장비(차량)와의 충돌 및 협착
- 작업자와 차량의 신호 준수
- 장비 유도자 배치

(4) 발파사고

① 근로자의 대피 확인 및 필요한 방호조치 후 발파
② 대피가 어려울 경우 견고하게 방호된 임시대피장소 설치

(5) 폭발사고

① 발파 후 잔류화약 미확인
- 불발 화약류 유무 확인
- 불발 화약류 발견 시 국부 재발파

② Gas 폭발
- 발생원
  - 발파 후 유독 Gas 발생
  - Diesel 기관의 유해 Gas 발생
  - 암반 및 지반 자체의 유독 Gas 발생

- 안전조치
  - 전기의 Spark, 담뱃불 등의 화기원인 제거와 재송전 시 Gas 측정·배출 후 송전
  - Gas의 유무 확인 및 충분한 용량의 환기설비 설치

⑹ 기타

① 용수로 인한 사고
- Shotcrete 부착불량, Rock Bolt 정착불량으로 인한 막장의 붕괴
- 안전조치
  - 이상 용출수 다량 발생 시 작업을 중지하고 긴급방수대책 실시
  - 용수량이 많을 경우 배수공법, 지수공법 등의 대책 실시

② 감전사고
- 양수작업 중 수중 Pump 누전
- 안전조치
  - 누전차단기 설치
  - 접지
  - 가공선로 방호조치

❸ 결론

터널시공은 재해 발생 가능성이 매우 높은 작업으로 갱구부와 터널 내부 작업, 발파작업 등 공정 단계별로 안전점검 및 대책을 수립해야 한다. 또한, 작업장에는 응급치료실 운영과 함께 구조장비를 비치하고 모든 근로자가 사용법을 숙지할 수 있도록 조치한다.

1 개요

(1) 터널공사에서 단면을 굴착할 때 시공상 부득이하게 Lining의 설계 두께 확보를 위한 설계 두께선 이상의 공간이 발생하게 된다.

(2) 지불선은 굴착작업으로 발생되는 공간에 대한 굴착 및 라이닝의 시공을 위해 공사도급계약에서 정해지는 콘크리트의 수량 계산선을 말하며 여굴은 과다하게 굴착되거나 연약지반의 굴착과정에서 발생된 부분으로 안정성 확보의 저해요인이 된다.

2 지불선의 도해

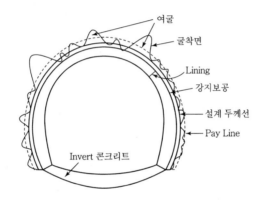

3 지불선 관리의 필요성

(1) 시공 중 불필요한 굴착 방지 (2) Lining 물량 확정
(3) 도급자와 시공자 간의 지불한계 결정 (4) Claim 발생 방지
(5) 물량산출근거 (6) 여굴 발생 방지

4 지불선과 여굴 비교

구분	지불선(Pay Line)	여굴
공사 대금	지급	지급 없음
소요공기	고려하였음	공기 지연 원인
시공의 안전성	안전성 확보	안전사고 발생 요인
경제성	무관	경제성 상실
지반 변형	거의 없음	발생이 많음
시공성	계획시공	돌발시공
대책 방안	Lining	더 채우기

··· 20 피암터널

1 개요

(1) 피암터널은 예상되는 낙석 또는 붕괴암괴의 충격 에너지가 커서 기존의 공법으로 대처가 불가능하고 현장 여건상 위해요소를 제거하기 어려울 때 콘크리트, 강재 등으로 설치하는 터널 형태의 보호시설물이다.

(2) 비탈면이 급경사이고, 도로·택지·철도 등의 이격부 여유가 없거나 낙석의 규모가 커서 낙석방지울타리, 낙석방지옹벽 등으로는 안전성 확보가 어려운 경우 설치한다.

2 피암터널의 형식

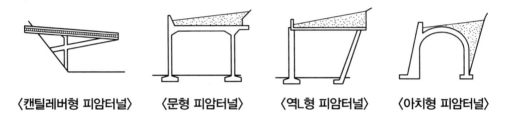

〈캔틸레버형 피암터널〉   〈문형 피암터널〉   〈역L형 피암터널〉   〈아치형 피암터널〉

3 피암터널의 설치장소

(1) 이격부 여유가 없는 곳
(2) 낙석부의 규모가 큰 곳

4 기대효과

(1) 낙석 방호효과
(2) 깎기부 구간의 보강효과
(3) 하자요인 사전 예방효과

··· 21   터널의 안전진단

1 개요

(1) 터널은 「시설물의 안전 및 유지관리에 관한 특별법」에 의해 공중의 안전과 편의를 도모하기 위해 유지관리에 고도의 기술이 필요하다고 인정하고 있는 시설물이다.

(2) 터널의 안전진단은 현장답사에 의해 안전진단의 규모와 개략적 소요기일과 조사인원 및 장비 규모를 추정하게 되며, 이후 외관조사와 지반조사, 기타 조사를 통해 안전성 평가를 하고 종합 보고서를 작성해야 한다.

2 진단절차

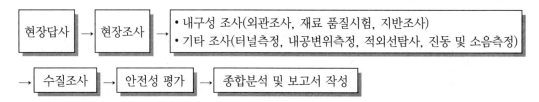

3 외관조사항목

(1) 출입구, 본 터널 및 기타 조사(부대조사)

(2) **점검사항**

① **기초지반** : 세굴, 융기, 침하, 이동

② **옹벽바닥** : 침하, 이동, 유실, 모르타르 이음부 균열, 치장줄눈 상태, 침식, 공동현상, 균열, 재료 노후화 상태

③ **전면부** : 균열, 박락, 철근노출, 백태, 변색, 노후화, 골재분리, 누수, 체수, 철근부식

④ **석축부** : 모르타르 이음부 균열, 치장줄눈 상태, 배부름, 변형, 침하

⑤ **벽면** : 상부 및 이음부 변형, 침하, 배면경사부 균열

(3) **사면**

① **외적 요인** : 하중증가, 충격, 진동, 수위변화, 강우, 토피하중변화, 절토, 침식

② **내적 요인** : 진행성 파괴, 풍화작용(동결융해, 건조수축), 파이핑, 물의 침투

(4) **균열**

① **균열 폭의 변화** : 균열 변위계에 의한 계측

② **단차** : 폭, 3방향 변위 측정

③ **균열깊이, 방향** : 절단, 코어보링, 초음파 측정

(5) 누수

① **일반누수** : 라이닝 배면의 지하수 침투가 원인인 라이닝의 노후화 및 배면 토사 유출에 의한 배면공동 발생 등으로 변상의 원인이 됨

② **누수량, 온도, 수질조사** : pH, 알칼리도, 전도도, 음이온·양이온양 측정

③ **토사유입 조사** : 토사의 종류·양·위치 조사

(6) 손상

손상내용	조사방법	
박리, 층분리, 박락	위치	육안관찰, 타격음검사
	크기	Scale, 캘리퍼스
	진행성	육안, Scale, 몰탈패드
	복공의 재질	육안관찰
재료 노후화의 손상	위치	육안관찰
	재질	육안, 화학분석
오염에 의한 손상	위치	육안관찰
	종류	화학분석, 미생물 조사
	색	육안관찰
고드름, 측빙	위치	육안관찰
	크기	Scale
	기온	갱내 기온측정
	진행성	육안관찰, Scale
백태	육안관찰	

(7) 배수로

① **집수구**
- 뚜껑 개폐 여부
- 퇴적상태
- 배수상태

② **배수구**
- 뚜껑 개폐 여부
- 퇴적상태
- 체수상태
- 손상상태
- 침하 여부
- 라이닝 배면 유도배수 상태

(8) 보수, 보강 현황

① 준공 이후 터널의 변상이 발생해 보수, 보강을 한 경우 관리주체는 보수, 보강에 대한 이력을 관리해야 한다.

② 보수, 보강을 실시한 경우 변상내용, 원인, 공사내용을 검토해 보수, 보강의 적정성을 검토한 후 보수, 보강부에 대한 조사를 실시해 변상의 진행성 여부를 판단한다.

(9) 부대시설

① 부착상태 조사 및 변색 여부

② 이물질 존재 여부

③ 절연물 파손 및 균열 여부

④ 각종 지시기 변화량 확인

⑤ 물의 침투 유무

⑥ 기계의 이상 온도 발생 유무

⑦ 기계의 비정상적 진동과 소음 발생 유무

⑧ 부식 발생 유무

4 비파괴시험

(1) 콘크리트

반발경도법, 초음파법, 철근탐사, 철근부식도조사, 탄산화시험

(2) 강재

초음파탐상시험, 자분탐상시험, 방사선투과시험

5 결론

(1) 터널과 같은 시설물의 안전성은 외관상태 평가와 비파괴 현장시험 및 재료시험 결과를 분석하고 필요시 지형 및 지질조사 등을 분석해 이를 바탕으로 해석적 검증을 통해 안전성 여부를 평가해야 한다.

(2) 안전성 검증은 터널지반의 거동 및 구조 안전성에 대해 수치해석 및 분석을 실시하고 수치해석 결과치를 토대로 균열, 누수, 내공변위, 라이닝 응력 등을 포함한 변상 등에 대해 종합적인 원인을 분석하는 것이 중요하다.

··· 22 복공판(접지압)

1 복공판의 개념

지하철 현장 등 대규모 굴착공사장에서 차량이나 보행자가 통행할 수 있도록 설치된 임시 구조물로서 안전검토가 필요한 구조물이다.

2 복공판의 구성요소

(1) 강재기둥
(2) 주형보
(3) 복공판
(4) 가로보

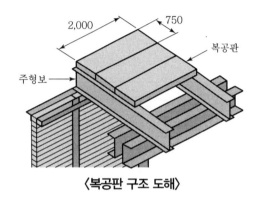

〈복공판 구조 도해〉

3 복공판의 구조안전성 검토사항

(1) 구조검토를 통해서 응력을 확인하여 구조적 안정성 검토
(2) KS 규정에 따라 복공판을 구성하는 강재 시편을 채취하여 인장강도시험
(3) 부재연결상태 점검 – 연결부 용접검사
(4) 복공판지지보의 처짐 $\dfrac{1}{400}L$
(5) 공사기간 중 재하되는 하중에는 충분한 강도와 강성을 가질 것
(6) 용접의 길이 및 두께 규정 준수

4 복공판 시공 시 안전관리사항

(1) 복공판 재료의 품질 확보
(2) 복공판지지기둥의 강성 확보
(3) 복공판지지보의 처짐 관리
(4) 구조검토를 통한 안정성 확보
(5) 복공판 통행차량 및 보행자의 안전 확보

교 량

1 개요

(1) 교량은 상부구조·교좌장치·하부구조로 구성되며, 가설공법은 현장타설공법과 Precast 공법으로 나눌 수 있으며, 가설공법 중 FSM 공법(동바리공법 : Full Staging Method)만이 동바리를 사용하며 나머지 공법은 동바리를 사용하지 않으므로 하부조건에 관계없이 작업이 가능하다.

(2) 교량의 모든 구조 요소들은 하중의 저항 및 전달 기능을 하도록 설계·시공되어야 하며, 교량의 공법 선정 시에는 토질, 지형, 하부공간 이용 등을 고려하여 안전하고 경제적인 공법을 선정하여야 한다.

2 교량공법 선정 시 고려사항

(1) 안전성
(2) 상부구조
(3) 시공성·경제성
(4) 지형, 지질
(5) 교량의 구조 형식
(6) 하부공간 이용
(7) 건설공해

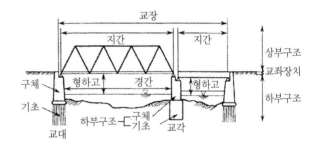

3 가설공법(架設工法)의 분류

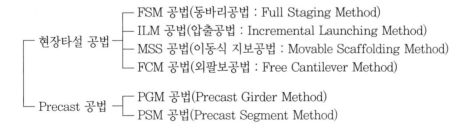

현장타설 공법
- FSM 공법(동바리공법 : Full Staging Method)
- ILM 공법(압출공법 : Incremental Launching Method)
- MSS 공법(이동식 지보공법 : Movable Scaffolding Method)
- FCM 공법(외팔보공법 : Free Cantilever Method)

Precast 공법
- PGM 공법(Precast Girder Method)
- PSM 공법(Precast Segment Method)

(1) 현장타설공법

① FSM 공법(동바리공법 : Full Staging Method)
- 교각과 교각(교대) 사이에 동바리를 설치하고 상부 구조를 제작하는 공법
- 가설높이가 낮을 때 경제적
- 소규모 교량에 적합한 재래공법

② ILM 공법(압출공법 : Incremental Launching Method)
- 교대 후방에 위치한 제작장에서 일정한 길이의 상부부재(Segment)를 제작하여 압출장비로 밀어내는 공법
- 제작장의 설치로 전천후 시공 가능
- 교각의 높이가 높을 때 경제적

③ MSS 공법(이동식 지보공법 : Movable Scaffolding Method)
- Rechenstab : 이동식 비계가 상부공 하부의 추진보와 비계보를 지지하는 형식
- Mannesmann : 경간의 2~3배가 되는 비계보를 사용해 이동식 거푸집을 지지하는 형식
- Hanger Type : 주형과 거푸집을 설치하기 위한 가로보 및 이동받침대를 사용해 상판을 타설하는 형식

④ FCM 공법(주두부에 Form Traveller, 이동식 Truss를 설치해 좌우대칭으로 슬래브를 타설하는 형식)
- 힌지식 : 교각과 상부 거더를 일체화 시공 후 중앙부를 힌지로 연결하는 형식
- 연속보식 : 교각과 상부 거더를 분리 시공하고 중앙부에서 긴결시키는 형식
- 라멘식 : 교각과 상부 거더를 일체화 시공 후 중앙부에서 긴결시키는 형식으로 힌지식과 연속보식의 조합형으로 볼 수 있음

(2) Precast 공법

① PGM 공법(Precast Girder Method)
- 상부구조를 제작장에서 경간(Span) 길이로 제작(Girder) 후 현장으로 운반하여 가설장비(Crane, Girder 설치기)를 이용하여 가설하는 공법
- Girder의 운반에 있어 주의를 요하며 현장작업이 경감됨
- 시공속도가 빠르며 소규모 교량에 유리

② PSM 공법(Precast Segment Method)
- Segment인 Box Girder를 제작장에서 제작 후 Crane 등의 가설장비를 이용하여 상부구조를 가설하는 공법
- Segment 운반에 주의를 요함
- Segment의 접합부 시공에 고도의 정밀성이 요구됨

④ 교량의 구조

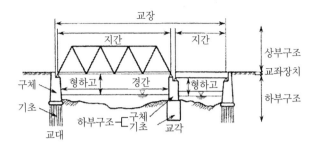

⑤ 교량의 분류

(1) 현수교(Suspension Bridge)

케이블을 당겨 교체를 매단 구조의 교량

(2) 사장교(Cable Stayed Bridge)

교각 위에 설치된 주탑으로부터 케이블을 교량
Girder에 비스듬히 당겨 현수교와 같이 교량
Girder를 달아맨 형식의 교량

〈현수교 도해〉

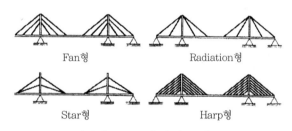

〈사장교 종류별 특징 도해〉

(3) 아치교(Arch Bridge)

양단이 구속하도록 지지되어 있는 Arch 형태의 교량

(4) 트러스교(Truss Bridge)

Truss를 Main Girder로 한 교량

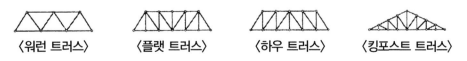

··· 02 FSM(Full Staging Method) 공법

① 개요

거푸집 및 동바리를 설치하고 콘크리트를 타설·양생한 후 Prestressing 작업을 하여 교량을 가설하는 철근 콘크리트 구조물 공법

② FSM 공법 시 사전조사 사항

(1) 설계도서 검토   (2) 입지조건 조사

(3) Batch Plant 설비용량 조사   (4) 가설재 등 수급조건 조사

③ 가설공사

(1) 동바리

① 충분한 강성으로 부등침하를 방지한다.

② 진동, 충격 등 하중이 작용하므로 설계 시부터 이를 고려한다.

③ 동바리 이음은 충분히 하중을 견딜 수 있는 구조로 한다.

④ 충분한 강도와 안전성에 유의해 경사와 높이에 주의한다.

(2) 거푸집

① 콘크리트 자중, 작업하중, 측압 등을 고려한 구조로 한다.

② 거푸집 면은 평활하게 유지한다.

③ 수밀성·내구성이 있으며 가볍고 다루기 쉬운 재료를 사용한다.

④ 조임재는 볼트나 강봉으로 형상과 위치를 정확하게 보존할 수 있는 것으로 한다.

④ 콘크리트 시공계획

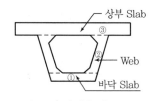

〈Web 타설순서〉

(1) 타설순서 계획

① 수평방향 타설

구조상 바닥 Slab, Web, Deck Slab 3단계로 타설

② 수직방향 타설

• 시공이음 설치 : 정(+), 부(−) 모멘트가 교차하는 지점에 설치

• 타설순서 : 중앙에서 좌우대칭으로 타설

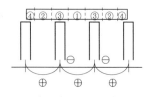

〈상판 타설순서〉

(2) Con'c 타설계획

① 재료분리가 발생되지 않도록 하며 최소 높이 유지

② 타설 시 철근 및 거푸집 등 변형 방지, 밀실 충전

③ 진동기 삽입 간격은 50cm 이하

④ Con'c 윗면에 Cement Paste가 떠오를 때까지 진동 다짐 실시

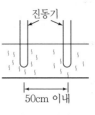

〈다짐기준〉

(3) 시공이음 처리계획

① 수평시공이음 설치

• 구조물의 강도상 영향 적은 곳

• 부재 압축력 방향의 직각으로

• 이음면의 Laitance 제거

• 이음길이와 면적 최소화

② 수직시공이음

• Cold Joint로 인한 불연속층 방지

• 수화열, 외기온도에 의한 온도응력 및 건조수축 균열을 고려한 위치 결정

• 방수를 요하는 곳에는 지수판 설치

• 시공이음은 가능한 내지 않도록 함

〈시공이음부 처리도해〉

(4) 마무리 계획

수직 Joint 이음부위는 철근 주위를 평탄하게 잘 다지고 중앙부위는 Camber를 준다.

(5) 양생계획

① 습윤 보양이 원칙, 거푸집면에 충분히 살수하여 초기 수화열에 의한 건조수축 균열 방지

② 한중에는 가열·보온 양생

③ 서중에는 Precooling, Pipe Cooling 적용

5 결론

FSM 공법은 동바리·거푸집 등의 가설공사가 선행되는 공법이므로 가시설의 분리와 안전성 검토 이후 작업이 이루어져야 하며, 콘크리트 타설 시에도 안전수칙의 준수와 관리기준의 점검이 필요하다.

··· 03 FCM(Free Cantilever Method) 공법

1 개요

교각 위에 Form Traveller를 설치해 교각을 중심으로 좌우 1 Segment씩 상부 구조물을 가설하는 공법으로 좌·우 불균형 모멘트 처리에 특히 유의해야 한다.

2 FCM 공법의 특징

(1) 장점

① Form Traveller를 이용해 장대교량의 상부구조를 시공한다.
② 한 개의 Seg를 2~5m로 Block 분할해 시공한다.
③ 반복작업으로 경제적이며 작업능률이 좋다.

(2) 단점

① 교량 가설을 위한 추가 단면의 설치가 필요하다.
② 교량 균형 유지를 위하여 Temporary Prop 등의 가설공사가 필요하다.

3 시공형식별 종류

(1) 가설공법

① Form Traveller 방식

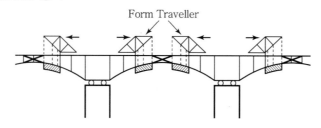

② P&Z 방식

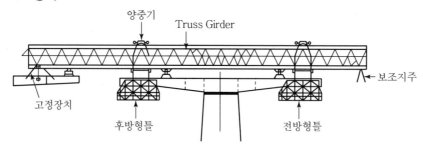

(2) 시공법

① 현장타설법

② Precast Segment Method

4 구조형식별 종류

(1) 라멘구조식

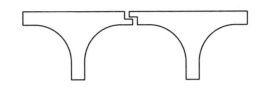

(2) 연속보식

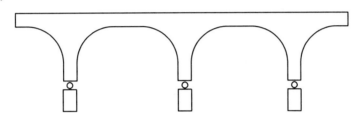

(3) 힌지식

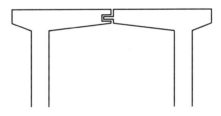

5 FCM 공법으로 시공 시 유의사항

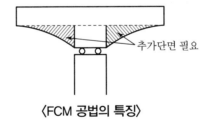

〈FCM 공법의 특징〉

(1) From Traveller

① 전도안정성

콘크리트 타설 시 Beam과 Tie Bar에 의한 Hold Down System 방식으로 고정하며 Rail
은 주형에 Anchor로 고정시킴

② 이동 설치 시 유의사항

- 작업차 정착 상태
- 레일 고정 상태
- 작업차 수평 상태
- 좌우 Jack의 조작 균형
- 풍속 14m/sec 이상 시 이동금지 규정 준수

(2) Pier Table(주두부) 시공

Temporary Prop 설치 시 불균형 Moment 처리

① 불균형 발생원인

- 좌우 측 Segment 중량 차 발생
- 상방향 풍하중 작용
- 시공오차
- 작업하중

② 대책

- Stay Cable 설치
- Temporary Prop 설치
- Fixation Bar 설치

(3) Sand Jack 시공

Steel Prop와 Pier Table 사이에 설치해 주두부의 불균형 모멘트 교정

6 콘크리트 타설

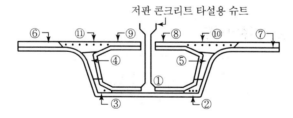

저판 콘크리트 타설용 슈트

7 처짐관리

(1) 처짐발생원인

① 콘크리트 탄성변형, Creep 변형, 건조수축, Relexation

② Segment 자중, Form Traveller 자중, 작업하중, 충격하중

(2) Camber 관리

거푸집 조립 시 콘크리트 처짐요소를 계산해 미리 상방향으로 솟음값을 줌

(3) 응력 재분배

Key Segment 연결 완료 시 정정구조에서 부정정구조로 되며 처짐이 감소하게 됨

8 Key Segment 접합

(1) 중앙접합부

연결 Segment 시공

(2) Diagonal Bar

양 끝단 연결 후 오차 수정 및 고정

(3) 종방향 버팀대

상부버팀대 및 하부버팀대 설치 후 Prestressing을 가해 교축방향 변위 대응

(4) H빔 강봉 교정

H빔 끝단 연결강봉으로 고정한 후 유압으로 수직방향 변위 조정

〈상대변위 방지를 위한 고정장치〉

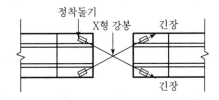

〈X형 강봉을 이용한 수평변위 조정〉

9 FCM 공법의 위험요인과 안전대책

(1) 위험요인

① 단부 개구부에 안전난간 설치 및 접근금지 조치
② 상부공 작업자에게 안전대 지급
③ 작업차 이동순서 및 절차에 따른 작업
④ 거푸집 조립, 해체 시 관계자 외 출입금지 조치
⑤ 기상정보 파악을 위한 장비나 시스템 구비

(2) 재해 발생원인

① 인적 원인

교량 상부공 근로자 안전대 미착용에 의한 추락

② 물적 원인
- 강봉 인장 시 이상 긴장력에 의한 PSC 강선의 튐
- 워킹타워 지지 불량에 의한 도괴

③ 작업방법
- 교량 상부 단부 개구부에서의 실족에 의한 추락
- 사다리를 미고정하고 사용 중 탈락에 의한 추락
- 주두부 가시설 상하부 이동통로 안전조치 미실시로 인한 추락
- 악천후 시 작업 강행에 따른 인력 조정 작업에 의한 손가락 협착
- 거푸집 조립, 해체 작업 시 거푸집 재료 및 인양화물 낙하

④ 기계장비
강선 인장이 미흡한 상태에서 작업차 이동에 따른 도괴

(3) 재해 예방대책

① 인적 원인
교량 상부공 근로자 안전대 지급, 안전대 부착 시설 설치

② 물적 원인
- 강봉 인장 구역 내 근로자 접근 금지
- 워킹타워는 일정 간격으로 교각에 견고하게 결속

③ 작업방법
- 작업통로 확보, 단부 개구부에 안전난간 설치 또는 접근금지 조치
- 사다리 상부 고정 미끄럼 및 전도 방지 조치
- 승강용 통로 설치, 안전난간대 설치, 안전대 착용
- 기상정보 파악 장비 설치, 최대풍속 10m/sec 이상 시 작업 중지
- 거푸집 조립, 해체 작업 시 근로자 진입금지구역 설정

④ 기계장비
긴장장치 작업 전 점검, 긴장장치 후방 진입 금지 또는 방호조치, 강선 인장작업 결과 확인, 인장 완료 전 바닥 슬래브 거푸집 해체 금지

🔟 결론

FCM 공법은 주두부 불균형에 의한 재해 발생에 유의해야 하며, 작업 중 이상 현상 발생 시에는 긴급대피 조치 등이 이루어질 수 있도록 사전에 대비하는 것이 중요하다.

··· 04 F.C.M 교량공사 안전보건작업지침 [C-67-2016]

이 지침은 산업안전보건기준에 관한 규칙(이하 "안전보건규칙"이라 한다) 제42조~제49조(추락에 의한 위험방지), 제133조~제150조(크레인, 이동식 크레인), 제369조(교량작업), 제328조~제337조(거푸집동바리 등)의 규정에 의거 콘크리트 구조물 교량공사(F.C.M 공법)의 안전한 작업방법 및 추락, 낙하, 붕괴, 감전 등의 재해를 예방하기 위하여 필요한 작업 단계별 안전사항 및 안전시설에 관한 기술적 사항 등을 정함을 목적으로 한다.

1 F.C.M 개념도

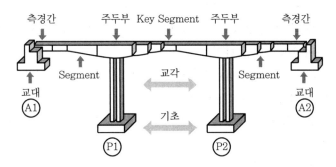

2 F.C.M 공법 작업절차

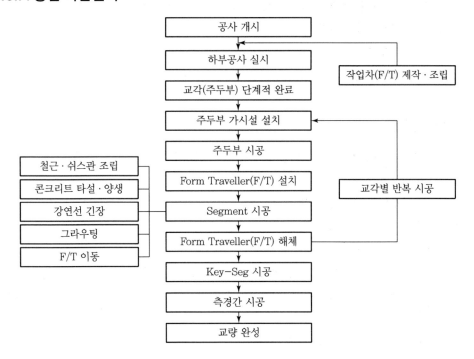

❸ 공통적인 안전조치사항

(1) 관리감독자는 작업시작 전, 근로자에게 안전 작업순서, 방법, 절차 등을 숙지시켜야 한다.

(2) 시공자는 고소작업에 따른 위험요인에 대한 근로자들의 안전을 고려하여 추락 및 낙하물 방지시설을 설치하여야 한다.

(3) 추락의 위험이 있는 작업발판에는 근로자가 안전하게 승강할 수 있는 승강설비 및 안전난간을 갖추어야 한다.

(4) 관리감독자는 작업계획을 수립하고 작업시작 전 또는 작업 중 다음 사항을 준수하여야 한다.
　① 재료·기구의 결함 유무를 점검하고 불량품을 제거
　② 올바른 작업 방법 및 순서를 근로자들에게 교육
　③ 작업방법을 지휘하고 이를 감시
　④ 근로자의 보호구 착용상태를 감시

(5) 작업 전 관리감독자는 위험성평가를 실시하여 유해·위험요소를 확인하고 작업 중에도 관리감독을 철저히 하여 재해예방을 하여야 한다.

(6) 주두부 및 측경간부 시공 시 동바리 설치방법, 콘크리트 타설방법, 시공순서 등에 대해 세밀하게 검토하여 안전 작업계획을 수립해야 한다.

(7) 화재의 위험이 있는 용접 및 용단 작업장소에는 소화기, 방화수 등을 비치하여 초기 소화할 수 있도록 하여야 한다.

(8) 크레인 작업 시에는 KOSHA GUIDE C-48-2012(건설기계 안전보건작업지침)과 KOSHA GUIDE C-99-2015(이동식 크레인 양중 작업의 안정성 검토지침), KOSHA GUIDE C-102-2014[건설현장의 중량물 취급 작업계획서(이동식 크레인) 작성지침]를 준수하여야 하고, 근로자에게 이를 교육시켜야 한다.

(9) 강풍 발생 시 자재 등의 낙하 및 비래 예방조치를 하여야 한다.

(10) 작업 후 작업장 및 통로 등의 정리정돈을 실시하여야 한다.

❹ 주두부 안전작업

(1) 주두부 콘크리트에 프리스트레스를 도입할 경우 거푸집 및 동바리는 콘크리트의 탄성변형을 구속하지 않도록 시공하여야 한다.

(2) 교각에 주두부의 거푸집 및 작업발판 등의 연직하중에 내구성을 갖는 강도의 앵커(Anchor)를 설치하여야 한다. 이때 앵커를 설치하기 위한 슬리브(Sleeve)는 교각의 콘크리트 타설 전에 매입하여 두어야 한다.

(3) 스크류 잭(Screw jack)을 설치할 때에는 앵커체 위에 고장력 볼트의 체결을 원칙으로 하고, 거푸집, 작업발판, 콘크리트 자중 등 연직하중에 충분히 견딜 수 있는 용량을 확보하였는지 확인하여야 한다.

(4) 주두부에는 세그먼트 시공 중 양측 캔틸레버의 자중 차이(콘크리트 타설 및 시공오차), 가설하

중의 편재하, 양측 캔틸레버부 중 한쪽 세그먼트의 선 시공, F/T 위치 차이, 양측 캔틸레버에 작용하는 풍하중에 의한 상향력 차이, 교축 직각방향 풍하중의 차이, 가설 중 지진하중 등 여러 가지 원인으로 인한 불균형 모멘트 및 변형이 발생하게 되는데 이러한 불균형 모멘트를 관리하기 위하여 교량의 상부공 시공방법에 따라 세그먼트 시공 시 가벤트(Bent) 설치, 스테이 케이블(Stay cable) 설치, 가고정 콘크리트 블록 설치, 가고정 강봉 설치 등이 있으나 일반적으로 사용하는 가고정 콘크리트 블록 및 가고정 강봉의 설치 시 구조검토와 시공계획에 따른 시공 여부(강봉의 경우 커플러와의 체결상태, 긴장력 확보)를 철저히 확인하여 불균형 모멘트에 대처하여야 한다.

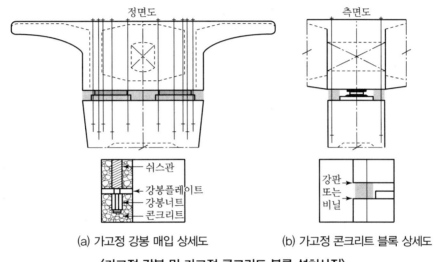

(a) 가고정 강봉 매입 상세도　　(b) 가고정 콘크리트 블록 상세도

〈가고정 강봉 및 가고정 콘크리트 블록 설치사진〉

(5) 이동식 작업대차를 조립하기 위해 교각 위에 설치하는 주두부의 시공은 현장 여건, 지반의 특성, 교각 높이, 주두부의 크기 및 구조를 고려하여 동바리 형식을 결정하여야 한다.

(6) 거푸집 및 동바리는 시공 중 변형이 발생되지 않도록 강성과 정밀도를 확보하여야 한다.

(7) 교각을 관통하거나 요철 부위에 H형강 등을 매립하여 동바리 받침으로 사용할 경우, 주두부 시공 완료 후 H형강을 제거하고 콘크리트나 모르타르로그라우팅(Grouting)을 실시하여야 한다. 교각에 앵커 또는 강봉을 매립한 뒤 브래킷을 설치하여 동바리 받침으로 사용하는 경우 앵커의 매입 길이, 직경, 개수에 대한 구조 검토 후에 설치하여야 한다.

(8) 콘크리트 타설 시에는 편심하중 발생을 최소화하여야 하며, 동바리는 작업하중 및 주두부 경사면에 의해 발생되는 수평하중에 대해 안전하도록 설치하여야 한다.

(9) 교각 브래킷(Bracket) 설치 시 추락재해예방을 위한 안전시설을 설치하여야한다.

(10) 교각 상부로 이동할 수 있는 건설용 리프트나 승강통로 등을 설치하여야 하며, 추락 및 낙하물 등에 의한 재해를 예방하기 위한 안전시설물을 설치하여야 한다.

(11) 자재 및 구조물 등의 낙하위험이 있는 구간에는 하부에 근로자들의 출입통제 조치를 실시하여야 한다.

⑫ 주두부 작업발판 및 안전난간 등은 최대한 지상에서 조립한 후 인양하여 설치하는 방법으로 진행하여, 추락 등의 위험이 있는 고소에서 작업을 최소화하여야 한다.

⑬ 거푸집 인양 시 타워크레인 마스터 및 본 구조물과의 충돌을 방지할 수 있도록, 신호 체계 및 작업 계획을 수립하고 준수하여야 한다.

⑭ 작업대는 이동 및 작업에 충분한 공간을 확보하여 설치하여야 한다.

⑮ 크레인의 혹 해지장치 등 방호장치 이상유무를 확인하여야 한다.

⑯ 타워크레인 및 건설용 리프트는 안전인증 및 안전검사를 받아야 한다.

⑰ 거푸집 및 브래킷 해체 시 추락방지 시설을 설치하여야 하고, H형강 해체 작업 시에는 근로자가 추락하지 않도록 대피공간을 확보하여야 한다.

⑱ 브래킷 등을 해체 작업에 사용하는 와이어로프는 작업 전에 손상유무를 확인하여야 하고, 인양 등의 작업 시 이탈되지 않도록 견고히 결속하여야 한다.

⑲ 주로 산간계곡, 바다, 하천을 통과하는 F.C.M 교량의 특성상 순간풍속이 초당 10미터를 초과하거나 눈, 비 등 외적 환경요인이 악화되는 경우에는 거푸집동바리의 설치, 해체 작업을 중지하여야 한다.

⑳ F.C.M 주두부 가시설은 주두부 완성 후 세그먼트(Segment) 시공을 위한 이동식작업대차(Form Traveller) 설치를 위하여 해체 작업이 선행되어야 하며, 해체 시에는 설치 시와 다르게 시공된 주두부로 인하여 작업공간 협소 및 시거가 불량해지고, 고소작업 여건 등으로 인하여 하부 신호수, 상부 H형강 해체 작업자, 크레인 운전자 등과의 신호불일치가 발생하지 않도록 관리하여야 한다.

⑤ 이동식 작업대차 안전작업

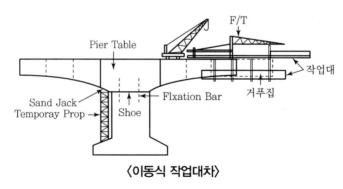

〈이동식 작업대차〉

(1) 이동식 작업대차 부재 인양 시 타워크레인 마스터 및 본 구조물과의 충돌을 방지할 수 있도록, 신호 체계 및 작업 계획을 수립하고 준수하여야 한다.

(2) 이동식 작업대차의 메인프레임은 세그먼트 시공 중 발생하는 모든 하중을 앵커잭(기 타설된 세그먼트에 부착) 등의 고정 장치에 안전하게 전달할 수 있는 구조로 설치하여야 한다.

(3) 이동식 작업대차는 콘크리트 타설을 포함한 모든 작업하중에 대해서 안전성 확보하여야 한다.

(4) 이동식 작업대차를 주두부에 거치 시 추락 재해를 예방하기 위한 안전시설(안전난간, 안전대 부착설비) 등을 설치하여야 한다.

(5) 이동식 작업대차의 이동 및 재설치 시에는 다음 사항에 유의하여야 한다.

① 매설 정착부 및 레일을 정확하게 배치하여야 한다.

② 레일의 정착부를 수시로 점검하여 이동 시 인발이 생기지 않도록 하여야 한다.

③ 모든 거푸집의 해체 여부를 확인하여야 한다.

④ 이동식 작업대차를 궤도에 설치하거나 해체할 때에는 이동식 작업대차가 기울지 않도록 좌우의 잭을 균등하게 조작하여야 한다.

⑤ 이동식 작업대차를 이동할 경우에는 기울지 않도록 이동식 작업대차의 좌·우 프레임을 균등하게 조정하여야 한다.

⑥ 시공구간에 돌출되어 있는 PS강재 및 철근은 보호캡을 씌우고 위험표시를 하여야 한다.

⑦ 이동식 작업대차는 수평으로 설치하여야 하며, 앵커에는 설계에 따른 프리스트레스를 도입하여야 한다.

(6) 이동식 작업대차는 정기 및 수시 점검을 통하여 이상유무를 확인하여야 하며, 주요 점검항목은 다음과 같다.

① 잭(Jack)의 작동부

② 앵커 장치

③ 접속부의 볼트

④ 거푸집의 행거장치

⑤ 프레임의 변형 유무

(7) 거푸집 및 작업대는 이동식 작업대차 메인프레임에 연결된 수직의 현수재에 견고하게 부착되어야 한다.

(8) 이동식 작업대차용 레일은 세그먼트에 레일 앵커를 이용하여 견고하게 고정시켜야 하며, 교량에 고저차가 있는 경우에는 레일의 높이를 조정하여 이동식 작업대차의 수평을 유지하여야 한다.

(9) 단위 작업(세그먼트 설치)을 마친 이동식 작업대차를 다음 작업 장소로 이동 후에는 즉시 앵커용 강봉으로 세그먼트에 고정시켜야 한다.

(10) 앵커용 강봉은 포스트텐셔닝을 위한 강선과 간섭되지 않는 장소에 설치하여야 하고, 설계에 따른 프리스트레스를 도입하여 긴장시켜 고정하여야 하며, 모든 작업하중에 대한 안전성을 확보하여야 한다.

(11) 이동식 작업대차를 이동할 때에는 안전한 작업방법 및 순서를 결정한 후에 작업지휘자의 지시에 따라 작업하여야 한다.

(12) 이동식 작업대차를 설치 완료 또는 이동 완료하였을 때에는 이동식 작업대차의 비틀림 여부, PS강봉의 변형 유무, 이음부 볼트체결 이상 유무, 작업대 표면의 결함 유무, 작업대 안전난간 이상 유무 등을 확인하여야 한다.

⒀ 이동식 작업대차는 풍하중 등의 수평하중에 대한 안전성을 확보하여야 하며, 10m/sec 이상의 강풍 시에는 이동식 작업대차의 이동 등의 작업을 행하여서는 안 된다.

6 세그먼트(Segment) 및 키 세그먼트(Key Segment) 시공 시 안전작업

(1) 시공계획 수립 시 고려사항

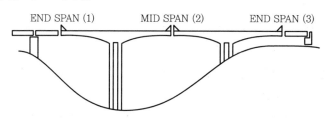

(1),(3) : End Span Key Segment, (2) : Mid Span Key Segment

〈키 세그먼트 위치도〉

세그먼트(Segment) 시공계획 수립 시 다음과 같은 사항에 관하여 검토를 하여야 한다.

① 세그먼트의 길이는 콘크리트의 1일 타설 능력과 이동식 작업대차의 크기 등을 고려하여 결정하여야 한다.

② 캔틸레버 가설 시 신구 콘크리트 사이의 이음부에 단차가 발생하지 않도록 이음부 거푸집은 견고하게 설치하여야 한다.

③ 이동식 작업대차의 자중, 작업하중, 타설하중 등에 의해서 이동식 작업대차에 발생되는 모든 변형량을 설계자는 검토해야 하고, 시공 시 처짐 관리가 용이한 방법 등을 고려하여야 한다.

④ 세그먼트 작업 시에는 다음 사항을 점검하여 이상 유무를 확인하여야 한다.
　㉠ 세그먼트의 처짐
　㉡ 교각 기초의 침하, 교각의 크리프 건조수축에 의한 영향
　㉢ 이동식 작업대차 각 부재의 변형
　㉣ 세그먼트의 횡방향 변형

⑤ 세그먼트 사이의 시공 이음부는 표면처리를 철저히 하여 접착강도가 충분히 발휘될 수 있도록 하여야 한다.

⑥ 다음의 내용을 포함한 안전작업방법을 수립하여 준수하여야 한다.
　㉠ 교축방향의 일치 및 수직 방향의 상대변위 방지 대책
　㉡ 교축직각방향의 상대변위 방지 대책
　㉢ 콘크리트 타설 시 변위 방지 및 타설 후의 처짐 방지 대책
　㉣ 키 세그먼트 콘크리트 타설 후 기 완성된 F.C.M 구간의 건조수축 및 온도변화에 의한 균열 방지대책
　㉤ 키 세그먼트 긴장 시 거동의 변화로 인한 간섭 방지대책

ⓑ 키 세그먼트 접합 종료 후 빔(Beam) 해체를 위한 작업구 설치 계획

⑦ 중앙 키 세그먼트의 시공순서는 다음과 같다.

    ㉠ 이동식 작업대차에 의하여 캔틸레버 단부의 상대변위 및 단차를 조정한다.

    ㉡ 수평버팀대(H형강)를 복부 헌치에 설치 고정한다.

    ㉢ 외측 바닥판과 거푸집을 설치한다.

    ㉣ 철근 및 쉬스관을 조립한다.

    ㉤ 내측거푸집을 설치한다.

    ㉥ 콘크리트 치기 후 양생한다.

    ㉦ 중앙연결 텐던을 설계도서 순서대로 긴장한다.

⑧ 교량단부의 키 세그먼트는 외측 바닥판 및 거푸집의 설치를 위하여 동바리를 이용할 수 있으며, 시공순서는 중앙 키 세그먼트 시공순서에 따른다.

(2) 철근, 콘크리트 타설 및 양생 시 안전작업

① 작업 전에 추락, 낙하, 전도 등의 위험요인에 따른 재해예방계획을 수립하여야 한다. 또한 거푸집의 헌치(Hunch)부, 캔틸레버(Cantilever)부 등은 경사로 인한 미끄러짐 재해의 위험을 방지하기 위한 조치를 실시하여야 한다.

② 철근작업 근로자들의 추락방지를 위해 작업 높이를 고려하여 견고한 구조의 작업발판을 설치하여야 한다. 또한 작업발판에는 승·하강용 설비와 추락 방지용 안전난간을 설치하여야 한다.

③ 노출된 철근 및 강선에는 보호캡을 씌우고 위험표시를 하여야 한다.

④ 철근의 인양 및 운반 시 2줄 걸이 등의 안전한 방법으로 실시하고, 필요시 달포대 또는 인양박스를 사용하여야 한다.

⑤ 추락 위험이 있는 장소에서 콘크리트 타설 작업 시에는 안전모, 안전대 등의 보호구를 항상 착용하여야 한다.

⑥ 전기기계·기구의 배선은 통로 바닥에 배선되지 않도록 하고, 부득이하게 바닥에 배선해야 할 경우에는 보호관 등을 설치하여야 한다.

⑦ 콘크리트 타설 시 콘크리트믹서 트럭에 의한 재해예방을 위하여 차량 유도를 위한 신호수를 고정 배치한다.

⑧ 콘크리트의 자중에 의한 거푸집의 붕괴를 예방하기 위하여 콘크리트의 편중 타설을 금지하여야 한다.

⑨ 콘크리트 압송관 설치 시 견고한 구조물에 고정하여야 한다.

⑩ 감전재해예방을 위하여 진동다짐기 사용 시 작업 전에 전선의 피복 손상 여부를 확인하고, 전원은 접지된 분전반의 누전차단기에서 인출하여야 한다.

⑪ 콘크리트는 타설 후 습윤양생을 하며, 양생 후 접합면을 칩핑(Chipping)하고, 에어 컴프레서(Air compressor)로 접합면의 이물질을 완전히 제거한 후 신 콘크리트를 타설하여

야 한다.

⑫ 콘크리트 타설 직후 직사광선이나 바람으로 인한 표면 건조로 인한 초기균열 발생 방지 조치를 하여야 한다.

⑬ 동절기에는 콘크리트 양생 작업 시 가열기(갈탄 난로, 온풍기 등)의 사용에 따라 유해가스 및 산소결핍에 의한 중독·질식 재해발생의 우려가 높으므로, 양생을 위한 가열 장소(밀폐공간 또는 환기가 불충분한 장소)에는 출입하기 전에 환기 및 급기 실시, 필요시 호흡용 보호구 착용, 감시인 배치, 관계근로자 외 출입금지 등의 조치를 취하여야 한다.

(3) 프리스트레싱(Prestressing) 작업 시 안전작업

① 긴장 작업 전 작업절차 및 신호방법 등에 대하여 작업자들에게 사전교육을 실시하여야 한다.

② 긴장 작업은 설계도의 순서에 따라 실시하여야 하며, 설계 기준의 정확한 값을 확인한 후 실시하여야 한다.

③ 긴장 작업 전 부재 콘크리트와 동일 조건으로 양생된 공시체의 압축강도를 측정하여 설계도의 값 이상이 된 것을 확인한 후 긴장작업을 실시하여야 한다.

④ 긴장 작업 시 잭(Jack) 후면과 주변은 근로자 외의 출입을 통제하여야 한다.

⑤ 전동 펌프(Pump)는 감전재해 예방을 위한 안전조치를 실시하여야 한다.

⑥ 긴장 작업 시 비정상적인 소음이 들리거나 신장률이 너무 적게 발생되는 경우에는 작업 중단 후, 관리감독자에게 알려야 한다.

⑦ 긴장 후 PS강연선의 말단은 구조적인 영향이 없는 길이를 고려하여 절단하여야 한다.

7 처짐 안전관리(Camber Control)

(1) F.C.M 공법 적용 교량의 처짐 관리는 계획 종단선형과 키 세그먼트의 접합 등 종합적인 시공 상황을 고려하여야 한다. 거푸집 조립 시 세그먼트 레벨(Segment level)의 상향 솟음값은 콘크리트 타설 후 콘크리트 자중 및 건조수축(Drying shrinkage), 크리프(Creep), 온도응력에 의해서 발생되는 처짐을 반영하여 설정하여야 한다.

(2) 콘크리트 탄성변형, 크리프 변형, 건조수축, 프리스트레스 손실(Prestressloss), 세그먼트 자중, 이동식 작업대차 자중 등에 의해 발생하는 처짐은 현장에서 실측하여 설계 계산값과 비교평가를 한 후 조정하여야 한다.

··· 05 MSS(Movable Scaffolding System) 공법

1 개요

MSS 공법은 교각상에 교량 상부구조 시공에 필요한 가설장비를 설치하여 한 경간 시공 후 다음 경간으로 이동해 교량을 가설하는 다경간교량에 유리한 공법으로 기계화 시공에 의한 안전성이 있는 반면 초기 투자비 상승과 특히 추진보의 안전성 확보가 요구된다.

2 MSS 공법의 특징

(1) 최적 경간 : 40~70m

(2) 장점

① 다경간교량(10span 이상)에 유리하다.

② 반복작업으로 능률적이며 노무비가 절감된다.

③ 기계화 시공으로 이동이 용이하며 안전성이 있다.

④ 교량 하부 지형과는 무관한 시공이 가능하다.

(3) 단점

① 이동식 거푸집이 대형이다.

② 초기 투자비가 과다하다.

③ 직선이나 동일 곡면 시공 이외에는 적용하기 어렵다.

3 MSS 공법의 종류

(1) 상부이동식(Hanger Type)

(2) 하부이동식(Support Type)

4 MSS 공법의 시공방법

(1) 하부이동식

① Jack으로 주형을 전진시켜 시공하는 방법으로 이동 받침대를 이동시켜 거푸집을 시공하는 방식으로 시공

② 시공방법

㉠ 비계보 이동 준비

• 콘크리트 타설 → Prestressing → 거푸집 제거

- 후방 콘크리트 현수제 제거
- Bearing Bracket 제거
- 비계보 지지는 후방 이동현수제와 전방 크레인으로 지지됨
  ⓛ 비계보 이동
- 전방 크레인은 추진보 위에서 주행
- 후방 크레인은 기시공된 Deck Slab에서 주행
- Bearing Bracket은 비계보에 부착되어 이동
  ⓒ 비계보 이동 후
- Bearing Bracket 교각에 부착
- 후방 콘크리트 현수제 설치
  ⓔ 추진보 이동
- 교각 위 Jack을 내리고 Roller를 이용해 이동
  ⓜ 콘크리트 타설
- 현수제와 추진보 고정
- 비계보, 추진보를 거푸집에 고정시킴

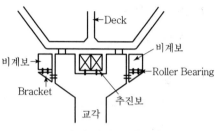

< MSS 교량의 전·후방 크레인 도해 >

< MSS 교량의 비계보·추진보 도해 >

(2) 상부 이동식

① 시공방법

- 상부구조 시공
- Jack을 사용해 주형을 전진
- 이동 완료 후 거푸집 작업

② 주형은 Span의 2.5배 정도로 함

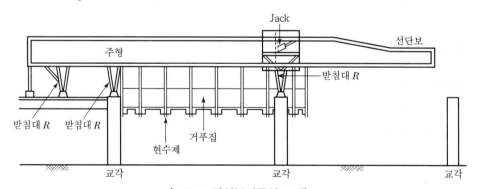

〈MSS 교량상부이동식 도해〉

⑤ MSS 공법의 위험요인과 안전대책

(1) 위험요인

① 지반침하, 중량물 인양에 따른 크레인의 전도 위험
② 내외부 거푸집 승하강 통로의 적정성
③ 슬래브 단부에 추락 방호조치 여부
④ 교각 브래킷 설치 후 작업발판, 안전난간 등의 설치
⑤ 주두부에 작업 발판, 안전난간 등의 설치

(2) 재해 발생원인

① 인적 원인

교량 상부공 근로자 안전대 미착용에 의한 추락

② 물적 원인

- 그라우팅 재료에 안구 손상, 피부질환 발생
- 강봉 커팅 작업 시 강봉이 튀어 신체 충돌

③ 작업방법

- 세그먼트 상부에서 이동 중 단부 개부구에서 추락
- 벽체 철근조립 및 형틀 작업 시 작업발판 및 안전난간 미설치로 인한 추락
- 강봉 인장 시 이상 긴장력에 의한 PSC 강선의 튐
- 교각 브래킷에 안전 가시설 미설치로 추락
- 주두부에 안전 가시설 미설치로 추락

④ 기계장비

강선 인장이 미흡한 상태에서 작업차 이동에 따른 도괴

(3) 재해 예방대책

① 인적 원인

교량 상부공 근로자 안전대 지급, 안전대 부착시설 설치

② 물적 원인

- 보안경, 분진마스크, 고무장갑 등 그라우팅 재료에 노출되지 않도록 보호구 착용
- 강봉 커팅 작업 전 강봉의 응력 제거

③ 작업방법

- 이동통로를 세그먼트 중앙으로 설치 및 주지, 단부에 안전난간대 설치
- 철근 및 형틀 작업 시 작업발판 및 안전난간 설치
- 긴장장치 작업 전 점검, 긴장장치 후방 진입 금지 또는 방호조치
- 교각 브래킷 설치 후 작업발판, 안전난간, 사다리 설치
- 주두부에 작업발판, 안전난간 설치

④ 기계장비

긴장장치 작업 전 점검, 긴장장치 후방 진입 금지 또는 방호조치, 강선 인장작업 결과 확인, 인장 완료 전 바닥 슬래브 거푸집 해체 금지

⑥ 결론

MSS 공법은 하부이동식, 상부이동식으로 구분되며, 하부이동식 공법 적용 시 지반침하에 의한 전방 크레인 전도 등에 대한 안전대책이 요구된다. 특히, 작업과 이동 시 재해 방지를 위한 작업발판, 안전난간 등 안전시설의 설치 및 관리가 요구된다.

··· 06 ILM(Incremental Launching Method) 공법

1 개요

작업장에서 일정 길이의 Segment 제작 후 추진 잭으로 밀어 교량을 가설하는 공법으로, 선단부에 Nose를 설치해 처짐에 대응하고 방향을 잡는 방식이며, 압출마찰을 최소화하기 위해 Sliding Pad 설치가 필요한 공법이다.

2 ILM 공법의 특징

(1) 장점

① 제작장이 교대 후면에 위치하여 전천후 시공이 가능
② 하천, 계곡 등 하부 조건과 무관한 공법
③ 주행성 및 외관이 양호하며, 이음부가 적게 발생
④ 반복공정으로 경제적
⑤ 콘크리트 시공관리 용이

(2) 단점

① 직선, 동일 곡률 곡선에만 시공 가능
② 제작장 설치를 위한 부지 필요
③ 교장이 짧을 경우 비경제적

3 ILM 공법의 시공방법

(1) 제작장

① 크기 : Segment 길이의 2~3배
② Mould 기초(Steel Form 기초)
  • 지반변형 방지 위해 다짐 철저, 침하 방지
  • Base Plate 바닥면 허용오차 0.5cm 이내
  • Base Plate 종단구배 : 교량 종단구배와 동일 구배가 되도록 함
③ Temporary Pier 설치
④ Mould와 Jack 설치

⑤ 양생설비 시설

⑥ 제작장 가설건물, 천막 등 설치

(2) Nose 설치

① 철골 Truss 구조로 제작

② 선단부에 Jack 부착으로 처짐 양 조절

(3) Segment 제작

① Segment 길이는 Span의 절반 정도로 한다.

② 앞 Segment Web과 뒤 Segment 바닥 Slab를 동시 시공해 공기를 단축한다.

③ 작업장 거푸집은 반복 사용해야 하므로 조립·해체가 용이한 것으로 한다.

(4) 압출

① Lift Push 법

• 프랑스 Freyssine 사가 고안

• 역추진도 가능

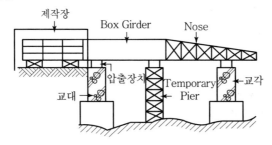

② Pulling 법

• 영국 Strong Hold 사가 고안

• Pulling Beam, Jack, Pulling Strand 구비

• 압출속도는 10cm/min/cycle

▣ Sliding Pad

(1) 위치

① Pier : Bearing 상부

② Lateral Girder : 측면에 1장씩

(2) 규격

① Neoprens Sheets, PTFE, 철판

② 크기 : 500mm × 500mm × 20mm

③ Silicon, Grease 등을 도포해 마찰력 5% 이하 유지

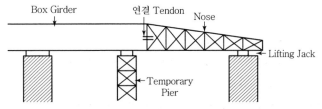

〈Temporapy Pier의 역할 도해〉

(3) 강재긴장

① Central Strand : 작업과정 중 사하중 및 작업하중에 저항한다.

② Continuity Tendon : Web에 위치, 전 교량 압출 완료 후 상부공 전체 긴장해 활하중에 저항한다.

(4) 교좌장치 영구고정

① 교각 위에서 Flat Jack으로 Girder를 들어올린 후 Temporary Shoe 제거

② Temporary Pier 위치에 영구교좌장치 설치

③ 교좌장치 설치 후 무수축 Mortar로 시공

5 ILM 공법의 시공 시 유의사항

(1) 제작장

① 지반 지지력 확보

② 제작장 주변 배수처리

③ Launching Jack 구배는 교량 종단구배와 동일

(2) 콘크리트 타설

① 철재 Mould는 Sand Blasting 후 방청처리

② PC 강선 부식 방지

③ Slump 10cm 미만 유지

④ 눈·비를 피할 수 있는 작업공간 확보

(3) 양생

① Cold Joint에 유의하며 서중에는 Pre-Cooling, Pipe-Cooling 양생, 한중에는 증기·가열양생 실시

② 초기 수화율 방지를 위해 거푸집은 충분히 물을 축여 습윤양생

③ 최대온도 60~70℃, 시간당 온도 상승 20℃ 유지

④ 온도강하 시 시간당 20℃ 유지

⑤ 증기양생 후 양생포로 덮어 직사광선 차단

⑥ 온도계 설치(외부 1개 이상, 내부 2개 이상)

(4) 강선 긴장

　① 설계기준강도의 최소 80% 이상일 때 긴장

　② 긴장 종료 후 강선 절단 시 연결구로부터 약 2~3cm 여유 남기고 절단

　③ 유압호스 및 Gauge 사전점검

　④ 콘크리트 면과 Jack 면이 평행 또는 일체가 되도록 긴장

　⑤ 대칭으로 긴장

〈PS 강선 압출〉　　　　　　　　　　〈PS 강선 긴장〉

6 압출

(1) Sliding Pad가 뒤집어지지 않도록 유지

(2) Sliding Pad가 기울어지면 콘크리트면이 Shoe 부분에 닿으므로 유의

(3) Sliding Pad에 Grease 도포로 마찰계수 최소화

(4) Lateral Guide 설치로 안정적 압출이 되도록 함

7 ILM 공법의 위험요인과 안전대책

(1) 위험요인

　① 추진코 철골상에서 작업 시 안전대 미착용

　② 슬래브 단부 안전난간 미설치

　③ 거푸집 설치 시 작업자 통행을 위한 작업발판 및 승하강 통로 미설치

　④ 긴장장치 후방 진입 금지 및 방호조치 미실시

　⑤ 제작장 내부 소화기 미비치

(2) 재해 발생원인

　① 인적 원인

　　안전모, 안전대 등 미착용 상태에서 추진코 철골상에서 작업 중 추락

② 물적 원인
- 그라우팅 재료에 안구 손상, 피부질환 발생
- 강봉 커팅 작업 시 강봉이 튀어 신체와 충돌

③ 작업방법
- 강선 인장작업 시 인장잭 실린더에 손가락 협착
- 내외부 거푸집 설치 시 거푸집 단부에 안전시설 미설치로 추락
- 작업통로, 작업발판 미확보로 전도, 추락
- 주두부에 안전 가시설 미설치로 추락

④ 기계장비
강선 인장 시 이상 긴장력, 강선 파단에 의한 PSC 강선의 튐에 의한 충돌

(3) 재해 예방대책

① 인적 원인
추진코 등 추락 위험 부위에서 작업 시 안전모, 안전대 등 개인 보호구 착용 철저

② 물적 원인
- 보안경, 분진마스크, 고무장갑 등 그라우팅 재료에 노출되지 않도록 보호구 착용
- 강봉 커팅 작업 전 강봉의 응력 제거

③ 작업방법
- 인장작업방법 및 순서 준수
- 거푸집 단부에 안전난간 설치
- 작업자 통행을 위한 작업발판 확보 및 승하강 통로 설치
- 주두부에 작업발판, 안전난간 설치

④ 기계장비
긴장장치 작업 전 점검 및 긴장장치 후방 진입 금지 또는 방호조치

8 결론

ILM 공법은 동일한 작업공정의 반복으로 시공성·경제성·안전성이 높은 공법으로, 마찰계수가 적은 Sliding Pad의 개발이 중요하며 다경간과 단면이 변화되는 교량 가설에도 이용될 수 있도록 연구개발이 필요하다.

··· 07 PSM(Precast Prestressed Segment Method) 공법

1 개요

프랑스 Freyssinet 사에서 개발한 공법으로 제작장에서 Segment 제작 후 현장으로 운반해 가설하는 공법으로 서울 강변북로 건설 등에 적용한 이후 현재 장대교 시공에 널리 사용되고 있는 공법이다.

2 PSM 공법의 특징

(1) 장점

① 하부구조와 상부구조의 동시작업이 가능해 공기가 단축된다.
② 현장에서는 조립·설치만 실시하므로 건설공해가 최소화된다.
③ 제작장에서 Segment를 제작하므로 품질이 우수하다.
④ 건조수축, Creep, Prestress 손실이 적다.
⑤ 선형에 무관하며, 곡선교에도 적용 가능한 공법이다.

(2) 단점

① 교 면적 2배 정도의 넓은 제작장 부지가 필요하다.
② 접합부분 관리에 고도의 정밀성이 요구된다.
③ 운반장비, 설치장비 등 대형 장비가 필요하다.
④ 초기투자비가 많이 든다.

3 Segment 가설방식

(1) Cantilever 식

① FCM 공법과 Precast 공법의 복합형
② 교각 좌우 균형을 유지하여 조립
③ 각종 장비로 가설
④ 가설오차 조정 후 현장타설 Closure Joint 시공
⑤ 곡선반경 10m까지 가능
⑥ 단면 변화에도 적용 가능

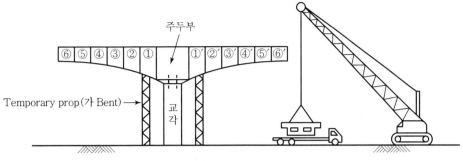

〈Canfilever식 조립순서〉

(2) Span by Span 식

① MSS 공법과 Precast 공법의 복합형

② 교각 사이에 Assembly Truss를 설치하여 하부이동식 또는 상부이동식으로 Segment를 운반해 거치한다.

③ 경간 전체 Seg를 Post-Tension 식으로 긴장하여 완성한다.

④ A/T 이동은 자동 Winch에 의해 자주식으로 이동한다.

⑤ Closure Joint는 교각의 가까운 곳에 설치한다.

⑥ **교장이 길 때 경제적 : 30~150m**

⑦ 이미 조립된 교량 상판 위로도 Segment 운반이 가능하다.

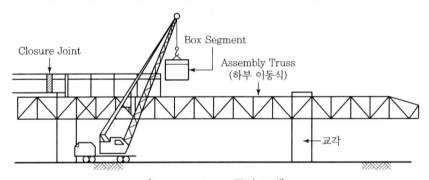

〈Span by Span 공법 도해〉

(3) 전진가설법

① Cantilever 식의 단점을 보완해 한쪽에서 반대쪽으로 전진하며 가설

② 교각 도달 즉시 영구 받침 후 다음 경간으로 전진

③ 일시적 지지를 위해 Bent 또는 사장교 System을 적용

④ 연속작업으로 이미 시공된 상판 위로 Segment 운반 가능

⑤ 불균형 Moment가 발생되지 않음

⑥ 첫 번째 경간 작업 시 동바리 시공 또는 임시 Bent를 시공

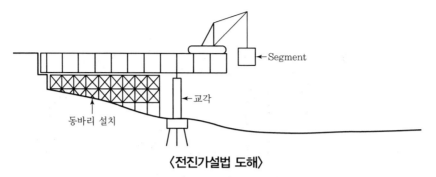

〈전진가설법 도해〉

❹ PSM 공법의 연결방식

(1) Wide Joint 방식

① 각 Seg를 개별 제작

② 연결부에 Dry Pack, Mortar, Grouting 등으로 가설

③ 연결 혹은 0.15~1.0m로 시공

④ 이음부 경과 후 Post-Tension으로 긴장 연결

⑤ 시공속도가 느린 점이 단점임

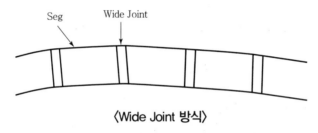

〈Wide Joint 방식〉

(2) Match Cast Joint 방식

① 완성된 Seg의 경화면에 접촉 제작

② 경화 후 2개의 Seg를 분리·운반·가설·접합해 일체화

③ Wet Joint는 Epoxy, Resin 등으로 접착

④ Dry Joint는 접착제를 사용하지 않음

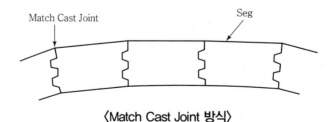

〈Match Cast Joint 방식〉

(3) 추후 현장 타설에 의한 Match 방식

① Wide식과 Match식의 장점을 결합한 방식

② 각 Seg를 제작한 후 다음 Seg 연결부를 지상에서 Wide 식으로 접착해 콘크리트 타설

③ Match식으로 접합 조절한다.

5 PSM 공법 시공 시 유의사항

(1) 거푸집 허용오차

① 복부폭 : 10mm 이내

② 상부 Slab : 10mm 이내

③ 하부 Slab : 10mm 이내

④ Segment 총 높이 : 5mm 또는 1/500

(2) Segment 취급

① 지지점 : 4점 지지

② 야적 : 수직방향 2층 이내

③ 인양 : 인양고리를 사전 매립 설치

(3) Segment 접합

① 중심축에 직각 방향으로 연결

② 연결부 표면은 Match식과 Wide식으로 연결

③ 접합부는 이물질 제거 후 접착제로 접착

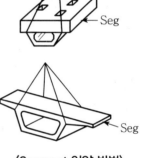

〈Segment 인양 방법〉

(4) Closure Joint

① 폭 100mm 이상

② 상부 Slab 두께 이상

③ Web 폭의 1/2 이상

(5) Tensioning

① Temporary, Continuity, Internal, External Tension 작용

② 콘크리트 강도 : 30~40MPa

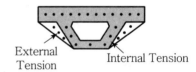

External Tension

Internal Tension

〈Tensioning 도해〉

6 결론

(1) PSM 공법은 주로 장대교량에 시공되는 공법으로 기계화 시공으로 표준화가 가능하여 공기가 단축됨은 물론 재해 방지에도 매우 효과적인 공법이다.

(2) 국내에도 PSM 공법에 의한 교량 시공이 활발해지고 있으므로 이 분야에 대한 보다 많은 연구 개발이 이루어져야 할 것이다.

⋯ 08 사장교(Cable Stayed Bridge)

1 개요

사장교는 주탑을 세우고 다수의 Cable에 Slab를 매달아 연결한 교량으로 좌굴에 대한 안전성과 곡률반경을 확보함으로써 주형의 높이와 휨강성을 낮춘 장대교량 건설공법 중 하나이다.

2 사장교의 특징

(1) 장점

① 지간에 대한 Girder 높이비가 낮다.
② 적은 수의 교각으로 장대교 시공이 가능하다.
③ 기하학적 외관으로 경관이 수려하다.
④ 활하중의 사하중에 대한 비가 낮다.

(2) 단점

① 설계·구조가 복잡하다.
② 주탑과 Cable 부식 방지 관리가 어렵다.
③ 가설 시 하중의 균형문제가 발생한다.

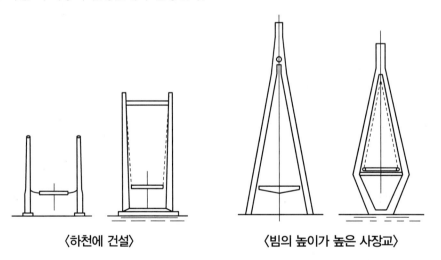

〈하천에 건설〉 　　　〈빔의 높이가 높은 사장교〉

③ 사장교의 구성요소

(1) 주탑

① 구조물 전체에 영향을 주는 근본적 요소로 미적인 측면과 경제적인 측면을 좌우하는 구조물

② Cable 경사의 최적 조건에 따라 결정되며 압축과 휨응력을 받게 되므로 대개 Con'c제가 많다.

(2) Deck Slab

① 재료 : Steel, 콘크리트, 복합 Girder

② 경제성 : 사용재료, 경간길이에 따라 450m까지는 콘크리트, 그 이상일 경우에는 Steel이 사용된다.

③ Stay Cable : 다수의 Stay Cable 시공으로 안정도 증가, 단면 감소로 자중 감소 효과가 있다.

〈국내 최초 비대칭 사장교인 한강 샛강다리〉

④ 사장교의 가설방법

(1) Staging Method

① Main Girder를 Jack으로 들어올려 Cable 설치

② Jack을 풀면서 Main Girder를 Cable로 지지

③ 가Bent 제거

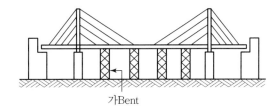

가Bent

(2) Push Out Method

① 교량 Deck를 교대 후방에서 제작

② Roller 또는 Sliding Pad를 이용해 압출시켜 설치

③ 양쪽 교대에서 중앙으로 또는 반대쪽으로 밀어 냄

④ FCM 공법 적용이 불가능할 경우 경제성 고려해 적용

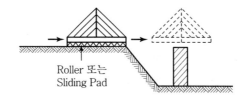

Roller 또는
Sliding Pad

(3) Cantilever Method

① 사장교에 FCM 공법을 적용한 공법

② Unbalance Moment에 대비해 Stay Cable, 주두부 고정 Bar, Sand Jack 설치

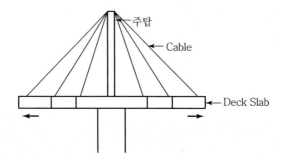

주탑
Cable
Deck Slab

5 Cable 주탑 고정방법

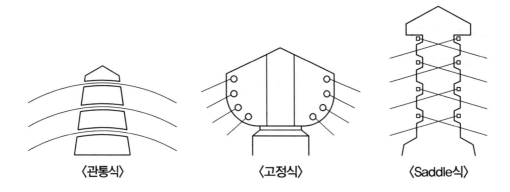

〈관통식〉　　　〈고정식〉　　　〈Saddle식〉

6 결론

사장교는 일반 교량과는 구조가 전혀 다른 교량으로 장대교량에 적합한 형식이다. 특히 PC 사장교는 경제성과 기하학적 외관으로 향후 발전 가능성이 큰 공법 중 하나이다.

··· 09 강교의 가설공법

1 개요

강교 상부구조의 가설공법 선정 시에는 가설지점의 수심, 하상토질, 지형, 유세, 교량길이, 경간 장 등을 고려해야 하며 지지방식에 의해 동바리공법, 압출공법, 가설 Truss 공법, 캔틸레버 공법 으로 분류한다.

2 강교의 가설공법 분류

(1) 지지방식에 의한 분류

① Girder 하부 지지
- Bent 공법
- 가설 Girder 공법

② Girder 상부 지지
- Cabler 공법
- 가설 Girder 공법

③ 교체지지
- 압축공법(ILM)
- Cantilever 공법(FCM)

④ 대형 Block 공법
- Floating Crane 공법
- Lift Up 공법

(2) 운반방법에 의한 분류

① 자주식 Crane 이용
② 철탑 Crane 설치 : Cable Erection
③ Barge 이용 : Floating Crane, Barge
④ Rail 설치 : Traveller Crane

❸ 강교의 가설공법별 특징

(1) 동바리공법(Bent)

① 개요

교체를 직접 지상에서 지지하면서 가설·조립하는 공법으로서 Bent로 지상에서 상부구조물을 지지한다.

② 특징

- 교각 사이에 Bent를 세워 교체를 지지하며 가설 조립하는 공법
- 기초형식은 지반의 지지력에 의해 결정된다.
- Full Staging 공법에 비해서는 비계 수가 적음
- Bent 하부 기초가 필요

〈강교의 Bent〉

③ 시공 시 유의사항

- 가설구조를 고려한 Camber 설정
- 기초지반 내력, Bent 구조 확인

(2) Cable 공법

① 개요

교량의 구조상 지형이 깊은 계곡이나 하천, 해상 등 Bent 시공이 어려운 경우에 적용하는 공법

② 특징

- 철탑 후방에 Crane, Rope, Anchor Block 설치
- 운반과 조립용 별도 Cable Crane 필요
- 가설구조물 설치시간이 많이 소요되므로 비경제적

③ 시공 시 유의사항

- Rope 지지용 Anchor Block 콘크리트 지지력 확인
- 부재 운반용 Cable 강도 및 장력 확인
- 철탑 좌우 측 대칭 시공

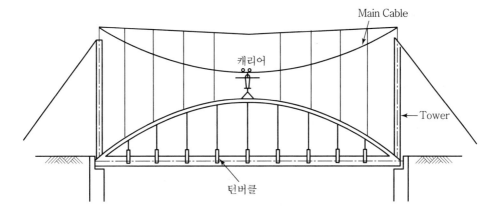

ⓒ 캐리어
Main Cable
Tower
턴버클

(3) 가설 Girder 공법

① 개요

상부구조물의 상부에 가설 Girder와 Trolly를 설치해 상부구조물을 매달아 올려 가설하는 공법

② 특징

- 곡선교 설치에 유리
- Bent 시공이 곤란한 하천이나 교통 영향이 많은 장소에 적용
- 가설 Girder 길이는 보통 55m, Trolly 인상은 30t까지 가능

③ 시공 시 유의사항

- Girder의 강성과 내력 검토
- 작업 중 Camber 관리 고려한 Over Load 검토

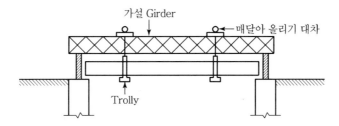

가설 Girder
매달아 올리기 대차
Trolly

(4) 압출공법(ILM)

① 개요

가설할 교체 후방에서 조립해 교각, 교대까지 유압 Jack으로 압출해 가설하는 공법

② 특징

- Bent 설치가 불가능한 경우
- Launching Nose에 의해 국부 휨능력에 대응
- 교대 후방 부재 조립공간 필요
- 교각이 높은 경우 적용

③ 시공 시 유의사항

- 교체를 고려하여 각 지점부 높이와 Nose 연결각도 결정
- 압출 시 최대 반력에 대해 용접강도, 국부좌굴, 안전성 검토
- 가설 Roller의 마찰계수 최소화

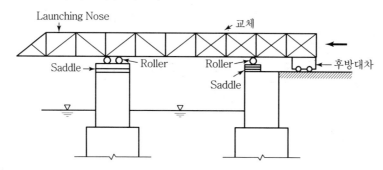

(5) Cantilever 공법(FCM)

① 개요

교체 내력을 이용해 교체자중을 지지하면서 교각 위에서 양쪽 방향으로 가설 조립하는 공법

② 특징

- 교각 높이가 높고 교장이 길 때 경제적
- 깊은 계곡 등 Bent 설치가 어려운 장소에 적용

③ 시공 시 유의사항

- 지진이나 돌풍, 태풍 등 안전성에 주의해야 하며, 내민 길이가 긴 경우 적당한 곳에 Bent 설비로 지지하는 것이 안전함
- 온도 차로 인한 Camber와 휨 양의 조사 및 조정장치의 준비가 필요

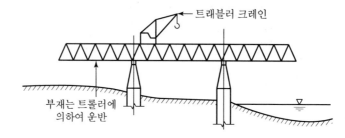

(6) Lift-Up 공법

① 개요

지상에서 교체 Truss를 제작한 후 Barge선에 의해 현장에 운반되어 Barge에 장치되어 있는 유압식 달아올리기 장치에 의해 가설하는 공법

② 특징

- Floating Crance의 제작을 해소

- 가이드 타워, 유압 Jack 등의 장치가 필요
- 현장작업 최소화됨

③ 시공 시 유의사항
- 유압 Jack 용량의 적성성 사전 검토
- 바지선 규모의 적정성 여부 검토
- 가이드타워의 균형 유지

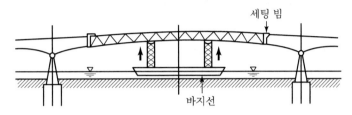

세팅 빔

바지선

(7) Floating Crane 공법

① 개요

지상에서 교체를 제작해 Barge 선에 의해 현장으로 운반해 Floting Crane으로 가설하는 공법

② 특징
- 공기단축
- 현장작업 최소화
- 대수심 필요
- Crane에 의한 운반·조립 복잡

③ 시공 시 유의사항
- 대형 Block 양중 시 구조검토 필요
- Floating Crane 요동 방지 위한 고정설비 필요
- Barge 지점 국부적인 좌굴검토 필요

4 결론

강교는 강재의 작업편리성에서 기인하는 충돌, 협착 및 녹막이칠 작업 시 보건상의 재해가 발생될 수 있으므로 사전에 위험성 평가를 통해 안전관리 체계를 갖춘 후 작업에 임해야 한다.

··· 10 강교시공 시 위험요인과 안전대책

1 시공단계별 안전대책

(1) 부재 반입

① 화물 하역작업 전 화물의 적재상태 및 고정상태
② 인양작업 시 유도로프 또는 보조기구의 사용
③ 인양물 회전반경 밖에 근로자가 위치
④ 인양물 적재 지반 지지력 및 평탄성 확인
⑤ 신호수 배치 및 장비 작업반경 내 출입금지 조치

(2) 부재 운반 및 인양

① 차량 후진 시 유도자의 유도에 의한 작업
② 인양용 와이어로프의 상태 점검
③ 인양방법, 순서, 신호체계 등 인양작업 전반에 대한 계획 검토
④ 차량 운반 전 주행로를 사전에 점검하고 제한속도 유지
⑤ 작업장 내 지반 지지력 검토
⑥ 크레인 방호장치 부착 및 작동 유효

(3) 부재 조립

① 고소작업 시 안전대 착용
② 작업 시 유도자 배치 상태에서의 작업
③ 거더 하부에 낙하물 방지망을 안전하게 설치
④ 달대비계의 구조적 적합성
⑤ 강부재 내부 작업 시 환기조치

(4) 강교 슬래브 시공

① 조립철근 상부에 안전한 통로 설치
② 작업대 안전난간 설치기준 준수
③ 데크 플레이트는 조립순서에 맞춰 순차적으로 조립하고 미고정 데크플레이트에는 위험표지 부착
④ 펌프카 타설 시 타설위치 및 붐대의 적정 각도 사전 검토
⑤ 과하중 방지조치 및 고정점 보강조치

2 재해 발생원인

(1) 부재 반입

① 인적 원인
- 적재함에서 무리하게 인양작업 중 적재함 단부에서 추락
- 인양물을 내려놓다 인양물에 협착

② 물적 원인
- 인양물을 받침목 위에 내려놓다 지반침하로 인양물 도괴
- 강부재 받침목 준비 미흡에 의한 적치 불량으로 붕괴

③ 작업방법
- 인양용 와이어로프를 1줄걸이 또는 한 방향으로 2개를 사용해 인양 중 낙하
- 크레인이나 운반차량 작업반경 내 근로자 출입에 의한 충돌
- 강부재 인양 하역 중 받침 불량, 편심 등에 의한 화물 유동
- 슬링로프로 인양작업 중 슬링로프 걸림에 의한 회전으로 충돌

④ 기계장비
- 크레인 인양작업 중 강부재 하중에 의한 도괴
- 운반차량 브레이크 고정 불량에 의한 유동으로 충돌

3 재해 예방대책

(1) 부재 반입

① 인적 원인
- 적재함에서 인양작업 시 안전수칙 준수 및 개인보호구 착용
- 유도자 및 근로자 위치는 양중 근로자 시야에 위치

② 물적 원인
- 화물 인양작업 전 화물 적재장소의 견고성 확인
- 자재 하역 전 하역장소의 평탄성 확인
- 받침목 설치 상태 확인

③ 작업방법
- 와이어로프를 2줄걸이로 결속하고 지그의 이물질을 제거하여 부착력 유지관리
- 인양기구 일단정지 확인 후 인양하고 인양물 회전반경 밖에서 인양작업
- 인양물 하역 전 일단정지 후 인양물 받침 상태 등 확인
- 강부재 적재 시 슬링벨트의 물림이나 후크가 부재 틈에 걸리지 않도록 받침목의 위치와 높이를 고려해 선정
- 유도자 배치 및 작업반경 내 출입금지 조치 실시

④ 기계장비
  • 크레인 인양하중 조견표에 따라 적정 중량 인양
  • 운반차량 사이드 브레이크 확인 및 비탈면에서 바퀴에 구름 방지용 쐐기 설치

(2) 부재 조립

① 인적 원인
  • 강재 거치 유도 시 유도로프 및 보조기구 사용, 고소작업 시 안전대 착용
  • 거더 상부에 안전대 걸이 설치 및 안전대 착용 후 거더 단부에 안전난간 설치

② 작업방법
  • 작업장 주위 조명등 설치 및 휴대용 조명기구 지급
  • 강교 거더 간 이동통로 및 안전난간 설치
  • 전도 방지용 와이어로프 또는 용접철근의 적정 개소 설정 및 작업 철저
  • 달대비계는 견고하게 설치하며 작업발판 및 안전난간 설치
  • 유도자 배치 및 장비 작업반경 내 출입금지 조치

··· 11 강교 가조립 순서와 안전대책

1 개요

강교 가설공법에는 지지방식과 운반방식이 있으며, 가설공법은 가설지점의 지형과 현장조건, 교량구조형식, 안전성을 고려해 선정해야 한다. 특히, 강교 설치 전에 공장에서 미리 선조립하여 현장에서 발생될 수 있는 문제점을 사전에 해결하기 위한 가조립의 관리가 안전한 시공의 중요한 요건이 된다.

2 가조립 순서

(1) 원칙

1경간 이상, 제품은 무응력 상태

(2) 목적

치수검사, Camber 조정, 거치 시 문제점의 사전 파악

(3) 순서

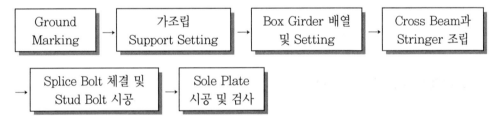

3 가설공법의 종류

구분	가설공법	조건
지지방식	벤트식 공법, 가설거더공법	교량거더 하부에서 지지하는 방식
	가설거더공법	교량거더 위쪽에서 지지하는 방식
	밀어내기공법, 캔틸레버공법	교량 자체로 지지
	대블럭공법	교량거더의 지지가 필요하지 않은 방식
현장 내 운반방식	자주 크레인	가설하는 지점 아래까지 자주크레인이 진입 가능한 경우
	케이블 크레인	자주 크레인은 사용 불가능하나, 철탑·앵커 등을 설치할 수 있는 경우
	플로팅 크레인	해상, 수상에서 선박이 진입할 수 있는 경우
	트레블러 크레인, 문형 크레인	거더, 주브레이싱 및 지상에 궤도를 설치할 수 있는 경우
	대차, 끼워넣기 설비	기타 병용방법을 사용할 경우

4 가조립 시 안전대책

(1) 교각의 위치는 실체와 일치하도록 할 것

(2) Camber는 Total Camber를 적용하고 Level 검사를 철저히 할 것

(3) 횡단면상 편구배는 도면과 일치하는지 여부를 확인할 것

(4) 볼트 체결은 정확한 토크값으로 조립할 것

(5) 신축이음장치 및 교좌장치를 고려할 것

(6) 현장이음부와 연결부는 볼트 구멍 수의 30% 이상 볼트 및 드리프트 핀을 사용할 것

(7) 검사시기는 태양열에 의한 변형을 고려해 일출이나 일몰 30분 전에 실시할 것

5 재해예방을 위한 부재조립 시 안전대책

(1) 강재거치 유도 시 유도로프 및 보조기구 사용

(2) 고소작업 시 안전대 착용

(3) 조립작업 시 유도자 배치

(4) 거더 단부에 안전대 걸이 로프나 안전난간 설치

(5) 강부재 내부 작업 시 환기조치

(6) 거더 조립 시 전도 방지 조치

(7) 거더 사이에 작업통로 설치

(8) 거더 하부에 낙하물방지망을 안전하게 설치

6 강교 슬래브 시공 시 안전대책

(1) 철근 등 작업 후 잔재물에 대한 처리계획 수립

(2) 조립철근 상부에 안전한 통로 설치

(3) 데크 플레이트는 조립순서에 맞춰 순차적으로 조립하고 미고정 데크플레이트에 위험표지 부착

(4) 과하중 방지조치 및 고정점 보강조치

(5) 펌프카 타설 시 타설위치 및 붐대의 적정 각도 사전 검토

(6) 차량 통행구간 하부에 낙하물 방호설비 설치

(7) 데크플레이트 조립 장소에 개구부 발생 시 안전난간 설치

7 결론

강교는 자재 절단, 드릴작업, 벤딩, 조립, 용접, 가조립, 도장, 현장가설 등의 작업공정이 매우 복잡하며, 특히 가조립의 관리가 재해 예방과 시공관리에서 가장 중요한 사안이 되므로 이에 대한 철저한 관리가 요구된다.

··· 12 교대의 측방유동 원인 및 방지대책

1 개요

교대의 수평이동이나 단차, 경사 등의 발생은 교대 하부 연약지반의 전단파괴에 의한 수평활동에 기인한다. 교대는 재료 특성이 다른 교량과 토공의 경계 위치에 설치된다는 점을 감안해 측방유동을 방지하기 위해서는 연약지반 위 성토 재하중과 연약지반 임의점 배수전단강도 등의 면밀한 검토 및 관리가 필요하다.

2 교대 측방유동 판정방법

(1) 측방이동 수정판정지수에 의한 판정(한국도로공사)
(2) 원호활동 안전율에 의한 판정(Terzaghi 공식 적용)

3 측방유동으로 인한 문제발생 유형

(1) Shoe 파손 및 낙교
(2) 배면의 침하
(3) 단차
(4) 기초의 파손

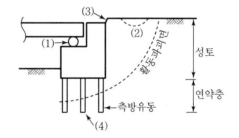

4 측방유동의 원인

(1) 교대배면 성토재 과대중량 또는 편재하중

① 교대배면에 필요 이상의 과다성토에 의한 침하 발생
② 성토재 과대중량으로 교량 상부 거더와 접속 Slab 간 이격거리가 멀어짐

(2) 기초처리 불량

① 연약층 전단강도가 기준에 못 미치는 경우
② 상부하중과 배면토압 등을 고려한 기초처리가 미흡한 경우

(3) 지반의 이상변형

연약지반의 두께가 두꺼운 경우 성토하중과 교대자중, 상부의 작용하중에 의한 지반의 이상변형 발생

(4) 부등침하

① 기초기반 불균질화로 교대 기초 부위에 부등침하가 발생할 경우

② 교대 하부의 세굴현상과 기초 구조물이 침식될 경우

(5) 축방향하중 및 하천수

① 교대배면 토압 또는 외력이 축방향으로 작용해 측방하중이 과대해질 경우

② 하천수의 흐름으로 교대가 이상응력을 받게 될 경우

5 측방유동의 방지대책

(1) EPS 공법

① 교대배면에 발포 스티로폼 등의 재료를 사용해 교대배면 토압을 경감시키는 공법

② 초경량성, 자립성, 차수성의 장점을 지닌 재료를 사용하는 연약지반의 하중 경감 대책공법

(2) Culvert 공법

① 편재하중을 경감시키는 공법으로 뒤채움 성토구간에 연속 Culvert Box를 설치하는 공법

② 편재하중 경감효과가 매우 우수한 공법

(3) Pipe 매설공법

① 교대배면에 퓸관, PSC관 등의 매입으로 뒤채움부 편재하중을 경감시키는 공법

② 효과는 매우 좋으나, 다짐방법 및 뒤채움재 재료 선택에 유의해야 함

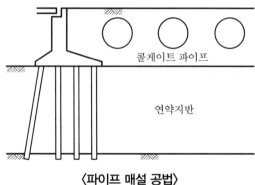

〈파이프 매설 공법〉

(4) 성토지지말뚝 공법

① 상부 슬래브 위에 성토를 실시함으로써 성토하중을 말뚝을 통해 직접 지지층에 전달시키는 공법

② 배면성토의 종단방향 활동 방지에 효과적인 공법으로 교대배면 침하를 방지해 구조물과 성토지반 사이 단차 방지에 매우 유효함

(5) Approach Cushion 공법

① 침하가 예상되는 연약지반상에 성토와 구조물 접속부, 부등침하에 적응 가능한 단순지지 Slab를 설치해 성토부와 구조물의 침하량 차에 의한 단차를 완화시키는 공법

② 교대가 설치될 위치에 교각을 시공하고 성토상 기초가 없는 소형 교대를 시공해 소형 교량을 추가로 가설하는 공법

(6) 기타 공법

① 슬래그 뒤채움 공법

② 압성토공법

③ Preloading 공법

④ Sand Compaction 공법

6 결론

(1) 연약지반에 시공되는 교대는 측방유동에 의한 파손이나 배면의 단차 발생으로 주행성 저하 및 불만심리를 유발한다.

(2) 측방유동이 심한 경우 교량 상판의 낙교 등의 재해가 발생할 수 있으므로 적절한 대책의 수립과 교량 등급에 따른 점검 및 진단이 이루어져야 한다.

··· 13 교량의 받침(Bearing)

1 개요

교량의 받침은 Shoe 또는 지승이라고도 하며 교량상부구조의 온도변화, 건조수축, Creep 등으로 인한 신축현상 발생에 대처하고 교량단부가 전후로 원활하게 활동할 수 있도록 하기 위해 설치한 것으로 상부 하중에 작용하는 하중을 하부구조로 전달하도록 해야 한다.

2 교량받침 선정 시 고려사항

(1) 수직하중 및 수평하중

(2) 이동량, 회전량 및 이동방향

(3) 마찰계수

(4) 지점에서의 소요 받침 수

(5) 교량의 총 연장

(6) 상하부구조의 형식과 길이

(7) 부반력의 발생 여부

(8) 유지관리 편리성

3 받침의 종류

(1) 구조형식

① 가동받침(Expansion Joint) : 지압 및 이동 기능 – Roller

- Sliding Type
- Rocker Type
- Roller Type

② 고정받침(Fixed Type) : 지압 및 회전 기능 – Hinge

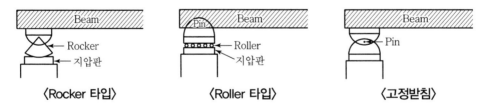

〈Rocker 타입〉　　　　　〈Roller 타입〉　　　　　〈고정받침〉

(2) 재료의 종류

① 강제받침

② 고무받침

4 받침 종류별 특징

(1) Sliding Type

① 단경간 교량에 유리

② Expanxion Plate와 Elastomeric Pad형이 있음

③ Elastromeric Pad형은 설치비용은 저렴하나 유지관리비는 증대하는 특징이 있음

(2) Rocker Type

① 장경간에서 중량하중이 작용할 때 유리

② 지압판과 Rocker 사이는 선접촉에 의한 이동

③ 신장과 수축은 Rocker의 곡면상 회전에 의해 흡수

(3) Roller Type

① 큰 상부하중이 작용할 때 유리

② Roller가 달린 받침으로 Rocker Type의 단점을 개선

③ Roller의 원활한 활동을 위해 양호한 청소 필요

(4) 고정받침

① 하중 작용 시 교대단부는 이동되지 않고 회전만 가능

② 경간이 긴 곳에서는 처짐 고려 시공

5 교량받침의 파손 발생원인

(1) 고정받침

① 고정핀 손상

• 상부하중 지지핀의 마모, 변형, 손상

• 고정핀 이탈

② 앵커볼트 손상

• 매립된 앵커볼트의 풀림

• 손상된 앵커볼트 시공

③ 회전장치 마모

• 부식으로 인한 기능 저하

• 회전장치 핀, 플레이트 등 장치의 마모, 파손

④ 구조물과 받침의 접합부

콘크리트 구조물 균열, 파손

(2) 가동받침

① 교좌 설계 오류

② 교좌장치 마모

③ 신축량 산정 오류

- 신축량 부족으로 인한 교좌의 손상
- 신축한계 및 수축한계 산정 오류

④ Roller 파손

- 교좌장치 상하부 구조의 파손
- 부식, 이물질 혼입

6 교량받침 파손 방지대책

(1) 교좌의 적정 배치

(2) 방식 및 방청 처리

(3) 받침 고정 시 정확도 관리

(4) 양호한 배수처리

(5) 고무받침의 콘크리트 압축강도 24MPa 이상 관리

(6) 앵커볼트 매립 시 무수축성 모르타르 시공

(7) 이동제한장치 설치

7 결론

교량 받침은 상판에서 발생하는 하중을 하부로 전달하는 장치로 온도 및 탄성에 의한 변화에도 자유롭게 작동되어야 하므로 유지관리에 만전을 기해야 한다.

··· 14 내진설계 방법

1 내진설계 구조요소

(1) 라멘구조
기둥과 보의 접합으로 수평력에 저항하는 구조

(2) 내력벽
라멘의 연성효과로 연직하중을 부담해 휨방향 변형을 억제시키는 구조

(3) 튜브구조
구조물 외곽의 일체화로 내력벽의 휨변형을 감소시키는 구조

2 설계방법

(1) 강도지향형
① 높은 강도로 저항하게 하는 방법
② 내력벽, 가새, 버팀보, 고강도 콘크리트타설 등에 의한 방법

(2) 연성지향형
① 지진에너지를 흡수, 유도하는 변형능력으로 에너지를 흡수하는 방법
② 기둥의 철판부착, 용접철망부착 방법 등

(3) 혼합형
강도지향형 + 연성지향형

3 내진설계 기준

(1) P파 대비 기준
① 지진 발생 시 최초로 발생되는 지진파로 진폭이 짧고 주기가 긴 파형
② 기초저면 확대 및 깊이 증대

(2) S파 대비 기준
① 2차적으로 발생되는 파형으로 P파보다 주기가 길고 수평진동에 의한 피해 발생
② 기초저면 확대 및 진동상쇄 구조로 대응

4 내진설계 시 유의사항

(1) 편심 최소화 : 기둥, 내력벽, 가새 등의 균형 배치

(2) 상하층 간 강성 증대 : 강성 증대로 변위 및 구조적 취약성 보강

(3) 기초저면 및 지하구조 확대

(4) 기초침하 방지

(5) 암반부까지의 기초 확대

(6) 수평재의 변형이 선행되도록 설계

(7) 전단벽 설치로 강성 증대

5 내진 구조재료의 조건

(1) 에너지 분산이 용이하고, 연성이 좋을 것

(2) 지진 발생 시 강도 저하가 적고, 가볍고 강할 것

(3) 재료분리가 발생되지 않을 것

(4) 균일한 밀도를 가질 것

1 개요

신축이음장치는 교량 상부구조의 온도변화에 의한 수축·팽창 및 콘크리트의 Creep, 건조수축 및 활하중에 의한 교량의 이동·회전 등의 변화에 대해 차량의 교면 주행에 지장이 없도록 설치한 장치로 교면의 물과 오물 등이 교량 하부구조로 흘러 들어가는 것을 차단하는 기능과 콘크리트 부식 방지를 위한 기능을 겸비해야 한다.

2 신축이음장치의 구비조건

(1) 교량의 신축 및 처짐에 대응하는 구조일 것
(2) 강성이 충분하고 내구성이 양호할 것
(3) 주행성이 좋고 소음 발생이 없을 것
(4) 방수성, 배수성이 양호할 것
(5) 시공과 유지관리에 용이할 것

3 신축이음장치 재료의 종류 및 특성

(1) 고무계

① 수밀성이 우수하고 방수·방음 효과 양호
② 주행성 양호
③ 강재에 비해 내구성 불리

(2) 강재계

① 내구성 우수
② 중량이 무겁고, 시공성 및 유지관리 불리
③ 주행성 불리

4 줄눈방식의 분류

(1) 맞댐방식

줄눈간격 50mm 미만에 적용

(2) 맹줄눈 Sealing 방식

교면에 맹줄눈을 설치하고 신축줄눈은 고무 아스팔트 재료를 Sealing하는 방식

(3) 줄눈판방식

① 신축줄눈 사이에 줄눈판을 끼우는 형식

② 줄눈판재는 Asphalt 섬유질이나 Cork를 사용

(4) 맞댄고무 Joint 방식

⑤ 지지방식

신축량 50mm 이상에 적용

(1) 지지형 고무 Joint 방식

① 신축량이 큰 고무재와 내구성이 큰 강재를 조합한 형식

② 하중을 유간에서 지지

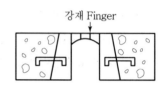

(2) 강재 Finger Joint 방식

① 강재 Finger 형태로 맞대어 하중에 견딜 수 있는 구조로 설치한 형식

② 강재 중량이 교량의 상부하중으로 작용하는 것을 고려하여 설치

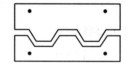

(3) 강재겹침 Joint 방식

① Checkered 강재 Plate에 의한 겹침 방식

② 교장 30m 이내의 교량에 적합

(4) 강재고무 혼합 Joint 방식

① 교통하중을 받는 기능은 강재가 하고 신축의 기능은 고무재가 하도록 한 구조 형식

② 교통하중이 크고 신축량이 큰 교량에 적용

⑥ 설치 시 온도기준

(1) 봄·가을 : 15℃

(2) 여름 : 25℃

(3) 겨울 : 5℃

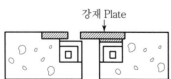
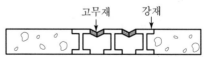

··· 16 Preflex Beam

1 개요

(1) Camber가 주어진 상태로 제작된 Steel Beam에 미리 설계하중을 부여한 후 Flange 둘레에 콘크리트를 타설해 합성 Beam을 제작하는 공법

(2) 콘크리트에 도입된 압축응력을 최대한 활용할 수 있고 Steel Beam 제작 후 미리 설계하중을 부여함으로써 Steel Beam 안전도 검사를 미리 할 수 있는 이점이 있다.

2 Preflex Beam 제작순서

(1) H – Beam 또는 I – Beam 강재를 Camber가 주어진 상태로 제작

(2) Preflexion 상태의 Beam에 설계하중을 가함

(3) 하중을 가한 상태에서 하부 Flange 둘레에 고강도 콘크리트를 타설한 후 양생

(4) 설계하중을 제거하면 하부 콘크리트에는 Pre – compression이 도입됨

(5) PC 부재가 완성되면 현장에 거치한 후 Slab 콘크리트를 타설하고 마감

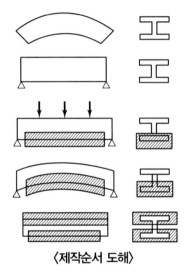

〈제작순서 도해〉

3 Preflex Beam 특징

(1) 장점

① 큰 활하중을 받는 철도교 등에 유리

② 생산과정에서 자동적으로 설계하중이 시험되므로 안전성에 유리

③ 공장 제작이므로 품질 확보가 용이하고 공기가 단축됨

④ 유지보수비 절감

⑤ Steel과 콘크리트의 특성이 합리적으로 조합된 형식

(2) 단점

① 제작비 고가

② 운반·설치 시 취급 및 관리가 어려움

４ Preflex Beam의 적용성

(1) 교하의 장애물 구간 적용에 유리
(2) 지간장 30~50m 정도에 적용
(3) 큰 활하중을 받는 철도교에 적용

５ Preflex Beam 시공 시 유의사항

(1) 횡지지 장치 : 최소 5개소 이상
(2) 재하 : 필요 하중보다 큰 용량의 Jack을 사용하여 천천히 재하
(3) 하중속도 : 5ton/min 정도
(4) 재하단계 : 1차 재하 후 Release한 후 2차 재하
(5) 긴결 : 2차 재하 후 강형 양단을 볼트 2개씩으로 긴결
(6) 콘크리트 타설 및 양생 : PS 콘크리트와 동일하게 시공

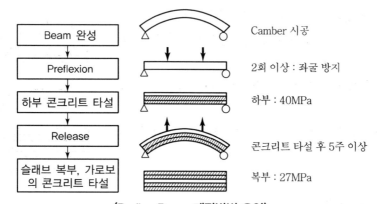

〈Preflex Beam 제작방법 요약〉

６ 결론

Preflex Beam 제작 시에는 정확한 하중재하 지점의 선정, 하부 Flange의 PS 도입작업, PS 강선의 응력 이완에 대비한 조치가 신속하게 이루어질 수 있도록 해야 한다.

··· 17 교각의 세굴 발생원인 및 방지대책

1 개요

(1) 교량의 교각은 하천에 시공된 교량의 하부 구조로서 항상 하천수와 접하고 있어 세굴 등 안전성에 문제가 발생할 수 있다.

(2) 세굴현상은 교각의 안전성을 저해하므로 교량의 유지관리 차원에서 세굴 발생을 방지하는 것이 중요하다.

2 교각의 단면도

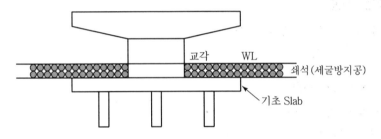

3 세굴의 발생원인

(1) 홍수 발생   (2) 유로 변경

(3) 공동현상   (4) 유속 증대

4 세굴의 방지대책

(1) Steel Sheet Pile 시공

    ① 교각 주위에 확대기초 외곽으로 Sheet Pile 타입

    ② 교각기초 세굴 억제

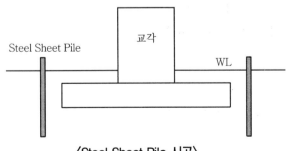

〈Steel Sheet Pile 시공〉

(2) 세굴 방지 블록의 설치

① 교각 주위에 세굴 방지용 블록의 설치

② 하천수의 와류가 큰 곳은 넓게 시공

(3) 수제의 설치

① 하천수의 흐름을 제어하는 구조물 설치

② 사석수제, 돌망태수제, 말뚝수제, 블록수제 등

(4) 하상정리

① 홍수에 대비한 하상 정리

② 교각 주위의 심한 세굴작용 억제책 강구

(5) 깊은기초 시공

① 현장타설 콘크리트 말뚝 시공

② 케이슨 기초 시공

(6) Under Pinning 시공

① 지반보강 Grouting

② 시멘트 지반주입

③ 교각 기초 보강

(7) 세굴방지석 설치

① 교각 주위 쇄석 부설

② 하천수의 흐름에 방해되지 않도록 사석 크기 조정

(8) 유로의 전환

① 높은 유속의 하천수를 전환시켜 유속의 감속 유도

② 교각 위치에서 국부적인 흐름 제어

(9) 하상 라이닝 시공

① 교대 주변 하상 콘크리트 타설

② 하상 세굴방지용 콘크리트 라이닝 시공

(10) MAT 시공

① 토목섬유 등을 이용하여 기초부에 MAT 시공

② MAT 시공 후 누름 사석 및 Block 설치

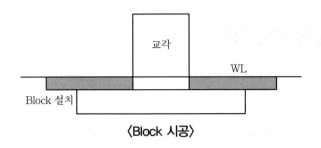

〈Block 시공〉

5 세굴 발생 시 조치사항

(1) 교각 안전진단 실시

(2) 하천유로 변경

(3) 세굴 발생원인 정밀조사

(4) 교각 기초 보강

(5) Under Pinning 실시

6 결론

(1) 하천상의 교량기초는 하천수의 유속 및 유량 등에 의해 여러 형태로 손상을 입게 되어 교량의 안전성에 중대한 영향을 미친다.

(2) 세굴 발생 시에는 안전진단을 실시해 정확한 진단과 보수·보강으로 안전성이 확보되도록 한다.

··· 18 교량의 영구계측

1 개요

(1) '교량의 영구계측 System'이란 교량의 유지관리의 핵심적인 요소로, 교량의 주요 부분에 영구적인 계측센서를 부착하여 이로부터 다양한 정보를 제공받아 유지관리의 중요한 자료들을 확보하고자 설치하는 System을 말한다.

(2) 교량의 완공 이후 체계적인 유지관리가 이루어지지 않을 경우 통행 안전성이 저하하고 내구연한이 단축되므로, 영구계측 System에서 산출된 자료를 분석해 내구성이 확보되도록 한다.

2 교량의 영구계측 시스템 구축 목적

(1) 구조물의 유지관리 정보 제공

(2) 통행 안전성 확보 및 원활한 차량통행

교량에 이상 변형 발생 시 경보 System 소통 등으로 차량 및 보행자의 안전 보장

(3) 정보제공 및 자료축적

3 주요 계측사항

(1) 지진
(2) 풍향, 풍속
(3) 가속도
(4) 처짐

4 교량의 계측기기 종류 및 설치위치

(1) 지진계

① 지진 발생 시 지진의 크기 및 파형을 지속적으로 감시하여 기준치 초과 시 경보를 발생하여 통행의 안전성 확보
② 기초 상단에 설치

(2) 풍향·풍속계(프로펠러형 : 층류 측정, 초음파형 : 난류 측정)

① 풍하중의 크기 결정
② 사장교·현수교의 주탑, 중앙부에 설치

(3) 가속도계

① 풍향 및 진동에 의해 발생되는 동역학적 특성 파악

② 사장교의 주탑·Cable·주형(Deck Slab), 각 교량의 경간 및 중앙부에 설치

(4) 변위계

① 교량의 수평·수직 처짐을 측정

② 사장교의 주형(Deck Slab), 각 교량의 경간 및 중앙부에 설치

(5) 온도계

① 온도변화에 따른 구조물의 거동 및 영향 파악

② 사장교의 주형(Deck Slab)·Cable, 각 교량의 경간 중앙 및 지점부에 설치

(6) Cable 장력계

① 시공 중 또는 완료 후 Cable의 장력을 측정하여 구조해석, 온도변화·시간에 따른 거동 상태 측정

② 사장교 각각의 Cable

(7) 반력측정계

① 지점을 통하여 전달되는 사하중·활하중의 분포 및 부반력 발생 여부를 검토

② 각 교량의 교좌장치

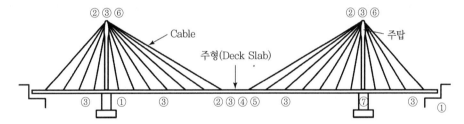

범례 : ① 지진계, ② 풍향 풍속계·온도계, ③ 가속도계, ④ 변위계, ⑤ 온도계, ⑥ Cable 장력계, ⑦ 반력측정계

〈사장교의 계측기기 배치도〉

5 결론

교량의 계측관리는 안전하고 경제적인 시공 및 유지관리와 향후 설계·시공 시 계측 결과의 Feedback을 위해 실시하는 것으로 계측 시에는 관리기준 단계별로 설정한 계측치 조건의 준수가 중요하다.

··· 19 교량의 안전성 평가

1 개요

교량에 적용하는 외적 하중인 차량하중의 증가는 교량의 손상을 초래하는 가장 큰 요인으로, 중차량 및 교통량의 증가로 인한 초과하중은 교량을 손상시켜 교량의 안전성에 크게 영향을 미친다. 이와 관련하여, 모든 교량의 운영과 유지보수를 위해서는 현존 교량의 능력을 평가하는 작업이 우선으로 실시되어야 한다.

2 교량의 안전성 평가 목적

(1) 교량의 구조적 결함 및 안전성·내구성 평가
(2) 교량의 수명 연장
(3) 교량의 유지관리상 필요한 자료 제공

3 안전성 평가 Flow Chart

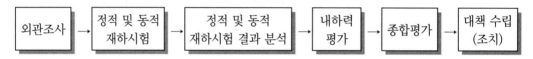

외관조사 → 정적 및 동적 재하시험 → 정적 및 동적 재하시험 결과 분석 → 내하력 평가 → 종합평가 → 대책 수립 (조치)

4 안전성 평가방법

(1) 외관조사

① 상판
  • 도로 표면 파임 및 도로 표면 균열
  • 난간대 및 경계석 결함조사

② 교좌장치
  • 작동 여부
  • 결함 여부
  • 가동량

③ 하부구조
  • 기초 유실
  • 교대 및 교각의 균열
  • 기초의 침하
  • 강구조의 부식상태

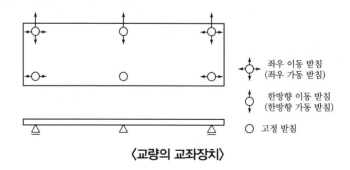

좌우 이동 받침
(좌우 가동 받침)

한방향 이동 받침
(한방향 가동 받침)

○ 고정 받침

〈교량의 교좌장치〉

(2) 정적 및 동적 재하시험

① 정적(靜的) 재하시험

- 변형 및 처짐이 최대가 되는 지점과 하중분배를 검토하기 위하여 재하차량 1대를 휨방향으로 이동시키면서 측정
- 측정 지점
  - 휨모멘트에 의한 변형 및 처짐이 최대가 되는 지점
  - 전단에 의한 변형이 최대가 되는 지점
- 측정 내용
  - 정적 재하에 의한 변형률 측정
  - 정적 재하에 의한 처짐 측정

② 동적(動的) 재하시험

- 재하차량 1대를 정적 재하시험 측정 위치에서 주행속도를 시간당 15km 증가시키면서 측정(주행속도는 15~60km/h까지)
- 측정 지점(정적 재하시험 위치와 동일)
  - 휨모멘트에 의한 변형 및 처짐이 최대가 되는 지점
  - 전단에 의한 변형이 최대가 되는 지점
- 측정 내용
  - 동적 재하속도에 따른 변형률 측정
  - 동적 재하속도에 따른 처짐 측정

(3) 재하시험 결과 분석·평가

① 정적(靜的) 재하시험

- 시험 결과로부터 처짐 및 응력 산정
- 처짐 및 응력에 대한 이론치와 측정치의 비교
- 합성작용에 대한 분석 및 평가(Girder와 Slab)

② 동적(動的) 재하시험

- 동적 변형 결정
- 동적 처짐 결정
- 동적 반응 Spectrum의 이론치
- 35~45km/h일 때의 변형률

(4) 내하력 평가

① 현행 도로교 시방서에 따른 해석을 통해 얻어진 기본내하력을 토대로 교량의 경제성, 안전성 등을 고려하여 공용내하력 산정

② 허용응력에 의한 내하력 평가방법
- 기본내하력 : 교량이 감당할 수 있는 활하중의 크기를 설계하중(DB 하중)을 기준으로 나타낸 일종의 비례 값

$$P(\text{기본내하력}) = DB\text{하중} \times \frac{\sigma_a - \sigma_d}{\sigma_{DB\text{하중}}}$$

여기서, σ_a : 재료의 허용응력

σ_d : 사하중에 의한 응력

$\sigma_{DB\text{하중}}$: DB하중에 의한 응력

- 공용내하력 : 기본내하력에 보정계수를 가상하여 실제로 적용할 수 있는 공용하중을 결정

$$P'(\text{공용내하력}) = P \times K_s \times K_r \times K_t \times K_o$$

여기서, P : 기본내하력

K_s : 응력보정계수

K_r : 노면 상태에 따른 보정계수

K_t : 교통 상태에 따른 보정계수

K_o : 기타 조건에 따른 보정계수

(5) 종합 평가

① 정상 상태 : 대상 교량의 필요 자료를 Data화
② 비정상 상태 : 대상 교량에 대한 보수·보강 및 재시공 여부 결정

(6) 판정결과

① 운행정지, 속도제한 등의 사용 제한
② 교량의 보수·보강공법 선정
③ 보수·보강 우선순위 선정

5 결론

교량의 안전성 평가는 교량의 구조적 결함 및 내구성을 평가해 교량의 유지관리에 필요한 자료를 수집하고 목표수명 달성 및 연장을 위해 실시하는 것이다. 평가방법에는 정적 재하시험과 동적 재하시험, 내하력 평가에 의한 방법 등이 있으며, 평가 결과에 따라 적절한 보수·보강공법 및 사용관리 기준을 제시하고 있다.

··· 20 교량의 내하력 평가방법

1 개요

(1) '내하력 평가'란 기존 교량의 여러 기능 및 강도 등 외력에 대한 저항능력을 평가하여 교량의 실용성·안전성에 대하여 판단하는 것을 말한다.

(2) 교량은 정기적인 내하력 평가로 교량의 기능을 건전하게 유지함으로써 실용성·안전성을 확보하여야 하며, 계획·설계 시부터 일정 시점의 교통량 반영 및 향후 유지관리를 고려하여야 한다.

2 안전성 평가 Flow Chart

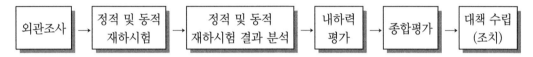

3 내하력 평가

(1) DB하중(표준트럭하중)

① 2축차륜 견인차에 1축차륜 세미 트레일러를 연결한 표준트럭하중으로 교량 위를 이동하는 활하중

② 1등교(DB−24 : 43.2ton), 2등교(DB−18 : 32.4ton), 3등교(DB−13.5 : 24.3ton)

(2) 내하력 평가방법

① 현행 도로교 시방서에 따른 해석을 통해 얻어진 기본내하력을 토대로 교량의 경제성, 안전성 등을 고려하여 공용내하력을 산정

② 허용응력에 의한 내하력 평가방법

• 기본내하력 : 교량이 감당할 수 있는 활하중의 크기를 설계하중(DB 하중)을 기준으로 나타낸 일종의 비례 값

$$P(\text{기본내하력}) = DB\text{하중} \times \frac{\sigma_a - \sigma_d}{\sigma_{DB\text{하중}}}$$

여기서, σ_a : 재료의 허용응력

σ_d : 사하중에 의한 응력

$\sigma_{DB\text{하중}}$: DB하중에 의한 응력

• 공용내하력 : 기본내하력에 보정계수를 가상하여 실제로 적용할 수 있는 공용하중을 결정

$$P'(\text{공용내하력}) = P \times K_s \times K_r \times K_t \times K_o$$

여기서, P : 기본내하력
K_s : 응력보정계수
K_r : 노면 상태에 따른 보정계수
K_t : 교통 상태에 따른 보정계수
K_o : 기타 조건에 따른 보정계수

··· 21 교량의 유지관리 및 보수·보강방법

1 개요

교량은 도로·철도구조물의 하나로서 국민경제나 일상생활에 미치는 영향이 매우 크므로, 장기적인 계획과 관리로 안전하게 유지·관리되어야 한다.

2 유지관리의 수행방식

(1) 사후 유지관리 방식(Breakdown Maintenance Type) – 정밀안전진단

① 구조물에 문제점이 발생했을 때 보수 또는 보강하는 방식

② 구조 손상이 진행된 시점에서 보수·보강하므로 비용 부담이 증가됨

(2) 예방 유지관리 방식(Preventive Maintenance Type) – 일상점검

① 구조물에 문제점 발생의 징후 및 원인을 사전에 포착하여 적절한 조치를 취하여 문제점 발생을 예방하는 방식

② 구조손상의 초기단계에서 조치하여 비교적 적은 비용으로 기능의 복원이 가능

3 교량의 보수방법

(1) 포장

① Patching 공법

- 균열, 구멍 등 비교적 좁은 면적의 손상된 부분을 절취하여 아스팔트 혼합물로 단순히 보수하는 공법이다.
- 가열 아스팔트 혼합물을 사용한다.

| 기층 | 표층 |
| 구멍 | 유리되어 있는 것 제거
노면에 직각으로 절단 청소 | 구멍을 채우고 다짐 |

② Sealing 공법

- 포장의 균열에 의한 아스팔트의 내구성 저하, 강판바닥의 부식 방지를 목적으로 실시한다.
- 포장 Tar 등을 사용하여 균열을 채우는 방법이다.

③ 절삭공법(Milling)
- 포장 표면의 요철을 기계로 절삭하여 노면의 평탄성과 미끄럼 저항을 회복시키는 방법이다.
- 소성변형이 일어난 곳에 효과적이다.

④ 표면처리공법
아스팔트 포장 표면에 부분적인 균열, 변형, 마모 및 붕괴와 같은 파손이 발생한 경우 기존 포장에 2.5cm 이하의 Sealing 층을 형성하는 방법

⑤ 재포장방법
기존 포장의 파손이 현저하여 덧씌우기 곤란할 경우

(2) 철근 콘크리트교(바닥판)

① 주입공법
- 에폭시 수지 그라우팅 공법이다.
- 균열 발생부 표면뿐 아니라 내부까지 충전시키는 공법이다.
- 두꺼운 Con'c 벽체나 균열 폭이 넓은 곳에 적용한다.
- 균열선에 따라 주입용 Pipe를 10~30cm 간격으로 설치한다.
- 주입 재료로 저점성의 Epoxy 수지를 사용한다.

② 충전공법(V-cut)
- 균열의 폭이 작고(약 0.3mm 이하) 주입이 곤란한 경우 균열의 상태에 따라 폭 및 깊이가 10mm 정도 되게 V cut, U cut을 한다.
- 잘라낸 면을 청소한 후 팽창 모르타르 또는 Epoxy 수지를 충전하는 공법이다.

(3) 강교

① 용접
- Girder의 변형을 최소화하기 위해 시공순서를 검토하고 솟음 양을 조정하면서 작업을 진행한다.
- 이음부 보강 시에는 용접과 리벳의 혼용을 피해야 한다.

② 고장력 볼트
- 가설되어 있는 강교 중 상당 부분이 리벳연결로 되어 있으나 보수를 할 경우는 고장력 볼트를 사용하는 것이 작업조건이나 시공관리 면에서 유리하다.
- 고장력 볼트 접합에는 마찰접합, 지압접합, 인장접합이 있으나 보수공사는 마찰접합이 좋다.

4 교량의 보강방법

(1) 콘크리트교

① 종형 · 횡형 신설

거더 사이에 종형 또는 횡형을 신설해 차량하중에 의한 휨모멘트 응력을 증가시키는 공법

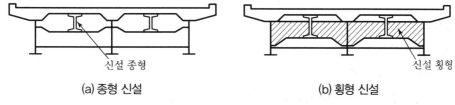

(a) 종형 신설   (b) 횡형 신설

〈바닥판의 종형 및 횡형 보강에 의한 증설〉

② 강판접착

- 바닥판의 인장 측에 강판을 접착하여 기존의 콘크리트 바닥판과 일체로 만들어 활하중에 의한 저항력을 증가시키는 공법
- 주입법과 압착법이 있음

③ FRP 접착

- 바닥의 인장 측에 강판 대신 FRP를 접착하여 보강하는 공법
- 소재가 유연하고 가벼워 작업성이 우수함

④ 모르타르 뿜칠

- 바닥판의 하면에 철근이나 철망을 설치하고 모르타르 뿜칠하여 붙여 기존 바닥판과 일체화시키는 공법
- 바닥판의 두께 증가로 인한 보강효과

⑤ 강재 상판으로 교체

- 기존 바닥판을 강상판으로 교체하는 방법
- 공기를 단축할 수 있으나 공사비 고가

〈상판 교체공법 도해〉

(2) 강교

① 보강판

- 단면이 부족한 범위에 별도의 강판을 붙여서 보강하는 공법
- Girder의 Flange 등에 주로 사용

② 부재교환
  • 변형과 파손이 심해 보수만으로는 회복이 안 되는 부재를 새 부재로 교환하는 방법
  • 파손부재 해체 시에 대해 안전성 검토 후 시행

⑤ 교량의 유지관리 단계별 주요내용

(1) 모니터링
① 계측기의 설치 및 기록
② 제어장치의 설치 및 운용
③ 풍속, 지진, 수위 등을 관측하여 기록

(2) 안전점검
① 육안 또는 간단한 점검기구에 의한 조사로 관리담당자에 의해 수행
② 교량 구조물에 내재되어 있는 위험요인 조사
③ 구조물의 손상 조기 발견 및 요인 제거

(3) 정밀안전진단
① 안전진단 전문가에 의해 수행
② 안전성(내하력, 내구성, 사용성) 분석·평가
③ 보수·보강, 교체 등의 조치방법 제안 및 우선순위 결정

(4) 조치
① 정밀안전진단 결과 안전등급에 따라 운행제한·속도제한 등의 조치
② 보수·보강공법 선정

⑥ 결론

교량은 국가 기간시설로 안전성 확보가 가장 중요한 요소이므로 시공 완료 후 목표수명 도달 시까지 적절한 유지관리가 이루어져야 한다. 또한, 유지관리 단계별 점검사항에 의한 조치와 적절한 보수·보강공법의 지속적 개발과 정확한 시공관리가 중요하다.

··· 22 교량의 안전진단

1 개요

(1) 교량은 시설물안전관리에 관한 특별법에 의해 공중의 안전과 편의를 도모하기 위해 유지관리에 고도의 기술이 필요하다고 인정하고 있는 시설물이다.

(2) 교량의 안전진단은 현장답사에 의해 안전진단의 규모와 개략적 소요기일과 조사인원 및 장비규모를 추정하게 되며, 이후 내구성조사와 내하력조사를 통해 안전성 평가를 하고 종합분석 및 보고서를 작성한다.

2 진단절차

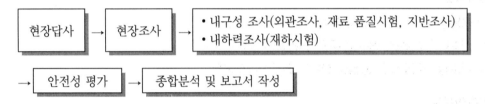

3 외관조사항목

(1) 교면포장

① 공통부위 : 노면잡물, 포트홀, 소성변형, 종방향단차, 균열

② 신축이음 전후, 구조물 경계부 : 단차, 침하

③ 미끄럼 방지 포장 : 마모

④ 배수구 주변 : 물고임

(2) 배수시설

① 배수구(유입구)－그레이팅(격자판) : 그레이팅 파손·누락·오물퇴적·막힘, 유입구 설치높이, 배수구 설치간격

② 배수판 : 관의 연결부 어긋남, 파손, 이물질에 의한 막힘, 배수관 길이 부족, 유출구 위치 부적절

(3) 난간, 보도 및 연석

① 난간

• 강재 : 도장 손상 및 부식·파손, 전체적인 선형

• 철근 콘크리트(방호벽) : 균열, 박리, 파손, 철근 노출

② 보도 : 신축이음 접촉부 부스러짐, 표면 부스러짐

③ 연석

- 강재 : 도장 손상, 부식, 파손, 연속교 받침부상단 용접부 균열
- 화강암, 철근 콘크리트 : 박리, 박락, 철근 노출, 파손

(4) 바닥판

① **공통부위** : 균열, 박리, 파손, 철근 노출

② **거더교** : 종방향 균열, 망상 균열

③ **슬래브, 라멘 상부**

- 받침부 : 부스러짐, 사인장균열
- 중앙부 : 휨균열

④ **라멘 하부** : 측벽의 균열

(5) 강바닥판

① **공통부위** : 도장 손상 및 부식, 볼트 손상, 누수

② **신축이음부 하면, 배수구 주변, 난간하면** : 누수, 부식

③ **피로강도등급 낮은 용접상세부(D, E급)** : 피로균열

(6) 신축이음부

① **본체부위**

- 공통 : 충격음, 본체 유동 및 파손, 유간 부족 및 유간 과다, 유간 오물퇴적
- 고무재 : 고무판 마모, 강판 노출 및 부식
- 강재 : 방수재 파손

② **후타재** : 교면포장, 뒤채움과의 단차, 균열 및 파손

(7) 교량받침 – 본체

① **공통** : 가동받침 신축유간 부족, 가동받침 전후방 가동 장애요소, 받침과 주형의 밀착상태, 수직보강재와 받침 편기상태, 받침 물고임 및 부식

② **강재받침** : 가동면 부식, 부속물 파손

③ **고무받침** : 고무재 부품 및 갈라짐, 고무판의 과도한 변형

④ **받침대** : 앵커볼트 파손·절단, 콘크리트 파손, 하부공동 및 침하, 교각 두부 균열

(8) RCT 거더

① **공통부위** : 박리, 파손, 철근 노출, 백태

② **받침부** : 부스러짐, 복부 사인장 균열

③ **중앙부** : 횡방향 균열

④ **가로부** : 파손, 철근 노출, 경사균열

(9) 교대

① **공통부위** : 교대 회전, 박리, 파손, 철근 노출, 백태

② **두부** : 물고임, 받침부 균열 및 파손, 두부와 흉벽 경계부 균열, 거더와 흉벽 신축유간 부족

③ **구체** : 수직균열 및 침하, 구체와 날개벽 분리, 구체부 배수구 막힘, 수면접촉부 침식

④ **날개벽** : 날개벽 이동, 전도, 사면붕괴

(10) 교각

① **공통부위** : 박리, 박락, 철근 노출, 백태

② **두부** : 물고임, 받침부 하부 균열 및 파손

③ **구체** : 시공이음부 균열, 이동 또는 기욺, 수면접촉부 침식

(11) 기초

① **공통부위** : 박리, 박락, 철근 노출, 백태, 기초 세굴, 이동, 침하

② **직접기초** : 수직방향 균열

③ **말뚝기초** : 침식 및 말뚝 노출

④ **케이슨기초** : 우물통 편기, 충돌 파손

4 결론

교량의 안전진단은 공중의 안전과 편의를 도모하기 위해 실시하는 것으로 교량을 구성하는 각 부위별 진단기준을 사전에 숙지하고 실시해야 한다. 특히 종합보고서 작성을 위한 안전성 평가 시 재하시험을 실시하는 경우에는 구조해석 절차에 의해 모델링 적정성을 검토하고, 종방향과 횡방향 해석으로 구분해 실시하며 공용내하력을 결정하는 것이 중요하다.

··· 23 교량의 건전성 평가

1 개요

교량의 건전성 평가란 통행하중·지진·풍하중·환경외력 등에 대한 구조물의 요소 또는 시스템으로서의 처짐·진동·균열 등의 응답을 기초로 교량의 내하력·내구성·사용성의 수준을 가능한 한 정량적으로 평가해 현재와 장래의 하중환경에 제대로 견딜 수 있는지의 여부를 판정하는 것이다.

2 개념

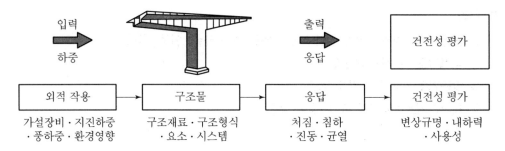

입력 하중	출력 응답	건전성 평가

외적 작용	→	구조물	→	응답	→	건전성 평가
가설장비·지진하중 ·풍하중·환경영향		구조재료·구조형식 ·요소·시스템		처짐·침하 ·진동·균열		변상규명·내하력 ·사용성

3 교량의 건전성 평가항목

(1) 내하력 평가

① 구조물에 작용하는 실하중의 조사와 비파괴시험에 의한 부재강도의 조사, 정·동적 재하시험에 의한 부재강도 및 변형률·변위·진동특성 등을 기초로 작용외력에 대한 저항능력을 평가하는 것을 말한다.

② 공용하중을 결정해 안전하게 교량을 사용하고 필요한 경우 통행제한 등의 평가치를 결정하기 위한 평가로 재료종류, 구조형식, 교량규모, 설계조건, 교통상태, 관리상태 등의 관계요소를 고려해 평가한다.

(2) 내구성 평가

① 구조물이 처해 있는 환경조건에 대한 조사와 비파괴시험에 의한 균열·철근부식 등 열화손상 조사를 바탕으로 환경외력에 의한 저항능력을 평가하는 것을 말한다.

② 설계 및 시공 불량, 탄산화, 염해, 알칼리골재반응, 건조수축, 동결융해, 하중작용 등 열화요인에 의해 저하된 성능은 강재부식과 콘크리트 균열의 2가지로 나타나게 된다.

(3) 사용성 평가

① 사용목적에 따른 종합적 평가로서 평면 및 종단선형의 적합성, 운행용량의 과다, 하천과의 관계, 미관, 유해한 처짐·진동·소음·낙하물 문제 등 당초의 설계목적을 만족시키는지의

여부를 평가하는 것으로 구조물의 중요성, 장래의 사용·환경조건의 변화 등에 대한 판단도 필요하다.

② 부재 또는 구조물의 사용상 요구되는 기능을 발휘할 수 있는 능력을 말하는 것으로 실태 파악을 위해서는 기능상 문제와 사용상 문제를 모두 고려해야 한다.

④ 건전성 평가절차

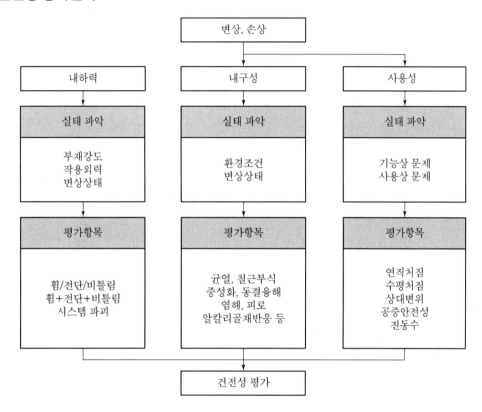

⑤ 내하력 평가방법

(1) 허용응력설계법

(2) 강도설계법

(3) AASHTO

(4) 허용응력법

(5) 하중계수법

6 교대 및 교각의 보수·보강공법

공법명	목적
하부구조의 균열 보수공법	균열대책
하부구조의 균열에 대한 그라우팅 공법	균열대책
콘크리트의 열화 보수공법	열화대책
기둥균열의 RC 보강공법	균열대책
PS 도입에 의한 교각 보강공법	내하력 증가
강판에 의한 보강공법	내하력 증가
탄소섬유에 의한 교각 보강	손상대책, 내하력 증가
시공 불량 교각의 부분치환공법	철근 노출, 콘크리트의 박리
하부구조의 응급 보강공법	응급보강
모르타르 충전에 의한 단면 보수방법	단면보수
RC 하부구조의 단면 보수방법	박리나 철근 노출 대책
세굴 및 하상저하 방지공법	세굴 및 하상 저하 대책
콤팩션 그라우팅 공법	지반강화대책
토류벽과 콘크리트 말뚝에 의한 세굴대책	세굴대책
블록으로 교각 주위를 보강하는 공법	세굴대책
거더보로 말뚝에 하중을 분담시키는 세굴방지 공법	세굴대책
세굴에 의한 가설제 및 지중연속벽 보강공법	세굴대책
기초의 보강 콘크리트 타설공법	지반활동
폴리머에 의한 말뚝의 피복공법	철근콘크리트부 내구성 확보
긴 말뚝의 보수공법	
부식된 강구조물의 방식 보강공법	
침하대책의 강관 압입공법	
교대의 회전 보수공법	교대변위
파랑에 대한 보수공법	파랑대책
EPS에 의한 배면토압 경감공법	변위, 이동
주변지반 개량공법	지반개량
세굴에 대한 지반 개량공법	세굴대책
기포 콘크리트에 의한 압밀침하 억제공법	침하
신설 교각과 기존 교각의 일체화 공법	침하
홍수류 대책	홍수류대책
역L형 교각의 균열 보수공법	균열대책, 내하력 증가
비대칭교 날개벽의 보수	균열대책, 내하력 증가
세굴에 대한 신설 푸팅과 말뚝에 의한 하중분담	세굴대책
국부세굴의 보수를 위한 널판법	세굴대책

7 신축이음장치 보수·보강공법

파손이상의 분류	파손의 정도	보수방법	시공성	문제점
조인트 부근 포장부의 결손	경미	패칭	비교적 용이	기존 포장과의 접착성 문제
	파손이 많음	치환	곤란	장시간의 교통문제
조인트 낙하 및 토사의 관입	토사 관입	청소	용이	–
	조인트 낙하	경미한 경우는 조인트 실	용이	–
		신축장치의 부분 또는 전체 교체	곤란	장시간의 교통문제
후타앵커 콘크리트의 파손	경미	균열 실	용이	–
	손상이 많음	국부 또는 전부 교체	곤란	후타재의 시공관리가 어렵고, 경우에 따라서는 신축장치 본체의 교체 필요
베이스 플레이트, 고무본체의 파손	경미	일부교체	용이	–
	손상이 많음	전부 교체	곤란	장시간의 교통 통제
앵커볼트, 앵커재의 느슨함	앵커볼트의 느슨함	조임	용이	회전방지 부착재 사용
	앵커볼트의 파손	교체	곤란	장시간의 교통 통제
	앵커볼트의 결손	교체	곤란	장시간의 교통 통제
단차	조인트의 단차	교체 또는 높임	곤란	장시간의 교통 통제
	후타재 전후의 요철	평탄화	다소 곤란	–
강거더와의 접합불량에 의한 차량 주행 시의 소음	소음 경미	볼트의 조임 또는 앵커바의 용접	곤란	장시간의 교통 통제, 작업공간의 협소
	접합볼트의 파손	교체	곤란	장시간의 교통 통제, 작업공간의 협소
배수기능 상실	토사 누적	청소	곤란	작업공간의 협소
	배수통의 부식, 파손	교체	곤란	작업공간의 협소

8 교좌장치 보수·보강공법

보수 및 보강 공법	손상 분류	손상의 원인
교좌장치의 모르타르 보수공법	콘크리트	균열, 파손(탈락)
게르버거더의 힌지부 보수공법	콘크리트	균열, 박리
이동 제한 장치의 신설공법	강재, 고무재, 실재, 패킹재	균열, 파손(파단), 변형
하부교좌의 개조공사	콘크리트	균열
교좌의 부식에 대한 일부 교체공사	콘크리트 강재	균열, 파손(탈락), 부식
교좌의 교체	콘크리트 강재	파손(탈락, 파단)
교좌부의 확폭공법	콘크리트	파손(탈락)
교좌 콘크리트의 보강 및 확폭	콘크리트 강재	균열, 파손(탈락, 파단)
이동 여유폭 확보를 위한 이탈 방지턱의 절단	콘크리트 강재	변형, 균열, 파손(탈락)
철근 방청공법	고무재, 실재, 패킹재	노화, 균열

9 보강공법 적용 모식도

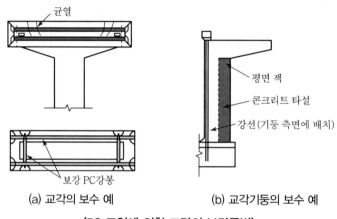

(a) 교각의 보수 예 (b) 교각기둥의 보수 예

⟨PS 도입에 의한 교각의 보강공법⟩

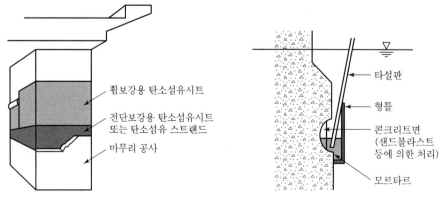

⟨탄소섬유에 의한 교각의 보강공법⟩ ⟨모르타르 충전에 의한 단면의 보수공법⟩

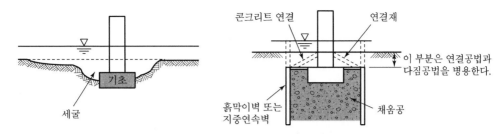

〈흙막이벽, 지중연속벽에 의한 기초 주변의 보강공법(세굴 및 하상저하 방지공법)〉

도로

도로의 아스팔트 포장과 콘크리트 포장

1 개요

도로포장의 형식은 크게 아스팔트 포장과 콘크리트 포장으로 나누어지며 교통환경, 토질과 기후적 특성, 시공성, 재료 및 공사비와 같은 제반요인을 검토해 선정해야 한다.

2 구조적 특징

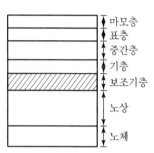

(1) 아스팔트 포장

① 연성포장

② 상층부 하중을 분산시켜 최대응력을 노상에서 전담토록 한 구조

(2) 콘크리트 포장

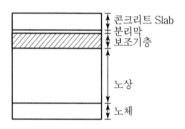

① 강성포장

② 콘크리트 표층이 하중을 전담하며 노상과 보조층은 콘크리트를 지지하는 구조

③ 콘크리트 표층의 골재 및 디웰바 등이 표층구조를 일체화하는 구조

3 각 층의 역할

(1) 아스팔트 포장

① **표층과 중간층** : 교통하중을 지지하는 역할

② **기층** : 상부하중의 지지

③ **보조기층** : 하중의 분산으로 노상에 전달되는 하중을 최소화하는 역할

④ **노상** : 하중을 지지하며, 동상 방지층을 설치하는 층

(2) 콘크리트 포장

① **표층** : 하중을 지지하는 역할(강성구조)

② **중간층** : 구성을 높이는 역할

③ **보조기층** : 표층의 하중을 노상으로 전달

④ **노상** : 하중의 지지

4 특징 비교

구분	아스팔트	콘크리트
내구성	불리	유리
시공성	유리	불리
경제성	초기 건설비 유리	초기 건설비 불리
주행성	유리	불리
수명	10~20년	30~40년
평탄성	유리	불리
지반영향	유리	불리(연약지반, 부동침하)
유지관리	잦은 유지관리	유리

··· 02 노상, 노반의 안정처리

🔳 개요

(1) 노상은 포장의 기초로 모든 하중을 최종적으로 지지해야 하기 때문에 연약지반의 경우 안정처리공법을 통해 노상토의 지지력을 증대해야 한다.

(2) 노상층은 포장층을 통해 전달되는 응력에 대응해야 하기 때문에 최적의 지지여건을 갖추어야 한다.

🔳 안정처리 목적

(1) 노상, 노반의 지지력 증대

(2) 함수비에 따른 지지력 변화 감소

(3) 기상작용에 대한 저항성 증대

🔳 안정처리공법의 종류

물리적 공법	철가제에 의한 공법	기타 공법
치환	시멘트 첨가	
입도 조정	역청 안정처리	Macadam
다짐	석회첨가	Membrane
함수비 조절	화학적 안정처리	

(1) 치환

① 노상부 불량토를 양질의 재료로 치환하는 공법

② 시공효과가 확실한 장점

(2) 입도 조정

① 몇 종류의 재료를 혼합해 입도가 양호하도록 개량한 후 다짐하는 공법

② 쇄석, 자갈, Slag 등을 이용하면 다짐효과가 좋으며 기계화 시공이 가능함

③ 시공방법으로는 노상혼합방식과 Plant 혼합방식이 있음

(3) 다짐

함수비 조절로 최대 건조밀도를 유지하는 공법

(4) 함수비 조절

투수성 감소로 지하수위 상승으로 인한 지지력 약화를 예방해 강도 증가, 침하 방지 효과

(5) 시멘트 첨가

① 불투수성 증대로 기상작용에 대한 내구성 증대

② 노반 강도 증대로 강도 저하를 방지해 내구성 증대

③ CBR 3 이상이 되도록 시공

(6) 역청안정처리

① 역청제의 접착력으로 안정성을 확보하는 공법

② 평탄성, 탄력성, 내구성이 강하며 조기완공이 가능

③ Spreader, Grader, Asphalt Finisher를 사용하며 두께는 10cm 이하로 포설

(7) 석회 첨가

① 석회를 사용한 안정처리 공법으로 배합 및 시공방법은 시멘트와 동일

② 경화지연성 재료 사용으로 장기강도의 발현을 기대할 수 있으며 특히, 점성토 안정처리 효과가 높음

(8) 화학적 안정처리

① $CaCl_2$ 등을 사용해 동결온도 및 수분 증가속도 저하 유도

② 동상 방지로 지지력 및 내구성 발현

(9) Macadam

① 주골재에 채움골재로 Interlocking되도록 공극을 메우는 공법

② 종류 : 물다짐, 모래다짐, 쇄석 Macadam

(10) Membrane

① 동상현상 방지를 위해 Sheet Plastic을 깔아 차수층 역할을 유도

② 함수량 조절로 노반, 노상의 안정화 유도

··· 03 Asphalt 혼합물

1 개요

교통하중이나 기상작용의 영향을 많이 받는 표층 및 중간층에 사용해 내구성·안정성을 만족시킬 수 있도록 해야 하며, 배합비는 용도, 교통조건, 기상여건 등을 고려해 사용한다.

2 종류 및 용도

구분	용도	특성
조립도 아스팔트	중간층	내구성 우수
밀입도 아스팔트	표층	내유동성·내구성 우수
세립도 아스팔트	교통량 적은 곳	내유동성 저하

3 갖추어야 할 성질

(1) 안정성

(2) 인장강도

(3) 미끄럼 저항성

(4) 내마모성

(5) 불투수성

(6) 내구성

4 품질관리시험

(1) Asphalt

침입도, 신도, 인화점, 점도, 용해도 등

(2) 골재

입도, 비중, 흡수량, 형상

(3) Asphalt 콘크리트 공시체

마샬 안정도, 공극률, 포화도, 흐름치, 밀도

··· 04 Asphalt 시공

1 개요

(1) 연성구조인 아스팔트 포장에서는 응력을 각 층에 점차 넓은 면적으로 분산시켜 교통하중에 충분히 견딜 수 있도록 하는 것이 중요하다.

(2) 시공성 향상을 위해서는 적정 장비와 경제적 재료, 단계별 품질관리를 통해 계획성 있게 시공되어야 한다.

2 시공순서

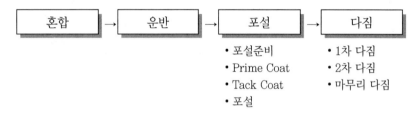

혼합	→	운반	→	포설	→	다짐

포설
- 포설준비
- Prime Coat
- Tack Coat
- 포설

다짐
- 1차 다짐
- 2차 다짐
- 마무리 다짐

3 시공 시 유의사항

(1) 혼합

① 혼합온도 : 185도 이하

② 혼합시간 : 가능한 한 짧게 하며 Batch 1 Cycle 45~60sec로 관리

(2) 포설

① 혼합물 온도 170도 이하

② 연속 포설로 횡방향 이음 Joint 관리

③ 포설속도 일정 유지

(3) 다짐

① 1차 전압
- 전압 온도 : 110~140도
- 전륜구동 Roller에 의한 전진다짐

② 2차 전압
- 전압 온도 : 70~90도
- Tire Roller로 10 전압

③ 마무리 전압
- 전압 온도 : 60도
- 2차 전압 시 발생한 장비의 흔적을 메워 평탄성 향상

··· 05 Asphalt 포장의 파손원인과 대책 및 보수공법

1 개요

아스팔트 포장의 파손은 구조에 관한 파손과 노면에 대한 파손으로 나누어지며 기층 및 보조기층의 기지력 부족과 포장두께 부족, 교통량의 균형이 깨지며 발생하며, 신속히 내구성을 겸비한 보수 보강의 시행이 중요하다.

2 Asphalt 포장의 파손원인

파손원인	내용
미세균열	혼합물의 품질 불량, 초기타설 불량, 다짐온도 부적정
종·횡 방향 균열	지지력 불균일
소성 변형	혼합물의 품질불량, 대형차량 통행으로 인한 횡방향의 밀림
시공이음 균열	Joint 부위의 다짐불량
단차	지반의 부동침하, 다짐부족

3 Asphalt 포장의 유지보수공법

(1) Patching

파손면적 $10m^2$ 미만일 경우 적용하며, 포장재료와 동일 재료로 보수

(2) 표면처리

기존포장에 2.5cm 이하의 얇은 Sealing 층을 형성하는 공법으로 예방적 차원으로 활용 시 효과적이다.

(3) Flush

건조시킨 쇄석을 살포하고 다짐하는 공법

(4) Overlay

시공 전 균열이 심한 부위는 Patching, 기층까지 파손된 부위는 재포장이 효과적

(5) 전면 재포장

포장의 심각한 손상이 발생할 때 시행하는 공법

···06 Cement Concrete 포장 시공관리

1 개요

(1) 강성포장인 콘크리트 포장은 표층 및 보조기층으로 구성되어 있는 것이 일반적이다.
(2) 하중의 대부분은 슬래브가 휨저항의 대부분을 지지하는 구조로, 표층에 아스팔트 층을 두는 경우도 있다.

2 Cement Concrete 포장의 구성

3 Cement Concrete 포장의 특징

(1) 우수한 내구성
(2) 유지보수비가 저렴
(3) 초기 건설비 과다
(4) 평탄성 작업 난해

4 Cement Concrete 포장의 시공순서

(1) 계량

1 Batch의 양을 정확히 계량하는 것이 중요

(2) 혼합

Batch Plant 구비요건
① 저장에 충분한 부지를 갖출 것
② 재료의 품질 등 변형에 저해요소가 없을 것
③ 장비의 진출입성이 양호할 것

(3) 운반

Dump Truck에 의한 운반을 할 경우 재료분리에 유의

(4) 포설

① **1차 포설**

포설 두께는 다짐을 감안하여 4~5cm 높게 포설함

② **2차 포설**
- 일정한 포설속도와 연속시공이 되도록 시공
- Spreader 및 Paver를 이용해 포설하며 코너부분은 봉다짐으로 시공
- 인력마무리 구간의 다짐에 철저를 기함

5 Cement Concrete 포장의 다짐

(1) 진동다짐 시 과다진동에 유의
(2) 재료 분리에 유의하고 고른 밀도가 되도록 함

6 Cement Concrete 포장의 마무리

(1) 초벌 마무리

① Slipform Paver 또는 Finishing Screed를 사용
② 부설높이가 일정하게 되도록 마무리

(2) 평탄 마무리

① 장비를 사용한 마무리로 정밀성 유지
② 작업 중 표면에 물 사용 금지

(3) 거친면 마무리

① 홈의 방향은 도로 중심선에 직각방향이 되도록 설치
② 마무리 속도는 장비의 특성을 감안해 결정
③ 마무리 시기의 결정은 표면의 물비침이 없어진 것으로 확인

7 Cement Concrete 포장의 양생

(1) 초기양생

① 기상여건, 기타 외부 충격에 의한 변형으로부터 표면 보호를 위한 양생
② 급격한 표면건조 방지를 위해 삼각 지붕양생 등을 고려

(2) 후기양생

① 마대나 가마니 등으로 습윤양생
② 표면 이외에도 거푸집 제거 후 측면에 대해서도 실시

8 Cement Concrete 포장의 줄눈시공

(1) 세로줄눈

① 차량진행방향 줄눈(차선 구분 위치에 설치)

② 규격 : 폭 6~13mm, 간격 4.5m 이하

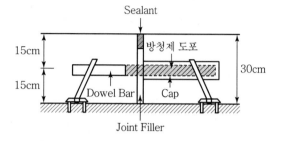

(2) 가로 팽창줄눈

① 차량진행의 직각방향

② 줄눈폭 규격 : 25mm

③ 위치 : 교량 접속부, Asphalt 포장 접속부 등 연결부

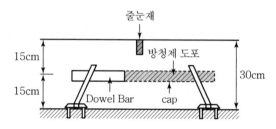

(3) 가로수축 줄눈

① 차량진행의 직각방향

② 콘크리트의 건조수축 응력에 대한 균열 제어

③ 규격 : 폭 6~13mm, 깊이는 포장 두께의 1/4 이상

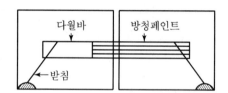

(4) 시공줄눈

① 하루 시공 마무리 지점에 설치

② 수축줄눈이 예정되는 위치에 설치하는 것이 좋음

··· 07 콘크리트 포장의 파손원인과 방지대책 및 보수공법

1 개요

(1) 무근콘크리트 포장 파손의 가장 큰 원인은 줄눈에 있으며, 줄눈에서 발생하는 문제점에 대한 방지책은 원인을 충분히 파악한 후에 실시되어야 한다.

(2) 여러 가지 형태로 나타나는 파손을 미연에 방지하기 위해서는 제반조건에 맞는 설계와 시공이 뒤따라야 하며, 하자 발생 시 적절한 보수시기와 방법의 선택이 중요하다.

2 콘크리트 포장의 파손 종류

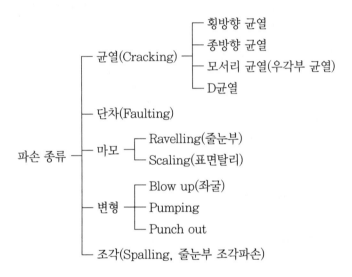

3 콘크리트 포장의 파손 종류별 원인과 대책

(1) 횡방향 균열

① 원인
  ㉠ 온도 및 함수량 변화에 의한 Slab 변위
  ㉡ 가로줄눈 간격, 절단시기 및 Cutting 깊이의 부적절
  ㉢ 하중전달장치의 시공불량
  ㉣ 뒤채움부 및 절·성토 경계부의 지지력 차이

② 대책
  ㉠ 적절한 줄눈 절단시기 선택과 Cutting 깊이 준수
  ㉡ 양질의 재료로 뒤채움하고 층 다짐

ⓒ 구조물 상부 및 인접부 Slab 보강

ⓔ 하중전달장치를 정확하게 제작·설치

(2) 종방향 균열

① 원인

ⓐ 세로줄눈 간격, 절단시기 및 Cutting 깊이의 부적절

ⓑ 노상 지지력 부족, 편절·편성부의 부등침하

ⓒ Slab 단부가 뒤틀릴 때 차량하중의 피로에 의해 발생

② 대책

ⓐ 세로줄눈 간격을 4.5m 이하로 하고, 절단시기는 콘크리트가 절단으로 인해 재가 튀지 않을 만큼 굳었을 때 실시하고, 단면의 1/4 이상 고른 깊이로 절단

ⓑ 편절·편성 구간은 층따기 후 철저한 층다짐을 실시하고, 경계면의 침투수를 하배수

ⓒ 절·성토 경계부에 보강 Slab 설치

ⓔ 성토고가 높은 경우 경사 안정처리하여 Sliding 예방

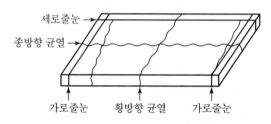

〈횡방향 균열과 종방향 균열〉

(3) 모서리 균열(우각부 균열, Corner Cracks)

① 원인

ⓐ 노상층의 다짐불량, 노상의 지지력 부족

ⓑ 팽창줄눈 우각부에서 생긴 모르타르 기둥을 제거하지 않을 때

ⓒ 콘크리트의 배합불량

ⓔ 우각부 콘크리트의 다짐상태가 좋지 않을 때

〈우각부 균열〉

② 대책

ⓐ 우각부 지반의 다짐철저

ⓑ 콘크리트 타설 시 거푸집 부근 다짐을 골고루 실시하되 모르타르분이 거푸집 틈으로 유실되지 않게 한다.

ⓒ 시공줄눈 또는 팽창줄눈 시공 시 포설장비에 의해 밀려온 모르타르분을 완전히 제거하고 시공한다.

(4) D균열(Durability Cracks)

① 원인

　　㉠ 포장체의 동결융해작용 발생 및 배수불량

　　㉡ 콘크리트 골재불량 및 알칼리 골재반응 발생

　　㉢ 동절기 콘크리트 포장시공 시 양생불량

〈D 균열〉

② 대책

　　㉠ 적정량의 단위시멘트량을 사용하고, 단위수량을 적게 함

　　㉡ 발열량과 수축성이 적은 중용열 시멘트, 고로 시멘트, 실리카 시멘트 등 사용

　　㉢ 타설 마무리시간 단축

　　㉣ 동절기 시공 시 타설면 보온 양생 실시

　　㉤ 줄눈 절단시기를 놓치지 않음

(5) 단차(Faulting)

① 원인

　　㉠ 다웰바와 타이바 미설치

　　㉡ 절·성토 접속부 또는 구조물 접속부 시공불량

　　㉢ 펌핑현상으로 슬래브 하부의 공동

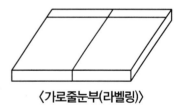

〈단차(Faulting)〉

② 대책

　　㉠ 적정 위치에 줄눈(다웰바와 타이바) 설치

　　㉡ 절·성토 접속부 또는 구조물 접속부 노상다짐 철저

　　㉢ 지하배수구 설치 및 줄눈부 Sealing 시공

(6) Ravelling

① 원인

　　㉠ 줄눈 절단시기가 빠를 때 줄눈부의 콘크리트가
　　　파손되는 현상

　　㉡ 줄눈재 주입 전후에 비압축성 세립자의 침투

　　㉢ 줄눈재가 Slab 표면에서 아래로 6mm 이하 깊게
　　　설치될 때

〈가로줄눈부(라벨링)〉

② 대책

　　㉠ 줄눈 절단시기 적절히 선택

　　㉡ 1차 절단 후 2차 절단 직전 또는 줄눈재 주입 전까지 이물질 침투 방지

　　㉢ 팽창줄눈에서 Dowel Bar Assembly 주위의 콘크리트 다짐 철저

(7) Scaling

① 원인

ㄱ 동결융해 등으로 인하여 콘크리트 표면이 얇게 박리되는 현상

ㄴ 콘크리트 배합과 양생의 부적절

ㄷ 과도한 표면 마무리로 인한 노면약화

ㄹ 진반죽에 의한 Laitance 현상

ㅁ 콘크리트의 적절치 못한 공기량

ㅂ 제설용 염분의 화학작용

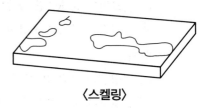

〈스켈링〉

② 대책

ㄱ Workability, 강도, 연행 공기량에 알맞게 배합을 정확히 함

ㄴ Laitance 예방

ㄷ 신속한 양생

ㄹ 양생 후 처음 제설용 염분 살포 시에는 표면은 공기 건조시킴

ㅁ 영하 3℃ 이하에서는 Con'c 타설작업 중단

ㅂ 포설 시 일정시간 이상 작업이 지연될 경우 시공줄눈 처리

(8) Blow Up

① 원인

슬래브 줄눈에 비압축성에 단단한 이물질이 침입하여 온도가 높을 때 열팽창을 흡수하지 못하여 슬래브가 솟아오르는 현상

② 대책

ㄱ 줄눈부 이물질 제거

ㄴ 팽창줄눈 추가 설치

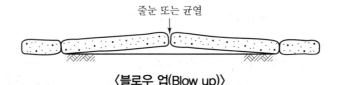

줄눈 또는 균열

〈블로우 업(Blow up)〉

(9) 터짐(Pumping)

① 원인

보조기층 또는 노상의 흙이 우수침입과 교통하중의 반복에 의해 줄눈부 또는 균열부에서 노면으로 부풀어오르는 현상

② 대책

ㄱ 하부 배수 시설의 시공

ㄴ 줄눈부 주입제 시공

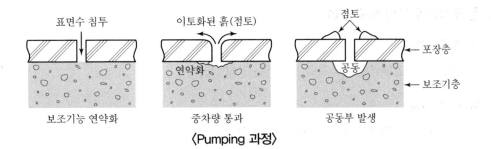

표면수 침투	이토화된 흙(점토)	점토

연약화

공동

포장층

보조기층

보조기능 연약화	중차량 통과	공동부 발생

〈Pumping 과정〉

⑽ **Punch Out**

① 원인

　㉠ 포장지반 지지력 부족

　㉡ 좁은 균열 간격

　㉢ 반복적인 교통하중에 의한 피로하중

② 대책

　㉠ 노상 재료 선정 및 다짐 철저

　㉡ 포장두께 적정성 검토

　㉢ 콘크리트 포장 후 양생관리 철저

　㉣ 적절한 줄눈 설치시기 및 커팅 깊이 준수

⑾ **Spalling**

① 원인

　㉠ 줄눈부에 비압축성 입자(단단한 이물질)가 침투하여 줄눈부 Con'c가 파손되는 현상으로 인하여 철근 부식에 의한 철근의 체적이 팽창한다.

　㉡ 하중전달 장치의 불량(Dowel Bar의 부식, Dowel Bar와 Slab의 거동 불일치, Dowel Bar 이동거리 미확보)

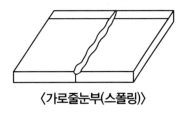

〈가로줄눈부(스폴링)〉

② 대책

　㉠ Dowel Bar는 부식이 발생하지 않는 Stainless Steel로 설치

　㉡ Pumping에 대한 방지책 강구

　㉢ 줄눈 내 미립자 침투 방지대책

　　• 기층과 보조기층의 안정처리

　　• 표면입자 처리

　　• 표면배수 및 지하배수 설계, 시공

　　• 줄눈 간격을 적합하게 설계

4 콘크리트포장의 보수공법

(1) 충진공법

줄눈 및 균열부위에 채움재로 보수하는 공법

(2) Patching

파손 부위를 제거한 후 모르타르나 에폭시를 사용해 도포하는 공법

(3) 표면처리

손상표면을 엷은 층으로 도포하는 공법

(4) 주입공법

공극 및 공동부분에 Cement 모르타르나 Asphalt를 주입해 보조기층의 지지력을 증진시키는
공법

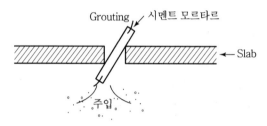

(5) Over Lay

전면적으로 파손이 발생된 경우 콘크리트 및 Asphalt 포장을 덧씌우는 공법

···08 Pot Hole

1 개요

Pot Hole이란 아스팔트 표면이 국부적으로 파손되어 국자 또는 항아리 모양으로 떨어져 나가는 현상으로 Pot Hole 발생 시 도로의 파괴가 가속화되며 주행성이 떨어짐은 물론 교통사고의 피해가 유발되는 등 그 피해가 심각하므로 방지대책을 세우고 발생 시 신속한 보수에 유의해야 한다.

2 Pot Hole Mechanism

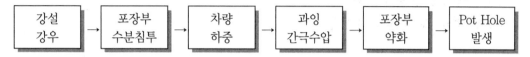

(1) 차량하중의 반복으로 불규칙적인 균열 발생
(2) 균열 폭, 깊이가 확대되어 폐합단면 형성
(3) 불규칙적인 형태의 Pot Hole 형성
(4) Pot Hole이 원형단면 형상으로 발달
(5) 차량하중에 의한 응력집중으로 Hole 확대

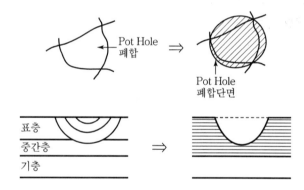

3 Pot Hole 발생원인

(1) 외부 요인

　① 겨울철 노면에 쌓인 눈의 침투
　② 삼투압에 의한 지중수 침투
　③ 차량하중에 의한 소산현상 발생(과잉간극수압)

⑵ 시공상 요인

① 다짐 부족

② 우천, 한랭 시 포설

③ 골재의 불량

④ 아스팔트 함량 부족

⑤ 혼합물에 의한 과열 등

4 Pot Hole로 인한 문제점

⑴ 교통장애 및 교통사고 발생이 원인

⑵ 주행안정성 및 쾌적성 저하

⑶ 유지관리·보수비용 과다 발생

5 Pot Hole 방지대책

⑴ 다짐관리 철저 시공두께 관리

⑵ 우천, 한랭 시 방호조치

⑶ 양질의 재료 사용(골재, 아스팔트)

⑷ 아스팔트 혼합물 온도관리기준 준수

⑸ 과적차량 통행제한 기준 준수

1 개요

포장의 평탄성은 승차감과 안전성을 향상시키고 도로의 파손 방지 및 내구성 향상을 위해 매우 중요한 역할을 하므로 평탄성을 확보하기 위해 각 단계별 시공관리를 해야 한다. 특히 콘크리트 포장의 경우에는 휨응력에 대한 저항성과 내구성은 아스팔트보다 우수하나 평탄성은 좋지 못하므로 이에 대한 관리에 주의를 기울여야 한다.

2 도로의 평탄성 관리기준

(1) PrI(Profile Index) 계산에 의한 방법

- PrI : 포장면 평탄성 평가를 위한 평가지수
- 측정방법 : Profile Meter를 이용해 1차 선당 1회 이상 중심선과 평행하게 시점부터 종점까지 보행속도로 연속해서 측정

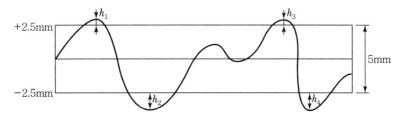

① 산정방법
  ㉠ 중심선 설정 : 측정단위별 기록지의 파형에 대해 중간점을 잡아 중심선으로 한다.
  ㉡ Blanking Band : 중심선에서 상하 ±2.5mm의 평행선을 그어 이를 Blanking Band로 정한다.

② PrI 계산
  ㉠ 기록지에 기준선과 Blanking Band가 설정되면 파형선 상하로 벗어난 행적이 수직고를 시점으로 기록한다. $(h_1 + h_2 + \cdots + h_n)$
  ㉡ 측정단위별 Blanking Band를 벗어난 형적의 수직고 합계$(h_1 + h_2 \cdots + h_n)$를 cm단위로 환산해 측정거리를 단위로 하여 나눈값이 PrI

$$PrI = \frac{\sum (h_1 + h_2 + \cdots + h_n)(\mathrm{cm/km})}{\text{총측정거리}} = \frac{\sum h_n}{\sum l}$$

③ 기준치

　　㉠ 본선 : 콘크리트 포장 $PrI=16\mathrm{cm/km}$ 이하, 아스팔트 $PrI=10\mathrm{cm/km}$ 이하

　　㉡ 대형장비 투입이 불가능한 경우나 곡선반경 6m 이하, 종단구배 5% 이상일 경우 PrI $=24\mathrm{cm/km}$ 이하

(2) 7.6 Profile Meter에 의한 평탄성 관리

① 시험기구

　　㉠ 세로방향 : 7.6 Profile Meter

　　㉡ 가로방향 : 3m 직선자

② 기구 선정 및 점검시기

　　㉠ 7.6 Profile Meter를 사용해 준공 전 전연장을 1회 이상

　　㉡ 직선자를 사용해 휨 및 굴곡 발생 여부 점검

③ 측정기준

　　㉠ 측정위치

　　　• 세로방향 : 각 차선 우측 단부에서 내측으로 80~100cm 부근에서 중심선에 평행하게 측정

　　　• 가로방향 : 지정된 위치에서 중심선에 직각방향으로 측정

　　㉡ 측정빈도

　　　• 세로방향 : 1차선마다 측정단위별 전연장을 1회씩 측정

　　　• 가로방향 : 시공 이음부 위치기준으로 시공 진행방향 5m마다, 세로방향 평탄성이 불량하여 수정한 부위마다 측정

··· 10 Proof Rolling

1 개요

노상의 다짐 적정성을 조사하기 위해 실시하는 검사방법으로 시공 시 사용한 다짐장비나 그 이상의 다짐장비를 사용해 다짐완료면을 주행시켜 노상의 변형상태를 조사해 유해한 변형을 발생시키는 부위를 찾아내 즉시 시정조치를 하기 위해 실시하며 이 공정자체로 불충분한 다짐의 보충효과도 거둘 수 있는 공정이다.

2 시험방법

(1) 사용장비
① 덤프트럭
② Tire Roller
③ 3m 직선자

(2) 시험절차
① 검사다짐
- 덤프트럭이나 타이어롤러를 사용해 2km/h의 주행속도로 3회 정도 주행 후 변형량을 측정
- 너무 건조하면 살수 후 실시하며 강우 후 바로 실시하는 것은 피할 것

② 추가다짐
- 노상에 가해지는 윤하중보다 큰 하중을 사용(덤프트럭이나 타이어롤러)
- 4km/h 주행속도로 2~3회 다짐 실시

3 관리기준 및 시정

(1) 품질기준
3m 직선자를 사용해 도로중심선과 평행 또는 직각으로 측정해 깊이 2.5cm 이하 부분을 측정

(2) 시정
① 변형부위는 양질의 재료로 치환하거나 함수비 조절 후 재다짐 실시
② 설계두께보다 10% 이상의 차가 발생되는 부위는 8cm 이상 긁어 재료를 보충하거나 제거 후 최대건조밀도 95% 이상으로 다짐 실시

Dam

··· 01 Dam의 분류

1 개요

(1) Dam은 축조재료에 따라 Concrete Dam과 Fill Dam으로 나눌 수 있으며, Concrete를 Dam 본체의 재료로 하는 Dam을 Concrete Dam이라 하며, 토질재료·모래·자갈·암석 등을 쌓아 올려 만든 Dam을 Fill Dam이라 한다.

(2) Dam은 장기간에 걸쳐 공사가 시행되므로 공정별로 세밀한 공사계획을 작성하여야 하며, Dam의 형식 선정 시에는 토질, 지형, 유량 등 복합적 요소를 합리적으로 연계해 안전하고 경제적인 형식을 선정하여야 한다.

2. 댐(Dam)의 분류

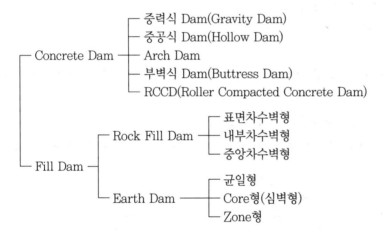

(1) Concrete Dam

① 중력식 Dam(Gravity Dam)
- Dam 본체의 자중만으로 수압이나 외력에 견디도록 설계된 Dam
- 다른 Dam에 비해 중력이 크기 때문에 견고한 기초암반이 필요

〈중력식〉

② 중공식 Dam(Hollow Dam)
- Dam의 본체 내부를 중공으로 만든 Dam
- 중공(中空)으로 Dam의 자중 감소

〈중공식〉

③ Arch Dam

- 수평 단면은 Arch형이고 연직 단면이 캔틸레버로 구성되는 Dam
- Dam 본체는 Arch형으로 콘크리트량이 적어도 되지만 좌우의 지반은 암반으로 견고해야 함

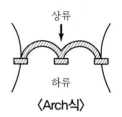

〈Arch식〉

④ 부벽식 Dam(Buttress Dam)

- 물을 막기 위한 철근콘크리트 차수벽과 수압을 지탱하기 위해 부벽으로 받친 Dam
- 콘크리트의 사용 재료가 적기 때문에 재료의 운반이 곤란한 장소에 유리

⑤ RCCD(Roller Compacted Concrete Dam)

- Slump가 매우 작은 된반죽의 콘크리트를 진동 Roller로 다져 Dam을 축조하는 공법
- Pre-cooling이나 Pipe-cooling이 필요 없는 공법

(2) Fill Dam

① Rock Fill Dam

- 절반 이상이 암석으로 구성된 Dam
- 지반이 콘크리트 중량에 견딜 수 없는 경우 시공
- 종류
  - 표면차수벽형 : Dam의 상류면에 아스팔트 콘크리트 또는 철근콘크리트의 차수벽을 만드는 형식
  - 내부차수벽형 : Dam 내부에 점토 등의 불투수성 물질로 경사 차수벽을 만드는 형식
  - 중앙차수벽형 : Dam 내부에 점토 등의 불투수성 물질로 중앙에 차수벽을 만드는 형식

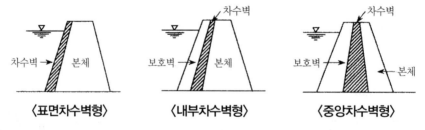

〈표면차수벽형〉　　　〈내부차수벽형〉　　　〈중앙차수벽형〉

② Earth Dam

- 절반 이상이 흙으로 구성된 Dam
- 기초지반의 조건이 나쁜 곳에서도 시공이 가능
- 종류
  - 균일형 : 사면보호재를 제외한 대부분의 축조재료가 균일한 Dam
  - Core형(심벽형) : 대부분의 축조재료가 투수성이며, 차수를 목적으로 불투수성 재료로 방수심벽을 두는 Dam
  - Zone형 : Dam 내부를 차수 Zone을 중심으로 하여 양측에 반투수 Zone 또는 투수 Zone를 배치하는 Dam으로 높은 Dam에 적용

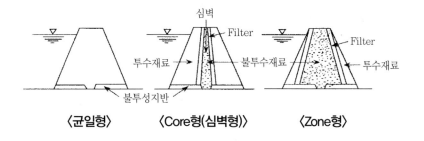

〈균일형〉　　　　〈Core형(심벽형)〉　　　　〈Zone형〉

3 댐의 위치 선정 시 고려사항

(1) 개발목적의 적합성　　　　(2) 지형 및 지질조건

(3) 지역 및 사회적 조건　　　　(4) 시공조건

(5) 환경보존

4 콘크리트댐의 형식 선정 시 고려사항

구분	중력댐	아치댐	중공식댐
계곡 형상	계곡형상에 제약이 없음	계곡 폭이 좁고 경사가 급할 경우	넓은 하폭과 완만한 경사(U형)일 경우
기초지반	• 암반기초에 설치 • 암반의 절리, 균열은 그라우팅으로 보강 • 모래, 점성토 지반은 콘크리트댐의 기초로 부적당 • 아치댐은 견고한 암반에 설치		
댐 부피 (콘크리트량)	• 다른 댐보다 부피가 큼 　(매스 콘크리트) • 타설 및 시공관리가 용이 • 거푸집 비용을 절감 • 수화열 대책이 필요	• 댐의 부피가 작음 • 공사시설, 골재 확보와 운반, 공기 단축에 유리 • 수화열 발산에 유리 • 시공이 복잡 • 거푸집 비용이 증가	• 댐체의 중간이 비어 노출면이 커서 수화열 발산에 유리 • 제체 타설과 병행하여 지반개량이 가능 • 유지관리가 편리 • 수화열 발산이 양호
월류 안정성	• 월류에 안전 • 여수로는 제체 하류면에 설치	• 제체에 여수로를 설치 • 여수로는 월류의 영향을 고려하여 형식을 선정	시공 중의 월류에 불안정
지진	• 안전 • 순간적인 전체 파괴의 가능성이 낮음	순간적인 전체 파괴가 발생	• 이음 부분이 가장 취약 • 파괴 시 누수 검토

5 댐의 부속설비

(1) 여수로　　(2) 수문　　(3) 어로

1 개요

유선망이란 유선과 등수두선으로 이루어진 망으로 침윤선
파악과 안전성 확보를 위해 작도한다.

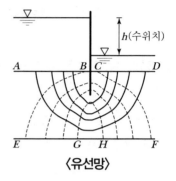

〈유선망〉

2 목적

유선망의 작도 목적은 침투수량의 결정, 간극수압의 결정,
동수경사의 결정, 침투수력을 결정하기 위함이다.

3 유선과 등수두선

(1) 유선 : 흙속을 침투하여 물이 흐르는 경로($\overline{BC}$, $\overline{AD}$)

(2) 등수두선 : 수두가 같은 점을 연결한 선($\overline{EF}$, $\overline{GH}$)

(3) 유로 : 인접한 유선 사이에 낀 부분

(4) 등수두면 : 등수두선 사이에 낀 부분

(5) 침윤선 : 유선 중 최상부의 유선

4 유선망의 특징

(1) 각 유로의 침투유량은 같다.

(2) 인접한 등수두선 간의 수두차는 모두 같다.

(3) 유선과 등수두선은 서로 직교한다.

(4) 유선망의 폭과 길이는 같다.

(5) 동수경사 및 침투속도는 유선망 폭에 반비례한다.

5 유선망의 활용

(1) 침투수량 계산

(2) 침투수력 계산

(3) 간극수압 계산

(4) 동수경사 결정

(5) Piping 발생 여부

(6) 손실수두 계산

··· 03   유수전환방식

1 개요

'유수전환방식'이란 댐을 건설하기 위하여 댐 지점의 하천수류(河川水流)를 다른 방향으로 이동시키는 것을 말하며, 부분체절방식·가배수터널방식·가배수로방식 등이 있다.

2 선정 시 고려사항

(1) 처리하여야 할 유량(流量)

(2) 댐지점의 지형, 지질

(3) 댐의 형식

(4) 댐의 시공방법

(5) 댐의 공사기간

(6) 홍수에 의한 월류의 피해

3 유수전환방식 분류

(1) 부분체절방식

① 하천폭의 절반 정도를 막아 하천의 흐름을 다른 절반으로 흐르게 해놓고 체절(締切)한 부분에 댐을 축조하는 방식

② 하천폭이 넓으며 퇴적층이 깊지 않고 처리 유량이 큰 곳에 적용

③ 공사기간이 짧으며 공사비 저렴

④ 제체(堤體)의 절반을 시공한 다음 나머지 절반도 이와 같이 시공

〈부분체절방식〉

(2) 전체절방식

① 댐 상류로부터 댐 하류에 이르는 가배수 터널을 설치하여 이곳을 통해 하천의 유수를 전환시키고 하천을 전면체절하여 댐을 축조하는 방식

② 하천폭이 좁은 협곡지점에 적용

③ 댐 기초굴착을 전면적으로 실시할 수 있으므로 댐시공 작업이 용이

④ 터널굴착에 따른 공사기간과 공사비 소요

〈전체절방식〉

(3) 가배수로방식

① 하천의 한쪽 하안(河岸)에 붙여서 수로(水路)를 설치
하여 하천의 유수를 전환시키고 부분체절방식과 같
은 방법으로 댐을 축조하는 방식

② 하천폭이 넓고 유량이 많지 않은 곳에 적용

③ 공사기간이 짧으며 공사비 저렴

④ 부분체절방식과 마찬가지로 댐 시공을 전면적으로
실시하는 것이 불가능

〈가배수로방식〉

4 유수전환방식 비교표

구분	전체절	부분체절	가배수로
개요	• 하천 유량을 가배수터널로 유도하여 처리하고 하천의 상·하류에 전면 물막이를 설치 • 물막이 내부에서 기초 굴착과 제체공사를 수행	• 하천의 1/2 정도에 가물막이를 하여 유수를 다른 쪽으로 유도하고 물막이 내부에서 제체를 축조 • 제체가 축조되면 유수를 다시 전환시키고 나머지 구간의 제체를 축조	• 기존 하천의 일부분을 암거 등으로 막아 가배수하고 기초 굴착 및 제체를 축조 • 하천의 유량이 매우 적은 경우에 적용
지형	• 하폭이 좁은 계곡 지형 • 하천이 만곡되어 터널 설치에 유리한 지형에 적용	• 하폭이 넓은 곳 • 하천 유량이 적은 곳	• 하폭이 넓은 곳 • 하천 유량이 적은 곳
장점	• 전면 기초굴착이 가능 • 완공 후에 가배수터널을 취수, 방류시설로 사용 • 콘크리트댐에 주로 적용 • 물막이는 공사용 도로로 사용 • 필댐에서 댐의 일부로 이용	• 가배수터널의 시공이 곤란한 경우에 유리 • 콘크리트댐이나 표면 차수형 댐에 적용 • 공기와 공사비에서 유리	• 공기가 짧아서 유리 • 공사비 저렴
단점	• 공기가 길어짐 • 공사비 고가	• 홍수 처리대책이 필요 • 전면적인 기초공사 불가능	• 가배수시설의 설치와 폐쇄가 필요 • 전면적에서 기초공사가 곤란

5 가물막이의 위치와 높이

(1) 댐의 축, 구조, 굴착선이 변경되어도 지장이 없도록 가물막이의 위치를 결정하고, 굴착 및 운반, 제체 축조 등에 필요한 작업공간을 확보한다. 가물막이의 위치는 기초에서 발생한 누수가 제체 터파기에 지장이 없도록 침투수를 고려하여 선정한다.

(2) 상, 하류의 가물막이 높이는 계획유량이 유하할 때의 상·하측 수위를 고려하여 결정하며 필댐의 상류측 가물막이 높이는 약 40~60m로 한다.

(3) 가물막이 높이

재료	가물막이의 상류측 높이
콘크리트 구조물	가배수로 상류측 설계수위 + (0.5~1.0m)
토석 구조물	가배수로 상류측 설계수위 + (1.0~2.0m)

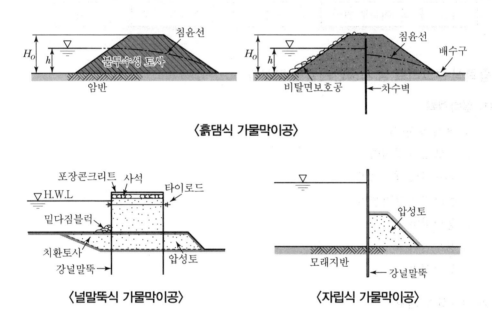

〈흙댐식 가물막이공〉

〈널말뚝식 가물막이공〉   〈자립식 가물막이공〉

6 결론

유수전환방식 선정 시에는 공사기간 동안 발생되는 홍수량을 고려해야 하며 가배수로(터널) 시공 시 주요 재해가 발생됨을 고려한 안전한 설계 및 시공관리가 필요하다.

1 개요

중력식 댐은 Mass 콘크리트를 사용해 단기간에 제체를 축조하는 방법으로 콘크리트 배합 및 운반, 타설을 위한 계획 및 타설 시 콘크리트 품질을 확보하기 위한 품질관리계획이 중요하다.

2 중력식 콘크리트 댐 시공순서

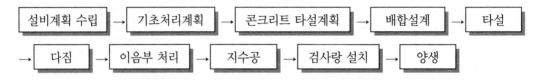

설비계획 수립 → 기초처리계획 → 콘크리트 타설계획 → 배합설계 → 타설
→ 다짐 → 이음부 처리 → 지수공 → 검사랑 설치 → 양생

3 중력식 콘크리트 댐 시공단계별 세부사항

(1) 설비계획

① 골재 생산설비
② 시멘트 저장설비
③ 콘크리트 생산설비
④ 콘크리트 운반설비
⑤ 동력설비
⑥ 용수설비
⑦ 통신설비

(2) 기초처리 계획

① 지반조사 : Lugeon Test, 토질시험
② 공법선정 : 기초 Grouting(Consolidation, Curtain, Contact, Rim Grouting)

(3) 콘크리트 타설계획

① Block 분할타설

큰 규모 Dam의 경우 제체의 종횡으로 Block을 분할해 순차적으로 타설

② Layer 타설

중소규모 Dam의 경우 제체 전단면에 대해 동시에 타설

③ Lift 분할

제체의 구조적 안정 및 시공성 확보 및 인접 Block과의 온도차 저감공법

4 중력식 콘크리트 댐 시공 시 유의사항

(1) 타설

① 각 층의 두께는 40~50cm 정도로 타설

② 1Lift는 연속적으로 타설할 것

③ Lift 간 타설시간 간격은 1주일 이상

(2) 다짐

① 대형고주파 진동다짐

② Vibrator 진동다짐

(3) 이음부

세로이음에 Grouting

(4) 지수공

① **지수판** : PVC, 동판 등을 이용 Dam 상류단으로부터 1m 정도에 배치

② **배수공** : 배수공 내 이물질 침입방지 조치

5 중력식 콘크리트 댐의 안전 조치사항

(1) 전담 안전관리자 배치

(2) 표준신호체계 지정 및 준수

(3) 개인 보호구 착용

(4) 악천후 시 작업중지

(5) 사용장비 안전수칙 준수

6 결론

중력식 콘크리트 댐은 콘크리트가 주재료가 되는 공법으로 콘크리트의 품질 관리가 중요하다. 특히, 유의해야 할 사항은 누수발생 방지를 위한 이음부 시공 및 안정성 확보이며, 이를 위해 수압에 대한 구조적 검토가 이루어지도록 해야 한다.

··· 05 검사랑

1 개요

「시설물의 안전 및 유지관리에 관한 특별법」상 다목적댐, 홍수전용댐, 저수용량 1천만 m³ 이상의 용수전용댐 등은 1종시설물에 해당되어 유지관리를 위한 안전진단 시 검사랑의 개념을 파악하는 것은 매우 중요하다.

2 검사랑의 활용

(1) 콘크리트 댐 내부의 하자 확인

(2) 양압력 발생량 확인

(3) 콘크리트의 열화 정도 확인

(4) 보수 및 보수작업

3 도해

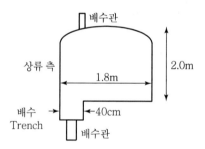

4 설치기준

(1) 상류 측에 설치

(2) 30m 간격으로 시공

(3) 침윤선의 유도역할도 하므로 배수관 시공

··· 06 Dam의 기초지반 처리

1 개요

댐의 기초지반 처리는 지반강도를 증가시켜 기초지반의 차수성 향상 및 변형을 방지하기 위해 실시하는 것으로 기초암반처리공법과 연약층처리공법으로 분류된다.

2 Dam의 기초지반 처리목적

(1) 투수성 차단

① 양압력 저감

② 제채재료의 유실 방지

③ 지반파괴의 방지

④ 저수량 손실 방지

(2) 지반의 역학적 성질 개량

① 지반의 일체화

② 강도 증대

③ 변형 방지

3 Dam의 기초지반 처리공법 분류

(1) 기초암반처리에 의한 분류

① Consolidation Grouting

② Curtain Grouting

③ Rim Grouting

④ Contact Grouting

(2) 연약층 처리공법에 의한 분류

① 콘크리트치환공

② 추력전달구조공

③ Deweling공

④ 암반 ps공법

4 기초암반 처리

(1) 조사

① Lugeon test
- 암반 정리의 투수상태 시험을 실시해 설계 및 시공자료로 활용하는 방법
- 하상부 및 좌우, 댐의 최대수심 1/2~1.0배 깊이까지 실시
- 결과치를 Map으로 작성, 10kgf/cm 수압일 때 1m에 대한 매분의 투수량을 리터로 표시

② Test Grouting
- Dam site에 미리 Test Grouting을 실시한 후 Feed Back하여 설계에 반영
- Boring 기계의 직경 및 Bit의 종류 선정
- 시공속도 파악, 주입재료 선정 및 공간격의 형태 선정
- Grouting 종류에 따른 개량목표 설정

(2) Grouting 공법

Cement Milk, 점토, Bentonite, 화학약액 또는 고분말의 Cement를 사용해 1단식, Stage식, Packer식 등의 공법으로 Grouting

① Grouting 공법 종류

　㉠ Rim Grouting
- 댐 기초지반 이외 암반인 경우
- 저수부 누수 억제

　㉡ Contact Grouting
- 착암면 부근 공극 많을 때
- 댐과 암반 접촉부 사이 공극 메움

　㉢ Consolidation Grouting
- 암반 얕은 부분 절리 충전
- 기초변형 억제
- 지지력 증대
- 제체 접합부 지수성 향상

　㉣ Curtain Grouting
- 차수에 의한 저수효율 상승
- 기초암반 안정으로 침식 및 풍화 방지

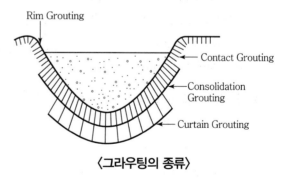

〈그라우팅의 종류〉

5 연약층 처리공법의 종류

(1) 콘크리트 치환공
연약층 제거 후 콘크리트로 치환해 강도 증대, 변형 억제, 수밀성을 확보하는 방법

(2) 추력전달구조공
Dam의 추력이 연약층을 관통해 견고한 암반에 전달되는 구조로 콘크리트구조 또는 Steel 구조를 기초암반에 설치하는 공법

(3) Doweling 공법
지반 전단, 마찰 저항력 향상을 위해 부분적으로 연약한 부위를 콘크리트로 치환해 기초지반 내 불규칙면을 처리하는 공법

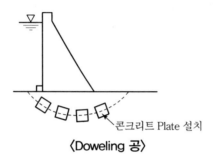

〈Doweling 공〉

(4) 암반 ps 공법
변형의 구속을 목적으로 암반을 천공해 공내에 ps강재를 삽입 후 Grouting하는 공법

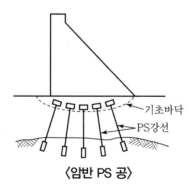

〈암반 PS 공〉

6 결론
댐의 기초지반처리의 목적은 차수 및 지반변형 방지가 목적이므로 기초암반부 처리 시에는 Lugeon Test에 의해 투수 정도를 확인하고 적절한 Grouting 공법을 선정해야 하며 시공 시에는 절리상태와 파쇄대 규모에 따라 1단식, Stage식, Packer식 공법을 적용해 시공한다.

··· 07 Dam이 생태계에 미치는 영향

1 개요

Dam 건설은 수몰지역 확대·산림 매몰·기후변화 등으로 주변 자연 생태계의 파괴로 인한 환경피해가 발생하므로, 사전에 환경영향평가를 철저히 하여 댐의 건설로 인하여 주변 환경에 미치는 영향을 최소화하여야 한다.

2 Dam의 분류

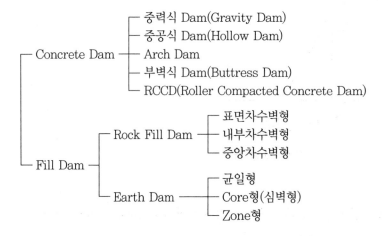

3 Dam이 생태계에 미치는 영향

(1) 수몰지역의 확대

(2) 주변 삼림 매몰

(3) 기후 변화

(4) 안개 발생

(5) 식물 발육 저하

(6) 서식지 파괴

(7) 기타

　① 습기에 의한 각종 세균 발생

　② 조류 서식지의 파괴

　③ 댐 하류지역 수량 감소로 인한 생태계 변화 및 수질오염

❹ 댐의 위치 선정 시 고려사항

댐의 지형, 지질, 지역사회적인 조건 등을 종합적으로 분석하여 위치를 결정하며 선정한 지역의 개발여건을 고려해야 한다.

(1) 개발목적의 적합성

개발 목적에 적절하고 개발효과가 있는 곳 선정

(2) 지형 및 지질조건

지형적으로 계곡의 폭이 좁고 댐의 상류가 넓어 다량의 저수가 가능한 지역으로, 암반상태가 양호하며 하상 퇴적물이 적고 적당한 기초처리로 암반의 보강이 가능해야 한다.

(3) 지역 사회적 조건

수목지역이 농지, 산지, 도로, 문화재, 천연기념물에 미치는 영향이 없으며 수몰지의 발생에 따른 보상 및 이주민 대책, 지역개발계획을 수립해야 한다.

(4) 시공조건

댐 재료 채취장소의 위치, 재료의 양과 질, 운송조건 등이 양호하고 공사 가설비의 설치, 진입로, 가물막이, 임시 배수로의 설치가 용이해야 한다.

(5) 환경보전

주위 자연환경과 조화가 이루어지도록 댐의 형식과 위치를 선정하고 저수의 부영양화 현상과 수몰된 식생의 부식에 따른 오염방지대책을 수립해야 한다.

댐의 누수 발생 방지대책 및 보수·보강

1 개요

(1) 댐의 누수는 기초부, 제체부 등의 시공부실과 유지관리 기준 미준수로 발생된다.

(2) 댐의 누수 발생은 저수효율의 저하로 인한 경제성 저하와 파이핑 현상으로 진전될 경우 제체의 붕괴가 초래될 수 있다.

2 댐의 종류

(1) **콘크리트댐** : 중력식, 중공식, 아치식, 부벽식, RCCD(롤러 컴팩티드 콘크리트댐)

(2) **필댐** : Zone형, 균일형, 표면차수형

3 누수현상 발생 부위별 분류

(1) 댐과 지반 접합부

(2) 지반

(3) 제체부

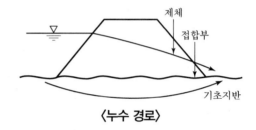

〈누수 경로〉

4 누수발생원인

(1) **콘크리트댐**

① **댐과 지반 접합부** : 그라우팅 시공 부실, 연약층 처리 부실

② **지반** : 지반개량 부실

③ **제체부** : 단면 부족, 콘크리트 조인트부 시공 부실

(2) **필댐**

① 부등침하

② 침하, 지진, 건조, 휨균열

③ 코어존 재료, 다짐불량

5 방지대책

(1) **기초지반(콘크리트, 필댐 공통)**

① **기초부 지반조사** : 단층, 파쇄대, 절리상황

② Lugeon Test

③ 적합공법 선정(Rim Grouting, Contact G, Curtain, Consolidation G)

(2) 콘크리트댐

배합재료 적정 사용, 배합설계 관리, 시공이음부 처리, 다짐, 양생

(3) 필댐

① 시방재료의 적합성
② 다짐기준준수

6 필댐의 코어존 기능

(1) 차수성 확보, 균일한 강도 유지

(2) 재료관리

① **토취장** : 유기물 혼입, 함수량, 입도관리
② **벌개제근** : 초목뿌리 혼입 방지
③ **입도관리** : 적정 입도 관리
④ **투수계수 관리** : 차수성 확보

(3) 시공유의사항

① OMC 관리
② 축방향 다짐
③ 구배기준 준수(우수 시 배수 차원의 성토면 구배)
④ 재료분리 방지
⑤ 시공이음부 중복다짐
⑥ 성토속도관리
⑦ 동절기 시공 시 1m 정도의 여분포설로 표면부 동상 방지
⑧ 강우 예상 시 성토재료 반입중지
⑨ **코어관리** : 중차량 제한으로 코어변형 방지

7 누수 발생 시 보수보강

(1) 시설물 관리등급에 따라 정기안전점검, 정밀안전점검, 정밀안전진단 후 구조적 결함 발견 시 보강공법 시공
(2) 비구조적 결함 발생 시 보수공법 시공

8 대책

차수벽, 제체폭 확대, 수위차 저감, 그라우팅, 비탈면피복, 압성토, 블랭킷(Blanket) 시공

1 개요

Fill Dam에서의 Piping 현상이란 Dam의 누수에 의해 물의 통로가 생기면서 토립자의 누출로 세굴되어 Pipe 모양으로 통로가 발생되는 현상을 말한다.

2 Piping 현상의 원인

(1) 기초지반

① Dam의 기초경계부와 제체(堤體)의 접촉 불량

② 투수성(透水性) 기초지반의 처리 불량

③ 기초암반의 단층 또는 파쇄대의 지지력 부족으로 인한 부등침하

④ Grouting의 간격, 주입압 등의 불량

⑤ 누수에 의한 세굴

(2) 제체부

① 단면 부족

② Filter 층의 설계 및 시공불량으로 인한 누수

③ 제체(堤體) 재료의 부적합

④ 다짐불량으로 인한 침투수 침입

⑤ Filter 층 시공불량으로 인한 누수

⑥ 나무뿌리, 두더지, 게 등에 의한 제체의 구멍

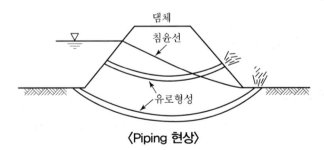

〈Piping 현상〉

3 침윤선의 활용

(1) 제내지 배수층 설치 위치

(2) 제방폭 결정

(3) 제방의 거동 파악

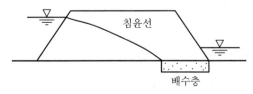

〈Fill 댐의 침윤선〉

4 Piping 현상의 방지대책

(1) 기초지반 대책

① 기초부위 지반조사

② Dam의 기초경계부와 제체(堤體)의 접착 부분에 대한 정밀 시공

③ **투수성 암반의 처리**

    ㉠ 불투수성 기초까지 굴착하여 차수벽을 넓게 축조

    ㉡ 차수벽(Sheet Pile, Concrete 등)을 불투수층까지 도달시킬 것

    ㉢ Dam 상류방향에 불투수성 Blanket 설치

④ Grouting

    ㉠ Curtain Grouting

      • 기초 내부의 필요한 범위에 Grouting하여 침투수량·간극압 저감

      • 기초 암반에 침투하는 물을 방지하기 위한 차수 목적으로 시공

    ㉡ Consolidation Grouting

      • 기초 암반의 지지력을 증대시키기 위해 Dam의 기초면이 되는 범위의 암반표면 부근에 시공

      • 기초 암반을 보강하여 지지력 향상이 목적임

(2) 제체부 대책

① 제방폭의 확대

② 제체(堤體)에 적합한 재료 선정

③ 다짐을 철저히 하여 침투수 투입 방지

④ 돌붙임, 떼붙임 등 비탈면 피복공으로 제체(堤體)의 침식, 재료유실 방지

⑤ 제체(堤體) 중앙에 차수벽 설치

⑥ Filter 층의 시공을 철저히 하여 토립자의 유출 방지

⑦ 불투수 Blanket 시공

⑧ 차수 Grouting 시공

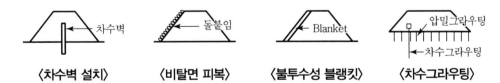

〈차수벽 설치〉　　〈비탈면 피복〉　　〈불투수성 블랭킷〉　　〈차수그라우팅〉

5 Fill Dam의 종류

구분	모식도	특징
균일형	투수 존 / 불투수 존 / 드레인	• 비탈면 보호재를 제외한 제체를 균일한 재료로 축조 • 제체 전단면이 차수 및 안정 유지
Zone형	불투수 존 / 투수 존 / 반투수 존	불투수성 존의 수평폭이 그 위치의 댐 높이보다 크거나 4m 이상 확보
Core형	코어	• 불투수성 재료를 심벽에 시공 • 댐 높이가 높을수록 유리함
표면차수형	포장 / 투수 존	• 댐 상류사면을 철근 콘크리트 등의 차수 재료로 시공 • 소단면에서 경제적 • 침하 위험, 내구성 낮음

6 결론

(1) Fill Dam의 제체부 또는 기초지반에서 발생되는 파이핑 현상은 재료 특성상 파괴현상의 전조현상으로 댐 안정성에 매우 치명적이다.

(2) 파이핑 현상의 방지대책으로는 기초지반의 Grouting 공법과 제체부의 보강공법이 있으며, Zone형과 Core형의 경우 불투수 재료의 상태 점검이 난해하므로 시공 시 재료 선정에 유의한다.

···10 잔류수압

1 개요

벽체의 투수성이 적은 경우 수위 급강하 시 전면부 수위저하량에 비해 배면에 작용하는 수압을 말하며, 잔류수압이 큰 경우 파이핑 현상에 의한 토사유실 및 제체부 부등침하 등에 의한 댐의 안전성을 저해하는 요인으로 작용한다.

2 도해

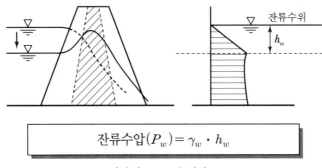

$$잔류수압(P_w) = \gamma_w \cdot h_w$$

여기서, h_w : 수위차
γ_w : 흙의 수중단위중량

3 발생원인

(1) 댐체의 수밀성 저하
(2) 제체부 투수성 저하 시 배면수위의 변화지연
(3) 제체 전면부와 배면의 수위차

4 방지대책

(1) 사면경사도 조정
(2) 암반부 발파작업 시 그라우팅부 손상 방지
(3) 수압할렬 발생 억제조치

┉ 11 수압할렬

1 개요

댐의 담수 시 댐체의 임의점에서 수압이 유효수평응력보다 크게 될 경우 제체가 할렬되는 현상으로 유지관리단계에서 부등침하와 응력의 전이가 발생되지 않도록 관리하는 것이 중요하다.

2 도해

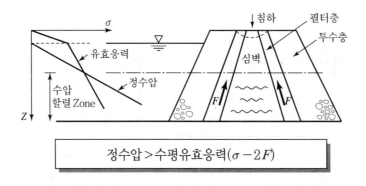

$$정수압 > 수평유효응력(\sigma - 2F)$$

3 발생원인

(1) 부등침하
(2) 응력전이

4 방지대책

(1) 적정한 필터재의 선정
(2) 습윤 측 다짐
(3) 심벽 폭 증대
(4) 검사랑 시공
(5) 수위 하강

··· 12 부력(Buoyancy)과 양압력(Uplift Pressure)

1 개요

(1) 부력이란 지하수위 아래 물에 잠긴 구조물 체적에 대해 정수압으로 상향으로 작용하는 힘으로 분포가 선형적으로 발생한다.

(2) 양압력이란 지하수위 아래에 있는 구조물 하부에 상향으로 작용하는 물의 압력으로 미선형적인 분포를 보이며 유선망에 의해 크기가 달라진다.

2 댐에서의 부력과 양압력

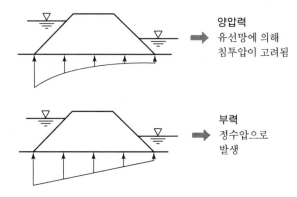

3 방지대책

(1) 영구 Anchor

(2) 사하중 증대

(3) 부력 Anchor

(4) 배수처리

(5) 댐 상류층에 지수벽 설치

(6) 차수 그라우팅

(7) 하류 검사공내에 감압공 설치

(8) 내부수압 측정장치 설정

CHAPER

05

제방 · 호안 · 방파제

··· 01 제방의 붕괴 원인과 방지대책

1 개요

(1) '제방(Dyke : 둑)'이란 수류를 일정한 유로 내로 제한하고 하천(河川)의 범람을 방지할 목적으로 축조되는 구조물을 말한다.

(2) 제방의 붕괴원인은 기초지반 및 제방체의 누수로 인한 Piping 현상이 주원인으로 이에 대한 설계·시공 시의 검토 및 적정한 누수방지대책이 필요하다.

2 제방의 표준단면 및 명칭

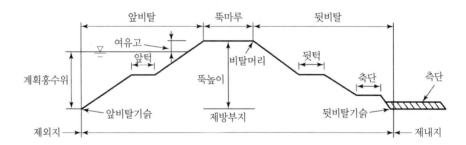

3 제방 축제재료의 조건

(1) 흙의 투수성이 낮을 것
(2) 흙의 함수비가 증가되어도 비탈이 붕괴되지 않을 것
(3) 초목의 뿌리 등 유기물이나 율석 등의 굵은 자갈이 포함되지 않을 것

4 제방의 붕괴 원인

(1) 기초지반의 누수
(2) 제방폭의 과소
(3) Piping 현상 발생
(4) 표토재료의 부적정
(5) 제방 비탈면의 다짐불량
(6) 차수벽(지수벽) 미설치

5 제방의 부위별 붕괴 방지대책

(1) 기초부

① 차수벽 설치

② 기초지반 처리

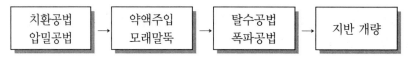

③ 지수벽 설치

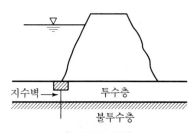

〈지수벽 설치〉

④ **약액주입** : 지반에 약액을 주입하여 지반의 투수성을 감소시킨다.

(2) 제방 본체

① **제방단면 확대**

제방단면의 크기를 충분하게 하여 침윤선의 길이를 연장시켜야 한다.

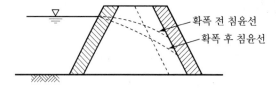

② **제체재료 선정 유의**

제체재료는 가급적 투수성이 낮은 재료를 사용하여 투수계수를 저하시켜야 한다.

③ **비탈면 피복**

제방과 제내지 또는 제외지가 접히는 부분을 불투성 표면층으로 피복하여 침투수를 차단
한다.

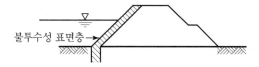

④ **압성토 공법**

침투수의 양압력에 의한 제체 비탈면의 활동을 방지할 목적으로 시행하며 기초지반의 통과
누수량이 그대로 허용되는 경우에 적용한다.

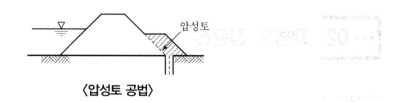

〈압성토 공법〉

⑤ Blanket 공법

제외지 투수성 지반 위에 불투수성 재료나 아스팔트 등으로 표면을 피복시켜 지수효과를 증대시킨다.

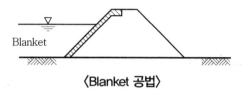

〈Blanket 공법〉

⑥ 배수로 설치

불투수층 내에 배수로를 만들어 침투수를 신속히 배제시킴으로써 침윤선을 낮춘다.

〈배수로 설치〉

⑦ 비탈면 보강공법

제내지 비탈 끝 부분에 작은 옹벽을 설치하여 침식을 방지한다.

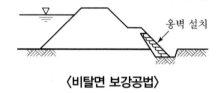

〈비탈면 보강공법〉

6 결론

(1) 제방의 붕괴는 비탈면의 붕괴 또는 누수로부터 발생되므로 시공 시 제체 및 기초부 토질에 대한 사전조사가 철저히 실시된 후 적절한 공법이 선정되어야 한다.

(2) 또한, 제방에서 발생되는 파이핑 현상은 제방붕괴에 가장 큰 위험요소이므로 침투압, 유선망, 투수량 등의 검토로 방지대책을 수립해야 한다.

1 개요

제방이나 댐 등의 지중 침투수의 유선 중 최상부 유선인 자유수면을 나타내는 선으로 압력수두가 '0'인 상태의 점을 연결한 선을 말한다.

2 작도목적

(1) Quick Sand, Boiling, Piping 방지   (2) 유량의 측정
(3) 유선의 집중 검토   (4) Core Zone 두께의 결정
(5) 제방의 안전성 검토

3 침윤선 도해

(1) **유선** : 흙속을 침투하여 물이 흐르는 경로($\overline{BC}$, $\overline{AD}$)
(2) **등수두선** : 수두가 같은 점을 연결한 선($\overline{EF}$, $\overline{GH}$)
(3) **유로** : 인접한 유선 사이에 낀 부분
(4) **등수두면** : 등수두선 사이에 낀 부분
(5) **침윤선** : 유선 중 최상부의 유선

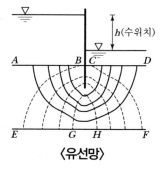

〈유선망〉

4 침윤선 저하공법

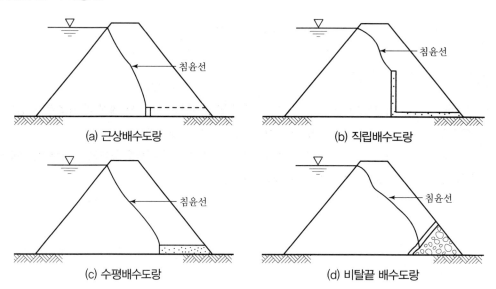

〈배수 형식별 침윤선 유도 방법〉

··· 03 호안의 붕괴원인과 대책

1 개요

호안이란 제방 또는 하안을 유수에 의한 파괴와 침식으로부터 직접 보호하기 위해 제방 앞비탈에 설치하는 구조물로서 비탈면 덮기공, 비탈면 멈춤공, 밑다짐공으로 이루어지며 세굴 방지에 유의해서 시공해야 한다.

2 호안의 구조

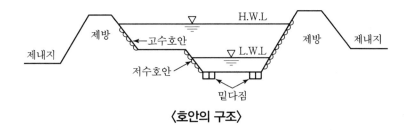

〈호안의 구조〉

(1) 비탈면 덮기공

① 하안 및 제체의 세굴 방지

② 떼붙임, 돌망태공, 돌쌓기공 시공

③ 체제 내로의 물 유입 방지

④ 콘크리트 블록공, 돌붙임공 시공

⑤ 흙막이로서 제방의 붕괴 방지 역할

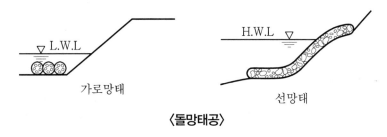

〈돌망태공〉

(2) 비탈면 멈춤공

비탈면 덮기공의 지지로 활동붕괴의 방지
(콘크리트기초, 널말뚝시공)

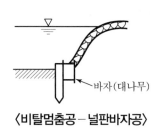

〈비탈멈춤공 – 널판바자공〉

(3) 밑다짐공

① 하안의 세굴 방지 및 호안 기초공 안정도모

② 사석공, 돌망태공, 토목섬유매트시공 등

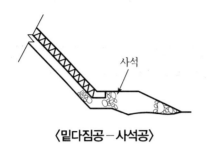

〈밑다짐공 – 사석공〉

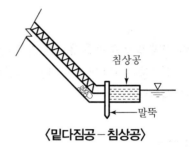

〈밑다짐공 – 침상공〉

③ 호안의 종류

(1) 고수호안

홍수 시 비탈면보호, 하상세굴의 억제 위해 설치

(2) 저수호안

저수로의 고정 위해 설치, 고수부지의 파랑을 방지하기 위해 설치

(3) 제방호안

직접제방을 보호하기 위하여 시공(홍수 시 수충부, 제방근접저수로)

④ 호안 붕괴 원인

(1) 기초의 세굴

① 세굴에 따른 기초 부분의 파괴에 따른 붕괴

② 기초 깊이 부족 및 밑다짐 시공불량

(2) 뒤채움 토사의 유출

① 토사유출에 따른 공동으로 비탈 덮개파괴

② 수위 하강 시 간극 수압에 따른 토사의 유출

(3) 유수에 따른 비탈 덮개의 파괴

① 급류 하천서 발생

② 돌붙임공 작은 사석의 사용 시 발생

(4) 구조 이음눈 미설치
(5) 제방 머리부 세굴

(6) 급격한 유로 변화 위치에서의 제방세굴 침식 발생

(7) Piping현상

(8) 구조물 접합부 시공불량

5 호안 붕괴 방지대책

(1) 하상조사

① 제방 설계 시 하상 조사

② 세굴 예방 밑다짐 실시

(2) 비탈면 안정 검토

① 하천의 유속 수위 변동 고려 비탈구배 선정

② 구배 설계 시 완만한 비탈 설계

(3) 신·구 제방의 접속부 층따기 시공 시행

(4) 제방머리 보호공

(5) 소단의 설치

(6) 수제의 설치

(7) 세굴방지공 설치

(8) 비탈면 덮기공 설치

(9) 비탈멈춤공 설치

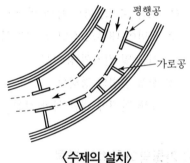

〈수제의 설치〉

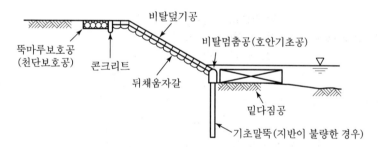

6 결론

하천제방의 붕괴는 인근 지역에 미치는 영향이 매우 크므로 축조 공사 시 사전조사와 홍수량 조사 등을 철저히 해야 하며 정기점검으로 호안시설의 유지·관리가 이루어지도록 하는 것이 중요하다.

가물막이공법(가체절공법)

1 개요

(1) '가물막이(가체절 : 架締切)'란 하천·해안 등의 수중 또는 물에 접하는 곳에 구조물 축조 시 물막이 내부를 Dry 상태로 하기 위한 가설구조물을 말한다.

(2) 가물막이는 댐·교각의 기초·하천·항만의 접안시설 등에 이용되며, 가물막이공법은 크게 중력식·강널말뚝식·셀식으로 나눌 수 있으며, 공사 시 토질조사·수위·조류·유속·파도 등의 사전조사를 실시하여 시공계획을 수립하여야 한다.

2 가물막이공법 선정 시 고려사항

(1) 토압, 수압, 파도 등의 외력에 대한 안전성

(2) 물막이 내부의 작업성·안전성

(3) 시공 및 철거의 용이성

(4) 선정 공법의 경제성

(5) 주변 환경에 대한 영향(건설공해)

3 가물막이공법의 분류

(1) 중력식(Gravity Type)

① 댐식(Dam Type : 토사축제식)

- 토사를 축제(築堤)하여 물막이를 하는 방법으로, 공기가 짧을 때 사용한다.
- 구조가 단순하고 넓은 용지가 필요하며 수심이 얕은(3m 이내) 공사에 유용하다.

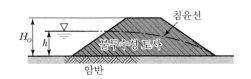
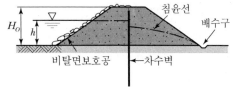

〈흙댐식 가물막이공〉

② 케이슨식(Caisson Type)
- 지상에서 밑이 막힌 Box형의 철근콘크리트 구조물을 제작하여 소정의 위치에 침하시켜 속채움을 하는 방법으로, 안정성이 높다.
- 수심이 깊어 널말뚝의 투입이 어려울 때 적용하며, 공사비가 고가(高價)이다.

③ 셀룰러 블록식(Cellular Block Type)
- 철근콘크리트제 Box 모양의 셀룰러 블록(Cellular block)을 사용하여 속채움을 하는 방법으로, 소규모 물막이공사에 유용하다.
- 파랑(波浪)·조류조건이 나쁠 때 적용하며 연약지반에는 부적합하다.

(2) 강널말뚝식(Steel Sheet Pile Type)

① 한 겹 강널말뚝식(보통 강널말뚝식)
- 강널말뚝을 타입 후 버팀대(Strut)·띠장(Wale)을 설치하여 수압에 저항하는 방식으로, 소규모 물막이공사에 유용하다.
- 흙막이와 같은 구조로 양호한 지반에 적용하며 교각 기초에도 가능하다.

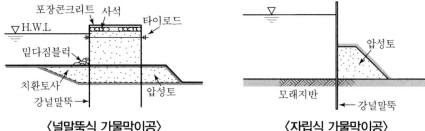

〈널말뚝식 가물막이공〉 〈자립식 가물막이공〉

② 두 겹 강널말뚝식(이중 강널말뚝식)
- 강널말뚝을 2열로 타입 후, 2열 강널말뚝 사이에는 띠장(Wale)·Tie Rod(강봉)로 견고하게 연결한 후 모래·자갈 등으로 속채움하는 방식이다.
- 수심이 깊은 곳과 대규모 물막이공사에 사용하며 교각 기초로도 유용하다.

③ Ring Beam식
- 원형으로 강널말뚝을 타입하고 버팀대(Strut)·띠장(Wale)을 사용하지 않고 원형의 Ring Beam으로 지지하는 방식으로, 교각 기초용으로 활용된다.
- 시공속도가 빠르고 경제적이나, 세밀한 시공관리가 필요하다.

(3) 셀식(Cell Type)

① 강널말뚝 셀식(Steel Sheet Pile Cell Type)
- 직선형 강널말뚝(Straight Steel Sheet Pile)을 원형으로 타입 후 그 속을 토사로 속채움하는 방식으로, 안전성이 높다.
- 수밀성이 양호하며, 강널말뚝의 타입이 곤란한 얕은 암반상에 유용하다.
- ※ 직선형 강널말뚝(Straight Steel Sheet Pile) : 직선형 판모양의 널말뚝으로 이음부에서 10° 정도의 굴절이 가능하며 연결해 붙이면 원형의 구조물을 만들 수 있다.

② 파형강판 셀식(Corrugated Cell Type)
- 공장에서 파형주름의 강판으로 Cell을 제작하여 운반용 Crane선으로 소정의 위치에 설치 후 토사로 속채움하는 방법으로, 시공이 간단하다.
- 수심 10m 정도까지 시공이 가능하며, 안전성이 뛰어나다.

4 가물막이공법에 의한 시공 시 유의사항

(1) 댐식(토사축제식) 가물막이의 하부지반 및 제체(堤體)의 누수발생률을 억제시켜 파이핑(Piping) 현상 방지
(2) 속채움 재료로는 양질의 모래, 자갈 등 사용
(3) 가물막이의 속채움 작업 시 벽체의 변형방지
(4) 강널말뚝(Steel Sheet Pile)은 수직도를 유지함
(5) 강널말뚝의 이음부를 완전히 폐합하여 수밀성을 향상시킴
(6) 강널말뚝 타입 시 근입깊이를 깊게 하여 Boiling, Heaving 현상이 발생되지 않도록 함
(7) 강널말뚝은 타입 완료 후 즉시 버팀대(Strut), 띠장(Wale) 등을 설치하여 변형 방지
(8) 파형강판 셀을 설치 후 셀(Cell) 둘레에 누름토를 시공하여 안정성을 확보함

5 결론

가물막이는 하천이나 해안 등에 구조물 시공 시 Dry Work이 가능하도록 설치하는 가설구조물로 안전성 저하 시 재해발생 위험이 매우 높은 구조이므로, 시공 시 재해방지를 위한 안전시설의 확보가 중요하다.

방파제(Breakwater)

① 개요

(1) '방파제(防波堤 : Breakwater)'란 항만시설이나 선박을 외해(外海)의 파도로부터 보호하기 위한 외곽시설을 말한다.

(2) 방파제는 구조상 경사제(傾斜堤)·직립제(直立堤)·혼성제(混成堤)로 나누어지며, 자연조건·배치조건·시공조건·공사비·공사기간·이용조건·유지관리 등을 고려하여 적정한 방파제를 선정하여야 한다.

② 항만 외곽시설의 종류

(1) 방파제(防波堤 : Breakwater)

항만시설이란 선박을 외해(外海)의 파도로부터 보호하는 구조물

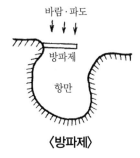

〈방파제〉

(2) 방사제(防砂堤 : Groyne)

해안선으로부터 먼 바다쪽으로 돌출하여 해안선의 흐름을 약화시켜 표사(漂砂)를 저지하여 항만이 얕아지는 것을 방지하기 위한 구조물

(3) 방조제(防潮堤 : Sea Dyke)

간석지를 바다로부터 보호하기 위하여 축조하는 제방

(4) 호안(護岸 : Revetment)

하안(河岸) 또는 제방(堤防)을 하천(河川)의 유수에 의한 침식과 침투로부터 보호하기 위하여 제방의 경사면이나 밑부분 표면에 시공하는 구조물

(5) 기타

수문(水門 : Sluice Gate), 갑문(閘門 : Lock Gate), 도류제(導流堤 : Traning Levee) 등

③ 방파제의 설치목적

(1) 파랑(波浪), 조류(潮流)에 의한 표사(漂砂)의 이동 방지

(2) 하천 또는 외해(外海)로부터의 토사 유입을 방지하여 수심 유지

(3) 해안의 토사 유출 방지

(4) 바람과 파랑을 방지하여 항만시설, 선박 등을 보호

4 방파제의 분류

(1) 경사제(傾斜堤 : Mound Type Breakwater)

① 바다 쪽의 물배면이 경사진 방파제로 경사는 1 : 0.5 이상이며 주로 경사면에서 파력(波力) 을 소실시킴

② 수심이 얕은 장소에 소규모 방파제로 이용

③ 연약지반에 적합하고 시공이 간단

④ 유지보수가 직립식, 혼성식에 비해 용이

⑤ **경사제의 종류** : 사석식 경사제, Black식 경사제 등

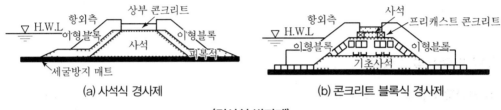

(a) 사석식 경사제　　　　　(b) 콘크리트 블록식 경사제

〈경사식 방파제〉

(2) 직립제(直立堤 : Upright Breakwater)

① 항만 내로 파랑(波浪)이 들어오는 것을 방지하기 위하여, 해저면으로부터 직립시켜 파랑 (波浪)의 Energy를 반사시키는 방파제

② 지반이 견고하고 세굴의 염려가 없는 장소 채택

③ 제체(堤體) 전체가 일체로 되어 있기 때문에 파력(波力)에 강함

④ 방파제의 안쪽은 계류시설로 사용 가능

⑤ **직립제의 종류** : Caisson식 직립제, Block식 직립제, 셀룰러 블록식 직립제 등

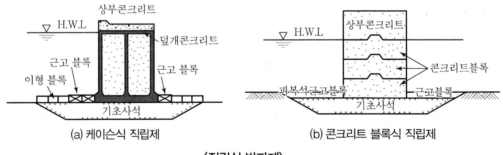

(a) 케이슨식 직립제　　　　　(b) 콘크리트 블록식 직립제

〈직립식 방파제〉

(3) 혼성제(混成堤 : Composite Breakwater)

① 사석제와 직립제의 특징을 겸하여 하부의 사석부를 기초로 하고 상부를 직립방파제로 얹은 방파제

② 수심이 깊은 곳에 적당

③ 연약지반에 적용하며 공사비가 절약됨

④ 상부 직립부에서 파력(波力)을 소실시킴

⑤ 혼성제의 종류 : Caisson식 혼성제, Block식 혼성제, 셀룰러 블록식 혼성제 등

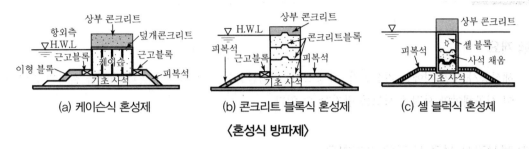

(a) 케이슨식 혼성제   (b) 콘크리트 블록식 혼성제   (c) 셀 블럭식 혼성제

〈혼성식 방파제〉

5 방파제 시공 시 유의사항

(1) 기초지반이 연약한 경우 치환공법, 샌드드레인공법, 재하공법(압밀공법) 등을 이용하여 연약 지반 개량

(2) 사석재료는 풍화파괴가 없는 경질의 재료 사용

(3) 본체는 방파제의 주체가 되므로 철저한 시공관리

(4) 직립부 상부의 덮개콘크리트는 파랑의 영향으로 속채움재 유출, 측벽의 파손 등이 발생하므로 거치 후 조속히 덮개콘크리트 타설

(5) 혼성제는 기초부와 직립부의 경계가 세굴되기 쉬우므로 아스팔트 매트, 합성수지계 매트 등으로 보호

(6) 혼성제의 사석부는 요철이 없도록 고른 후 직립부를 거치하여 편심하중 방지

(7) 공사 중 파랑(波浪)에 의한 재해가 발생하는 일이 없도록 기상 사정과 공정관계에 대하여 주의할 것

(8) 주변환경에 대한 영향을 고려하여 축조

6 결론

방파제는 파랑에 의한 항만시설이나 선박 등을 보호하기 위해 시공되는 것으로 경사제, 직립제, 혼성제 등으로 구분된다. 근래 저렴한 재료의 구득이 쉽지 않은 관계로 점차 수심에 관계없이 직립제의 시공이 보편화 되고 있으므로 보다 효율적인 공법의 개발과 안전대책의 수립이 요구된다.

··· 06 해상공사 시공 시 유의사항과 안전대책

🔟 개요

해상공사 시공 시에는 기상조건, 해상조건, 위험물탐사, 수심측량 등 안전대책을 철저히 준비하여 시공해야만 사전에 사고를 방지할 수 있다.

2️⃣ 해상공사 시공 시 주요 관리항목

(1) 기상 및 해상관리
(2) 시공정밀도관리
(3) 공정관리, 규격관리
(4) 안전관리, 환경관리

3️⃣ 기상 및 해상관리

(1) 기상조건

① 바람 : 풍속 15m/sec 이상은 작업중지
② 강우 : 일 강우량 10mm 이상은 작업중지
③ 안개 : 시계 1km 이하에서는 작업선박 운행중지

(2) 해상조건

① 파도 : 작업의 파고한계는 0.8~1.0m, 그 이상은 작업중지
② 조류 : 조류속도 2~4노트 이상은 작업중지
③ 조위차 : 시간별·일자별 조위차 관리를 통한 사전작업 가능 여부 검토

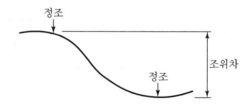

4️⃣ 해상공사의 시공정밀도 관리

(1) 측량

① 위치측량
  • 항내 : 물표 설정, 트랜싯 측량

- **항외** : 전자파에 의한 측량
- **육상에 별도의 기준점 설정하여 위치 측량**

② **수심측량**
- **협소한 장소** : Lead(중추)에 의한 측량
- **일반적인 장소** : 음향측심기에 의한 초음파 이용
- 조위기록에 의하여 LLW(기준면)에 대한 수심 보정
- 시간대별 정조, 만조 등 수심 확인이 중요함

(2) 위험물탐사

① 자기탐사장치에 의한 탐사
② 음향측심기에 의한 탐사
③ 탐사 후 위험물 발견 시는 시공전 위험물의 사전 제거

5 해상공사의 공정관리

(1) 계절별, 지역별 특성을 고려한 공정계획 수립
(2) 기상 및 해상조건 고려
(3) 작업량, 공법 적용성 검토
(4) 시공성, 장비 적용성 검토
(5) 공사진행상황 분석
(6) 진도관리

6 해상공사 시 안전대책

(1) 기상 및 해상변화에 대한 기상예보관리
(2) 안전교육 및 돌발적 상황에 대한 훈련
(3) 작업구역 준수
(4) 작업시간, 장소는 항만당국에 사전 통보
(5) 항행선박의 안전항행 관리
(6) 피항지 숙지 및 사전답사
(7) 작업으로 인한 폐기물 수거관리
(8) 어장, 양식장에 대한 피해 여부 관리
(9) 오탁방지막시설 설치 및 관리
(10) 안전표지판 및 신호체제 확립, 설치

··· 07 Caisson식 혼성방파제

1 개요

Caisson식 혼성방파제는 수심이 깊고 연약지반일 경우 기초지반의 조건에 따라 지반처리를 하고 사석기초 위에 직립부 Caisson으로 시공하는 방식으로 경사제와 직립제의 혼합형이며 시공 시에는 기초지반의 세굴 방지, 상부구조물 하중분산 등을 고려해야 한다.

2 Caisson식 혼성방파제의 종류

(1) Caisson식 혼성제
(2) Block식 혼성제
(3) Cellular식 혼성제
(4) Concrete 단괴식 혼성제

3 구조도

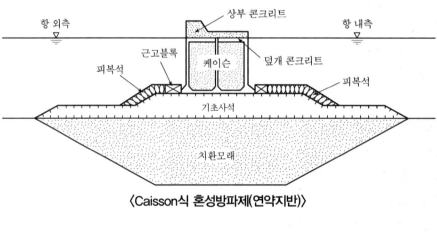

〈Caisson식 혼성방파제(연약지반)〉

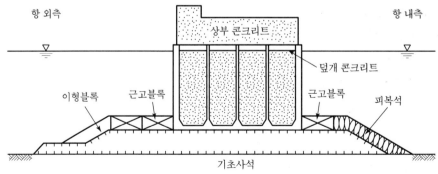

〈Caisson식 혼성방파제〉

❹ 특징

(1) 연약지반에도 시공이 가능하다.

(2) 수심이 깊은 곳에도 적합하다.

(3) 상부의 직립부가 사석의 산란을 억제한다.

❺ 시공순서 Flow Chart

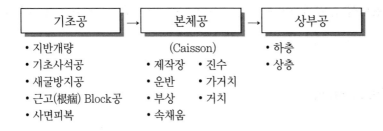

❻ 기초공

(1) 지반개량공

① 상부의 하중을 충분히 지지할 수 있는 지지력 확보

② 공법종류

- 치환공법 : 모래로 치환하는 공법
- 재하공법 : 사석을 재하하는 공법
- 표층보강공법 : 토목섬유와 철망으로 보강하는 공법
- 혼합공법 : DCM(시멘트밀크심층혼합공법)

(2) 기초사석공

① 직립부를 거치하기 위해 사석부는 공극을 메워야 하며 요철 방지에 유의할 것

② 변형이 생기지 않는 충분한 강도와 형상을 가진 재료 사용

(3) 세굴방지공

① 세굴이나 흡출될 염려가 있을 때는 비탈 기슭에 소단을 두며, 경사 Block, 아스팔트 Mat, 합성수지 Mat 등으로 보호(기초지반에는 투수성 Mat, 사면에는 불투수성 Mat 시공)

② 사석으로 축조(1000kg/EA)

(4) 근고Block공

직립부 외항 측에 2개, 내항 측에 1개 이상 거치해 사석부 세굴 방지

(5) 사면피복공

① Caisson제 전면이 수평부에서부터 방파제 법선과 사면을 따라 내려가며 시공

② 피복두께 : 1~2m

7 본체공

(1) 제작장

제작성비, 진수설비, 동력설비, 운반설비 등이 안전하고 능률적으로 Caisson 제작과 진수가
이루어지도록 한다.

(2) 진수방법

① Dock 내에 주수하여 Floating

② Crane 이용

③ 경사면은 Rail 이용

(3) 예인

Caisson Floating 후 예인선으로 예인

(4) 거치

① 기중기선에 의한 방법과 사방에 Anchor를 설치하고 Winch로 위치와 방향을 잡는 공법 검토

② 정조시간 이용으로 시공오차 최소화

③ 기초바닥에서 4~5cm 뜬 상태에서 위치 확인

④ 거치 시공오차 : 10cm

(5) 속채움

(6) 덮개 콘크리트

8 시공 시 유의사항

(1) 지반조사

방파제가 침하되지 않도록 정밀한 지반조사 실시

(2) 시공법 선정

쇄파효과가 크고 해양 특성에 맞는 적절한 시공법 선정

(3) 사석재료

경질의 것으로 편평세장하지 않고, 풍화파괴 염려가 없는 양질의 재료

(4) 안정검토

제체 활동과 침하요인 검토 후 안정성 판단

(5) 세굴

기초사석기부와 거치 직후 Caisson 기부 부근의 세굴에 유의

(6) 활동대책

Caisson과 마운드부 활동 검토

(7) 침하대책

침하가 예상될 때는 여유고를 사전에 두거나 마루를 높게 또는 제체를 높이기 쉬운 구조로 시공

9 Caisson 안정성 문제점과 안전대책

(1) 문제점

① 기초지반 압밀침하
② 사석부와 Caisson의 활동
③ Caisson 편심하중, 저판 응력집중
④ 상부콘크리트를 시공하지 않은 상태에서의 덮개 파손

(2) 대책

① 연약지반의 개량과 사석층 두께 증대
② 배면에 사석을 쌓거나 사석부 하부의 최소단면을 치환
③ 사석부 수평도 관리 후 직립부 거치
④ 덮개 콘크리트 타설 후 즉기 상부 콘크리트 타설

10 결론

방파제는 근래에 대형화되어 가는 선박의 규모와 더불어 대형 장비의 보편화로 Caisson에 의한 시공유형이 주를 이루고 있으므로 이에 대한 공법 및 안전관리 조치방안을 연구 개발하는 자세가 필요하다.

1 개요

계류시설의 일종인 안벽은 선박의 정박 및 하역을 위한 시설로 구조형식에 따라 중력식, 널말뚝식, 잔교식, 부잔교식, Cell Block, Dolphin, 계선부표 등이 있다.

2 접안시설(안벽)의 종류

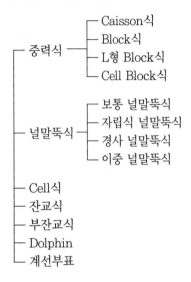

3 접안시설(안벽)의 종류별 특징

(1) 중력식

- 육상에서 제작된 Caisson을 소정위치에 설치하는 방법
- Caisson의 육상제작으로 해상 공사량 저감
- 시설비가 많이 소요됨

① Block식
  ㉠ 수심이 얕은 곳에 적합
  ㉡ 지반이 약한 곳에서는 시공이 곤란함
  ㉢ 시공 및 설비가 비교적 간단

② Cell 블록식
  ㉠ 철근콘크리트로 제작한 상자형 블록 내부를 속채움해 외력에 저항하는 구조
  ㉡ 부등침하에 불리

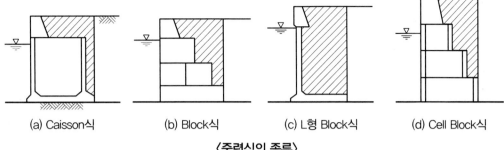

(a) Caisson식   (b) Block식   (c) L형 Block식   (d) Cell Block식

〈중력식의 종류〉

(2) 널말뚝식

　① 보통 널말뚝식

　　• 널말뚝을 박아서 널말뚝에 작용하는 토압을 후면에 설치한 버팀공과 널말뚝 근입부에 의해 저항하는 방식

　　• 원지반이 얕아서 안벽 축조 후 전면준설 시 유리

　　• 널말뚝과 버팀공 사이의 거리 필요

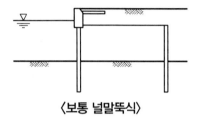

〈보통 널말뚝식〉

　② 자립식

　　• 널말뚝 후면에 버팀공 없이 널말뚝 근입부 횡저항에 의해 저항하는 방식

　　• 구조 및 시공이 간단함

　　• 보통널말뚝보다 단면이 큰 관계로 공사비가 증가됨

　　• 토압이 과대할 경우 변형 발생 우려

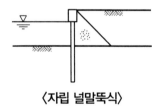

〈자립 널말뚝식〉

　③ 경사 널말뚝

　　• 널말뚝과 일체로 경사진 말뚝에 의해 토압에 저항하는 방식

　　• 타이로드가 필요 없는 안벽배면이 좁은 경우에 시공

　　• 파랑에 비교적 안전

　　• 인발저항력을 위해서는 타입 깊이 증가 필요

〈경사 널말뚝식〉

　④ 이중 널말뚝

　　• 널말뚝을 이중으로 박고 두부를 Tie Rod 또는 Wire로 연결해 토압에 저항하는 방식

　　• 양측을 계선안으로 활용 가능

　　• 안정적인 측면 불리

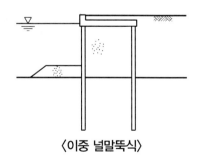

〈이중 널말뚝식〉

(3) Cell식

직선형 널말뚝을 원이나 기타의 형태로 폐합시키는 방식으로 속채움에 조석이나 흙 사용

① 양호한 지반에 적용

② 시공이 간단하고 공기가 단축됨

(4) 잔교식

해안선에 나란히 축조하는 횡잔교와 해안선에 직각으로 축조하는 돌제직 잔교가 있음

① 돌제식 잔교는 토압을 받지 않음

② 횡잔교는 토압의 대부분을 토류사면이 받고 그 일부만을 잔교가 받음

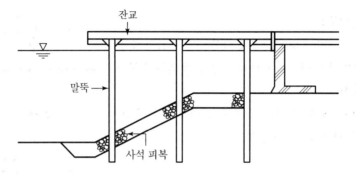

(5) Dolphin식

해안에서 떨어진 해상에 말뚝 또는 주상구조물을 만들어 계선으로 사용하며 말뚝식과 Caisson식이 있다.

① 구조가 간단

② 공사비가 저렴

③ 부식에 약함

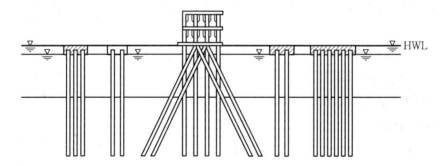

(6) 부잔교식

Pontoon을 띄워 계선안으로 사용하며 조위차가 커도 가능하다.

① 철재와 콘크리트제가 있음

② 육지와의 사이는 가동교로 연결

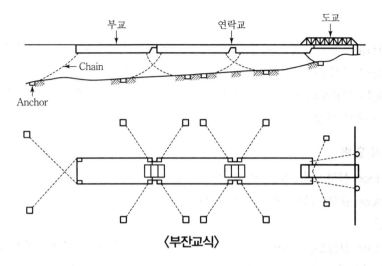

〈부잔교식〉

(7) 계선부표

해저에 Anchor 또는 추를 만들어 줄을 연결하고 부표를 띄워 선박을 계류하는 것으로 침추식, 묘쇄식, 침추 묘쇄식이 있다.

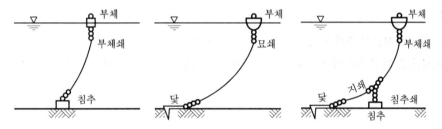

4 접안시설(안벽)의 시공 및 안정성 관리사항

(1) 중력식 안벽

① **기초사석 투입** : 사석부는 공극을 메워 요철이 없도록 하고 수평으로 고르기를 충분히 할 것
② **거치** : 뒤채움재의 유출 방지를 위해 가능한 한 거치 이음눈을 작게 할 것
③ **뒤채움공** : 양질의 재료로 시공하고 재료 흡출 방지를 위해 방사판 설치

(2) 널말뚝식 안벽

① **타입** : 경사, 두부압축, 근입부족, 근입 과잉 발생 시 타입 중지하고 대책 강구
② **띠장공** : 띠장재 가공은 타입된 강널말뚝을 실측해 타이로드 취부 위치를 정하고 실시
③ **타이로드** : 타이로드 취부는 강널말뚝 타입 및 띠장재 취부 완료 시 즉시 시공

(3) Cell식 안벽

① **타입** : 널말뚝 타입은 전체를 고루 쳐내려감
② **속채움** : 양질의 재료로 충분히 다짐
③ **상부공 지지항** : 상부공 지지항은 속채움 다짐 완료 후 실시

(4) 잔교식

① **사면시공** : 피복 장석은 파랑으로부터 법면의 보호가 가능하도록 견고하게 마무리

② **항타공** : 근입부족, 각도불량, 항타불량 시는 절단하거나 이어줌

③ **도판공** : 잔교부와 토류부 이격 시 철근콘크리트 또는 강제의 도판을 제작해 Crawler Crane으로 가설

(5) 부잔교식 안벽

① **Pontoon 선정** : 내구성, 수밀성, 충격성에 대한 저항성 고려

② **Pontoon 규격** : 화물, 여객 등 취급에 충분한 넓이와 Free Board를 가지며 안정성이 좋아야 함

③ **Pontoon 안정조건** : 육안과 연결교의 지점반력과 갑판상에 적재하중 만재 후 pontoon 내부에 약간의 침수가 있을 경우 만재의 부체 안정조건에 필요한 0.5m 정도의 건현을 유지할 것

5 결론

안벽은 접안시설로서 중력식, 널말뚝식, 잔교, 부잔교식 등으로 구분된다. 안벽의 시공은 해상에서 이루어지므로 안전사고 발생에 유의하고 작업 전, 작업 중 기상 및 해상상태를 반드시 확인한다.

최신 건설안전기술사 (Ⅱ)

발행일		
2005. 5. 25	초판 발행	
2015. 10. 20	개정 10판1쇄	
2016. 6. 5	개정 11판1쇄	
2017. 6. 5	개정 12판1쇄	
2018. 2. 20	개정 13판1쇄	
2019. 2. 20	개정 14판1쇄	
2019. 9. 10	개정 15판1쇄	
2020. 3. 10	개정 15판2쇄	
2020. 11. 20	개정 16판1쇄	
2022. 1. 30	개정 17판1쇄	
2022. 5. 31	개정 18판1쇄	
2023. 1. 20	개정 19판1쇄	
2023. 9. 10	개정 20판1쇄	
2024. 9. 20	개정 21판1쇄	

저 자 | 한경보 · Willy. H

발행인 | 정용수

발행처 | 예문사

주 소 | 경기도 파주시 직지길 460(출판도시) 도서출판 예문사
TEL | 031) 955-0550
FAX | 031) 955-0660
등록번호 | 11-76호

• 이 책의 어느 부분도 저작권자나 발행인의 승인 없이 무단 복제
  하여 이용할 수 없습니다.
• 파본 및 낙장은 구입하신 서점에서 교환하여 드립니다.
• 예문사 홈페이지 http://www.yeamoonsa.com

정가 : 47,000원

ISBN 978-89-274-5541-7   13530